U0401357

高职高专“十一五”规划教材

——煤化工系列教材

现代煤化工生产技术

付长亮　张爱民　主编

蔡庄红　　　　　主审

化学工业出版社

·北京·

本书对现代新型煤化工的主要生产技术进行了介绍。内容包括空气深冷液化分离、煤气化技术、煤气净化技术、甲醇生产技术、二甲醚生产技术、醋酸生产技术、煤液化七章。在各章内容的选择上，结合了目前煤化工发展的现状，突出了目前使用较多的大规模空分技术、壳牌煤气化技术、德士古气化技术、鲁奇加压气化技术、耐硫宽温变换、低温甲醇洗、克劳斯硫回收、低压甲醇合成、甲醇气相脱水制二甲醚、甲醇液相羰基化制醋酸等新工艺。

本书在“理论够用，重视生产操作”的原则指导下，详细介绍了以上各工艺的发展现状、工艺原理、工艺条件、工艺流程、主要设备及生产操作，旨在为高职高专煤化工及化工专业的学生提供一本认识、学习煤化工生产操作的教材。由于较详细地介绍了各工艺的生产操作内容，本书也可作为相关煤化工企业操作人员培训的参考。

图书在版编目（CIP）数据

现代煤化工生产技术/付长亮，张爱民主编．—北京：化学工业出版社，2009.7（2023.10重印）

高职高专“十一五”规划教材——煤化工系列教材

ISBN 978-7-122-05728-0

Ⅰ．现… Ⅱ．①付…②张… Ⅲ．煤化工-高等学校：技术学院-教材 Ⅳ．TQ53

中国版本图书馆CIP数据核字（2009）第094612号

责任编辑：张双进　　装帧设计：王晓宇

责任校对：徐贞珍

出版发行：化学工业出版社（北京市东城区青年湖南街13号　邮政编码100011）

印　　装：北京盛通数码印刷有限公司

787mm×1092mm　1/16　印张19½　字数524千字　2023年10月北京第1版第13次印刷

购书咨询：010-64518888　　售后服务：010-64518899

网　　址：http://www.cip.com.cn

凡购买本书，如有缺损质量问题，本社销售中心负责调换。

定　　价：48.00元

前　言

本书根据高职高专《煤化工生产技术》教学大纲，并结合国内煤化工发展的趋势和特点而编写。

随着国内石油、天然气资源供应的日益紧张，整个化工行业出现了向煤化工倾斜的趋势，从而出现了现代新型煤化工。现代新型煤化工以大型清洁煤气化技术为龙头，辅以大规模空气分离技术、先进的合成气净化技术，实现了煤的清洁利用、替代燃料和化工产品的生产。为适应现代煤化工生产的需要，介绍新型煤化工的生产知识，我们联合了河南几家大型煤化工企业，精选了目前煤化工项目中广泛采用的大规模空分技术、壳牌煤气化技术、德士古煤气化技术、鲁奇加压气化技术、CO 宽温变换、低温甲醇洗、克劳斯硫回收、甲醇合成、二甲醚生产、醋酸生产、煤制油、甲醇制烯烃等生产工艺，对它们的基本原理、工艺条件、工艺流程、主要设备及生产操作要点进行了介绍。本书的内容主线为煤气化、合成气净化、甲醇及甲醇后续产品、煤液化等，而未涉及传统煤化工中的合成氨和煤焦化等内容。

本书在内容组织上突出了理论够用，重视实践的特点。对成熟的生产工艺，全部给出了生产操作的要点，除可满足全日制高职高专煤化工专业、化工专业学生的学习外，还可供有关煤化工企业员工培训参考。

本书由河南工业大学化学工业职业学院付长亮和河南煤业化工集团义马气化厂张爱民主编，参加编写的人员有：新疆轻工职业技术学院马金才、祈新萍；河南煤业化工集团义马气化厂张晓、高波；河南煤业化工集团中原大化鲁军。其中，付长亮编写绪论和第二章第一、二、三、四节；张爱民编写第二章第五、六节；鲁军编写第一章；马金才编写第三章；张晓编写第四章；祈新萍编写第五章和第六章；高波编写第七章。全书由河南工业大学化学工业职业学院蔡庄红审稿。

由于编者水平所限，书中不妥之处在所难免，恳请广大读者批评指正。

编者

2009 年 5 月

目　录

绪论 …… 1
一、传统煤化工和现代新型煤化工 …… 1
二、传统煤化工向新型煤化工产业的转变 …… 1
三、发展现代新型煤化工的意义 …… 3
四、现代煤化工的主要特点 …… 5
五、现代新型煤化工核心技术 …… 5
六、课程的基本要求 …… 6
复习题 …… 7

第一章　空气深冷液化分离 …… 8
第一节　概述 …… 8
一、空分装置发展简况 …… 8
二、空气分离的基本过程 …… 8
三、空分装置类型 …… 9
四、氧、氮的应用 …… 9
第二节　空气的净化 …… 10
一、机械杂质的脱除 …… 10
二、水分、二氧化碳、乙炔的脱除 …… 12
第三节　空气的液化 …… 15
一、制冷的热力学基础 …… 15
二、空气液化时的制冷原理 …… 17
三、空气的液化循环 …… 17
第四节　空气的分离 …… 19
一、单级精馏 …… 20
二、双级精馏 …… 20
三、空分塔的种类 …… 21
四、空分塔中稀有气体的分布 …… 23
五、纯氩的制取 …… 24
第五节　空分流程 …… 25
一、空分流程的演变 …… 25
二、空分流程 …… 28
第六节　空气深冷分离的操作控制 …… 30
一、空分系统的主要开车步骤 …… 30
二、空分的正常操作管理 …… 31
三、停车和升温 …… 33
四、故障及排除方法 …… 34
复习题 …… 35

第二章　煤气化技术 …… 37
第一节　煤气化概述 …… 37
一、煤气的种类及成分 …… 37
二、煤气化技术的分类 …… 38
三、煤气化技术的发展状况 …… 38
四、我国的煤气化技术现状 …… 42
五、煤气化技术发展的方向 …… 42
复习题 …… 43
第二节　煤气化的基本原理 …… 43
一、煤的干馏 …… 43
二、气化过程中的气化反应 …… 45
三、煤气化过程常用评价指标 …… 53
复习题 …… 53
第三节　Shell 煤气化工艺 …… 54
一、Shell 煤气化基本原理 …… 54
二、Shell 煤气化的主要工艺指标 …… 56
三、工艺流程 …… 58
四、主要设备 …… 65
五、Shell 煤气化的操作控制 …… 68
复习题 …… 73
第四节　德士古水煤浆气化技术 …… 74
一、德士古水煤浆气化的基本原理 …… 74
二、德士古水煤浆气化工艺条件 …… 76
三、德士古水煤浆气化工艺流程 …… 80
四、德士古水煤浆气化主要设备 …… 86
五、德士古气化的操作控制 …… 87
复习题 …… 93
第五节　鲁奇加压气化 …… 93
一、鲁奇加压气化概述 …… 93
二、鲁奇加压气化原理 …… 95
三、鲁奇加压气化操作工艺条件 …… 97
四、煤种及煤的性质对加压气化的影响 …… 101
五、鲁奇加压气化的典型流程及主要设备 …… 107

六、加压气化炉的开、停车、正常操作及常见事故处理 …… 116
复习题 …… 123
第六节 其他气化技术简介 …… 124
一、灰熔聚气化法 …… 124
二、GSP煤气化工艺 …… 128
复习题 …… 133

第三章 煤气净化技术 …… 134
第一节 概述 …… 134
一、煤气中的杂质及危害 …… 134
二、煤气杂质的脱除方法 …… 134
复习题 …… 136
第二节 耐硫宽温CO变换 …… 136
一、变换的基本原理 …… 136
二、耐硫宽温变换的催化剂 …… 142
三、耐硫宽温变换的工艺条件 …… 147
四、耐硫宽温变换的工艺流程 …… 149
五、耐硫宽温变换的操作控制 …… 153
复习题 …… 157
第三节 低温甲醇洗 …… 157
一、低温甲醇洗基本原理 …… 157
二、低温甲醇洗主要工艺参数的选择 …… 160
三、工艺流程及主要设备 …… 161
四、低温甲醇洗的操作控制 …… 166
复习题 …… 169
第四节 硫回收 …… 169
一、克劳斯硫回收简介 …… 170
二、克劳斯硫回收基本原理 …… 171
三、克劳斯硫回收的催化剂 …… 173
四、影响生产操作的因素 …… 176
五、工艺流程 …… 178
六、克劳斯硫回收装置的生产操作 …… 178
复习题 …… 182

第四章 甲醇生产技术 …… 184
第一节 甲醇概述 …… 184
一、甲醇的性质与用途 …… 184
二、国内外生产现状 …… 186
第二节 甲醇合成的基本原理 …… 190
一、化学平衡 …… 190
二、甲醇合成反应的速率 …… 191
第三节 甲醇合成的催化剂 …… 192
一、国内外甲醇合成催化剂的发展状况 …… 192
二、国外甲醇催化剂的生产情况 …… 192
三、国内研究开发概况 …… 193
四、甲醇合成催化剂的工业应用 …… 194
第四节 甲醇合成的工艺条件 …… 196
一、温度 …… 196
二、压力 …… 197
三、氢与一氧化碳的比例 …… 197
四、空间速度 …… 197
五、惰性气体含量 …… 198
六、甲醇合成催化剂对原料气净化的要求 …… 199
第五节 甲醇合成的工艺流程及操作控制 …… 199
一、工艺流程 …… 199
二、操作控制 …… 201
第六节 甲醇合成反应器 …… 203
一、对甲醇合成反应器的基本要求 …… 203
二、常用甲醇合成反应器 …… 203
第七节 甲醇的精馏 …… 205
一、精馏的目的 …… 205
二、粗甲醇中的杂质 …… 205
三、甲醇精馏的工业方法 …… 207
四、影响精甲醇质量的因素 …… 209
复习题 …… 210

第五章 二甲醚生产技术 …… 211
第一节 二甲醚概述 …… 211
一、二甲醚的性质 …… 211
二、二甲醚的用途 …… 211
三、二甲醚的生产方法 …… 214
第二节 甲醇气相脱水制二甲醚的基本原理 …… 215
一、化学平衡 …… 215
二、反应速率 …… 216
三、影响甲醇转化率的因素 …… 216
第三节 甲醇气相脱水催化剂 …… 218
一、催化剂简介 …… 218
二、JH202催化剂的工业应用 …… 219
第四节 甲醇气相脱水的工艺流程及反应器 …… 220

一、工艺流程 …… 220
二、反应器 …… 221
第五节 甲醇气相脱水的生产操作 …… 222
一、开车 …… 222
二、停车 …… 223
三、故障处理 …… 224
复习题 …… 225

第六章 醋酸生产技术 …… 226
第一节 概述 …… 226
一、醋酸的性质 …… 226
二、用途 …… 229
三、生产方法 …… 230
第二节 甲醇羰基化催化剂 …… 232
一、甲醇羰基化催化剂概况 …… 232
二、液相羰基铑催化剂的工业应用 …… 234
第三节 甲醇羰基化生产醋酸的基本原理 …… 235
一、化学反应 …… 235
二、反应机理 …… 235
三、反应动力学 …… 236
四、反应条件对生产的影响 …… 237
第四节 甲醇羰基化的工艺流程及主要设备 …… 240
一、工艺流程 …… 240
二、主要设备 …… 242
第五节 甲醇羰基化的生产操作 …… 244
一、开车 …… 244
二、停车 …… 246
三、不正常情况及处理 …… 246
复习题 …… 247

第七章 煤液化 …… 248
第一节 概述 …… 248
一、煤液化的意义 …… 248
二、煤液化的技术路线 …… 249
三、煤液化的发展历程 …… 249
第二节 煤直接液化 …… 253
一、煤与液体燃料油的区别 …… 253
二、煤直接液化的基本原理 …… 254
三、煤加氢液化的溶剂 …… 257
四、煤直接液化的催化剂 …… 260
五、煤加氢液化的工艺参数 …… 265
六、工艺流程 …… 268
七、煤液化粗油提质加工 …… 273
八、煤液化残渣的利用 …… 277
第三节 煤间接液化 …… 277
一、煤间接液化的基本原理 …… 278
二、F-T 合成催化剂 …… 282
三、F-T 合成的工艺条件 …… 288
四、煤间接液化的工艺流程 …… 290
第四节 煤间接液化与直接液化的对比 …… 299
一、液化原理对比 …… 299
二、对煤种的要求对比 …… 299
三、液化产品的市场适应性对比 …… 300
四、液化工艺对集成多联产系统的影响对比 …… 300
五、液化技术的经济性对比 …… 301
六、结论 …… 301
复习题 …… 301

参考文献 …… 303

绪　论

一、传统煤化工和现代新型煤化工

煤化工是以煤炭为主要原料生产化工产品的行业。根据生产工艺与产品的不同，主要分为煤焦化、煤气化和煤液化三条产品链，其产品链情况见图 0-1。

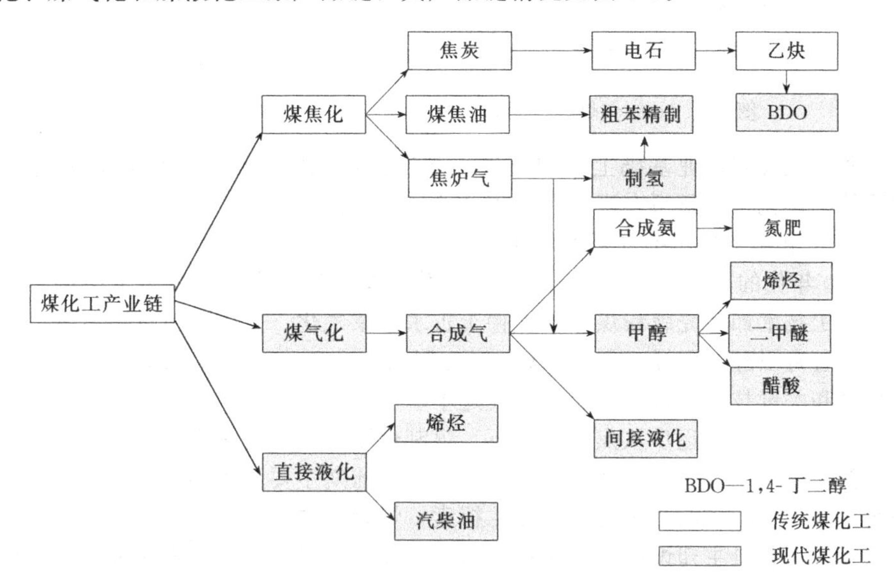

图 0-1　煤化工产品链

煤焦化及下游电石、乙炔，煤气化中的合成氨等都属于传统煤化工，而煤气化制醇醚燃料、甲醇制烯烃、煤液化则是现代新型煤化工领域。

随着高油价时代的来临，以大型煤气化为龙头的现代煤化工产业，已成为全球经济发展的热点产业，这是因为现代煤化工的能源化工一体化的产业模式，可以减少对原油资源的高度依赖，并有效解决交通、火电等重要耗能行业的污染和排放等问题。

我国的《能源中长期发展规划纲要》已经将煤化工列入我国中长期能源发展战略的发展重点。“十一五”规划纲要中也明确指出：“发展煤化工，开发煤基液体燃料，有序推进煤炭液化示范工程建设，促进煤炭深度加工转化”。在《国务院关于加快振兴装备制造业的若干意见》中将大型煤化工成套设备列入十六项重大装备之一，其中包括煤炭液化和气化、煤制烯烃等设备。这些产业政策都将推动国内新型煤化工的迅速发展。

二、传统煤化工向新型煤化工产业的转变

1. 传统煤化工实力雄厚奠定新型煤化工产业发展基础

经过几十年的发展，我国煤化工产业已经拥有雄厚基础。2007 年我国生产焦炭 3.2 亿吨、煤焦油 840 万吨（约有 390 万吨没有回收）、电石 1482 万吨、煤制化肥约 3000 万吨、煤制甲醇 1076 万吨，均位居世界前列。

传统煤化工产业的发展对于缓解我国石油、天然气等紧缺能源供求的矛盾，促进钢铁、化工、农业等下游产业的发展，发挥了难以替代的作用。

但根据2005年产能和产量情况对比，焦炭、电石行业的产能利用率处于较低水平，属于产能过剩行业，见图0-2。如果考虑未来产能的释放效应，在“十一五”期间，煤炭、尿素也有产能过剩的趋势，对此国家发改委已经出台了相应的产业结构调整政策，进行了干预和引导。

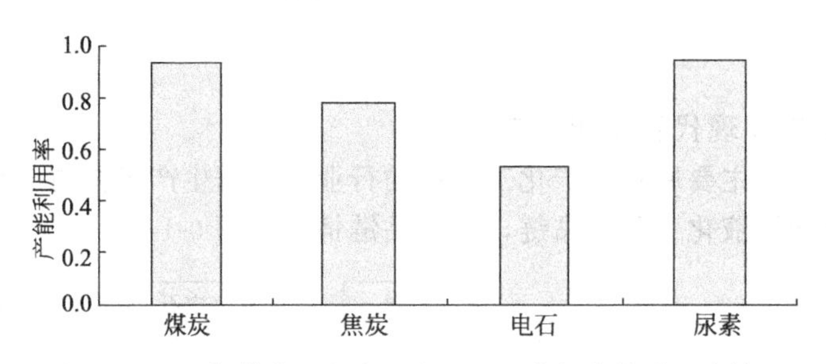

图0-2 2005年煤炭、焦炭、电石、尿素的产能利用率情况

因此，我国在现有产业基础上，如何进一步发挥煤炭资源优势，深度拓展煤化工产业链，是我国传统煤化工向新型煤炭能源化工产业转型的关键。

2. 国内技术和装备进步推动新型煤化工产业崛起

20世纪70年代的石油危机，促进了寻求替代能源和洁净煤技术的努力。国外具有代表性的新型煤化工技术如，壳牌粉煤气化、德士古水煤浆气化、大型低压甲醇合成、甲醇羰基合成制醋酸、鲁奇甲醇制丙烯、美国UOP甲醇制乙烯、二步法合成二甲醚等一批新型规模化煤化工装置和关键技术已投入商业化实践之中。

而我国煤化工产业正逐步从焦炭、电石、煤制化肥为主的传统煤化工产业，向石油替代产品为主的新型煤化工产业进行转变。在这一过程的前期主要是利用国外成熟技术和进口相应设备来实现的，但国内已经进行了积极的探索，煤化工领域的技术力量不断得到加强，在关键领域拥有了一些自主知识产权的关键技术，并通过项目试点形式向企业不断推广。

近年来，在新型煤化工领域已经取得具有突破性的国产技术和装置如下。

① 多喷嘴对置式水煤浆气化技术打破了国外公司在大型煤气化技术上的垄断，为我国新型煤化工产业的发展提供了技术支撑。

② 两段干煤粉加压气化技术是“绿色煤电”项目中的IGCC（整体煤气化联合循环发电）、煤制油、煤化工及多联产系统的核心技术，代表着大型煤气化发展的主要方向。

③ 中国科学院大连物化所首次将SAPO-34催化材料应用于甲醇制烯烃的催化过程，并开发了相应的催化剂和与之配套的循环流化床中试技术，利用该中试技术建成了目前世界上第一套万吨级甲醇制烯烃工业化装置。

以上关键技术的突破，并不能说我国在煤化工领域中技术已经具有世界领先水平，但因为国内建设项目较多，引进技术装置较多，通过模仿与创新，国内技术与装置水平都得到了较快的提升，在关键领域有所突破，已经具有了替代效应。随着试点项目的逐步成熟，将有效推动我国新型煤化工产业的发展。

3. 地方政府与企业积极投入新型产业

由于近年来国际市场油价高涨，国内紧张的供求局面，激发了企业发展煤化工产业的积极性，并且由于煤化工是产业链条长、增值空间大、关联度高的重化工产业，有助于提升地方经济结构，因此，地方政府也相当重视新型煤化工的发展规划。在他们的支持下，有条件的企业纷纷上报项目。

全国拥有煤炭资源的地区，如山西、内蒙古、陕西、宁夏、安徽、河南、新疆、云南、贵州、山东等省（自治区）纷纷将煤化工的发展列入地方的“十一五”规划。部分省份的煤化工产业规划和发展目标见表 0-1。

表 0-1 部分省份的煤化工产业规划和发展目标

省区	发展规划	产业目标
山西	制定《加快发展具有山西优势的煤化工产业三年推进计划》，启动“5565”工程	2010 年将形成甲醇 450 万吨、甲醇下游产品 300 万吨、聚氯乙烯 250 万吨、煤焦油加工能力 255 万吨，煤化工投资 870 亿元
内蒙古	全力推进煤化工、煤液化、煤制油项目建设，建成我国重要的化工生产基地	到 2010 年，化工产业预计实现销售收入 1300 亿元，其中煤化工 750 亿元
河南	建设 5 大煤化工产业基地，“十一五”煤化工规划项目 72 个，重点发展甲醇、烯烃、醋酸、甲醛、二甲醚、尿素、三聚氰胺、二甲基甲酰胺、芳烃等九大主导产品	到 2010 年，煤化工产业煤炭转化能力将由 2004 年的 800 万吨提高到 1900 万吨，销售收入由 2004 年的 110 亿元增加到 600 亿元
宁夏	推出《宁东能源重化工基地整体规划与建设纲要》，确定重点发展电力、煤化工、煤炭开采三大产业	建设宁东能源重化工基地，规划占地总面积 14.28 平方公里，总投资 300 亿元
贵州	未来 5 年内规划和建设 5 个“循环经济”型的煤化工生态工业基地	预计 5 个基地煤化工生产项目总投资达 522.8 亿元，年产值可达 403 万元
陕西	陕北能源重化工基地打造 3 大产业链，规划建设 7 个产业区，形成煤、电、油、化产业链	2010 年煤制油生产能力将达到 400 万吨，煤制甲醇生产能力将达到 600 万吨，甲醇制烯烃产能力将达到 100 万吨
安徽	建设煤-盐一体化、大型干熄焦、煤制甲醇及烯烃等重大工程，加快化肥原料结构调整步伐，建成我国重要的煤化工基地	到 2010 年，形成 3000 万吨原煤加工能力，其中焦炭 1000 万吨、合成油品 100 万吨、合成氨 300 万吨、甲醇 200 万吨、烯烃等煤化工衍生产品 200 万吨，建成国家级煤化工基地

从投资角度看，2008 年全国在建煤化工项目 30 项，总投资 800 多亿元，新增生产能力为甲醇 850 万吨，二甲醚 90 万吨，烯烃 100 万吨，煤制油 124 万吨。已备案的甲醇项目产能 3400 万吨，烯烃 300 万吨，煤制油 300 万吨。预计“十一五”末甲醇产能将达到 2600 万～3000 万吨；二甲醚产能将达到 770 万～1100 万吨；醋酸产能将达到 445 万～700 万吨。

三、发展现代新型煤化工的意义

我国现代煤化工业的战略价值主要在于：资源条件已经决定以煤为基础的能源格局在长期难以有实质性改变；我国石油较低的储采比已经危及能源安全，替代能源是必然选择；新兴煤化工是推动煤炭清洁利用的重要途径；由于技术提升因素可以充分利用劣质煤资源、增强经济性，促进可持续发展。

1. 资源禀赋状况决定我国能源战略以煤为基础

2005 年，我国已经成为世界第二大能源生产国和第二大能源消费国，能源消费主要靠国内供应，能源自给率为 94%。

化石燃料储量比较见表 0-2。

表 0-2 化石燃料储量比较

项　目	美国	欧盟	日本	OECD	印度	中国	世界
化石燃料可采储量							
煤/Mt	246643	39460	359	373220	92445	188600	983164
石油/Mt	3600	2224	8	10900	700	2300	161900
天然气/$\times 10^8 m^3$	5.29	2.75	0.04	15.02	0.92	2.23	179.53
化石燃料人均储量							
煤/(t/人)	840	84	2.8	322	85	145	154
石油/(t/人)	12.26	4.74	0.06	9.39	0.64	1.77	25.4
天然气/(m^3/人)	18012	5854	310	12938	844	1716	28160

由表0-2可见，我国煤炭、石油与天然气的总储量与OECD（经济合作与发展组织）发达国家相比差距不大，但从人均储量看，就有了较大差距；其中煤炭资源情况与世界平均水平接近，具有相对比较优势，这决定了我国长期依赖煤炭的能源格局。

"十一五"规划已经明确我国能源发展的总体战略："坚持节约优先、立足国内、煤为基础、多元发展，优化生产和消费结构，构筑稳定、经济、清洁、安全的能源供应体系"。从我国的能源战略可以看出，煤炭是能源产业发展的长期基础。

2. 替代石油维护能源安全

表0-3列出了2004年中国化石能源的储量和开采情况。

表0-3　2004年中国化石能源的储量和开采情况

化石能源	世界总探明可采储量	中国探明可采储量	中国所占比例	世界总产量	中国产量	中国所占比例	世界储采比	中国储采比
煤	9831×10^8t	1886×10^8t	19.1%	55.5×10^8t	21.1×10^8t	38%	177.4	96
石油	1636×10^8t	22×10^8t	1.3%	38.95×10^8t	1.8×10^8t	4.6%	40.6	12.1
天然气	$179.8\times10^8m^3$	$2.35\times10^8m^3$	1.3%	$2.76\times10^8m^3$	$0.05\times10^8m^3$	1.8%	65.1	47

从化石资源的储采比看，世界石油储采比在40左右，而中国只有12。可以预见，如果在未来10～20年中仍没有大的油田被发现，石油资源匮乏的瓶颈将危及国内能源安全。

自1993年我国成为石油净进口国之后，由于自身的石油储量非常有限，我国石油对外依存度从1995年的7.6%不断提高。2006年已经超过40%，2008年进口原油已超过2亿吨，依存度已接近50%，预计到2020年，石油对外依存度有可能接近60%。

我国能源资源储量总体偏紧，特别是优质石油能源资源短缺，是我国能源供应最突出的问题。因此，为了降低对进口石油的严重依赖，必然要发展以"煤代油"为核心的现代煤化工产业。

3. 清洁利用能源降低环境污染

由于我国能源消费以煤为主，污染物排放总量较大。2004年，中国工业废气排放量237696m^3，其中燃料燃烧占58.7%。二氧化碳排放量2255万吨，酸雨区300万平方公里，均居世界第一位。尤其是我国SO_2、CO_2排放量的85%、烟尘的70%和NO的60%都来自于燃煤，因此发展洁净煤技术对于我国具有重要意义。

根据《中国洁净煤技术"九五"计划和2010年发展规划》属于洁净煤领域的有：

① 煤的加工（如洗选、型煤、动力配煤、水煤浆等）；

② 发电（如循环流化床锅炉、燃煤联合循环发电等）；

③ 煤的转化（如气化、液化、焦化、燃料电池与磁流体发电技术等）；

④ 污染排放控制与废弃物处理领域（如烟道气净化、电厂粉煤灰综合利用等）。

现代煤化工是发展洁净能源的重要途径之一。

传统煤化工是污染型行业，具有"煤炭-化工产品-污染排放"的单向流动特征，而现代煤化工属于洁净煤技术中煤炭转化领域。发展循环经济型煤炭能源化工，尤其是各种类型的多联产系统已经是解决环境问题的主要方向。

4. 节约资源充分利用低成本劣质煤

我国虽然煤炭资源相对丰富，但高硫、高灰的劣质煤比重较高，占30%以上。在这种资源现状下，如何清洁利用劣质煤，对于我国能源行业而言，是一个重要问题。

国家已经实行煤炭资源分类使用优化配置政策：炼焦煤（包括气煤、肥煤、焦煤、瘦煤）优先用于煤焦化工业；褐煤和煤化程度较低的烟煤优先用于煤液化工业；优质和清洁煤炭资源，优先用作发电、民用和工业炉窑的燃料；高硫煤等劣质煤，主要用于煤气化工业；

无烟块煤，优先用于化肥工业。

煤气化技术与煤液化技术都已经实现了对劣质煤的充分利用。例如，山西省晋城煤业集团的高硫无烟煤洁净化10万吨合成油示范项目，利用“三高”（高硫、高灰、高灰熔点）劣质无烟煤制造10万吨/年合成油项目，采用了适宜“三高”煤气化的“灰熔聚流化床粉煤气化”技术，此项技术拥有自主知识产权。

四、现代煤化工的主要特点

1. 以清洁能源为主要产品

现代煤化工以生产洁净能源和可替代石油化工产品为主，如柴油、汽油、航空煤油、液化石油气、乙烯原料、聚丙烯原料、替代燃料（甲醇、二甲醚）、电力、热力等，以及煤化工独具优势的特有化工产品，如芳香烃类产品。

2. 煤炭-能源-化工一体化

现代煤化工是未来中国能源技术发展的战略方向，紧密依托于煤炭资源的开发，并与其他能源、化工技术结合，形成煤炭-能源、化工一体化的新兴产业。

3. 高新技术及优化集成

现代煤化工根据煤种、煤质特点及目标产品不同，采用不同煤转化高新技术，并在能源梯级利用、产品结构方面对不同工艺优化集成，提高整体经济效益，如煤焦化-煤直接液化联产、煤焦化-化工合成联产、煤气化合成-电力联产、煤层气开发与化工利用、煤化工与矿物加工联产等。同时，现代煤化工可以通过信息技术的广泛利用，推动现代煤化工技术在高起点上迅速发展和产业化建设。

4. 建设大型企业和产业基地

现代煤化工发展将以建设大型企业为主，包括采用大型反应器和建设大型现代化单元工厂，如百万吨级以上的煤直接液化、煤间接液化工厂以及大型联产系统等。

在建设大型企业的基础上，形成现代煤化工产业基地及基地群。每个产业基地包括若干不同的大型工厂，相近的几个基地组成基地群，成为国内新的重要能源产业。

5. 有效利用煤炭资源

现代煤化工注重煤的洁净、高效利用，如高硫煤或高活性低变质煤作化工原料煤。在一个工厂用不同的技术加工不同煤种，并使各种技术得到集成和互补，使各种煤炭达到物尽其用，充分发挥煤种、煤质特点，实现不同质量煤炭资源的合理、有效利用。新型煤化工强化对副产煤气、合成尾气、煤气化及燃烧灰渣等废物和余能的利用。

6. 经济效益最大化

通过建设大型工厂，应用高新技术，发挥资源与价格优势，资源优化配置，技术优化集成，资源、能源的高效合理利用等措施，减少工程建设的资金投入，降低生产成本，提高综合经济效益。

7. 环境友好

通过资源的充分利用及污染的集中治理，达到减少污染物排放，实现环境友好。

8. 人力资源得到发挥

通过现代煤化工产业建设，带动煤炭开采业及其加工业、运输业、建筑业、装备制造业、服务业等发展，扩大就业，充分发挥我国人力资源丰富的优势。

五、现代新型煤化工核心技术

1. 煤直接液化

煤直接液化是煤化工领域的高新技术。该技术将煤制成油煤浆，于450℃左右和10～30MPa压力下催化加氢，获得液化油，并进一步加工成汽油、柴油及其他化工产品。该技术开发始于20世纪20年代，30～40年代曾在德国实现工业化，70年代国外又进行新工艺、新技术开发，2000 年后开发工作基本结束。国内神华集团引进国外核心技术建设示范工厂，神华集团煤制油化工公司鄂尔多斯 100 万吨/年直接液化煤制油项目从 2008 年 12 月 31 日起运行，产出合格油品和化工品，将经过进一步调试以获得长周期平稳运转。

国内有关研发机构跟踪研究已有 20 多年，目前正在开发具有自主知识产权的煤炭直接液化新工艺以及专用高效催化剂等关键技术。

2. 煤间接液化

煤间接液化是将煤气化，并制得合成气（CO 和 H_2），然后通过 F-T（费托）合成，得到发动机燃料油和其他化工产品的过程。南非于 20 世纪 50 年代开始建设商业化工厂，目前已形成年产 700 万吨产品的生产能力。国内对间接液化技术的开发已有 20 年的历史，目前正在开发浆态床低温合成工艺及专用催化剂，另外进行了引进国外技术建设工业示范厂的前期研究。

利用中科院山西煤化所技术的潞安、伊泰和神华分别建设的 16 万吨/年铁基浆态床间接液化煤制油项目，其中潞安集团已于 2008 年 12 月抢先“出油”，其他项目正在建设中。位于宁夏的神华集团与 SASOL 公司 1∶1 合资的间接煤制油项目正在开展第二阶段可行性研究，有望于 2009 年底开工建设。此外，兖矿集团自主知识产权的陕西榆林 100 万吨/年间接煤制油项目也在推进之中。

3. 大型先进煤气化

煤气化是发展新型煤化工的重要单元技术。国内大型先进煤气化技术与国外相比虽有一定差距，但近年来加快了开发速度。“十五”期间，分别对具有自主知识产权的多喷嘴水煤浆气化、干煤粉气流床气化技术进行工业示范开发和放大研究。考虑国内煤种、煤质的多样性，目前亟待研究开发适合灰熔点高、中强黏结性煤种的气化技术。

4. 一步法合成二甲醚技术

二甲醚可以代替柴油用作发动机燃料，也可以作为民用燃料替代 LPG（液化石油气）与以甲醇为原料两步法制取二甲醚相比，以合成气为原料通过一步法合成二甲醚的技术具有效率高、工艺环节少、生产成本低的优点。国内正在研究开发一步法合成二甲醚技术。

5. 煤化工联产系统

煤化工联产系统是现代煤化工发展的重要方向，联产的基本原则是利用不同技术途径的优势和互补性，将不同工艺优化集成，达到资源、能源的综合利用，减少工程建设投资，降低生产成本，减少污染物或废弃物排放。如 F-T 合成与甲醇合成联产、煤焦化与直接液化联产等。

6. 以煤气化为核心的多联产系统

以煤气化为核心的多联产系统是现代煤化工发展的主要内容，并有多种形式，其要点是：以煤（或石油焦、渣油等）为气化原料，生产的煤气作为合成液体燃料、化工品及发电的原料或燃料，通过多种产品生产过程的优化集成，达到减少建设投资和运行费用，实现环境保护的目的。目前，国内正在进行多联产系统的优化集成模拟软件开发和关键技术的研究。

7. 其他先进煤化工技术

现代煤化工发展还涉及其他单元工艺技术的研发和应用，如高效气体净化和分离技术，大型高效合成技术，适应不同热值的燃气轮机发电技术等。

六、课程的基本要求

本课程是理论与实践密切结合的一门学科，不仅需要应用化学、化工原理、化工热力学和化工动力学等的基础知识，建立完整的专业技术理论体系，而且要用到工程的和技术经济的知识以处理实际问题。因此，它不像基础科学学科那样有很明显的学科体系。对于初学者来说，它初看起来庞杂繁琐，但只要掌握课程的规律和特点，就不是一件难事。学习时，主要应针对如下几方面：原料的选择和预处理；生产方法的选择及方法原理；设备或反应器的作用、结构和操作；催化剂的选择和使用；其他物料的影响；影响操作条件的因素和操作条件的选择；工艺流程组织；生产操作控制；产品规格和副产物的分离与利用；能量的回收和利用；不同工艺路线及流程的技术经济评比等。

由于本课程涉及的知识面广，在学习时要注意点面结合，建立起知识内容的构架，重点内容应深入细致地探究。对于典型过程，要求理解并掌握工艺原理、选定工艺条件的依据、工艺流程的确立及特点、不同反应设备的结构特点等。对于典型产品的不同原料、不同工艺路线应进行分析比较，比较其技术经济指标、能量回收利用方法、副产物回收利用和废料处理方法等，找出其各自的优缺点。由于本课程的综合性和实践性，学习中应注意培养分析问题和解决问题的能力，特别强调理论和实践相结合，应安排更多的机会适时接触生产现场。只有这样，才能把这门课学好。

复 习 题

1. 简述传统煤化工和现代煤化工分别主要包括哪些范畴？
2. 简述发展现代煤化工有哪些重要意义？
3. 现代煤化工主要有哪些特点？
4. 现代煤化工主要有哪些核心技术？

第一章 空气深冷液化分离

第一节 概 述

空气深冷液化分离装置（简称空分装置或制氧机）是利用深度冷冻原理将空气液化，然后根据空气中各组分沸点的不同，在精馏塔内进行精馏，获得氧、氮、一种或几种稀有气体（氩、氖、氦、氪、氙）的装置。氧气可用于煤气化及煤气化联合发电；氮气用于合成氨生产化肥、硝酸、塑料等。

干空气中含有的主要成分及各组分的沸点见表 1-1。

表 1-1 空气中的主要成分及沸点

组分	分子式	含量/%	沸点/℃	组分	分子式	含量/%	沸点/℃
氧	O_2	20.95	−182.97	氪	Kr	1.08×10^{-4}	−153.4
氮	N_2	78.09	−195.79	氙	Xe	8.0×10^{-6}	−108.11
氩	Ar	0.932	−185.86	氢	H_2	5.0×10^{-5}	−252.76
氖	Ne	$(1.5\sim1.8)\times10^{-3}$	−246.08	臭氧	O_3	$(1\sim2)\times10^{-6}$	−111.90
氦	He	$(4.6\sim5.3)\times10^{-4}$	−268.94	二氧化碳	CO_2	0.03	−78.44

另外，空气中还含有少量的烃类（C_mH_n）、氮氧化物（NO_x）和机械杂质。

一、空分装置发展简况

1891 年，德国林德公司在冷冻机械制造公司的实验室开始进行空气液化工作。1903 年，林德公司制成第一台采用高压节流制冷循环的工业制氧机，生产能力为 $10m^3\,O_2/h$。开辟了低温精馏空气，工业制取氧气的工艺流程。

随后的发展主要为：在制冷循环中膨胀机的使用和改进；冻结法清除空气中的水分和二氧化碳；高效板翅式换热器的使用；应用常温分子筛吸附空气中的杂质；电子计算机自动控制；液氧泵内压缩流程取代氧压机；规整填料塔的使用等。

经过上百年的改进和发展，空分装置的操作压力从最初的高压（20MPa），发展为现今的中压和全低压（0.5MPa）；生产规模从最初的 $10m^3\,O_2/h$，到现在的几万甚至十几万的制氧量。氧提取率达 99%以上，氩提取率达 90%以上，单位氧电耗在 $0.36kW\cdot h/m^3\,O_2$。

二、空气分离的基本过程

从原理上划分空气分离主要包括下列过程。

① 空气的过滤和压缩。

② 空气中水分和二氧化碳等杂质的清除。

③ 空气冷却与液化。

④ 冷量的制取。

⑤ 精馏。

⑥ 危险杂质的排除。

1. 空气的过滤和压缩

大气中的空气首先经过空气过滤器过滤其灰尘等机械杂质，然后在空气透平压缩机中被压缩到所需的压力。压缩产生的热量被冷却水带走。

2. 空气中水分和二氧化碳的清除

加工空气中的水分和二氧化碳，若进入空分设备的低温区，会形成冰和干冰阻塞换热器的通道和塔板上的小孔，因而用分子筛吸附器来预先清除空气中的水分和二氧化碳。分子筛吸附器成对切换使用，一台工作的时候另一台再生。

3. 空气冷却

空气的冷却是在主换热器中进行的。在其中，空气被来自精馏塔的返流气体冷却到接近液化温度。与此同时，冷的返流气体被复热。

4. 冷量的制取

由于绝热不足造成的冷量损失、换热器的复热不足损失和冷箱中向外直接排放低温流体等因素，分馏塔需要补充冷量。分馏塔所需的冷量是由空气在膨胀机中等熵膨胀和等温节流效应而获得的。

5. 精馏

在由筛板（填料）构成的精馏塔中，气体自下而上流动，而液体自上而下流动，两流体之间进行热质交换，实现氧、氮的分离。由于氧、氮组分沸点的不同，氮比氧易蒸发，氧比氮易冷凝，气体逐板（段）通过时，氮的浓度不断增加，只要有足够多的塔板（填料），在塔顶即可获得高纯的氮气。反之液体逐板（段）下降时，氧的浓度不断增加，在下塔底部可获得富氧液化空气（液空），在上塔底部可获得高纯度氧气。

6. 危险杂质的排放

空气中的危险杂质是碳氢化合物，特别是乙炔。在精馏过程中如乙炔在液化空气和液氧中浓缩到一定程度，就有发生爆炸的可能。因此乙炔在液氧中的含量不得超过 0.1mg/kg。可通过从液氧蒸发器中连续排放部分液氧来防止碳氢化合物浓缩。另外，当在液氧蒸发器中不断抽取液氧时，也能防止碳氢化合物浓缩。

三、空分装置类型

根据冷冻循环压力的大小，空分装置分为高压（7～20MPa）、中压（1.5～2.5MPa）和低压（小于 1MPa）三种基本类型。

高压装置一般为小型制取气态产品和液态产品的装置；中压装置主要为小型制取气态产品的装置；低压装置多为中型和大型制取气态产品的装置。对于国产空分装置，一般产氧量在 $20m^3/h$ 以下和小型制取液氧、液氮的装置为高压装置；产氧量为 $50m^3/h$、$150m^3/h$、$300m^3/h$ 的装置为中压装置；产氧量大于 $800m^3/h$ 的装置均为低压装置。空分装置参数系列见表 1-2。

表 1-2　空分装置参数系列

产氧量/(m^3/h)		8～20	50～150	300	800～
纯度/%	氧气	>99.2			>99.5
	氮气	>99.5			>99.99
操作压力/MPa		7～20	1.5～2.5		<1

四、氧、氮的应用

1. 氧的应用

在炼钢过程中吹以高纯度氧气，氧便和碳及磷、硫、硅等起氧化反应，这不但降低了钢的含碳量，还有利于清除磷、硫、硅等杂质。而且氧化过程中产生的热量足以维持炼钢过程所需的温度，因此，吹氧不但缩短了冶炼时间，同时提高了钢的质量。高炉炼铁时，提高鼓风中的氧浓度可以降低焦比，提高产量。在有色金属冶炼中，采用富氧也可以缩短冶炼时间提高产量。

在生产合成氨时，氧气主要用于原料的氧化，例如，重油的高温裂化，以及煤粉的气化等，以强化工艺过程，提高化肥产量。

液氧是现代火箭最好的助燃剂，在超音速飞机中也需要液氧作氧化剂，可燃物质浸渍液氧后具有强烈的爆炸性，可制作液氧炸药。

医疗保健方面：供给呼吸，用于缺氧、低氧或无氧环境，例如，潜水作业、登山运动、高空飞行、宇宙航行、医疗抢救等。

此外氧气在金属切割及焊接等方面也有着广泛的用途。

2. 氮的应用

氮气主要用于生产合成氨，另外还广泛地用于化工、冶金、原子能、电子、石油、玻璃、食品等工业部门作保护气。

液氮可用于国防工业，作为火箭燃料的压送剂和作宇宙航行导弹的冷却装置。此外，液氮还广泛地用于科研部门作低温冷源，以及用于金属的低温处理、生物保存、冷冻法医疗和食品冷藏等。

第二节　空气的净化

空气净化的目的是脱除空气中所含的机械杂质、水分、二氧化碳、烃类化合物（主要为乙炔）等杂质，以保证空分装置顺利进行和长期安全运转。这些杂质在空气中的一般含量见表 1-3。

表 1-3　空气中主要杂质的含量

机械杂质/(g/m^3)	水蒸气/%	二氧化碳/%	乙炔/(mg/m^3)
0.005～0.01	2～3	0.03	0.001～1

一、机械杂质的脱除

空气中的机械杂质进入装置，会损坏压缩机和造成设备阻塞。机械杂质一般用设置在空气压缩机入口管道上的空气过滤器脱除。

常用的空气过滤器分湿式和干式两类。湿式包括拉西环式和油浸式；干式包括袋式、干带式和自洁式空气过滤器等。

1. 拉西环式过滤器

拉西环式过滤器由钢制外壳和装有拉西环的插入盒构成（见图 1-1），拉西环上涂有低凝固点的过滤油。

空气通过时，灰尘等机械杂质便附着在拉西环的过滤油上，从而达到了净化的目的。

拉西环式过滤器通常适用于小型空分装置。

2. 油浸式过滤器

油浸式过滤器由许多片状链组成，链借链轮的作用以 2mm/min 的速度移动或间歇移动（见图 1-2）。片状链上有钢架，钢架悬挂在链的活动接头上，架上铺有孔为 $1mm^2$ 的细网。空气通过网架时，将所含灰尘留在网上的油膜中。随着链的回转，附着的灰尘通过油槽时被洗掉，并重被覆盖一层新的油膜。

油浸式过滤器的效率一般为 93%～99%。通常用于大型空分装置或含大量灰尘的场合，

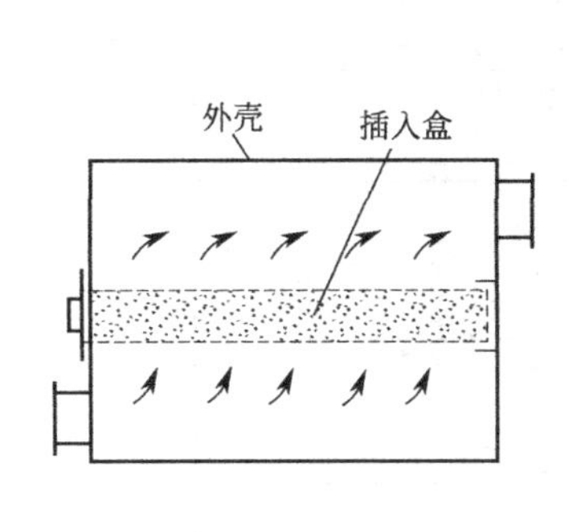

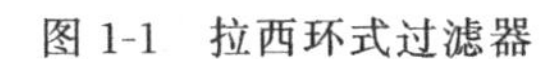
图 1-1　拉西环式过滤器

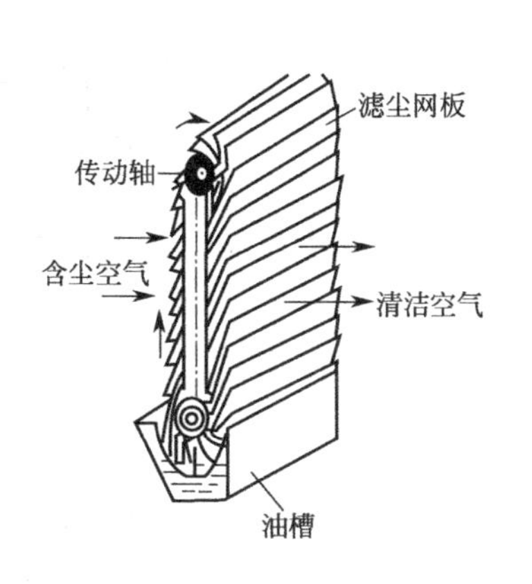

图 1-2　油浸式过滤器

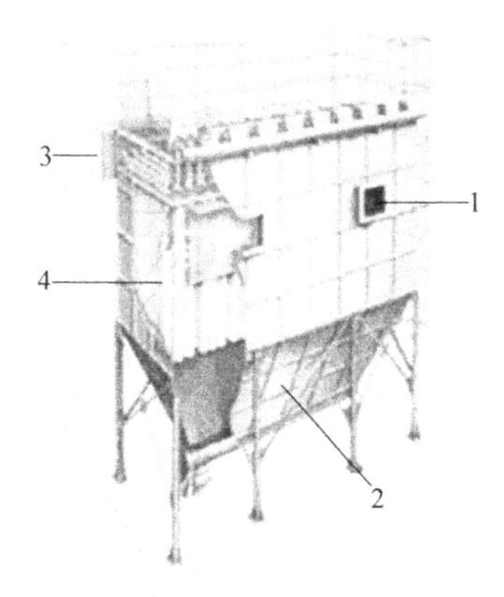

图 1-3　袋式过滤器结构示意
1—空气进口；2—灰箱；
3—空气出口；4—滤袋

并常与干带式过滤器串联使用。

3. 袋式过滤器

袋式过滤器一般由滤袋、清灰装置、清灰控制装置等组成（见图 1-3）。滤袋是过滤除尘的主体，它由滤布和固定框架组成。滤布及所吸附的粉尘层构成过滤层，为了保证袋式除尘器的正常工作，要求滤布耐温，耐腐，耐磨，有足够的机械强度，除尘效率高，阻力低，使用寿命长，成本低等。

空气从滤袋流过时，灰尘被滤布截留，而变为洁净空气；滤布上的灰尘积累到一定厚度时，清灰装置启动，使灰尘落入灰箱。

袋式过滤器可避免空气夹带油分，效率可达 98%～99%，但其阻力较油浸式过滤器大。

袋式过滤器主要用于大型空分装置以及含灰尘量少的场合，例如海边等。

4. 干带式过滤器

干带式过滤器的结构如图 1-4 所示。

干带式过滤器所用的干带，是一种尼龙丝组成的长毛绒状制品或毛质滤带。干带上、下两端装有滚筒，滚筒由电动机及变速器传动。当通过干带的空气阻力超过规定值（200Pa）时，滚筒电动机启动，使干带转动，脏带存入上滚筒。当阻力恢复正常后，即自动停止转动。干带用完后，拆下上滚筒取出脏带进行清洗。

干带式过滤一般与油浸式过滤器串联使用，其主要作用是清除通过油浸式过滤器后空气中所带的油雾。

5. 自洁式空气过滤器

自洁式空气过滤器的结构如图 1-5 所示。主要由高效过滤桶、文氏管、自洁专用喷头、反吹系统、控制系统、净气室、出风口和框架等组成。

（1）过滤过程　在压缩机吸气负压作用下，自洁式空气过滤器吸入周围的环境空气。当空气穿过高效过滤桶时，粉尘由于重力、静电、接触等作用被阻留在滤桶外表面，净化空气进入净气室，然后由风管送出。

（2）自洁过程　当滤桶的阻力达到一定数值时，电磁阀启动并驱动隔膜阀打开，瞬间释放一股压力为 0.4～0.6MPa 的脉冲气流。气流经专用喷头整流，经文氏管吸卷、密封、膨胀等作用，从滤桶内部均匀的向外冲出，将积聚在滤桶外表的粉尘吹落。

自洁过程可用以下三种方式来控制。

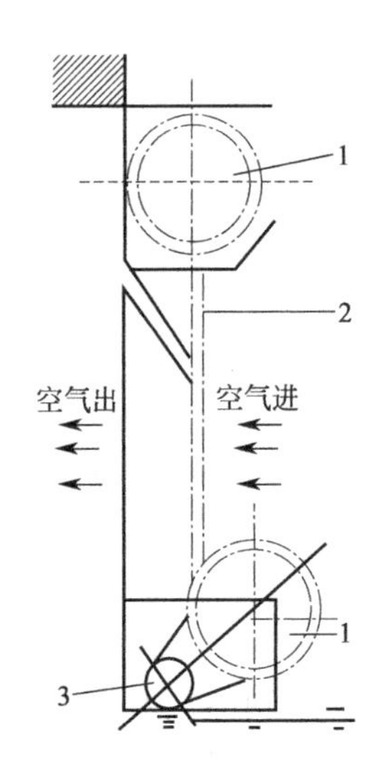

图 1-4 干带式过滤器示意

1—滚筒；2—干带；
3—传动装置

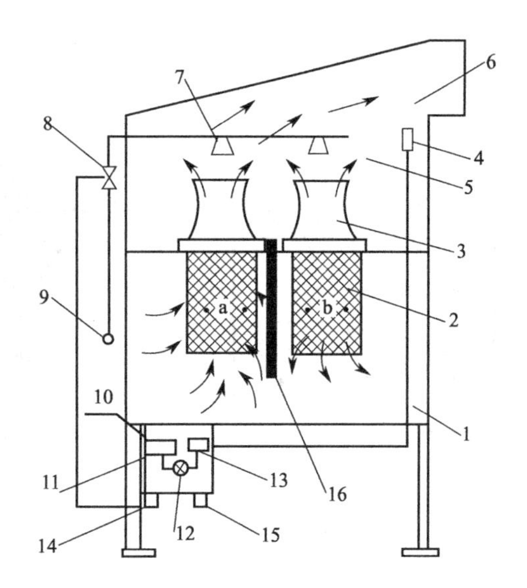

图 1-5 自洁式空气过滤器的结构

1—吸入机箱；2—过滤筒；3—文氏管；4—负压探头；5—净气机箱；6—净气出口；7—自洁气喷头；8—电磁隔膜阀；9—自洁用压缩空气管线；10—PLC 微电脑；11—电控箱；12—压盖报警；13—压差控制仪；14—电磁隔膜阀接线端子；15—电源入口；16—中间隔板

① 定时定位，可任意设定间隔时间及自洁时间。

② 差压自洁，当压差超指标时，自动连续自洁。

③ 手动自洁，当电控箱不工作或粉尘较多时，可采用手动自洁。

反吹自洁过程是间断进行的，每次只有 1～2 组过滤筒处于自洁状态，其余的仍在工作，所以自洁式空气过滤器具有在线自洁功能，以保持连续工作。

自洁式空气过滤器以下优点。

① 具有前置过滤网，防止柳絮、树叶及废纸吸入，减轻滤桶负担，延长其使用寿命。

② 安装简单，只需配管、通电、通气即可工作。

③ 过滤效率高。1μm 尘粒，脱除效率 99.5%；2μm 尘粒，脱除效率 99.9%。比一般过滤器过滤效率提高 5%～10%。

④ 过滤阻力小。小型机≤1500Pa、大型机 300～800Pa。

⑤ 自耗小。压缩空气消耗仅为 0.1～0.5m^3/min，电耗量为 200～1000W·h。

⑥ 占地面积小。

⑦ 结构简单设备质量轻。仅为同容量布袋过滤器及其他过滤器的 1/3～1/2。

⑧ 部件使用寿命长。

⑨ 防腐性能好。净气室采用优质涂层及不锈钢内衬，以杜绝过滤后的空气受二次污染。外表采用高防腐船用漆，以保证其在室外环境下长期不受腐蚀。

⑩ 维护工作量低。除每隔两年左右更换滤桶外，过滤器的日常维护工作量为零；更换滤桶不需停操作，因此用户不因为维护过滤器而影响生产。

二、水分、二氧化碳、乙炔的脱除

空气中的水分、二氧化碳如进入空分装置，在低温下会冻结、积聚，堵塞设备和阀门。乙炔进入装置，在含氧介质中受到摩擦、冲击或静电放电等作用，会引起爆炸。

脱除水分、二氧化碳、乙炔的常用方法有吸附法和冻结法等。视装置不同特点，采用不同方法。在此仅介绍大型空分装置所有的空气预冷和分子筛吸附法。

（一）空气预冷系统

空气预冷系统是空气分离设备的一个重要组成部分，它位于空气压缩机和分子筛吸附系统之间，用来降低进分子筛吸附系统空气的温度及 $H_2O(g)$、CO_2 含量，合理利用空气分离系统的冷量。

在填料式空气冷却塔（简称空冷塔）的下段，出空压机的热空气被常温的水喷淋降温，并洗涤空气中的灰尘和能溶于水的 NO_2、SO_2、Cl_2、HF 等对分子筛有毒害作用的物质；在空冷塔的上段，用经污氮降温过的冷水喷淋热空气，使空气的温度降至 10～20℃。

（二）分子筛吸附法

自 20 世纪 70 年代开始，在全低压空分设备上，逐渐用常温分子筛净化空气的技术来取代原先使用的碱洗及干燥法脱除水分和二氧化碳的方法。此法让空冷塔预冷后的空气，自下而上流过分子筛吸附器（以下简称吸附器），空气中所含有的 H_2O、CO_2、C_2H_2 等杂质相继被吸附剂吸附清除。吸附器一般有两台，一台吸附时，另一台再生，两台交替使用。此种流程具有产品处理量大、操作简便、运转周期长和使用安全可靠等许多优点，成为现代空分工艺的主流技术。

1. 吸附剂

空分系统中常用的吸附剂有硅胶、活性氧化铝和分子筛等。

（1）硅胶　硅胶是人造硅石，是用硅酸钠与硫酸反应生成的硅酸凝胶，经脱水制成。其分子式可写为 $SiO_2 \cdot nH_2O$。硅胶具有较高的化学稳定性和热稳定性，不溶于水和各种溶剂（除氢氟酸和强碱外）。按孔隙大小的不同，可分为粗、细孔两种。

（2）活性氧化铝　活性氧化铝是用碱或酸从铝盐溶液中沉淀出水合氧化铝，然后经过老化、洗涤、胶溶、干燥和成形而制得氢氧化铝，氢氧化铝再经脱水而得活性氧化铝。其分子式为 Al_2O_3，呈白色，具有较好的化学稳定性和机械强度。

（3）分子筛　分子筛是人工合成的泡沸石，是硅铝酸盐的晶体，呈白色粉末，加入黏结剂后可挤压成条状、片状和球状。分子筛无毒、无味、无腐蚀性，不溶于水及有机溶剂，但能溶于强酸和强碱。分子筛经加热失去结晶水，晶体内形成许多毛细孔，其孔径大小与气体分子直径相近，且非常均匀。它允许小于孔径的分子通过，而大于孔径的分子被阻挡。它可以根据分子的大小，实现组分分离，因此称为“分子筛”。

分子筛对杂质的吸附具有选择性，其选择性首先取决于分子直径，凡大于其毛细孔直径的分子，不能进入，因此不会被吸附；其次进入毛细孔内的分子能否被吸附，与其极性、极化率和不饱和度等性质有关。一般对极性分子如水、二氧化碳，对不饱和分子如乙炔等易吸附；而对氢、乙烷等非极性和饱和分子不易吸附。

分子筛有很大的比表面积，其数值一般为 800～10000m^2/g，因此有很强的吸附能力。

分子筛的种类很多，目前空分设备中通常选用的作空气净化吸附剂的类型为 13X 分子筛。13X 分子筛除具有其他分子筛吸水性强、在高温、低分压下具有良好的吸附性能外，还能吸附加工空气中更多种类的有害杂质。13X 分子筛孔径为 10Å（1Å＝0.1nm，下同），其吸附孔径大于其他分子筛，便于吸附、解吸。13X 分子筛晶穴体积大，比表面积也大，其吸附容量高，扩散也快。

2. 吸附原理

吸附是利用一种多孔性固体物质去吸取气体（或液体）混合物中的某种组分，使该组分从混合物中分离出来的操作。通常把被吸附物含量低于 3%，并且是弃之不用的吸附称为吸附净化；若被吸附物含量高于 3%或虽低于 3%，但被吸附物是有用而不弃去的吸附称为吸附分离。空气中的水分、二氧化碳等杂质含量都低于 3%，并弃去不用，所以这种吸附被称为空气的吸附净化或吸附纯化。把吸附用的多孔性固体称为吸附剂，把被吸附的组分称为吸附质。吸附所用的设备称为吸附器。

当含吸附质浓度为 y_a 的混合气体以恒定流速自下而上进入吸附器时，吸附质首先在靠近吸附器进口端的吸附剂入口处被吸附，并渐渐趋于饱和。饱和时吸附剂上的吸附质浓度 x_a 与进气浓度 y_a 平衡，气体经过这一段吸附柱时浓度不再发生变化，这一区域被称为吸附平衡区。在平衡区以上是正在进行吸附的传质区，传质区以上是未吸附区。继续进料，吸附器中传质区逐渐上移，平衡区慢慢扩大，未吸附区相应缩小。当传质区前缘移出吸附柱，则流出气体中吸附质浓度开始增加。当传质区的尾缘也离开了吸附柱的出口截面，这时整个吸附柱都达到饱和，对原料气的吸附质不再具有吸附能力，经过吸附柱后的气体中吸附质浓度仍为 y_a。传质区前缘到达吸附柱出口截面的时刻，称为吸附转效点。从开始吸附到转效点的时间是吸附时间。

吸附时间的长短取决于吸附剂颗粒的大小，吸附床层高低，气体通过床层的气速，气体中吸附质的浓度高低。通常吸附剂颗粒的大，吸附床层低，气体通过床层的气速快，气体中吸附质的浓度高，吸附时间短。

3. 吸附剂的吸附容量

吸附剂的吸附容量指单位数量的吸附剂最多吸附的吸附质的量。吸附容量大，吸附时间长，吸附效果好。吸附容量通常受吸附过程的温度和被吸附组分的分压力（或浓度）、气体流速、气体湿度和吸附剂再生完善程度的影响。

吸附容量随吸附质分压的增加而增大，但增大到一定程度以后，吸附容量大体上与分压力无关。吸附容量随吸附温度的降低而增大，所以应尽量降低吸附温度；同时，温度降低，饱和水分含量也相应减少，有利于吸附器的正常工作。

流速越高，吸附剂的吸附容量越小吸附效果越差。流速不仅影响吸附能力，而且影响气体的干燥程度。

分子筛对相对湿度较低的气体吸附能力较大。

吸附剂再生越彻底，吸附容量就越大。而再生的完善程度与再生温度有关（应在吸附剂热稳定性温度允许的范围内），也与再生气体中含有多少吸附质有关。

4. 大气中有害杂质的吸附及其影响

对分子筛有害的杂质有：二氧化硫、氧化氮、氯化氢、氯、硫化氢和氨等。这些成分被分子筛吸附后又遇到水分的情况下，会与分子筛起反应而使分子筛的晶格发生变化。它们与分子筛的反应是不可逆的，因而降低了分子筛的吸附能力。其结果是：随着使用时间的延长，吸附器的运转周期就会缩短。

在上述有害杂质中，氯化氢、氯化铵最易被水洗涤，二氧化硫、三氧化硫和二氧化氮也可被水洗涤，而硫化氢、一氧化氮不能被水洗涤清除。再生气中含有的微量氧，可与被分子筛吸附的硫化氢、二氧化硫和氧化氮发生化学反应，生成硫酸和硝酸。其化学反应如下。

$$H_2S+O_2 \longrightarrow SO_2+H_2O$$

$$SO_2+O_2 \longrightarrow SO_3$$

$$SO_3+H_2O \longrightarrow H_2SO_4$$

$$NO+O_2 \longrightarrow NO_2$$

$$NO_2+H_2O \longrightarrow HNO_3$$

生成的硫酸和硝酸会对分子筛产生更大的危害。

一般情况下，在分子筛吸附器前面有空气预冷系统时，要求空气中二氧化硫、氧化氮、氯化氢、氯、硫化氢和氨等有害物质的总量小于 $1mg/m^3$；没有时，要求空气中有害物质的总量小于 $0.1mg/m^3$。

在正常情况下，空气中的氧化氮含量小于0.1mg/m³。但由于工业的污染，空气中的氧化氮含量会增加。尤其在合成氨厂、化肥厂和硝酸厂，其排放气中的氧化氮含量较高。故此类工厂的空分设备不宜安放在常年主风向的下游。

5. 吸附剂的再生

吸附剂的再生是吸附的吸附质脱附的过程。用干燥的热气流流过吸附剂床层，在高温的作用下，被吸附的吸附质脱附，并被热气流带走。

第三节　空气的液化

空气的液化指将空气由气相变为液相的过程，目前采用的方法为给空气降温，让其冷凝。在空气液化的过程中，为了补充冷损、维持工况以及弥补换热器复热的不足，需要用到制冷循环，而制冷循环与空气的许多热力学性质有关。下面首先对制冷循环所用到的主要热力学性质和温-熵（T-S）图做一简单介绍。

一、制冷的热力学基础

1. 空气的一些热力学参数

（1）内能　气体是由分子组成的，其内部分子不停的运动而具有动能。气体分子之间存在着作用力，因而具有位能。分子的动能和位能之和称为气体的内能，通常用U来表示，单位为J（焦）。分子动能和位能的变化都会引起内能的变化。分子动能的大小与气体的温度有关，温度越高分子的动能越大。而分子位能的大小取决于分子之间的距离，即由气体的体积来决定。由于温度与体积都是状态函数，所以内能也是状态参数。也就是内能只与状态有关，与变化过程无关。内能的改变通常通过传热和做功两种方式来完成。

（2）焓　流体在流动时，后面流体对前面的流体做了功，这个功会转变为流体的一部分能量，叫流动能，其在数值上等于流体的压力p与所流过的容积ΔV的乘积。流体所具有的能量等于内能和流动能之和，这两者之和通常称为焓，用符号H表示，其单位也为J（焦）。即

$$H=U+p\Delta V$$

（3）可逆过程和不可逆过程　当物系由某一状态变化到另一状态时，若过程进行得足够缓慢，或内部分子能量平衡的时间极短，则这个过程反过来进行时，能使物系和外界完全复原，称此过程为可逆过程。如不能完全复原，称为不可逆过程。

（4）熵　自然界许多现象都有方向性，即向某一个方向可以自发地进行。如热量可自发地从高温物体传给低温物体，高压气体会自发地向低压方向膨胀，不同性质的气体会自发地均匀混合，一块赤热的铁会自然冷却，水会自发地从高处流向低处等。它们的逆过程则均不能自发进行。这种有方向性的过程，都为“不可逆过程”。

熵可以用来度量不可逆过程前后两个状态的不等价性。自发过程总是朝着熵增大的方向进行，或者说，熵增加的大小反映了过程不可逆的程度。

熵的定义为

$$dS=dQ/T \text{ 或 } \Delta S=\Delta Q/T$$

式中表明，熵的增量等于系统在不可逆过程中从外界传入的热量，除以传热当时的绝对温度所得的商。或者说，物质熵的变化可用过程中物质得到的热量除以当时的绝对温度来计算（如果过程中温度不是常数，熵的增减需用数学积分计算）。熵的单位为J/K。

熵对制冷的价值可用节流过程和膨胀过程为例加以说明。如果空气通过节流阀和膨胀机时，压力均从p_1降到p_2，在理想情况下，两个过程均可看成是绝热过程。但是，由于节流过程没有对外做机械功，压力降完全消耗在节流阀的摩擦、涡流及气流撞击损失上，要使气

流自发的从压力低的状态变回压力高的状态是不可能的，因此它是一个不可逆过程。对膨胀机而言，膨胀机叶轮对外做功，使气体的压力降低，内部能量减少。在理论情况下，如果将所做出的功用压缩机加以收回，则仍可以将气体由 p_2 压缩至 p_1，没有消耗外界的能量，因此，膨胀机的理想绝热膨胀过程是一可逆的过程。

对节流过程来说，是绝热的不可逆过程，熵是增大的。增大的越多，说明不可逆程度越大。对膨胀机来说，在理想情况下，为一可逆过程，熵不变。

2. 空气的温-熵图

以空气的温度 T 为纵坐标，以熵 S 为横坐标，并将压力 p、焓 H 及它们之间的关系，直观地表示在一张图上，这个图就称为空气的温-熵图，简称空气的 T-S 图。在空气的液化过程，用 T-S 图可表示出物系的变化过程，并可直接从图上求出温度、压力、熵和焓的变化值。

图 1-6 为空气的 T-S 简图。图中向右上方的一组斜线为等压线；向右下方的一组线为等焓线；图下部山形曲线为饱和曲线，山形曲线的顶点 k 是临界点，通过临界点的等温线称为临界等温线。在临界点左边的山形曲线为饱和液体线，临界点右边的山形曲线为饱和气体线。临界等温线下侧和饱和液体线左侧的区域为液体状态区；临界等温线下侧和饱和气体线右侧，以及临界等温线以上的区域是气相区；山形曲线的内部是气液两相共存区，亦称为湿蒸汽区。两相共存区内任意一点表示一个气液混合物。例如 e 点为气体空气 g 和液体空气 f 组成的气液混合物，线段 fe 和 eg 的长度比，表示气液混合物中气体与液体的数量之比，即 $fe:eg$=气体量：液体量。

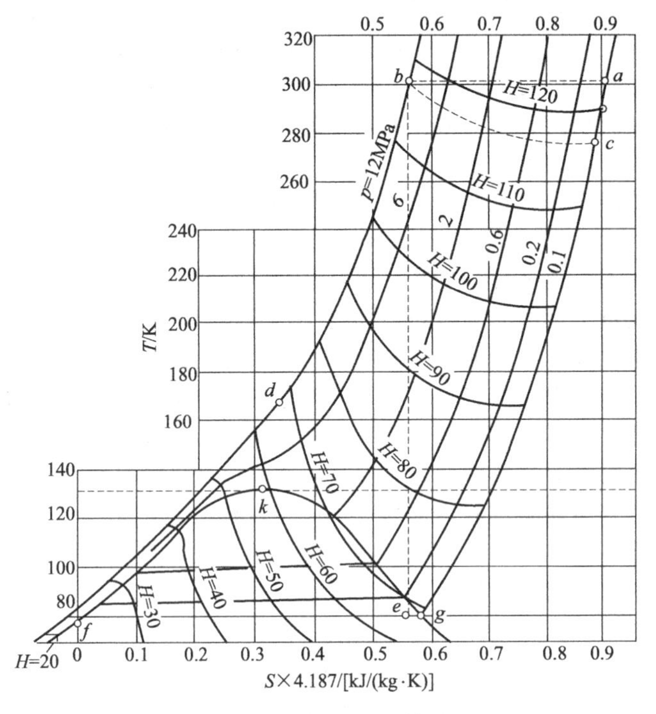

图 1-6 空气的 T-S 简图

在温度、压力、熵、焓四个状态函数中已知任意两个，便可利用空气的 T-S 图确定空气的状态。例如，当空气压力为 0.1MPa，温度为 30℃时，在 T-S 图上可用点 a 表示，点 a 的状态呈气态。利用空气的 T-S 图还可以表示各种变化前后的状态。例如，线段 ab 表示由压力为 0.1MPa、温度为 30℃的 a 点，等温加压到压力为 12MPa 的 b 点的等温加压过程。

曲线 bc 表示由压力为 12MPa 的 b 点，等焓膨胀到 c 点的等焓膨胀过程。曲线 bd 表示当压力为 12MPa 时，空气由 b 点冷却到 d 点的等压冷却过程。

二、空气液化时的制冷原理

工业上空气液化常用两种方法获得低温，即空气的节流膨胀和膨胀机的绝热膨胀制冷。

1. 节流膨胀

连续流动的高压气体，在绝热和不对外做功的情况下，经过节流阀急剧膨胀到低压的过程，称为节流膨胀。

由于节流前后气体压力差较大，因此节流过程是不可逆过程。气体在节流过程既无能量收入，又无能量支出，节流前后能量不变，故节流膨胀为等焓过程。

气体经过节流膨胀后，一般温度要降低。温度降低的原因是因为气体分子间具有吸引力，气体膨胀后压力降低，体积膨胀，分子间距离增大，分子位能增加，必须消耗分子的动能。

利用气体 T-S 图能十分方便地计算出节流膨胀前后温度的变化。例如在图 1-7 中，为了求出气体从状态 2（T_2，p_2）节流膨胀到压力为 p_1 时的温度，只要由 2 点作等焓线 H_2，与等压线 p_1 相交于 1 点，线段 2→1 表示节流膨胀过程，1 点的温度 T_1 即为节流膨胀后的温度，T_2-T_1 为节流膨胀前后的温度差。

2. 膨胀机的绝热膨胀

压缩气体经过膨胀机在绝热下膨胀到低压，同时输出外功的过程，称为膨胀机的绝热膨胀。由于气体在膨胀机内以微小的推动力逐渐膨胀，因此过程是可逆的。可逆绝热过程的熵不变，故膨胀机的绝热膨胀为等熵过程。

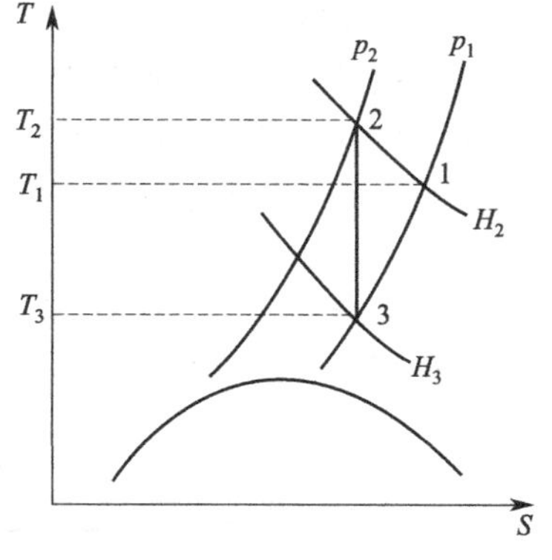

图 1-7　气体的 T-S 图

气体经过等熵膨胀后温度总是降低的，主要原因是气体通过膨胀机对外做了功，消耗了气体的内能，另一个原因是膨胀时为了克服气体分子间的吸引力，消耗了分子的动能。

在图 1-7 中，线段 2—3 表示气体由压力为 p_2、温度为 T_2 的 2 点，等熵膨胀到 p_1 时的过程，T_2-T_3 为膨胀前后气体的温度差。

由图 1-7 可见，气体同样从状态 2（p_2，T_2）膨胀到低压 p_1 时，等熵膨胀前后的温差（T_2-T_3）大于节流膨胀前后的温差（T_2-T_1），因此等熵膨胀的降温效果比节流膨胀的降温效果好。但膨胀机的结构比节流阀复杂。

三、空气的液化循环

目前空气液化循环主要有两种类型：以节流为基础的液化循环；以等熵膨胀与节流相结合的液化循环。

1. 以节流膨胀为基础的循环

节流膨胀循环，由德国的林德首先研究成功，故亦称简单林德循环。

如前所述，节流的温降很小，制冷量也很少，所以在室温下通过节流膨胀不可能使空气液化，必须在接近液化温度的低温下节流才有可能液化。因此，以节流为基础的液化循环，必须使空气预冷，常采用逆流换热器，回收冷量预冷空气。节流循环流程的示意图及 T-S 图由图 1-8 表示。系统由压缩机、中间冷却器、逆流换热器、节流阀及气液分离器组成。应用简单林德循环液化空气需要有一个启动过程，首先要经过多次节流，回收等焓节流制冷量预冷加工空气，使节流前的温度逐步降低，其制冷量也逐渐增加，直至逼近液化温度，产生

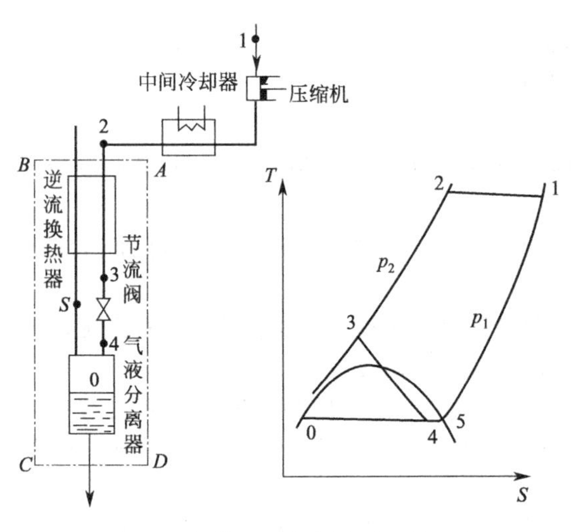

图 1-8 林德循环的流程图及 T-S 图

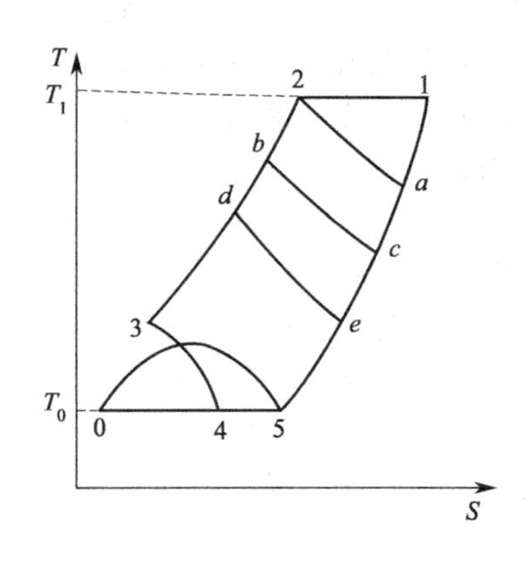

图 1-9 林德循环启动阶段

液化空气。这一连串多次节流循环即林德循环启动阶段如图 1-9 所示。

实际林德循环存在着许多不可逆损失，主要有：

① 压缩机组（包括压缩和水冷却过程）中的不可逆性，引起的能量损失；

② 逆流换热器中存在温差，即换热不完善损失；

③ 周围介质传入的热量，即跑冷损失。

2. 以等熵膨胀与节流相结合的液化循环

林德循环是以节流膨胀为基础的液化循环，其温降小，制冷量少，液化系数（液化空气占加工空气的比例）及制冷系数（单位功耗所能获得的冷量）都很低，而且节流过程的不可逆损失很大并无法回收。而采用等熵膨胀，气体工质对外做功，能够有效地提高循环的经济性。

（1）克劳特循环　1902 年，克劳特提出了膨胀机膨胀与节流相结合的液化循环称之为克劳特循环，其流程及在 T-S 图中的表示见图 1-10。

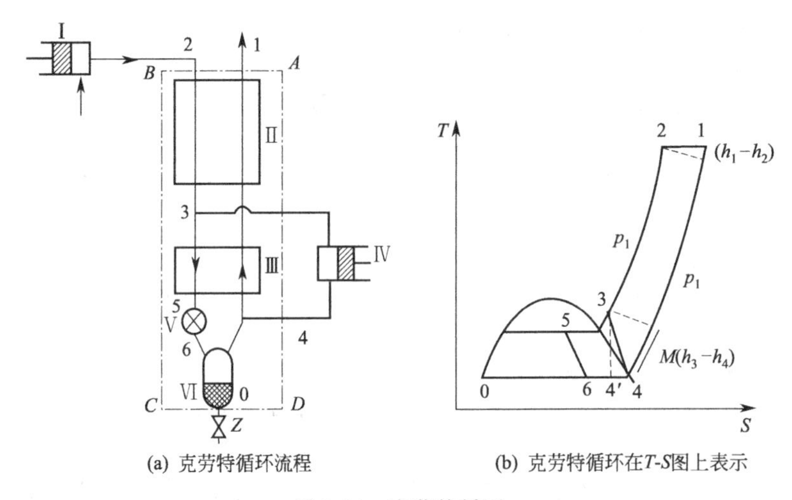

(a) 克劳特循环流程　(b) 克劳特循环在T-S图上表示

图 1-10 克劳特循环

空气由 1 点（T_1，p_1）被压缩机 Ⅰ 等温压缩至 2 点（p_2，T_1）经换热器 Ⅱ 冷却至点 3 后分为两部分，其中 Mkg 进入换热器 Ⅲ 继续被冷却至点 5，再由节流阀 Ⅴ 节流至大气压（点 6），这时 Zkg 气体变为液体。($M-Z$)kg 的气体成为饱和蒸气返回。当加工空气为 1kg

时，另一部分 $(1-M)$kg 气体，进入膨胀机Ⅳ膨胀至点 4，膨胀后的气体在换热器Ⅲ热端与节流后返回的饱和空气相汇合，返回换热器Ⅲ预冷却 Mkg 压力为 p_2 的高压空气，再逆向流过换热器Ⅱ，冷却等温压缩后的正流高压空气。

与简单林德循环相比较，克劳特循环的制冷量和液化系数都大，这是由于 $(1-M)$ kg 的空气在膨胀机中做功而多制取冷量的结果。

影响该循环制冷量及液化系数的因素主要有：膨胀机中的膨胀空气量的多少；膨胀机机前压力 p_2；进膨胀机的温度 T_3 以及膨胀机效率。

(2) 卡皮查循环　该循环是一种低压带膨胀机的液化循环，由于节流前的压力低，节流效应很小，等焓节流制冷量也很小，所以这种循环可认为是以等熵膨胀为主导的液化循环，此液化循环是在高效离心透平式膨胀机问世后，1937 年原苏联院士卡皮查提出的，因此称为卡皮查循环。其流程示意图及在 T-S 图中的表示见图 1-11。

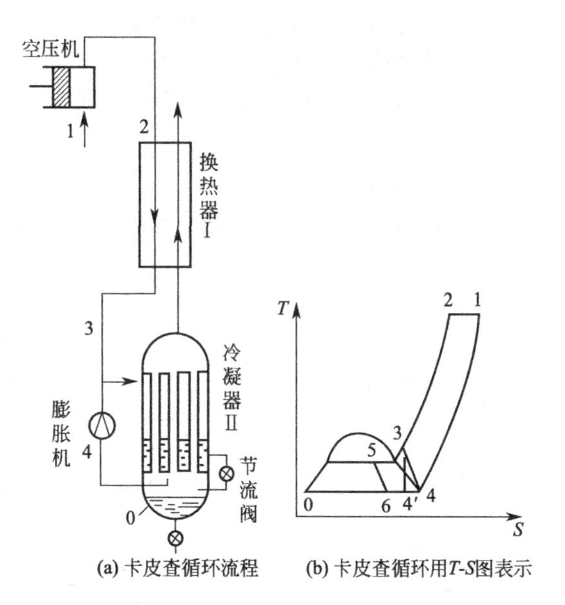

图 1-11　卡皮查循环流程示意及 T-S 图

空气在透平压缩机中被压缩至约 0.6MPa，经换热器Ⅰ冷却后，分成两部分，绝大部分 Gkg 进透平膨胀，膨胀至大气压，然后进入冷凝器Ⅱ，将其冷量传递给未进膨胀机的另一部分空气。未进膨胀机的空气数量较小，数量为 $(1-G)$kg，它在冷凝器的管间，被从膨胀机出来的冷气流冷却，在 0.6MPa 的压力下冷凝成液体，而后节流到大气压。节流后小部分汽化变成饱和蒸气，与来自膨胀机的冷气流汇合，通过冷凝器管逆流，流经换热器Ⅰ冷却等温压缩后的加工空气。而液体留在冷凝器的底部。

从实质上来看，卡皮查循环是克劳特循环的特例。在循环中采用了高效离心空压机及透平膨胀机，其制冷效率等于 0.8 或更高，大大提高了液化循环的经济性。

通常卡皮查循环的高效透平膨胀机制冷量占总制冷量的 80%～90%，而且应用高效换热器减少了传热过程中的不可逆损失。但由于 p_2 压力只有 0.5～0.6MPa，所以循环的液化系数不超过 5.8%。

由于卡皮查循环在低压下运行，运行安全可靠、流程简单、单位能耗低，已在现代大、中型空分装置中得到广泛地应用。

第四节　空气的分离

空气分离的基本原理是利用低温精馏法，将空气冷凝成液体，然后按各组分蒸发温度的不同将空气分离。

空气的精馏过程在精馏塔中进行。以筛板塔为例，在圆柱形筒内装有水平放置的筛孔板，温度较低的液体自上一块塔板经溢流管流下来，温度较高的蒸气由塔板下方通过小孔往上流动，与筛孔板上液体相遇，进行热质交换，实现气相的部分冷凝和液相的部分汽化，从而使气相中的氮含量提高，液相中的氧含量提高。连续经过多块塔板后就能够完成整个精馏过程，从而得到所要求的氧、氮产品。

空气的精馏根据所需的产品不同，通常有单级精馏和双级精馏，两者的区别在于：单级精馏以仅分离出空气中的某一组分（氧或氮）为目的；而双级精馏以同时分离出空气中的多个组分为目的。

一、单级精馏

单级精馏塔有两类：一类是制取高纯度液氮（或气氮）；一类是制取高纯度液氧（或气氧），如图 1-12 所示。

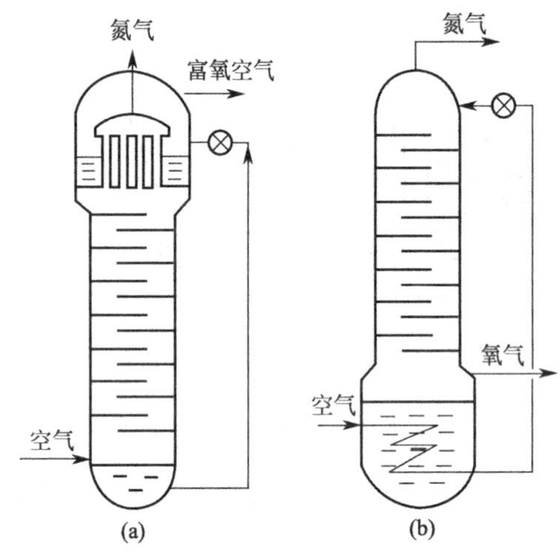

图 1-12　单级精馏示意

如图 1-12(a) 所示为制取高纯度液氮（或气氮）的单级精馏塔。它是由塔釜、塔板及筒壳、冷凝蒸发器三部分组成。塔釜和冷凝蒸发器之间装有节流阀。压缩空气经净化系统和换热系统，除去杂质并冷却后进入塔底部，并自下向上地穿过每块塔板，与塔板上的液体接触，进行热质交换。只要塔板数目足够多，在塔的顶部就能得到高纯度的气氮。该气氮在冷凝蒸发器内被冷却变成液体，一部分作为液氮产品，由冷凝蒸发器引出；另一部分作为回流液，沿塔板自上而下地流动。回流液与上升的蒸气进行热质交换，最后在塔底得到含氧较多的液体，叫富氧液化空气，或称釜液。釜液经节流阀进入冷凝蒸发器的蒸发侧（用来冷却冷凝侧的氮气）被加热而蒸发，变成富氧气体引出。如果需要获得气氮，则可从冷凝蒸发器的顶盖下引出。

由于釜液与进塔的空气处于接近平衡的状态，故该塔仅能获得纯氮。

如图 1-12(b) 所示为制取高纯度液氧（或气氧）的单级精馏塔。它是由塔体、塔板、塔釜和釜中的蛇管蒸发器组成。被净化和冷却的压缩空气经过蛇管蒸发器时逐渐被冷凝，同时将它外面的液氧蒸发。冷凝后的压缩空气经节流阀进入精馏塔的顶端。此时由于节流降压，有一部分液体汽化，大部分液体自塔顶沿塔板下流，与上升蒸气在塔板上充分接触，氧含量逐步增加。当塔内有足够多的塔板数时，在塔底可以得到纯液氧。所得产品氧可以气态或液态引出。由于从塔顶引出的气体和节流后的液化空气处于接近平衡的状态，故该塔不能获得纯氮。

单级精馏塔分离空气是不完善的，不能同时获得纯氧和纯氮，只有在少数情况下使用。为了弥补单级精馏塔的不足，便产生了双级精馏塔。

二、双级精馏

双级精馏塔如图 1-13 所示，双级精馏塔由下塔、上塔和上、下塔之间的冷凝蒸发器组成。经过压缩、净化并冷却后的空气进入下塔底部，自下向上穿过每块塔板，至下塔顶部得到一定纯度的气氮。下塔塔板数越多，气氮纯度越高。氮进入冷凝蒸发器的冷凝侧时，由于它的温度比蒸发侧液氧温度高，被液氧冷却变成液氮。一部分作为下塔回流液沿塔板流下，至下塔塔釜便得到氧含量 36%～40% 的富氧液化空气；另一部分聚集在液氮槽中，经液氮节流阀节流后，进入上塔顶部作为上塔的回流液。

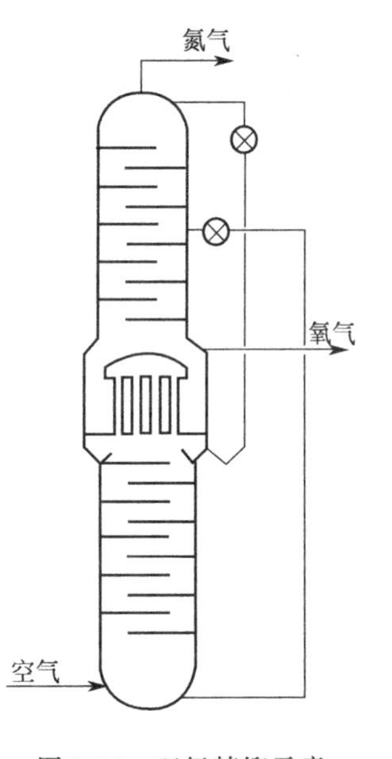

图 1-13　双级精馏示意

下塔塔釜中的液化空气经液化空气节流阀节流后进入上塔中部，沿塔板逐块流下，参加精馏过程。只要有足够多的塔板，在上塔的最下一块塔板上可以得到纯度很高的液氧。液氧进入冷凝蒸发器的蒸发侧，被下塔的气氮加热蒸发。蒸发出来的气氧一部分作为产品引出，另一部分自下向上穿过每块塔板进行精馏，气体越往上升，其氮含量越高。

双级精馏塔可在上塔顶部和底部同时获得纯氮气和纯氧气；也可以在冷凝蒸发器的蒸发侧和冷凝侧分别取出液氧和液氮。精馏塔中的空气分离分为两级，空气首先在下塔进行第一次分离，获得液氮，同时得到富氧液化空气；富氧液化空气被送往上塔进行进一步精馏，从而获得纯氧和纯氮。上塔又分为两段，一段是从液化空气进料口至上塔底部，是为了将液体中氮组分分离出来，提高液体中的氧含量，称为提馏段。从富氧液化空气进料口至上塔顶部的一段称为精馏段，它是用来进一步精馏上升气体，回收其中氧组分，不断提高气体中氮组分的含量。冷凝蒸发器是连接上、下塔，使两者进行热量交换的设备，对下塔而言是冷凝器，对上塔则是蒸发器。

三、空分塔的种类

目前工业上用的空分塔主要有板式塔和填料塔两大类。在板式塔中有筛板塔和泡罩塔之分；在填料塔中又有散装填料和规整填料。下面对它们的结构和特点做一简要介绍。

1. 筛板塔

筛板塔是空分装置中最常用的一种塔。筛板塔主要由塔体和一定数量的筛孔塔板组成。筛孔塔板上具有按一定规则排列的筛孔，孔径为 0.8～1.3mm，孔间距为 2.1～3.25mm，同时板上还装有溢流和降液装置。

在塔内蒸气自下而上穿过小孔，以细小的气流分散于液体层中，进行热量和质量交换。上升蒸气由于含有较多的氧组分，温度相对比较高。而下流的液体含氮组分较多，温度相对较低，通过热质交换后蒸气中氧组分冷凝混入液体中，而液体中的氮组分则蒸发至蒸气中。氮组分增浓以后的蒸气上升到上一块塔板又遇到氮组分浓度更大的回流液。此时蒸气相对于液体仍然具有较高的温度和较多的氧组分，所以蒸气中的氧组分又被冷凝进入液体，这样蒸气中的氮组分不断地得到提高。同样道理回流液下流的过程是一个氧组分不断增浓的过程，经过许多块塔板的气液接触，反复进行了部分冷凝和部分蒸发的过程，最后在塔顶得到温度较低的氮气，在塔底部得到温度较高的液氧。

2. 泡罩塔

泡罩塔是由很多构造相同的泡罩塔板组成的。泡罩由罩帽、升气管、支撑板等组成。泡罩在塔板上的排列一般有两种：一是正三角形排列，二是正方形排列，但常用的是正三角形排列。泡罩的中心距一般为泡罩直径的 1.25～1.5 倍。

与筛板塔一样，回流液体通过溢流装置溢流到下一块板，塔板上的液层高度由溢流挡板来维持，使泡罩淹没一定的深度。操作时上升蒸气通过塔板上的升气管，进入升气管和泡罩之间的环形空间，再从泡罩下端的齿缝以鼓泡的形式穿过塔板上的液层与液体进行热量和质量的交换。塔板上的液体沿溢流装置下流至下一块塔板。

泡罩塔板的传质情况和上升蒸气速度与泡罩的浸没深度、齿缝的形状和大小有关。一般而言，蒸气的速度加快到一定速度，且泡罩浸没深度较为合适，齿缝开度全部暴露，气液接触良好，形成的泡沫和雾沫的数量较多，则传质情况较好。

泡罩塔与筛板塔相比有下列特点。

① 变负荷的适应性较强，在减少蒸气量和短期停车时，不易发生塔板上液体的泄漏。对稳定性要求较高的塔段，采用泡罩塔与筛孔板间隔设置的方案比较好。

② 泡罩塔板水平度的要求比筛板塔可适当降低。

③ 泡罩板压力降大，结构复杂，造价高。在设计工况下的塔板效率不如筛板塔，同时

在停车时还容易发生爆炸，使它的使用受限。

由于泡罩塔板上蒸气流道较大，不易被 CO_2 等固体颗粒堵塞，所以在空分装置下塔的最下面一块塔板通常采用泡罩塔板，用于洗涤空气中的固体杂质。

3. 填料塔

填料塔内装有一定高度的填料，液体自塔顶经喷淋装置喷淋下来，均匀地沿着填料的表面自上而下地流动，气体自塔底沿着填料的空隙均匀上升。气液两相间的热量和质量交换是借助于在填料表面上形成的较薄的液膜表面进行的。由于填料和塔壁之间的缝隙比填料层的缝隙大，这样沿填料表面下流的液体容易向塔壁处流动，产生壁流现象，使传质效果变差。因此在较高的填料层高度中分段填装或设液体再分配器。塔内上升蒸气的速度和塔顶喷淋强度必须达到一定值时，才能使传质效果最佳。

根据上升蒸气速度和喷淋液体强度的不同，塔内流动工况基本可分为下列 5 种工况。

(1) 稳流工况　当液体喷淋强度和蒸气流速不大时，液体在填料表面形成薄膜和液滴，蒸气上升时在填料表面与液膜进行传热和传质。

(2) 中间工况　若继续加大液体喷淋强度和蒸气流速，开始产生气体使液体不能畅通地往下流的凝滞作用，塔内气体中会产生涡流。这种情况较稳流工况更有利于热质交换。

(3) 湍流工况　达到中间工况后再增加液体喷淋强度和蒸气流速，则气流在液体中形成涡流，此时热质交换比中间工况更为强烈。

(4) 乳化工况　湍流工况后继续加大液体喷淋强度和蒸气速度，这时气体和液体剧烈混合，并难以分清，在填料层组成的自由空间中充满了泡沫，这种工况气体和液体具有最大的接触面积。生产实践证明，当湍流工况开始转入乳化工况时是填料塔工作的最佳工况。

(5) 液泛工况　气流速度高于乳化工况的蒸气速度时，气流夹带着液体往塔的上方流动，正常的精馏过程受到破坏，这就是填料塔的液泛工况。

填料塔的最佳蒸气速度一般取 60%～85%的液泛速度。

填料塔的特点在于：

① 结构简单，造价低，安装检修方便，特别适用于小直径的精馏塔；

② 流体流动阻力较小；

③ 随着装置容量的增加，填料塔径增加，这样容易产生气液分配不均匀，使传质效果降低。

近年来对填料塔形状及流体分布器作了改革，取得了大直径塔的生产稳定性。

4. 规整填料塔

填料塔传质效果的好坏与填料的结构形式有很大关系。过去所用的填料主要是散装环形填料（如拉西环等）。这种填料笨重，传质效果差，现已很少使用。目前在空分装置中使用较多的为规整金属波纹填料。

图 1-14　规整金属波纹填料的结构

规整金属波纹填料的结构如图 1-14 所示。

规整金属波纹填料的每个单元是由带斜齿的波纹金属片组成的圆柱体。在薄片上冲有小孔，可以粗分配薄片上的液体，加强横向混合。薄片上的波纹起到细分配液体的作用，增强了液体均布和填料润湿性能，提高传质效率。规整波纹填料的单元高度为 50～200mm，每盘填料的直径比塔内径略小，相邻两盘交错 90°安装。根据塔的结构和安装条件，填料也可制成分块形式，在塔内拼装成一盘填料。

规整填料塔的结构如图 1-15 所示。

填料层在物流进口处和理论板数超过 20～30 时分段，每段填料的顶部都设有液体（再）分布器，使得液体均匀地分布于填料之中。从上段填料中流下的液体在液体收集器中混合，一方面用来消除上段填料中由于液体分布不均匀所引起的浓度差异，另一方面如果有液相进料，液相进料也在液体收集器中与从上段填料中流下的液体混合，从而达到浓度均一。在填料塔中，整个填料层都发生传质分离，因此在空间利用方面明显优于板式塔。

除液膜控制的传质分离过程（如有些气体吸收和高压精馏）和需要经常取出填料清洗的情况外，规整填料与散装填料相比，具有明显的优越性。散装填料在塔中的装填是随机的，即相邻填料单体间的接触和气液两相的流道亦是随机的，而规整填料片以网络状接触，气液两相的流道是完全对称均一的，因此气液两相流动的分布质量好、效率高。另外，规整填料片间的网络接触，使得装填后的规整填料具有很高的强度，制造规整填料所用板材的厚度只有散装填料的 1/2～1/3，而且加工制造相对简单，所以规整填料比相近规格（指比表面积相近）的散装填料要便宜得多。

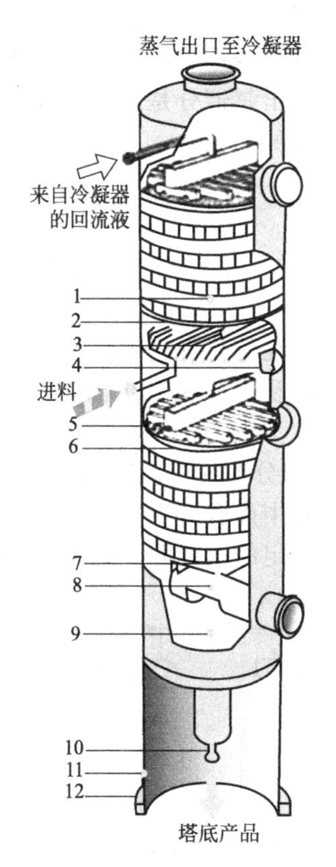

图 1-15　规整填料塔结构示意

1—规整填料；2—支撑栅板；3—液体收集器；4—集液环；5—多级槽式液体分布器；6—填料压圈；7—支撑栅板；8—蒸汽入口管；9—塔底；10—至再沸器循环管；11—裙座；12—底座环

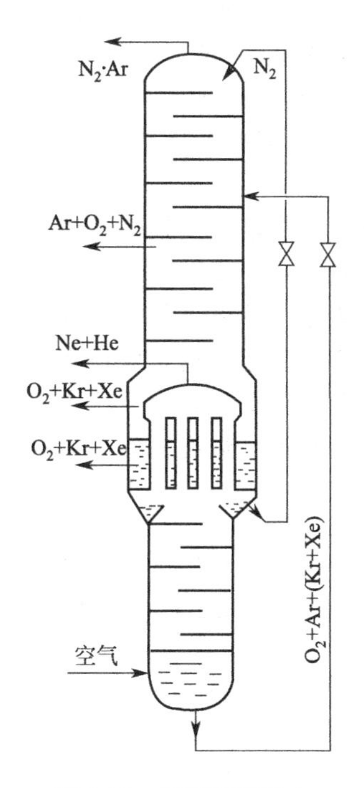

图 1-16　双级精馏塔内稀有气体的分布

四、空分塔中稀有气体的分布

氖、氦、氪、氙和氧、氮的沸点不同，它们在空气中的数量不同，因此在空分塔中它们汇集的部位也不同。图 1-16 表示出了双级精馏塔内稀有气体汇集的部位。

氖、氦的沸点较氮气低得多，当空气进入下塔在精馏过程中大部分氖、氦同氮混合进入主冷凝蒸发器管内，氮气冷凝后沿壁流下，但氖氦气不能冷凝，因而汇积在冷凝蒸发器的顶部，达一定数量后就会破坏冷凝蒸发器的传热工况，影响精馏过程，故应定期排除。从空分塔中提取氖、氦也于此处引出。

氪、氙的沸点高，当空气进入下塔后，氪、氙均冷凝在底部的液化空气中，经节流后送入上塔，汇集在液氧和气氧中。空分塔中提取氪、氙混合物一般从氧气中取得。

氩在空气中含量为 0.932%，由于氩的沸点介于氧、氮之间，因此造成空气分离的困难，在上塔的提馏段中，氩相对于氧是易挥发的组分，因此氩的浓度将沿塔自上而下逐渐减少。精馏段中的氩相对于氮是难挥发的组分，因而它的浓度沿塔自上而下逐渐增加。上塔内精馏段和提馏段中均有氩浓度高的区域，上塔中氩分布特性取决于上塔分离产品（氧和氮）的纯度，若产品氮中的氩含量相当大，则最高氩浓度是在上塔的精馏段，若产品氧中含氩量高于氮中的含量（制氮条件）则最高的氩浓度是在上塔的提馏段，如果氧的产量下降纯度提高，则氩的富集区上移，反之则下移。

对于氩的存在，如果不采取措施，要在一个塔内同时制取纯氮和纯氧是不可能的。如制取纯氧，则上塔氮中含有氩的量为 1.18%；制取纯氮，则氧中含氩量为 4.45%；如同时制取纯氮和纯氧，必须从上塔中适当位置抽出含氩量大的馏分。若抽出的氩馏分不进行提纯处理，抽出最好位置在精馏段中，这样可减少氧损失；如果抽出氩馏分是为了制取纯氩，抽出的最佳位置在提馏段，因此段内有氮含量最低而氩含量较高的位置。

五、纯氩的制取

1. 传统提氩的流程

图 1-17 是氩提取装置的示意图。从上塔液化空气进料口之下适当部位抽出氩馏分，氩馏分中氮组分 0.1%以下，氩组分 8%～10%以上，余者为氧，引入粗氩塔精馏后得 95%左右的粗氩。粗氩经热交换器升温后加入氢气，使残留的氧气在催化反应炉内生成水分，冷却干燥后在精氩塔中精馏，得 99.99%以上的纯氩。也有的流程是粗氩在低温下（液氧温度）用分子筛吸附去除氧、氮，得 99.99%的纯氩。

常规筛板型粗氩塔，塔顶氩气中仍含氧 2%～5%（体积分数）。为获得高纯氩，还需要将粗氩催化加氢除氧，生成的水再用分子筛吸附干燥。粗氩中尚含有少量氮及过剩的氢，再送入精氩塔精馏，最终得到高纯氩。加氢制氩工艺要求有稳定的氢气源，这不仅使精氩的成

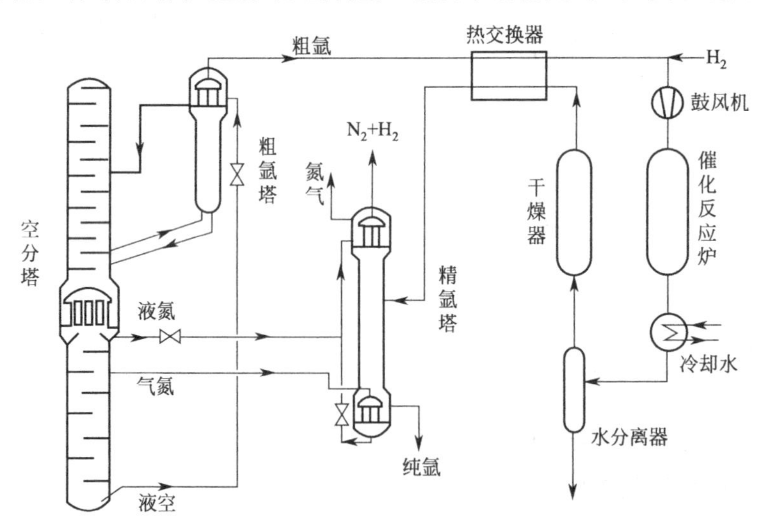

图 1-17 空分装置中的提氩装置

本提高，而且存在安全问题。

2. 全精馏无氢制氩

全精馏无氢制氩指粗氩塔和精氩塔全部采用规整填料塔，在低温下精馏直接获得精氩。其技术的实现得益于规整填料塔的应用，由于规整填料塔的阻力小，在粗氩塔内安装的填料相当的理论塔板数更多，提高了粗氩塔的精馏效果，使出粗氩塔的粗氩气中氧含量直接降至要求指标（$2mg/m^3$）以下。

采用全精馏无氢制氩技术，取消了加氢催化脱氧设备和制氢设备，简化了流程，节省了厂房投资和运行费用，节约了制氢能耗。同时，氩提取率大大提高，可达65%～84%。精氩产品的质量也得到了提高。

第五节　空分流程

随着空分技术的改进，我国的空分装置经历了铝带蓄冷器冻结高低压流程、石头蓄冷器冻结全低压流程、切换式换热器冻结全低压流程、常温分子筛净化全低压流程、常温分子筛净化增压膨胀流程和常温分子筛净化填料型上塔全精馏制氩流程等多次技术革命。装置规模日趋大型化，能耗越来越低，从最初的主要用于冶金行业，到今天服务于大型煤气化工艺。

深冷空分流程从原理来看，都包括空气的压缩、净化、热交换、制冷、精馏等过程，有的流程还包括氩和其他稀有气体的提取过程。流程的主要区别在于各过程所用的设备不同，操作条件不同，所生产的氧产品的量和压力不同。

一、空分流程的演变

1. 铝带蓄冷器冻结高低压空分流程

流程主要由空气过滤压缩、CO_2 碱洗、氨预冷、膨胀制冷、换热精馏等系统组成。

流程缺点如下。

① 流程复杂。

② 蓄冷器的自清除问题没有得到妥善解决，氧气（或氮气）和空气的传质和传热虽按时间间隔错开，但却在同一腔内进行，使产品的纯度受到较大污染。

③ 膨胀机为冲动式固定喷嘴的结构形式，效率较低，只有60%。

④ 氧提取率低，一般只有83.3%。

⑤ 能耗高，设计值为$0.66kW \cdot h/m^3 O_2$，而实际运行值高达$0.7 \sim 0.9kW \cdot h/m^3 O_2$。

2. 石头蓄冷冻结全低压空分流程

随着透平膨胀机技术的开发、蛇管式石头蓄冷器的出现及其自清除技术的改进等，1968～1969年出现了石头蓄冷器冻结全低压空分流程。该流程大为简化，主要由空气过滤压缩、空气预冷、膨胀制冷、换热精馏等系统组成。

流程缺点如下。

① 石头蓄冷器中的石头填料单位体积所具有的比表面积只有铝带的1/5，而密度却远比铝带要大。

② 由于采用中间抽气法来保证蓄冷器的不冻结性，因而设置了相应所需的抽气阀箱和 CO_2 吸附器，使冷箱内设备及配管复杂化。

③ 膨胀机采用的固定喷嘴，只能依靠调节压力来调节气量，因而膨胀量调节范围较小。

④ 冷凝蒸发器为长列管式，管子数目仍然较多，体积大，制造难。

3. 切换式换热器冻结全低压空分流程

随着高效率板翅式换热器的研制成功和反动式透平膨胀机技术的进一步发展，空分流程水平又大大向前推进了一步，出现了切换式换热器冻结全低压空分流程。该流程同样也由过滤压缩、预冷、换热精馏等系统组成。

（1）流程特点

① 以传热效率高、结构紧凑轻巧、适应性大的板翅式换热器取代了石头蓄冷器、列管式冷凝蒸发器及盘管式过冷器、液化器等，使单元设备的外形尺寸大大缩小，促进了空分设备冷箱相应缩小，跑冷损失减少，膨胀量下降，启动时间缩短等一系列的良性循环，提高了空分设备的技术经济性。

② 氧提取率达87%。

③ 能耗低。10000m^3/h空分设备一般为0.49～0.52$kW\cdot h/m^3O_2$；6000m^3/h空分设备一般为0.53～0.55$kW\cdot h/m^3O_2$。

（2）流程缺点

① 为了满足切换式换热器自清除要求，需要返流污氮气量较大，一般而言，污氮气量与总加工空气量之比不得少于55%，即纯产品产量只能达到总加工空气量的45%，这样纯氮气和氧气产量之比最多只能达到1∶1，这无法满足需要大量纯氮气的用户的要求；

② 为满足切换式换热器的不冻结性要求，冷端要保证有一个最小温差，空分设备的启动要分4个阶段来完成，启动操作比较麻烦。

4. 常温分子筛净化全低压空分流程

常温分子筛净化全低压空分流程和切换式换热器冻结全低压空分流程之根本区别在于：将切换式换热器的传质和换热两种功能分开，在冷箱外用分子筛吸附器清除空气中水分和CO_2，在冷箱内的主换热器仅起换热作用。

（1）流程特点

① 以分子筛吸附剂在常温状态下吸附空气中的水分、CO_2及碳氢化合物，使空分设备的空气比较干净，主换热器只起换热作用，不用交替切换工作，不仅延长了主换热器的使用寿命，而且不再需要设置自动阀箱、液化空气吸附器、液氧吸附器、循环液氧泵及相应阀门、管道、仪表等；

② 氧提取率90%～92%，氩提取率约52 %。

（2）流程缺点

① 为了保证分子筛吸附器能在较佳的温度8～10℃下工作，以充分发挥分子筛吸附剂的最佳吸附效果，设置了制冷机来冷却空气冷却塔的上部用水。

② 为了分子筛吸附剂的解吸，设置了电（或蒸汽）加热器，这样就要多消耗一部分能量。

③ 为了保证再生时污氮气有足够的压力通过分子筛吸附剂床层，因而要求空压机的排压也要适当提高；这些导致能耗要比切换式换热器冻结全低压空分流程约增加4%。

5. 常温分子筛净化增压膨胀空分流程

该流程是在常温分子筛净化全低压空分流程的基础上，将膨胀机的制动发电机改成了增压机。增压机的作用是将膨胀空气在膨胀过程中产生的功，直接用来使进膨胀机的空气增压，膨胀机前压力的提高，就增加了单位膨胀空气的制冷量，在空分设备所需冷量一定的情况下，膨胀量就可减少下来，总的加工空气量也就相应降低，这就是常温分子筛净化增压膨胀空分流程氧提取率能进一步提高，能耗得以下降的原因。

流程特点如下。

① 继承了常温分子筛净化全低压空分流程的所有优点。

② 氧提取率可达93%～97%；氩提取率约54%～60%。

6. 常温分子筛净化规整填料精馏空分流程

为了进一步提高装置效率，降低能耗，国外在常温分子筛净化增压膨胀空分流程的基础上，对其配套的单元设备部机的设计技术采用了“各个击破”的战略，进行了深入的研究和开发，并取得了使空分设备获得大幅度增效减耗的整体效应。

此流程采用了规整填料塔、全精馏制氩、膜式蒸发、蒸发降温等新技术，分别被用于上塔、氩塔、冷凝蒸发器、水冷却塔等设备上，压缩机、膨胀机效率的提高也有新的成果。

流程特点如下。

① 将规整填料应用于上塔后，和筛板塔相比，上塔阻力约降低 80%～85%，精馏塔的氧提取率可高达 98%～99%，能耗约下降 4%～5%。

② 采用了规整填料塔后，使精馏压力降低，增大了各组分的相对挥发度，改善了上塔提馏段氧氩的分离，粗氩塔、精氩塔皆采用了规整填料塔，更进一步降低了精馏阻力，使理论塔板数的设置可以增多，大大提高了精馏效率和氩的纯度。

③ 冷凝蒸发器采用膜式蒸发技术，使传热温差可降为 0.55～0.8K。空压机出口压力下降 0.035～0.04MPa，能耗下降 3%。

④ 在水冷塔中，用污氮降温，取消制冷机组，扣除因进分子筛纯化系统空气温度升高导致再生能耗的增加值后，节能约 1%。

7. 外压缩与内压缩流程

外压缩流程是在冷箱外设氧气压缩机，将空分设备生产的低压氧气加压至用户所需压力；内压缩流程的供氧压力是由冷箱内（原理上）的液氧泵加压实现的。目前，内压缩流程较广泛地应用于液体需求量大、产品终压高和容量大的空分设备中。

与外压缩流程相比，内压缩流程主要的技术变化在两个部分：精馏与换热。外压缩流程空分设备由精馏塔产生低压氧气，经主换热器复热出冷箱；而内压缩流程空分设备是从精馏塔的主冷凝蒸发器抽取液氧，由液氧泵加压，然后与一股高压空气换热，使其汽化后出冷箱。可以简单地认为，内压缩流程是用液氧泵加上空气增压机取代了外压缩流程的氧压机。

相对于外压缩流程，内压缩流程在技术上主要有以下几个特点。

① 内压缩流程空分设备是采用液氧泵对氧产品进行压缩，然后换热汽化的一种流程形式。为了使加压后液氧的低温冷量能够转换成为同一低温级的冷量，使空分设备实现能量平衡，必须要有一股逆向流动的压缩气体在换热器中与加压后的液氧进行换热。在使液氧汽化和复热的同时，这股压缩气体则被冷却和液化，然后进入精馏塔内参与精馏。根据热力学原理，参与换热的这股高压气体的压力必须高于被压缩液氧的压力，所以在内压缩流程中需设置一台循环增压机和一个高压换热器。

② 与加压液氧进行换热的空气压力和流量的确定、高压换热系统的组织和精馏的组织等是内压缩流程的核心问题。所以，与常规外压缩流程不同的是：内压缩流程要根据最终产品的压力、流量及使用特点等具体情况，经过不断地优化计算，选择合理的流程组织方式、最佳的汽化压力和循环流量，使空分设备的氧、氩提取率最高，经济性最好。

③ 内压缩流程取消了氧压机，因而无高温气氧，火险隐患小、安全性好。从主冷中大量抽取液氧，使碳氢化合物的积聚可能性降到最低。产品液氧在高压下蒸发，使烃类物质积累的可能性大大降低。特殊设计的液氧泵可自动启动，与运行程序协同可有效地保证装置的安全运行与连续供氧。

④ 内压缩流程的单位产品能耗与空分设备的规模、产品压力、液体产品的多少有较大关系。由于内压缩的不可逆损失大，产品的提取率略低。以气态产品为主的空分设备，采用内压缩流程的单位产品能耗要比常规外压缩流程约高 5%（按相同产品工况比较）。

化工（石化）行业对用氧压力的要求较高，低则 4.0MPa，高的达到 9.0MPa 以上，而其所需的制氧规模也非常大，一般都在 30000m^3/h 以上。如果采用外压缩流程，常规的氧气透平压缩机的排气压力就达不到要求，还要增加活塞式氧压机。投资成本增高，占地面积也大，还增添了不安全因素，采用内压缩流程的空分设备就是唯一的选择。同时，因为化工行业的空分设备通常产品的结构比较复杂，要求同时生产多种压力等级的氧、氮产品，这就需要根据具体的要求，进行多种方案的比较，如采用单泵还是双泵内压缩，是采用空气循环还是氮气循环，最佳的方案一定要遵循一次性投资成本和长期运行费用的最佳结合原则。

二、空分流程

1. 工艺流程

适用于大型煤气化技术的内压缩空分装置的流程如图 1-18 所示。

原料空气在过滤器 1 中除去灰尘和机械杂质后，进入空气透平压缩机 2 加压至 0.6MPa 左右，然后被送入空气冷却塔 3 进行清洗和预冷。空气从空气冷却塔的下部进入，从顶部出来。空气冷却塔的给水分为两段，下段使用经用户水处理系统冷却过的循环水，而冷却塔的上段则使用经水冷却塔 5 冷却后的水，使空气冷却塔 3 出口空气温度降至 15℃左右。空气冷却塔顶部设有丝网除雾器，以除去空气中的水滴。

出空气冷却塔 3 的空气进入交替使用的分子筛吸附器 7。在吸附器内原料空气中的水分、二氧化碳、乙炔等杂质被分子筛吸附。分子筛设有两台，定期自动切换使用，其中一台在工作时，另一台进行活化再生。活化再生时被吸附的杂质被污氮带出，排入大气。

净化后的加压空气分为三股。一股引出作仪表空气；一股进入主换热器 15，与返流的污氮气和产品气换热，被降温至－171℃后进入下塔 16 进行精馏；另一股经空气增压机压缩后再分为两股，一股相当于膨胀量的空气从增压机一段抽出，经增压膨胀机的增压端增压至 3.8MPa 后，经气体冷却器冷却，进入主换热器冷至－118℃，从中部抽出，经膨胀机 14 膨胀后，进入下塔 16 进行精馏；另一股气体经增压机继续增压至 6.96MPa，再进入主换热器 15 换热降温至－161℃，节流减压后进入下塔 16。

空气经下塔 16 初步精馏后，在下塔底部获得液化空气，在下塔顶部获得纯氮。从下塔抽取的液化空气、纯液氮，经过冷器 18 过冷后进入上塔相应部位。另抽取一部分液氮直接送入液氮贮槽。

经上塔进一步精馏后，在上塔底部获得纯液氧，经液氧泵 25 加压至所需压力后，经主换热器 15 复热至 20℃出冷箱，得到带压氧气产品。液氧产品从冷凝蒸发器底部抽出，进入贮槽。

从上塔顶部得到的氮气，经过冷器 18、主换热器 15 复热后出冷箱作为产品输出。

从上塔中上部引出的污氮气，经过冷器 18、主换热器 15 复热后出冷箱，一部分进入蒸汽加热器 8 作为分子筛再生气体，另一部分送水冷却塔 5 冷却水。

从上塔中部抽取一定量的氩馏分送入粗氩塔。粗氩塔在结构上分为两段，即粗氩塔 19 和 20，粗氩塔 20 底部抽取的液体经循环液氩泵 24 送入粗氩塔 19 顶部作为回流液。经粗氩塔精馏得到氩含量 99.6％、氧含量 $1mg/m^3$ 的粗氩气，进入精氩塔 22 中部分离氮。经精氩塔 22 精馏，在精氩塔 22 底部得到氩含量 99.999％的精液氩。

2. 流程特点

此装置是目前大型煤化工项目常用的，适用于氧压力高、产量大要求的内压缩空分装置。其主要特点如下。

① 属于常温分子筛净化增压膨胀流程，流程简单，操作维护方便，采用 DCS 集散系统，切换损失少，碳氢化合物清除彻底，空分设备的操作安全性好，连续运行周期大于两年。

② 采用规整填料型上塔代替筛板型上塔，由于上塔阻力只有相应筛板塔的 1/ 4～1/6，使空压机的出口压力降低，空压机的能耗下降 5％～7％。

③ 由于上塔操作压力降低、操作弹性大，空分设备的氧提取率进一步提高，精馏塔的氧提取率可达 99.5 ％，空分设备氧提取率达 97％～99％。

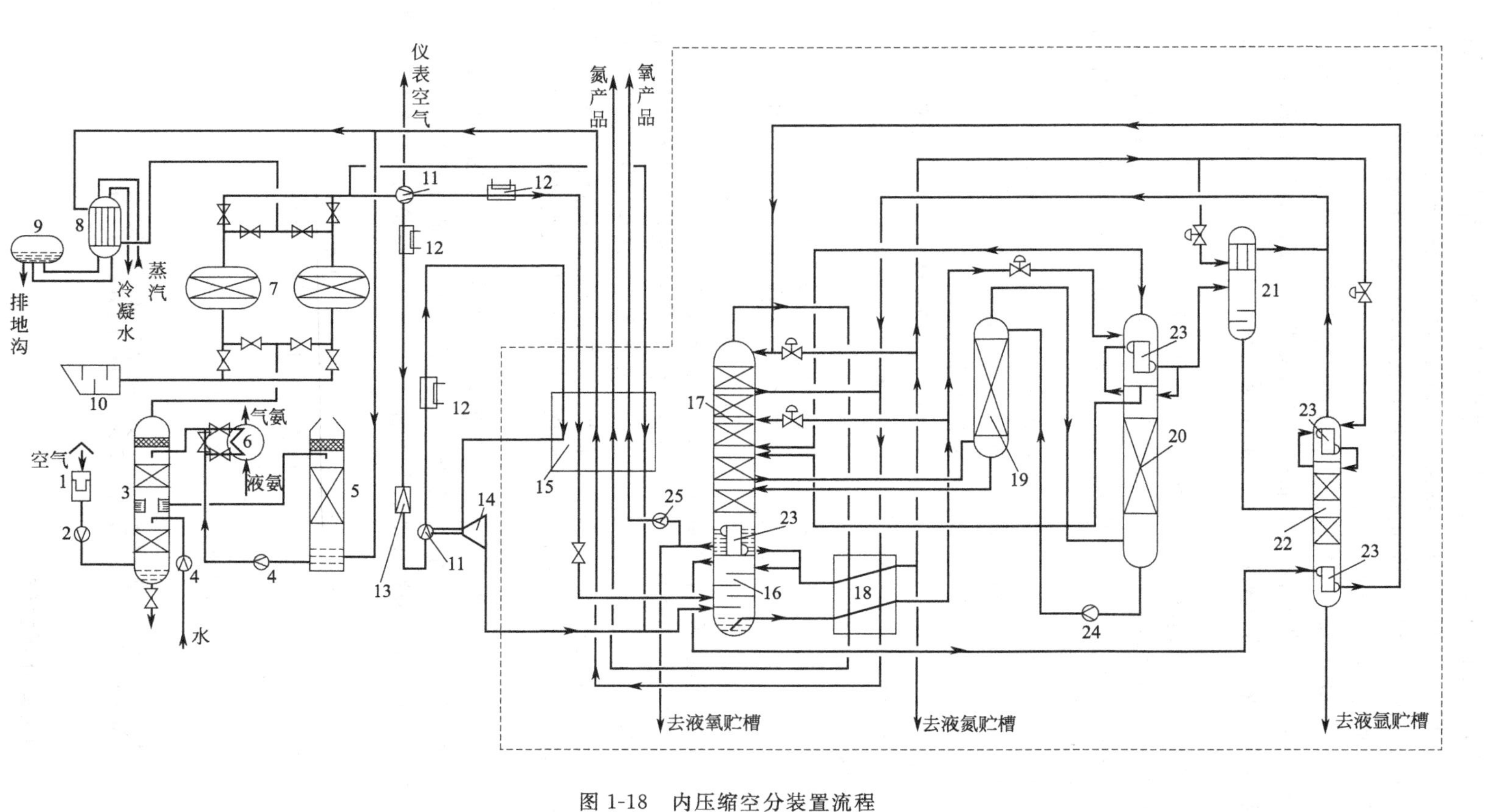

图 1-18　内压缩空分装置流程

1—自洁式空气过滤器；2—空气透平压缩机；3—空气冷却器；4—水泵；5—水冷却塔；6—氨冷器；7—分子筛吸附器；8—蒸汽加热器；9—气液分离器；10—放空消音器；11—空气增压机；12—空气冷却器；13—空气过滤器；14—膨胀机；15—主换热器；16—空分下塔；17—空分上塔；18—液化空气、液氮过冷器；19—粗氩Ⅰ塔；20—粗氩Ⅱ塔；21—粗氩液化器；22—精氩塔；23—冷凝器；24—液氩泵；25—液氧泵

④ 精氩的制取采用低温精馏法直接获得，即全精馏无氢制氩技术。粗氩塔和精氩塔皆采用规整填料塔。为降低冷箱的高度，粗氩塔在结构上分为两段，用循环液氩泵为粗氩上塔提供回流液。采用全精馏无氢制氩技术，取消了一整套氩纯化设备和制氢设备，流程简化，节省厂房投资和运行费用，节约了制氩能耗。同时，氩提取率大大提高，可达65%～84%。精氩产品的品质高，氧含量可以低于2mg/m³。

⑤ 采用了高效空气预冷系统。空气预冷系统设置水冷却塔，充分利用氮气冷量，使冷却水温度降低，可减少冷水机组的制冷负荷。根据用户用氮情况也可不另配冷水机组。

⑥ 分子筛纯化系统采用活性氧化铝-分子筛双层床结构，大大延长了分子筛的使用寿命，同时可使床层阻力减少。

⑦ 采用了高效增压透平膨胀机技术，膨胀机效率可达到83%～88%。

⑧ 采用先进的DCS计算机控制技术，实现了中控、机房和现场一体化的控制，可有效地监控整套空分设备的生产过程。成套控制系统具有设计先进可靠、性能价格比高等特点。

3. 主要配套机组及设备特点

(1) 原料空压机和空气增压机　原料空压机和空气增压机均采用离心机，由1台汽轮机拖动，节省了投资及运行费用。原料空压机的作用是为装置提供带压原料空气，空气增压机的作用是为装置提供膨胀及高压液氧、高压液氮汽化的气源。

(2) 空气预冷系统　空气预冷系统采用带水冷塔的新型高效空气预冷系统，其作用是冷却和洗涤原料空气。空冷塔的上段和水冷塔采用特殊设计的散堆填料，具有传热传质效率高、操作弹性大和阻力小的特点。

(3) 分子筛纯化系统　分子筛纯化系统采用长周期、双层净化技术及切换系统无冲击切换技术，其作用是吸附空气中的水分、乙炔、二氧化碳和氧化亚氮（部分吸附）等。分子筛吸附器采用双层床结构，底层活性氧化铝因吸附水的容量大，可有效地保护分子筛，延长分子筛使用寿命；同时采用双层床，再生温度降低，再生能耗减少。

(4) 精馏塔系统　精馏塔系统是本套空分设备的核心系统，其作用是利用低温精馏来分离原料空气中的氧、氮及氩。上塔、粗氩Ⅰ塔、粗氩Ⅱ塔和精氩塔均采用规整填料塔，具有氧提取率高、能耗低、工艺先进、运行安全可靠及操作维护方便等优点；下塔采用专用于大型空分设备的四溢塔板技术；而膨胀机、高压换热器及低温液体泵则采用进口产品，确保装置运行的可靠性。

① 下塔、主冷凝蒸发器及上塔复合布置，既减少了占地面积，又取消了液氧泵。

② 本套空分设备有低压、高压两组换热器，为便于检修，分别设置单独冷箱，与主冷箱隔开，为防止与主冷箱连接处型钢在低温下冷缩变形，换热器冷箱与主冷箱分开布置，采用过桥连接。

③ 本套空分设备共有液氧产品泵、液氮产品泵和液氩产品泵三种泵，一用一备（一台运转，另一台在线冷备），共6台，保证了运行的连续性。为便于检修及从安全角度考虑，6台泵均单独布置，即设置单独隔箱，置于主冷箱外。

④ 对部分重要的高压、低温液体阀门采用独立隔箱，方便维修。

第六节　空气深冷分离的操作控制

一、空分系统的主要开车步骤

1. 启动准备

启动准备指在供电、供水、供汽正常，空分系统的各设备、仪表、控制程序具备了启动条件后，启动空分系统的空气输送及净化系统，产生洁净的空气，对冷箱内的设备、管道、阀门等进行吹刷，降低冷箱内装置中的水蒸气及灰尘含量。

其主要操作步骤为：启动冷却水系统；启动用户仪表空气系统；启动分子筛纯化系统切换程序；启动空气透平压缩机；启动空气预冷系统；启动分子筛纯化系统；加温、吹刷和干燥精馏系统的设备和管路。

2. 冷却阶段

冷却空分塔的目的，是将正常生产时的低温部分设备从常温冷却到接近空气液化温度，为积累液体及氧和氮分离准备低温条件。

其主要步骤为：启动增压透平膨胀机制冷；按各冷却流路逐渐给装置降温，直至下塔底部出现流体。

3. 积液和调整阶段

此阶段的主要任务为逐步建立各精馏设备的液位，调整各精馏装置至正常操作状态。

其主要步骤为：控制主换热器冷端的温度接近液化点，约为－173℃，中部空气温度约为－108℃；建立空分塔和粗氩塔的液位；调整空分塔和粗氩塔的工况；建立精氩塔的液位并调整其工况。

二、空分的正常操作管理

（一）正常操作

1. 主冷凝蒸发器的液位的调节

冷凝蒸发器中液氧的液位与制冷量相关，冷量增加，液位上升；反之，则下降。冷量主要由膨胀机产生，所以产冷量的调节是通过对膨胀机膨胀气量的调节来达到的，通过调节，使在各种情况下的冷凝蒸发器液氧液位稳定在规定的范围内。

2. 精馏控制

精馏控制主要指控制好塔内的液位，使出塔的各物料成分稳定。

① 下塔塔釜的液位必须稳定，可将液化空气进上塔调节阀投入自动控制，使下塔液位保持在规定的高度。

② 精馏过程的控制主要由液氮进上塔调节阀控制。液氮进上塔调节阀开大，则液氮中的氧含量升高；关小，则液氮中的氧含量降低。

③ 产品气取出量的多少也将影响产品的纯度，取出量增加，纯度下降；取出量减少，则纯度升高。

3. 达到规定指标的调节

① 把全部仪表调节至设定值。

② 用液氮进上塔调节阀调节下塔顶部氮气的浓度和底部液化空气纯度，使其达到规定值。

③ 上塔产品气的纯度调节，应先减少产品取出量，待纯度达标后再逐步增大取出量，直至达到规定值。

（二）维护

这里仅对空分设备的主要部机的使用维护做一说明。

1. 热交换器维护

热交换器的维护，主要是注意压力和温度的变化。热交换器的异常情况通常由冰、干冰和粉末阻塞引起，当发生换热器阻力过大影响正常运行时，只有使装置停车，通过加温吹除来消除。另外通过分析热交换器进、出口气体的组分，判断热交换器有无渗漏。

2. 主冷凝蒸发器维护

需控制冷凝蒸发器中液氧的乙炔及其他烃类化合物含量不超过 0.1mg/m^3。当乙炔含量过高时，应尽可能多地加大排液量，同时需加大膨胀量以保持液氧液位，并对冷凝蒸发器中的液氧成分不断进行分析。如果乙炔含量继续上升，并达到 1mg/m³，应把所有的液体全部排空，并停车加温和进行分子筛吸附器再生。还需分析原因，并采取相应的措施。为防止乙炔的局部增浓和二氧化碳堵塞冷凝蒸发器的换热单元，一定要避免冷凝蒸发器在低液氧液位下长时间运行。若液面过低应立即增加制冷量，使液位上升到规定范围。正常情况下应保持主冷凝蒸发器在液氧完全淹没条件下操作。

3. 空分塔

在空分塔上、下设有压差计，可以测定精馏过程中的压降。第一次启动空分设备时，应将工况调整正常以后所测的压降作为运转的依据。当压降减小时，表明有渗漏或者塔板上液位太低。如果阻力增大，通常是由于塔内液泛或塔板（填料）堵塞造成。在这种情况下，应首先降低负荷，若压降仍大，则只有通过加温精馏塔实现消除。当精馏塔底部液位升得太高，使最下一块塔板淹没，就会造成淹塔，此时阻力会显著增大。

4. 分子筛吸附器

分子筛吸附器管理的一个重要的方面是切换程序管理。需定时对吸附器检查，看再生和冷却期间有否达到规定的温度，切换时间是否符合规定。如有异常，应进行调整。

吸附器使用两年后，要测定分子筛颗粒破碎情况。必要时，要全部取出分子筛过筛，以清除沉积在上面的微粒和粉末。要按规定加添或更换分子筛，不得选用未经鉴定的分子筛，并要确保吸附层达到规定厚度。

（三）变工况操作

空分设备在正常运行中的主要生产成本是电力消耗。减少无功生产，降低氧气放空率，是节约电耗的重要措施。

当氧气等产品需要减少时，需要进行变工况的操作。此时需降低气体产品量，或在进气量不变的情况下，增加液体产品量。

1. 减少氧气产量的变负荷操作

由于氧气等产品的需要量减少或氧气管网压力增高等原因，往往会要求减少氧气的生产量，即降低装置的负荷。其具体操作步骤如下。

① 先减少氧气产品的输出量，同时按比例减少氮气产品量。一般情况下，污氮气量仍然处于污氮气出冷箱总管压力自动控制状态下。

② 根据已减少的氧化量，以大于或等于 5 倍的比例减少进冷箱空气量，即关小空压机导叶开度。

③ 通过调节（微关）下塔纯液氮回流阀，保持下塔底部压力基本不变。

④ 通过调节纯液氮进上塔阀，保持下塔液化空气中氧含量不变。

⑤ 根据冷凝蒸发器液氧液位和液氧产品量的需求情况，调节膨胀空气量。如冷凝蒸发器液氧液位过高，又不特别需要液氧产品，这时应适当减少膨胀空气量。

⑥ 适当降低粗氩冷凝器液化空气液位，调低粗氩冷凝器负荷，同时关小粗氩产品输出量。

2. 增加氧气产量的变负荷操作

增加氧气产量的操作，其实是减负荷操作的一个反向操作，所以其操作步骤如下。

① 适当开大空压机的导叶，增加加工空气量。

② 通过调节下塔纯液氮回流阀，控制下塔底部压力，使其压力保持不变。

③ 调节液氮进上塔调节阀，注意下塔液化空气氧含量。

④ 缓慢增加氧气取出量。

⑤ 同比例增加氮气产量。

⑥ 根据冷凝蒸发器液氧液位，可以适当增加膨胀空气量。

3. 增加液氧产量的变负荷操作

当氧气需要量减少时，可通过增加膨胀空气量多生产液氧产品，其操作步骤如下。

① 关小氧气输出阀，减少氧气产量。

② 缓慢增加膨胀空气量，必要时可以增开一台膨胀机。但在增开一台膨胀机时必须先把另一台膨胀机的负荷降下来，然后两台膨胀机逐步加大负荷。膨胀空气量增加必须缓慢，同时通过旁通阀旁通所增加的膨胀空气量。

③ 缓慢关小下塔纯液氮回流阀，使下塔底部压力保持不变。

④ 调节液氮进上塔调节阀，使下塔液化空气纯度不变。

⑤ 适当降低粗氩冷凝器液化空气液位，使粗氩塔负荷下降，同时关小粗氩产品输出量。

4. 手动变负荷操作中应注意的问题

手动变负荷操作过程中，必须遵循“稳中求变，变中求稳”的原则。增加负荷时，应从增加加工空气量开始，从头到尾依次改变相关参数的设定点。每次改变幅度应不大于氧气产量的0.5%。一般情况下，从头到尾改变一次设定点的周期为10min。反之，当减少负荷时，先从减少出冷箱氧气流量开始，反方向依次改变各个设定点，减少氧气产量的幅度应大于减少空气量的幅度。

手动变负荷操作时，应尽量避开其他外界因素的影响，例如在分子筛吸附器均压前10min到均压结束后10min这段时间内不做变负荷的操作。

5. 变负荷范围的技术限制

在变负荷操作过程中，最容易受影响的是粗氩塔的运行工况。提取粗氩是以从上塔下部抽出的氩馏分气为原料的，上塔精馏工况的好坏直接影响到粗氩塔的精馏工况。但是，有时氧、氮产品纯度未被破坏，上塔精馏工况也达到了正常状态，粗氩塔的精馏工况反而被破坏了。

经过分析发现，这是因为上塔的上升蒸气和下流液体自上而下的浓度梯度分布发生了变化。例如，当上塔的上升蒸气的浓度梯度发生变化时，容易影响到氩馏分的纯度，特别在氩馏分中的氮含量增加后，不凝性气体（氮气）在粗氩冷凝器中突然积聚，使换热温差减小，粗氩冷凝器的换热效果变差，粗氩塔的回流液突然减少，粗氩中的氧含量升高，伴随而来的是粗氩中的氧含量、氮含量同时增加。如果单纯根据粗氩氧含量高低来调节或降低氮馏分中的氧含量，情况会变得更糟。

因此，在不带制氩系统的空分设备上进行变负荷操作比较简单，仅需考虑上塔顶部氮气的纯度和底部氧气的纯度就够了，而且在变负荷生产过程中氧、氮产品的纯度容易得到保证。但在带制氩系统的空分设备上，还要考虑到上塔每段浓度梯度的分布情况，否则就无法保证制氩系统的正常生产。在变负荷生产过程中，要保证上塔的浓度梯度不发生变化是非常困难的，在低负荷生产的情况下，各块塔板的精馏效率降低，浓度梯度一定会发生变化，制氩系统的正常生产运行将不能得到保证。所以，在保证不影响制氩系统生产的前提下，空分设备变负荷生产的范围就有了限制。在生产实践中发现，空分设备的负荷低于80%时，制氩系统工况被破坏的现象时有发生，而氧、氮产品的纯度和产量很少受到影响。

三、停车和升温

1. 正常停车

正常停车时，迅速依次按以下步骤进行。

① 停止供产品气。

② 开启产品管线上的放空阀。

③ 把仪表空气系统切换到备用仪表空气管线上。

④ 停运透平膨胀机。

⑤ 开启空压机空气管路放空阀。

⑥ 停运空气压缩机。

⑦ 停运空冷系统的水泵。

⑧ 停运分子筛纯化系统的切换系统。

⑨ 关闭空气和产品管线，打开冷箱内管线上的排气阀（视压力情况而定）。

⑩ 停运液氧、液氮泵。

⑪ 如停车时间超过 48h，应排放液体。

⑫ 关闭所有的阀门（不包括上面提到的阀门）。

⑬ 对各装置进行升温。

如停车时间较短，则只按①～⑩步进行操作。

注意：在室外气温低于零度时，停车后需把容器和管道中的水排尽，以免冻结；低温液体不允许在容器内低液位蒸发，当容器内液体只剩下正常液位的 20%时，必须全部排放干净。

2. 临时停车

由于发生故障，需短时间停车处理时，可对精馏塔进行保冷停车。执行正常停车的①～⑩步操作，并视消除故障时间快慢，决定执行第⑪步，直至第⑬步。一般停车时间大于 48h 应进行全系统加温再启动。

3. 临时停车后的启动

空分设备在临时停车后重新启动时，其操作步骤应从哪一阶段开始，应视冷箱内的温度来决定，保冷状态下的冷箱内设备不必进行吹扫。如在冷态启动时主冷液氧液位高出正常操作液位，则应先使液位降至正常操作液位。

其步骤如下。

① 启动空气压缩机，缓慢提高压力。

② 启动空气预冷系统的水泵。

③ 启动分子筛纯化系统。为避免湿空气进入主换热器，应将另一只吸附器再生彻底，需在空气送入精馏塔前经过一个切换周期。

④ 慢慢向精馏塔送气、加压。

⑤ 启动和调整透平膨胀机。

⑥ 调整精馏塔系统。

⑦ 调整产品产量和纯度到规定指标。

4. 全面加温精馏塔

空分设备经过长期运转，在精馏塔系统的低温容器和管道内可能产生冰、干冰或机械粉末的沉积，阻力逐步增大。因此，运转一定时间后，一般应对精馏塔进行加温解冻以除去这些沉积物。如果在运转过程中发现热交换器的阻力和精馏塔的阻力增加，以至在产量和纯度上达不到规定指标，这时就要提前对精馏塔进行加温解冻。这种情况往往是与操作维护不当有关。加热气体为经过分子筛纯化系统吸附后的干燥空气。加温时，应尽量做到各部分温度缓慢而均匀回升，以免由于温差过大造成应力，损坏设备或管道。加温时所有的测量、分析等检测管线亦必须加温和吹除。

四、故障及排除方法

这里仅对运行期间可能出现的一些故障加以说明，其他意外故障必须由现场人员根据具体情况，及时予以处理。

1. 加工空气供气停止

（1）信号　空压机报警装置鸣响。

（2）后果 系统压力和精馏塔阻力下降；产品气体压缩机若继续运转，会造成在精馏塔及有关管道出现负压。

（3）紧急措施 停止产品气体压缩机运转；把精馏塔产品气放空；停止透平膨胀机运转；关闭液体排放阀；停止纯化系统再生。

（4）进一步措施 空分设备停止运行。

（5）排除故障方法 按空压机使用维护说明书的规定查明原因，并采取相应的措施。

2. 供电中断

（1）信号 所有电驱动的机器均停止工作，这些机器上的报警装置鸣响。

（2）后果 系统压力和精馏塔阻力下降，产品纯度破坏。

（3）紧急措施 关透平膨胀机及有关机器的停止按钮；把精馏塔产品气放空；关闭液体排放阀；停止分子筛吸附器再生。

（4）进一步措施 把全部由电驱动的机器从供电网断开，空分设备停止运行。

（5）排除故障方法 排除电源故障；电路恢复后，视停电时间长短决定精馏塔系统是否需重新加温；按启动程序重新启动。

3. 透平膨胀机发生故障

（1）信号 透平膨胀机报警装置鸣响。

（2）后果 若转速过高，影响膨胀机正常运行；若转速过低，制冷量降低，冷凝蒸发器液氧液面下降，产量下降。

（3）紧急措施 启动备用膨胀机；调整转速，使膨胀机稳定；减少产品量，检验产品的纯度，必要时减少产品产量或液体排出量或完全停车。

（4）进一步措施 立即排除故障；调整流量、转速和产量到正常值。

（5）排除故障方法 透平膨胀机的常见故障是冰和干冰引起的堵塞。必须进行加热，才能排除故障。至于其他的故障，则应按透平膨胀机的使用说明书查明原因，并排除之。

4. 吸附器切换装置发生故障

（1）信号 切换周期失控。

（2）后果 若分子筛纯化系统的切换过程停止进行，正在工作的分子筛吸附器的吸附时间势必延长，先是二氧化碳，后是水分进入冷箱内，使板翅式换热器堵塞。

（3）紧急措施 紧急暂停分子筛切换程序。

（4）进一步措施 如果预计排除时间要很长时间，则空分设备停止运行。

（5）排除故障方法 按照仪控说明书规定查明原因，并排除之。

5. 仪表空气中断

（1）信号 仪表空气压力报警器鸣响。

（2）后果 吸附器切换装置失效；所有气动仪表失效；整个空分设备调节失控。

（3）紧急措施 把备用仪表空气阀门打开，空分设备即可恢复运行。如果不能正常运行，则空分设备停止运行。

（4）进一步措施 如空分设备继续运行，应检验产品纯度，检查分子筛吸附器再生和吹冷程度。如不正常应做相应调整。

（5）排除故障的方法 故障可能是仪表空气过滤器堵塞或是阀门和管道的泄漏造成，应清洗过滤器，消除泄漏。

复 习 题

1. 空气深冷液化分离利用的原理是什么？
2. 空气深冷液化分离从原理讲主要包括哪些内容？

3. 简述氧气、氮气、液氧、液氮的用途。
4. 空气深冷液化分离时，空气净化主要需脱除哪些物质？为什么要脱除？
5. 空气中机械杂质的脱除主要有哪些方法？
6. 简述自洁式空气过滤器的工作过程，并简述自洁式空气过滤器的特点。
7. 在现在的空分流程中用什么方法脱除空气中的水分、二氧化碳和乙炔？
8. 简述分子筛吸附的原理，影响分子筛吸附效果的因素有哪些？是如何影响的？
9. 分子筛吸附剂再生的原理是什么？
10. 简述空气深冷液化的制冷原理。
11. 什么叫节流膨胀？节流膨胀导致空气温度降低的原因是什么？
12. 什么叫膨胀机的绝热膨胀？膨胀机的绝热膨胀导致空气温度降低的原因是什么？
13. 林德循环使空气液化的理论基础是什么？主要有哪些特点？试简述其主要过程。
14. 克劳特循环使空气液化的理论基础是什么？主要有哪些特点？试简述其主要过程。
15. 卡皮查循环使空气液化的理论基础是什么？主要有哪些特点？试简述其主要过程。
16. 液体空气中氮和氧分离的理论基础是什么？
17. 什么叫单级精馏？什么叫双级精馏？
18. 简述单级精馏获取纯氮或纯氧的过程。
19. 简述双级精馏获取纯氮和纯氧的过程。
20. 空分塔的种类有哪些？各有什么特点？
21. 试述双级精馏空分塔中氩组分的影响，以及提取纯氩的方法和原理。
22. 简述在空分装置的发展中主要有哪些技术改进。
23. 什么叫空分装置的外压缩流程和内压缩流程？各有什么特点？
24. 简述空分装置的开车主要包括的步骤。
25. 影响主冷凝蒸发器中液氧液位的因素是什么？如何控制其液位的稳定。
26. 氧氮产品的纯度受哪些因素的影响？如何提高其纯度？
27. 主冷凝蒸发器液氧中的乙炔超标是由什么原因引起的？应如何处理？
28. 空分塔的压降升高主要由什么原因引起？应如何处理？
29. 试简述降低氧气产量的操作过程。
30. 试简述增加氧气产量的操作过程。
31. 试简述增加液氧产量的操作过程。
32. 试简述空分装置变负荷操作的要点。
33. 试简述制氩系统的稳定与哪些因素有关。
34. 试简述空分装置正常停车的主要步骤。

第二章　煤气化技术

第一节　煤气化概述

煤气化是煤炭的一个热化学加工过程，它是以煤或煤焦为原料，以氧气（空气或富氧）、水蒸气或氢气等作气化剂，在高温条件下通过化学反应将煤或煤焦中的可燃部分转化为可燃性气体的过程。气化时所得的可燃气体称为煤气，所用的设备称为煤气发生炉。

煤气化是重要的洁净煤应用技术之一，也是发展现代煤化工重要的单元技术。广泛地应用于生产工业和民用燃料气、化工合成原料气、合成燃料油原料气、制造氢燃料电池、煤气联合循环发电、合成天然气和火箭燃料等。随着石油资源的紧缺，煤气化在化工行业的地位变得越来越重要。

从原则上讲，所有的煤种都可用于煤气化生产，但由于受市场因素、资源条件以及气化技术和设备对煤种适应性等的限制，气化煤种多为褐煤、长焰煤、贫瘦煤和无烟煤，亦包括部分弱黏结煤。煤质的差异、煤炭作为社会能源物质的供应状况、价格因素及粒度等级，是造成气化技术的差别及其发展的原因。

一、煤气的种类及成分

煤气化所制得的煤气成分取决于燃料、气化剂的种类以及气化过程的条件。根据采用的气化剂和煤气成分的不同，通常将煤气分为以下几类。

(1) 空气煤气　以空气作为气化剂得到的煤气，这种煤气的主要成分为一氧化碳、二氧化碳和氮气，而且氮气的含量较多，可燃成分较少，热值很低，通常就地燃烧发电。如果用氧气（全部或部分）代替气化过程中使用的空气，则气化产物中的氮气含量减少，会不同程度地提高煤气的热值。

(2) 水煤气　是采用水蒸气和氧气作为气化剂而得到的煤气，主要成分为氢和一氧化碳。可作为燃料，或用作合成氨、合成油、氢气制备等的原料。

(3) 混合煤气　用空气及蒸汽作为气化剂得到的煤气，也被称为发生炉煤气，主要成分为一氧化碳、氢、氮、二氧化碳等。热值稍高于空气煤气，可以直接作为燃料气使用，也可作为高热值煤气的稀释气。

(4) 半水煤气　用蒸汽和空气作为气化剂而制得，也可以由空气煤气与水煤气的混合而得。是混合煤气的一个特例，其中 $V(CO+H_2)/V(N_2)=3.1\sim3.2$。主要作为生产合成氨的原料气。

(5) 焦炉煤气　由煤在炼焦炉中进行干馏所制得，主要成分为氢、甲烷和一氧化碳，也含有少量的乙烯、氮和二氧化碳等。可用作燃料，也可用作合成氨等的原料。

根据煤气热值的高低可将各类煤气划分为如下三类。

(1) 低热值煤气　煤气的热值范围为 3800～7600kJ/m^3，一般为空气煤气、混合煤气。

(2) 中热值煤气　煤气的热值范围为 10000～20000kJ/m^3，通常用氧气或富氧气体代替空气作为气化剂而制得。煤气中可燃成分的比例较高，适于民用或工业用，还特别适用于就地发电。焦炉煤气也属于这一类煤气。

(3) 高热值煤气　煤气的热值为 21000kJ/m^3 以上，是中热值煤气经过进一步甲烷化工艺过程而制得的，主要成分是甲烷，也称为合成天然气。

综上所述，煤气的主要成分为 H_2、CO、CO_2、N_2 和 CH_4 等，其成分随气化方法、气化剂和气化条件而异。表 2-1 所示为实测的某些煤气的组成及其热值范围。

表 2-1 煤气的成分及热值范围

煤气名称	气化剂	煤气组成/%						热值/(kJ/m³)
		H_2	CO	CO_2	N_2	CH_4	O_2	
空气煤气	空气	2.6	10	14.7	72	0.5	0.2	3762～4598
水煤气	H_2O(g)和 O_2	48.4	38.5	6	6.4	0.5	0.2	10032～11286
混合煤气	H_2O(g)、O_2 和空气	13.5	27.5	5.5	52.8	0.5	0.2	5016～5225
半水煤气	H_2O(g)和空气	40	30.7	8	14.6	0.5	0.2	8778～9614
焦炉煤气	—	29.7	12.7	29.1	0.5	22.7	0.2	14450～15930
合成天然气	H_2O(g)、O_2 和 H_2	1.5	0.02	1	1	96	0.2	33440～37620

二、煤气化技术的分类

煤气化的分类方法较多，但最常用的是按煤与气化剂在气化炉内运动状态来分，此法将煤气化技术分为如下几种。

1. 固定床气化

固定床气化也称移动床气化，一般以块煤或煤焦为原料。煤由气化炉顶加入，气化剂由炉底送入。流动气体的上升力不致使固体颗粒的相对位置发生变化，即固体颗粒处于相对固定状态，气化炉内各反应层高度亦基本上维持不变，因而称为固定床气化。另外，从宏观角度看，由于煤从炉顶加入，含有残炭的灰渣自炉底排出，气化过程中，煤粒在气化炉内逐渐并缓慢往下移动。因而又称为移动床气化。

2. 流化床气化

流化床煤气化又称为沸腾床气化。其以小颗粒煤为气化原料，这些细粒煤在自下而上的气化剂的作用下，保持着连续不断和无秩序的沸腾和悬浮状态运动，迅速地进行着混合、反应和热交换，其结果导致整个床层温度和组成的均一。

3. 气流床气化

气流床气化是一种并流式气化。气化剂（氧与蒸汽）将煤粉夹带入气化炉，在 1500～1900℃高温下将煤部分氧化成 CO、H_2、CO_2 等气体，残渣以熔渣形式排出气化炉。也可将煤粉制成煤浆，用泵送入气化炉。在气化炉内，煤炭细粉粒与气化剂经特殊喷嘴进入反应室，会在瞬间着火，直接发生火焰反应，同时处于不充分的氧化条件下。因此，其热解、燃烧以及吸热的气化反应，几乎是同时发生的。随气流的运动，未反应的气化剂、热解挥发物及燃烧产物裹挟着煤焦粒子高速运动，运动过程中进行着煤焦颗粒的气化反应。这种运动形态，相当于流态化技术领域里对固体颗粒的“气流输送”，习惯上称为气流床气化。

4. 熔融床气化

熔融床气化也称熔浴床气化或熔融流态床气化。它的特点是有一温度较高（一般为 1600～1700℃）且高度稳定的熔池，粉煤和气化剂以切线方向高速喷入熔池内，池内熔融物保持高速旋转。此时，气、液、固三相密切接触，在高温条件下完成气化反应，生成 H_2 和 CO 为主要成分的煤气。熔融床有三类：熔渣床、熔盐床和熔铁床。

此外，还可按气化压力分为常压气化和加压气化；按操作方式分为间歇气化和连续气化；按排渣方式分为固态排渣和液态排渣；按进煤的状态分为块煤、粉煤和水煤浆。在此不一一列举。

三、煤气化技术的发展状况

早期的煤气化大都在常压下进行，使用的原料为块煤或碎煤，造成了粉煤资源不能有效利用、能耗高、规模小、严重污染环境等问题。自20世纪60年代以来，煤气化技术研究开发取得了较大的进展，尤其是20世纪70年代的石油危机的刺激和严重的燃煤环境污染问题，国内外各国政府和研究机构都给予了极大的重视，如美国先后提出的“洁净煤技术示范计划”（CCTP）和“21世纪展望”（Vision 21）。在这些项目的带动下，一批大型化的先进的煤气化技术完成了工业示范。

目前存在的主要煤气化技术如下。

1. 固定床气化

固定床气化技术主要有常压固定床间歇式气化（UGI）和鲁奇加压连续气化（Lurgi）两种，是最早开发和使用的煤气化技术。

(1) 固定床间歇式气化　以块状无烟煤或焦炭为原料，以空气和水蒸气为气化剂，在常压下生产合成原料气或燃料气。该技术是20世纪30年代开发成功的。优点为投资少、操作简单；缺点为气化效率低、原料单一、能耗高。间歇制气过程中，大量吹风气排空，每吨合成氨吹风气放空多达5000m^3，放空气体中含CO、CO_2、H_2、H_2S、SO_2、NO_x及粉灰；煤气冷却洗涤塔排出的污水含有焦油、酚类及氰化物，造成环境污染。我国中小化肥厂有900余家，多数厂仍采用该技术生产合成原料气。随着能源政策和环境的要来越来越高，不久的将来，会逐步被新的煤气化技术所取代。

(2) 鲁奇加压连续气化　20世纪30年代德国鲁奇公司开发成功固定床连续块煤气化技术，由于其原料适应性较好，单炉生产能力较大，在国内外得到广泛应用。气化炉压力2.5～4.0MPa，气化反应温度800～900℃，固态排渣，气化炉已定型（MK-1～MK-5），其中MK-5型炉，内径4.8m，投煤量75～84t/h，煤气产量（10～14）×$10^4 m^3$/h。煤气中除含CO和H_2外，含CH_4高达10%～12%，可作为城市煤气、人工天然气、合成气使用。其缺点是气化炉结构复杂，炉内设有破黏机、煤分布器和炉箅等转动设备，制造和维修费用大；入炉煤必须是块煤，原料来源受一定限制；出炉煤气中含焦油、酚等，污水处理和煤气净化工艺复杂。针对上述问题，1984年鲁奇公司和英国煤气公司联合开发了液态排渣气化炉（BGL）。其特点是气化温度高，灰渣成熔融态排出，碳转化率高，合成气质量较好，煤气化产生废水量小并且处理难度小，单炉生产能力同比提高3～5倍，是一种有发展前途的气化炉。

2. 流化床气化

流化床气化由于生产强度较固定床大、对煤种适应性强和生产能力大等原因，在近几十年得到了迅速的发展。已出现的技术有温克勒（Winkler）、灰熔聚（U-Gas和ICC）、循环流化床（CFB）和加压流化床（PFB）等。

(1) 循环流化床气化　循环流化床，主要由上升管（即反应器）、气固分离器、回料立管和返料机构等几大部分组成。吹入炉内空气流携带颗粒物充满整个燃烧空间而无确定的床面，高温的燃烧气体携带着颗粒物升到炉顶进入旋风分离器。粒子被旋转的气流分离沉降至炉底入口，再循环进入主燃烧室。循环流化床气化炉操作气速范围在鼓泡流化床和气流床反应器之间，具有较大的滑移速度，使其气固之间的传热和传质速率提高。它综合了并流输送反应器和全混釜式鼓泡流化床反应器的优点。整个反应器系统的温度均匀，可使煤气化操作温度达到最大临界温度即灰熔点温度，从而有利于煤气化反应的快速进行。

鲁奇公司开发的循环流化床气化炉可气化各种煤，也可以用碎木、树皮、城市可燃垃圾作为气化原料。用水蒸气和氧气作气化剂。气化强度大，碳转化率高（97%），气化原料循环过程中返回气化炉内的循环物料是新加入原料的40倍，炉内气流速度在5～7m/s之间，有很高的传热传质速度。气化压力0.15MPa，气化温度视原料情况进行控制，一般控制循环旋风除尘器的温度在800～1050℃之间。此气化技术，已世界上60多个工厂采用，正在设计和建设的还有30多个工厂，在世界市场处于领先地位。

循环流化床气化气化炉基本是常压操作，若以煤为原料生产合成气，每公斤煤消耗气化剂水蒸气1.2kg，氧气0.4kg，可生产煤气1.9～2.0m^3。煤气成分$CO+H_2$含量>75%，CH_4含量2.5%左右，CO_2含量15%，低于德士古炉和鲁奇MK型炉煤气中CO_2含量，有利于合成氨的生产。

加压流化床是对常压流化床的改进。压力的提高，提高了反应速率，缩小了气化炉的体积，大大降低了炉内的表观流速，减轻了炉内磨损，同时可用的床层压降较高，允许深床运行。低流速和高床深使气体在床内的停留时间大大延长，从而提高了气化效率。

(2) 灰熔聚流化床粉煤气化技术　灰熔聚流化床粉煤气化以碎煤为原料（<6mm），以空气和水蒸气为气化剂，在适当的煤粒度和气速下，使床层中粉煤沸腾，床中物料强烈返混，气固两相充分混合，温度到处均一，在部分燃烧产生的高温（950～1100℃）下进行煤的气化。煤在床内一次实现破黏、脱挥发分、气化、灰团聚及分离、焦油及酚类的裂解等过程。

流化床反应器的混合特性有利于传热、传质及粉状原料的使用，但当应用于煤的气化过程时，受煤的气化反应速率和宽筛分物料气固流态化特性等因素影响，炉内的强烈混合状态导致了炉顶带出飞灰（上吐）和炉底排渣（下泻）中的炭损失较高。常规流化床为降低排渣的炭含量，必须保持床层物料的低炭灰比；而在这种高灰床料工况下，为维持稳定的不结渣操作，不得不采用较低的操作温度（<950℃），这又决定了传统流化床气化炉只适用于高活性的褐煤或次烟煤。灰熔聚流化床粉煤气化工艺根据射流原理，设计了独特的气体分布器和灰团聚分离装置，中心射流形成床内局部高温区（1200～1300℃），促使灰渣团聚成球，借助密度的差异，达到灰团与半焦的分离，在非结渣情况下连续有选择地排出低炭含量的灰渣，提高了床内炭含量和操作温度（达1100℃），从而使其适用煤种拓宽到低活性的烟煤乃至无烟煤。

该技术可用于生产燃料气、合成气和联合循环发电，特别适用于中小氮肥厂替代间歇式固定床气化炉，以烟煤替代无烟煤生产合成氨原料气，可以使合成氨成本降低15%～20%，具有广阔的发展前景。

U-Gas灰熔聚在上海焦化厂（120t煤/d）1994年11月开车，长期运转不正常，于2002年初停运；中科院山西煤化所开发的ICC灰熔聚气化炉，已通过工业示范装置试运行阶段，在多家合成氨厂开始推广使用。循环流化床和加压流化床可以生产燃料气，但国际上尚无生产合成气先例；Winkler已有用于合成气生产案例，但对粒度、煤种要求较为严格，煤气中甲烷含量较高（0.7%～2.5%），而且设备生产强度较低，已不代表发展方向。

3. 气流床气化

气流床气化是一种并流式气化，对煤种、粒度、含硫、含灰都具有较大的兼容性，国际上已有多家单系列、大容量、加压厂在运作，其清洁、高效代表着当今技术发展潮流。按进料的状态分有干粉进料和水煤浆进料两种。干粉进料的主要有K-T（Koppres-Totzek）炉、Shell-Koppres炉、Prenflo炉、Shell炉、GSP炉和ABB-CE炉；水煤浆进料的主要有德士古（Texaco）气化炉和Destec炉。

(1) 德士古（Texaco）气化炉　美国Texaco开发的水煤浆气化工艺是将煤加水磨成浓度为60%～65%的水煤浆，用纯氧作气化剂，在高温高压下进行气化反应，气化压力在3.0～8.5MPa之间，气化温度1400℃，液态排渣，煤气成分$CO+H_2$为80%左右，不含焦油、酚等有机物质，对环境无污染，碳转化率96%～99%，气化强度大，炉子结构简单，能耗低，运转率高，而且煤适应范围较宽。

Texaco气化炉由喷嘴、气化室、激冷室（或废热锅炉）组成。其中喷嘴为三通道，工艺氧走一、三通道，水煤浆走二通道，介于两股氧射流之间。水煤浆气化喷嘴经常面临喷口磨损问题，主要是由于水煤浆在较高线速下（约 30m/s）对金属材质的冲刷腐蚀。喷嘴、气化炉、激冷环等为 Texaco 水煤浆气化的技术关键。

从已投产的水煤浆加压气化装置的运行情况看，主要优点：水煤浆制备输送、计量控制简单、安全、可靠；设备国产化率高，投资省。由于工程设计和操作经验的不完善，还没有达到长周期、高负荷、稳定运行的最佳状态，存在的问题还较多，主要缺点：喷嘴寿命短、激冷环和耐火砖寿命仅一年；因汽化煤浆中的水要耗去煤的 8%，比干煤粉为原料氧耗高 12%～20%，所以效率稍低。

（2）Destec（Global E-Gas）气化炉　该气化炉已建设 2 套商业装置，都在美国：LGT1（气化炉容量 2200t/d，2.8MPa，1987 年投运）与 Wabsh Rive（二台炉，一开一备，单炉容量 2500t/d，2.8MPa，1995 年投运）。气化炉分第一段（水平段）与第二段（垂直段）。在第一段中，2 个喷嘴成 180°对置，借助撞击流以强化混合，克服了 Texaco 炉型的速度成钟形（正态）分布的缺陷，最高反应温度约 1400℃。为提高冷煤气效率，在第二阶段中，采用总煤浆量的 10%～20%进行冷激，此处的反应温度约 1040℃，出口煤气进火管锅炉回收热量。熔渣自气化炉第一段中部流下，经水冷激固化，形成渣水浆排出。

Destec 气化技术缺点为：二次水煤浆停留时间短，碳转化率较低；设有一个庞大的分离器，以分离一次煤气中携带灰渣与二次煤浆的灰渣与残炭。这种炉型适合于生产燃料气而不适合于生产合成气。

（3）Shell 气化炉　20 世纪 50 年代初 Shell 开发渣油气化成功，在此基础上，进行了煤气化的实验。至 1988 年 Shell 煤技术运用于荷兰 Buggenum IGCC 电站。该装置于 1990 年 10 月开工建造，1993 年开车，1994 年 1 月进入为时 3 年的验证期，目前已处于商业运行阶段，单炉日处理煤 2000t。

Shell 气化炉壳体直径约 4.5m，4 个喷嘴位于炉子下部同一水平面上，沿圆周均匀布置，借助撞击流以强化热质传递过程，使炉内横截面气速相对趋于均匀。炉衬为水冷壁（Membrame Wall），总重 500t。炉壳于水冷管排之间有约 0.5m 间隙，做安装、检修用。

煤气携带煤灰总量的 20%～30%沿气化炉轴线向上运动，在接近炉顶处被循环煤气激冷，降温至 900℃，熔渣凝固与煤气分离。煤灰总量的 70%～80%以熔态流入气化炉底部，激冷凝固，自炉底排出。

粉煤由 N_2 携带，密相输送进入喷嘴。工艺氧（纯度为 95%）与蒸汽也由喷嘴进入，其压力为 4.3～4.5MPa。气化温度为 1500～1700℃，气化压力为 4.0MPa。冷煤气效率为 79%～81%；原料煤热值的 13%通过锅炉转化为蒸汽；6%由设备和出冷却器的煤气显热损失于大气和冷却水。

Shell 煤气化技术有如下优点：采用干煤粉进料，氧耗比水煤浆低 15%；碳转化率高，可达 99%，煤耗比水煤浆低 8%；调节负荷方便，关闭一对喷嘴，负荷则降低 50%；炉衬为水冷壁，据称其寿命为 20 年，喷嘴寿命为 1 年。主要缺点：设备投资大于水煤浆气化技术；气化炉及废热锅炉结构过于复杂，加工难度加大。

（4）GSP 气化炉　GSP（GAS Schwarze Pumpe）称为“黑水泵气化技术”，由前东德的德意志燃料研究所（简称 DBI）于 1956 年开发成功，目前该技术属于德国西门子公司。GSP 气化炉是一种下喷式加压气流床液态排渣气化炉，其煤炭加入方式类似于 Shell，炉子结构类似于德士古气化炉。1983 年 12 月在黑水泵联合企业建成第一套工业装置，单台气化炉投煤量为 720t/d，1985 年投入运行。GSP 气化炉目前应用很少，仅有 5 个厂应用，我国仅有宁煤集团已引进此技术用于煤化工项目。

四、我国的煤气化技术现状

煤气化技术在中国有近百年的历史，但仍然处于较落后的状况。在全国的近万台各种类型的气化炉中，多数为固定床间歇气化炉。由于此工艺环保设施不健全、煤炭利用效率低、污染严重，严重影响了经济、能源和环境的协调发展。

近40年来，在国家的支持下，中国在研究与开发煤气化技术方面进行了大量工作，有代表性的是：20世纪50年代末到80年代的仿K-T气化技术研究与开发，曾于60年代中期和70年代末期在新疆芦草沟和山东黄县建设中试装置，为以后国内引进德士古（Texaco）水煤浆气化技术提供了丰富的经验；80年代在灰熔聚流化床煤气化领域中进行了大量工作并取得了专利；“九五”期间立项开发新型（多喷嘴对置）气流床气化炉，已经通过中试装置（22～24t煤/d）考核运行，中试数据表明其比氧耗、比煤耗、碳转化率、有效气化成分等指标均优于Texaco技术，目前已成功运用于多套合成气生产装置；“九五”期间还就“整体煤气联合循环（IGCC）关键技术（含高温净化）”立项，有10余个单位参加攻关；在流化床（含循环）、煤及煤浆燃烧、两相流动与混合、传热、传质、煤化学、气化反应、煤岩形态、磨煤与干燥、高温脱硫与除尘等科学领域与工程应用等方面也进行了大量的研究工作。

此外，中国与国外煤气化技术供应商也进行了积极的合作，引进了大批先进的煤气化技术。如1984年，中国山东鲁南化肥厂从美国Texaco公司引进技术，建设了中国第一套Texaco水煤浆气化装置。此后上海焦化厂、陕西渭河煤化工公司、安徽淮南化工总厂、浩良河化肥厂和中石化金陵石化公司又相继引进了Texaco水煤浆气化技术。这些装置的引进，极大了促进了我国煤气化技术的发展。至今，我国已具有自主开发水煤浆煤气化装置的能力，除烧嘴、煤浆泵等少量设备需从国外进口外，绝大部分设备都实现了国产化，并在开车、达标和达产方面积累了丰富的经验。

由于Shell干粉煤气化技术具有煤种适应性强、能量利用率高和清洁生产等特点，从20世纪90年代中期开始，国内先后引进了近20套此装置，目前大部分处于开车试运行阶段。从运行的情况看，有许多亟待解决的问题。随着问题的解决，必将使我国的煤气化技术进入新的发展阶段。

五、煤气化技术发展的方向

1. 技术先进

目前，煤气化技术的发展种类较多，各具特色，气化指标差异较大，因此煤气化技术发展应具备技术先进性，如干法粉煤加压气化技术具有先进的各种指标，被业内人士普遍看好，是今后煤化工技术研发的重中之重。

2. 煤种适应广泛

国内煤炭资源相对分散，煤质的差异大，即使同一个矿区的不同采煤区域煤质也存在差异，因此，先进的煤气化技术，应该对煤种相对有较为范围宽广的适应性，以消除煤质变化给应用带来的不利影响。

3. 生产能力大

扩大单炉生产能力，不仅能减少投资，节省占地面积，而且可降低操作费用，从而降低产品成本。

4. 加压气化

适当提高气化压力，有利于提高单炉生产能力、气化效率，对降低生产成本有重要的意义。煤的加压气化可实现后续工段的等压合成或降低合成气体的压缩比，这比压缩煤气要经济得多。

5. 煤能源的综合利用

把煤气化与发电、化工联合起来，综合利用能源，可以提高总热效率，降低生产成本，如 IGCC 联合发电。

6. 清洁生产

煤中含有部分无机矿物质，以及在加工利用的过程中，存在废渣、废水、废气的排放，先进的煤气化技术，这些排放物应相对较少或容易处理。

总之，气化工艺在很大程度上影响煤化工产品的成本和效率，采用高效、低耗、无污染的煤气化工艺（技术）是发展煤化工的重要前提，为了提高煤气化的气化效率和气化炉气化强度，改善环境，新一代煤气化技术的开发总的方向为，气化压力由常压向中高压（8.5MPa）发展；气化温度向更高温度（1500～1600℃）发展；气化原料向多样化发展；固态排渣向液态排渣发展。

复　习　题

1. 什么叫煤气化？其主要有哪些用途？

2. 根据气化剂的种类和煤气的成分不同，通常将煤气分为哪些种类？它们各自的主要成分是什么？各有什么用途？

3. 目前主要存在哪些煤气化技术？各有什么特点？

4. 简述煤气化技术发展的主要趋势。

第二节　煤气化的基本原理

煤在气化炉内会发生一系列复杂的物理变化和化学变化，主要有：煤的干燥、煤的干馏和煤的气化反应。其中干燥指煤中水分的挥发，是一个简单的物理过程，在此不再多述。而干馏和气化反应都是复杂的热化学过程，受煤种、温度、压力、加热速率和气化炉形式等多种因素的影响，和生产操作密切相关，是需要特别重视的。

一、煤的干馏

煤的干馏又称为煤的热分解或热解，指煤中的有机质在高温的情况下发生分解而逸出煤中的挥发分，并残存半焦或焦炭的过程。

1. 煤热解过程的物理形态变化

煤的热解过程大致分为以下三个阶段。

（1）第一阶段（从室温～350℃）　从室温到活泼热分解温度为干燥脱气阶段，煤的外形无变化。150℃前主要为干燥阶段。在 150～200℃时，放出吸附在煤中的气体，主要为甲烷、二氧化碳和氮气。当温度达 200℃以上时，即可发现有机质的分解。如褐煤在 200℃以上发生脱羧基反应，300℃左右时开始热解反应。烟煤和无烟煤的原始分子结构仅发生有限的热作用（主要是缩合作用）。

（2）第二阶段（350～550℃）　在这一阶段，活泼分解是主要特征。以解聚和分解反应为主，生成大量挥发物（煤气及焦油），煤黏结成半焦。煤中的灰分几乎全部存在于半焦中。煤气成分除热解水、一氧化碳和二氧化碳外，主要是气态烃。烟煤（尤其是中等煤阶的烟煤）在这一阶段经历了软化、熔融、流动和膨胀直到再固化等过程。出现了一系列特殊现象，并形成气液固三相共存的胶质体。在分解的产物中出现烃类和焦油的蒸气。在 450℃左右时焦油量最大，在 450～550℃温度范围内，气体析出量最多。黏结性差的气化用煤，胶质体不明显，半焦不能黏结为大块，而是松散的原粒度大小，或因受压受热而碎裂。

（3）第三阶段（超过 550℃）　在这一阶段，以缩聚反应为主，又称二次脱气阶段。半焦变成焦炭，析出的焦油量极少，挥发分主要是多种烃类气体、氢气和碳的氧化物。

2. 煤干馏过程的化学反应

煤干馏的化学反应通常包括裂解和缩聚两大类。干馏前期以裂解反应为主，干馏后期以缩聚反应为主。一般来讲，干馏反应的宏观形式为

$$煤 \xrightarrow{加热} 煤气\ (CO_2,\ CO,\ CH_4,\ H_2,\ NH_3,\ H_2S) + 焦油\ (液体) + 焦炭$$

(1) 裂解反应　根据煤的结构特点，裂解反应大致有以下四类。

① 桥键断裂生成自由基。桥键的作用在于联系煤的结构单元，在煤的结构中，主要的桥键有：$—CH_2—CH_2—$，$—CH_2—$，$—CH_2—O—$，—O—，—S—S—等。它们是煤结构中最薄弱的环节，受热后很容易裂解生成自由基，而与其他产物结合，或自身相互结合。

② 脂肪侧链的裂解。煤中的脂肪侧链受热后容易裂解，生成气态烃。如 CH_4、C_2H_6 和 C_2H_4 等。

③ 含氧官能团的裂解。煤中含氧官能团的稳定性顺序为

$$—OH > —\overset{\overset{\displaystyle O}{\|}}{C}— > —COOH$$

羟基（—OH）最稳定，在高温和有氢存在时，可生成水。羰基（$—\overset{\overset{O}{\|}}{C}—$）在 400℃左右可裂解，生成一氧化碳。羧基（—COOH）在 200℃以上即能分解，生成二氧化碳。含氧杂环在 500℃以上也有可能断开，放出一氧化碳。

④ 低分子化合物的裂解。煤中以脂肪结构为主的低分子化合物受热后熔化，并不断裂解，生成较多的挥发性产物。

通常煤在干馏过程中释出挥发分的次序依次为：H_2O、CO_2、CO、C_2H_6、CH_4、焦油、H_2。上述干馏产物通常称为一次分解产物。

(2) 二次热分解反应　一次热分解产物中的挥发性成分在析出过程中，如受到更高温度的作用，就会产生二次热分解反应。主要的二次热分解反应有以下四类。

① 裂解反应。

② 芳构化反应。

③ 加氢反应。

④ 缩合反应。

因此，煤热解产物的组成不仅与最终加热温度有关，还与是否发生二次热分解反应有很大关系。

在煤干馏的后期以缩聚反应为主。当温度在 550～600℃温度范围内时，主要是胶质体再固化过程中的缩聚反应，反应的结果是生成了半焦。当温度更高时，芳香结构脱氢缩聚，即从半焦到焦炭。

3. 影响干馏过程的因素

(1) 原料煤种对煤干馏的影响　煤的煤化程度、岩相组成、粒度等都对煤干馏过程有影响。其中煤化程度是最重要的影响因素之一，它直接影响煤干馏起始温度、干馏产物等。随着煤化程度的增加，干馏起始温度逐渐升高，不同煤种的热解起始温度如表 2-2 所示。

表 2-2　不同煤种的热解起始温度

煤　种	热解起始温度/℃	煤　种	热解起始温度/℃
泥煤	190～200	烟煤	300～390
褐煤	230～260	无烟煤	390～400

年轻煤干馏时，煤气、焦油和热解水产率高，煤气中 CO、CO_2 和 CH_4 含量多，残炭

没有黏结性；中等变质程度的烟煤干馏时，煤气和焦油的产率比较高，热解水少，残炭的黏结性强；而年老煤（贫煤以上）干馏时，煤气和焦油的产率很低，残炭没有黏结性。表 2-3 列举了几种不同煤种干馏至 500℃时产品的平均分布。

表 2-3　不同煤种干馏至 500℃ 时产品的平均分布

煤　　种	焦油/(L/t)	轻油/(L/t)	水/(L/t)	煤气/(m^3/t)
烛煤(一种腐泥煤)	308.7	21.4	15.5	56.5
次烟煤 A	86.1	7.1	—	—
次烟煤 B	64.7	5.5	117	70.5
高挥发分烟煤 A	130.0	9.7	25.2	61.5
高挥发分烟煤 B	127.0	9.2	46.6	65.5
高挥发分烟煤 C	113.0	8.0	66.8	56.2
中挥发分烟煤	79.4	7.1	17.2	60.5
低挥发分烟煤	36.1	4.2	13.4	54.9

（2）加热条件对煤干馏的影响　加热条件，如最终温度、升温速率和压力等对煤的热解过程均有影响。

从煤的热解过程来看，由于最终温度的不同，可以分为低温干馏（最终温度 600℃）、中温干馏（最终温度 800℃）和高温干馏（最终温度 1000℃）。这三种干馏所得产品产率、煤气组成都不相同。低温干馏时煤气产率较低，而煤气中甲烷含量高。

根据热解过程升温速率的不同，可以分为四种类型：

① 慢速加热，加热速率＜5K/s；

② 中速加热，加热速率 5～100K/s；

③ 快速加热，加热速率 100～106K/s；

④ 闪蒸加热，加热速率＞106K/s。

固定床气化属于慢速加热，流化床与气流床气化则具有快速加热裂解的特点；闪蒸加热是近些年来研究关注较多的方法，其目的在于得到更多的烯烃与乙炔。

提高升温速率可以增加煤气和焦油的产率。当加热的最终温度较低（约 500℃）时，如果增加加热速率，则挥发物产率增加，但气体烃与液体烃的比例下降。而在最终温度较高（约 1000℃）时，采用加速加热，则挥发物产率和气体烃与液体烃的比例均增加。

此外，压力对煤干馏亦有影响。特别当有活性介质（如氢气、水蒸气）存在时，随着压力的增加，气体产率与低温焦油的产率均增加，而半焦及热解水的产率下降。这说明了活性介质的存在影响了热分解反应和热分解产物的二次反应。压力越高，其作用越大。

二、气化过程中的气化反应

气化炉中的气化反应，是一个十分复杂的体系。由于煤炭的“分子”结构很复杂，其中含有碳、氢、氧和其他元素，因而在讨论气化反应时，总是以如下假定为基础的，即仅考虑煤炭中的主要元素碳，且气化反应前发生煤的干馏或热解。这样一来，气化反应主要是指煤中的碳与气化剂中的氧气、水蒸气和氢气的反应，也包括碳与反应产物以及反应产物之间进行的反应。

气化反应按反应物的相态不同而划分为两种类型的反应，即非均相反应和均相反应。前者是气化剂或气态反应产物与固体煤或煤焦的反应，后者是气态反应产物之间相互反应或与气化剂的反应。在气化装置中，由于气化剂的不同而发生不同的气化反应，亦存在平行反应和连串反应。习惯上将气化反应分为三种类型：碳与氧间的反应、水蒸气分解反应和甲烷生成反应。

（一）气化反应的化学平衡

1. 碳与氧的反应

以空气或氧为气化剂时，碳与氧气之间的化学反应有

$$2C+O_2 \longrightarrow 2CO+Q \tag{2-1}$$

$$C+O_2 \longrightarrow CO_2+Q \tag{2-2}$$

$$C+CO_2 \rightleftharpoons 2CO-Q \tag{2-3}$$

$$2CO+O_2 \longrightarrow 2CO_2+Q \tag{2-4}$$

上述反应中，式(2-3) 常称为二氧化碳还原反应。该反应是一较强的吸热反应，需在高温条件下才能进行反应。除该反应外，其他三个反应均为放热反应。

在气化条件下，反应式(2-1)、式(2-2) 和式(2-4) 的平衡组成中几乎全部是生成物，因此可以认为这三个反应是不可逆的。

反应式(2-3) 是一个可逆反应，也是一个强的吸热反应，其反应的平衡常数表达式为

$$K_p=\frac{p_{CO_2}^2}{p_{CO}} \tag{2-5}$$

对二氧化碳还原反应平衡常数的研究很多。布杜阿尔（O・Boudouard）的研究结果认为平衡常数可用式(2-6) 计算。

$$\ln K_p=\frac{21000}{T}+21.4 \tag{2-6}$$

表 2-4 为按上式计算得到的平衡混合物的组成以及由实验所得的结果。

图 2-1 为该反应平衡混合物的组成与温度的关系。

表 2-4　$C+CO_2 \rightleftharpoons 2CO$ 平衡混合物的组成及由实验所得的结果

温度/℃	实验数据		计算数据	
	$\varphi(CO)$/%	$\varphi(CO_2)$/%	$\varphi(CO)$/%	$\varphi(CO_2)$/%
445	0.6	99.4	—	—
550	10.7	89.3	11.0	89.0
650	39.8	60.2	39.0	61.0
800	93.0	7.0	90.0	10.0
925	96.0	4.0	97.0	3.0

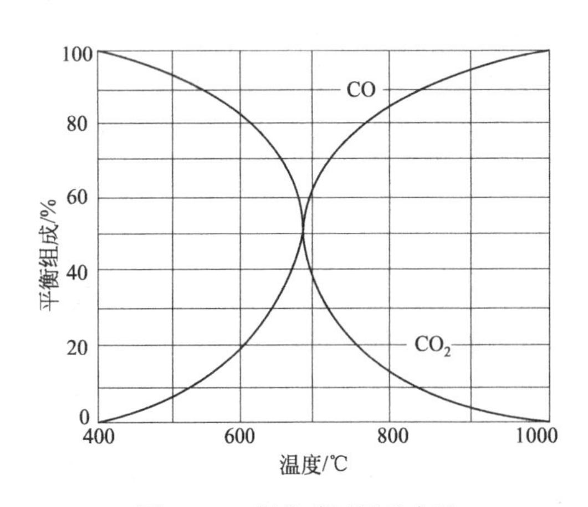

图 2-1　二氧化碳还原反应平衡混合物组成与温度的关系

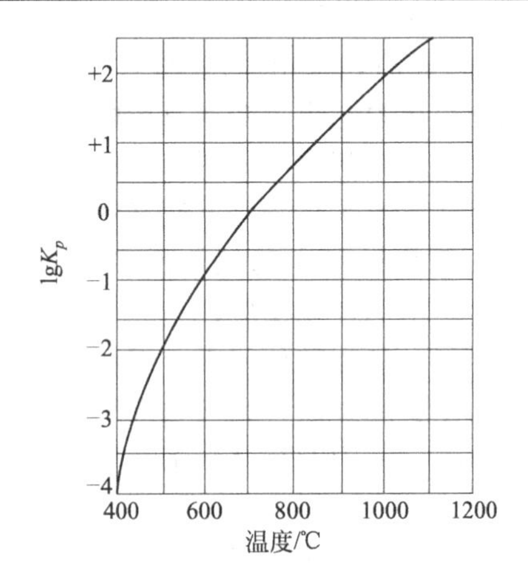

图 2-2　$C+CO_2 \rightleftharpoons 2CO$ 反应的平衡常数曲线

李特（T. F. Lheed）和飞勒（R. V. Wheeler）也对 CO_2 的还原反应进行了研究，认为平衡常数与温度的关系可用式(2-7) 表示：

$$\lg K_p=-\frac{8947.7}{T}+2.4675\lg T-0.0010824T+0.000000116T^2+2.772 \tag{2-7}$$

按该式计算得到的平衡常数曲线如图 2-2 所示。

所得的反应平衡组成和平衡常数的关系如表 2-5 所示。

表 2-5 二氧化碳还原反应的平衡组成和平衡常数

温度/℃	$\varphi(CO)$/%	$\varphi(CO_2)$/%	K_p	温度/℃	$\varphi(CO)$/%	$\varphi(CO_2)$/%	K_p
800	86.20	13.80	5.38	1000	99.41	0.59	167.50
850	93.77	6.23	14.11	1050	99.63	0.37	268.30
900	97.88	2.12	43.04	1100	99.85	0.15	664.70
950	98.68	1.32	73.77	1200	99.94	0.06	1665.00

由表 2-4 和表 2-5 可知，随着温度的提高，CO_2 含量急剧减少，平衡常数 K_p 值迅速增大。

CO_2 的还原反应为气相总物质的量增加的反应，因此系统的总压力将影响平衡时的组成，图 2-3 为压力对该反应平衡混合物组成的影响。

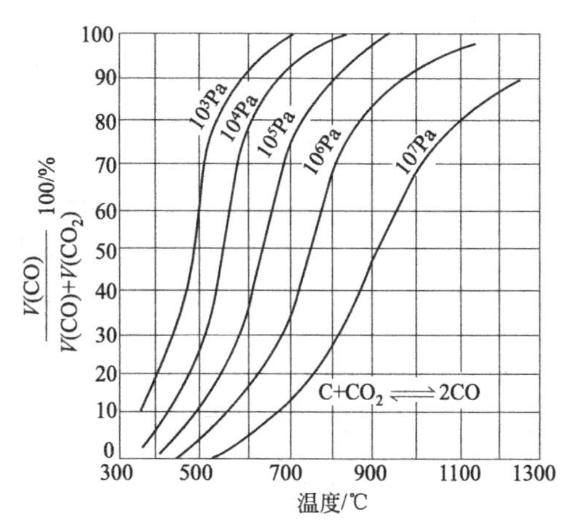

图 2-3 反应 $C+CO_2 \rightleftharpoons 2CO$ 中平衡混合物组成与压力的关系

由图 2-3 可知，当反应温度为 800℃，混合气体压力在 10^5 Pa 时，CO 平衡含量约为 92%；同温度下，混合气体压力为 10^6 Pa 时，混合气体中 CO 平衡含量则降至 68%；而为 10^7 Pa 时，进一步降为 24%。反之，压力降至 10^4 Pa 时，CO 的平衡含量则增加到 96%～97%。

总之，在高温和低压条件下，碳和氧反应的产物中 CO 的含量高。

2. 碳与蒸汽的反应

在一定温度下，碳与水蒸气之间发生的反应如下：

$$C+H_2O \rightleftharpoons CO+H_2-Q \tag{2-8}$$

$$C+2H_2O \rightleftharpoons CO_2+2H_2-Q \tag{2-9}$$

这是制造水煤气的主要反应，也称为水蒸气分解反应，两反应均为可逆吸热反应。反应生成的一氧化碳可进一步和水蒸气发生如下反应：

$$CO+H_2O \rightleftharpoons CO_2+H_2+Q \tag{2-10}$$

该反应称为一氧化碳变换反应，为一放热反应。

(1) 水蒸气的分解反应 对反应式(2-8) 和式(2-9) 平衡常数与温度的关系，路易斯 (Lewis) 等人的研究结果如图 2-4 所示。图中：

$$K_{p_1}=\frac{p_{CO}p_{H_2}}{p_{H_2O}} \tag{2-11}$$

$$K_{p_2}=\frac{p_{CO_2}^{1/2}p_{H_2}}{p_{H_2O}} \tag{2-12}$$

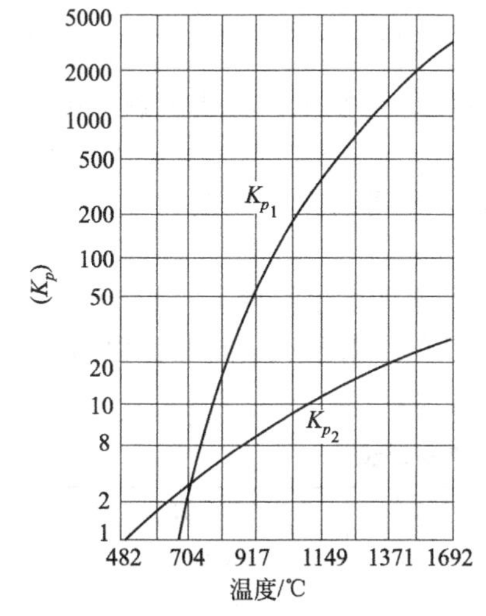

图 2-4 碳与水蒸气反应的平衡常数与温度的关系

由图可知，温度提高，上述两反应的平衡常数均提高。但温度对于两个反应的影响程度不同，在温度较低 (t<700℃) 时，式(2-9) 的反应平衡常数比式(2-8) 的要大，这表明温度较低不利于式(2-8) 的进行。由图还可看出，随着温度的增加，K_{p_1} 的上升速率快，而 K_{p_2} 的上

升速率慢。由此可知，提高温度有利于提高 CO 和 H_2 的含量，同时降低 H_2O 汽的含量。

上述两反应的平衡常数，分别可用下述公式计算：

$$\lg K_{p_1}=-\frac{6740.5}{T}+1.5561\lg T-0.0001092T-0.000000371T^2+2.554 \tag{2-13}$$

$$\lg K_{p_2}=-\frac{4533.3}{T}+0.6446\lg T+0.0003646T+0.0000001858T^2+2.336 \tag{2-14}$$

(2) 变换反应　出气化炉的煤气组成受变换反应的制约。由于该反应对气化过程及调整煤气中 CO 和 H_2 含量有重要意义，因此对它的研究很多。其具体内容放在变换章节讨论。

3. 甲烷生成反应

煤气中的甲烷，一部分来自煤中挥发物的热分解，另一部分则是气化炉内的碳与煤气中的氢气反应以及气体产物之间反应的结果。其主要反应如下：

$$C+2H_2 \rightleftharpoons CH_4+Q \tag{2-15}$$

$$CO+3H_2 \rightleftharpoons CH_4+H_2O+Q \tag{2-16}$$

$$2CO+2H_2 \rightleftharpoons CH_4+CO_2+Q \tag{2-17}$$

$$CO_2+4H_2 \rightleftharpoons CH_4+2H_2O+Q \tag{2-18}$$

$$2C+2H_2O(g) \rightleftharpoons CH_4+CO_2+Q \tag{2-19}$$

上述生成甲烷的反应，均为可逆放热反应，除反应式(2-19) 外，其他反应均为体积缩小的反应。其中式(2-15) 可称为加氢反应，式(2-16)～式(2-18) 可称为甲烷化反应。

(1) 碳的加氢反应　反应式(2-15) 是强的放热反应。该反应的平衡常数如表 2-6 所示。

表 2-6　碳的加氢反应生成甲烷的平衡常数

T/K	K_p	T/K	K_p
298.16	7.902×10^8	800	1.4107
400	7.218×10^5	1000	0.0983
500	2.668×10^3	1500	0.00256
600	1.000×10^2		

该反应的平衡常数 K_p 还可由式(2-20) 计算：

$$\lg K_p=\frac{3348}{T}-5.957\lg T+0.00186T-0.0000001095T^2+11.79 \tag{2-20}$$

由于该反应是一个气相总物质的量减少的反应，因此总压力的变化，必然影响平衡 H_2 与 CH_4 的含量。为了增加煤气中甲烷含量，提高煤气的热值，宜采用较高的气化压力和较低的温度。反之，为了制取合成原料气，应降低甲烷的含量，则可以采用较低的气化压力、较高的反应温度。

(2) 甲烷化反应　在加压气化过程中，除了煤干馏、碳加氢产生甲烷外，CO 与 CO_2 的甲烷化反应以及碳与水蒸气直接生成甲烷的反应都是产生甲烷的重要反应。这些反应的平衡常数如表 2-7～表 2-9 所示。

表 2-7　$CO+3H_2 \rightleftharpoons CH_4+H_2O(g)$ 的平衡常数

T/K	K_p	T/K	K_p
298.16	7.870×10^{24}	800	3.206×10^1
400	4.083×10^{15}	1000	3.758×10^{-2}
500	1.145×10^{10}	1500	4.207×10^{-6}
600	1.977×10^6		

表 2-8　$CO_2+4H_2 \rightleftharpoons CH_4+2H_2O(g)$ 的平衡常数

T/K	K_p	T/K	K_p
298.16	8.578×10^{5}	800	5.246
400	9.481×10^{4}	1000	2.727×10^{-2}
500	9.333×10^{3}	1500	3.712×10^{-8}
600	8.291×10^{2}		

表 2-9　$2C+2H_2O(g) \rightleftharpoons CH_4+CO_2$ 的平衡常数

T/K	K_p	T/K	K_p
298.16	7.850×10^{-4}	800	2.5060×10^{-1}
400	3.580×10^{-2}	1000	3.5450×10^{-1}
500	8.170×10^{-2}	1500	5.8190×10^{-1}
600	1.3670×10^{-1}		

一氧化碳或二氧化碳的甲烷化反应一般都需要在有催化剂的条件下才能进行，煤灰分中的某些组分（如铁、铝、硅等），对甲烷的生成有一定的催化作用。

在加压和低温的情况下，这些反应也会促使煤气中甲烷含量的上升。

4. 煤中其他元素与气化剂的反应

煤炭中还含有少量元素氮和硫。它们与气化剂 O_2、H_2O、H_2 以及反应中生成的气态反应产物之间可能进行的反应如下：

$$S+O_2 \longrightarrow SO_2 \tag{2-21}$$

$$SO_2+3H_2 \longrightarrow H_2S+2H_2O \tag{2-22}$$

$$SO_2+2CO \longrightarrow S+2CO_2 \tag{2-23}$$

$$2H_2S+SO_2 \longrightarrow 3S+2H_2O \tag{2-24}$$

$$C+2S \longrightarrow CS_2 \tag{2-25}$$

$$CO+S \longrightarrow COS \tag{2-26}$$

$$N_2+3H_2 \longrightarrow 2NH_3 \tag{2-27}$$

$$N_2+H_2O+2CO \longrightarrow 2HCN+1.5O_2 \tag{2-28}$$

$$N_2+xO_2 \longrightarrow 2NO_x \tag{2-29}$$

由此产生了煤气中的含硫和含氮产物。这些产物有可能产生腐蚀和污染，在气体净化时必须除去。由于上述反应对气化反应的化学平衡及能量平衡并不起重要作用，在此不再多述。

前面所列诸气化反应为煤炭气化的基本化学反应。不同气化过程所发生的反应为上述或其中部分反应以串联或平行的方式组合而成。上述反应方程式指出了反应的初、终状态，能用来进行物料衡算和热量衡算，同时也能用来计算由这些反应方程式所表示反应的平衡常数。但是，这些反应方程式并不能说明反应本身的机理。

（二）气化反应的反应速率

1. 气固相反应的历程

气固相反应的模式可分为两类，即整体反应（或称容积反应）模型和表面反应（或称收缩未反应芯）模型。整体反应主要在煤焦内表面进行；而表面反应则是反应气体扩散到固体颗粒外表面就反应了，很难扩散到煤焦内部。通常当温度高时或反应进行得极快时，容易发生表面反应，如氧化反应、燃烧反应；而整体反应主要发生在多孔固体及反应速率较慢的情况下。

在整体反应模型中，反应气体扩散到颗粒的内部，分散渗透了整个固体，反应自始至终同时在整个颗粒内进行。产生的灰层在颗粒的孔腔壁表面逐渐积累起来。固体反应物逐渐消失。

在表面反应模型中，反应气体很难渗透到固体颗粒的内部，气体一开始就与颗粒外表面发生反应。随着反应的进行，反应表面不断向固体内部移动，并在已反应过的地方产生灰层。未反应的核（即未反应芯）随时间变化不断收缩，反应局限于未反应核的表面。整个反应过程中，反应表面是不断变小的。

对于气固相反应的整体反应模型，总的反应历程通常可划分为如下 7 个步骤。

① 反应气体由气相扩散到固体表面（外扩散）。

② 反应气体再通过颗粒内孔道进入颗粒的内表面（内扩散）。

③ 反应气体分子被吸附在固体的表面，形成中间配合物。

④ 吸附的中间配合物之间，或吸附的中间配合物和气相分子之间进行反应——表面反应。

⑤ 吸附态的产物从固体表面脱附。

⑥ 产物分子通过固体的内部孔道扩散出来（内扩散）。

⑦ 产物分子由颗粒表面扩散到气相中（外扩散）。

对于表面反应模型，总的反应历程和整体反应模型类似，只是②和⑥的内扩散过程在反应后产生的灰层内进行，③、④和⑤的反应在未反应芯的外表面进行。

在总的反应历程中①、②、⑥和⑦为扩散过程。其中①和⑦为外扩散过程，②和⑥为内扩散过程。③、④和⑤为化学过程。上述各步骤的阻力不同，进行的速率也不同。反应过程的总速率将取决于阻力最大的步骤，亦称速率最慢的步骤，该步骤就是速率控制步骤。

当总反应速率受化学过程控制时，称为化学动力学控制；反之，当总反应速率受扩散过程控制时，称为扩散控制。对扩散控制，又可分为外扩散控制和内扩散控制两种。

在气化过程中，当温度很低时，气体反应剂与碳之间的化学反应速率很低，气体反应剂的消耗量很小，则炭表面上气体反应剂的浓度就增加，接近于周围介质中气体的浓度。在此情况下，单位时间内起反应的碳量，是由气体反应剂与碳的化学反应速率来决定的，而与扩散速率无关。即总过程速率取决于化学反应速率。此时，扩散速率常数 β 远大于化学反应速率常数 K，即 $\beta \gg K$，则

$$K_{总}=\frac{\beta K}{\beta+K}=K \tag{2-30}$$

式中 $K_{总}$——总过程速率常数；

β——扩散速率常数；

K——反应速率常数。

该区间称为化学动力学控制区。当处于化学动力学控制区时，凡是有利于提高化学反应速率的因素，如温度、压力、浓度、催化剂和颗粒度等的改善，都能提高总过程进行的速率。

随着温度的升高，在碳粒表面的化学反应速率增加。温度越高，化学反应速率越快。直至气体反应剂扩散到碳粒表面就迅速被消耗，从而使碳粒表面气体反应剂的浓度逐渐下降而趋于零，此时扩散过程对总反应速率起了决定作用。其化学反应速率常数远大于扩散速率常数，即 $K \gg \beta$，则

$$K_{总}=\frac{\beta K}{\beta+K}=\beta \tag{2-31}$$

该区间称为扩散控制区。在扩散控制区，炭表面上反应物的浓度趋近于零，但不等于零。因为当反应剂浓度等于零时，化学反应将停止。此时，凡是有利于提高扩散速率的因素，如压力、组分浓度和扩散速率常数等，都能提高总过程进行的速率。在外扩散控制时，

提高气体流过固体颗粒的流速很常用，其原理为：流速高，传质气膜厚度薄，阻力小，扩散速率常数大；在内扩散控制时，常用减小颗粒度的办法改善过程速率，其原理为：粒度小，内扩散路径短，阻力小。

气化反应的动力学控制区与扩散控制区是反应过程的两个极端情况，实际气化过程有可能是在中间过渡区或者邻近极端区进行。如果操作条件介于扩散控制区和化学动力学控制区之间，即所谓两方面因素同时具有明显控制作用的过渡区间（或称中间区间），此时物理和化学作用同样重要，则应考虑两种阻力对总速率的影响。

2. 碳的氧化反应

碳的氧化反应指碳与氧气间的反应和碳与二氧化碳间的反应。

(1) 碳与氧气间的反应　碳和氧气生成 CO_2 或 CO 的反应，是气化反应中进行得最快的反应。一般情况下，该反应发生于焦粒的外表面，反应速率受扩散阻力的控制。

在一定的温度下，氧浓度增加，气流速度增加，可使反应速率加快。当温度达到一定值时，再提高温度对加快反应速率并无多大好处，这也说明了在此温度以上主要是扩散控制。反之，在较低的温度下，反应速率受温度影响甚大。因此时过程受化学反应速率控制。

反应速率与温度、氧浓度和气流速度的关系见图 2-5。

(2) CO_2 的还原反应　CO_2 的还原反应通常进行较缓慢，并且容易测量。对于较小颗粒（小于 300μm）和在较低的反应温度（低于 1000℃）时，此反应通常是由化学动力学控制，而且反应发生在煤焦颗粒的内表面。

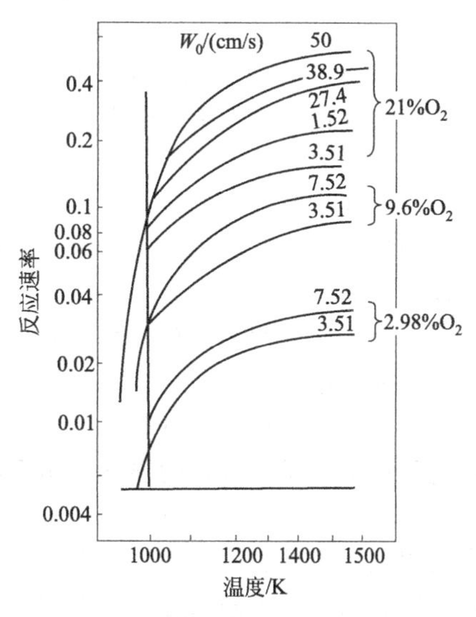

图 2-5　反应速率与温度、氧浓度及气流速度的关系

Walker 和 Dutta 都对 CO_2 的还原反应的动力学进行了深入的研究，认为反应速率与 CO_2 分压的 n 次方成正比，n 的数值范围为 $0 \leqslant n \leqslant 1$。当 CO_2 分压低于大气压很多时，反应速率接近一级，但当压力高于 1.5MPa，则反应接近零级。

3. 水蒸气与碳的反应

水蒸气与碳的反应包括水蒸气在炭表面的分解反应和一氧化碳变换反应两类。

(1) 水蒸气在炭表面的分解反应　对于水蒸气的分解反应，比较普遍的机理解释为水蒸气被高温炭层吸附，并使水分子变形，碳与水分子中的氧形成中间配合物，氢离解析出。然后碳氧配合物依据温度的不同，形成不同比例的 CO_2 和 CO，也由于此比例的不同，而有不同的反应热效应。

研究结果表明，对于较小的粒度（$d_p < 50\mu m$）以及温度在 1000～1200℃时，碳和水蒸气的反应属化学动力学控制。反应级数随水蒸气的分压而变化，当水蒸气分压较低时，反应级数为 1，当水蒸气分压明显增加时，反应级数趋于零。

(2) 一氧化碳变换反应　到目前为止，对煤气化过程条件下一氧化碳变换动力学的研究较少，但在 CO 变换制氢的变换工段操作条件下，对不同催化剂及不同实验条件的反应机理及反应速率方程进行了大量的研究。其具体内容在变换章节讨论。

4. 氢气与碳生成甲烷的反应

(1) 反应机理　煤焦热解中，甲烷的生成是有机物分解形成小分子烃的结果。而气化过程中的甲烷生成则主要是加氢反应的结果。过程的显著特征是缩聚态的碳与富氢气氛中的氢气反应。另外，由于甲烷化过程是多分子间的反应，没有附着表面的催化作用，反应是很难进行的。对氢气与碳反应的反应机理，众多研究者比较一致地认为是：

① 氢在高温的煤焦表面参与芳化结构，形成不稳定的环系化合物；由于芳化分子巨大，该环系只是表面层上的氢饱和结构；

② 高温和氢气富余条件下，上述结构断环，显露出类似甲基的多种易解离的官能团；

③ 甲烷等小分子烃的离解析出，且脱烷基步骤的阻力较其他步骤的阻力为小。

(2) 反应速率方程式　根据如上机理，Zielke 和 Gorin 提出了如下反应速率方程式：

$$dx/dt=\frac{k_s\sigma p_{H_2}^2}{1+k_b p_{H_2}} \tag{2-32}$$

式中　dx/dt——反应速率；

k_s——与氢饱和和断环相关的速率常数；

k_b——与断环相关的速率常数；

σ——碳的活性指标，相当于活性中心点的面密度；

p_{H_2}——氢气分压。

由此反应速率方程可知，反应速率是煤炭活性的函数，也是温度和氢气分压的函数。CH_4 的生成量将随煤炭活性和氢气分压的提高而增大。高氢气分压下，可认为反应是一级的。

5. 气化生产过程的强化措施

在煤气化基础理论的研究上，虽然还有一些不清楚的问题，但已对生产过程的强化指明了一定的方向。

对于外扩散控制的过程，气化过程进行的总速率取决于气体向反应表面的质量传递速率。增加气体的线速率和减小煤炭颗粒度，也即增加单位体积内的反应表面积，可达到强化过程的目的。

对内扩散控制的过程，颗粒外表面和部分内表面参加反应。这时减小颗粒尺寸是强化反应过程的关键。

对于动力学控制的过程，反应总速率取决于气体在煤炭的内、外表面化学反应的速率。在这种情况下反应过程的强化可用提高温度来达到。

在正常工作的煤气发生炉中，增加鼓风量，观察煤气质量，若煤气质量稳定，则表示反应过程接近于外扩散控制，因而有可能增加鼓风量来继续强化气化过程。若煤气质量大大变坏，即表示必须提高反应层的温度，或者在适当的温度下，增加反应表面积（例如增加燃料层高度或减小燃料粒度）。

不论在哪一种控制条件下，减小固体粒度，即采用小颗粒煤炭，均可提高反应速率和较快地达到高的转化率，因此是有效的强化措施。近年来 Shell、鲁奇（Lurgi）、美国燃气研究院（GTI）和中国科学院山西煤化所等都在积极进行小颗粒或粉状煤炭气化的流化床及气流床的技术开发和工业化工作，原因之一即在于此。此外，也由于采煤过程中粉状煤炭比例不断增加的缘故。

关于采用加压气化方法，对处于过渡型或扩散控制的工况，随着压力的增加，虽然分子扩散阻力增加，是不利的，但较高的压力却有利于提高反应物的浓度，而且不论在何种工况中，反应速率总是随着反应物浓度增加而增加的。另外气化炉内，反应达不到平衡状态，因而反应速率愈快，进行反应的时间愈长，则愈接近平衡。在加压下气化，气体体积缩小，煤气通过床层速度减小，这就加长了可以进行各种反应的时间，使反应接近平衡。

温度是强化生产的重要因素。一般情况下，提高温度均能急剧地增加表观速率，从而提高反应物的转化率。仅在外扩散控制的情况下，温度对反应表观速率的影响较小。

因此，在强化生产的过程中，应特别注重采用提高温度、减少燃料粒度和利用加压气化的可能性。在有可能的情况下，应当力求同时运用若干个强化因素，例如粉煤的加压气流床气化，细颗粒燃料的流化床加压气化等。

三、煤气化过程常用评价指标

煤气化技术的主要评价指标有冷煤气效率、气化效率和炭转化效率等。

1. 冷煤气效率

用于衡量原料中的化学能转化成产品化学能的效率，其定义为

$$\text{冷煤气效率}=\frac{\text{产品气体的热值}}{\text{原料的热值}} \tag{2-33}$$

2. 气化效率

用于衡量原料中化学能转化为可回收的能量的效率，其定义为

$$\text{气化效率}=\frac{\text{产品煤气的热值}+\text{可回收的热量}}{\text{原料的热值}} \tag{2-34}$$

3. 碳转化率

用于衡量原料中的碳转化成煤气中碳的效率，其定义为

$$\text{碳转化率}=1-\frac{\text{残渣中的碳}}{\text{原料中的碳}} \tag{2-35}$$

4. 有效气体产率

用于衡量单位原料可以产生的有效气体量，其定义为

$$\text{有效气体产率}=\frac{\text{制得的 }CO+H_2\text{ 量}}{\text{原料煤量}} \tag{2-36}$$

复　习　题

1. 什么叫煤的干馏？
2. 试简述煤干馏过程中的不同阶段所发生的主要变化。
3. 试简述煤干馏过程中发生的主要反应。
4. 试简述煤种和干馏产物量的关系。
5. 试分别简述煤干馏时的最终温度升温速率和压力等条件对干馏产物量的影响。
6. 煤和氧反应时，发生的主要反应有哪些？从化学平衡的角度考虑，如何提高产物中 CO 的含量？
7. 煤和水蒸气反应时，发生的主要反应有哪些？从化学平衡的角度考虑，如何提高产物中 CO 和 H_2 的含量？
8. 煤气中的甲烷主要由哪些反应生成？从化学平衡的角度考虑，操作温度和压力对煤气中甲烷的含量是如何影响的？
9. 什么是气固相反应的整体反应和表面反应模型？
10. 在整体反应模型中，气固相反应的历程有哪些步骤？
11. 什么叫控制步骤？反应过程的动力学控制和扩散控制分别指什么？
12. 当反应过程处于动力学控制区时，如何提高反应过程进行的速率？
13. 当反应过程处于扩散控制区时，如何提高反应过程进行的速率？
14. 碳和氧反应的反应速率主要受哪些因素的影响，是如何影响的？
15. 二氧化碳还原反应的反应速率主要受哪些因素的影响，是如何影响的？
16. 碳和水蒸气反应的速率主要受哪些因素的影响，是如何影响的？
17. 碳与氢生成甲烷的反应速率主要受哪些因素的影响，是如何影响的？
18. 对煤气化过程简述从哪些方面着手可提高煤气的产量？
19. 什么叫冷煤气效率、气化效率、碳转化率和有效气体产率？

第三节　Shell 煤气化工艺

Shell（壳牌）煤气化工艺（Shell Coal Gasification Process）简称 SCGP，是由荷兰 Shell 国际石油公司（Shell International Oil Products B. V.）开发的一种加压气流床粉煤气化技术。在气化炉内，高温、高压的条件下，煤和氧气反应，生成有效气体（$CO+H_2$）含量高达 90%以上的合成气。具有煤种适应广、碳转化率高、设备生产能力大、清洁生产等特点。

一、Shell 煤气化基本原理

1. 化学平衡

壳牌粉煤加压气化炉是气流床反应器，也为自热式反应器，在加压无催化剂条件下，煤和氧气发生部分氧化反应，生成以 CO 和 H_2 为有效组分的粗合成气。

其总反应可写为

$$C_nH_m+(n/2)O_2 = nCO+(m/2)H_2+Q \quad (2\text{-}37)$$

整个煤的部分氧化反应是一个复杂过程，反应的机理目前尚不能完全作分析，但可以大致把它分为三步进行。

第一步，煤的裂解及挥发分燃烧。当粉煤和氧气喷入气化炉内后，迅速被加热到高温，粉煤发生干燥及热裂解，释放出焦油、酚、甲醇、树脂、甲烷等挥发分，水分变成水蒸气，粉煤变成煤焦。由于此时氧气浓度高，在高温下挥发分完全燃烧，同时放出大量热量。因此，煤气中不含有焦油、酚、高级烃等可凝聚物。

第二步，煤焦的燃烧及气化。在这一步，煤焦一方面与剩余的氧气发生燃烧反应，生成 CO_2 和 CO 等气体，放出热量。另一方面，煤焦与水蒸气和 CO_2 发生气化反应，生成 H_2 和 CO。在气相中，H_2 和 CO 又与残余的氧气发生燃烧反应，放出更多的热量。

第三步，煤焦及产物的气化。此时，反应物中几乎不含有 O_2。主要是煤焦、甲烷等物质和水蒸气、CO_2 发生气化反应，生成 H_2 和 CO。

气化炉中发生的主要反应可分为如下几种。

① 热裂解反应。

$$C_nH_m = (n/4)CH_4+[(4m-n)/4]\ C-Q \quad (2\text{-}38)$$

② 部分氧化反应。

$$2C+O_2 \longrightarrow CO+Q \quad (2\text{-}1)$$

③ 完全氧化反应。

$$C+O_2 \longrightarrow CO_2+Q \quad (2\text{-}2)$$

④ CO_2 还原反应。

$$C+CO_2 \rightleftharpoons 2CO-Q \quad (2\text{-}3)$$

⑤ 非均相水煤气反应。

$$C+2H_2O \rightleftharpoons CO+2H_2-Q \quad (2\text{-}9)$$

⑥ 变换反应。

$$CO+H_2O \rightleftharpoons CO_2+H_2+Q \quad (2\text{-}10)$$

⑦ 甲烷化反应。

$$CO+3H_2 \rightleftharpoons CH_4+H_2O+Q \quad (2\text{-}16)$$

⑧ 加氢反应。

$$C+2H_2 \rightleftharpoons CH_4+Q \quad (2\text{-}15)$$

气化炉内的反应相当复杂，既有气气相反应，又有气固相反应。对于复杂物系的平衡，可以引入独立反应数的概念，找出独立反应，只讨论独立反应即可，因为其他反应可通过独立反应的组合而替代。

根据化学反应体系相律方程，由 n 个化学元素 m 个组分所构成的反应过程中，独立反应数为 $f=m-n$。在粉煤气化反应体系中：主反应元素有三种，即 C、H、O 三种元素，$n=3$；反应组分有七种，即 CO、CO_2、H_2、O_2、CH_4、H_2O、C，$m=7$；因此独立反应数应为$7-3=4$个。选对煤气成分影响最大的如下 4 个反应作独立反应，即

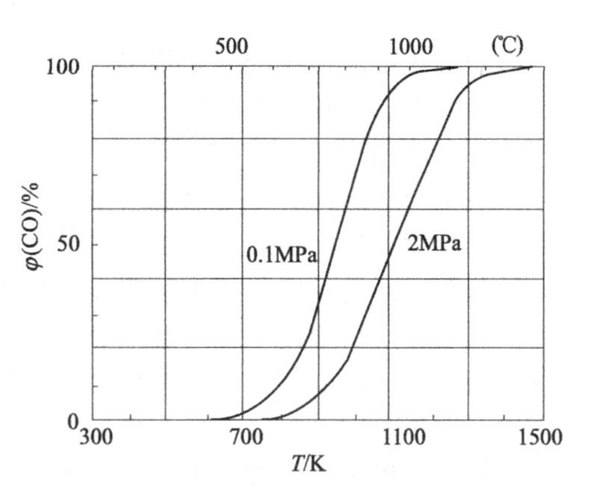

图 2-6 反应式(2-3) 的化学平衡

完全氧化反应

$$C+O_2 \longrightarrow CO_2+Q \qquad (2\text{-}2)$$

CO_2 还原反应

$$C+CO_2 \rightleftharpoons 2CO-Q \qquad (2\text{-}3)$$

非均相水煤气反应

$$C+2H_2O \rightleftharpoons CO+2H_2-Q \qquad (2\text{-}9)$$

加氢反应

$$C+2H_2 \rightleftharpoons CH_4+Q \qquad (2\text{-}15)$$

在这四个反应中，完全氧化反应式(2-2) 为不可逆反应，不受反应条件的影响，而 CO_2 还原反应式(2-3)、非均相水煤气反应式(2-9) 和加氢反应式(2-15) 在不同的反应条件下所得到的产物不同。图 2-6～图 2-8 分别为它们在不同条件下平衡产物的情况。

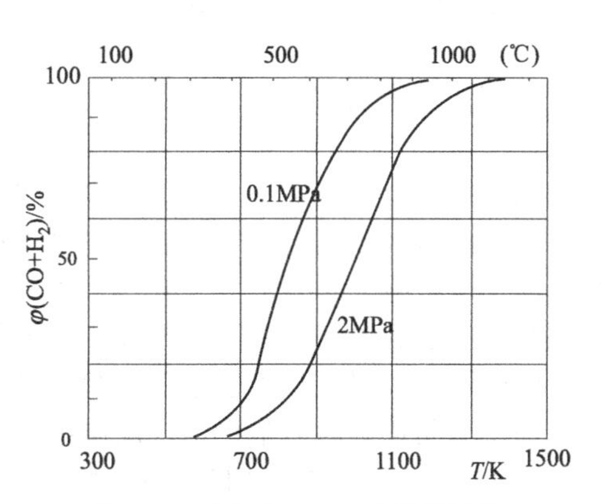

图 2-7 反应式(2-9) 的化学平衡

由图可见，对于 CO_2 的还原反应，温度升高，有利于 CO 的生成；而压力增大，对 CO 的生成不利。对于非均相水煤气反应，温度和压力的影响和 CO_2 的还原反应相似。对加氢反应，温度和压力的影响和 CO_2 的还原反应相反。

总之，对于粉煤和氧的化学反应系统，高温和低压对生成 CO 和 H_2 有利，而对生成 CO_2 和 CH_4 不利。

另外，在高温和高压的情况下，气化剂中的氢、氧、氮等物质也会和煤中的硫、磷、砷和卤元素等发生反应，而生成 H_2S、COS、NH_3、HCN 等杂质，这些反应进行的数量很少，不影响整个煤气化的化学平衡。

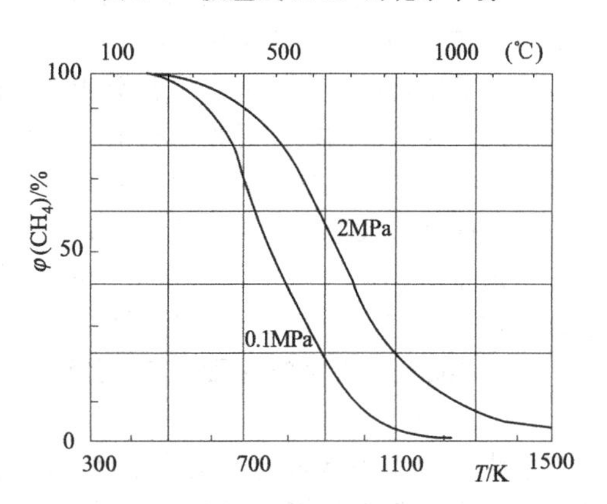

图 2-8 反应式(2-15) 的化学平衡

2. 反应速率

气化过程是一个复杂的过程。它所涉及的化学反应很多，且物质的传递过程所起的作用也很重要。气化反应的速率随煤种、反应时间的不同而不同，因此对于气化过程的动力学做出唯一明确的表述是很困难的。

壳牌炉内的煤气化反应主要是气化剂与煤焦的非均相反应，一般认为它的反应历程为：

① 气化剂分子自气流向煤焦外壳扩散；

② 气化剂分子渗透过煤焦的外壳灰层而达到未反应的煤焦表面；

③ 气化剂分子渗透到煤焦的毛细孔而到达煤焦的内表面；

④ 气化剂分子与煤焦发生气化反应；

⑤ 生成的产物按上述相反方向进行而扩散到气流中去。

影响气化反应速率的因素很多，如气化炉内各部位的气体成分、固体颗粒半径、外表面积、内表面积、孔径、孔的长度及毛细孔内的阻力大小等。它们的影响都和气固相反应的机理一致，在此不再多述。

（1）碳与氧之间的完全氧化反应　从化学平衡考虑，碳的完全氧化反应为不可逆反应。因此随着温度的升高反应速率是加快的。

碳与氧之间的反应是氧被吸附在炭的表面进行的，因此反应速率与氧的覆盖有关。当温度很低时，由于反应速率低，此时有可能表现出反应速率与氧分压无关，即为零级反应。当温度升高，反应速率加快，氧的覆盖度就对反应速率起着决定作用，而显示出为氧分压的一级反应。如果温度进一步提高，表面反应速率进一步加快，决定因素是物质传递了，此时煤的本身特性对燃烧速度就不再发生影响。

（2）CO_2 的还原反应　CO_2 的还原反应由表面反应速率决定，因此煤的特性和反应温度有决定性的影响。通常煤的活性好、反应温度高、反应速率快。

CO_2 的还原反应是由 CO_2 吸附、生成配合物、发生热分解、解析、生成 CO 几步组成。CO_2 与碳的反应动力学对 CO_2 浓度来说是由一级（浓度小时）到零级（浓度大时）之间变化。

压力提高会使 CO_2 的还原反应进行得更为强烈。

（3）碳与水蒸气之间的反应　水蒸气在炭表面的分解反应，比较普遍的观点认为水蒸气被高温炭层吸附，并使水分子变形，碳和水分子中的氧形成中间配合物，氢离解析出，然后碳氧配合物依据温度的不同，形成不同比例的 CO_2 和 CO。

研究结果表明，对于较小的粒度（$d_p<500\mu m$）以及温度在 1000～1200℃时，碳和水蒸气的反应属化学动力学控制。反应级数随水蒸气分压而变化，当水蒸气分压较低时，反应级数为 1，当水蒸气分压明显增加时，反应级数趋于零。

（4）生成甲烷的反应　甲烷的生成反应是体积缩小的放热反应。提高压力无论对平衡或反应速率都是有助于甲烷的生成。

碳生成甲烷的过程，实际上是分为两个阶段。首先是煤热解产物中的新生碳与氢的快速甲烷化阶段，此阶段的时间是很短暂的，速率是很快的，要比气化速率快得多。在快速生成甲烷阶段，生成速率与氢分压成正比，而与气化过程中存在的其他气体无关。热解时温度对碳与氢反应的活性有重大影响，温度愈高，碳活性降低愈多，高于 815℃就没有快速生成甲烷阶段。

生成甲烷的第二阶段可以认为是高活性碳消失之后所进行的，其反应速率要低得多。一般认为此阶段的反应速率与氢分压的关系在一级到二级反应之间，视氢分压的大小而定。

二、Shell 煤气化的主要工艺指标

1. 氧煤比

氧煤比的大小是影响气化炉温度、碳的转化率、煤气中有效气体（$CO+H_2$）含量高低的重要因素。随着氧煤比的增加，燃烧反应增多，放出更多的热量，气化温度提高。高的反应温度保证了煤中矿物质的充分流化，灰渣残碳降低，碳的转化率提高。但燃烧反应的增加，会使煤气中 CO_2 的含量上升，CO 的含量下降，煤气中有效气体（$CO+H_2$）含量降低。理想的氧煤比应使氧的消耗最少，煤气中 CO_2 的含量最低，碳的转化率最高。

图 2-9 表示了氧煤比对气化过程的影响，从图可见，*A* 点 CO_2 含量最低，氧耗量较少，

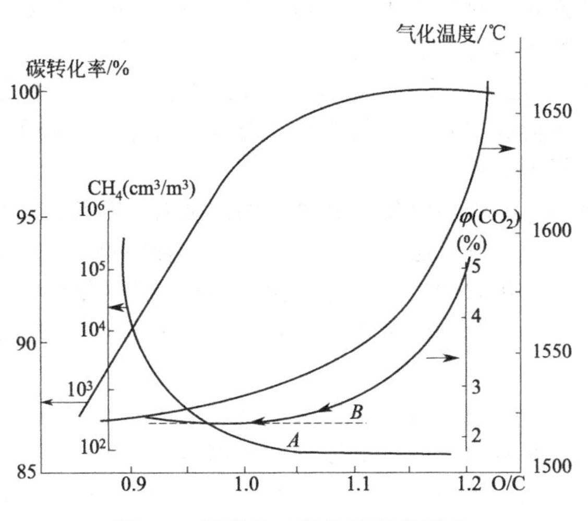

图 2-9　氧煤比对气化过程的影响

有效气体含量最高，但气化温度和碳转化率较低；*B* 点 CO_2 含量及氧耗量不太高，而碳转化率较高，是合适的运行点。所以合适的氧煤比应保证 $n(O)/n(C)$ 在 1.1 左右。

2. $n(H_2O)/n(O_2)$

在实际的气化过程中，水蒸气的加入是为了控制气化温度。$n(H_2O)/n(O_2)$ 比增加，气化温度降低。其数值的大小与煤种、气化温度相关，在生产中，当煤的性质不变时，蒸汽煤比通常为定值，不随意改变。

3. 气化温度

气化温度的高低是影响气化效果的重要因素。气化温度高，反应速率快，碳的转化率高，灰渣残炭降低，同时煤中的烃类分解完全，合成气中除微量的甲烷外，不含其他的烃类。但过高的气化温度会使熔渣的黏度变小，炉壁灰渣层厚度变薄，过多的热量被水冷壁锅炉带走，冷煤气效率降低。实际生产中的气化温度通过氧煤比和蒸汽氧比控制。

4. 气化压力

表 2-10 为根据粉煤气化模型计算出的煤气组成和气化压力之间的关系。由表可见，在较高的气化温度下，气化压力对煤气组成几乎没有影响。

表 2-10　气化压力对粉煤气化组成的影响

气化压力/MPa	气化温度/℃	平衡煤气组成(干基)/%			
		CO	CO_2	H_2	CH_4
0.1	1544.8	62.063	6.455	29.305	0.000
0.5	1545.7	62.067	6.452	29.303	0.000
0.8	1546.2	62.070	6.451	29.302	0.000
1	1546.4	62.070	6.451	29.301	0.000
3	1546.9	62.073	6.450	29.298	0.002
5	1546.3	62.070	6.454	29.294	0.004

注：计算所用氧/煤＝0.7m^3/kg、蒸汽/煤＝0.3kg/kg。

气化压力的提高，可提高气化炉的生产能力，减小设备的尺寸，节省后续的压缩功。目前 Shell 煤气化的压力受限于干粉煤的加料方式，压力一般为 3.0～5.0MPa 之间。

5. 对煤种的要求

Shell 煤气化对煤种有广泛的适应性，它几乎可以气化从无烟煤到褐煤各种煤。由于采用了粉煤进料和高温、加压气化，对煤的活性、黏结性、机械强度、水分、灰分、挥发分等煤的一些关键理化特性的要求显得不十分严格。但是Shell煤气化炉也不是万能气化炉，从技术经济角度考虑对煤种还是有一定的要求。

（1）水分 Shell煤气化炉是干粉进料，要求含水量<2%。水分含量（特别是外在水分）的高低直接关系到运输成本和制粉的能耗。对水分含量高的煤种，比较适合于就近建厂或坑口建厂，原煤应进行干燥处理。

（2）灰分 灰分是煤中的惰性物质，其含量的高低对气化反应影响不大，但对输煤、气化炉及灰处理系统影响较大。灰分越高，气化煤耗、氧耗越高，气化炉及灰渣处理系统负担也就越重，严重时会影响气化炉的正常运行。由于Shell煤气化炉是采用水冷壁结构，以渣抗渣，如果灰分含量太低，气化炉的热损大，且不利于炉壁的抗渣保护，影响气化炉的使用寿命。

（3）煤粉粒度、挥发分及反应活性 挥发分是煤加热后挥发出的有机质（如焦油）及其分解产物。它是反映煤的变质程度的重要标志，能够大致地代表煤的变质程度。一般而言，挥发分越高，煤化程度越浅，煤质越年轻，反应活性越好，对气化反应越有利。由于Shell气化炉采用的是高温气化，气体在炉内的停留时间比较短，这时气固之间的扩散过程是控制碳转化的重要因素，因此对煤粉粒度要求比较细，而对挥发分及反应活性的要求不像固定床那样严格。由于煤粉粒度的粗细直接影响了制粉的电耗和成本，因此在保证碳的转化前提下，对挥发分含量高、反应活性好的煤可适当放宽煤粉粒度，对于低挥发分、反应活性差的煤（如：无烟煤）煤粉粒度应越细越好。

（4）总硫 煤中硫的存在，在气化环境中形成H_2S和COS。硫含量过高，会给后系统煤气的净化及脱硫带来负担，并直接影响煤气净化系统的投资及运行成本。对煤中硫含量的选择，应结合净化装置的设计及投资综合考虑。

（5）灰熔点及灰组成 Shell煤气化属熔渣、气流床气化，为保证气化炉能顺利排渣，气化操作温度要高于灰熔点FT（流动温度）约100～150℃。如灰熔点过高，势必要求提高气化操作温度，从而影响气化炉运行的经济性，因此FT温度低对气化排渣有利。对高灰熔点煤，一般可以通过添加助熔剂来改变煤灰的熔融特性，以保证气化炉的正常运转。

煤灰主要是由SiO_2、Al_2O_3、Fe_2O_3、CaO、MgO、TiO_2及Na_2O、K_2O等组成。一般而言，煤灰中酸性组分SiO_2、Al_2O_3、TiO_2和碱性组分Fe_2O_3、CaO、MgO、Na_2O等的比值越大，灰熔点越高。煤灰组成一般对气化反应无多大影响，但其中某些组分含量过高会影响煤灰的熔融特性，造成气化炉渣口排渣不畅或渣口堵塞。

对助熔剂加入量的选择，应结合煤灰组成，通过添加某些组分（一般选用碱性组分），调整煤灰的相对组成，以改善灰的熔融特性。添加助熔剂将或多或少地增加运行成本和建设投资。这些费用的增加可以通过降低气化操作温度，节约氧耗和煤耗来补偿。

一般情况下，选用中低灰熔点的煤对Shell煤气化炉是有利的。

Shell煤气化炉对入炉煤的质量要求见表2-11。

表2-11 Shell煤气化炉对入炉煤的质量要求

项目	水分/%		灰分/%	硫含量/%	灰熔点(FT)/℃	粒度/mm
	褐煤	其他煤种				
要求	6～10	1～6	<20	<2	<1350	<0.15
说明	保证煤不结团				超过时应加助溶剂	90%以上

三、工艺流程

Shell煤气化的工艺流程如图2-10所示，图中各设备的名称见表2-12。

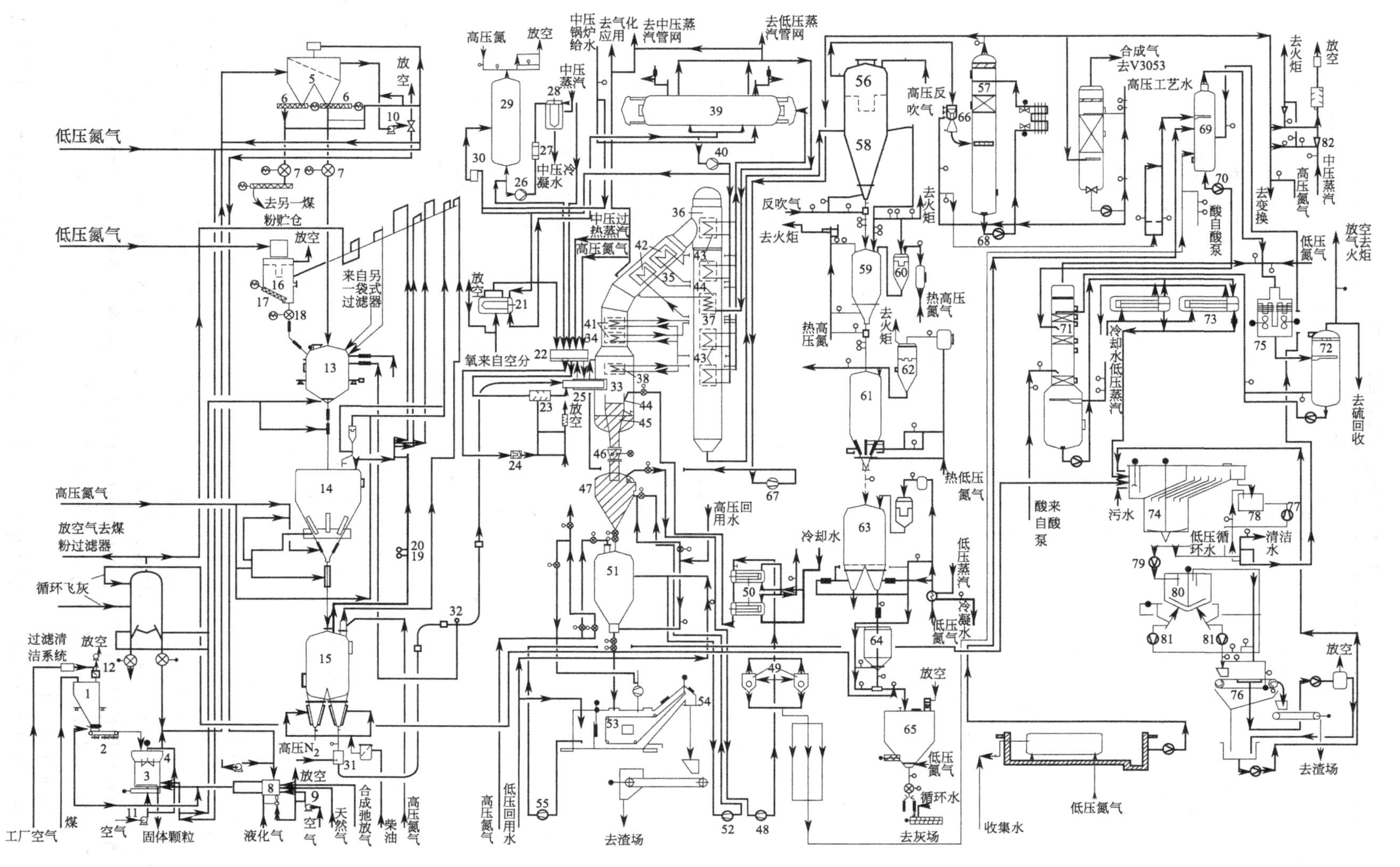

图 2-10　Shell煤化工的工艺流程示意

表 2-12 设备名称和编号对应表

编号	设备名称	编号	设备名称	编号	设备名称
1	原煤仓	29	热水缓冲罐	56	过滤器
2	称重给煤机	30	热水过滤器	57	洗涤塔
3	磨煤机	31	煤加料器	58	飞灰收集罐
4	旋风分离器	32	三通阀	59	飞灰放料罐
5	煤粉袋式过滤器	33	气化室	60	放料罐过滤器
6	煤粉螺旋输送机	34	激冷管	61	飞灰气提/冷却罐
7	煤粉旋转给料机	35	传输管道	62	气提罐过滤器
8	热风炉	36	返回室	63	中间储罐
9	助燃风机	37	合成气冷却器	64	飞灰充气仓
10	循环风机	38	膜式水冷壁换热器	65	飞灰储仓
11	密封风机	39	汽包	66	文丘里洗涤器
12	原煤仓放空过滤器	40	中压循环泵	67	循环气压缩机
13	煤粉储仓	41	中压蒸汽发生器	68	洗涤塔循环水泵
14	煤粉锁斗	42		69	汽提塔给料罐
15	煤粉给料仓	43		70	汽提塔给料泵
16	煤粉仓装料袋滤器	44	中压蒸汽过热器	71	废水汽提塔
17	螺旋输送机	45	渣池	72	回流罐
18	旋转给料机	46	破渣机	73	冷却器
19、20	压力平衡阀	47	渣收集罐	74	澄清池
21	氧气预热器	48、55、81	泵	75	空冷器
22	计量控制模块	49	旋流分离器	76	真空皮带过滤机
23	混合器	50	换热器	77	澄清池底部泵
24	蒸汽过滤器	51	排放罐	78	溢流罐
25	煤烧嘴	52	灰水泵	79	澄清池底部泵
26	热水泵	53	脱水仓	80	泥浆储罐
27	过滤器	54	捞渣机	82	喷射器
28	加热器				

整个系统可分为：磨煤及干燥系统；粉煤加压及输送系统；气化、激冷及合成气冷却系统；渣脱除系统（除渣）；干灰脱除系统（干洗）；湿灰脱除系统（湿洗）；废水汽提及澄清系统等七个部分。

1. 磨煤及干燥系统

磨煤及干燥系统，一般按两条生产线设置，正常操作情况下均处于运行状态。该系统是将来自煤储运系统的原煤送入磨煤机，磨制成符合要求的煤粉，并同时对煤粉进行干燥的一个工艺单元。该系统有四大关键设备：磨煤机、煤粉袋式过滤器、循环风机和热风炉。原料煤在微负压和热惰性气条件下，在磨煤机中被干燥和磨成粉煤。热惰性气由热风炉提供。循环气和粉煤在煤粉袋式过滤器中分离。循环风机则提供整个循环回路的动力。

其具体流程为如下。

从煤库传输过来的原煤，分别储存在 2 个独立的原煤仓 1 中，经称重给煤机 2 进入磨煤机 3。助熔剂石灰石粉，按照一定的比例，从石灰石粉仓通过石灰石螺旋输送机一起加入磨煤机（图中未画出）。在磨煤机中，原煤和石灰石，在微负压和热惰性气体环境中被干燥和研磨。磨制后的煤粉，经旋风分离器 4 分离大颗粒后，被热气流输送到煤粉袋式过滤器 5 中实现气固分离。煤粉袋式过滤器 5 分离出的煤粉，由煤粉螺旋输送机 6 和煤粉旋转给料机 7 输送至加压输送系统。

磨煤机 3 所用的高温惰性热气流由热风炉 8 产生。热风炉 8 正常运行时，使用甲醇合成回路的驰放气作为燃料（开车时使用天然气或液化气），助燃空气由助燃风机 9 提供。

惰性热气流在煤粉袋式过滤器 5 中分离后，由循环风机 10 抽出。约 20%放空，以降低水蒸气含量，约 80%循环利用。

磨煤机 3 中设置有专门的杂物排放系统，以处理煤矸石、其他不合格原料和太硬不易碎的煤块等杂物，杂物被送入石子箱中（磨盘下的一个气密阀系统）而排出。

为防止煤粉进入磨煤机 3 轴承和轴封，由密封风机 11 鼓入空气实现密封。

为保证系统的安全，给煤机 2 始终保持在连续的氮保护状态。

原煤仓和石灰石粉仓都由一台风机通过放空过滤器实现通风。在原煤仓放空过滤器 12 出口设置了一氧化碳检测报警，以监视储存的煤是否发生焖火燃烧。同时，在原煤仓内装有一个氮气分配环，用于熄灭煤的自燃。

工厂空气主要用来间歇地反吹原煤仓、石灰石仓的放空过滤器，防止过滤器堵塞。同时，压缩空气系统还向仪表、控制系统提供所需要的仪表空气。

2. 粉煤加压及输送系统

该系统的作用是将煤粉加压并输送到气化炉煤烧嘴，包括两条生产线，正常操作情况下均处于运行状态。系统中四大关键设备是：煤粉储仓、煤粉锁斗、煤粉给料仓和煤粉仓装料袋滤器。

来自磨煤及干燥系统的煤粉，首先进入煤粉储仓 13，然后进入煤粉锁斗 14，经加压后送入煤粉给料仓 15，由两台煤粉给料仓把煤粉分别送入四个对称布置的气化炉烧嘴。煤粉锁斗 14 和煤粉给料仓 15 的排放气，进入煤粉仓装料袋滤器 16，其收集下来的煤粉再排入煤粉储仓 13。

其具体流程为如下。

由磨煤及干燥系统磨制的煤粉，储存在煤粉储仓 13 内，由煤粉过滤器 16 过滤下来的粉煤也将通过螺旋输送机 17 及旋转给料机 18 进入煤粉储仓 13。当煤粉储仓 13 达到允许的最高料位时，将联锁停运磨煤及干燥单元。

煤粉储仓 13 的粉煤依靠重力流入煤粉锁斗 14。当煤粉锁斗 14 达到要求的料位后，其会隔离与低压设备相连的所有管线，然后按程序从不同管线充入高压氮气加压，直至与煤粉给料仓 15 的压力相同，接着打开煤粉锁斗 14 和煤粉给料仓 15 之间的压力平衡阀 19、20。当煤粉给料仓 15 料位低到需要加入另一批煤时，煤粉锁斗 14 的两个底部阀打开，依靠重力煤粉从煤粉锁斗 14 流入煤粉给料仓 15。正常生产时，煤粉给料仓 15 的粉煤从底部送往气化炉的四个煤烧嘴系统。开停车期间，煤粉通过煤烧嘴前的循环管线回到煤粉储仓 13 中。

煤粉锁斗 14 利用高压氮气来加压，氮气通过底部的通气锥直接进入锁斗中。为了保护通气锥中的通气板，氮气加压管线上设置了流量和压差控制阀，以控制进入通气锥的氮气流量。当煤粉锁斗 14 中的煤粉全部进入粉煤给料仓 15 后，煤粉锁斗底部的切断阀关闭，其与高压系统隔离，准备卸压。

卸压分三步，前两步均通过限流孔板和切断阀，将氮气经煤粉仓装料袋滤器 16 过滤后排放到大气中，第三步则通过煤粉锁斗 14 和煤粉仓装料袋滤器 16 间的压力平衡管线来保证两台设备间的压力平衡。

为维持煤粉给料仓与气化炉间的压差，稳定气化炉的运行，煤粉给料仓内15不断的通入氮气，并通过煤粉仓装料袋滤器16排入大气。同样，为了保护仓底的通气锥，氮气管线上设置了流量和压差控制阀。

3. 气化、激冷及合成气冷却系统

该系统的作用是将送入气化炉中的煤粉气化，并把产生的煤气降温后送入后续工段。系统中的关键设备是：气化炉、激冷管、输气管和合成气冷却器（SGC)。

来自粉煤加压及输送系统的煤粉与氧气和蒸汽混合后，通过四个对称布置的煤烧嘴，在气化炉内燃烧气化。气化形成的熔融态的渣沿水冷壁向下流动，进入底部渣池，激冷成固体状排出气化炉；气化产生的煤气携带大量的灰分，向上出气化炉，在激冷管段被来自循环气压缩机的激冷气降温后，进入输气管，并被导入SGC；进入SGC的气体，首先进入气体返回室，接着气流反向向下，依次经过一个中压蒸汽过热器、三个中压蒸汽蒸发器，降温后，去下游系统。

整个系统包括以下四个子系统：气化炉烧嘴系统（包括氧气供给系统)；开工及点火烧嘴系统（包括柴油系统)；气化及合成气冷却系统；水/蒸汽系统。

(1) 气化炉烧嘴系统　气化炉烧嘴系统主要包括氧气供给、热水循环、煤粉供给和氮气吹扫等部分。

① 氧气供给单元。由空分来的高压氧气进入气化装置后分为两路：一路供给气化炉开工烧嘴，在气化炉开工阶段使用；另一路供正常运行时的气化炉烧嘴使用。

供正常运行使用的氧，在氧气预热器21中被锅炉循环水加热到180℃，经计量控制模块22计量后进入混合器23。中压过热蒸汽也由计量控制模块22计量后，经蒸汽过滤器24除去铁锈微粒，进入混合器23与氧气混合。混合后的气流温度为187℃，进入煤烧嘴25。

氧气的加入量由计量控制模块22根据气化炉负荷进行控制；蒸汽的加入量由氧气量和设定的 $n(H_2O)$ /$n(O_2)$ 比来调整。

② 烧嘴热水单元。烧嘴依靠循环的烧嘴热水系统保持其前部在200～220℃的操作温度上，以避免进入烧嘴的蒸汽凝结而出现硫腐蚀。

热水由热水泵26加压，经过滤器27过滤，进入加热器28被中压蒸汽加热至210℃，然后经计量控制模块22计量后，被送到煤烧嘴的水夹套中，保护煤烧嘴的安全。返回的热水直接到热水泵26入口，构成一个闭路循环。

在热水泵入口管线上设置有热水缓冲罐29，由高压氮气保证热水缓冲罐29的压力。中压锅炉给水经过热水过滤器30，加入热水缓冲罐29中保持液位稳定。

③ 烧嘴供煤单元。由煤粉给料仓15来的煤粉，靠重力进入煤加料器31，在此与高压氮气混合，形成粉煤氮气悬浮物。然后经三通阀32进入煤烧嘴25。

开工阶段或事故状态下煤粉不能送往烧嘴，可由三通阀32返回煤粉储仓13。

(2) 开工及点火烧嘴系统　该系统仅在开工时使用，柴油、氧气被点火烧嘴引燃喷入气化炉中，对气化炉进行升温，最后点燃煤烧嘴喷入的煤粉。

开工及点火烧嘴系统除包括柴油储存和分配系统外，还有给点火烧嘴供应点火燃料的液化气系统；供给点火烧嘴燃烧的空气系统、吹扫和排放用的高压氮气系统、吹扫连接点火烧嘴的液化气管线的低压氮气系统和冷却开工烧嘴的高压水系统等。其具体流程在此略过。

(3) 气化及合成气冷却系统　一定比例的粉煤、氧、水蒸气在气化室33发生反应，生成1400～1600℃的合成气。合成气向上流动，在气化室33上部被来自激冷气压缩机67的温度为209℃激冷气激冷到约850℃，分别经激冷管34、传输管道（输气导管）35、气体返回室36和合成气冷却器37，温度降至340℃，送净化系统。

气化产生的液体熔渣沿垂直圆筒壁向下流动，通过气化室熔渣口进入熔渣池，在池内变成固体，并分散成小颗粒。

围绕气化区的膜式水冷壁换热器 38 安装在气化室的壳体内，膜壁温度由循环锅炉水控制，水在管道中循环产生中压饱和蒸汽。

离开气化室顶部的合成气被不含固体颗粒的冷循环合成气激冷到约 850℃，以便把合成气夹带的熔融或黏性飞渣粒子固化和冷却，并变成不黏的飞灰颗粒。

合成气冷却器 37 也为水管型、同心布置的膜式水冷壁。水或蒸汽循环通过膜壁，在冷却合成气的同时，水或蒸汽得到加热。这些管束都装有气动振打装置，用来防止飞灰过多黏结在管束上。

激冷管 34 和合成气冷却器 37 入口都装有“吹扫系统”以限制固化的飞渣积聚。来自超高压系统的反吹气分为两部分：一部分进入合成气冷却器 37 入口的吹扫器，另一部分分为四路进入气化炉激冷段的八个激冷喷嘴。

(4) 气化炉水/蒸汽系统　气化炉水/蒸汽系统包括两个部分：中压蒸发器系统和中压蒸汽过热器系统。

① 中压蒸发器系统。由汽包 39 来的中压锅炉循环水经中压循环泵 40 加压后分两路。一路去氧气预热器 21 循环，给氧气预热到 180℃；一路分别给膜式水冷壁换热器 38 和中压蒸汽发生器 41、42、43 供循环水，经换热后水/蒸汽混合物回到汽包 39 进行汽液分离。

② 中压蒸汽过热器系统。由汽包 39 出来的饱和中压蒸汽分如下三路。一路去低压蒸汽管网。一路与过热蒸汽混合后，去中压蒸汽管网。另一路经中压蒸汽过热器 44 过热后分为两股：一股和第二路蒸汽混合，另一股供煤气化使用。

为了保证水汽系统的正常运转，严格控制锅炉给水、蒸汽品质，通过开连续排污阀和间断排污阀把 SiO_2、Fe 等杂质排出汽包。排出的污水经闪蒸后，去污水处理系统。

4. 排渣系统

气化炉炉渣处理系统负责熔渣的冷却、粉碎和排放。主要设备包括：渣池、破渣机、渣收集器、旋液分离器、渣池冷却器、渣锁斗、捞渣机、渣输送皮带等。

在气化炉中，煤的大部分矿物质，以熔渣的形式沿水冷壁流下，被激冷环 44 喷出的水激冷后，经熔渣口掉进渣池 45。随后，经破渣机 46 碎裂成密实的玻璃状粒子，沿向下的水流，进入渣收集罐 47。

在渣收集罐 47 内，密度大的渣粒继续沉降到其底部，大部分飞灰则悬浮在水中，形成灰水。为避免杂质和固体粒子在灰水中积累，渣收集罐 47 顶部的灰水被泵 48 抽出。抽出的灰水分别经限流孔板进入水力旋流分离器 49 进行分离，以降低灰水中固体含量。

水力旋流分离器 49 底部的排出淤浆，送湿灰脱除系统进一步处理；顶部排出的灰水，经换热器 50 进行冷却至 50℃，进入激冷环 44 进行喷淋，形成了一个封闭的灰水循环回路。同时用高压回水加入渣收集罐 47 中部，以补充水力旋流分离器 49 底部排出的水。

当渣收集罐 47 装满时，渣和灰水通过渣收集罐 47 底部管路，排放到加压的排放罐 51 中。同时高压回用水改从排放罐 51 底部加入，以补充水力旋流分离器 49 底部排出的水，并将渣中夹带的部分飞灰和煤尘带往上部。排放罐 51 顶部灰水经灰水泵 52 输送，进入渣收集罐 47 中部，形成循环回路，确保渣能够按要求排到排放罐 51。

放料结束后，高压回用水又改为从渣收集罐 47 中部加入。排放罐 51 用高压氮气控制卸压，卸压时排放的气体到火炬或大气。卸压完成后，渣和水经下部管路，排放至渣脱水仓 53。当料位降到较低时，用低压回用水对排放罐 51 进行冲洗。冲洗结束后继续对排放罐 51 进行注水，并加入高压氮气增压，使其处于备用状态。渣水排放到脱水仓 53 中后，粗渣被捞渣机 54 捞起，经输送皮带送往渣场。细渣淤浆则被泵 55 送往湿灰脱除系统进一步处理。

5. 干灰脱除系统（干洗）

此系统负责脱除合成气中夹带的飞灰，主要设备有：飞灰过滤器、飞灰锁斗、飞灰气提/冷却罐、中间飞灰贮罐、飞灰充气仓、飞灰储仓等。

来自 SGC 的温度为 340℃合成气，送入高温高压过滤器 56 过滤除灰。过滤后的合成气中灰尘含量约 1～2mg/m^3，送往洗涤塔 57。

高温高压过滤器 56 设置了反吹系统，利用 7.87MPa、225℃的超高压合成气对滤芯进行反吹，以保证将过滤器的压降控制在 0.03MPa 之内。高温高压过滤器 56 过滤下来的飞灰通过飞灰收集罐 58 落入飞灰放料罐 59。

当飞灰放料罐 59 中的飞灰量达到高料位时，高温高压过滤器 56 与飞灰放料罐 59 之间的阀门关闭，然后将放料罐 59 中的氮气/粗合成气混合气，通过放料罐过滤器 60 送入火炬，直至将飞灰放料罐 59 卸压至大气压。放料罐过滤器 60 的压差利用 5.2MPa、225℃的高压反吹氮气来维持。

卸压完成后，飞灰放料罐 59 与飞灰气提/冷却罐 61 连通，飞灰落入飞灰气提/冷却罐 61 中。当飞灰放料罐中的飞灰达到低料位时，关闭两者之间的阀门，然后用高压氮气对飞灰放料罐 59 加压至与高温高压过滤器 56 的压力达到平衡，并重新连通飞灰放料罐 59 和高温高压过滤器 56。在飞灰放料罐 59 的卸压及放料过程中，高温高压过滤器 56 过滤下的飞灰落入与其为一体的飞灰收集罐 58 中。

在飞灰气提/冷却罐 61 中利用 0.7MPa、80℃的低压氮气对飞灰进行加压气提。气提吹扫有两个作用：

① 保证有毒合成气不泄漏到大气中；

② 使飞灰温度降至约 250℃以下。

气提冷却的气体通过气提罐过滤器 62 送入火炬。为防止火炬气倒窜入飞灰气提/冷却罐 61 中，在火炬与飞灰卸料冷却罐间设置了压差开关。

中间储罐 63 的作用仅仅是作为飞灰中间储存用，缓冲时间为 3h。飞灰由飞灰气提/冷却罐 61 进入中间储罐 63，然后通过飞灰充气仓 64 送往飞灰储仓 65，并最终输出到界区外。在该系统内，飞灰的输送均是利用 0.7MPa、80℃的低压氮气。

6. 湿灰脱除系统（湿洗）

来自高温高压过滤器 56 的高温、高压粗合成气，与来自洗涤塔 57 底部的洗涤水，在文丘里洗涤器 66 中充分混合后送入洗涤塔底部，气/水混合物在此初步分离，气体沿填料层上升，与从塔顶下来的洗涤水在填料层中充分接触传质传热，以除去粗合成气中的 HCl、HF 和微量的固体颗粒。

洗涤后离开塔顶的被水饱和的粗合成气分两股，一股作为产品气送往变换单元；另一股作为激冷气，经循环气压缩机 67 加压后返回到气化炉出口。

洗涤塔底出来的循环洗涤水，经洗涤塔循环水泵 68 加压后分为三部分。一部分经降温后送入洗涤塔 57 顶部；一部分循环水进入文丘里洗涤器 66；另一部分则送往废水汽提及澄清单元，以防止腐蚀性成分、盐和固体悬浮物在系统中累积。

为提高粗合成气中酸性成分的脱除效率，少量 20%(质量分数）的 NaOH 碱液加到文丘里洗涤器 66 前，使循环回路的 pH 值控制在 7.5～8.0 之间。

7. 废水汽提及澄清

在该单元进行汽提处理的污水主要包括下列几股物流：湿灰脱除系统的酸性排放水；排渣系统的灰水，火炬冷凝液分离罐的水，工厂收集排放系统的水和潜在的排放污水。这几股废水首先汇入汽提塔给料罐 69 中，为防止炭黑水加热后 $CaCO_3$ 的沉积，汽提塔给料罐 69 中加入少量 15%(质量分数）的盐酸，pH 值控制在 6.0～7.0。罐中液体温度约为 100℃。

汽提塔给料泵 70 将废水从汽提塔给料罐 69 打到废水汽提塔 71 中部进料段。

汽提包括两段。在汽提下段，低压蒸汽从塔底进入，对废水进行汽提。汽提上段有一精馏段，来自回流罐 72 的回流液从精馏段顶部进入，洗涤出塔气。废水汽提塔 71 的操作温度 134℃，操作压力 0.18MPa。废水汽提塔 71 底部出来的液体，经汽提塔底部出口冷却器 73 冷却至 50℃后，送往澄清池 74。废水汽提塔 71 顶部出塔气以及从给料罐顶部闪蒸出来的气体，进入汽提塔顶部空冷器 75 冷却至 100℃后进入回流罐，分离出的气体送往硫回收装置。

澄清池 74 进料包括四部分：来自废水汽提塔 71 的废水；来自炉渣脱水仓 53 的废水；来自真空皮带过滤机 76 的污水；装置内的排污水。为保证澄清效果，澄清槽 74 中加入了絮凝剂。澄清水中的固体悬浮物<100μg/g，由澄清池底部泵 77 从澄清池溢流罐 78 底部抽出，送往下列用户：汽提塔给料罐 69，真空皮带过滤机 76，工艺水系统，剩余的则去配套部分污水处理装置。澄清池底部出来的泥浆由澄清池底部泵 79 送到泥浆储罐 80 中。储罐底部出来的泥浆由泥浆储罐 80 底部的泵 81 输送至真空皮带过滤机 76 进行脱水，滤液返回到澄清池，滤饼由滤饼输送机输出，用汽车送至渣场。

四、主要设备

1. 气化炉和 SGC

Shell 煤气化装置的核心设备是气化炉和 SGC，它们通过激冷管、输气导管和气体反向室连接在一起，成为一个整体，其整体结构简图见图 2-11。

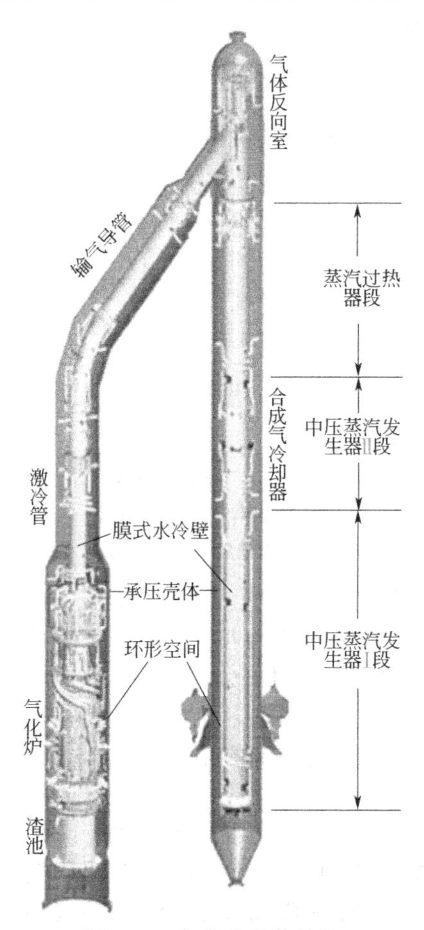

图 2-11　气化炉整体结构

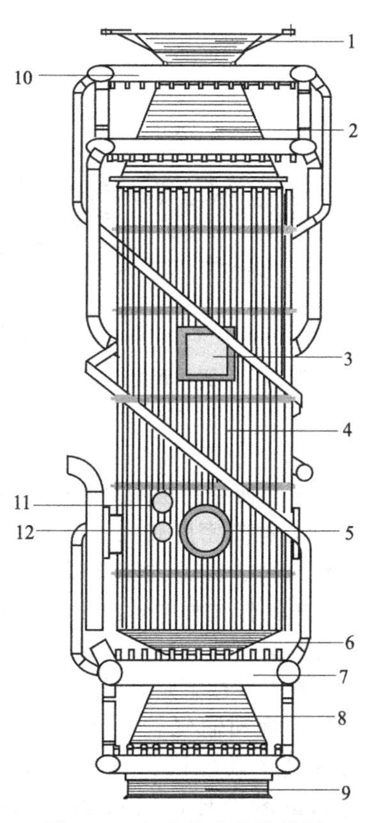

图 2-12　气化炉内件结构图

1—激冷管底部锥体；2—气化室上锥体；3—膜式壁人孔口；4—膜式壁；5—煤烧嘴安装孔；6—气化室下锥体；7—水分配环；8—渣池上锥体；9—热裙；10—水汇集环；11—开工烧嘴安装孔；12—点火烧嘴安装孔

气化炉主要由受热面（膜式水冷壁）、环形空间及承压壳体组成。用水冷却的膜式水冷壁安装在承压壳体内，气化过程发生在膜式水冷壁围成的气化室内。气化压力由承压壳体承受，膜式水冷壁因环形空间充高压氮气而只承受其两侧的压差。承压壳体的设计压力为5.2MPa，设计温度350℃。在膜式水冷壁与承压壳体之间的是环形空间，主要用于放置水/蒸汽的输入/输出管线及集管箱、分配管。另外，环形空间也便于管线的连接安装及其以后的检修与检验。

SGC主要由膜式水冷壁、多层环管束、环形空间和承压壳体构成。合成气的冷却在膜式水冷壁内的多层环管束间进行，合成气走管间，水/蒸汽走管内。多层环管束共设置了三组，即中压蒸汽过热器、中压蒸汽发生器Ⅱ、中压蒸汽发生器Ⅰ，三组管束均可整体从SGC的壳体内拆装。

（1）气化炉内件　气化炉内件结构简图见图2-12。

气化炉内件是由膜式水冷壁构成的圆筒式结构。上部有一个锥体，通往激冷区；下部也连着一个中心具有渣口的锥体，供熔渣下落时通过。筒体下半部均匀分布着4个烧嘴口，各烧嘴口都设有冷却保护器。

膜式水冷壁由翅片管组件焊接而成，其组合示意如图2-13所示。翅片管材质为13CrMo44，外径38mm，标准壁厚7.1mm，腐蚀裕度5.0mm。

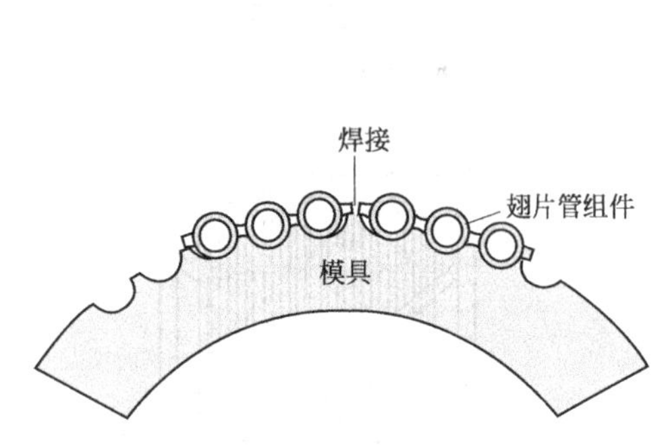

图2-13　翅片管组合示意

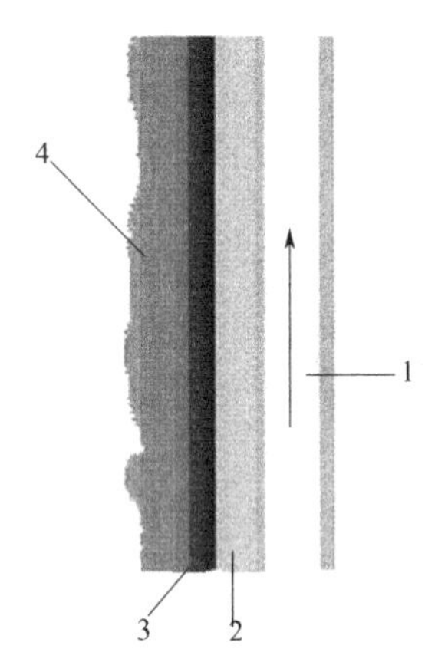

图2-14　膜式壁结构

1—水冷管；2—耐火衬里；3—固态渣层；4—液渣层

水冷壁内表面有一层用高耐热钢衬钉衬起的导热陶瓷耐火衬里（见图2-14）。衬钉材质为25Cr20Ni，衬钉密度较大，达到2500柱/m^2。陶瓷耐火衬里厚度为14mm，其组成为：Al_2O_3含量18%、SiO_2含量3%、Fe_2O_3含量0.2%、SiC含量74%。

在气化炉操作过程中，由于陶瓷材料良好的耐温性及冷却膜壁，会在气化室内表面形成一定厚度的渣层，称为挂渣。薄的固态渣层将保护水冷壁免受熔渣的影响。气化过程中形成的熔渣，沿着内壁往下走，最后通过底部的熔渣口排出。

（2）激冷管和输气管　激冷管在气化室的上方，也为膜式水冷壁结构，如图2-15所示。分为两个功能区：第一区为激冷区，经冷却的干净合成气（也称为循环气），经激冷管进口的激冷环，以约200℃的温度和出气化室的热合成气混合，使热合成气降温；第二区为“高速冷却区”，冷循环气和热合成气在激冷管内高速湍动，充分地混合，使气流的温度降至900℃以下，同时高速流动的气流对积累在循环气入口附近的煤渣也吹除作用。

输气管为激冷管下游的延伸部分，由一段冷却弯管（下段）和一段冷却直管（上段）组

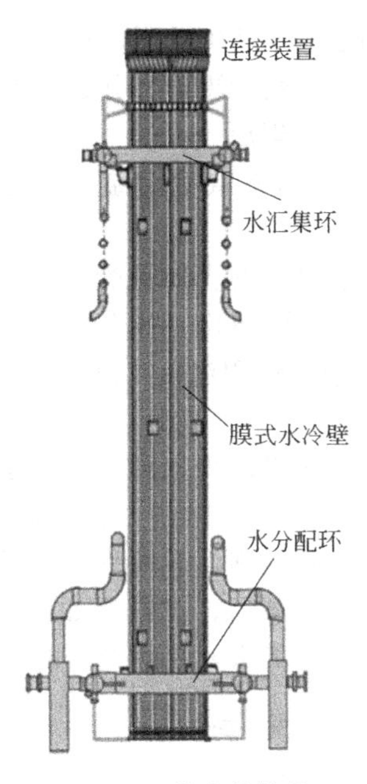

图 2-15 激冷管结构

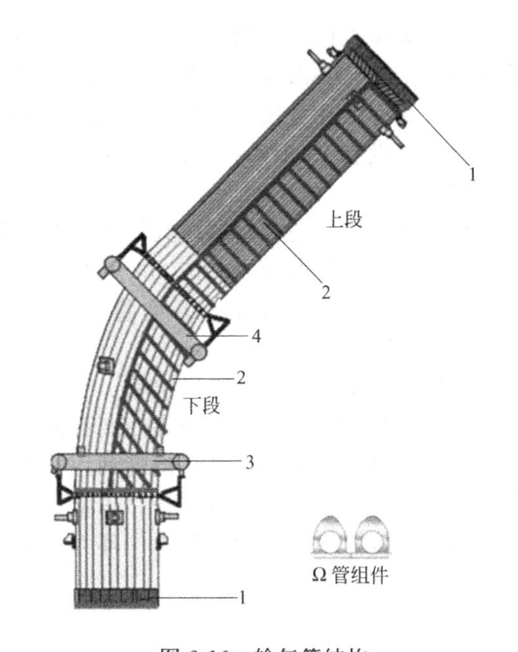

图 2-16 输气管结构

1—连接装置；2—膜式壁；3—水分配环；4—水汇集环

成。输气管水冷壁为中压蒸汽系统的一部分，用铁素体材料的超“Ω”管制成，其结构和“Ω”管组件见图 2-16。输气管下段也有用耐热衬钉固定的陶瓷耐火衬里。

激冷管、输气管都是独立的膜式水冷壁结构，它们之间的连接采用带膨胀节密封的连接装置，一方面保证气流不能进入环形空间，另一方面，又能满足热膨胀的要求。

(3) 反向室 反向室由作为输气管道延伸部分的入口支管和反向室主管组成，进来的合成气在此被转向到 SGC 内。反向室顶盖被设计成带冷却的蛇形盘管结构，用循环水进行冷却，这个顶盖在进行必要的检修时可以拿开。

入口支管、反向室主管和顶盖由铁素体钢管水冷壁制成，结构为翅片列管式，组成中压水/蒸汽回路的一部分。

(4) SGC（废热锅炉） SGC 所有的受热面基本上为同一结构。由盘管式水冷壁受热面和直管式水冷壁受热面构成。盘管式受热面，形成不同直径的圆柱体，并嵌套在一起，由支撑结构固定，允许每个圆柱体向下的自由膨胀。圆柱体的最外面为直管式水冷壁受热面，其直径与反向室主管的相同，一直延伸到 SGC 的整个长度，与反向室以搭接接头进行连接。其结构示意如图 2-17 所示。

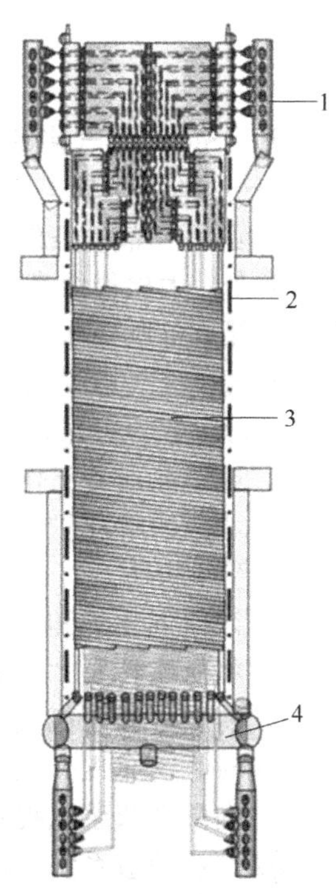

图 2-17 蒸汽过热器结构

1—汇集管；2—直管受热面；3—环管受热面；4—分配管

从顶部往下，受热面管束包括中压过热器、中压蒸发器Ⅱ、中压蒸发器Ⅰ。其中，中压过热管束由高合金钢制成，两台中压蒸发器管束和直管式水冷壁受热面由铁素体钢制成，都为翅片管式结构。所有的管束有各自的水/蒸汽回路及各自的连接管线。

(5) 清洁装置 为防止灰尘在受热面上积累，影响传热效果，在激冷管、输气管、反向室和 SGC 的受热面上共设置了 58 个气动敲击器，分别由 7 个仪表控制台控制。敲击装置用压力氮气作动力，带动敲击器间歇敲击各受热面，使受热面上的灰尘抖落。

（6）承压壳体　气化炉、输气管、反向室和 SGC 等设备均装在承压壳体内。承压壳体采用低合金钢 SA387Gr. 11CL. 2 制造，所有可能会因为低于露点温度而引起的低温腐蚀的地方，如所有人孔、接管和其他非受热连接处，均采用金属堆焊层。

壳体上设有 15 个人孔，266 个管口。约 85%的管口采用堆焊高镍合金，以避免高温对铁素体的腐蚀。

承压壳体内壁还有一层耐火衬里，主要用以在内件泄漏时，使壳体免受局部温度过热的影响。耐火衬里厚度为 40mm，六角形栅格结构，也称为龟甲网结构，成分为：Al_2O_3 含量 39%，SiO_2 含量 49%，Fe_2O_3 含量 2%，SiC 含量 10%，最大使用温度 1300℃。

2. 烧嘴

壳牌气化炉的烧嘴有点火烧嘴、开工烧嘴和正常运行时的煤烧嘴三种。点火烧嘴和开工烧嘴仅在开车时使用。点火烧嘴使用石油液化气作燃料，空气为助燃剂，有自动点火装置，起点燃开工烧嘴的作用。开工烧嘴利用柴油作燃料，纯氧为助燃剂，起对气化炉升温和升压的作用，为煤烧嘴的投用做准备。正常操作时使用的烧嘴为煤烧嘴，其结构如图 2-18 所示，是三通道结构。中心管走煤粉，中环为氧和水蒸气，外环用冷却水通过夹套冷却。

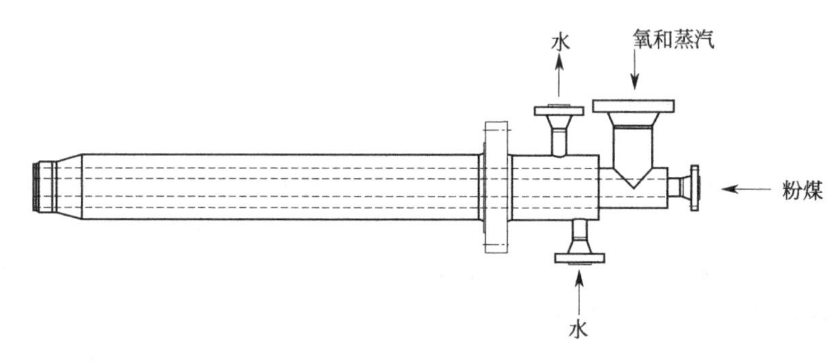

图 2-18　煤烧嘴结构示意

五、Shell 煤气化的操作控制

（一）原始开车

1. 必须具备的条件

停车后大检修结束；所有公用设施（电力、氮气、蒸汽、冷却水、锅炉给水和各种工艺用水）都具备所要求的数量、压力和温度，可以投用；污水处理设施处在正常状态；用于接收合成气、洗气塔废气的火炬系统和废气处理系统已经或将在未来 24～72h 内准备好；空分装置运行正常，可以稳定供气；后续工艺装置已经就绪。

2. 开车前准备工作

① 为进入气化炉检修而锁死断开的部件必须复位，但那些可能使氮气或火炬气进入气化炉的部件除外。

② 建立气化炉和 SGC 水蒸气系统、湿洗系统和炉渣系统的水循环。

③ 将所有涉及“合成气”的工段，利用氮气加压到 1MPa，并检查所有法兰的密闭性。

④ 将空分高压氮气引入，使高压氮气系统和反吹系统建立正常。

⑤ 对系统充压、检漏和置换。

⑥ 向酸性灰浆汽提系统注满工艺水或生活水。

⑦ 开启炉渣系统、湿法洗涤系统和酸性灰浆汽提系统的循环和排放管线。

3. 气化炉加热到热备用状态

① 启动所有的伴热，检查它们是否正常工作。

② 用开车蒸汽给气化炉和 SGC 水/蒸汽系统升温和升压，至 4.0MPa、250℃。

③ 启动烧嘴冷却水循环。

④ 启动并检查仪表、泵等装置的所有氮气吹扫、密封冲洗等。

⑤ 进行供煤系统排放程序的干法试验。

⑥ 点燃火炬系统长明灯。

⑦ 利用氮气增加合成气系统压力至大约0.6MPa，同时启动激冷气压缩机来预热激冷系统。

⑧ 启动“灰排放程序”，至少启动一个灰排放装置，来增强灰排放系统的加热，完成后关闭程序，使程序自动返回到要求的“保持”位置。

⑨ 开始预热煤粉研磨和干燥装置。

⑩ 向酸灰浆汽提塔注入蒸汽。

⑪ 关闭激冷压缩机，使系统减压并输送废气至火炬。

4. 气化系统升温

① 将煤粉研磨设备从“热备用状态”切换到“研磨操作”，使得供煤系统煤粉量达标，然后再将其切换回“热备用状态”。

② 启动过滤器反吹系统后，通过启动“煤排放程序”向供煤系统加煤。

③ 清理“火焰孔”使得烧嘴点火操作可以进行。

④ 对气化炉进行吹扫。

⑤ 启动供氧程序，准备供氧。

⑥ 插入并启动点火烧嘴。

⑦ 启动开工烧嘴。其具体步骤为：插入开工烧嘴；吹扫开工烧嘴；点燃开工烧嘴，并且退出点火烧嘴；分析系统氧含量，当氧含量低于0.5%超过1min后，将湿法洗涤出口从现场放空切换到火炬系统；对煤烧嘴的供氧系统进行密闭试验，并提高供氧压力；增加气化炉压力至约0.6～1.0MPa；启动激冷反吹程序，合成气冷却反吹程序以及敲击器程序；将供煤仓压力控制切换到与气化炉的压差控制，并停止开工预热蒸汽的注入。

⑧ 开始向湿法洗涤系统注入苛性碱。

⑨ 开始向酸灰浆汽提系统注入酸。

⑩ 当开工烧嘴操作达到0.6MPa时，启动激冷气压缩机。

⑪ 启动至少2个相对的煤烧嘴的供煤循环。

⑫ 启动炉渣清除程序。

5. 气化系统开车

① 启动煤烧嘴1：

- 做好通气化蒸汽的准备；
- 做好通气化氧的准备；
- 做好加粉煤的准备；
- 通过 O_2/C 比控制器，开始加入粉煤和氧气；
- 关闭给氧和给煤管道中的氮气吹扫阀；
- 关闭煤再循环管道中的截止阀；
- 对煤再循环管道中吹扫；

② 启动煤烧嘴2：按启动煤烧嘴1中的操作步骤启动烧嘴2后，还要进行以下操作：关闭并退出开工烧嘴；准备向后工序送气；将气化炉压力调至下一阶段要求的压力设定点3.8MPa；调节 O_2/C 比。

③ 投用湿法洗涤系统的合成气分析仪，气化炉控制从“O_2/C 比控制”切换至“CO_2 设定点控制”。

④ 启动煤烧嘴 3 和 4（步骤同启动煤烧嘴 2）。

⑤ 启动排渣程序。

⑥ 启动灰排放程序、灰气提/冷却程序以及灰处理程序。

⑦ 启动到煤烧嘴的蒸汽管道的预热程序。

⑧ 启动气化炉和 SGC 蒸汽的取样检测（检查热传导性、铁和硅酸盐）。如果蒸汽值达到要求，将其输送到外部用户。

⑨ 开始逐一地将蒸汽引至烧嘴。逐一检查效果，并且按照要求调整“理想 CO_2 值”。

⑩ O_2/C 比控制器切换到预设 CO_2 控制，比率控制切换到自动，按照需要来调整气化参数。

⑪ 当系统压力达到运行压力时，将比率控制切换到正常运行，把“火炬线路压力控制”切换至“合成气线路压力控制”，向后工序送气。

⑫ 调整气化炉负荷至要求值。

⑬ 检查、调节和优化各部分的运行条件。

（二）正常停车

1. 停车的准备

停车的准备工作是将生产能力降低到最小生产能力，通知前、后工序即将停车。

2. 停车到“热备用”状态

① 关闭磨煤干燥单元，使煤粉储量降至最低。

② 将装置生产能力降低到用户能接收的最低限度。

③ 通过停车程序关闭装置，这将会使：烧嘴关闭程序和供氧系统关闭程序启动；将合成气系统与用户装置分开。

④ 合成气系统泄压和吹扫程序启动。

⑤ 关闭湿式洗涤系统下游的分析仪。

⑥ 检查“吹灰程序”和“敲击器敲击程序”已正确关闭。

⑦ 在步骤③之后，通过“料位定时输出”信号的超弛，在第一时间重新启动除渣程序。

⑧ 在步骤③之后，通过高料位信号的超弛，在第一时间重新启动除灰程序。

⑨ 检查湿式洗涤循环的 pH 控制：一旦 pH 值向上“漂移”就要关闭碱的注入，并从这一系统冲洗出“全部”酸的部分。

⑩ 检查废水汽提及澄清系统的 pH 值控制：一旦 pH 值向下“漂移”就要关闭酸的注入（一般是如果渣池排放液中固体量降到低的值时进行）。

⑪ 一旦合成气系统已经泄压，高压高温过滤器的反吹系统就会关闭。

⑫ 当汽包的蒸汽压力降到低于公用工程蒸汽集管压力时，会将蒸汽集管切换至“启动位置”，开始向汽包注入蒸汽。

⑬ 停止除渣程序。

⑭ 停止除灰程序。

如需要：在完成泄压和吹扫之后，停止湿式洗涤系统的工作。如果固体浓度已降到低于 100μg/g，停止渣池系统的循环。

3. 气化系统完全停车

系统的完全停车指各单元完全停止下来，并冷却至设备可以进人的状态。由于包括的单元较多，在此部分仅介绍气化和合成气冷却单元的完全停车。

气化和合成气冷却单元的完全停车主要包括以下步骤。

① 通过氧化（也叫“烧化”过程）减少灰的沉积（主要指活性物质硫化铁）。

- 当系统（至少）在 200℃时，通过打开气化炉底部的疏水阀（通常是 3 个），以及至氮气分配环的空气加入阀门和湿洗系统放空管道中的阀门，将外界空气吸入系统。并且使用喷射器 82，通过开车通风口将空气排出。

- 这个过程大概需要 12～24h。一旦通风口气体的 SO_2 含量低于 SO_2 最大值（2mg/m^3），即可停止。
- 在这些过程进行时，气化炉/SGC 的水/汽系统以及烧嘴的冷却水系统必须保持循环状态，最低温度为 200℃。
- 在上述步骤的最后阶段，可以考虑安装一个临时的鼓风机来向其中一些喷嘴供应气体。在一些湿度大、外界气温高的地方，建议（至少部分的）使用干燥压缩空气。

② 封闭所有的物料流入口。

③ 通过以下方法使系统冷却（与封闭同时进行）：关闭所有的伴热系统、用冷的锅炉给水替换气化炉/SGC 的水/汽系统中的热循环水、关闭烧嘴冷却水系统的加热器。

④ 打开人孔来进行检修工作。在打开人孔以后，可以按照“标准化程序”来进入装置，即：继续监控 O_2、CO_2 以及（在可用的地方）SO_2 的浓度；清理灰尘；检查放射性料位的辐射强度；避免任何填充材料和耐火材料接触到水；安装足够的脚手架等。

除了关闭冷却水系统以外，烧嘴系统通常保持“原样”。在必要时烧嘴头部应用运输盖保护起来。

（三）气化炉/SGC 的正常操作

原则上的运转条件是由比例控制逻辑线路自动调整，但是在实际操作中，由于煤的种类、煤中有机物及矿物质成分的变化，会引起预编程的设定点与要求不相符，需要对气化条件作适时的调整。调整时主要考虑碳的转化率、灰渣的流动性、合成气的质量、气化炉膜式水冷壁上的热负荷、氧气和蒸汽的消耗量等因素。

运行性能指标的调整操作如下。

1. 气化炉出口温度

气化炉出口温度应相对稳定（在 25℃以内波动），当失调时，通常通过重新设定 CO_2 值来间接调节。CO_2 设定值高，O_2/C 高，气化炉出口温度升高。必要时，也可通过调节 O_2/C 比来调节，但一定要注意调节的速度和幅度，否则可能带来更多的问题。

2. SGC 入口温度

SGC 入口温度应保持在 850℃左右，最高不超过 900℃，一般通过“激冷/产品气比例控制器”自动调节。当要求气化温度升高或气化煤种要求较深的激冷时，才能调整此比例。激冷/产品气比例升高，SGC 入口温度下降。

3. SGC 出口温度

SGC 出口温度将随气化炉负荷和煤的种类而改变。如果表现为持续升高，可能的原因如下。

① 一些振动器故障，参考现场的检查规程。

② 气化炉具有高的结渣趋势。在此情况中，应检查过热器的性能，如果在这里发现相同的趋势，则增加激冷比例值，以避免激冷管，输气管及过热器有太高的结渣率。

4. 合成气成分

通常以 CO_2 量为输入值，CH_4 含量用于判断运转条件的正确性。如低于 CH_4 含量 30cm^3/m^3（通常）表示炉温偏高；高于 150cm^3/m^3 值表示炉温偏低。

5. 气化炉膜式水冷壁蒸汽生成量

气化炉膜式水冷壁的蒸汽生成量是气化温度和炉渣覆盖量/流动性的指标。如果气化温度和蒸汽生成量持续增加，可减小所要求的 CO_2 值，即 O_2/C 比例。这个操作可能要求作些“微调”，因为在相同的 O_2/C 比例下较厚的炉渣层会由于“热损失”减少而导致较高的气化温度。

6. 炉渣“外观”

这个因素很难描述，只有在实际气化煤的操作经验中学习掌握。典型情况如下。

①“针状”或“螺旋状”，表示太高的炉渣流动性，即气化温度或助熔剂量太高。

②“小团状”表示“团块形成”，大多数情况下表示太低的炉渣流动性，即气化温度或助熔剂的量太低。

③“粉末状”或“非常湿”的炉渣，表示太多的细粉屑，即对于气化的煤种（有机成分）气化温度太低。

（四）气化炉、SGC 常见事故及处理

1. 煤烧嘴点火故障

大多数情况为，煤供料管线中的三通阀因伴热不好，阀球与阀体温差大，摩擦大，无法打开所致。解决办法：加强伴热。

2. 激冷气体压缩机故障

激冷气体压缩机故障通常由仪表故障、压缩机故障和高温高压过滤器堵塞引起。前两者需停车检修；后者可通过加强反吹解决，如不成功，也需停车处理。

3. 激冷管、SGC 堵塞（结垢）

激冷管、SGC 堵塞（结垢）主要与操作条件和煤的性质有关。如煤的灰含量＞8%，激冷气温度＜900℃，合成气进激冷器温度低于“灰初始变形温度”超过 250℃时，可防止结垢（堵塞）现象发生。

由于操作条件的不正常发生结垢时，最先开始于激冷管道中，然后是输气管，最后在 SGC 中结垢。其表现为激冷管入口压降增加，激冷管、输气管和合成气冷却传热效果变差，合成气出口温度升高。

如出现轻微结垢，可能通过增加激冷气量、降低气化温度和减少助溶剂加入量解决。如结垢严重，需停车处理。

4. 出渣口堵塞

出渣口堵塞主要是因为灰渣黏性过低而引起。在实际操作中，仅在气化炉运转严重不正常时才会发生，且发生时不易及时检测到。

渣口堵塞通常表现为炉渣水力冲洗罐与炉渣收集装置的压差不稳定，气化炉水冷壁热流量下降。可通过缓慢调整进料比例、增加气化温度的办法解决（此时需注意：如果气化温度增加过快，使渣流量超过出口的排渣能力，也会造成堵塞）。如堵塞严重，需停车清理。

5. 炉渣结块

和出渣口堵塞一样，炉渣结块实际上也是由操作不正常造成的。当气化炉负荷增加或减少的太快，会引起炉渣结块。

通常通过炉渣的外观来判断。小结块没有太大问题，但是，如果连续产生小结块，就表明有结块形成的趋势和不可避免形成大结块的危险，必须进行运转条件的调整。

防止结块发生，可通过提高气化温度或增加助熔剂的量，减小炉渣的平均黏度来实现。

6. 水冷壁生成过量蒸汽

过量的气化炉蒸汽生成是不希望发生的，因为这表明在气化炉壁上存在非常薄的保护（固态化的）渣层。这可能由下列原因造成。

① 太低的炉渣黏度（不正确的气化温度和助溶剂加入量）。

② 太低的炉渣载荷（煤的灰含量太低）。

相应的措施如下。

① 增加 H_2O/O_2 比例，降低炉温，增加炉渣黏度到可能的程度。

② 增加飞灰循环，在烧嘴供料中达到最小灰含量8%～10%。因为灰渣有一段“积聚”时间，这一措施在数小时后才有效。

7. 煤烧嘴停车及故障

除非由严重的冷却水泄漏引起（在此情况下，不仅烧嘴，整个气化装置将中断运转），一个烧嘴中断运行将不会造成气化炉中断运行，在解决造成中断的问题之后，进行烧嘴再启动操作。

烧嘴停止运行通常由煤流量波动和仪表故障造成。

煤流量波动故障可以是真实的，或是“与仪表有关的”。如果是真实的波动，大多数起因是在煤供料管线的煤流量控制阀附近存在堵塞。

如果堵塞处于煤控制阀或它的下游，则可以打开（手动）至煤仓的循环管线，通过开关煤流量控制阀数次来除去堵塞（在每次开关之间要有建立压力的时间）。如果堵塞在控制阀的上游，则通过反方向对管线吹风进入高压供料罐来解决。

仪表故障通常只要维修仪表就能解决。有时通过“模拟”偏差信号可以解决临时问题。

复 习 题

1. Shell煤气化技术有哪些特点？
2. 简述Shell煤气化炉内煤与气化剂反应的主要过程。
3. 简述氧煤比、水氧比、温度、压力对Shell煤气化所制得的煤气成分的影响？
4. 试述煤中各组分含量对Shell煤气化过程的影响。
5. Shell煤气化的磨煤与干燥系统的主要任务是什么？主要包括哪些关键设备？
6. Shell煤气化的粉煤加压输送系统主要包括哪些关键设备？
7. Shell煤气化的气化、激冷及合成气冷却系统包括哪些关键设备？
8. 烧嘴的循环水系统起什么作用？
9. 开工及点火烧嘴的作用是什么？
10. 离开气化室的合成器降温经过哪几个过程？
11. Shell煤气化排渣系统的主要任务是什么？主要包括哪些关键设备？
12. 简述灰渣在气化室内的运动过程。
13. 简述气化室水冷壁的作用？
14. 简述排渣罐的收渣与排渣过程。
15. 干灰脱除系统的主要任务是什么？主要包括哪些关键设备？
16. 简述飞灰放料罐收灰和排灰的过程。
17. 飞灰气提冷却罐的作用是什么？
18. 湿灰脱除系统的主要任务是什么？主要包括哪些关键设备？
19. 废水汽提及澄清的主要任务是什么？主要包括哪些关键设备？
20. 简述废水汽提塔的结构与工作原理。
21. 简述Shell煤气化装置的核心设备主要由哪几部分构成？各部分的作用是什么？
22. 试述气化炉水冷壁上灰渣的作用。
23. 简述煤烧嘴的结构及粉煤、氧、循环水在烧嘴内的流动空间。
24. 简述Shell煤气化气化系统开车的主要过程。
25. 简述Shell煤气化气化系统完全停车的主要过程。
26. 气化炉出口温度的控制有哪些措施？怎样控制的？
27. 合成气冷却器入口温度的控制有哪些措施？怎样控制的？
28. 合成气冷却器出口煤气温度升高的原因是什么？
29. 气化炉膜式水冷壁蒸汽生成量受哪些因素的影响？是如何影响的？
30. 通过观察炉渣外观，对气化炉的操作状况可得出哪些有用的结论？
31. 激冷管、合成气冷却器结垢的原因是什么？结垢后的表现和处理措施是什么？

32. 出渣口堵塞的原因是什么？堵塞后应采取哪些措施进行处理？

33. 炉渣结块的原因是什么？应如何防止炉渣结块？

34. 气化炉水冷壁生成过量蒸汽的原因是什么？当生成的蒸汽量过大时应采取哪些措施进行处理？

第四节　德士古水煤浆气化技术

德士古水煤浆气化技术以水煤浆为原料，以纯氧为气化剂，在德士古气化炉内高温和高压的条件下，进行气化反应，制得以 H_2＋CO 为主要成分的粗合成气，是目前先进的洁净煤气化技术之一。

(1) 主要的技术优势

① 可用于气化的原料范围比较宽。除可气化从褐煤到无烟煤的大部分煤种外，还可气化石油焦、煤液化残渣、半焦、沥青等原料，后来又开发了气化可燃垃圾、可燃废料（如废轮胎）的技术。

② 与干粉煤进料相比，更安全和容易控制。

③ 工艺技术成熟，流程简单，设备布置紧凑，运转率高。气化炉结构简单，炉内没有机械传动装置，操作性能好，可靠程度高。

④ 操作弹性大，碳转化率高。碳转化率一般可达 95%～99%，负荷调整范围为 50%～105%。

⑤ 粗煤气质量好，用途广。由于气化温度高，粗煤气中有效成分（CO＋H_2）可达 80%左右，除含少量甲烷外不含其他烃类、酚类和焦油等物质，后续净化工艺简单。产生的粗煤气可用于生产合成氨、甲醇、羰基化学品、醋酸、醋酐及其他相关化学品，也可用于供应城市煤气和联合循环发电（IGCC）装置。

⑥ 可供选择的气化压力范围宽。气化压力可根据工艺需要进行选择，目前商业化装置的操作压力等级在 2.6～6.5MPa 之间，中试装置的操作压力最高已达 8.5MPa，为满足多种下游工艺气体压力的需求提供了基础。

⑦ 单台气化炉的投煤量选择范围大。根据气化压力等级及炉径的不同，单炉投煤量一般在 400～1000t/d（干煤）左右，在美国 Tampa 气化装置，最大气化能力达 2200t/d（干煤）。

⑧ 气化过程污染少，环保性能好。高温高压气化产生的废水所含有害物极少，少量废水经简单生化处理后可直接排放；排出的粗、细渣既可做水泥掺料或建筑材料的原料，也可深埋于地下，对环境没有其他污染。

(2) 突出的问题

① 炉内耐火砖寿命短，更换耐火砖费用大，增加了生产运行成本。

② 喷嘴使用周期短，一般使用 60～90d 就需要更换或修复，停炉更换喷嘴对生产连续运行或高负荷运行有影响，一般需要有备用炉，这增加了建设投资。

③ 考虑到喷嘴的雾化性能及气化反应过程对炉砖的损害，气化炉不适宜长时间在低负荷下运行，经济负荷应在 70%以上。

④ 水煤浆含水量高，使冷煤气效率和煤气中的有效气体成分（CO＋H_2）偏低，氧耗、煤耗均比干法气流床要高一些。

⑤ 对管道及设备的材料选择要求严格，一次性工程投资比较高。

一、德士古水煤浆气化的基本原理

1. 化学反应

水煤浆通过喷嘴喷入气化炉后，在极短的时间内完成了煤浆水分的蒸发、煤的热解、燃烧和一系列转化反应。如以 C_mH_nO 来表示煤的分子式，则气化炉内发生的气化反应可表示如下。

$$C_mH_nO+[(m-1)/2+n/4]O_2 \xrightarrow{\text{完全氧化}} mCO_2+n/2H_2O+Q \tag{2-39}$$

$$C+O_2 \xrightarrow{\text{完全氧化}} CO_2+Q \tag{2-40}$$

$$H_2+1/2O_2 \xrightarrow{\text{完全氧化}} H_2O+Q \tag{2-41}$$

$$CO+1/2O_2 \xrightarrow{\text{完全氧化}} CO_2+Q \tag{2-42}$$

$$C_mH_nO+(m-1)/2 \xrightarrow{\text{部分氧化}} mCO+n/2H_2+Q \tag{2-43}$$

$$C+1/2O_2 \xrightarrow{\text{部分氧化}} CO+Q \tag{2-44}$$

$$C_mH_nO(\text{煤}) \xrightarrow{\text{煤热解}} \text{低链烃类(气态)}+\text{焦炭} \tag{2-45}$$

$$C_mH_nO+(m-1)H_2O \xrightarrow{\text{煤转化}} mCO+(m-1+n/2)H_2-Q \tag{2-46}$$

$$C_mH_nO+(2m-1)H_2O \xrightarrow{\text{煤转化}} mCO_2+(2m-1+n/2)H_2-Q \tag{2-47}$$

$$C_mH_nO+(m-1)CO_2 \xrightarrow{\text{煤转化}} (2m-1)CO+n/2H_2-Q \tag{2-48}$$

$$CH_4+2H_2O \xrightleftharpoons{\text{甲烷转化}} CO_2+4H_2-Q \tag{2-49}$$

$$CH_4+H_2O \xrightleftharpoons{\text{甲烷转化}} CO+3H_2-Q \tag{2-50}$$

$$CH_4+CO_2 \xrightleftharpoons{\text{甲烷转化}} 2CO+2H_2-Q \tag{2-51}$$

$$C+H_2O \xrightleftharpoons{\text{碳气化}} CO+H_2-Q \tag{2-52}$$

$$C+CO_2 \xrightleftharpoons{\text{碳气化}} 2CO-Q \tag{2-53}$$

$$CO+H_2O \xrightleftharpoons{\text{变换反应}} CO_2+H_2+Q \tag{2-54}$$

$$3H_2+N_2 \xrightleftharpoons{\text{氨生成反应}} 2NH_3+Q \tag{2-55}$$

$$H_2+S \xrightleftharpoons{H_2S\text{生成}} H_2S+Q \tag{2-56}$$

$$H_2S+CO \xrightleftharpoons{COS\text{生成}} H_2+COS \tag{2-57}$$

$$CO+H_2O \xrightleftharpoons{\text{甲酸生成}} HCOOH \tag{2-58}$$

反应式(2-39)～式(2-42) 为氧气充分时的完全燃烧反应，反应式(2-43) 和式(2-44) 为氧气不足时的部分氧化反应，反应式(2-45) 为煤的热解反应，反应式(2-46)～式(2-51) 为转化反应，经过这些反应最终生成了以 CO、H_2 为主要成分，以 CH_4、CO_2 为次要成分，以 H_2S、COS、NH_3、HCOOH、HCN 等为微量有害成分的产品气体。

2. 炉膛反应基本模型

对气化炉内反应过程的研究有许多不同的观点，其中最重要的理论为：燃烧反应在先的模型、部分氧化反应在先的模型和区域反应模型。

(1) 燃烧反应在先的模型　该模型假设气化反应过程分为两步完成。第一步主要进行的是碳及其化合物被完全氧化的放热反应式(2-39) 和式(2-40)。第二步是碳与水蒸气、与完全氧化的产物及与煤热解的产物发生转化反应式(2-45)～式(2-54)。认为出气化炉的气体组成主要由反应式(2-54) 决定，并同反应式(2-50) 和式(2-57) 一起达到反应平衡。

该模型简单实用，给计算带来了许多方便，但无法圆满解释生产中出现的许多现象，例如渣口堵塞，有效气含量反而上升等现象。

(2) 部分氧化反应在先的模型　由于气化后干煤气中 CO、CO_2 和 H_2 三组分总量占 96%～98%，该模型将气化反应过程简化为三个主要反应，即反应式(2-44)、式(2-42) 和式(2-54)。认为煤中的碳首先与氧气发生部分氧化反应式(2-44) 全部生成 CO，而 CO_2 则是由过量的氧与 CO 发生进一步的氧化反应式(2-42) 以及由 CO 和 H_2O 发生变换反应式(2-54) 形成的；系统中水蒸气量的多少完全取决于变换反应式(2-54)；H_2 量为水蒸气量加上煤带入的氢量，再扣除掉转化为硫化氢时消耗掉的氢量，并认为变换反应式(2-54) 在出口处达到了平衡。

根据以上假设建立了系统的物料和热量平衡，计算出料成分和反应条件的关系，较好地解释煤气组成与工艺条件的关系，但同时又掩盖了气化过程中发生的许多现象。

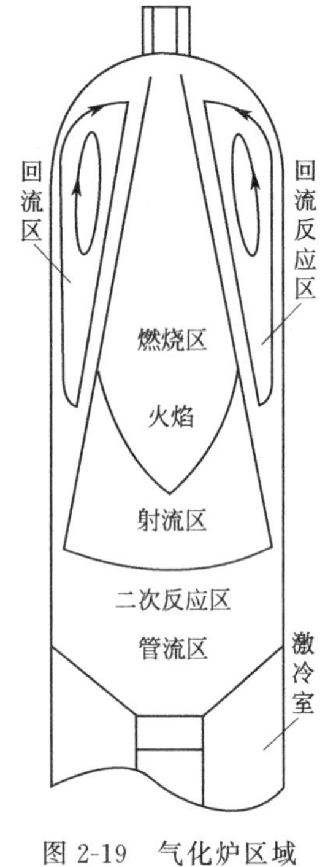

图 2-19　气化炉区域反应模型

(3) 区域反应模型　华东理工大学对德士古气化过程进行了大量的冷模试验，并结合国内气化装置运行的实际经验，提出了气化反应区域模型。认为气化炉燃烧室内存在三个流动特征各异的区域，即射流区、回流区与管流区（见图 2-19)。射流区、回流区的存在使得气化炉内各物质的停留时间出现差异，一般分布在 0.2～30s 之间，而炉膛的平均停留时间为 5～7s。炉膛尺寸一定时，射流区与管流区的相对大小与射流速度密切相关，当射流速度很大时，管流区很小，甚至为零；反之，管流区很大，射流区很小。回流区除与射流速度有关外，还与炉膛直径、喷嘴尺寸、雾化角大小有关。

水煤浆在这些不同的区域中分别完成极为复杂的物理过程和化学过程。化学反应按照特征可分为燃烧反应，又称一次反应，主要反应产物为 CO_2 和 H_2O；二次反应，又称转化反应，主要反应产物为 CO 和 H_2。认为蒸发干燥等物理过程和燃烧反应基本上在射流区中进行，主要发生反应式(2-39)～式(2-42)。二次反应主要发生在回流区与管流区，其中 CO、H_2 大都来自回流流股，主要发生反应式(2-45)～式(2-54)。

二次反应也会在射流区内发生；同样，在回流区由于湍流的随机性也会有 H_2 和 CO 的燃烧反应发生。炉膛内流动区域的存在以及各区内发生的反应各不相同，导致炉膛内存在着一定的温度分布，火焰区温度最高，管流区次之，回流区最低。

当工艺条件、炉体尺寸一定时，三个区的相对大小与喷嘴的结构和尺寸密切相关。如果喷嘴的结构或尺寸不合理，管流区太小、二次反应进行不完全，就会导致碳转化率降低、粗煤气中甲烷含量升高。当运行中出现气化炉渣口堵塞时，按照区域模型理论，射流区缩短，管流区延长，对二次反应有利，这就解释了渣口堵塞有效气上升的原因。

二、德士古水煤浆气化工艺条件

德士古气化炉的主要操作条件包括煤浆浓度（质量分数)、气化温度、气化压力、气化时间和氧碳比。

1. 煤浆浓度

煤浆浓度是德士古气化法独特的控制指标，这也是一个极为重要的工艺参数。高浓度煤浆是非牛顿型流体，可用表观黏度概念描述其流变性质。水煤浆的表观黏度随剪切时间增加而降低，即具有触变性能。它的表观黏度又随剪切速率提高而降低，称为结构黏度。对煤浆的输送来说，与这两种黏度都有关系，因为煤浆泵的启动对煤浆的临界黏度有一定要求。一般水煤浆黏度控制在 1Pa・s 左右。

煤浆的流变性能与煤种、煤粉的细度、固体含量、添加剂种类及浓度等参数有关，煤浆浓度、黏度之间的关系见图 2-20。煤粒度愈小，煤浆浓度愈高，黏度愈大。添加剂是表面活性剂，对相同的固体含量而言，黏度随表面活性剂的增加而降低并趋于最低值。该最低值所对应的添加剂浓度与煤种有关。考虑煤浆的流变性质，是选用输送煤浆管径的需要。管径太小，压头损失大，相反过大又会输送不稳定，固体会发生沉降。

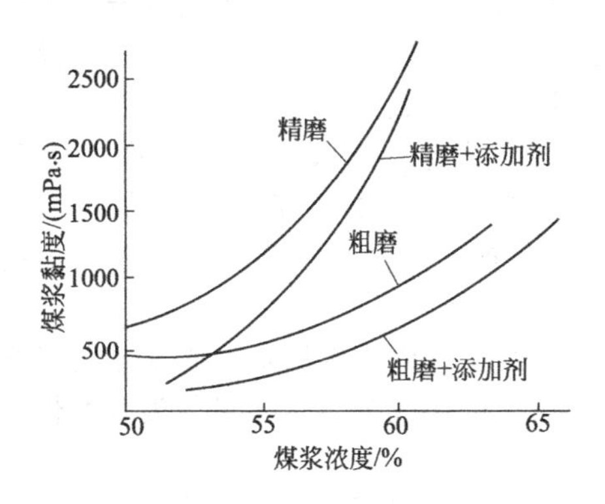

图 2-20　煤浆浓度、黏度之间的关系

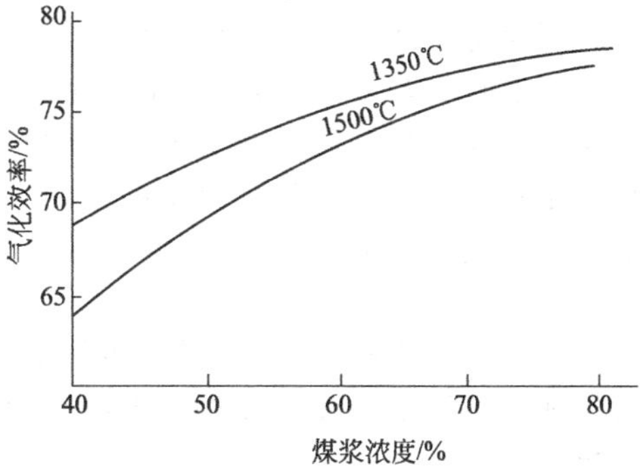

图 2-21　煤浆浓度与气化效率的关系

图 2-21 表示在不同温度下，煤浆浓度与气化效率的关系。可见在较低的气化温度下，增加煤浆浓度，同样可以提高气化效率。一般煤粒度愈细，煤浆浓度愈高，碳转化率或气化效率愈高，但是也会引起煤浆黏度剧增，给气化炉加料带来困难，因此不同的煤种都有一个最佳的粒度和浓度，需预先进行实验选择。

图 2-22 表示干煤气组成与煤浆浓度的关系，可见，增加煤浆浓度有利于 $CO+H_2$ 量的增加，而且 $CO+CO_2$ 量的变化和煤浆浓度无关，其值近似为一常数（66%），这是由于煤浆中水受热蒸发，增加了 CO 转化生成的 CO_2 量之故。

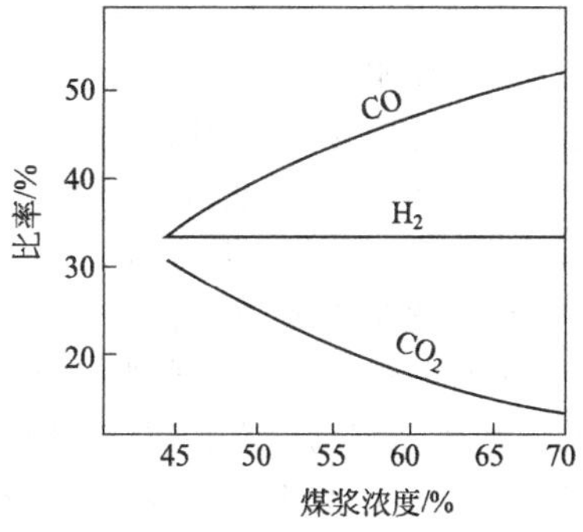

图 2-22　煤浆浓度与煤气组分（干气）的关系

2. 气化温度和气化压力

气化温度和压力对于气化过程的影响是很显著的。为了提高气化温度和气化效率，缩短反应时间，与其他气流床气化方法一样，德士古炉的气化温度比较高，并且采取液态排渣。故操作温度必须大于煤的灰熔点，但是同时又须考虑炉壁耐火材料的耐高温性和使用寿命，因此，一般在 1000～1350℃之间。当煤的灰熔点高于此温度时，需加助熔剂。

气化炉的生产能力与 $\sqrt{p}$ 是成正比的。升高压力，有利于提高气化炉的单炉生产能力，一般在 10MPa 以下。炉内气化压力高低的确定还取决于产品煤气的用途。例如生产合成氨一般为 8.5～10MPa；如用于合成甲醇则为 6～7MPa 为适宜，这样后面的工序不需再增压。

3. 气化时间

固体的气化速率要比油气化慢得多，因此，煤气化所需时间比油气化长，一般为油气化的 1.5～2 倍。煤浆在德士古炉内的气化时间一般为 3～10s 之间，它取决于煤的颗粒度、活性以及气化温度和压力。

4. 氧碳比

氧碳比是指气化过程中氧耗量与煤中碳消耗量的比值。它与煤的性质、煤浆浓度、煤浆粒度分布有关，其值一般在0.9～0.95之间。显然，氧碳比愈高氧消耗量就愈大，这将影响经济指标。

5. 对煤种的要求

随着气化工艺选取的不同，其对煤品质的要求也不尽相同。高活性、高挥发分的烟煤是德士古水煤浆气化工艺的首选煤种。

(1) 总水分　总水包括外在水分和内在水分。外在水分是煤粒表面附着的水分，来源于人为喷洒和露天放置中的雨水，通过自然风干即可失去。外在水分对德士古煤气化没有影响，但如果波动太大对煤浆浓度有一定影响，而且会增加运输成本，应尽量降低。

煤的内在水分是煤的结合水，以吸附态或化合态形式存在于煤中。煤的内在水分高同样会增加运输费用，但更重要的是内在水分是影响成浆性能的关键因素。内在水分越高成浆性能越差，制备的煤浆浓度越低，对气化时的有效气体含量、氧气消耗和高负荷运行不利。

(2) 挥发分及固定碳　煤化程度增加，则可挥发物减少，固定碳增加。固定碳与可挥发物之比称为燃料比，当煤化程度增加时，它也显著增加，因而成为显示煤炭分类及特性的一个参数。

煤中的挥发分高有利于煤的气化和碳转化率的提高，但是挥发分太高的煤种容易自燃，给储煤带来一定麻烦。

(3) 煤的灰分及灰熔点

① 灰分。灰分虽然不直接参加气化反应，但却要消耗煤在氧化反应中所产生的反应热，用于灰分的升温、熔化及转化。灰分含有率越高，煤的总发热量就越低，浆化特性也较差。根据资料介绍，同样反应条件下，灰分含量每增加1%，氧耗约增加0.7%～0.8%，煤耗约增加1.3%～1.5%。

灰分含量的增高，不仅会增加废渣的外运量，而且会增加渣对耐火砖的侵蚀和磨损，还会使运行黑水中固体含量增高，加重黑水对管道、阀门、设备的磨损，也容易造成结垢堵塞现象，因此应尽量选用低灰分的煤种，以保证气化运行的经济性。

② 灰熔点。煤灰的熔融性习惯上用4个温度来衡量，即煤灰的初始变形温度（T_1）、软化温度（T_2）、半球温度（T_3）和流动温度（T_4）。煤的灰熔点一般是指流动温度，它的高低与灰的化学组成密切相关。

由日常煤灰分析及典型的灰渣组成可知，SiO_2、Al_2O_3、CaO和Fe_2O_3组分约占灰分组成的90%～95%，它们的含量相对变化对灰熔点影响极大，因此许多学者常用四元体系SiO_2-Al_2O_3-CaO-Fe_2O_3来研究灰的黏温特性。

一般认为，灰分中Fe_2O_3、CaO、MgO的含量越多，灰熔点越低；SiO_2、Al_2O_3含量越高，灰熔点越高。但灰分不是以单独的物理混合物形式存在，而是结晶成不同结构的混合物，结晶结构不同灰熔点差异很大，因此不能以此作为唯一的判别标准。通常用式(2-59)来粗略判断煤种灰分熔融的难易程度。

$$酸碱比=\frac{w_{SiO_2}+w_{Al_2O_3}}{w_{Fe_2O_3}+w_{CaO}+w_{MgO}} \tag{2-59}$$

当比值处于1～5之间时易熔，大于5时难熔。

有些专家采用$m(SiO_2)/m(Al_2O_3)$和$m(SiO_2)/m(SiO_2+Fe_2O_3+CaO+MgO)$比值来研究灰分组成和灰熔点的关系，指出前者比值不宜小于1.6，后者不宜大于0.9，否则就需要添加Fe_2O_3或CaO，或者掺混其他煤种来调整灰分的组成以利于熔融排渣。

③ 灰渣黏温特性。灰渣黏温特性是指熔融灰渣的黏度与温度的关系。熔融灰渣的黏度是熔渣的物理特性，一旦煤种（灰分组成）确定，它只与实际操作温度有关。熔渣在气化炉

内主要受自身的重力作用向下流动，同时流动的气流也向其施加一部分作用力，熔渣的流动特性可能是牛顿流体，也可能是非牛顿流体，这主要取决于煤种和操作温度的高低。为了顺畅排渣，专家认为熔渣行为处在牛顿流体范围内操作比较合适，一旦进入非牛顿流体范围区，气化炉内容易结渣。并引入了临界温度的概念，即渣的黏度开始变为非牛顿流体特性时对应的温度，以此作为操作温度的下限。

煤种不同，渣的黏温特性差异很大。有的煤种在一定温度变化范围内其灰渣的黏度变化不大，也即对应的气化操作温度范围宽，当操作温度偏离最佳值时，也对气化运行影响不大，有的煤种当温度稍有变化时其灰渣的黏度变化比较剧烈，操作中应予以特别注意，以防低温下渣流不畅发生堵塞。可见，熔渣黏度对温度变化不是十分敏感的煤种有利于气化操作。

水煤浆气化采用液态排渣，操作温度升高，灰渣黏度降低，有利于灰渣的流动，但灰渣黏度太低，炉砖侵蚀剥落较快。根据有些厂家的经验，当操作温度在 1400℃以上每增加 20℃，耐火砖熔蚀速率将增加一倍。温度偏低灰渣黏度升高，渣流动不畅，容易堵塞渣口。只有在最佳黏度范围内操作，才能在炉砖表面形成一定厚度的灰渣保护层，既延长了炉砖寿命又不致堵塞渣口。液态排渣炉气化最佳操作温度以灰渣的黏温特性而定，一般推荐高于煤灰熔点 30～50℃。

最佳灰渣流动黏度对应的温度为最佳操作温度。大多研究机构认为最佳黏度应控制在 15～40Pa·s之间。

④ 助熔剂。由于材料耐热能力的限制，如果灰熔点高于 1400℃的煤还要采用熔渣炉气化，建议使用助熔剂，以降低煤的灰熔点。根据煤质中矿物质对灰熔点影响的有关研究表明，添加适当助熔剂降低式(2-59) 酸碱比，可有效降低灰熔点。

助熔剂的种类及用量要根据煤种的特性确定，一般选用氧化钙（石灰石）或氧化铁作为助熔剂。石灰石及氧化铁特别适宜作助熔剂的原因在于，它们是煤的常规矿物成分，几乎对系统没有影响，流动性与一般的水煤浆相同，加入后又能有效地改变熔渣的矿物组成、降低灰熔点和黏度。视煤种的不同，氧化钙的最佳加入量约为灰分总量的 20%～25%，氧化铁为 15%左右即可对灰熔点降低起到明显作用，但助熔剂的加入量过大也会适得其反。另外灰渣成分不同，对砖的侵蚀速率也会不同，因此还应根据渣的组成和向火面耐火材料的构成合理选择助熔剂。

加入助熔剂后气化温度的降低将使单位产气量和冷煤气效率提高、氧耗明显降低，但同时也会使碳转化率稍有降低，排渣量加大，过量加入石灰石还会使系统结垢加剧。

在选择煤种时，宜选择灰熔点较低的煤种，这可有效地降低操作温度，延长炉砖的使用寿命，同时可以降低氧耗、煤耗和助熔剂消耗。

(4) 发热量　发热量即热值，是煤的主要性能指标之一，其值与煤的可燃组分有关，热值越高每千克煤产有效气量就越大，要产相同数量的有效气体煤耗量就越低。

(5) 元素分析　煤中有机质主要由碳、氢、氧、氮、硫 5 种元素构成，碳是其中的主要元素。煤中的含碳量随煤化程度增加而增加。年轻的褐煤含碳量低，烟煤次之，无烟煤最高。氢和氧含量随煤化学程度加深而减少，褐煤最高，无烟煤最低。氮在煤中的含量变化不大，硫则随成煤植物的品种和成煤条件的不同而有较大的变化，与煤化程度关系不大。

气化用煤希望有效元素碳和氢的含量越高越好，其他元素含量越低越好。

① 氧含量。一般 10%左右，对气化过程没有副作用。

② 硫含量。煤中硫组分除少量不可燃硫随渣排出，大部分在气化反应中生成硫化氢和微量硫氧化碳，其中硫化氢会对设备和管道产生腐蚀。已有用户使用过含硫量达 5%的煤

种，发现对气化装置影响不大。煤中含硫量的多少对后续的酸性气体脱除和硫回收装置影响也较大，因此要求煤中的可燃硫含量要相对稳定，以便选择正确的脱硫方法。

③ 氮含量。煤中的氮含量决定着煤气中氨含量和冷凝液的 pH 值。冷凝液中氨含量高，pH 值高，可减轻腐蚀作用。但生成过多的氨，在低温下会与二氧化碳反应而形成堵塞，引起故障，同时 pH 值的升高，极易引起碳酸钙结垢，因此应正确考虑氮含量的影响，以利于合理选择设备材质、平衡系统水量。煤中氮含量达到 10%时，生产中已证实不是大问题。

④ 砷含量。我国对 188 个煤样抽查结果显示，煤中砷含量在 0.5～176μg/g 范围，随煤种变化差异很大。虽然煤中砷含量不高，但砷可以以挥发态单质转化到粗煤气中，进入变换催化剂床层后与活性组分 Co、Mo 形成比较稳定的化合物，从而使催化剂失去活性，造成不可恢复的慢性中毒。研究表明当变换催化剂中砷含量达到 0.06%时，其反应活性即开始下降，达到 0.1%时基本失去全部反应活性。因此煤中的砷含量越低越好。

⑤ 氯含量。气化反应后氯有一部分随固体渣排出装置，另一部分溶滞于工艺循环水中。当氯含量过高时会对设备和管道造成腐蚀，特别是对于不锈钢材质，工艺运行中应予以适当控制。

一般气化循环灰水中氯离子浓度控制在 120～150μg/g 范围。

⑥ 可磨指数。一般多用哈氏可磨指数（Hardgrove index，HGI）表示煤的可磨性，它是指煤样与美国一种粉碎性为 100 的标准煤进行比较而得到的相对粉碎性数值，指数越高越容易粉碎。煤的可磨指数决定于煤的岩相组成、矿质含量、矿质分布及煤的变质程度。易于破碎的煤容易制成浆，节省磨机功耗，一般要求煤种的哈氏可磨指数在 50～60 以上。

⑦ 煤的化学活性。煤的化学活性指煤在一定温度下与二氧化碳、水蒸气或氧反应的能力。我国采用二氧化碳介质与煤进行反应，测定二氧化碳被还原成一氧化碳的能力，还原率越高，活性越大，煤的反应活性越强。它与煤的炭化程度、灰分组成、粒度大小以及反应温度等因素有关。反应活性高，有利于气体质量、产气率和碳转化率的提高。

三、德士古水煤浆气化工艺流程

（一）流程分类

水煤浆加压气化的工艺流程，按燃烧室排出的高温气体和熔渣的冷却方式的不同，而分为激冷流程和废热锅炉（废锅）流程。

1. 激冷流程

激冷流程指出气化炉燃烧室的高温热气流和熔渣经激冷环被水激冷后，沿下降管导入激冷室进行水浴，熔渣迅速固化，粗煤气被水饱和。出气化炉的煤气，经炭黑洗涤塔除掉夹带的粉尘后，制得洁净的粗煤气。其流程见图 2-23。

此流程气化炉的燃烧室和激冷室连为一体，设备结构紧凑，粗煤气和熔渣所携带的显热直接被激冷水汽化所回收，同时熔渣被固化分离。具有配置简单，便于操作管理，粗煤气中的水蒸气量能满足变换工段要求的特点。适合于生产合成氨和制纯氢的生产，如用于生产城市煤气，需进行部分变换及甲烷化，以减少一氧化碳含量并提高煤气热值。

2. 废热锅炉流程

废热锅炉流程指气化炉燃烧室排出的高温热气流和熔渣，经过紧连其下的辐射废热锅炉间接换热副产高压蒸汽，高温粗煤气被冷却，熔渣凝固，绝大部分灰渣（约占 95%）留在辐射废热锅炉的底部水浴中。含有少量飞灰的粗煤气，经对流废热锅炉进一步冷却回收热量，然后用水进行洗涤，除去残余的飞灰，制得洁净的煤气。其流程如图 2-24 所示。

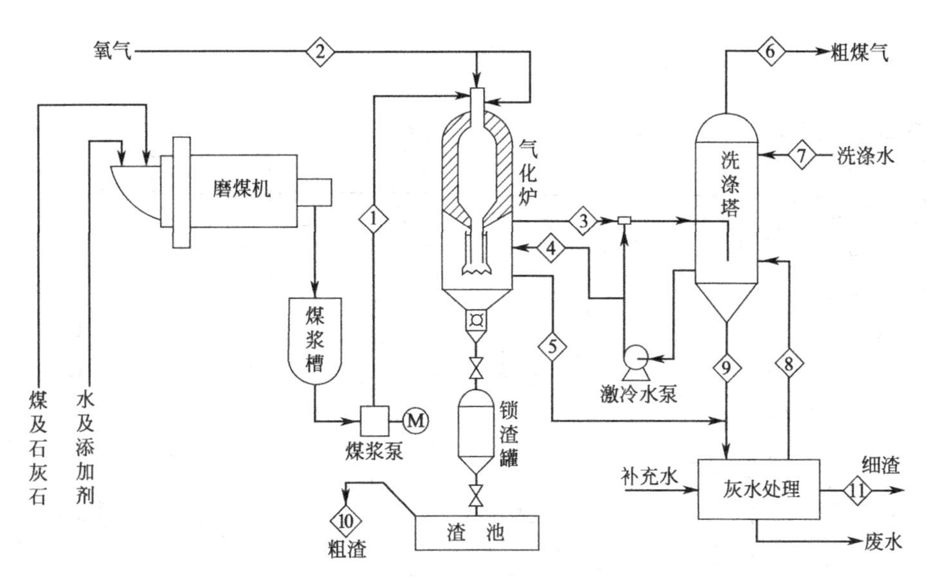

图 2-23 德士古气化激冷流程示意

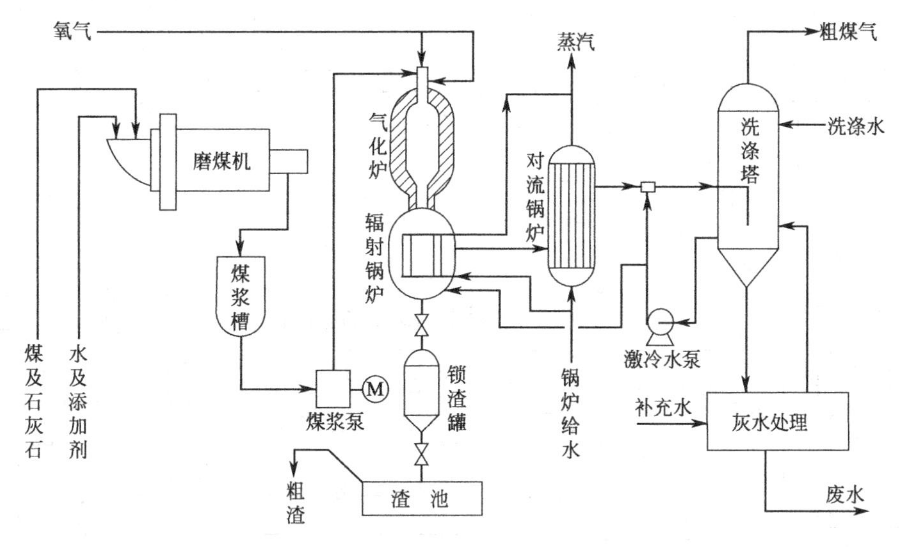

图 2-24 德士古气化废热锅炉流程示意

在废热锅炉流程中还有一种称为半废热锅炉流程。此流程指粗煤气和熔渣在辐射废热锅炉内降温后，直接进入炭黑洗涤塔，在洗掉残余灰分的同时获得一部分水蒸气，为需将一氧化碳部分变换的工艺提供条件。

废热锅炉流程将粗煤气和熔渣所携带的高位热能得以充分回收，而且粗煤气中所含水蒸气极少，特别适合于后面不需要进行变换或只需部分变换的场合。由废热锅炉副产的高压蒸汽既可以用来驱动透平发电，也可以并入蒸汽管网用作他用。

废热锅炉流程比激冷流程具有更高的热效率，但由于增加了结构庞大而复杂的废热锅炉，流程长、一次性投资高。

煤化工德士古流程主要采用冷激流程，下面对此流程做一详细介绍。

（二）德士古冷激流程

如图 2-25 所示为某甲醇企业德士古煤气化的工艺流程图。图中各设备编号与名称的对应关系见表 2-13 所示。

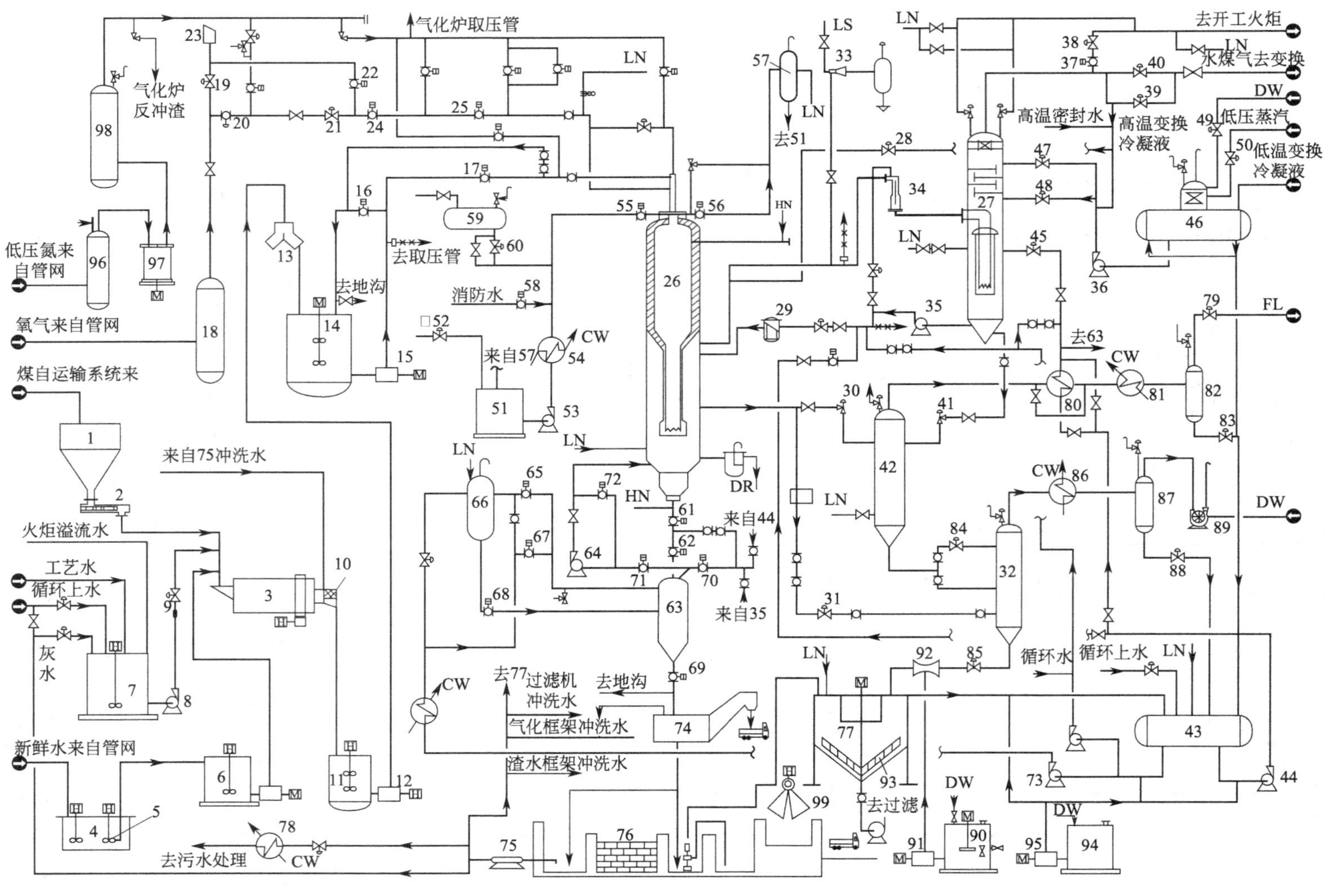

图 2-25　德士古煤气化工艺流程

表 2-13　设备编号与名称对应表

编号	设备名称	编号	设备名称	编号	设备名称
1	煤贮斗	34	文丘里洗涤器	68	锁斗冲洗水阀
2	称量给料机	35	激冷水泵	69	锁斗排渣阀
3	磨机	36	冷凝液泵	70	充压阀
4	添加剂溶解槽	37	背压前阀	71	锁斗循环泵进口阀
5	添加剂溶解槽泵	38	背压阀	72	循环阀
6	添加剂槽	39	压力平衡阀	73	低压灰水泵
7	研磨水槽	40	合成气手动控制阀	74	渣斗
8	研磨水泵	42	高压闪蒸罐	75	冲洗水泵
9	磨机给水阀	43	灰水槽	76	澄清池
10	滚筒筛	44	高压灰水泵	77	沉降槽
11	磨机出料槽	45	洗涤塔的液位控制阀	78	废水冷却器
12	磨机出料槽泵	46	除氧器	79	高压闪蒸压力调节阀
13	分流器	47	洗涤塔补水控制阀	80	灰水加热器
14	煤浆槽	48	洗涤塔塔板下补水阀	81	高压闪蒸冷凝器
15	煤浆给料泵	49	除氧器的补水阀	82	高压闪蒸分离罐
16	煤浆循环阀	50	除氧器压力调节阀	83	液位调节阀
17	煤浆切断阀	51	烧嘴冷却水槽	84	
18	氧气缓冲罐	52	冷却水槽液位调节阀	85	
19	氧气总管放空控制阀	53	烧嘴冷却水泵	86	真空闪蒸冷凝器
20	氧气手动阀	54	烧嘴冷却水冷却器	87	真空闪蒸分离罐
21	氧气调节阀	55	烧嘴冷却水进口切断阀	88	液位调节阀
22	氧气放空阀	56	冷却水出口切断阀	89	水环式真空泵
23	消音器	57	烧嘴冷却水分离罐	90	絮凝剂槽
24	氧气上游切断阀	58	消防水阀	91	絮凝剂泵
25	氧气下游切断阀	59	事故冷却水槽	92	混合器
26	气化炉	60	事故阀	93	刮泥机
27	洗涤塔	61	锁斗收渣阀	94	分散剂槽
28	冷凝液冲洗水调节阀	62	锁斗安全阀	95	分散剂泵
29	激冷水过滤器	63	锁斗	96	低压氮罐
30,41	黑水排放阀	64	锁斗循环泵	97	氮气压缩机
31	黑水开工排放阀	65	锁斗泄压阀	98	氮缓冲罐
32	真空闪蒸罐	66	锁斗冲洗水罐	99	抓斗起重机
33	开工抽引器	67	清洗阀		

流程主要划分为制浆系统、气化炉系统、合成气洗涤系统、烧嘴冷却水系统、锁斗系统和黑水处理系统等几个部分。

1. 制浆系统

由煤贮运系统来的小于10mm的碎煤进入煤贮斗1后，经煤称量给料机2称量后，送入磨机 3。

粉末状的添加剂由人工送至添加剂溶解槽 4 中，溶解成一定浓度的水溶液，由添加剂溶解槽泵 5 送至添加剂槽 6 中贮存，再经添加剂计量泵送至磨机 3 中。添加剂槽 6 可以贮存使用若干天的添加剂，在添加剂槽 6 底部设有蒸汽盘管，在冬季维持添加剂温度在 20～30℃，以防止冻结。

工艺水（火炬溢流水、甲醇废水、低温变换冷凝液、循环上水和灰水）在研磨水槽 7 中储存。正常工作时，用灰水来控制研磨水槽 7 的液位，当灰水不能维持研磨水槽 7 液位时，用循环上水来补充。工艺水由研磨水泵 8 加压，经磨机给水阀 9 来控制水量，送至磨机 3。

煤、工艺水和添加剂在磨机 3 中，研磨成一定粒度分布的浓度约 60%～65%合格的水煤浆，水煤浆经滚筒筛 10 滤去 3mm 以上的大颗粒后，溢流至磨机出料槽 11 中，由磨机出料槽泵 12 经分流器 13 送至煤浆槽 14。磨机出料槽 11 和煤浆槽 14 均设有搅拌器，使煤浆始终处于均匀悬浮状态。

2. 气化炉系统

来自煤浆槽 14 浓度为 60%～65%的煤浆，由煤浆给料泵 15 加压，投料前经煤浆循环阀 16 循环至煤浆槽 14，投料后经煤浆切断阀 17 送至德士古烧嘴的内环隙。

空分装置送来的纯度为 99.6%的氧气经氧气缓冲罐 18 缓存，由氧气总管放空控制阀 19 控制氧气压力为 6.2～6.5MPa。在投料前打开氧气手动阀 20，用氧气调节阀 21 控制氧气流量，经氧气放空阀 22 送至氧气消音器 23 放空。投料后由氧气调节阀 21 控制氧气流量经氧气上、下游切断阀 24、25 送入德士古烧嘴的中心管和外环隙。

水煤浆和氧气在德士古烧嘴中充分混合雾化后，进入气化炉 26 的燃烧室中，在约 4.0MPa、1350℃条件下进行气化反应，生成以 CO 和 H_2 为有效成分的粗合成气。粗合成气和熔融态灰渣一起向下，经过均匀分布激冷水的激冷环，沿下降管进入激冷室的水浴中。大部分的熔渣经冷却固化后，落入激冷室底部。粗合成气从下降管和导气管的环隙上升，出激冷室去洗涤塔 27。在激冷室合成气出口处设有工艺冷凝液冲洗，以防止灰渣在出口管累积堵塞。冲洗水由冷凝液冲洗水调节阀 28 控制冲洗水的量。

激冷水经激冷水过滤器 29 滤去可能堵塞激冷环的大颗粒，送入位于下降管上部的激冷环。激冷水呈螺旋状沿下降管壁流下，进入激冷室。

激冷室底部黑水，经黑水排放阀 30 送入黑水处理系统，激冷室液位控制在 60%～65%。在开车期间，黑水经黑水开工排放阀 31 排向真空闪蒸罐 32。

气化炉配备了预热烧嘴，用于气化炉投料前的烘炉预热。在气化炉预热期间，激冷室出口气体由开工抽引器 33 排入大气。开工时气化炉的真空度，通过控制预热烧嘴风门风量和抽引蒸汽量来调节。

3. 合成气洗涤系统

从激冷室出来饱和了水汽的合成气进入文丘里洗涤器 34，在这里与激冷水泵 35 送出的黑水混合，使合成气夹带的固体颗粒完全湿润，以便在洗涤塔 27 内能快速除去。

从文丘里洗涤器 34 出来的气液混合物进入洗涤塔 27，沿下降管进入塔底的水浴中。合成气向上穿过水层，大部分固体颗粒沉降到塔底部与合成气分离。上升的合成气沿下降管和导气管的环隙向上穿过四块冲击式塔板，与冷凝液泵 36 送来的冷凝液逆向接触，洗涤掉剩余的固体颗粒。合成气在洗涤塔顶部经过丝网除沫器，除去夹带气体中的雾沫，然后离开洗涤塔 27 进入变换工序。

合成气水气比控制在 1.4～1.6 之间，含尘量小于 $1mg/m^3$。在洗涤塔 27 出口管线上设有在线分析仪，分析合成气中 CH_4、O_2、CO、CO_2、H_2 含量。

在开车期间，合成气经背压前阀 37 和背压阀 38 排放至开工火炬来控制系统压力在

3.74MPa。火炬管线连续通入低压氮气（LN）使火炬管线保持微正压。当洗涤塔27出口合成气压力、温度正常后，经压力平衡阀39使气化工序和变换工序压力平衡，并缓慢打开合成气手动控制阀40向变换工序送合成气。

洗涤塔27底部黑水，经黑水排放阀41排入高压闪蒸罐42处理。灰水槽43的灰水由高压灰水泵44加压后进入洗涤塔27，由洗涤塔的液位控制阀45控制洗涤塔的液位在60%。除氧器46的冷凝液由冷凝液泵36加压后，经洗涤塔补水控制阀47控制塔板上补水流量。另外当除氧器的液位高时，由洗涤塔塔板下补水阀48来降低除氧器的液位。当除氧器的液位低时，由除氧器的补水阀49来补充脱盐水（DW）。用除氧器压力调节阀50控制低压蒸汽量，从而控制除氧器的压力。从洗涤塔27中下部抽取的灰水，由激冷水泵35加压，作为激冷水和文丘里洗涤器的洗涤水。

4. 烧嘴冷却水系统

德士古烧嘴在1300℃的高温下工作，为了保护烧嘴，在烧嘴上设置了冷却水盘管和头部水夹套，防止高温损坏烧嘴。脱盐水（DW）经液位调节阀52进入烧嘴冷却水槽51，烧嘴冷却水槽的液位控制在80%。烧嘴冷却水槽的水经烧嘴冷却水泵53加压后，送至烧嘴冷却水冷却器54用循环水冷却，然后经烧嘴冷却水进口切断阀55送入烧嘴冷却水盘管，出烧嘴冷却水盘管的冷却水，经出口切断阀56进入烧嘴冷却水分离罐57分离掉气体后，靠重力流入烧嘴冷却水槽51。烧嘴冷却水分离罐57通入低压氮气，作为CO分析的载气，由放空管排入大气。在放空管上安装CO监测器，通过监测CO含量来判断烧嘴是否被烧穿，正常CO含量为0。

烧嘴冷却水系统设置了一套单独的联锁系统，在判断出烧嘴头部水夹套和冷却水盘管泄漏的情况下，气化炉会立即停车，以保护德士古烧嘴不受损坏。烧嘴冷却水泵53设置了自启动功能，当出口压力小于1.3MPa时，备用泵自启动。如果备用泵启动后仍不能满足要求，即当出口压力小于0.9MPa时，消防水阀58打开。如果还不能满足要求，即烧嘴冷却水总管压力小于0.45MPa，事故冷却水槽59的事故阀60打开，向烧嘴提供烧嘴冷却水。

5. 锁斗系统

激冷室底部的渣和水，在收渣阶段经锁斗收渣阀61、锁斗安全阀62进入锁斗63。锁斗安全阀62处于常开状态，仅当由激冷室液位低引起气化炉停车时，锁斗安全阀62才关闭。锁斗循环泵64从锁斗顶部抽取相对洁净的水送回激冷室底部，帮助将渣冲入锁斗。

锁斗循环分为泄压、清洗、排渣、充压、收渣五个阶段，由锁斗程序自动控制。循环时间一般为30min，可以根据具体情况设定。锁斗程序启动后，锁斗泄压阀65打开，开始泄压，锁斗内压力泄至锁斗冲洗水罐66内。泄压后，泄压管线清洗阀67打开，清洗泄压管线，清洗时间到后清洗阀67关闭。此时，锁斗冲洗水阀68和锁斗排渣阀69及充压阀70打开，开始排渣。当达到冲洗水罐66液位低时，锁斗排渣阀69、充压阀70和冲洗水阀68关闭，排渣结束。充压时锁斗充压阀70打开，用高压灰水泵44来的灰水开始充压，当气化炉与锁斗压差相近时，锁斗收渣阀61打开，锁斗充压阀70关闭，充压结束。此后锁斗循环泵进口阀71打开，循环阀72关闭，锁斗开始收渣，收渣计时器开始计时。当收渣时间到后，锁斗循环泵循环阀72打开，进口阀71关闭，锁斗循环泵64自循环。锁斗收渣阀61关闭，泄压阀65打开，锁斗重新进入泄压步骤。如此循环。

从灰水槽43来的灰水，由低压灰水泵73加压，经锁斗冲洗水冷却器冷却后，送入锁斗冲洗水罐66，作为锁斗排渣时的冲洗水。锁斗排出的渣水进入渣斗74，实现初步的渣水分离，其余的部分被冲洗水泵75来的冲洗水冲入渣沟，进入澄清池76进行沉淀分离。经澄清、过滤后的清水，由冲洗水泵75大部分送至制浆、气化、渣水工序作为冲洗水，一部分送往沉降槽77重复使用，多余部分经废水冷却器78冷却后送入生化处理工序。澄清池76中的粗渣经沉降分离后，由抓斗起重机99抓入干渣槽分离掉水后，由灰车送出界区。

6. 黑水处理系统

来自气化炉激冷室和洗涤塔 27 的黑水，分别经黑水排放阀 30、41 减压后，进入高压闪蒸罐 42，由高压闪蒸压力调节阀 79 控制高压闪蒸系统压力在 0.5MPa。黑水经闪蒸后，一部分水被闪蒸为蒸汽，少量溶解在黑水中的合成气解析出来，同时黑水被浓缩，温度降低。从高压闪蒸罐 42 顶部出来的闪蒸汽，经灰水加热器 80 与高压灰水泵 44 送来的灰水换热冷却后，再经高压闪蒸冷凝器 81 冷凝，进入高压闪蒸分离罐 82，分离出的不凝气送至火炬，冷凝液经液位调节阀 83，进入灰水槽 43 循环使用。

高压闪蒸罐 42 底部出来的黑水经液位调节阀 84 减压后，进入真空闪蒸罐 32，在 −0.05MPa下进一步闪蒸，浓缩的黑水经液位调节阀 85 自流入沉降槽 77。真空闪蒸罐 32 顶部出来的闪蒸汽经真空闪蒸冷凝器 86 冷凝后，进入真空闪蒸分离罐 87。真空闪蒸分离罐 87 底部出来的冷凝液，经液位调节阀 88 进入灰水槽 43 循环使用。真空闪蒸分离罐 87 顶部出来的闪蒸汽，经水环式真空泵 89 抽引，在保持真空闪蒸分离罐 87 真空度的情况下排入大气。真空泵 89 的密封水由循环上水提供。

从真空闪蒸罐 32 底部自流入沉降槽 77 的黑水，为了加速在沉降槽 77 中的沉降速度，在流入沉降槽 77 处加入絮凝剂。粉末状的絮凝剂加脱盐水（DW）溶解后，贮存在絮凝剂槽 90 中，由絮凝剂泵 91 送入混合器 92，和黑水充分混合后进入沉降槽 77。沉降槽 77 沉降下来的细渣，由刮泥机 93 刮入底部，排至澄清池 76。其上部的澄清水溢流到灰水槽 43 循环使用。

液态分散剂贮存在分散剂槽 94 中，由分散剂泵 95 加压，并调节适当流量后，加入沉降槽溢流管道和高、低压灰水泵进口，防止管道及设备结垢。

四、德士古水煤浆气化主要设备

1. 喷嘴

水煤浆气化一般采用三流式喷嘴（见图 2-26，图 2-27），中心管和外环隙走氧气，中层环隙走煤浆。设置中心管氧气的目的是为了保证煤浆和氧气的充分混合，中心氧量一般占总量的 10%～25%。

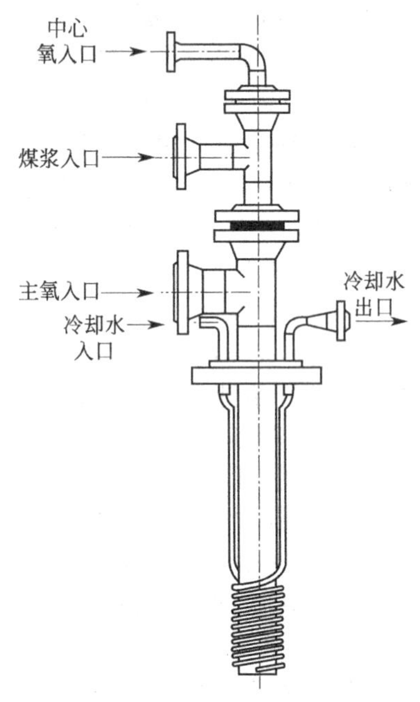

图 2-26　三流式喷嘴外形示意

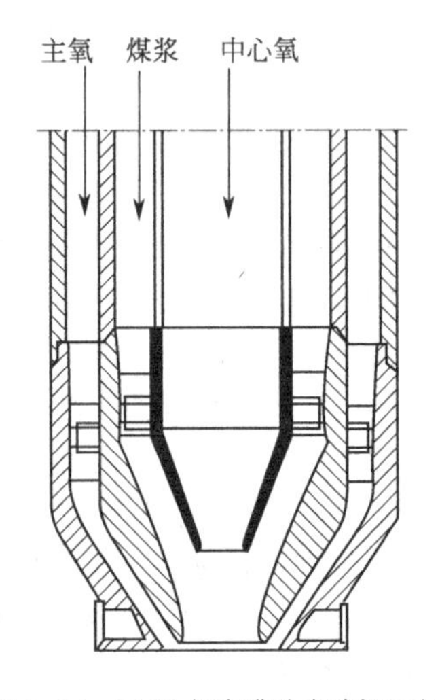

图 2-27　三流式喷嘴头部剖面示意

烧嘴头部最外侧为水冷夹套，冷却水入口直抵夹套，再经缠绕在烧嘴头部的数圈盘管后引出。

喷嘴必须具有如下特点：要有良好的雾化及混合效果，以获得较高的碳转化率；要有良好的喷射角度和火焰长度，以防损坏耐火砖；要具有一定的操作弹性，以满足气化炉负荷变化的需要；要具有较长的使用寿命，以保证气化运行的连续性。

气化炉操作条件比较恶劣，固体冲刷、含硫气体腐蚀，再加上高温环境和热辐射，水煤浆喷嘴头部容易出现磨损和龟裂，使用寿命平均只有60～90d，需要定期倒炉以对喷嘴进行检查维护。

2. 气化炉

气化炉上部是燃烧室，为一中空内衬耐火材料的立式圆筒形结构；下部根据不同需要，可为激冷室或为辐射废热锅炉结构。以下重点介绍德士古激冷式加压气化炉，其结构见图2-28。

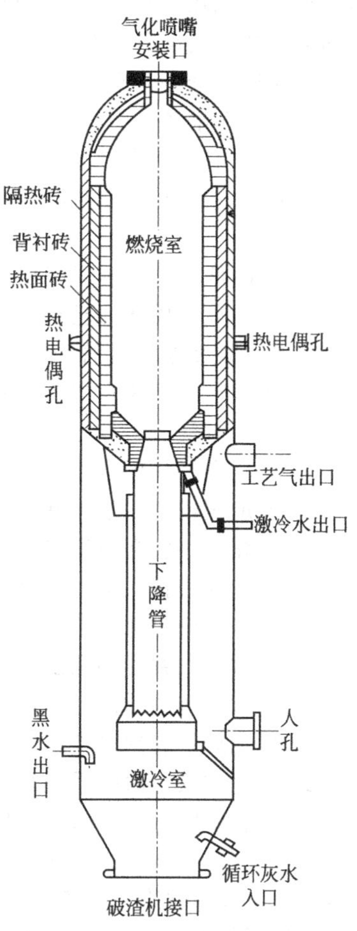

图2-28　激冷式加压气化炉结构示意

德士古激冷式气化炉燃烧室和激冷室外壳是连成一体的。上部燃烧室为一带拱形顶部和锥形下部的中空圆形筒体，顶部烧嘴口供设置工艺烧嘴用，下部为合成气和熔渣出口，去下面的激冷室。激冷室内有和燃烧室连为一体的下降管，下降管的顶部设有激冷环，喷出的水沿下降管流下形成一下降水膜，这层水膜可避免由燃烧室来的高温气体中夹带的熔融渣粒附着在下降管壁上。激冷室内保持相当高的液位。夹带着大量熔融渣粒的高温气体通过下降管直接与水溶液接触，气体得到冷却，并为水汽所饱和。熔融渣粒淬冷成固态渣，从气体中分离出来，被收集在激冷室下部，由锁斗定期排出。饱和了水蒸气的气体沿下降管和激冷室内壁的环形空间上升到激冷室上部，经挡板除沫后，由侧面气体出口管去洗涤塔，进一步冷却除尘。气体中夹带的渣粒约有95%从锁斗排出。

此气化炉的结构特点如下。

① 反应区仅为一空间，无任何机械部分。只要反应物中氧的配比得当，反应瞬间即可获得合格产品。这是并流气化法的特点，也是优点。正因如此，在反应区中留存的反应物料最少。

② 由于反应温度甚高，炉内设有耐火衬里。

③ 为了调节控制反应物料的配比，在燃烧室的中下部设有测量炉内温度用的高温热电偶4支。

④ 为了及时掌握炉内衬里的损坏情况，在炉壳外表面装设有表面测温系统。这种测温系统将包括拱顶在内的整个燃烧室外表面分成若干个测温区。通过每一小块面积上的温度测量，可以迅速地指出在炉壁外表面上出现的任何一个热点温度，从而可预示炉内衬的侵蚀情况。

⑤ 激冷室外壳内壁采用堆焊高级不锈钢的办法来解决腐蚀问题。

气化炉气化效果的好坏取决于燃烧室形状及其与工艺烧嘴结构之间的匹配。而气化炉的寿命则与炉内所衬耐火材料的材质和结构形式的选择有关。

五、德士古气化的操作控制

(一) 开车

1. 原始开车

（1）开车应具备的条件　开车应具备的条件为：所有设备、管道和阀门都已安装完毕，并作过强度试验、吹扫和清洗、气密性试验合格；所有程控阀调试完毕，动作准确，报警和联锁整定完成；电气、仪表检查合格；单体试车、联动试车完毕；水（新鲜水、冷热密封水、脱盐水、循环水等）、电、气（仪表空气、压缩空气、氧气、氮气、液化气）、汽、柴油及原料输送等公用设施都已完成，并能正常供应；生产现场清理干净，特别是易燃、易爆物品不得留在现场；临时盲板均已拆除，操作盲板也已就位；用于开车的通讯器材、工具、消防和消防器材已准备就绪；界区内所有工艺阀门确认关闭；核查各记录台账，确认各项工作准确无误后，准备开车。

（2）开车准备

① 开车前，将进界区水（包括新鲜水、冷热密封水、脱盐水、循环水）的入口总阀打开引入界区，且压力、温度等指标都应保证设计要求，并送至各用水单元最后一道阀前待用。

② 接收低压蒸汽到界区内各用汽单元。

③ 烘炉预热用柴油已从界外管网送来，火炬用液化气准备就绪，分别接入气化炉顶柴油管线及火炬系统燃气管线。

④ 压缩空气、仪表空气、氧气、低压氮气均已从空分送至界区各使用单元。

⑤ 低压氮气引入低压氮罐，经氮压机加压后储存在高压氮罐中。

⑥ 原料煤经分析合格后由供煤系统送入煤斗，处于正常料位。

⑦ 添加剂槽中已配制好合格的添加剂。

⑧ 磨煤工序已开车稳定，生产出合格的水煤浆贮存在煤浆槽中。

⑨ 所有仪表投入运行，确认其灵敏、指示准确。

⑩ 冷、热密封水送至各使用单元。

⑪ 分散剂、絮凝剂已配制并贮存在槽内。

⑫ 所有调节阀的前后手动阀打开，旁路阀及导淋阀关闭。

⑬ 气化炉炉膛热电偶已更换为预热电偶，表面热电偶投用。

⑭ 气化炉安全联锁系统最少空试两遍。

（3）开车步骤　在气化工段具备开车条件和开车准备工作完成后，德士古煤气化系统的原始开车主要包括的步骤有：烘炉预热、锁斗循环系统的启动、气化炉系统水循环的建立、冷凝液泵的启动及供水准备、工艺烧嘴冷却水循环的建立、安全联锁的空试、锁斗安全阀开关试验、闪蒸系统的启动、火炬系统的启动、调换工艺烧嘴、煤浆循环的建立、系统氮气置换、激冷室液位的调整、投料前现场情况是否满足投料的检查、氧气的接入、投料前中控各参数是否满足投料的检查、气化炉投料、气化炉升压、导气、沉降分离投入运行、澄清池的启动等。

其中，烘炉预热指对耐火砖和灰缝中的水分进行烘烧，避免开工时的迅速升温，水分急速挥发而出现的裂缝甚至倒塌。

安全联锁空试的目的是确认阀门开关时序正常及联锁好用。

调换工艺烧嘴指气化炉预热至1200℃，且恒温4h以上后，拆除掉预热烧嘴，安装上工艺烧嘴的过程。

系统氮气置换指用低压氮气（LN）吹扫火炬管线、事故火炬管线、氧气管线、燃烧室、激冷室和洗涤塔等管线和设备内的氧，使其含量达到投料要求。

导气指气化炉压力达到正常，洗涤塔出口温度满足要求，且合成气取样分析合格后，将合成气由去开工火炬切换为去后续变换工段。

2. 正常开车

对德士古煤气化系统，正常开车指在一台气化炉正在运行的情况下，将第二台气化炉投入使用。除已经运行的系统不需启动外，其他与原始开车步骤基本相同，在此不再多述。

（二）停车

1. 二停一

若在两台正在运行的炉中计划停一台，按下列步骤进行。

（1）停车前准备

① 联系调度通知空分及下游工序，气化将停一台炉。

② 确认低压氮气已通入开工火炬系统，中控或现场点燃开工火炬长明灯。

③ 逐渐降负荷至正常操作值的50%。

④ 提高氧煤比，使气化炉在高于正常操作温度50～100℃下操作至少30min，以清除炉壁挂渣。

⑤ 将除氧器液位调节选择改为另一台洗涤塔塔板下进水调节阀控制。

⑥ 中控手动打开背压前阀，缓慢打开背压阀，合成气排入开工火炬。

⑦ 缓慢关闭合成气出口手动调节阀，用背压阀和背压前阀控制系统压力。

⑧ 解除激冷水泵的备用泵自启动联锁。

（2）停车操作　停车一般由控制系统自动完成，其主要步骤如下。

① 煤浆给料泵	停
② 合成气手动控制阀	可控→关
③ 氧气上游切断阀	开→关
④ 氧气调节阀	开→关
⑤ 煤浆切断阀	开→关（延时1s）
⑥ 氧气下游切断阀	开→关（延时1s）
⑦ 氧气管线高压氮气吹扫阀	关→开25s→关
⑧ 煤浆管线高压氮气吹扫阀	关→延时7s→开10s→关
⑨ 高压氮气小流量吹扫阀	关→开（延时30s）
⑩ 氧气手动阀	开→关
⑪ 高压氮气密封阀	关→开（延时30s）

（3）停车后的操作

① 减少激冷水流量为先前的一半，防止气化炉液位上升，同时调整洗涤塔液位，关闭洗涤塔塔板上补水控制阀和塔板下补水阀。

② 关闭洗涤塔出口阀后手动阀，切断与变换工序的联系。

③ 现场关闭煤浆给料泵进口柱塞阀，清洗煤浆给料泵。

（4）气化炉的泄压操作

① 保压1h后，逐渐打开背压阀及其背压前阀，将气化炉压力降低。

② 当气化炉压力降至1.0MPa时，打开激冷室黑水开工排放阀，将黑水引入低闪蒸器。

（5）手动吹扫　在气化炉泄压时间达到后，对炉顶煤浆管线、氧气管线进行吹扫。

（6）高压氮气吹扫复位　当洗涤塔出口压力达到低值时，吹扫停止。

（7）清洗煤浆管线　为防止煤浆管道、阀门堵塞，在手动吹扫完成后，用冲洗水清洗煤浆管线。

（8）氧气管线吹扫　用氮气对氧气管线反复充压卸压以置换其中的氧。

（9）氮气置换　用低压氮气吹扫气化炉燃烧室、激冷室及洗涤塔，使氧含量<0.5%。

（10）激冷室的冷却

（11）拆除工艺烧嘴

（12）洗涤塔的冷却

(13) 锁斗系统停车

2. 二停二操作

当继续停B炉时，按以下步骤停车。

当A炉停车时，即可将B炉炉温提高50～100℃操作（但不高于1420℃）。

当A炉减压完毕，联系调度通知空分及下游工序准备停车，停车操作与A炉相同，仅有以下区别。

① 若计划停A、B两台炉，提前通知磨煤工序，根据大煤浆槽液位计算好时间，停磨煤系统。

② 摘除冷凝液泵、高压灰水泵的自启动联锁。

③ 当黑水排放切换至水封罐排放后，降低高压闪蒸罐和真空闪蒸罐的液位，尽可能的排尽容器内的黑水，视情况按单体操作规程停水环真空泵。

④ 当激冷环供水切换为辅助激冷水泵后，按单体操作规程停高压灰水泵、絮凝剂泵、分散剂泵、工艺冷凝液泵。

⑤ 关除氧气器进口低压蒸汽、脱盐水、低温冷凝液手动阀，打开排放阀将水排至灰水槽。

⑥ 锁斗系统停车后，按单体操作规程停低压灰水泵。

⑦ 视情况按单体操作规程停沉降槽刮泥机。

⑧ 吊出工艺烧嘴后，摘除烧嘴冷却水系统联锁，按单体操作规程停烧嘴冷却水泵。

3. 紧急停车

由停车触发器造成的气化炉停车，属紧急停车。无论是手动停车还是安全系统触发器自动停车，其停车后的动作都是相同的，按正常停车步骤进行处理。

(三) 倒系统操作

运行炉停，备用炉开称为倒系统。其步骤为如下。

① 备用炉预热升温至1200℃恒温，建立系统水循环。

② 联系调度通知空分及下游工序，气化炉准备停车。

③ 缓慢降低运行炉负荷至正常操作的50%。

④ 按正常开车步骤开启备用炉。

⑤ 备用系统合成气分析合格后，由去开工火炬切入下游工序。

⑥ 按正常停车步骤停下待停炉。

⑦ 将备用炉调整至正常状态，并逐渐增加负荷至100%。

(四) 正常操作要点

1. 中控人员的操作

① 中控操作人员要经常仔细检查屏幕上各检测控制点的工艺参数，包括流量、温度、压力、液位、电流、分析等，发现问题及时调整。

② 调节合成气产量时，按每分钟1%速率增减负荷。

③ 调节氧煤比控制气化炉温度。

④ 经常注意甲烷含量和其他气体成分的变化、气化炉压差和锁斗温度的变化趋势，判断气化炉的生产状况及炉温变化，及时作出调整。

⑤ 对控制点的参数变化作出判断，如属仪表问题，应联系仪表工检查、检修，及时消除故障。

⑥ 根据分析数据（煤浆的浓度、黏度、粒度分布及灰分、灰熔点）及时调整工艺。

⑦ 根据灰水分析数据，判断沉降槽沉降分离效果及是否向界外排出废水。

⑧ 根据粗渣和细渣中的含碳量，判断碳转化率的高低，并对气化炉的运行状况进行

调整。

⑨ 当需要增加系统循环水量时，把激冷水流量设定值提高到需要值。同时提高激冷室液位、洗涤塔液位和灰水槽液位。

2. 现场人员的操作

① 应定期巡检，认真观察和分析各传动设备的运行情况，在进行各项操作前与中控联系，处理不掉的事情及时向中控汇报。

② 应观察锁斗排出的渣形和渣量，以判断气化炉操作条件的好坏，并及时向中控汇报。

③ 应定期对备用泵进行盘车，以确保其能真正备用。

(五) 不正常现象及事故处理

水煤浆加压气化的主要不正常现象及事故处理方法见表 2-14。

表 2-14　水煤浆加压气化的主要不正常现象及事故处理表

现　象	原　因	处　理　方　法
(1)煤浆流量低	煤浆给料泵故障	控制好炉温;检查煤浆给料泵;若必要,停车处理
	进口管线堵塞	减负荷;若必要,停车处理
	煤浆特性不正常	减负荷;检查调整煤浆浓度、黏度、粒度分布;若必要,停车
	流量计故障	检查流量计
	煤浆管线或循环阀泄漏	检查煤浆管线或循环阀 16;若必要,停车
(2)氧气流量不正常	烧嘴压差变化不正常	调节氧气、煤浆流量;调节负荷;若必要停车
	氧气压力不正常	联系调度;检查氧气管线是否有泄漏,调节氧气流量,维持正常操作温度
	下游合成气压力突变	检查下游操作情况;调节氧煤比
	调节阀故障	检查调节阀
(3)烧嘴压差高	烧嘴堵塞或损坏	减负荷;若必要,停车换烧嘴
	煤浆流量增加	减少煤浆量,调节氧气量
	煤浆流动性差	调整煤浆性能
	气化炉压力骤降	维持炉内温度稳定;调整工况
	炉头煤浆管线堵	待停车后处理
(4)烧嘴压差低	烧嘴烧坏	若必要,停车
	煤浆流量减少	增加煤浆量,调节氧气量
	气化炉压力骤升	检查气化炉压差,确认气化炉排渣口、下降管和气体出口是否堵塞;检查气化炉和洗涤塔出口压力;若必要,停车
(5)气化炉压差高	气化炉渣口或下降管堵(在收渣阶段锁斗压力正常)	检查氧气、煤浆的压力和流量;检查气化炉压力和气化炉合成气出口压力;降低气化炉负荷,缓慢提高气化炉温度,同时注意其他参数变化;若必要,停车
	激冷室合成气出口堵(在收渣阶段锁斗压力高)	检查氧气、煤浆的压力和流量;检查气化炉压力和气化炉合成气出口压力;增加流量;减负荷
	激冷室液位过高	降低液位
(6)气化炉温度高	氧气流量偏高	检查 CH_4 含量及其他气体成分变化;逐渐减少氧气流量;检查氧气压力
	煤浆流量减少	检查 CH_4 含量及其他气体成分变化;逐渐增加煤浆量;检查煤浆泵 15
	煤浆浓度下降	调节氧气流量;检查煤浆槽中煤浆浓度;调整磨机给料量

续表

现　象	原　因	处 理 方 法
(7)出激冷室合成气温度高	激冷水流量低	增加激冷水量;检查激冷水泵;确认是激冷环故障后,根据需要停车处理
	激冷室液位低	检查激冷水量及激冷室排黑水量,并减小黑水排放流量阀,开大激冷水流量,待液位上升后,调至正常;检查激冷室液位
	托板处窜气	停车处理
	激冷室下降管脱落或烧穿	停车检修
	合成气出口喷淋水流量低或断流	调整流量至正常
(8)气化炉炉温低	氧气流量偏低	检查 CH_4 含量及其他气体成分变化;逐渐增加氧气流量;检查氧气压力
	煤浆流量增加	检查 CH_4 含量及其他气体成分变化;减少煤浆流量;检查煤浆泵 15
	煤浆浓度升高	提高氧煤比;检查煤浆槽中煤浆浓度,调整磨机给料量
	氧气纯度下降	联系调度,提高氧气纯度;增加氧气量,提高炉温
	热电偶损坏	检查其他热电偶;通过气体组分变化、合成气出口温度、渣样及气化炉压差判断炉温高低
(9)气化炉炉壁温度高	炉温过高	降低炉温
	负荷过大	视情况降低负荷
	耐火砖局部脱落	测量炉壁温度,若温度不正常,停车
	砖缝过大,窜气严重	测量炉壁温度,若温度不正常,停车
	长时间运行,耐火砖变薄	换砖
	烧嘴偏喷,火焰角度严重冲刷壁砖	停车
(10)烧嘴冷却水出口温度高	烧嘴冷却水流量低	检查烧嘴冷却水泵;调节各系统冷却水量分配;若法兰连接处泄漏,紧固
	烧嘴冷却水冷却器换热效果差	增加循环冷却水量;排气,消除气阻;增加入烧嘴冷却水槽脱盐水量,降低槽内水温;根据需要,停车,除垢
	烧嘴损坏	检查烧嘴压差;检查炉温;检查氧气、煤浆流量;检查 CO 报警;根据需要停车
	烧嘴冷却盘管漏	检查 CO 报警、温度、流量;若必要,停车
(11)锁斗充压速度慢	锁斗内有气体	提高锁斗冲洗水罐 66 液位
	锁斗泄压阀、排渣阀清洗阀、冲洗阀内漏	查找原因,尽量恢复
	锁斗充压阀堵或有故障	停锁斗系统,检查,消除堵塞
	冲洗水罐中冲洗水水温过高	降低水温
	锁斗法兰漏	消除泄漏
(12)合成气甲烷含量高	气化炉炉温低	提高炉温
	渣口堵	缓慢提温清渣口;若必要,停车
	烧嘴偏喷,雾化效果不好	降负荷运行;若必要,停车
(13)渣拉丝	温度过高	降低温度
	渣口堵	提温清渣;若必要,停车
	下降管堵	停车检修

注：上述各事故处理中，凡是与仪表（流量、温度、分析等）指示有关的，都可能是仪表问题，若判断是仪表故障，联系仪表检查。

复 习 题

1. 简述德士古水煤浆气化技术有哪些特点?
2. 德士古气化炉内发生的反应有哪些类型? 生成的煤气主要含有哪些物质?
3. 简述影响煤浆黏度的主要因素。
4. 煤浆浓度对气化效率和煤气成分有什么样的影响?
5. 气化温度和压力对气化过程有什么样的影响?
6. 氧碳比对气化过程有什么样的影响?
7. 简述德士古水煤浆气化对煤种的主要要求?
8. 简述德士古水煤浆气化的流程主要有哪些种类? 各有什么特点?
9. 简述冷激式德士古水煤浆气化的流程主要包括哪几部分?
10. 简述德士古气化流程中制浆系统的主要目的和过程。
11. 简述德士古气化炉内水煤浆和气化剂发生的状态变化及移动过程?
12. 简述德士古气化流程中煤气洗涤的目的和主要过程。
13. 简述德士古煤烧嘴冷却的目的和冷却水的流动路线。
14. 简述德士古渣锁斗工作循环的主要过程。
15. 简述德士古气化流程中黑水处理的目的和主要过程。
16. 简述德士古煤烧嘴损坏的主要原因。
17. 简述冷激型德士古气化炉的主要结构。
18. 简述德士古水煤浆气化系统正常开车的主要步骤。
19. 简述德士古水煤浆气化系统单一气化炉停车和两个气化炉全停时的主要步骤。
20. 简述德士古水煤浆气化系统倒系统操作的主要过程。
21. 对于德士古水煤浆气化系统，简述引起煤浆流量低、氧气流量不正常、烧嘴压差高、烧嘴压差低、气化炉压差高、气化炉压差低、出激冷室合成气温度高、气化炉炉温低、气化炉炉温高、烧嘴冷却水出口温度高、锁斗充压速度慢、合成气甲烷含量高、渣拉丝等事故或现象发生的原因。

第五节 鲁奇加压气化

常压固定（移动）床气化炉生产的煤气热值低，煤气中二氧化碳含量高，气化强度低，生产能力小，煤气不宜远距离输送，同时不能满足城市煤气的质量要求。为解决上述问题，人们研究发展了加压固定（移动）床气化技术。在加压固定（移动）床气化技术中，最著名的为鲁奇加压气化技术。

一、鲁奇加压气化概述

鲁奇加压气化采用的原料粒度为5～50mm，气化剂采用水蒸气与纯氧，加压连续气化。随着气化压力的提高，气化强度大幅提高，单炉制气能力可达75000～100000m^3/h以上，而且煤气的热值增加。鲁奇加压气化在中国城市煤气生产和制取合成气方面受到广泛重视。

鲁奇加压气化炉是由德国鲁奇公司所开发，称为鲁奇加压气化炉，简称鲁奇炉。

1. 鲁奇加压气化特点

鲁奇加压气化有以下优点。

(1) 原料适应性

① 原料适应范围广。除黏结性较强的烟煤外，从褐煤到无烟煤均可气化。

② 由于气化压力较高，气流速度低，可气化较小粒度的碎煤。

③ 可气化水分、灰分较高的劣质煤。

(2) 生产过程

① 单炉生产能力大，最高可达 100000m³/h（干基）。

② 气化过程是连续进行的，有利于实现自动控制。

③ 气化压力高，可缩小设备和管道尺寸，利用气化后的余压可以进行长距离输送。

④ 气化较年轻的煤时，可以得到各种有价值的焦油、轻质油及粗酚等多种副产品；

⑤ 通过改变压力和后续工艺流程，可以制得 H_2/CO 各种不同比例的化工合成原料气，拓宽了加压气化的应用范围。

鲁奇加压气化的缺点如下。

① 蒸汽分解率低。对于固态排渣气化炉，一般蒸汽分解率约为 40%，蒸汽消耗较大，未分解的蒸汽在后序工段冷却，造成气化废水较多，废水处理工序流程长，投资高。

② 需要配套相应的制氧装置，一次性投资较大。

2. 鲁奇加压气化发展史

早在 1927～1928 年间，德国鲁奇公司在德国东易河矿区利用褐煤在常压下用氧气作气化剂来制取煤气。煤气经加压净化后分离出二氧化碳可以使煤气热值提高。但在常压下气化炉产气量有限，而且煤气输送的压缩费用较高，从而促使人们进行加压气化工艺的研究。通过理论计算，在压力为 2.0MPa 和温度为 1000K 的平衡气体中，甲烷含量可达 20%以上，这将大大提高煤气的热值。随后的小型试验结果也证实了加压气化理论的正确性。由于这一切都是在鲁奇公司进行的，故将这种方法称为鲁奇式加压气化法。

鲁奇加压气化技术的发展根据炉型的变化大致可划分为三个发展阶段。

第一阶段（1930～1954 年） 1930 年在德国希尔士斐尔德建立了第一套加压气化试验装置，1936 年设计了第一代工业化的鲁奇炉。以褐煤为原料生产城市煤气，气化剂为氧气和水蒸气，气化剂通过炉箅的中空转轴由炉底中心送入炉内，出灰口设在炉底侧面，炉内壁有耐火衬里，只能气化非黏结性煤，气化强度较低。

第二阶段（1954～1965 年） 为了能够气化弱黏结性的烟煤，提高气化强度，德国鲁尔煤气公司与鲁奇公司合作建立了一套试验装置，对泥煤、褐煤、次烟煤、长焰煤、贫煤和无烟煤进行了气化试验，根据试验结果设计了第二代鲁奇炉。该炉型在炉内设置了搅拌装置，起到了破黏作用，从而可以气化弱黏结性煤，同时取消了炉内的耐火衬里，设置了水夹套，排灰改为炉底中心排灰，气化剂由炉底侧向进入炉箅下部。

第三阶段（1969～1980） 为了进一步提高鲁奇炉的生产能力，扩大煤种的应用范围，满足现代化大型工厂的生产需要，经对第二代炉改进，开发了第三代鲁奇炉。其内径增大到 3.8m，采用双层夹套外壳，炉内装有搅拌器和煤分布器，转动炉箅采用宝塔型结构，多层布气，单炉产气量提高到 35000～55000m³/h（干气）。同时第三代炉的结构材料、制造方法、操作控制等均采用了现代技术，自动化程度较高。

1974 年，鲁奇公司与南非萨索尔合作开发出直径为 5m 的第四代加压气化炉，该气化炉几乎能适应各种煤种，其单炉产气量可达 75000m³/h，比第三代炉能力提高 50%。

此外，鲁奇公司还开发研制了液态排渣气化炉，可以大幅提高气化炉内燃烧区的反应温度。这样不但减少了蒸汽消耗量，提高了蒸汽分解率，而且气化炉出口煤气有效成分增加，从而使煤气质量提高，单炉生产能力比固态排渣气化炉提高 3～4 倍。鲁奇公司还进行了“鲁尔-100”气化炉的研究开发，该气化炉将气化压力提高到 10MPa（100atm），随着操作压力的提高，氧耗量降低，煤气中甲烷含量提高，以替代天然气。鲁奇加压气化炉各发展阶段主要技术特性见表 2-15。

表 2-15　鲁奇加压气化炉各发展阶段主要技术特性

项　目	第一代	第二代	第三代	第四代
年代	1930～1954	1954～1965	1969	1974
适用煤种	非黏结褐煤	弱黏结性煤	除强黏结性外所有煤种	除强黏结性外所有煤种
气化炉内径/m	Φ2.6	Φ2.6,Φ3.7	Φ3.8	Φ5.0
单炉产气量/(m^3/h)(干煤气)	5000～8000	14000～17000,32000～45000	35000～55000	75000
气化强度/[m^3/(h・m^2・台)](干粗煤气)	1500	1400～1900,3100～3900	3500～4500	约 4000

二、鲁奇加压气化原理

1. 化学反应

在气化炉内，在高温、高压下，煤受氧、水蒸气、二氧化碳的作用，发生如下各种反应。

(1) 碳与氧的反应

$$2C+O_2 \longrightarrow 2CO+Q \qquad (2\text{-}1)$$

$$C+O_2 \longrightarrow CO_2+Q \qquad (2\text{-}2)$$

$$C+CO_2 \rightleftharpoons 2CO-Q \qquad (2\text{-}3)$$

$$2CO+O_2 \longrightarrow 2CO_2+Q \qquad (2\text{-}4)$$

(2) 碳与水蒸气的反应

$$C+H_2O \rightleftharpoons CO+H_2-Q \qquad (2\text{-}8)$$

$$C+2H_2O \rightleftharpoons CO_2+2H_2-Q \qquad (2\text{-}9)$$

$$CO+H_2O \rightleftharpoons CO_2+H_2+Q \qquad (2\text{-}10)$$

(3) 甲烷生成反应

$$C+2H_2 \rightleftharpoons CH_4+Q \qquad (2\text{-}15)$$

$$CO+3H_2 \rightleftharpoons CH_4+H_2O+Q \qquad (2\text{-}16)$$

$$2CO+2H_2 \rightleftharpoons CH_4+CO_2+Q \qquad (2\text{-}17)$$

$$CO_2+4H_2 \rightleftharpoons CH_4+2H_2O+Q \qquad (2\text{-}18)$$

$$2C+2H_2O\ (g) \rightleftharpoons CH_4+CO_2+Q \qquad (2\text{-}19)$$

根据化学反应速率与化学反应平衡原则，提高反应压力有利于化学反应向体积缩小的反应方向移动，提高反应温度，化学反应则向吸热的方向移动，对加压气化可以得出以下结论。

① 提高压力，有利于煤气中甲烷的生成，可提高煤气的热值。

② 提高气化反应温度，有利于 $CO_2+C \rightleftharpoons 2CO$ 向生成一氧化碳的方向进行，也有利于 $C+H_2O \rightleftharpoons CO+H_2$ 反应，从而可提高煤气中的有效成分。但提高温度不利于生成甲烷的放热反应。

2. 加压气化的实际过程

(1) 气化过程热工特性　鲁奇碎煤加压气化炉内生产工况如图 2-29 所示。

在实际的加压气化过程中，原料煤从气化炉的上部加入，在炉内从上至下依次经过干燥、干馏、半焦气化、残焦燃烧、灰渣排出等物理化学过程。

加压气化炉是一种自热式反应炉，通过在燃烧层中的 $C+O_2 \longrightarrow CO_2$ 这个主要反应，产生大量热量，这些热量提供给：

① 气化层生成煤气的各还原反应所需的热量；

② 煤的干馏与干燥所需热量；

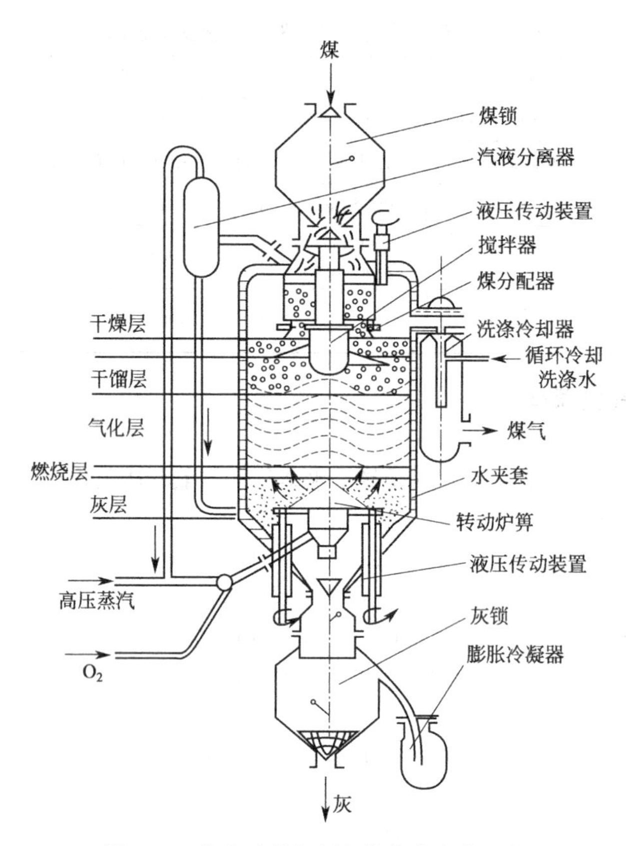

图 2-29 鲁奇碎煤加压气化炉内生产工况

③ 生成煤气与排出灰渣带出的显热；

④ 煤气带出物显热及气化炉设备散失的热量。

这种自热式过程热的利用效果好，热量损失小。

(2) 燃料床层的分层及特性　在加压气化炉中，一般将床层按其反应特性由下至上划分为以下几层：

① 灰渣层；

② 燃烧层（氧化层）；

③ 气化层（还原层）；

④ 干馏层；

⑤ 干燥层。

灰渣层的主要功能是燃烧完毕的灰渣将气化剂加热，以回收灰渣的热量，降低灰渣温度；燃烧层主要是焦渣与氧气的反应即 $C+O_2 \longrightarrow CO_2$，它为其他各层的反应提供了热量；气化层（也称还原层）是煤气产生的主要来源；干馏层及干燥层是燃料的准备阶段，煤中的吸附气体及有机物在干馏层析出。

不少研究工作者曾在加压气化的半工业试验中，研究燃料床中各层的分布状况和温度间的关系，其结果如图 2-30 所示。

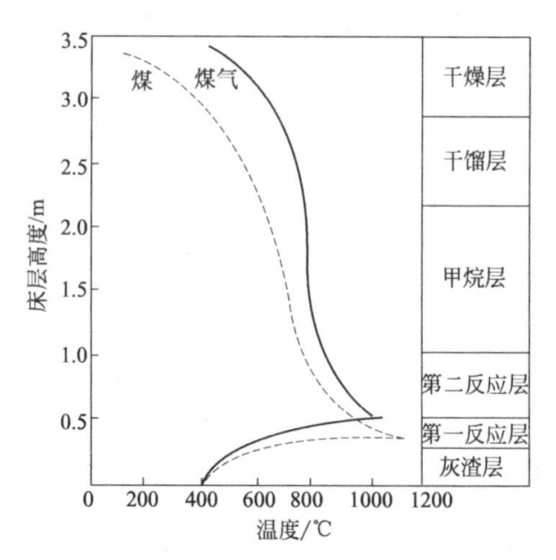

图 2-30 加压气化炉燃料床中各层的分布状况与温度的关系

在大型的加压气化炉中，各床层的高度和温度的分布大致如表 2-16 所示。

表 2-16 大型加压气化炉，各床层的高度和温度分布

床层名称	高度(炉箅以上)/mm	温度/℃	床层名称	高度(炉箅以上)/mm	温度/℃
灰层	0～300	450	还原层	600～22000	550～1000
燃烧层	300～600	1000～1100	干馏层	2200～2700	400～550

加压气化炉中各层的主要反应及产物见图 2-31。

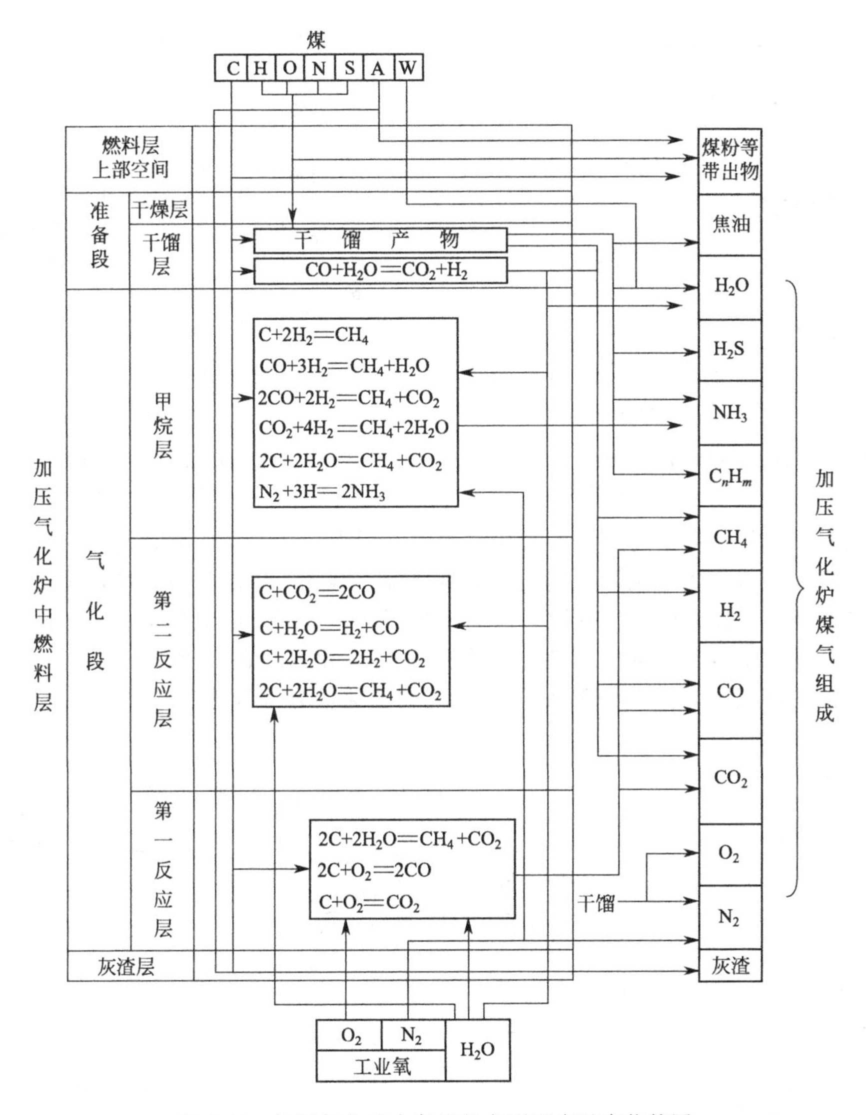

图 2-31 加压气化炉中各层的主要反应及产物简图

三、鲁奇加压气化操作工艺条件

1. 压力

(1) 压力对煤气组成的影响 煤气的组成随压力的不同而变化。随着气化压力的提高，煤气中的甲烷和二氧化碳含量增加，而氢气和一氧化碳含量减少，煤气的热值提高。粗煤气组成随气化压力的变化如图 2-32 所示。

提高气化压力，可以提高煤气的热值，对生产城市煤气有利，但对生产合成原料气不利，故而气化压力的选择要综合考虑。

(2) 压力对煤气产率的影响　压力对煤气产率的影响如图 2-33 所示。由图可以看出，随着压力的升高，煤气产率下降。煤气产率随压力升高而下降是由于生成气中甲烷量增多，从而使煤气总体积减少。另外，气化过程的主反应中，如 $C+H_2O \rightleftharpoons H_2+CO$ 和 $C+CO_2 \rightleftharpoons 2CO$ 均为分子数增大的反应，提高气化压力，气化反应向分子数减少的方向移动，即不利于氢气和一氧化碳的生成，也引起煤气产率的下降。而加压使二氧化碳的含量增加，经过脱除二氧化碳后的净煤气产率又会相应下降。

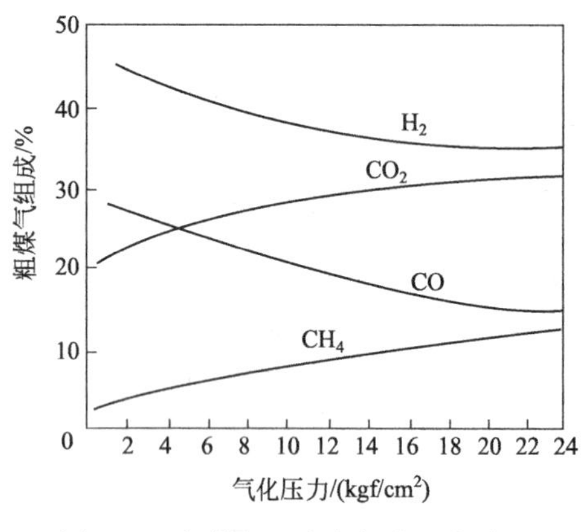

图 2-32　粗煤气组成与气化压力关系

(注 1kgf/cm² = 98.0665kPa，下同)

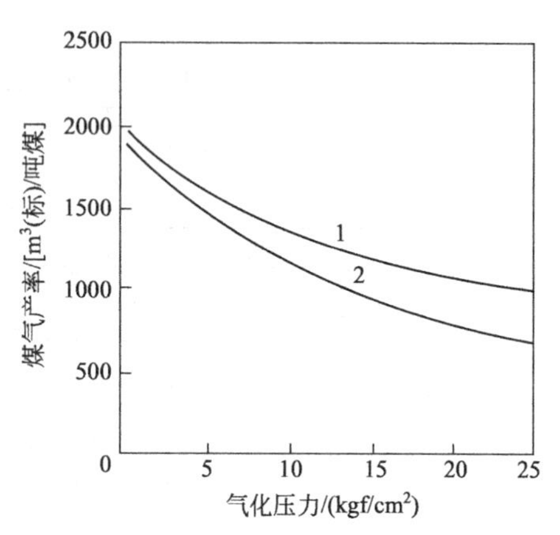

图 2-33　煤气产率与气化压力关系

1—粗煤气；2—净煤气

(3) 压力对氧气消耗量的影响　气化过程中，甲烷生成反应为放热反应，这些反应热可为水蒸气分解、二氧化碳还原等吸热反应提供热源。因此，甲烷生成反应放出的热量即为气化炉内除碳燃烧反应以外的第二热源，从而减少了碳燃烧反应中氧的消耗。故随气化压力的提高，氧气的消耗量减少。氧气消耗量、利用率与气化压力的关系如图 2-34 所示。例如，生产一定热值的煤气时，在 1.96MPa 下，氧气的消耗量为常压的 1/2～1/3。

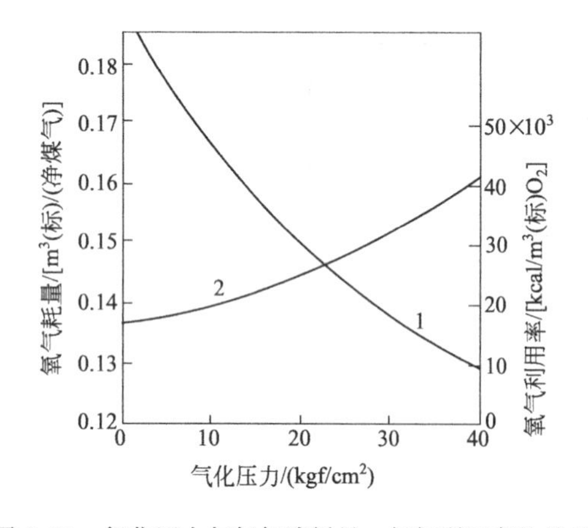

图 2-34　气化压力与氧气消耗量、氧气利用率的关系

1—氧气消耗量；2—氧气利用率

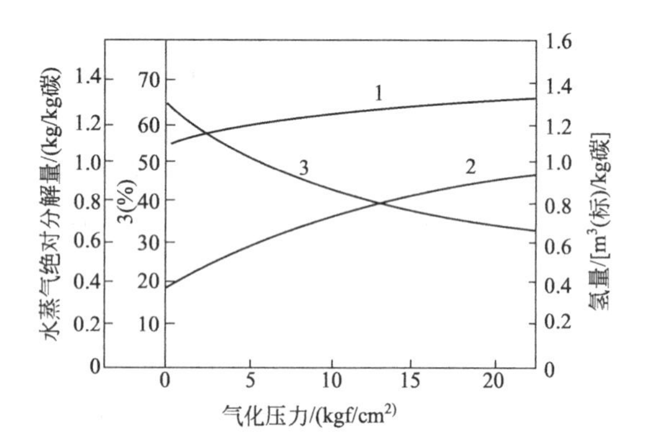

图 2-35　水蒸气消耗量与气化压力关系

1—氢量；2—水蒸气绝对分解量；3—水蒸气分解率

(4) 压力对水蒸气消耗量的影响　加压有利于甲烷生成反应，随着操作压力的提高，甲烷的生成量增加，生成甲烷所消耗的氢气量也相应增加。水蒸气分解生成的氢气是甲烷生成反应中氢的重要来源，但加压操作不利于水蒸气分解反应的进行，使水蒸气分解率下降。为解决这一矛盾，只有增加水蒸气用量，通过提高水蒸气浓度，使生成物中氢气的绝对量增加

以满足甲烷生成反应的需要。这样，就导致加压气化的水蒸气耗量比常压气化大幅度上升，而且在实际操作中，还需要用蒸汽量来控制炉温，以利于甲烷生成反应进行，故总的蒸汽消耗量在加压时约比常压下高出 2.5～3 倍。常压下水蒸气的分解率约为 65%，而在 1.96MPa 下水蒸气分解率降至 36%左右。水蒸气消耗量与气化压力的关系如图 2-35 所示。可见，当提高气化压力时，水蒸气消耗量增加，水蒸气分解率下降，这也是固体排渣加压气化炉生产上的一大缺陷。

(5) 压力对气化炉生产能力的影响　气化炉的生产能力取决于气化反应的化学反应速率和气固相的扩散速率。在加压情况下，反应速率和扩散速率均加快，对提高气化炉的生产能力有利。

对一定的气化炉，在相同的气流速度和带出物量时，进入炉内的气化剂多，产气量大。加压气化炉与常压气化炉生产能力之比为

$$\frac{q_{v_2}}{q_{v_1}}=\sqrt{\frac{T_1P_2}{T_2P_1}}$$

式中　T_1、p_1 和 q_{v_1}——常压时的温度（K）、压力（MPa）和生产能力（m^3/h）；

T_2、p_2 和 q_{v_2}——加压时的温度（K）、压力（MPa）和生产能力（m^3/h）。

对于常压气化炉，p_1 通常略高于大气压，取 $p_1\approx0.1078$MPa，常压气化炉和加压气化炉的气化温度之比 $T_1/T_2\approx1.1\sim1.25$。故

$$\frac{q_{v_2}}{q_{v_1}}=3.14\sim3.42\sqrt{p_2} \tag{2-60}$$

例如气化压力为在 2.5MPa 左右时，其气化强度比常压气化炉约高 4～5 倍。

(6) 压力对压缩功耗的影响　加压气化可以大大节省煤气输送的动力消耗。因为煤气化所产生的煤气的体积一般都比气化介质的体积更大。据计算，在 2.94MPa 压力下用氧水蒸气混合物作为气化剂，所需压缩的氧气仅约占所制得煤气体积的 14%～15%，比常压气化所产生的煤气再压缩到 2.94MPa，几乎可以节省动力 2/3。

2. 气化层温度与气化剂温度

在压力为 2.0MPa 气化褐煤时，气化层温度对粗煤气组成的影响如图 2-36 所示。由图可知，气化层温度降低，有利于放热反应的进行，也就是有利于甲烷的生成反应，使煤气热值提高。但温度降的太多，如在 650～700℃时，无论是甲烷生成反应或其他气化反应的反应速率都非常缓慢。

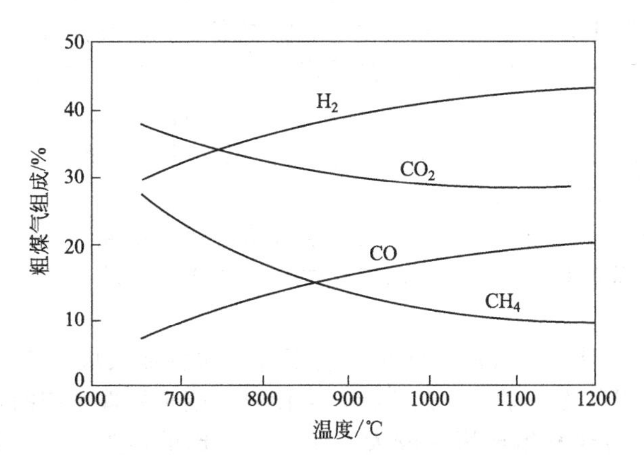

图 2-36　气化层温度对粗煤气组成的影响

气化层温度过低也会使灰中残余炭量增加，增大了原料损失，同时低温还会使灰变细，

增大了床层阻力，降低气化炉的生产负荷。一般情况下在气化原料煤种确定后，根据灰熔点来确定气化层温度。影响气化层温度最主要的因素是通入气化炉中气化剂的组成，即汽氧比，汽氧比下降，温度上升。

通常，生产城市煤气时，气化层温度一般控制在 950～1050℃，生产合成原料气时可以提高到 1200～1300℃。

气化剂温度是指气化剂入炉前的温度，提高气化剂温度可以减少用于预热气化剂的热量消耗，从而减少氧气消耗量，较高的气化剂温度还有利于碳的燃烧反应的进行，使氧的利用率提高。氧气消耗量及其利用率与气化剂温度的关系如图 2-37 所示。

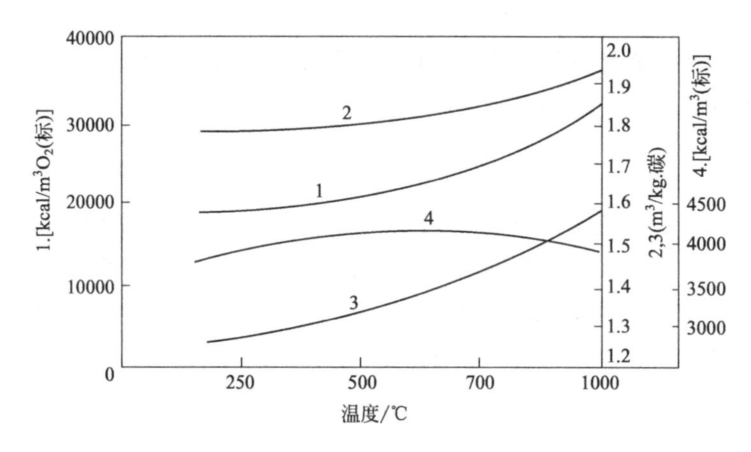

图 2-37 气化剂温度与氧气利用率及氧气消耗量的关系

1—氧气利用率；2，3—分别为粗煤气和净煤气产率；4—净煤气发热值

（注 1kcal＝4.1868J，下同）

3. 汽氧比的选择

汽氧比是指气化剂中水蒸气与氧气的组成比例，即水蒸气/氧气的比值（kg/m³）。在加压气化煤气生产中，汽氧比是一个非常重要的操作条件，是影响气化过程最活泼的因素。在一定的气化温度和煤气组成变化条件下，同一煤种汽氧比有一个变动的范围。不同煤种的变动范围也不同。

随着煤的碳化度加深，反应活性变差，为提高生产能力，汽氧比应适当降低。在加压气化生产中，各种煤种的汽氧比变动范围一般为：褐煤 6～8，烟煤 5～7，无烟煤 4.5～6。

改变汽氧比，实际上是调整与控制气化过程的温度，在固态排渣炉中，首先应保证在燃烧过程中灰不熔融，在此基础上维持足够高的温度以保证煤完全气化。在加压气化生产中，采用不同汽氧比，对煤气生产的影响主要有以下几个方面。

① 在一定热负荷条件下，水蒸气的消耗量随汽氧比的提高而增加，氧气的消耗量随汽氧比提高而相对减少，如图 2-38 所示。

由图可看出水蒸气量的变化幅度远远大于氧气量的变化幅度。因此在实际生产中，要兼顾气化过程和消耗指标来考虑，在不引起气化炉产生结渣和气质变坏的情况下，尽可能采用较低的汽氧比。

② 汽氧比的提高，使水蒸气的分解率显著下降，这将加大煤气废水量。不但浪费了水蒸气，同时还加大了煤气冷却系统的热负荷，会使煤气废水处理系统的负荷增加。

③ 汽氧比的改变对煤气组成影响较大。随着汽氧比的增加，气化炉内反应温度降低，煤气组成中一氧化碳含量减少，二氧化碳还原减少使煤气中二氧化碳与氢含量升高，粗煤气组成与汽氧比的关系如图 2-39 所示。

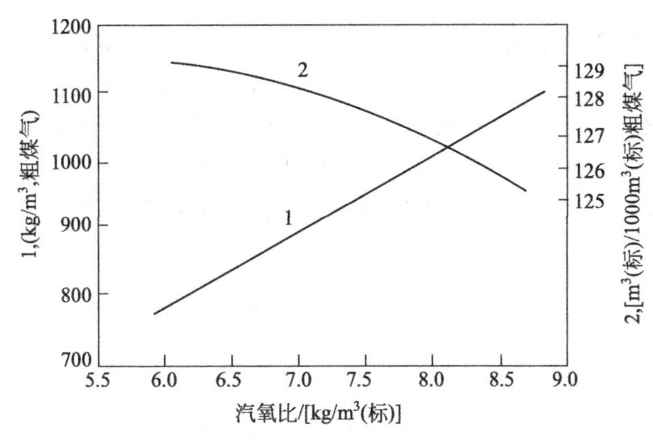

图 2-38　汽氧比与水蒸气、氧气消耗量的关系

1—水蒸气消耗量；2—氧气消耗量

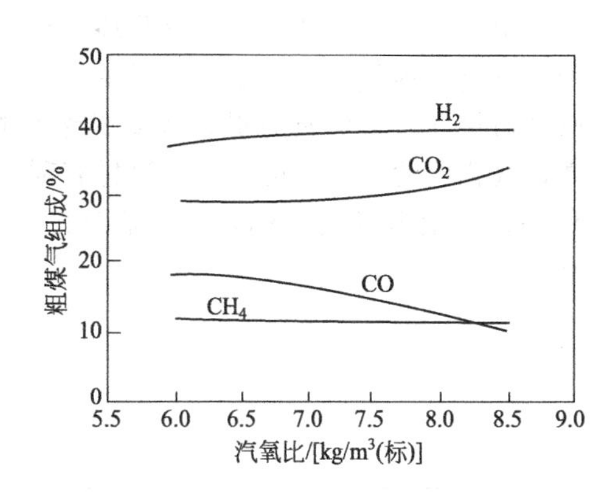

图 2-39　粗煤气组成与汽氧比的关系

④ 汽氧比改变和炉内温度的变化对副产品焦油的性质也有所影响。提高汽氧比以后，焦油中碱性组分下降，芳烃组分则显著增加。

由上述汽氧比对气化过程的影响可知，降低汽氧比，有利于气化生产，但汽氧比的降低也是有限度的，一般汽氧比的选择条件是：在保证燃烧层最高温度低于灰熔点的前提下，尽可能维持较低的汽氧比。汽氧比与最高燃烧层温度的关系如图 2-40 所示。

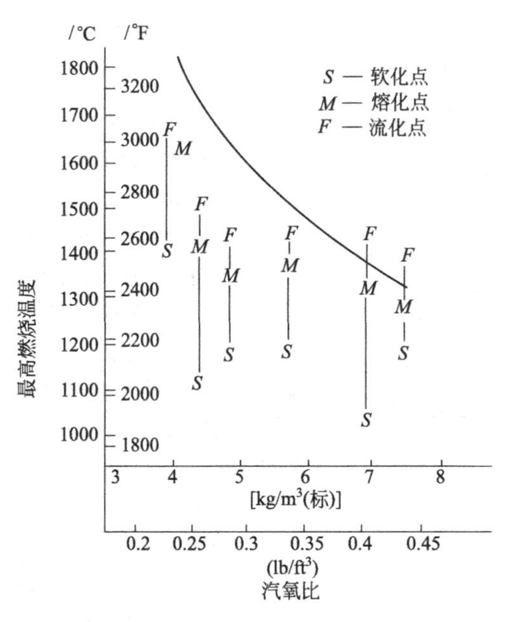

图 2-40　汽氧比与最高燃烧层温度的关系

四、煤种及煤的性质对加压气化的影响

原料煤是影响煤气产量、质量及生产操作条件的重要因素，不同煤种对煤气化会产生不同的影响，即使同种煤各性能参数不同也会对煤气化产生不同影响。由于各煤种变质程度的不同，其本身的物化性质不同，在加压气化反应中煤气产率、煤气组成均有所不同。

1. 煤种对煤气组分和产率的影响

(1) 煤气组分　煤种不同，经加压气化后生成的煤气质量是不一样的。随着煤碳化度的加深，煤的挥发分减少，干馏组分在煤气中占的比例减小。在不同压力下，煤种与净煤气热

值 Q 的关系如图 2-41 所示。

由于干馏气中的甲烷比气化段生成的甲烷量要大，所以在相同气化压力下，越年轻的煤种，气化后煤气中的甲烷含量越高，煤气的热值越高。由图 2-41 可看出，用加压气化法制取城市煤气时，劣质的褐煤或弱黏结烟煤作为气化原料最佳。此外，年轻煤种的半焦活性高，气化层的反应温度较低，这样有利于甲烷的生成。因此，煤种越年轻，产品煤气中 CH_4 和 CO_2 呈上升趋势，CO 呈下降趋势。煤中挥发分的含量与粗煤气组成的关系如图 2-42 所示。

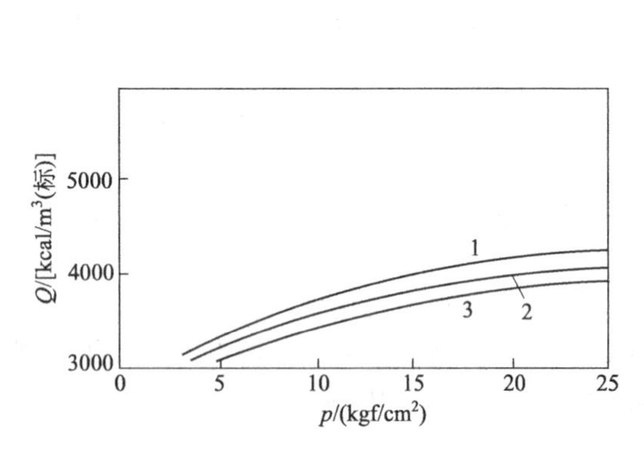

图 2-41　煤种与净煤气热值的关系

1—褐煤；2—气煤；3—无烟煤

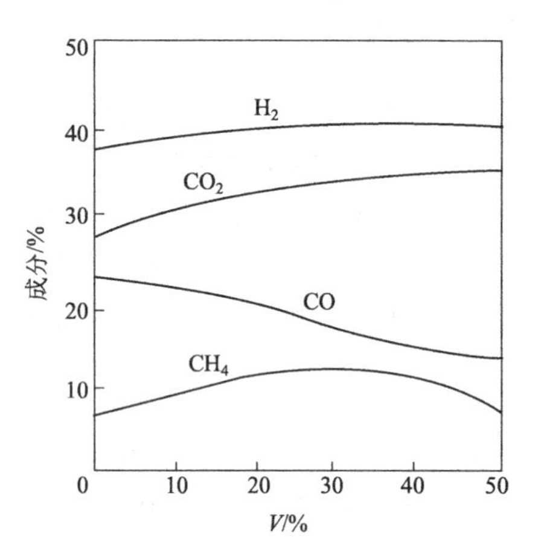

图 2-42　粗煤气组成与煤中挥发分的关系

（2）煤气产率　煤气的产率与煤中碳的转化方向有关，煤中挥发分越高，转变为焦油的有机物就越多，转入到焦油中的碳越多，进入真正气化区生成煤气的碳量减少，煤气产率就下降。煤中挥发分与煤气产率、干馏煤气量之间的关系如图 2-43 所示。

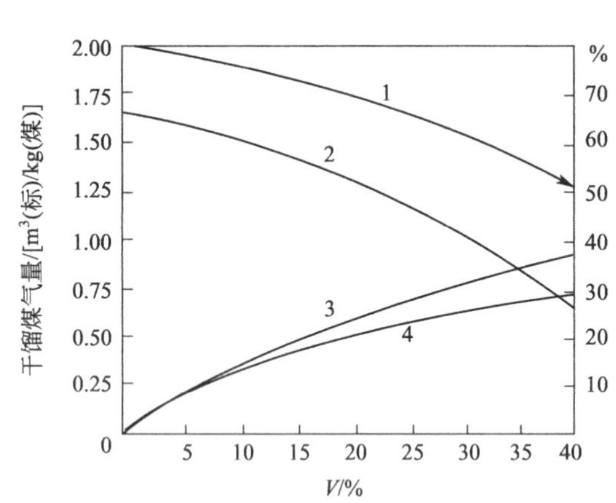

图 2-43　煤中挥发分与煤气产率、干馏煤气量之间的关系

1—粗煤气产率；2—净煤气产率；3—干馏煤气占粗煤气热能百分数；4—干馏煤气占净煤气热能百分数

2. 煤种对各项消耗指标的影响

由煤的生成原理可知，随着煤的变质程度加深，也就是碳化度加深，煤中 $n(C)/n(H)$ 比则加大，煤气化转化成煤气的过程，是一个缩小 $n(C)/n(H)$ 比的过程。在煤的气化过程中主要通过入炉水蒸气与炽热的碳进行反应产生氢：

$$C+H_2O \rightleftharpoons CO+H_2-Q \quad (2\text{-}8)$$

$$C+2H_2O \rightleftharpoons CO_2+2H_2-Q \quad (2\text{-}9)$$

在炉内燃烧层碳和氧的反应给上述反应提供了热量。所以，随着煤的变质程度加深，气化所用的水蒸气，氧气量也相应增加。另外，由于年轻煤活性好，挥发分高，有利于 CH_4 的生成，这样就降低了氧气耗量。

3. 煤种对其他副产品的特性和产率的影响

（1）硫化物　煤中的硫化物在加压气化时，大部分以硫化氢和各种有机硫形式进入煤气中。煤气中的硫含量，主要取决于原料煤中的硫含量。硫含量高的煤，气化生成的煤气中硫含量就高。一般煤气中的硫化物总量占原料煤中硫化物总量的 70%～80%。

(2) 氨 煤气中氨的产生与原料煤的性质、操作条件及气化剂中的氮含量有关。在通常操作条件下，煤中的氮约有50%～60%转化为氨，气化剂中也约有10%的氮转化为氨，气化温度越高，煤气中氨含量就越高。

(3) 焦油和轻油 原料煤的性质是影响焦油产率的主要因素。一般是变质程度浅的褐煤比变质程度较深的气煤和长焰煤的焦油产率大，而变质程度更深的烟煤和无烟煤其焦油产率更低。

与高温干馏焦油（焦化焦油）相比较，加压气化焦油密度较轻，烷烃、烯烃含量高，酚类含量高，沥青质少，这说明在加压气化条件下产生的裂解反应小。加压气化焦油的性质与低温干馏焦油的性质相近，这是因为气化炉内干馏段的温度与低温干馏的温度基本相同，一般为600℃左右，所以它们的组成、性质也基本相同。

一些煤种加压气化的焦油产率见表2-17。

表2-17 一些煤种加压气化的焦油产率数据

国家	南 非	原德意志民主共和国		韩国	中国	
煤种	非黏结煤	长焰煤	低挥发分煤	无烟煤	小龙潭褐煤	潞安贫煤
焦油产率/%	4.7	14.5	2.3	0.4	2.05～2.2	2.5

煤种不同，所产焦油的性质也不同，一般随着煤的变质程度增加，其焦油中的酸性油含量降低，沥青质增加，焦油的密度增大。

1974年美国煤气协会（AGA）和英国煤气公司（BG），原德意志联邦共和国的鲁奇石油技术公司协作，对美国的一些煤种进行了试验，其试验结果表明：

① 随着气化用煤的活性减小，气化炉的生产能力显著降低，投煤量减少；

② 煤的变质程度越深，气化后生成的煤气产率越大；

③ 随着煤的活性减小，气化所耗用的氧气量增加；

④ 水蒸气的消耗主要随氧气用量增加而增加，以便使碳-氧燃烧反应所放出的热量与水蒸气-碳气化反应所吸收的热量相平衡，此外，为了避免灰渣熔融，还要求水蒸气过量；

⑤ 高活性的煤制得的煤气中甲烷含量较高；

⑥ 随着煤变质程度的提高，气化炉的煤气出口温度提高，气化炉夹套的水蒸气产量也有所增加，热效率将随着煤的品位的提高而下降。

4. 煤的理化性质对加压气化的影响

(1) 煤的粒度对加压气化的影响 在加压气化过程中，煤的粒度对气化炉的运行负荷、煤气和焦油的产率以及各项消耗指标影响很大。煤的粒度越小，其比表面积越大，在反应时的吸附和扩散速率加快，有利气化反应的进行。煤粒的大小也影响着煤准备阶段的加热速度，很显然粒度越大，传热速度越慢，煤粒内部与外表面之间的温差也大，使颗粒内焦油蒸气扩散阻力和停留时间延长，焦油的热分解增加。但粒度过小将会造成气化炉床层阻力加大，煤气带出物增加。

工业上一般要求从加压气化炉内煤气带出的粉量不应超过投煤量的1%，为使2mm的煤粒不被带出，炉内上部空间煤气临界速度为0.9～0.95m/s，这就限制了气化炉的最高负荷。

不同压力下煤的粒度，气化能力与炉膛床层压力降之间的关系如图2-44所示。

气化炉床层阻力随着生产能力的提高或煤粒度的减小而增加，提高操作压力，使气流速度降低，则床层的阻力就会变小。

另外，煤的粒度越小，水蒸气和氧气的消耗量增加，煤耗也会增加。通常2mm以下的煤粉每增加1.5%，氧气和水蒸气的消耗将提高5%。

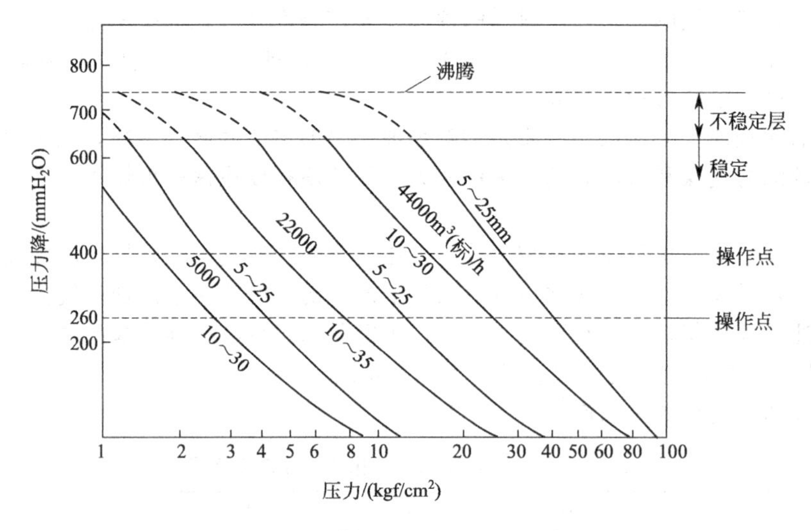

图 2-44　不同压力下煤粒度、气化能力与床层阻力关系

1mmHg＝9.8066Pa

煤粒过小，还会造成气化炉加料时产生偏析现象，即颗粒大的煤落向炉壁，而较小的颗粒和粉末落到床层中间，这样气化炉横断面上的阻力将不均匀，易造成燃料床层偏斜或烧穿，严重影响气化炉的运行安全。但煤粒过大又易造成加煤系统堵塞和架桥，灰中残炭也会升高。所以一般加压气化要求入炉煤的粒度最大与最小之间的粒径比为 5，在低负荷生产时可放宽到 8，最小粒度一般应大于 6mm，小于 6 mm 的粉煤应控制在 5％以下，最大粒度应控制在 50mm 以下，大于 50mm 的煤应小于 5％，Φ3.8m 加压气化炉一般入炉煤要求粒度分布见表 2-18。

表 2-18　入炉煤粒度分布

粒度范围/mm	占入炉煤比例/％		粒度范围/mm	占入炉煤比例/％	
	标准	范围		标准	范围
0～5	2.5	<5	13～25	17.5	15～20
5～6	9.7	9～11	25～50	15.2	15～20
6～13	52.6	50～55	50～100	2.5	<5

（2）原料煤中水分对气化过程的影响　煤中所含的水分随煤变质程度的加深而减少，水分较多的煤，挥发分往往较高，则进入气化层的半焦气孔率也大，因而使反应速率加快，生成的煤气质量较好。另外在气化一定的煤种时，其焦油和水分存在着一定的关系，水分太低，会使焦油产率下降。由于加压气化炉的生产能力较高，煤在炉内干燥、干馏层的加热速度很快，一般在 20～40℃/min 之间，因此对一些热稳定性差的煤，为防止热裂，要求煤中含有一定的水分，但煤中水分过高又会给气化过程带来不良影响。

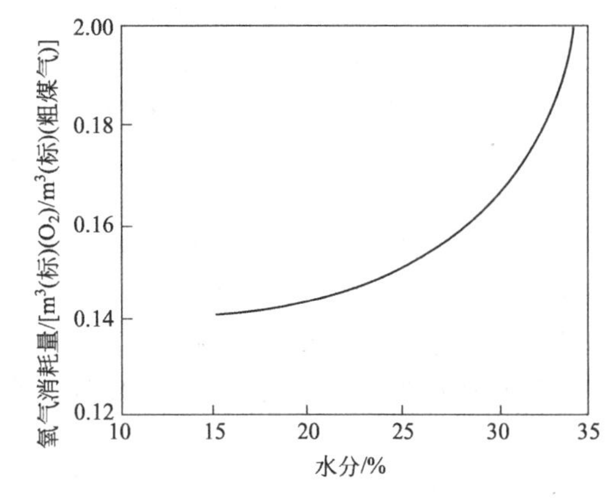

图 2-45　煤中水分和氧气消耗量的关系

① 水分过高，增加了干燥所需热量，从而增加了氧气消耗，如图 2-45 所示，降低了气化效率。

② 水分过高，煤处于潮湿状态，易形成煤粉黏结和堵塞筛分，使入炉粉煤量增加。

③ 入炉煤水分过高，干燥不充分，这样将导致干馏过程不能正常进行，进而又会降低气化层温度，最终导致甲烷生成反应、二氧化碳及水蒸气的还原反应的速率大大降低，煤气质量显著降低。有研究者计算结果表明，褐煤最大临界水分含量为34%，其他煤种应低于该数值，以保证气化反应的正常进行。

(3) 煤中灰分及灰熔点对气化过程的影响 煤中的灰分是煤燃烧后所剩余的矿物质残渣。煤中的灰分含量对气化反应而言一般影响不大，鲁奇炉甚至可气化灰分高达50%的煤。但灰分较高时对气化过程带来以下危害。

① 随着煤中灰分的增大，灰渣中的残炭总量增大，燃料的损失增加。另外灰分增大后，带出的显热增加，从而使气化过程的热损失增大，热效率降低。

② 随着煤中灰分的增大，加压气化的各项消耗指标，如氧气消耗、水蒸气消耗、原料煤消耗等指标上升，而煤气产率下降。煤中不同灰分对气化生产的影响见表2-19。

表2-19 煤中不同灰分对气化生产的影响

指 标	灰分(质量分数)/%				
	15	15～30	35～40	45～50	55
氧气消耗/[m^3/m^3(净煤气)]	0.136	0.138	0.150	0.159	0.195
蒸汽消耗/[kg/m^3(净煤气)]	1.12	1.15	1.25	1.35	1.67
煤气产率/[m^3/kg(煤)]	0.844	0.651	0.557	0.45	0.363
煤气组成					
$\varphi(CH_4)$/%	15.2	15.2	14.5	14.3	12.2
$\varphi(H_2)$/%	54.5	55.8	56.0	57.7	58.6
$\varphi(CO)$/%	22.6	21.7	21.4	20.5	20.4
惰性气体/%	7.7	7.3	8.1	7.5	8.8
煤气热值/(MJ/m^3)	16.51	16.14	16.03	15.93	15.17

根据经验，一般加压气化用煤的灰分在19%以下时较为经济。

就固态排渣气化炉而言，煤中灰分的灰熔点对气化过程至关重要。一般要求灰熔点越高越好。当灰熔点降低时，在气化炉氧化层易形成灰渣熔融，即通常所说的灰结渣。结成的渣块导致床层透气性差，造成气化剂分布不均，致使工况恶化，气化床分层紊乱，煤气成分大幅波动，严重时将导致恶性事故的发生。另外，灰结渣易将未反应的碳包裹，使碳未完全反应即被带出炉外，使灰渣中含碳量增加，燃料损失增加。为了维持氧化层反应温度低于灰熔点，就需要增加入炉气化剂中的水蒸气量，从而增加了水蒸气的消耗。相反，对于灰熔点较高的煤，即使活性较差，亦可提高氧化层温度，从而提高了煤的反应性能，汽氧比降低，降低了水蒸气消耗，并使气化强度得到提高，故煤中灰分的灰熔点越高，对加压气化过程越有利。

(4) 煤的黏结性对气化过程的影响 煤的黏结性是指煤在高温干馏时的黏结性能。黏结性煤在气化炉内进入干馏层时会产生胶质体，这种胶质体黏度较高，它将较小的煤块黏结成大块，其机理与炼焦过程相同，这就使得干馏层的透气性变差，从而导致床层气流分布不均和阻碍料层的下移，使气化过程恶化。因此，黏结性煤对气化过程是一个极为不利的因素。根据实验及鲁奇公司经验，加压气化煤种的自由膨胀序数一般应小于1，若自由膨胀序数大于1，则应在炉内上部设置搅拌装置以破除煤受热后黏结产生的大焦块。当煤的自由膨胀序数大于7时，其破黏效果也不佳。换言之，鲁奇加压气化炉适应煤种为自由膨胀序数小于7的弱黏结性或不黏结性煤，对于黏结性较强的烟煤不适合于鲁奇加压气化炉。

(5) 煤的机械强度和热稳定性的影响 煤的机械强度是指煤的抗碎能力。易破碎的煤在筛分后的传送及气化炉加煤过程中必然产生很多煤屑，这样会增加入炉煤的粉煤含量，使煤气带出物增加。故加压气化应选用抗碎能力较高的煤种。

煤的热稳定性是指煤在经受高温和温度急剧变化时的粉碎程度。热稳定性差的煤在气化炉内容易粉化，给气化过程带来不利影响。另一方面由于热稳定性差，气化时煤块破碎却增加了反应表面积，从而增加了气化反应速率，提高了气化强度。

（6）煤的化学活性的影响　煤的化学活性是指煤同气化剂反应时的活性，也就是是指碳与氧气、二氧化碳或水蒸气相互作用时的反应速率。煤种不同，其反应活性是不同的。碳的组织及形态，特别是其气孔壁的微细组织的发达程度，对碳的反应性影响最大。一般煤的碳化程度越浅，焦炭质的气孔率越大，即其内表面积越大，反应性越高。

煤的反应活性越高，则发生反应的起始反应温度越低，气化温度也越低。气化温度低，有利于甲烷生成反应的进行，煤气热值相应提高。放热的甲烷反应又促进其他气化反应的进行，为气化层提供了部分热量，降低了氧气的消耗。在气化温度相同时，煤的反应活性越高，则气化反应速率越快，反应接近平衡的时间越短。因此，反应活性高的煤种气化炉的生产能力较大，与反应性差的煤相比，有时竟相差 40%～50%。

煤的反应活性对气化过程的影响在温度较低时较大，当温度升高时，温度对反应速率的影响显著加强，这时相对降低了反应活性的影响程度。

5. 气化指标

工业运行装置实际煤种加压气化指标见表 2-20。

表 2-20　工业运行装置实际煤种加压气化指标

指　标	煤　种				
	无烟煤	贫瘦煤	次烟煤	长焰煤	褐煤
工业分析					
W_{ar}%	0～7	0.3 (ad)	6.8	13	15～20
A_{ar}/%	6～14	20.8(ad)	23.76	22.62	12～28
V_{ar}/%	2～4	14.4 (ad)	25.60	26.40	28～35
FC_{ar}/%	78～85	64.5 (ad)	43.84	37.98	45～55
粒度	5～20	4～50	6～30	5～50	6～40
操作条件					
气化压力/MPa	2.8～3.0	3.0	3.1	3.0	1.8～2.7
炉顶温度/℃	约 550	650	480～550	386	250～300
汽氧比/(kg/m^3)	3.5～5	4.7	7.1	7.5	6～8.5
入炉水蒸气温度/℃	400	400	400～420	400	350～420
排灰温度/℃	300	280	200～220	340	220
消耗指标					
氧气消耗率/(m^3/kg)(煤)	0.3～0.4	0.38	0.22	0.207	0.13 ～0.16
蒸汽消耗率/(kg/kg^3)(煤)	1.4～1.6	1.58	1.57	1.41	0.9 ～1.2
粗煤气产率/(m^3/t)(煤)	2100	2064	1409	1329	1000～1300
煤气组成干基					
$\varphi(CO_2)$/%	24.86	26.59	32.6	32.1	32.0
$\varphi(CO)$/%	25.26	23.46	15.8	16.72	14.5
$\varphi(H_2)$/%	40.71	39.45	40.1	39.30	38.3
$\varphi(CH_4)$/%	7.46	8.00	9.76	10.2	12.5
$\varphi(N_2Ar)$/%	1.26	1.33	0.75	0.45	1.5
$\varphi(O_2)$/%	0.2	0.2	0.3	0.4	0.2
$\varphi(C_nH_m)$/%	0.15	0.47	0.16	0.73	0.8
$\varphi(H_2S)$/%	0.1	0.07	0.15	0.5	0.2

五、鲁奇加压气化的典型流程及主要设备

(一) 工艺流程

鲁奇加压气化炉在我国的应用始于 20 世纪 50 年代，由原苏联转口，主要用于气化褐煤生产合成氨原料气。20 世纪 70 年代后期到 20 世纪末，又相继从原联邦德国、原民主德国、原捷克引进了几套气化炉，用于生产合成氨原料气、城市煤气，主要原料煤种为长焰煤、贫瘦煤。

国内的鲁奇加压气化装置除了在炉型上有局部的差别外，生产过程基本相同。下面以义马气化厂的气化装置为例说明鲁奇加压气化的生产流程。

义马气化厂装置于 20 世纪 90 年代末从澳大利亚引进，用于生产城市煤气并联产甲醇。Ⅰ期工程建有 Φ3.8m 两台气化炉，采用德国鲁奇公司专利技术，除灰锁、炉箅引进外，其余设备均由国内制造。其工艺流程简图如图 2-46 所示。

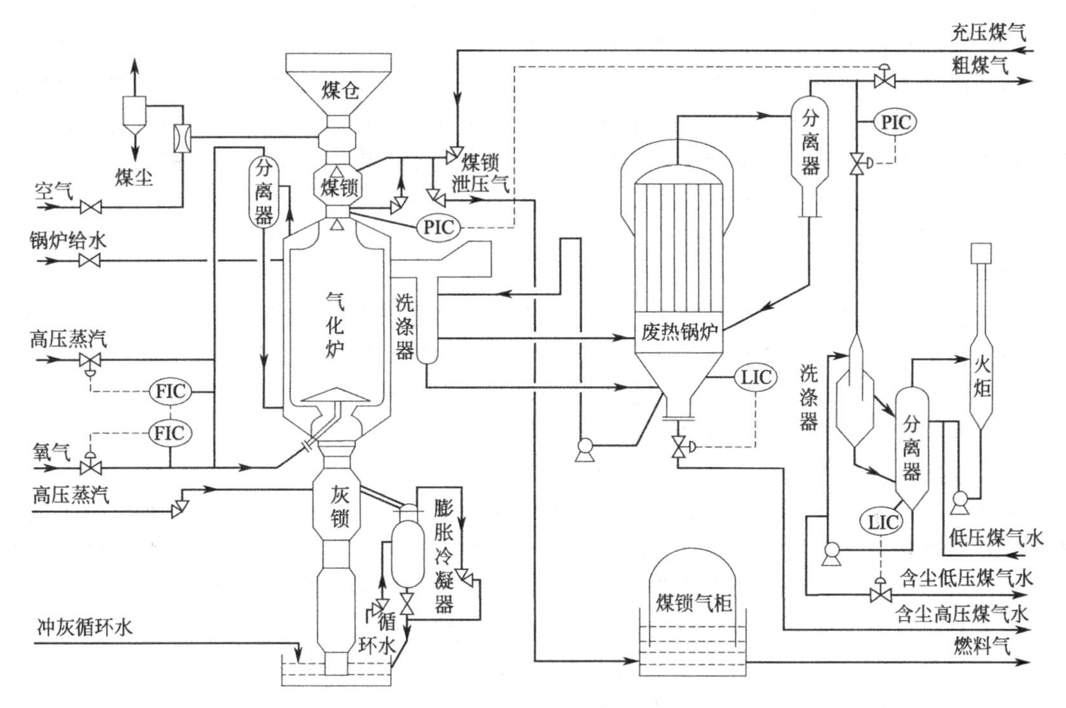

图 2-46 义马气化厂鲁奇加压气化工艺流程

经筛分后，5～50mm 的碎煤经煤斗、煤溜槽加入煤锁中，经煤气充压后加入气化炉内。煤空信号由温度与射线料位计双重监测。煤锁泄压气经煤锁气洗涤器、煤锁气分离器洗涤冷却后，经气柜缓冲再送出界区。煤通过固定的冷圈进入炉内，经各反应层后产生的灰渣由炉箅排入灰锁，再间歇排入灰渣沟，用循环的灰水将灰渣冲至灰渣池经抓斗捞出装车外运。

反应产生的粗煤气（3.0MPa，386℃），由炉顶进入洗涤冷却器洗涤降温至 203℃后，与煤气水一同进入废热锅炉，被壳程锅炉水冷却至 187℃，经气液分离器后送至煤气冷却工序，洗涤后的煤气水与煤气冷却液汇于废热锅炉底部积水槽中，大部分用泵送至洗涤冷却器循环使用，多余部分排至煤气水分离工段。

该装置有以下几个特点。

① 气化后的灰渣采用水力排渣法冲灰，操作环境优于其他排渣方法。

② 夹套水由补充锅炉水通过引射进行循环，避免了由于夹套水循环不畅造成的夹套鼓包。

③ 采用变频电机驱动炉箅，易于调节，减少了泄压设备频繁故障造成的停车。

（二）炉型简介

鲁奇碎煤加压气化炉经过几十年的发展，已从最初的第一代 ϕ2.6m 直径气化炉发展到目前的第四代 ϕ5.0m 直径气化炉。气化炉的内径扩大，单炉产气能力提高，其他的附属设备也在不断改进。以下介绍鲁奇加压气化炉发展过程中的几种主要炉型。

1. 第一代加压气化炉

第一代鲁奇加压气化炉是直径为 2.6m 的侧面排灰炉型，主要由煤箱、炉体和灰箱几部分组成，其结构图如图 2-47 所示。

气化炉体是内径为 2.52m，外径为 3.0m，高度 6m 的圆筒体。为防止高温对炉体的损坏，在炉内壁衬有耐火砖，耐火砖厚度一般为 120～150mm，砌筑在内壁的支撑圈上。内衬砖既可避免炉体受热损坏，又可减少气化炉的热损失。

气化炉筒体由双层钢板制成，在内、外壳体之间形成夹套，生产时由锅炉水保持夹套充满水，产生的蒸汽通过上升管进入比炉体位置较高的集汽包内，在汽包内进行汽液分离，分离后的蒸汽并入气化剂管内，作为气化剂的一部分，以减少新鲜蒸汽用量。当蒸汽温度降低时设置有夹套蒸汽与气化炉出口煤气平衡管，将产生的蒸汽排入粗煤气中。集汽包与夹套的连通是由两根上升管和两根下降管来实现的。夹套中产生的饱和水蒸气由两根上升管引至汽包内，分离后的饱和水与补充锅炉水则由汽包底部的两根下降管导入夹套底部。整个水系统形成了自然循环，以使气化炉内壁维持在气化压力相对应的水的饱和温度之下，避免气化炉内壁超温。

在炉膛的上部设有一圆筒形裙板，中间吊有正锥体布煤器，以便使煤下流时能在炉内均匀分布。在炉体的顶部设置有 2～3 个直径为 ϕ100mm 的点火孔，其点火操作是在炉内堆好木柴等可燃物，由点火孔投入火把引燃木柴后逐渐开车。排灰炉箅的转动是由电动机通过齿轮减速机和蜗轮蜗杆减速传动机构来带动的。煤经气化后产生的灰渣，由安装在炉箅上的三个灰刮刀将灰从炉箅下部的间隙排至灰箱，再经灰箱泄压后排出。

在该炉型的结构中，由于气化剂是从主轴的中心进入炉内，而转动的主轴与固定的炉体、气化剂连接管之间的密封，尺寸越大越难于解决，这就从结构上限制了该炉型的气化剂入炉量，从而限制了气化炉的生产负荷。另外，炉内壁衬砖不但减少了炉内径，降低了生产能力，而且在较高温度下内衬易形成挂壁，造成气化炉床层下移困难。

第一代鲁奇加压气化炉由于以上几方面的影响，单炉产气量一般为 4500～5000m^3/h。许多厂家对第一代鲁奇炉进行了改进，主要为：

① 取消炉内的耐火衬里，扩大炉内空间，增大气化炉横截面积，从而使单炉产气量增加；

② 将平盘型风帽炉箅改为宝塔型炉箅，改善炉箅的布气效果，使炉内反应层较为均匀，使气化强度提高。

通过改进，第一代气化炉的生产能力较改进前提高 50％以上。

2. 第二代加压气化炉

在综合了第一代气化炉的运行情况后，鲁奇公司于 20 世纪 50 年代推出了 ϕ2.6m，中间排灰的第二代气化炉，如图 2-48 所示。

其特点如下。

① 在炉内部设置了转动的搅拌装置和布煤器。搅拌装置设有两个搅拌桨叶，其设计高度在炉内的干馏层，随着叶片的转动，在干馏层的焦块受到了搅动，破坏了煤焦的黏结，这使得气化炉能够气化弱黏结煤，扩大了气化煤种。

② 炉箅由单层平型改为多层塔节型结构，气化剂通过三层炉箅的环形缝隙进入炉内。

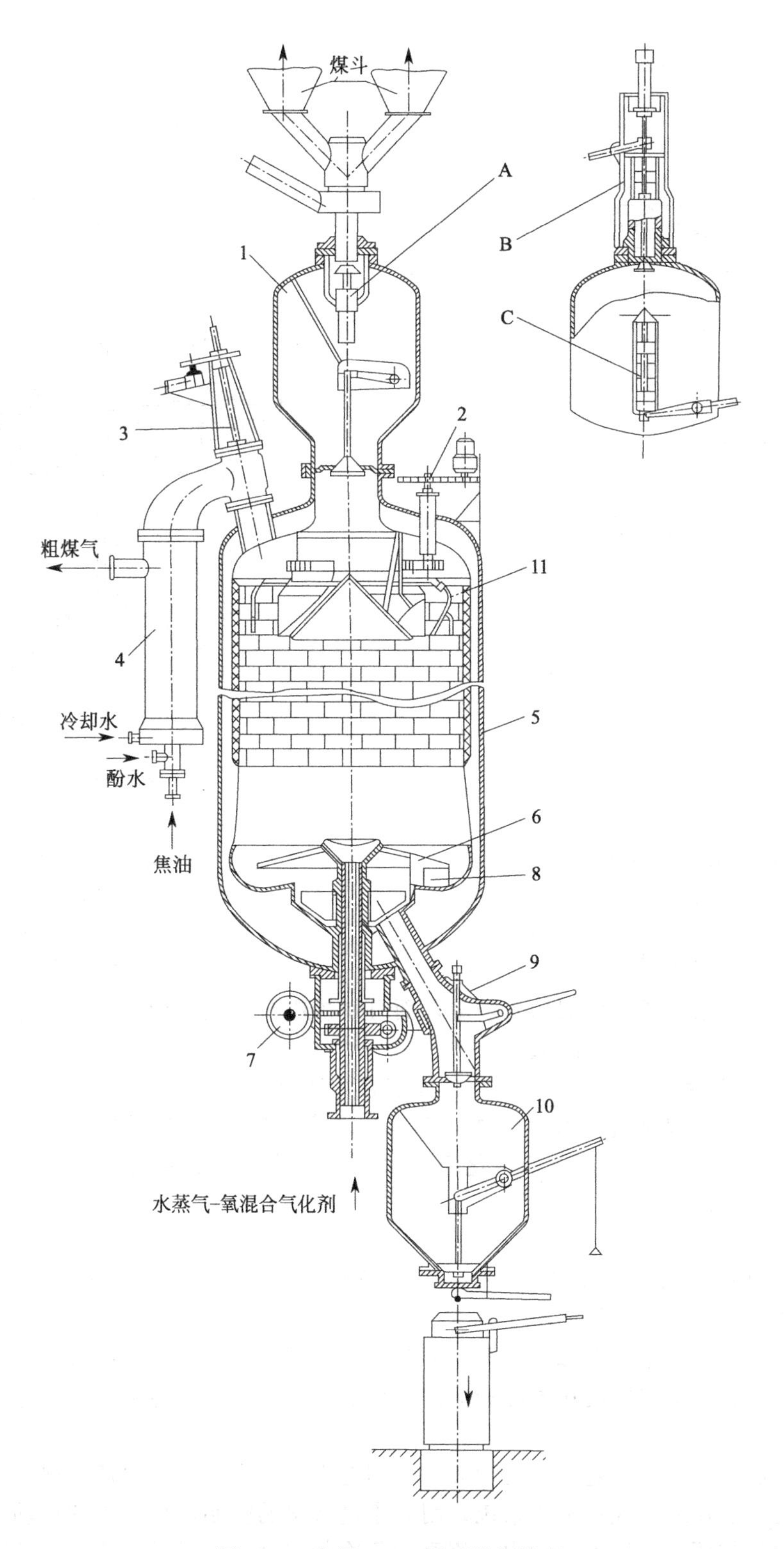

图 2-47　直径 2.6m 侧面排灰炉型

1—煤箱；2—上部刮刀传动机构；3—煤气出口管刮刀；4—喷冷器；5—炉体；6—炉箅；7—炉箅传动机构；8—刮灰刀；9—下灰颈管；10—灰箱；11—裙板

A—带有内部液压传动装置的煤箱上阀；B—外部液压传动装置；C—煤箱下阀的液压传动装置

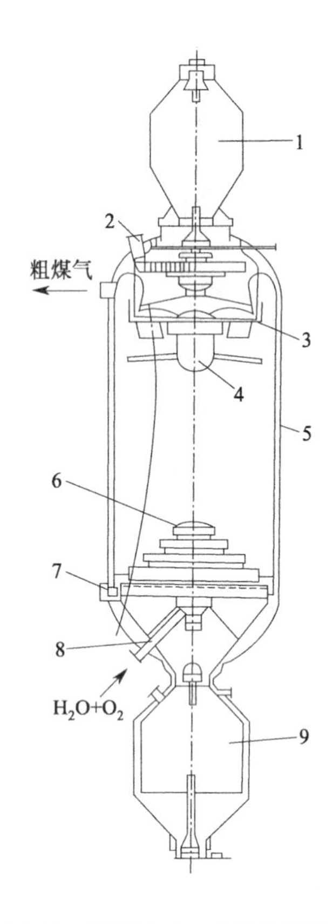

图 2-48 直径 2.6m 中间排灰炉型

1—煤箱；2—上部传动装置；3—布煤器；4—搅拌装置；5—炉体；6—炉箅；7—炉箅传动轴；8—气化剂进口管；9—灰箱

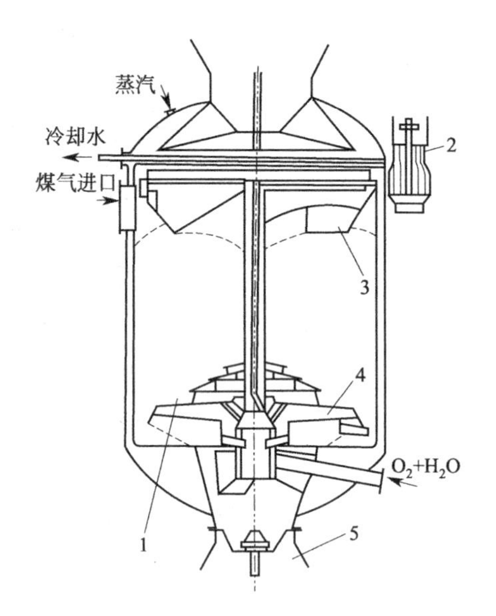

图 2-49 直径 3.7m 的“萨索尔”炉型

1—煤箱；2—炉箅和耙的传动装置；3—布煤器；4—梯形炉箅；5—灰箱

这种布气形式不但增大了气化剂的入炉量，而且使炉内布气较为均匀分布，弥补了第一代气化炉布气不均、灰中残炭较高的缺点。

③ 入炉气化剂管与传动轴分开，单独固定在炉底侧壁上。

④ 取消了炉内耐火衬里，使气化炉内截面积增大，提高了气化炉的生产能力。

⑤ 灰锁设置在炉底正中位置，气化后产生的灰渣从炉箅的周边环隙，落在炉下部的下灰室，然后再进入灰锁。

3.“萨索尔”炉型

“萨索尔”炉型是第二代炉型的改进型，是在南非萨索尔第一期工程中投建的加压气化炉。其内径是 ϕ3.7m，其结构如图 2-49 所示。

该炉型的最大特点是将底部的炉箅与上部的布煤器用一根轴连接起来，该轴上下贯穿整个气化燃料层。其传动装置设在温度较低的气化炉上部，从而避免了传动装置在底部受灰渣的磨损。

由于炉内温度较高，为避免传动轴等内件超温损坏，在中心轴内通入锅炉水冷却，此锅炉水和炉体的夹套连通形成一个水系统，用泵来进行水的强制循环。水的流动方向是从夹套底部由泵抽出经加压后送至中心轴内，流至炉箅冷却水槽，然后返回流入传动轴外面环状空隙，进入布煤器，最后进入水夹套上部。

该炉型存在以下缺点：由于中心传动轴长达 4m 以上，材质和加工精度要求高，在运行中受高温影响故障较多。另一方面，炉箅和布煤器、搅拌器为同一转速，不能按生产需要分别进行调整，故而该炉型已不再使用。

4. 第三代加压气化炉

第三代加压气化炉是在第二代炉型上的改进，其型号为Mark-Ⅳ，是目前世界上使用最为广泛的一种炉型。其内径为 ϕ3.8m，外径 ϕ4.128m，炉体高 12.5m，气化炉操作压力为 3.05MPa。该炉生产能力高，炉内设有搅拌装置，可气化除强黏结性烟煤外的大部分煤种。第三代加压气化炉如图 2-50 所示。

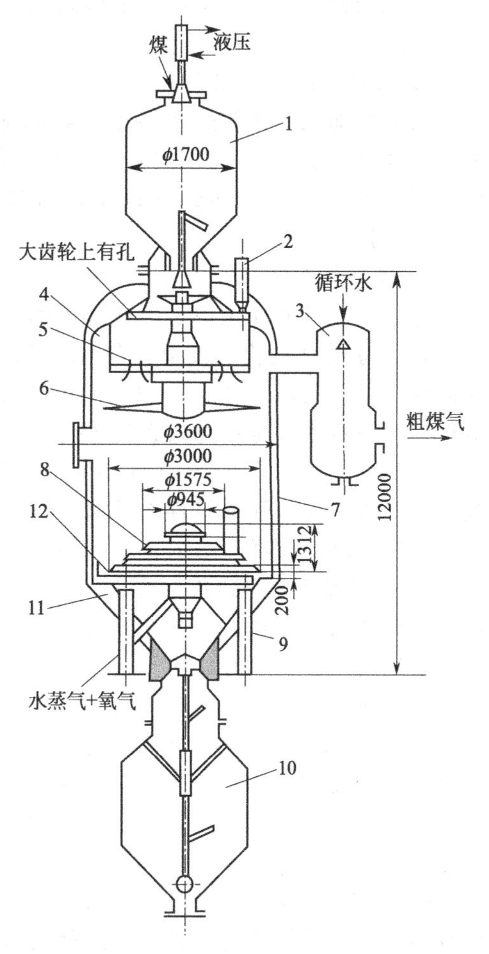

图 2-50　第三代加压气化炉

1—煤箱；2—上部传动装置；3—喷冷器；4—裙板；5—布煤器；6—搅拌器；7—炉体；8—炉箅；9—炉箅传动装置；10—灰箱；11—刮刀；12—保护板

为了气化有一定黏结性的煤种，第三代气化炉在炉内上部设置了布煤器与搅拌器，它们安装在同一空心转轴上，其转速根据气化用煤的黏结性及气化炉生产负荷来调整，一般为 10～20r/h。从煤锁加入的煤通过布煤器上的两个布煤孔进入炉膛内，平均每转布煤 15～20mm 厚，从煤锁下料口到布煤器之间的空间，约能储存 0.5h 气化炉用煤量，以缓冲煤锁在间歇充、泄压加煤过程中的气化炉连续供煤。

在炉内，搅拌器安装在布煤器的下面，其搅拌桨叶一般设上、下两片桨叶。其位置深入到气化炉的干馏层，以破除干馏层形成的焦块。桨叶的材质采用耐热钢，其表面堆焊硬质合金，以提高桨叶的耐磨性能。桨叶和搅拌器、布煤器都为中空壳体结构，外供锅炉给水通过搅拌器、布煤器的空心轴内中心管，首先进入搅拌器最下底的桨叶进行冷却，然后再依次通过冷却上桨叶、布煤器，最后从空心轴与中心管间的空间返回夹套形成水循环。该锅炉水的冷却循环对布煤搅拌器的正常运行非常重要。因为搅拌桨叶处于高温区工作，水的冷却循环不正常将会使搅拌器及桨叶超温烧坏造成漏水，从而造成气化炉运行中断。

该炉型也可用于气化不黏结煤种。此时，不安装布煤搅拌器，整个气化炉上部传动机构取消，只保留煤锁下料口到炉膛的储煤空间，结构简单。

炉箅分为五层，从下到上逐层叠合固定在底座上。顶盖呈锥形，炉箅材质选用耐热、耐磨的铬锰合金钢铸造。最底层炉箅的下面设有三个灰刮刀安装口，灰刮刀的安装数量由气化原料煤的灰分含量来决定。灰分含量较小时安装 1～2 把刮刀，灰分含量较高时安装 3 把刮刀。支撑炉箅的止推轴承体上开有注油孔，由外部高压注油泵通过油管注入止推轴承面进行润滑。该润滑油为耐高温的过热汽缸油。炉箅的传动采用液压电动机（变频电动机）传动。液压传动具有调速方便，结构简单，工作平稳等优点。但为液压传动提供动力的液压泵系统设备较多，故障点增多，目前大多数工业装置已改为变频电机驱动。由于气化炉直径较大，为使炉箅受力均匀，采用两台电动机对称布置。

在该炉型中，煤锁与灰锁的上、下锥形阀都有了较大改进，采用硬质合金密封面，使煤、灰锁的运行时间延长，故障率减少。南非 Sasol 公司在煤灰锁上、下锥形阀的密封面采用了碳化硅粉末合金技术，使锥形阀的使用寿命延长到18个月以上。

5. 第四代加压气化炉

第四代加压气化炉是在第三代炉的基础上加大了气化炉的直径（达 ϕ5m），使单炉生产能力大为提高，其单炉产粗干煤气量可达 75000m^3/h 以上。目前该炉型仅在南非Sasol公司投入运行。

6. 鲁奇液态排渣气化炉

鲁奇液态排渣气化炉是传统固态排渣气化炉的进一步发展，其特点是气化温度高，气化后灰渣呈熔融态排出，因而使气化炉的热效率与单炉生产能力提高，煤气的成本降低。液态排渣鲁奇炉如图 2-51 所示。

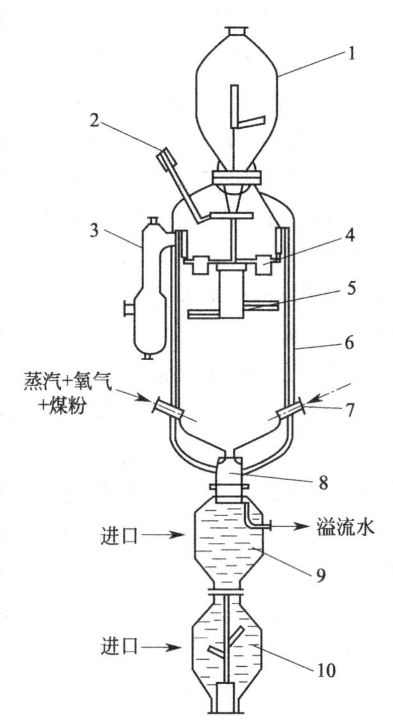

图 2-51　液态排渣鲁奇炉

1—煤箱；2—上部传动装置；3—喷冷器；4—布煤器；5—搅拌器；6—炉体；7—喷嘴；8—排渣口；9—熔渣急冷箱；10—灰箱

该炉气化压力为 2.0～3.0MPa，气化炉上部设有布煤搅拌器，可气化较强黏结性的烟煤。气化剂（水蒸气＋氧气）由气化炉下部喷嘴喷入，气化时，灰渣在高于煤灰熔点（T_2）温度下呈熔融状态排出，熔渣快速通过气化炉底部出渣口流入急冷器，在此被水急冷而成固态炉渣，然后通过灰锁排出。

液态排渣气化炉有以下特点。

① 由于液态排渣气化剂的汽氧比远低于固态排渣，所以气化层的反应温度高，碳的转化率增大，煤气中的可燃成分增加，气化效率高。煤气中 CO 含量较高，有利于生成合成气。

② 水蒸气耗量大为降低，且配入的水蒸气仅满足于气化反应，蒸汽分解率高，煤气中的剩余水蒸气很少，故而产生的废水远小于固态排渣。

③ 气化强度大。由于液态排渣气化煤气中的水蒸气量很少，气化单位质量的煤所生成的湿粗煤气体积远小于固态排渣，因而煤气气流速度低，带出物减少，因此在相同带出物条件下，液态排渣气化强度可以有较大提高。

④ 液态排渣的氧气消耗较固态排渣要高，生成煤气中的甲烷含量少，不利于生产城市煤气，但有利于生产化工原料气。

⑤ 液态排渣气化炉炉体材料在高温下的耐磨、耐腐蚀性能要求高。在高温、高压下如何有效地控制熔渣的排出等问题也是液态排渣的技术关键，尚需进一步研究。

（三）加压气化炉及附属设备构造

1. 炉体

（1）筒体　加压气化炉的炉体不论何种炉型均是一个双层筒体结构的反应器。其外筒体承受高压，一般设计压力 3.6MPa，温度 260℃；内筒体承受低压，即气化剂与煤气通过炉内料层的阻力，一般设计压力为 0.25MPa（外压），温度 310℃。内、外筒体的间距一般为40～100mm，其中充满锅炉水，以吸收气化反应传给内筒的热量产生蒸汽，经汽液分离后并入气化剂中。这种内、外筒结构的目的在于尽管炉内各层温度高低不一，但内筒体由于有锅炉水的冷却，基本保持在锅炉水在该操作压力下的蒸发温度，不会因过热而损坏。由于内外筒体受热后的膨胀量不尽相同，一般在内筒设有补偿装置。

夹套蒸汽的分离分为内置汽包分离或外置汽包分离，如图 2-52 所示。第一、第二代气化炉一般外设汽包，第三代气化炉以后不再外设汽包，而利用夹套上部空间进行分离。

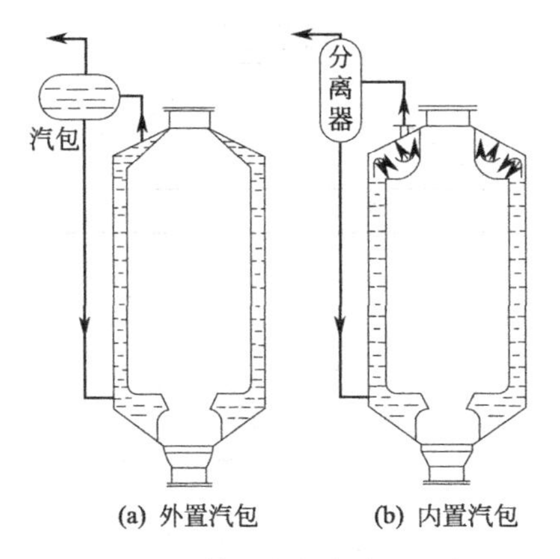

图 2-52　外置汽包与内置汽包

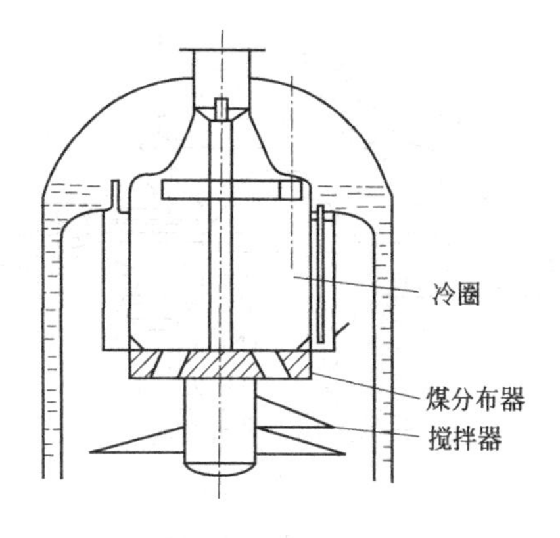

图 2-53　煤分布器、搅拌器和冷圈示意

(2) 搅拌与布煤器　根据气化煤种的不同，在气化不黏结煤时炉内不设搅拌器，在气化自由膨胀指数大于 1 的煤种时需要设搅拌器，以破除干馏层的焦块。一般在设置搅拌器的同时也设置转动的布煤器，它们连接为一体，由设在炉外的传动电动机带动。煤分布器与搅拌器的结构示意见图 2-53。煤分布器的圆盘上对称开有两个扇形孔，煤在刮刀作用下经两个扇形孔均匀地分布在炉内。搅拌器设在布煤器的下部，一般设上、下两个桨叶，与布煤器通过空心轴连接。桨叶的断面形状为中空的三角形。由于搅拌桨在高温条件下工作，为延长使用寿命，桨叶及空心轴除采用锅炉水冷却外，还采用特殊材料加工制造，以提高其硬度及耐磨性。

(3) 炉箅　炉箅设在气化炉的底部，它的主要作用是支撑炉内燃料层，均匀地将气化剂分布到气化炉横截面上，维持炉内各层的移动，将气化后的灰渣破碎并排出，所以炉箅是保证气化炉正常连续生产的重要装置。

目前运行的装置在设计上大多采用宝塔形炉箅。宝塔形炉箅一般由四层依次重叠成梯锥状的炉箅块及顶部风帽组成，共五层炉箅，它们依次用螺栓固定在布气块上，如图 2-54 所示。

炉箅整体由下部的支推盘支撑，支推盘由焊接在炉体内壳上的三个内通锅炉水的三角锥形筋板支撑，其内部的锅炉冷却水与夹套相通，形成水循环，以防止三角形支撑筋板过热变形。一般炉箅总高度为 1.2m，为便于将炉箅从气化炉上孔吊入炉内安装，除第一、二层为整体外，其余分为：第三层 2 块，第四、第五层 3 块。炉箅是通过两个对称布置的小齿轮传动带动同一个大齿轮而转动的，两个小齿轮通过大轴与炉外的减速机连接，减速机由液压电动机（或变频电动机）带动。

由于炉箅工作环境为高温灰渣，所以炉箅的材质一般选用耐磨、耐热、耐灰渣腐蚀的铬锰铸钢 16Mo5，在其表面堆焊有硬质合金 $E_{20\text{-}50\text{-}20CT}$，并焊有一些硬质合金耐磨条。在最下层炉箅下设有用于排灰的刮刀，可将大块灰渣破碎，并从炉内刮至灰锁。刮刀安装位置在铸造时留好的三个位置，根据所气化煤的灰分决定实际安装的数量。

支撑炉箅的止推轴承形如圆盘，为滑动摩擦。为减小摩擦系数，一般用高压润滑油泵将耐高温的润滑油经油管导入止推轴面进行润滑，以保证炉箅的安全平稳运行。

2. 煤锁

煤锁是用于向气化炉内间歇加煤的压力容器，它通过泄压、充压循环将存于常压煤仓中的原料煤加入高压的气化炉内，以保证气化炉的连续生产。煤锁包括两部分：一部分是连接煤仓与煤锁的煤溜槽，它由控制加煤的阀门——溜槽阀及煤锁上锥阀——将煤由煤仓加入煤锁；另一部分是煤锁及煤锁下阀，它将煤锁中的煤加入气化炉中。煤锁的结构图如图 2-55 所示。

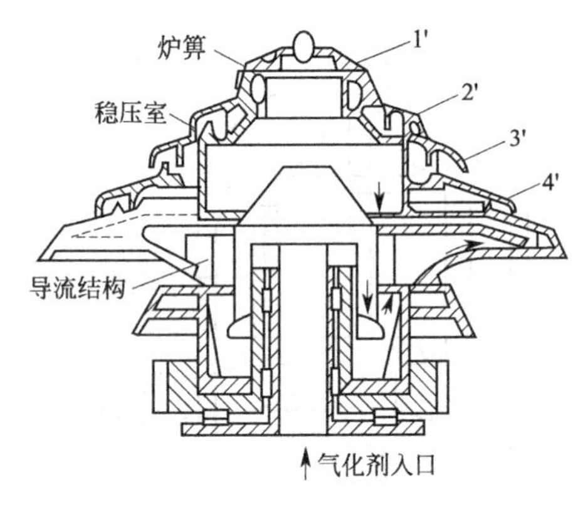

图 2-54　宝塔形炉箅

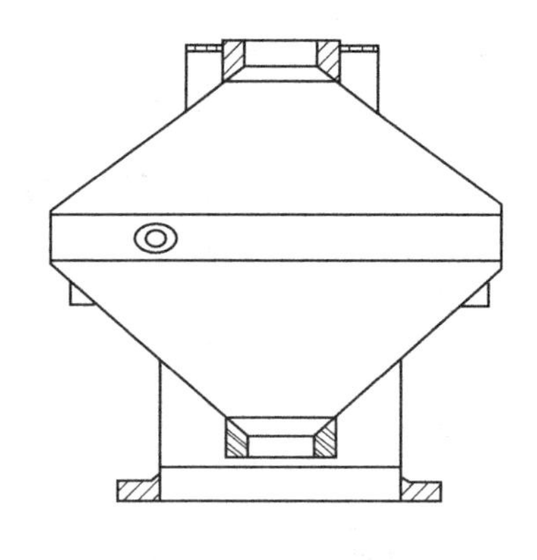

图 2-55　煤锁示意

早期的气化炉煤锁溜槽多采用插板型阀来控制由煤仓加入煤锁的煤量，它的优点是结构简单，由射线料位计检测煤锁快满时即关闭插板。但一旦料位计不准则会造成煤锁过满而导致煤锁上阀不能关闭严密。第三代以后的气化炉都已改为圆筒形溜槽阀，这种溜槽阀为一圆筒，两侧开孔。当圆筒被液压缸放下时，圆筒上的两侧孔正好对准溜煤通道，煤就会通过上阀上部的圆筒流入煤锁。煤锁上阀阀杆上也固定有一个圆筒，它的直径比溜槽阀的圆筒小，两侧也开有溜煤孔。当上阀向下打开时，圆筒与上阀头一同落入煤锁。当煤加满时，圆筒以外的煤锁空间流不进煤，当上阀提起关闭时，圆筒内的煤流入煤锁。这样只要溜煤槽在一个加煤循环时开一次，煤锁就不会充得过满，从而避免了操作失误造成的煤锁过满而停炉。其工作示意如图 2-56 所示。

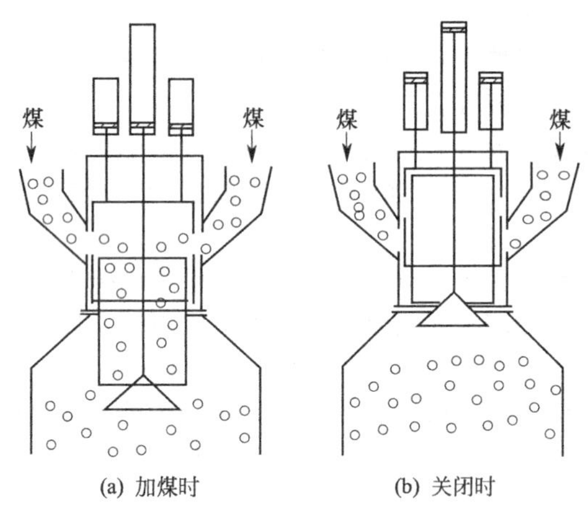

图 2-56　圆筒阀工作示意

煤锁本体是一个承受交变载荷的压力容器，操作设计压力与气化炉相同，设计温度为 200℃，材质为锅炉钢或普通低合金钢制作，壁厚一般在 50mm 以上。

煤锁上、下锥形阀的密封非常重要，一旦出现泄漏将会造成气化炉运行中断。煤锁上、下阀的锥型阀头一般为铸钢件，并在与阀座的密封处堆焊硬质合金，阀头上的硬质合金宽度为 30mm，阀座的密封面也采用堆焊硬质合金，宽度与阀头相同。一般要求堆焊后的密封面硬度为 HRC>48。

煤锁上锥阀由于操作温度较低，一般采用硬质合金和氟橡胶两道密封。即在阀座上开槽，将橡胶密封圈嵌入其中，构成了软碰硬和硬碰硬的双道密封，这样能延长上阀的使用寿命。煤锁上、下锥型阀在设计上还采用了自压锁紧形式，即在阀门关闭后，由于受气化炉或煤锁内压力的压迫，使阀头受到向上力的作用，即便误操作阀门也不会自行打开，从而避免

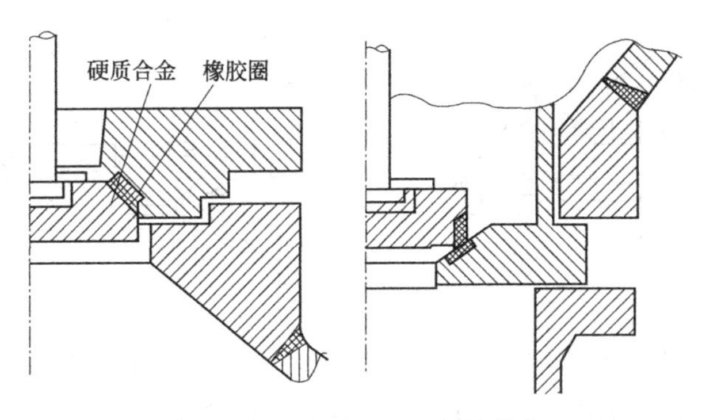

图 2-57 煤锁上、下阀结构

高温煤气外漏，保证了气化炉的安全运行。煤锁上、下阀的结构见图 2-57。

3. 灰锁

灰锁是将气化炉炉箅排出的灰渣通过升、降压间歇操作排出炉外，而保证气化炉连续运转。灰锁同煤锁一样都是承受交变载荷的压力容器，但灰锁由于是储存气化后的高温灰渣，工作环境较为恶劣，所以一般灰锁设计温度为 470℃，并且为了减少灰渣对灰锁内壁的磨损和腐蚀，一般在灰锁筒体内部都衬有一层钢板，以保护灰锁内壁，延长使用寿命。第三代炉灰锁结构如图 2-58 所示。

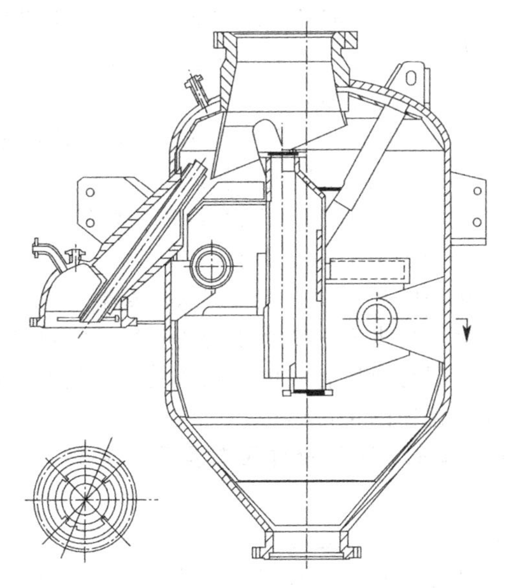

图 2-58 第三代灰锁结构

灰锁上阀的结构及材质与煤锁下阀相同，因其所处工作环境差，温度高、灰渣磨损严重，为延长阀门使用寿命，在阀座上设有水夹套进行冷却。第三代炉还在阀座上设置了两个蒸汽吹扫口，在阀门关闭前先用蒸汽吹扫密封面上的灰渣，从而保证了阀门的密封效果，延长了阀门的使用寿命。灰锁上阀密封结构见图 2-59。

灰锁下阀由于工作温度较低，其结构与煤锁类似，也采用硬质合金与氟橡胶两道密封。另外，为保证阀门的密封效果，第三代炉在灰锁下阀阀座上还设有冲洗水，在阀门关闭前先冲掉阀座密封面上的灰渣，然后再关闭阀门。其结构如图 2-60 所示。

灰锁上、下阀在设计上也采用了自锁紧型式，即阀门关闭后受到来自气化炉或灰锁的压力作用于阀头上，压差越大关闭越严密，下阀只有在泄完压与大气压力相近时才能打开，上

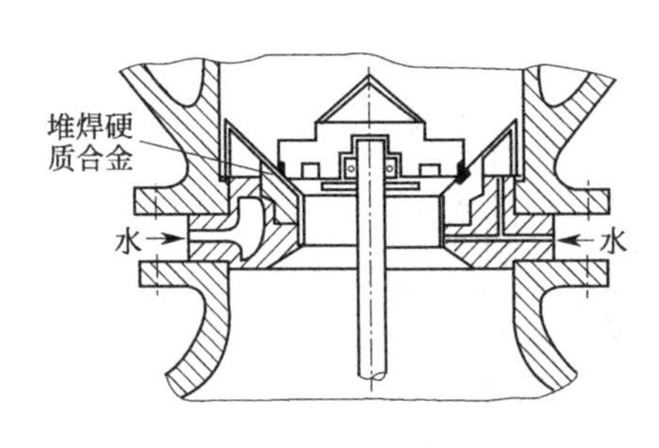

图 2-59 灰锁上阀密封结构

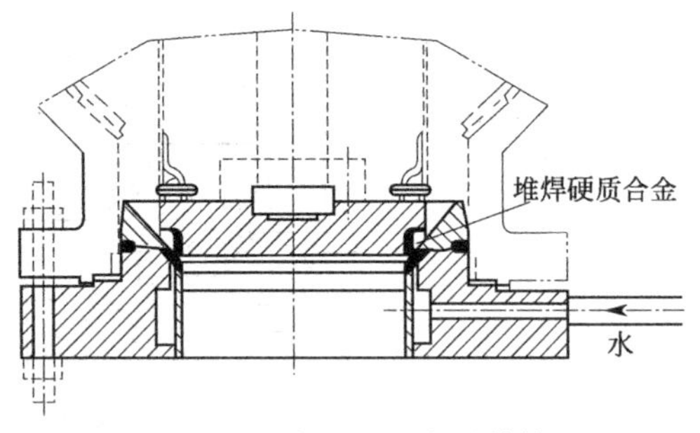

图 2-60 灰锁下阀密封结构

阀只有在灰锁充压与气化炉压力相同时才能打开，这样就保证了气化炉的运行安全。

4. 灰锁膨胀冷凝器

灰锁膨胀冷凝器是第三代鲁奇炉所专有的附属设备。它的作用是在灰锁泄压时将含有灰尘的灰锁蒸气大部分冷凝、洗涤下来，一方面使泄压气量大幅度减少，另一方面保护了泄压阀门不被含有灰尘的灰锁蒸气冲刷磨损，从而延长阀门的使用寿命，提高气化炉的运转率。

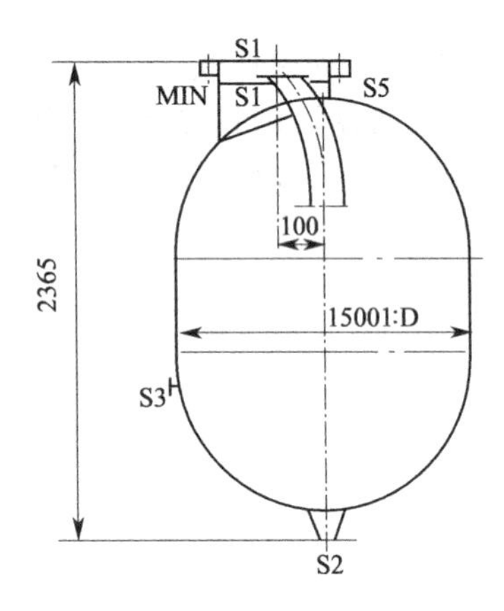

图 2-61 灰锁膨胀冷凝器示意

膨胀冷凝器是灰锁的一部分，它上部与灰锁用法兰连接，利用中心管与灰锁气相连通，下部设有进水口与排灰水口，上部设泄压气体出口，正常操作时其中充满水。当灰锁泄压时，灰锁的灰蒸气通过中心管进入膨胀冷凝器的水中，在此大部分灰尘被水洗涤、沉降、蒸汽被冷凝，剩余的不凝气体通过上部的泄压管线排至大气。膨胀冷凝器的设计压力、温度与灰锁相同，只是中心管的材质由于长期受灰蒸气的冲刷需采用耐磨性能较好的合金钢。灰锁膨胀冷凝器的结构如图 2-61 所示。

第一、二代鲁奇加压气化炉的灰锁没有设置膨胀冷凝器，它们的泄压是将灰锁的灰蒸气直接通过泄压管线排出灰锁后，再进入一个常压的灰锁气洗涤器进行洗涤、除尘。这种结构的主要问题是灰锁气的泄压阀门与泄压管线由于长期受灰蒸气的冲刷，使用寿命较短，需频繁更换泄压阀门，从而影响气化炉的正常运行。

六、加压气化炉的开、停车、正常操作及常见事故处理

（一）气化炉的开车

气化炉开车过程的操作非常重要，它直接关系到气化炉投入正常运行后能否保持高负荷连续生产和系统安全，所以在操作管理上必须重视开车过程的每个步骤。

1. 气化炉开车前系统的检查确认

（1）强度和气密性检查　初次安装或经过大修后的气化炉在开车前必须进行强度试验和气密性检查。强度试验根据国家有关规范进行，强度试验合格后仍需进行气密性检查。按照规范要求，气密性试验是在低压下进行，试验压力为 0.5MPa，试验介质采用空气，气密检查过程中，应在所有法兰连接处、阀门法兰及填料上仔细刷肥皂液进行检查，查找并消除漏点直至合格。

（2）系统完整性检查　气化炉开车前应对炉体内部、煤锁、灰锁内部件的安装正确性进行检查，对外部按工艺流程进行管道走向、仪表、孔板等安装方向进行检查，保证其安装正确。

（3）仪表功能检查　现代鲁奇加压气化炉的自动化控制程度较高，因此对仪表功能的检

查至关重要。检查的内容包括：煤锁灰锁各电磁阀遥控动作是否正常；各仪表调节阀及电动阀的动作与控制室是否对应；各指示仪表的调校、气化炉停车联锁功能是否正常；炉箅的运转与调节是否正常。

(4) 机械性能检查　主要检查运转设备的机械性能是否正常，如各液压阀门动作情况，液压泵站各泵、煤气水洗涤循环泵、润滑油泵、灰蒸气风机等运转设备是否正常。

2. 点火前的准备工作

① 检查各管线盲板位置，按开车要求导通有关盲板，氧气盲板保持在盲位，检查各阀门的位置，各手动阀门应关闭。

② 启动润滑油泵，检查各注油点油是否到位，尤其是灰锁上、下阀及炉箅大轴上的密封填料必须有油，否则运行中将会因为填料无油造成气体泄漏而停车。

③ 建立废热锅炉底部煤气水液位及洗涤循环。用煤气水分离工序供给的洗涤煤气水充填废热锅炉底部，并启动煤气水洗涤循环泵使废热锅炉与洗涤冷却器的洗涤循环建立；打通废热锅炉底部排往煤气水分离工序的开车管线，使多余的煤气水排出。

④ 向废热锅炉的壳程充入锅炉水建立液位，打开废热锅炉壳程的蒸汽阀，使废热锅炉与低压蒸汽管网连通。

向气化炉夹套充水，初次开车应冲洗夹套 3 次，通过排污管线排放。夹套液位充至 50%后将液位投入自动控制。若夹套内水温低于 95℃，应打开夹套加热蒸汽，温度达到要求后关闭。

⑤ 气化炉加煤。确认煤质合格后，向气化炉内加煤。

- 投运煤溜槽上的空气喷射器。
- 按加料程序操作煤锁向气化炉加煤。对于设有转动煤分布器的气化炉，在加煤前应先启动煤分布器，调整煤分布器在较低转速下动转，以使煤能均匀分布。

开车前炉内加煤的数量主要根据煤加热后的膨胀性能确定。膨胀力较小的煤可以加煤至气化炉满料；膨胀力较大的煤加煤量一般不能超过气化炉的 80%，这主要是因为煤加热膨胀后会造成气化炉床层阻力过大，使气化炉与夹套的压差超高，气化炉开车后工况难于稳定。

- 气化炉加煤完成后，应转动炉箅半圈，以除去加煤过程形成的煤粉。

⑥ 气化炉煤层升温。鲁奇第一代加压气化炉采用明火点火的方法进行开车，点火前在炉内箅铺一层灰渣，再将浇有机油的木柴放入，通过点火孔投入火把引燃，在确定点火成功后再逐步由煤锁加煤培养火层，直至气化炉满料。现代加压气化炉的点火是用过热蒸汽将煤加热到一定温度，在该温度下煤与氧有较快的反应速率，利用煤的氧化、燃烧特性，通入空气（或氧气）点火，升温操作步骤如下。

- 将气化炉出口通往冷火炬管线上的阀门打开。
- 将过热蒸汽引至入炉蒸汽电动阀前，打开该管段的导淋阀暖管至蒸汽过热。
- 打开蒸汽电动阀约 5%开度。
- 缓慢打开入炉蒸汽调节阀，调节入炉蒸汽流量为 5000kg/h（该流量是经温度、压力校正后的实际值）。

在向炉内通蒸汽时必须很缓慢地调整，因为在常压下若气流速度过快会造成炉内小粒度煤被气流带出，造成废热锅炉及煤气水管线堵塞。

- 蒸汽流量稳定后，缓慢调节气化炉出口压力调节阀，使升温在 0.3MPa 压力下进行，这样可适当减小气流速度，减少带出物，使煤层加热均匀。
- 蒸汽通入气化炉后，灰锁开始操作，每 15 min 排放一次，由于加热煤层在炉内产生冷凝液，若冷凝液排放不及时，将会造成煤层加热不到反应温度，使通入空气后煤不能与氧反应导致点火失败。故应一方面尽量提高入炉蒸汽温度，另一方面要特别重视炉内冷凝液的排放。

3. 气化炉点火及火层培养

蒸汽升温达到要求后即可进行点火操作。点火及点火后火层的培养对气化炉投运后能否稳定高负荷运行至关重要。加压气化炉一般都采用空气点火，待工况稳定后再切换为氧气操作。近年来有些工厂采用氧气直接点火（如原民主德国黑水泵煤气厂、中国哈尔滨气化厂），这样可省去空气与氧气的切换过程，缩短气化炉开车的时间。由于空气点火较为安全，所以一般推荐空气点火。空气点火操作步骤如下。

① 确认点火条件　煤层加热升温约 3h；气化炉出口温度大于 100℃。

② 关闭入炉蒸汽流量调节阀。

③ 缓慢开启开工空气流量调节阀，控制入炉空气流量约为 $1500m^3/h$。

④ 用奥氏分析仪分析气化炉出口气体成分，CO_2 含量逐步升高，O_2 含量逐渐下降说明火已点着。

⑤ 当证实气化炉点火成功后，稍稍开启入炉蒸汽调节阀，向气化剂中配入少量蒸汽，控制气化剂温度大于 150℃。

⑥ 当气化炉出口煤气中 CO_2、O_2 含量基本稳定后，逐渐增大入炉空气量至 3000～$4000m^3/h$，同时相应增加入炉蒸汽量以维持气化剂温度。

⑦ 启动炉箅，以最低转速运行，使炉内布气均匀。对于设有布煤搅拌器的气化炉应同时启动。

⑧ 当气化炉出口煤气中氧含量小于 0.4%（体积分数）时，将煤气切换到热火炬放空（若设有两个开工火炬时），点燃火炬，维持空气运行约 4h 以培养火层。在此阶段应维持炉箅低转速间断运行，但应注意，在空气运行阶段产生的灰量较少，炉箅的排灰量应少于气化炉产生的灰渣量，否则将会使火层排入灰锁，破坏了炉内的火层。

空气运行阶段的主要控制指标：

煤种	高活性煤(褐煤、长焰煤等)	低活性煤(贫煤、无烟煤)
煤气中 CO_2 含量/%	16～18	12～16
气化剂温度/℃	160～180	120～140

4. 气化炉的切氧、升压、并网送气

在空气运行正常后，气化炉内火层已均匀建立，即可将空气切换为氧气加蒸汽运行，然后缓慢升压、并网。具体操作步骤如下。

（1）确认切氧条件

① 夹套水液位、废热锅炉的锅炉水液位、废热锅炉底部煤气水液位均正常。

② 煤气水洗涤循环泵运行正常。

③ 为煤、灰锁阀门提供动力的液压系统运行正常。

④ 气化炉满料操作。

（2）切氧操作

① 将氧气盲板倒至通位，打开主截止阀的旁路阀对盲板法兰进行试漏，此时氧气电动阀与氧气调节阀必须处于关闭位置。

② 确认煤锁、灰锁各阀门处于关闭状态，炉箅停止排灰。

③ 关闭入炉蒸汽调节阀，若有泄漏则蒸汽电动阀也应关闭。然后延时 5min 再关闭入炉空气调节阀。

④ 略微提高气化炉煤气压力调节器设定值（在自动控制状态），使煤气压力调节阀恰好

关闭。

⑤ 先打开蒸汽电动阀，然后再打开氧气电动阀，若氧气电动阀打开后氧气调节阀有泄漏，应先关闭氧气电动阀，待通入蒸汽流量后再打开。

⑥ 缓慢打开蒸汽调节阀，调节蒸汽流量至约 5t/h，然后打开氧气调节阀，以设计的汽氧比计算氧气流量进行调整，尽可能以较高的汽氧比通入氧气量，以避免氧过量造成气化炉结渣。仔细观察气化炉煤气压力调节阀应在通入氧气后几秒内打开，否则气化炉应停车。

⑦ 用奥氏仪连续取样分析煤气成分，煤气中 CO_2 含量应小于 40%（体积分数），O_2 含量应小于 1%（体积分数），否则气化炉应立即停车。

⑧ 煤气成分稳定后适当增加入炉蒸汽量与氧气量，在调整时必须先增加蒸汽流量再增加氧气流量，继续分析煤气成分，调整汽氧比，使煤气中 CO_2 含量接近设计值。

(3) 气化炉升压操作

① 将开车空气盲板倒至盲位。

② 通过缓慢提高气化炉煤气压力调节器的设定值，将气化炉升压至 1.0MPa，升压过程应缓慢进行，升压速度应小于 50kPa/min。

③ 气化炉升压至 1.0MPa 后，稳定该压力，煤锁、灰锁进行加煤、排灰操作，同时检查气化炉及相应管道、设备所有法兰，并进行全面热态紧固。

④ 气化炉再次升压至 2.1MPa，将废热锅炉煤气水的排出由开工管线切换为正常管线。检查气化炉所有法兰是否严密。

⑤ 气化炉再次升压至与煤气总管压力基本平衡，准备并网送气。

(4) 气化炉并网送气　逐渐关闭煤气到火炬的电动阀，当气化炉压力高于煤气总管压力 50kPa 时，打开煤气到总管的电动阀，全关火炬气电动阀，气化炉煤气并入总管。

(5) 增加气化炉负荷至设计值的 50%（以氧气计）　将入炉蒸汽与氧气流量调节阀投入自动控制。逐步调整汽氧比至设计值（以灰锁排出灰中无熔融渣块为参考），然后将蒸汽与氧气流量投入比值调节。

(二) 气化炉的停车与再开车

加压气化炉根据停车原因、目的不同，停车深度应有所不同，停车可分为：压力热备炉停车、常压热备炉停车和交付检修（熄火、排空）停车。根据停车原因、停车时间长短，选择停车与再开车方式。

1. 压力热备炉的停车与再开车

非气化炉本身问题引起气化炉停车，在 30 min 之内即可恢复生产时，气化炉选择压力热备停车。

(1) 停炉压力热备

① 关闭入炉蒸汽、氧气调节阀，特别注意要先关氧气再关蒸汽。

② 关闭氧气、蒸汽管线上的电动阀。

③ 关闭气化炉连接煤气总管的电动阀，与总管隔离，将气化炉压力调节阀关闭。开火炬放空电动阀少许，以防止气化炉超压。

④停止炉箅转动，关闭煤锁、灰锁各阀门。

(2) 压力热备炉再开车　当停车时间不超过 30min 时，气化炉在压力状态直接用氧气开车。

① 全开蒸汽电动阀与氧气电动阀。

② 以设计满负荷的 30%通入蒸汽量，由蒸汽调节阀控制，然后再打开氧气调节阀，以低于设计满负荷 30%的流量通入氧气。

③ 连续取样，用奥氏仪分析煤气成分，若 CO_2 含量 $<40\%$，O_2 含量 $<1\%$说明恢复成

功，若 CO_2 含量>40%则应该做停车处理。

④ 调整汽氧比，将蒸汽、氧气流量比值调节投入自动控制。

⑤ 启动炉箅，煤、灰锁开始正常操作。

⑥ 分析气体成分符合要求，煤气中氧含量小于0.4%，按气化炉并网操作向总管送气。

2. 常压热备炉的停车与再开车

无论何种原因使气化炉在压力下停车超过30min，则气化炉必须卸压，根据需要进行常压热备炉停车或交付检修停车。

(1) 常压热备炉停车　按压力热备停车后继续进行以下步骤。

① 关闭氧气、蒸汽管线的手动截止阀。

② 将氧气管线上的盲板倒至盲位。

③ 将气化炉压力调节阀投入自动，打开气化炉通往火炬的卸压阀，气化炉开始卸压。

卸压速度小于50kPa/min。卸压过程应注意夹套液位稳定，随着压力降低，夹套内锅炉水蒸发产汽，应及时补水以防夹套干锅。

④ 压力卸至0.15MPa时可全开火炬电动阀。

⑤ 压力卸至常压后，打开夹套放空阀。转动炉箅少量排灰，然后停炉箅，关灰锁上、下阀。

(2) 常压热备炉再开车　停车故障消除后，停车时间小于8h气化炉可直接通空气点火开车。

① 倒通空气管线上的盲板，打开截止阀，关闭夹套放空阀。

② 转动炉箅1～2圈排灰。

③ 打开空气流量调节阀向气化炉通空气量约1500m^3/h 。

④ 取样分析煤气中 CO_2、O_2 含量，若 CO_2 含量大于10%（体积分数），O_2 含量逐渐下降，说明炉内火已点着。

⑤ 当煤气中的 O_2 含量为1%时，打开蒸汽电动阀，用入炉蒸汽调节阀控制通入少量蒸汽，按煤种不同控制煤气中 CO_2 含量。

⑥ 用气化炉压力调节阀缓慢将气化炉压力提高到0.3 MPa。

⑦ 根据需要转动炉箅，进行加煤、排灰，以培养炉内火层，按照气化炉原始开车中空气点火后的步骤继续进行。

3. 交付检修（熄火、排空）的计划停车

若气化炉需长时间停车或交付检修计划停车，在常压热备炉停车完成后，继续进行以下操作。

① 关闭蒸汽管线上的截止阀，打开其旁路阀。

② 关闭煤锁的充压、泄压截止阀，关闭煤溜槽上的插板阀。

③ 向炉内通入少量蒸汽灭火，通蒸汽1h后转动炉箅排灰。

④ 灰锁按正常操作排灰，直至将气化炉排空。

⑤ 停煤气水洗涤循环泵，将废热锅炉底部煤气水通过开工管线排空。

⑥ 停所有运转设备并断开其电源。

⑦ 向炉内通入空气置换气化炉。

⑧ 打开夹套放空阀及洗涤冷却器出口的煤气放空阀。

⑨ 将停车气化炉的所有盲板倒至盲位，与运行气化炉隔离。分析气化炉内可燃物与有毒有害气体至符合要求，气化炉交付检修。

（三）加压气化炉的正常操作调整

加压气化在正常生产过程中通过工艺调整，维持正常的气化反应过程是极为重要的，操作人员应严格按设计的工艺指标，准确及时地发现不正常现象，通过调整汽氧比、负荷、压力、温度等各种工艺参数，确保气化炉的正常稳定运行。

1. 气化炉生产负荷的调整

当气化炉需要加负荷时应首先进行以下检查：

① 检查原料煤的粒度；

② 检查气化炉火层是否在较低位置，以炉顶及炉底（或灰锁）温度判断；

③ 检查排出灰渣的状态及灰中残炭含量，灰中应无大渣块或大量细灰，残炭含量应正常；

④ 保证有足够的蒸汽和氧气供应。

在上述条件满足后，气化炉进行加负荷调整。

① 入炉蒸汽与氧气流量比值调节在自动状态，缓慢提高负荷调节器设定值。提高负荷应分阶段逐步增加，每次增加氧气量不超过 $200m^3/h$，每小时增加氧气量不应超过 $1000m^3/h$；若以手动控制方式加负荷应先加蒸汽量，后加氧气量。

② 相应提高炉箅转速（若气化炉设有转动布煤器，也应相应提高转速），使加煤、排灰量与负荷相匹配。

③ 检查气化炉床层压差及炉箅扭矩的变化情况。

④ 分析煤气成分，确认加负荷后工艺指标仍在控制范围内。

气化炉的生产负荷调节范围较宽，最大可达设计满负荷的 150%（以入炉氧气流量计）。负荷的大小与原料煤粒度、炉内火层的位置有关，当煤粒度过小、负荷较大时使带出物增加，严重时炉内床层由固定床变成流化床，料层处于悬浮状，使气化炉排不出灰，导致工况恶化；若气化炉负荷过低，会造成气化剂分布不均，使炉内产生风洞、火层偏斜等问题。根据运行经验，气化炉负荷一般应控制在 85%～120%，最低负荷一般不得低于 50%。

2. 汽氧比的调整

汽氧比是气化炉正常操作的重要调整参数之一。调整汽氧比，实际上是调整炉内火层的反应温度，气化炉出口煤气成分也随之改变。改变汽氧比的主要依据如下。

① 气化炉排出灰渣的状态即颜色、粒度、含炭量。灰中渣块较大、渣量多说明火层温度过高，汽氧比偏低；灰中有大量残炭、细灰量较多无融渣说明火层温度过低，汽氧比偏高。

② 原料煤的灰熔点。在灰熔点允许的情况下，汽氧比应尽可能降低，以提高反应层温度。煤中灰熔点发生变化时应及时调整汽氧比。

③ 煤气中 CO_2 含量。煤气中 CO_2 含量的变化对汽氧比变化最敏感，在煤种相对稳定的情况下，煤气中 CO_2 含量超出设计范围应及时进行调整。

由于汽氧比的调整对气化过程影响较大，稍有不慎将会造成炉内结渣或灰细，严重时会烧坏炉箅，所以，汽氧比的调整要小心谨慎，幅度要小，并且每次调整后要分析煤气成分及观察灰的状况。

氧气纯度发生变化时汽氧比也应相应进行调整。

3. 气化炉火层位置控制

炉内火层位置的控制非常重要。判断火层具体位置应根据气化炉工艺指标与经验综合而定。火层过高（即火层上移）使气化层缩短，煤气质量发生变化，严重时会造成氧穿透，即煤气中氧含量超标，导致事故发生；火层过低则会烧坏炉箅等炉内件。火层的控制主要通过调整炉箅转速、控制炉顶温度与灰锁温度（即炉底温度）来实现。

火层位置控制应综合炉顶与灰锁温度来调整：

① 炉顶温度升高，灰锁温度降低时，应提高炉箅转速，加大排灰量，使炉箅转速与气

化炉负荷相匹配；

② 炉顶温度下降，灰锁温度升高时，应降低炉箅转速，减小排灰量；

③ 炉顶温度与灰锁温度同时升高时，说明炉内产生沟流现象，按处理沟流现象的方法进行调整。

4．灰锁操作

灰锁操作对气化炉的正常运行影响较大，操作中应注意以下问题。

灰锁上、下阀严密性试验。灰锁上、下阀能否正确关闭严密是灰锁操作的关键。一般关闭时应重复开、关几次，听到清脆的金属撞击声时说明已关严。在泄压、充压的过程中应按操作程序进行阀门的严密性试验，试验方法如下。

① 当灰锁压力泄压至2.0MPa时停止泄压，检查上阀严密性，查看灰锁压力是否回升。若在规定时间内（5s）压力回升大于0.1MPa，则说明上阀泄漏，应充压后再次关闭；若在5s内小于0.1MPa，说明上阀关闭严密。

② 当灰锁压力充压至1.0MPa时，停止充压，检查下阀严密性，检查方法和标准与上阀相同。

灰锁上、下阀的严密性试验压力必须按要求的压力进行，即试验时上、下阀承受的压差Δp为1.0MPa，这样可以及时发现阀门泄漏，及时处理，以延长上、下阀的使用寿命。

5．灰锁膨胀冷凝器的冲洗与充水

对于灰锁设有膨胀冷凝器的气化炉，其充水与冲洗的正确操作很重要。灰锁泄压后，应按规定时间对膨胀冷凝器底部进行冲洗，以防止灰尘堵塞灰锁泄压中心管。冲洗完毕后应将膨胀冷凝器充水至满液位，充水时应注意不能过满或过少，过满时水会溢入灰锁造成灰湿、灰锁挂壁，影响灰锁容积；过少则在灰锁泄压时很快蒸发，造成灰锁干泄，导致灰尘堵塞泄压中心管，使灰锁泄压困难。所以必须正确掌握冲洗与冲水量，以保证灰锁的正常工作。

6．煤锁操作

（1）煤锁上、下阀的严密性试验　煤锁上、下阀的工作环境比灰锁条件好，但其严密性试验也很重要。只有保证煤锁上、下阀关闭严密，才能保证煤锁向气化炉正常供煤。煤锁上、下阀的严密性试验方法和要求与灰锁上、下阀相同，可参照进行。

（2）煤溜槽阀的开、关　加压气化炉的煤溜槽阀是控制煤斗向煤锁加煤的阀门，以前为插板式，第三代炉以后改为圆筒型。不论何种结构形式的煤溜槽阀，其关闭后都与煤锁上阀之间有一定的空间，该空间用于煤锁上阀开、关动作，以使上阀关严。所以操作中要注意：在一个加煤循环中，煤溜槽阀只能开一次，以防止多次开关将上阀动作空间充满煤后造成上阀无法关严，而影响气化炉的运行。

7．不正常现象判断及故障处理

（1）炉内结渣

现象：排出灰中有大量渣块，炉箅驱动电机电流（液压马达驱动时为液压压力）超高，煤气中CO_2含量偏低。

原因：汽氧比过低；灰熔点降低；灰床过低；气化炉内发生沟流现象。

处理方法：增加汽氧比，使汽氧比与灰熔点相适应；降低炉箅转速，使其与气化炉负荷相适应；提高汽氧比，气化炉降负荷，短时提高炉箅转速以破坏风洞。

（2）气化炉出口煤气温度与灰锁温度同时升高　如果气化炉出口煤气温度与灰锁温度同时升高，并且超过设计值，应立即进行以下检查和分析。

① 气化炉出现沟流。沟流现象如下：气化炉出口煤气温度高且大幅度波动；煤气中CO_2含量高；严重时粗煤气中氧含量超标；排出灰中有渣块和未燃烧的煤。

如果出现上述现象，采取以下措施处理：气化炉降至最小负荷；增加汽氧比操作；短时增加炉箅转速以破坏风洞；检查气化炉夹套是否漏水。当煤气中 O_2 含量超过 1%（体积分数）时气化炉应停炉处理。

② 气化剂分布不均。气化剂分布不均由灰或煤堵塞炉箅的部分气化剂通道或布气孔所造成，其现象及处理方法与炉内沟流现象基本相同。以上措施无效时，气化炉应停炉进行疏通清理。

(3) 炉内火层倾斜

现象：气化炉出口煤气温度高，灰渣中有未燃烧的煤。

原因：原料煤粒度不均匀，炉内料层布料不均；炉箅转速过低，排灰量不均。

处理：气化炉降负荷，短时加快炉箅转速，若无效应熄火停车处理。

(4) 气化炉夹套与炉内压差高　夹套与炉内压差过高时会造成夹套内鼓，当发现压差高时，应立即检查处理。检查下列问题。

① 负荷高、汽氧比过大：其现象为气化炉出口温度高、灰细、灰量小，此时应降低气化炉负荷，降低汽氧比。

② 炉内结渣严重：按炉内结渣现象进行处理。

③ 后序工号用气量大，使炉内气流速度加快，床层压降增大，此时应减小供气量，维持好气化炉的操作压力。

④ 开车过程中压差高，在低压时通入气化剂量过大，开车时加煤过多；应减小气化剂通入量，转动炉箅松动床层。

⑤ 炉箅布气环堵塞：若发现此问题，气化炉停炉处理。

(5) 炉箅、灰锁上、下阀传动轴漏气

原因：润滑油供油不足。

处理：检查润滑油泵是否正常供油；检查注油点压力；检查润滑油管线是否畅通，调整油泵出口压力，以满足各传动轴填料润滑要求。

(6) 煤锁膨料

现象：煤锁温度正常而气化炉内缺煤，温度高。

原因：煤中水分高，在煤锁中挂壁黏着。

处理：多次振动下阀，煤锁进行充、泄压；当处理无效时气化炉停车清理。

(7) 灰锁膨料、挂壁

现象：灰锁下阀打开后不下灰或下灰量少。

原因：气化剂带水造成灰湿；膨胀冷凝器充水过满溢至灰锁；夹套漏水。

处理：提高过热蒸汽温度；向灰锁充入少量蒸汽，打开下阀吹扫灰锁；将挂壁灰渣吹出。

复　习　题

1. 简述鲁奇加压气化有哪些优缺点？
2. 简述鲁奇加压气化炉内发生的化学反应有哪些？
3. 简述煤在鲁奇加压气化炉内发生的主要物理化学变化过程。
4. 简述鲁奇加压气化炉内煤的分层情况及各层内发生的物理化学变化或作用。
5. 简述气化压力对煤气组成、产率、氧耗、水蒸气用量、生产能力、压缩功耗等方面的影响。
6. 试述气化层温度对气化过程的影响。
7. 试述气化剂温度对气化过程的影响。
8. 简述汽氧比对气化过程的影响。
9. 简述煤种对气化过程的影响。

10. 简述煤的粒度、水含量、灰含量、灰熔点、黏结性、机械强度、热稳定性和化学活性等因素对气化过程的影响。

11. 简述鲁奇炉加煤与排渣的主要过程。

12. 简述各代鲁奇炉的特点。

13. 简述鲁奇炉炉体的主要结构特点。

14. 简述鲁奇炉搅拌器与布煤器的作用。

15. 简述鲁奇炉炉箅、煤锁、灰锁和灰锁膨胀冷凝器的作用。

16. 简述鲁奇加压气化系统开车的主要步骤。

17. 简述鲁奇加压气化系统压力热备炉停车与再开车的主要步骤。

18. 简述鲁奇加压气化系统常压热备炉停车与再开车的主要步骤。

19. 简述鲁奇加压气化系统计划停车的主要步骤。

20. 简述鲁奇气化炉生产负荷调整的要点。

21. 简述鲁奇气化炉汽氧比调整的要点。

22. 简述鲁奇气化炉火层位置的高低对气化过程的影响及火层位置控制的要点。

23. 试述鲁奇气化炉内结渣的可能原因。

24. 试述鲁奇气化炉出口煤气温度与灰锁温度同时升高的原因。

25. 试述鲁奇气化炉内火层倾斜的原因。

26. 试述鲁奇气化炉夹套与炉内压差偏高的原因。

第六节　其他气化技术简介

一、灰熔聚气化法

灰熔聚（又称灰团聚、灰黏聚）气化法，属于干粉煤流化床气化技术。该技术在气化炉形成局部高温区，使煤灰在软而未熔融的状态下，相互碰撞，黏结成含炭量较低的灰球。结球长大到一定程度时，靠其自身重量与煤粒分离，下落到炉底灰渣斗中排出炉外。与液态排渣的德士古和Shell煤气化技术相比，具有操作温度低，氧耗量少、设备和技术转让费便宜等特点，是适合中小化工企业的洁净煤气化技术之一。

采用灰熔聚排渣技术的气化炉有美国的U-gas气化炉、KRW气化炉以及中国科学院山西煤炭化学研究所的ICC煤气化炉。

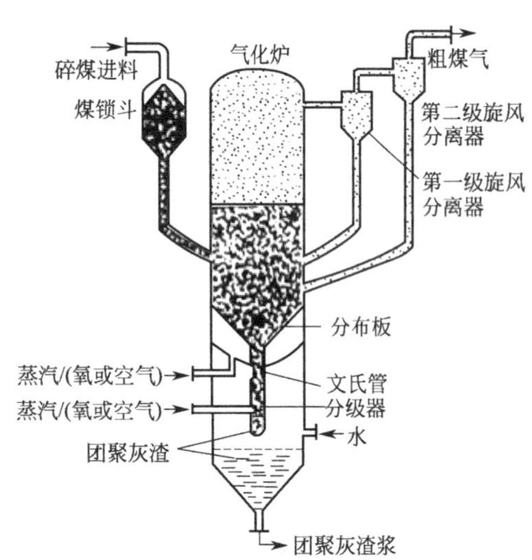

图 2-62　U-gas 气化炉

1. 美国U-gas气化技术

（1）中试装置气化炉　U-gas气化工艺由美国煤气工艺研究所（IGT）开发，属于单段流化床粉煤气化工艺，采用灰团聚方式操作。1974年建立了一个接近常压操作的中间试验装置，气化炉内径0.9m，高9m，其结构如图2-62所示。

气化炉外壳是用锅炉钢板焊制的压力容器，内衬耐火材料。气化炉底部是一个中心开孔的气体分布板，气化剂分两处进入反应器。一部分由分布板进入，维持床内物料流化；另一部分从炉底文丘里管进入，这部分气体氧/蒸汽比较大，气化过程中在文丘里管上方形成温度较高的灰团聚区，温度略高于灰的软化点（ST），灰粒在此区域软化后而团聚长大，到不再能被上升气流托起时灰粒从床层中分离出来。控制中心管的气流速度，可控制排灰量多少。煤被粉碎后（6mm 以下），经料斗由螺旋给料器从分布板上方加入炉内。煤在气化炉内停留时间为 45～60min，流化气速为 0.65～1m/s，中心管处的固体分离速度为 10m/s 左右。

（2）中试装置气化工艺流程　U-gas 气化工艺中试流程如图 2-63 所示。气化装置包括破碎、干燥、筛分、煤仓、进料锁斗系统、耐火材料衬里的气化炉、炉底部灰团聚排渣装置、旋风除尘、煤气冷却、洗涤和排灰锁斗系统等。气化炉顶部粗煤气带出的细粉进入三级旋风分离器分离，一级旋风分离出的细粉循环入床内，二级旋风分离出的细粉进入炉内排灰区内，在此处气化及灰团聚，然后灰渣从炉底部排出。三级旋风分离出的细粉直接排出，不再返回气化炉。

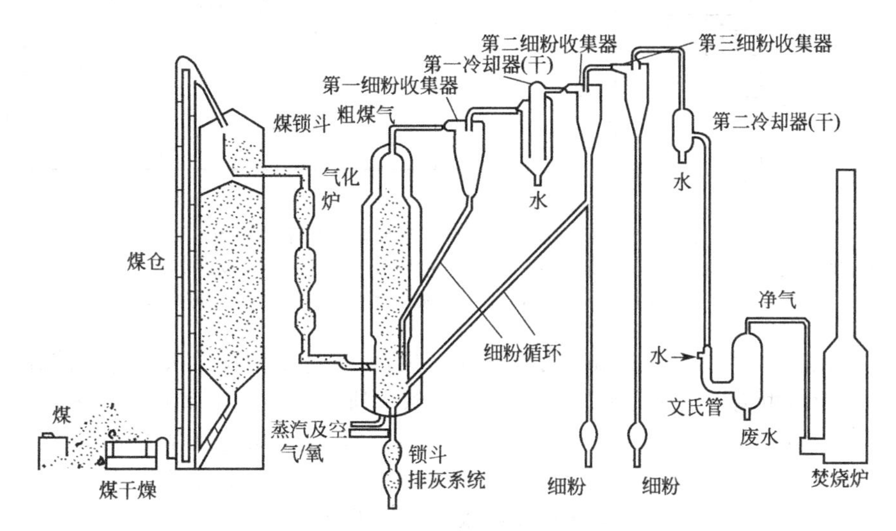

图 2-63　低压 U-gas 气化工艺中试流程

除尘后的煤气经冷却水洗涤，进一步除尘降温后，送焚烧炉燃烧。

U-gas 在世界上第一套工业化装置是上海焦化厂为炼焦炉生产加热燃气的装置，此装置已于 2002 年停止运行，在此不再多述。

2. 中国 ICC 灰熔聚流化床煤气化技术

中国科学院山西煤炭化学研究所研究开发的 ICC（Institute of Chemistry）灰熔聚流化床粉煤气化技术，已进入工业推广阶段，而且正在向大规模，加压方向发展。

ICC 灰熔聚流化床粉煤气化技术以烟粉煤为原料，空气（或富氧、氧气）和蒸汽为气化剂，在适当的煤粒度和气速下，使床层中固体物料沸腾，气固两相充分混合接触，在单段气化炉中一次实现破黏、脱挥发分、气化、灰团聚及分离、焦油及酚类的裂解等过程。具有局部高温区、选择性排灰、循环流化、较高碳转化率、大幅度降低压缩动力消耗等优点。

（1）ICC 气化炉　ICC 灰熔聚流化床粉煤气化炉简图见图 2-64。

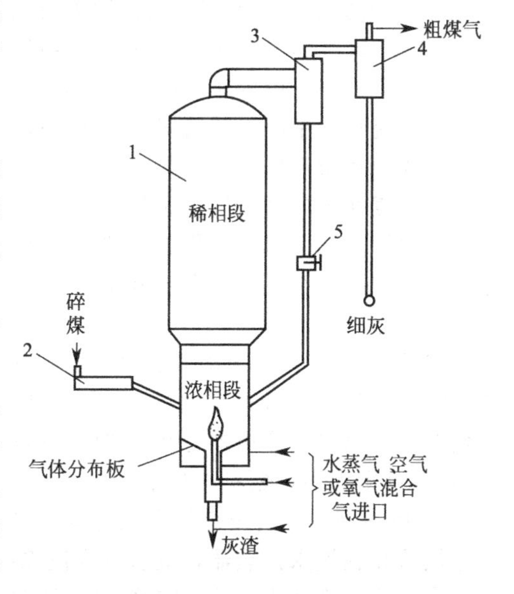

图 2-64　ICC 灰熔聚流化床粉煤气化炉
1—气化炉；2—螺旋给煤机；3—第一旋风分离器；4—第二旋风分离器；5—高温球阀

（2）ICC 煤气化工艺流程　ICC 煤气化工业示范装置工艺流程见图 2-65。包括备煤、进料、供气、气化、除尘、余热回收、煤气净化冷却等系统。

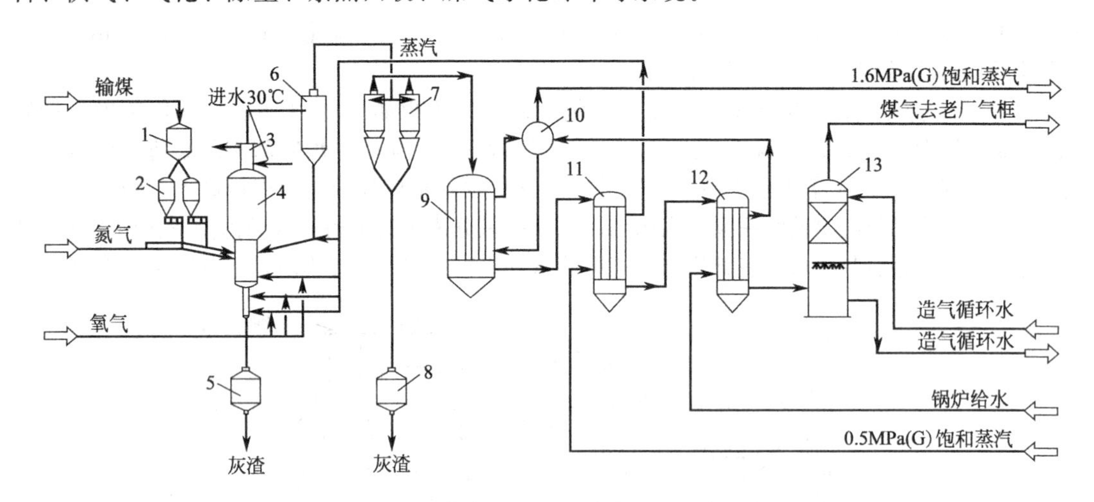

图 2-65　ICC 煤气化工业示范装置工艺流程简图

1—煤锁；2—中间料仓；3—气体冷却器；4—气化炉；5—灰锁；6—一级旋风；7—二级旋风；8—二旋下灰斗；9—废热回收器；10—汽包；11—蒸汽过热器；12—脱氧水预热器；13—洗气塔

① 备煤系统。粒径为 0～30mm 的原料煤（焦），经过皮带输送机，进入破碎机，破碎到 0～8mm，而后由输送机送入回转式烘干机，烘干所需的热源由室式加热炉烟道气供给，被烘干的原料，其含水量控制在 5%以下，由斗式提升机送入煤仓储存待用。

② 进料系统。储存在煤仓的原料煤，经电磁振动给料器、斗式提升机依次进入进煤系统，由螺旋给料器控制，气力输送原料煤进入气化炉下部。

③ 供气系统。气化剂（空气/蒸汽或氧气/蒸汽）分三路经计量后由分布板、环形射流管、中心射流管进入气化炉。

④ 气化系统。干碎煤在气化炉中与气化剂氧气和蒸汽进行反应，生成 CO、H_2、CH_4、CO_2、H_2S 等气体。气化炉为一不等径的反应器，下部为反应区，上部为分离区。

在反应区中，由分布板进入的蒸汽和氧气，使煤粒流化。另一部分氧气和蒸汽经计量后从环形射流管、中心射流管进入气化炉，在气化炉中心形成局部高温区，使灰团聚形成团粒。生成的灰渣经环形射流管，上、下灰斗定时排出系统，由机动车运往渣场。

原料煤在气化区内进行破黏，脱挥发分、气化、灰渣团聚、焦油裂解等过程，生成的煤气从气化炉上部引出。气化炉上部直径较大，含灰的煤气上升流速降低，大部分灰及未反应完全的半焦回落至气化炉下部流化区内，继续反应，只有少量灰及半焦随煤气带出气化炉进入下一工序。

⑤ 除尘系统。从气化炉上部导出的高温煤气进入两级旋风分离器。从第一级分离器分离出的热飞灰，由料阀控制，经料腿用水蒸气吹入气化炉下部进一步燃烧、气化，以提高碳转化率。从第二级分离器分出的少量飞灰排出气化系统，这部分细灰含炭量较高（60%～70%），可作为锅炉燃料再利用。

⑥ 废热回收系统及煤气净化冷却系统。通过旋风除尘的热煤气依次进入废热锅炉、蒸汽过热器和脱氧水预热器，最后进入洗涤冷却系统，所得煤气送至用户。

⑦ 操作控制系统。气化系统设有流量、压力和温度检测及调节控制系统，由小型集散系统集中到控制室进行操作。

3. KRW 灰团聚流化床煤气化技术

(1) KRW 气化炉 此工艺原为美国西屋(Westinghouse)电力公司开发的 Westinghouse 气化技术，后由于该公司大部分股权出让给凯洛格(M. W. Kellogg)公司，易名为 KRW 法。其主要变化是在 Westinghouse 法基础上加入脱硫工艺，即在原煤中加入碳酸钙，用铁酸锌浴除去硫。图 2-66 为 KRW 气化炉结构图。

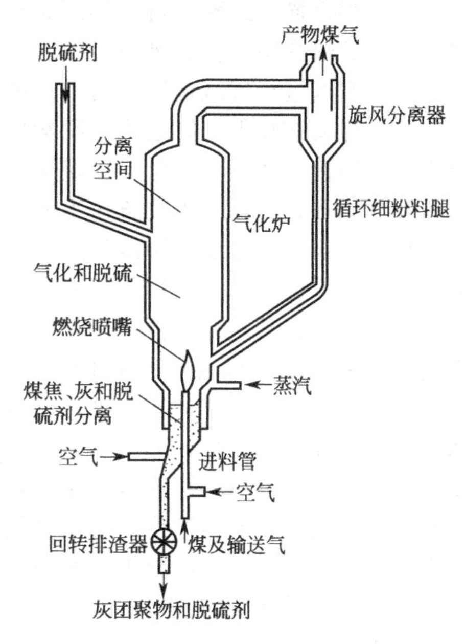

图 2-66 KRW 气化炉

炉内按作用不同，自上而下可分为分离段、气化段、燃烧段和灰分离段。炉外径为 1.2m，高 15m，内衬绝热层和耐火砖。中试气化炉的操作压力为 1.6MPa，设计最高操作压力为 2.1MPa，温度 740～900℃，处理煤能力 15t/d（吹空气）～35t/d（吹氧气）；蒸汽/煤比 0.2（吹空气）～0.6（吹氧）；氧/煤 0.9，空气/煤 3.6；碳转化率＞90％。

自 1975 年以来，KRW 炉对烟煤、次烟煤、褐煤、冶金焦和半焦等多种原料进行了气化试验，就煤性质来说包括弱黏煤、强黏煤、低硫煤、高硫煤、低灰煤、高灰煤、低活性煤和高活性煤。此法适应多种煤种，但最适合气化年轻的高活性褐煤。到 1985 年累计试验运转时间达到 11500h。为商业放大需要，1980 年建立了内径 3m，高 9.14m 的冷模试验装置。KRW 工艺的主要优点是原煤适应性广，碳转化率高，污染少，炉内无运转部件，操作简单稳定，操作弹性大，允许变化范围 50％～150％。主要缺点是循环煤气消耗量大。

(2) KRW 煤气化工艺流程 KRW 气化工艺过程主体是一加压流化床系统。其工艺流程见图 2-67。

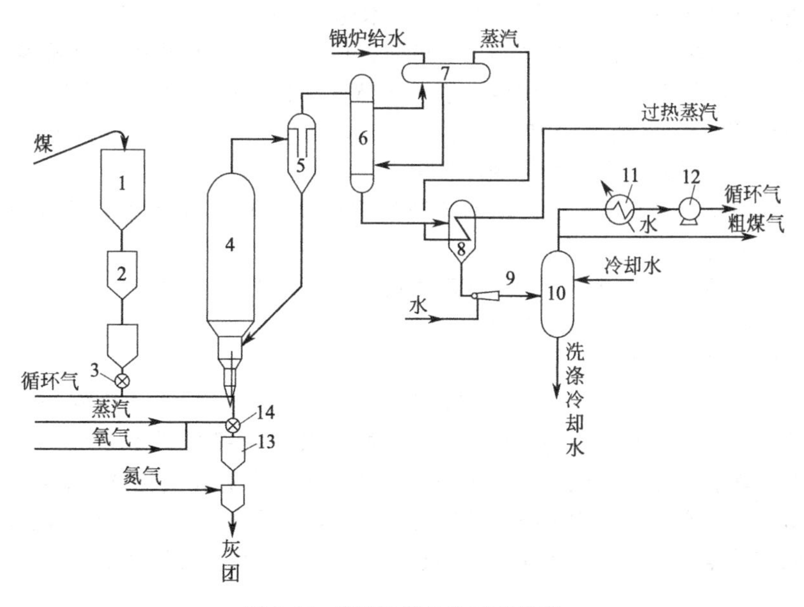

图 2-67 KRW 煤气化工艺流程

1—煤储斗；2—煤锁斗；3—加料器；4—气化炉；5—旋流分离器；6—废热锅炉；7—汽包；8—旋流器；9—文丘里洗涤器；10—激冷器；11—煤气冷却器；12—煤气压缩机；13—灰锁斗；14—旋转下料器

原料煤由撞击式碾磨机破碎到6mm，并干燥到含水分5%左右。经预处理的煤由输送机输入常压储煤仓中，借助重力间歇向下面两个煤斗送煤。煤由回转给煤机从煤斗输出，用循环煤气或空气进行气流输送，由中央进料喷嘴送入气化炉燃烧段。这是与U-gas法最大的不同之处。煤粉在喷射区附近快速脱除挥发分形成半焦，同时喷入的气化剂在喷口附近形成射流高温燃烧区，使煤和半焦发生燃烧和气化反应。高速气流喷嘴的射流作用有助于气化炉内固体颗粒循环，有助于煤粒急速脱挥发分后的分散，因此黏结性的煤同样能操作。射流燃烧段的高温提供了气化反应所需的热量，也确保了脱挥发分过程中生成的焦油和轻油的充分热解。射流高温区的另一个作用是使碳含量降低了的颗粒变得越来越软，碰撞后黏结形成大团粒，当团粒大到其重量不再能流化时，落入炉底倾斜段，并被循环煤气冷却，排出的团灰温度约150～200℃，碳含量小于10%。

气化炉出来的煤气进入两级旋风分离器，大部分细焦粉被分离下来，通过气动L阀返回气化炉下部再次气化，形成物料的循环过程，一级旋风除尘器除尘效率为95%，串联使用二级旋风除尘器时，总除尘效率可达98%。经旋风除尘器除尘后的煤气进入废热锅炉副产蒸汽，蒸汽经旋流器过热后供气化使用。粗煤气经文丘里洗涤器、激冷器、冷却洗涤除尘后送往用气工序。一小部分粗煤气经冷却后，加压作为循环气送入煤气炉。

二、GSP煤气化工艺

1. 概述

GSP煤气化工艺是由原民主德国VEB Gaskombiant的黑水泵公司于1976年研究开发的加压气化工艺，取名为GSP（德文Gaskombiant Schwarze Pumpe的简称）气化工艺。

1980年在原民主德国的弗莱堡（Freiberg）燃料学院建成了W100和W5000两套气化试验装置。后来这两套装置归属于瑞士可持续技术控股公司下属的德国未来能源公司所有。试验过的煤种来自德国、中国、波兰、前苏联、南非、西班牙、保加利亚、加拿大、澳大利亚和捷克等国家，东西德合并后该技术扩展应用到生物质、城市垃圾、石油焦和其他燃料等领域。

1984年在德国黑水泵工厂采用GSP气化技术建立了一套200MW的商业化装置，粉煤处理能力为30t/h。该装置在1984至1990年间，成功对普通褐煤及含盐褐煤进行了气化，生产民用煤气。东西德合并后，德国政府引进天然气取代了城市煤气，且对垃圾处理有补贴政策，所以1990年后，该装置分别气化过天然气、焦油、废油、浆料和固态污泥等原料，生产出的合成气用于甲醇生产及联合循环发电（IGCC）。

2001年，巴斯夫（BASF）在英国的塑料厂建成30MW工业装置，用于气化塑料生产过程中所产生的废料。

2005年，捷克Vresova工厂采用GSP气化技术建设的140MW工业装置开车运转，其气化原料为煤焦油，用于联合循环发电项目（IGCC）。

三套工业化装置的简要情况见表2-21。

中国是能源消耗大国，更是煤炭大国，石油资源相对缺乏。为了更好的推动GSP气化技术在中国煤化工及煤制油领域的应用，瑞士可持续技术控股公司于2005年5月与中国神华宁夏煤业集团有限公司联合成立合资公司，即北京索斯泰克煤气化技术有限公司。

2006年5月，西门子公司从瑞士可持续技术控股公司收购了德国未来能源公司的全部股权，从而拥有完整的GSP技术知识产权，现今GSP技术又称为西门子（GSP）气化技术。

2. 工艺流程

西门子（GSP）气化技术是采用干粉进料、纯氧气化、液态排渣和粗合成气激冷工艺流程的气流床气化技术。该流程包括干粉煤的加压计量输送系统（即输煤系统）、气化与激冷、

表 2-21 GSP 三套工业化装置简况

气化类型	气流床气化炉	气流床气化炉	气流床气化炉
用户	Schwarze Pumpe	BASF plc，Sealsands	Sokolovskd uhelnd, a. s.
所在地	Schwarze Pumpe，德国	Middlesbrough，英国	Vresova，捷克
试车时间	1984 年	2001 年	2005 年
反应器类型	气流床，水冷壁	气流床，水冷壁	气流床，水冷壁
热容量	200MW	30MW	140MW
压力	2.8MPa	29bar	28bar
温度	1400℃	1400℃	1400℃
气化体积	$11m^3$	$3.5m^3$	$15m^3$
激冷方式	完全激冷	局部激冷	完全激冷
供料系统	粉煤/液态供料	液态供料	液态供料
气化原料	1984～1990 年采用普通的及含盐的褐煤；1990 年后采用天然气、污泥、焦油及生物质等	尼龙合成过程中产生的液体废物，包括含氢氰酸和硝酸盐的副产物及含硫酸铵的有机物	440MWIGCC 的 26 个固定床气化炉产生的焦油与其他液态副产品
产品	用于 IGCC 燃气和甲醇原料气	燃料气	用于 IGCC 燃气

注：$1bar=10^5Pa$。

气体除尘冷却（即气体净化系统）、黑水处理等单元。

西门子 GSP 煤气化工艺流程见图 2-68。

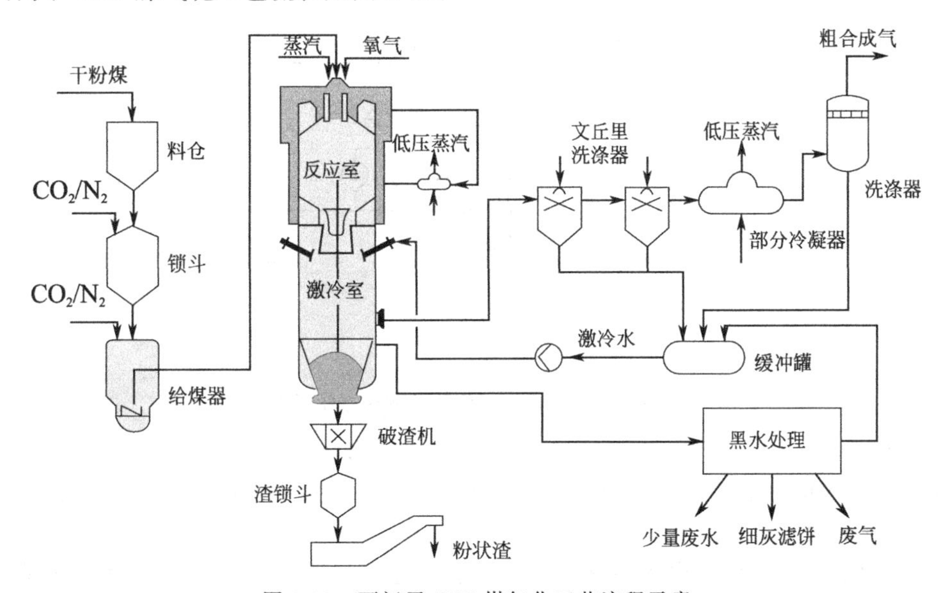

图 2-68 西门子 GSP 煤气化工艺流程示意

经研磨的干燥煤粉由低压氮气或二氧化碳送到煤的加压和投料系统。此系统包括料仓、锁斗和密相流化床给料器。粉煤流量通过入炉煤粉管线上的流量计测量。载气输送过来的加压干煤粉，氧气及少量蒸汽（对不同的煤种有不同的要求）通过组合喷嘴进入到气化炉中。

西门子（GSP）气化炉的操作压力为 2.5～4.0MPa。根据煤粉的灰熔特性，气化操作温度控制在 1350～1750℃之间。反应后高温气体与液态渣向下流动，一起离开气化室进入激冷室，被喷射的高压激冷水冷却，液态渣在激冷室底部水浴中成为颗粒状，定期从排渣锁斗中排入渣池，并通过捞渣机装车运出。

从激冷室出来的被水蒸气饱和的粗合成气，经两级文丘里洗涤器、一级部分冷凝器和洗涤器，净化后的合成气含尘量设计值小于 1mg/m^3，被输送到下游。

3. 备煤与输送系统

预先被破碎到小于 50mm 的经过计量的煤，通过输送机送入磨煤机，在磨煤机内将煤磨碎到适于气化的粒度（对不同煤种有不同的要求）。磨煤的同时，采用加热的惰性气流将其干燥到符合输送要求的水分含量（对不同的煤种有不同的要求）。经研磨与干燥的煤粉由低压氮气送到煤的加压和投料系统。此系统包括储仓、锁斗和密相流化床加料斗。锁斗完成加料后，即用加压气（N_2 或 CO_2）加压至与加料斗相同的压力，然后煤粉将依靠重力送至加料斗。再用输送气（N_2 或 CO_2）从加料斗中将干煤粉送到气化炉的组合喷嘴中。粉煤流量通过入炉煤粉管线上的流量计测量。图 2-69 为干粉煤的加压计量输送系统示意图。

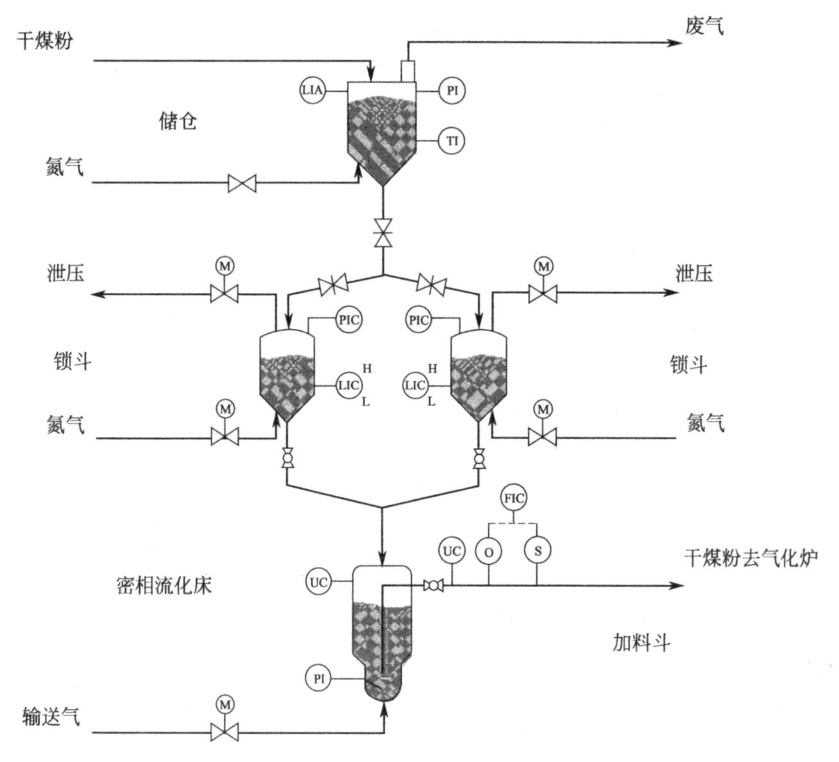

图 2-69　干粉煤的加压计量输送系统示意

4. 气化炉

GSP 气化炉主要由烧嘴、水冷壁气化室（反应室）和激冷室构成。整个反应器呈圆桶形结构，外壁为水夹套，见图 2-70。

(1) 气化室　气化室为由水冷壁围成的圆柱形空间，其上部为组合烧嘴，下部为排渣口，煤粉与氧气、水蒸气的气化反应就在此空腔内进行。

水冷壁由多层组成，主要包括膜式壁、抓钉、耐火涂料（碳化硅）、固态渣层、液体熔渣等，水冷壁的结构和外观图分别见图 2-71 和图 2-72。

气化过程中水冷壁的温度分布如图 2-73 所示

炉体内温度在 1400℃以上，经过 5.5mm 厚的液体熔渣和固体熔渣层以后，温度降低到 500℃左右，再经过 13mm 厚的耐火材料，温度降到 270℃左右，加压冷却水的温度为 250℃左右。水冷壁气化炉的优点是外层壳体内壁的温度比较低（小于 250℃），不容易损坏。据报道水冷壁在使用十年以后，也没有破坏性的损坏现象。

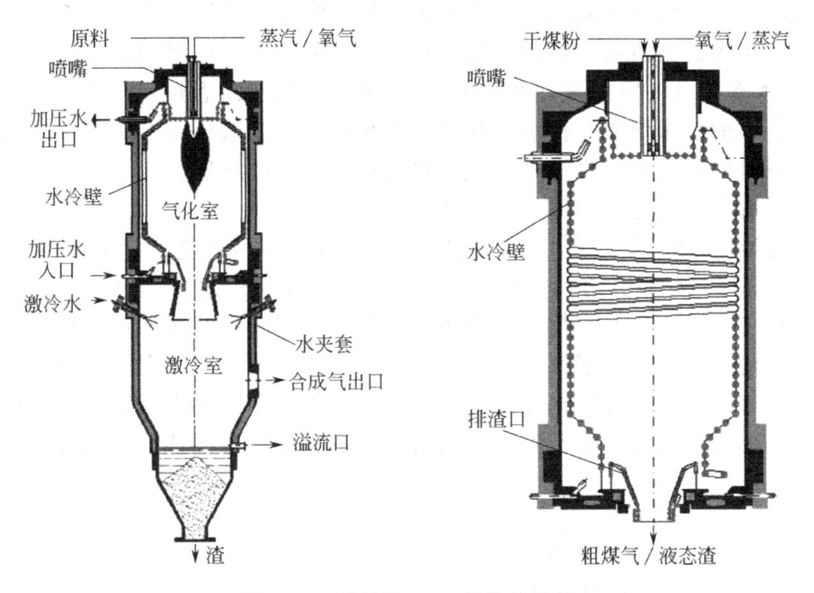

图 2-70 西门子 GSP 气化炉结构

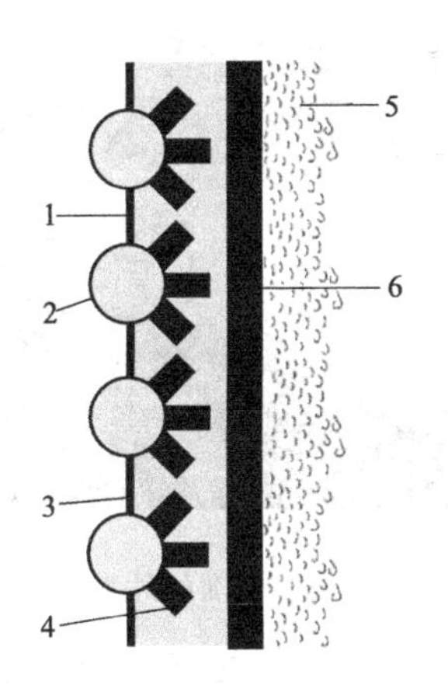

图 2-71 水冷壁的结构

1—膜式壁；2—加压循环水；3—耐火材料；4—抓钉；5—液态渣；6—固态渣

图 2-72 水冷壁的外观

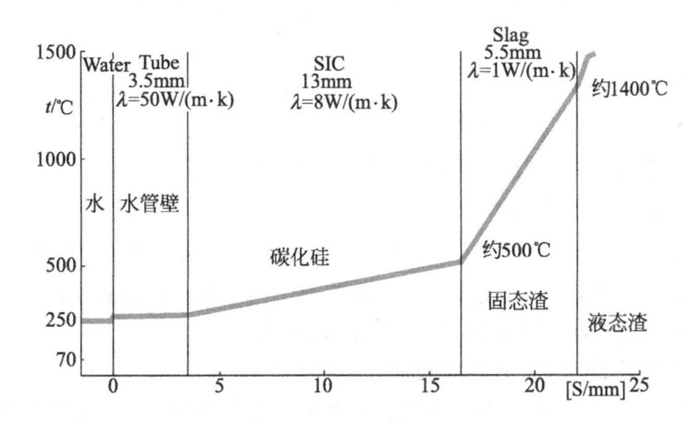

图 2-73 气化过程中水冷壁的温度分布示意

气化过程中，反应温度比较高，产生的熔渣被烧嘴以小渣滴的形式甩至水冷壁，然后在水冷壁上形成一个固态熔渣层。该固态熔渣层的厚度取决于反应室内的火焰温度和熔渣的温度-黏度特性。水冷壁可以根据气化炉的运行工况自动调节固态熔渣层厚度。如果炉温高，则渣层变薄，传出的热量增多，使炉温降低；如炉温低，则渣层变厚，传出的热量减少，使炉温升高。这就是固态熔渣层自动调节气化过程稳定进行的原理。

水冷壁内外有气体连通的通道，以保持压力的平衡。

（2）组合烧嘴　GSP 工艺采用一种内冷式多通道的多用途烧嘴，共有 6 层通道，见图 2-74。进料气体和原料物料共分内中外三层。烧嘴外层是粉煤通道；中层是氧气和高压蒸汽通道；内层为燃料气通道，作为持续点火用。该烧嘴还配有闭路循环水冷却系统。为安全起见，该冷却系统的循环水压高于气化炉的操作压力。冷却水也有三层，分别在物料的内层、中外层之间和外层之外。这种冷却方式，传热比较均匀，可以使烧嘴的温度保持在较低的水平，特别是烧嘴的头部温度不至于太高，从而避免将烧嘴的头部烧坏。图 2-75 为 GSP 烧嘴的外观图。

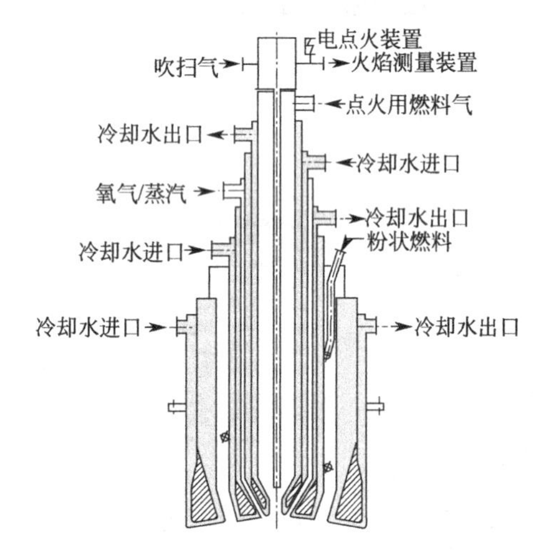

图 2-74　组合烧嘴的结构

图 2-75　GSP 烧嘴的外观

（3）激冷室　激冷室是一个上部为圆形筒体，下部缩小的空腔。热粗煤气和液体熔渣、固体熔渣从气化室出来，经过一个喇叭口的排渣口进入激冷室。喇叭口的下端均布多个激冷喷嘴，激冷水由此喷出。洗涤后的粗煤气被冷却至饱和，从激冷室中下部排出，去净化单元。熔渣被冷却后，固化成玻璃状的渣粒，洗涤水和熔渣从底部排出。喷入激冷室内的激冷水是过量的，以保证粗煤气的均匀冷却，并能在激冷室底部形成水浴。

5. 流程特点

（1）煤种适应性强　该技术采用干煤粉作气化原料，不受成浆性的影响；由于气化温度高，可以气化高灰熔点的煤，故对煤种的适应性更为广泛，从较差的褐煤、次烟煤、烟煤、无烟煤到石油焦均可使用，也可以两种煤掺混使用。既使是高水分、高灰分、高硫含量和高灰熔点的煤种基本都能进行气化。

（2）技术指标优越　气化温度高，一般在 1350～1750℃。碳转化率可达 99%，煤气中甲烷含量极少，小于 0.1%，不含重烃，合成气中 $CO+H_2$ 含量高达 90%以上，冷煤气效率高达 80%以上（依煤种及操作条件的不同有所差异）。

（3）氧耗低　可降低配套空分装置投资和运行费用。

（4）设备寿命长，维护量小，连续运行周期长，在线率高　气化炉采用水冷壁结构，无耐火砖，预计水冷壁使用寿命 25 年；只有一个组合式喷嘴（点火喷嘴与生产喷嘴合二为一)，喷嘴主体的使用寿命预计达 10 年。

(5) 开、停车操作方便，且时间短　从冷态达到满负荷仅需 1h。

(6) 操作弹性大　单炉操作负荷可在 70%～110%调节。

(7) 自动化水平高　整个系统操作简单，安全可靠。

(8) 对环境影响小　无有害气体排放，污水排放量小，炉渣不含有害物，可作建材原料。

(9) 工艺流程短　设备规格尺寸小，投资少，建设周期短，运行成本低。

GSP 气化炉兼具德士古和壳牌气化炉的优点，即自上而下的喷射气化、合成气和熔渣的水冷激降温和水冷壁的气化炉结构。另外六通道的烧嘴也比较合理。

复　习　题

1. 简述灰熔聚煤气化的特点。
2. 简述 ICC 煤气化装置包括哪些部分?
3. 简述 GSP 煤气化装置包括哪些单元?
4. 简述 GSP 煤气化装置的特点。

第三章　煤气净化技术

第一节　概　　述

一、煤气中的杂质及危害

各种煤气化技术制得的煤气中，通常都含有

① H_2、CO、CO_2；

② CH_4、N_2；

③ 灰尘、硫化物、煤焦油的蒸气、卤化物、碱金属的化合物、砷化物、NH_3 和 HCN 等物质。

它们的含量随气化方法、煤种的不同而不同。

煤气中的第三类物质，在生产过程中由于会堵塞、腐蚀设备、导致催化剂中毒和产生环境污染等原因，在各种应用中必须考虑脱除；而第二类物质，由于是有用物质（如 CH_4 在城市煤气中，N_2 在合成氨中），或含量很少，对生产过程几乎没有影响，一般不考虑脱除；第一类物质中的 CO 和 CO_2，由于生产目的的不同，通常需要用变换和脱碳工序进行处理。

二、煤气杂质的脱除方法

1. 煤气除尘

煤气除尘就是从煤气中除去固体颗粒物。工业上实用的除尘设备有 4 大类：机械力分离、电除尘、过滤和洗涤。

(1) 机械力分离　机械力分离的主要设备为重力沉降器和旋风分离器等。

重力沉降器依靠固体颗粒的重力沉降，实现和气体的分离。其结构最简单，造价低，但气速较低，使设备很庞大，而且一般只能分离 100μm 以上的粗颗粒。

旋风分离器利用含尘气流做旋转运动时所产生的对尘粒的离心力，将尘粒从气流中分离出来。是工业中应用最为广泛的一种除尘设备，尤其适用于高温、高压、高含尘浓度以及强腐蚀性环境等苛刻的场合。具有结构紧凑、简单，造价低，维护方便，除尘效率较高，对进口气流负荷和粉尘浓度适应性强以及操作与管理简便的优点。但是旋风除尘器的压降一般较高，对小于 5μm 的微细尘粒捕集效率不高。

(2) 电除尘　电除尘利用含有粉尘颗粒的气体通过高压直流电场时电离，产生负电荷，负电荷和尘粒结合后，使尘粒荷以负电。荷电的尘粒到达阳极后，放出所带的电荷，沉积于阳极板上，实现和气体的分离。

电除尘对 0.01～1μm 微粒有很好的分离效率，阻力小，但要求颗粒的比电阻在 10^4～$(5\times10^{10})\Omega$/cm 间，所含颗粒浓度一般在 30g/m^3 以下为宜。同时设备造价高，操作管理的要求较高。

(3) 过滤　过滤法可将 0.1～1μm 微粒有效地捕集下来，只是滤速不能高，设备庞大，排料清灰较困难，滤料易损坏。常用的设备为袋式过滤器，近年来还发展了各种颗粒层过滤器及陶瓷、金属纤维制的过滤器等，可在高温下应用。

(4) 洗涤　洗涤可用于除去气体中颗粒物，又可同时脱除气体中的有害化学组分，所以用途十分广泛。但它只能用来处理温度不高的气体，排出的废液或泥浆尚需二次处理。常用的设备为文氏管洗涤器和水洗塔等。

2. 焦油、卤化物等有害物质的脱除

对煤气中的煤焦油蒸气、卤化物、碱金属的化合物、砷化物、NH_3 和 HCN 等有害物质，目前的脱除方法主要为湿法洗涤，所用的设备和灰尘洗涤一样。虽然也开发了其他干法净化技术，但仍处在研究、发展阶段。

3. 脱硫

目前开发的脱硫方法很多，但按脱硫剂的状态，可将脱硫方法分为干法脱硫和湿法脱硫两大类。

(1) 干法脱硫　干法脱硫所用的脱硫剂为固体。当含有硫化物的煤气流过固体脱硫剂时，由于选择性吸附、化学反应等原因，使硫化物被脱硫剂截留，而煤气得到净化。

干法脱硫方法主要有：活性炭法、氧化铁法、氧化锌法、氧化锰法、分子筛法、加氢转化法、水解转化法和离子交换树脂法等。

(2) 湿法脱硫　湿法脱硫利用液体吸收剂选择性地吸收煤气中的硫化物，实现了煤气中硫化物的脱除。根据吸收的原理湿法脱硫可分为物理吸收法、化学吸收法和物理-化学吸收法三大类。

① 物理吸收法。在吸收设备内利用有机溶剂为吸收剂，吸收煤气中的硫化物，其原理完全依赖于 H_2S 的物理溶解。吸收硫化氢后的富液，当压力降低、温度升高时，即解吸出硫化氢，吸收剂复原。目前常用的方法为低温甲醇法、聚乙二醇二甲醚 (NHD) 法等。

② 化学吸收法。化学吸收法又可分为湿式氧化法和中和法两类。

湿式氧化法利用碱性溶液吸收硫化氢，使硫化氢变成硫氢化物；再生时在催化剂的作用下，空气中的氧将硫氢化物氧化成单质硫。目前常用的湿式氧化法有：改良 ADA 法、氨水液相催化法、栲胶法等。

中和法是以碱性溶液吸收原料气中硫化氢的。再生时，使富液温度升高或压力降低，经化学吸收生成的化合物分解，放出硫化氢从而使吸收剂复原。目前常用的有：*N*-甲基二乙醇醇胺 (MDEA) 法、碳酸钠法、氨水中和法等。

③ 物理-化学吸收法。物理-化学吸收法主要指环丁砜法。它用环丁砜和烷基醇胺的混合物作吸收剂，烷基醇胺对硫化氢进行化学吸收，而环丁砜对硫化氢进行的是物理吸收。

4. CO 的变换

煤气中 CO 脱除所利用的原理为变换反应，即 CO 和 $H_2O(g)$ 反应生成 CO_2 和 H_2。通过此反应既实现了把 CO 转变为容易脱除的 CO_2，又制得了等体积的 H_2。

变换所用的催化剂有三种：高温或中温变换催化剂（Fe-Cr 系，活性温区 350～550℃）、低温变换催化剂（Cu-Zn 系，活性温区 180～280℃）和宽温变换催化剂（Co-Mo 系，活性温区 180～500℃）。

依据变换的温度的不同，变换的流程分为：纯高温变换或中温变换流程和中温变换串低温变换的流程。

先前的纯高温变换或中温变换流程指变换炉内只使用 Fe-Cr 系催化剂，变换温度高。中温变换串低温变换的流程指中温变换炉内用 Fe-Cr 系催化剂，低温变换炉 Cu-Zn 系催化剂，两个变换炉串联使用，一个温度高，一个温度低。

现在的变换流程倾向于使用 Co-Mo 系催化剂，也有中温变换流程和中温变换串低温变换的流程之分，但所用催化剂都为 Co-Mo 催化剂，称之为宽温变换流程。

5. CO_2 的脱除

CO_2 的脱除的工艺很多，分类和硫化物的分类相似。目前新型煤化工项目采用的多为能同时除去硫化物和 CO_2 的低温甲醇洗、NHD 和 MDEA 法。

煤气净化的流程因生产不同的产品，采用不同的技术而有不同的组织的原则。本章以大型煤制甲醇项目的生产过程为例，介绍净化技术中的耐硫宽温变换、低温甲醇洗和硫回收生产技术。

复 习 题

1. 通常煤气中含有哪些杂质？分别有什么危害？
2. 简述煤气除尘的常用方法及特点。
3. 简述煤气中焦油的蒸气、卤化物、碱金属的化合物、砷化物、NH_3 和 HCN 等有害物质的脱除方法。
4. 简述煤气中硫化物的脱除方法及原理。
5. 简述煤气中 CO 脱除的原理。
6. 简述煤气中 CO_2 脱除的原理。

第二节 耐硫宽温 CO 变换

变换指在催化剂的作用下，让煤气中的 CO 和 H_2O（g）反应，生成 CO_2 和 H_2 的过程。工业生产上完成变换反应的反应器称为变换炉，进炉的气体为煤气和水蒸气，出炉的气体为变换气。通过变换，在制氢、合成氨的生产中，可把 CO 转变成容易脱除的 CO_2，从而实现了 CO 的脱除，同时制得了等体积的 H_2。在合成甲醇和生产城市煤气的过程中，可实现调节煤气中 H_2 和 CO 比例，满足生产过程的需要。

通常以制氢、脱除 CO 为目的的变换过程，要实现全部的 CO 转变为 H_2，称之为完全变换，而调节 H_2 和 CO 比例的变换只是将部分的 CO 转变为 H_2，称之为部分变换。在生产过程中，两者除操作条件有些区别外，生产原理、生产设备无大区别。本节仅以甲醇生产过程中的部分变换为对象，介绍变换过程的生产技术。

一、变换的基本原理

1. 化学平衡

变换反应的化学平衡为

$$CO+H_2O(g) \rightleftharpoons H_2+CO_2+Q \tag{3-1}$$

此反应的特点是可逆、放热、反应前后体积不变，且反应速率比较慢，只有在催化剂的作用下，才有较快的反应速率。

（1）热效应　变换反应放出的热量，随着温度升高而减少。不同温度下的反应热见表 3-1 所示。

表 3-1　变换反应的反应热

温度/K	298	400	500	600	700	800	900
反应热/(kJ/mol)	41.16	40.66	39.87	38.92	37.91	36.87	35.83

压力对于反应热影响很小，在反应条件下，可以忽略不计。

（2）平衡常数　变换反应一般在常压或压力不甚高的条件下进行。经计算，平衡常数用分压表示就足够准确了，所以其平衡常数可表示为

$$K_p=\frac{p_{CO_2}^* p_{H_2}^*}{p_{CO}^* p_{H_2O}^*}=\frac{y_{CO_2}^* y_{H_2}^*}{y_{CO}^* y_{H_2O}^*} \tag{3-2}$$

式中　p_i^* ——平衡状态下各组分的分压；

y_i^*——平衡状态下各组分的摩尔分数。

不同温度下变换反应的平衡常数见表 3-2。

表 3-2　不同温度下变换反应的平衡常数 K_p

温度/℃	K_p	温度/℃	K_p	温度/℃	K_p
180	342.32	310	32.97	440	7.79
190	272.20	320	28.80	450	7.14
200	218.65	330	25.28	460	6.56
210	177.30	340	22.29	470	6.04
220	145.06	350	19.74	480	5.57
230	119.68	360	17.55	490	5.15
240	99.52	370	15.67	500	4.78
250	83.37	380	14.04	510	4.44
260	70.34	390	12.62	520	4.13
270	59.73	400	11.39	530	3.86
280	51.05	410	10.31	540	3.60
290	43.88	420	9.37	550	3.37
300	37.94	430	8.53		

变换的平衡常数也可通过下列公式计算：

$$\lg K_p=\frac{2185}{T}-0.1102\lg T+0.6218\times10^{-3}T-1.0604\times10^{-7}T^2-2.218 \tag{3-3}$$

或

$$K_p=\exp\left(\frac{5025.163}{T}\right)-0.0936\ln T+1.4555\times10^{-3}T-2.4887\times10^{-7}T^2-5.2894 \tag{3-4}$$

(3) 变换率 X 与平衡变换率 X^*　CO 的变换率指变换的 CO 量和进入变换炉的 CO 总量之比，即

$$X=\frac{\text{变换的 CO 量}}{\text{进入变换炉的 CO 总量}}$$

工业生产上常用变换率 X 表示变换炉的变换效果的好坏，X 越高，变换效果越好。其数值可通过进、出炉的煤气和变换气中 CO 的含量（干基）算得。其计算过程如下。

计算基准：1mol 干煤气。

假设进入变换炉的煤气中 CO、H_2、CO_2 和其他气体的摩尔分数分别为 a、b、c 和 d，进炉的 $n[H_2O(g)]/n(CO)=r$（摩尔比），变换过程的变换率为 X，则变换反应前后各组分的量和气体总量的情况如表 3-3 所示。

表 3-3　变换反应前后各物质量关系表

项目	CO	H_2	CO_2	其他	$H_2O(g)$	干基总量	湿基总量
反应前的量	a	b	c	d	n	1	$1+n$
反应后的量	$a-aX$	$b+aX$	$c+aX$	d	$n-aX$	$1+aX$	$1+n$

假设反应后 CO 的干基含量为 a'，则

$$a'=\frac{a-aX}{1+aX} \tag{3-5}$$

可推得

$$X=\frac{a-a'}{a(1+a')}$$

例如，进变换炉的煤气中 CO 的含量为 65%（干基摩尔分数，下同），出炉的变换气中 CO 的含量为 35%，则此变换过程的变换率为

$$X=\frac{a-a'}{a(1+a')}=\frac{0.65-0.35}{0.65\times(1+0.35)}=34.19\%$$

平衡变换率 X^* 指变换反应达到化学平衡时的变换率，表明了在特定条件下变换反应进行的极限，为实际生产操作提供了努力方向。实际生产中的变换率 X 总比平衡变换率 X^* 小。平衡变换率 X^* 可通过理论计算获得。其计算过程如下。

反应达到平衡时各组分的湿基摩尔分率为

组分	CO	H_2O	H_2	CO_2
摩尔分数	$\frac{a-aX^*}{1+n}$	$\frac{n-aX^*}{1+n}$	$\frac{b+aX^*}{1+n}$	$\frac{c+aX^*}{1+n}$

代入平衡常数表达式得

$$K_p=\frac{y_{CO_2}^* y_{H_2}^*}{y_{CO}^* y_{H_2O}^*}=\frac{(b+aX^*)(c+aX^*)}{(a-aX^*)(n-aX^*)}$$

整理得

$$(K_p-1)(aX^*)^2-[K_p(a+n)+(b+c)]aX^*+(K_pan-bc)=0$$

令

$$W=K_p-1$$

$$U=K_p(a+n)+(b+c)$$

$$V=K_pan-bc$$

则得

$$W(aX^*)^2-U(aX^*)+V=0$$

解得

$$X^*=\frac{U-\sqrt{U^2-4WV}}{2aW} \tag{3-6}$$

（4）影响 X^* 的因素　不同温度下 CO 的平衡变换率 X^* 的数值见表 3-4 和图 3-1。

表 3-4　不同温度下 CO 的平衡变换率 X^*

温度/℃	X^*	温度/℃	X^*
180	0.9965	360	0.9396
200	0.9945	380	0.9267
220	0.9918	400	0.9126
240	0.9881	420	0.8974
260	0.9833	440	0.8813
280	0.9774	460	0.8644
300	0.9700	480	0.8469
320	0.9613	500	0.8289
340	0.9512	520	0.8107

注：计算时所用的煤气成分（干基摩尔分数）CO 为 69%，H_2 为 27%，CO_2 为 3%，其他气体为 1%，$n(H_2O)/n(CO)=1.6$

① 温度。由表 3-4 和图 3-1 可见，在煤气组成和水蒸气用量一定时，随着温度的提高，CO 变换的平衡变换率 X^* 下降。这主要是因为变换反应是可逆放热反应的缘故。

② 水蒸气用量。在生产中，水蒸气用量用 $n(H_2O)/n(CO)$ 和汽/气表示。前者指入炉的水蒸气量和煤气中 CO 量之比，后者指入炉的水蒸气量和煤气总量之比。两者的数值大，都表明变换时的水蒸气量多。

图 3-2 是在温度为 300℃时，对含 CO 为 69%、H_2 为 27%、CO_2 为 3%、其他气体为 1%的煤气，在不同的水蒸气用量下算得的平衡变换率数据。

从图可见，随着 $n(H_2O)/n(CO)$ 的提高，CO 的平衡变换率提高，但当 $n(H_2O)/$

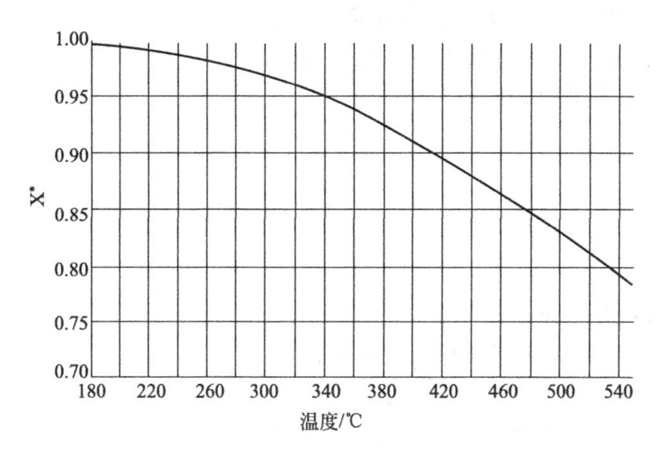

图 3-1　温度和平衡变换率 X^* 关系图

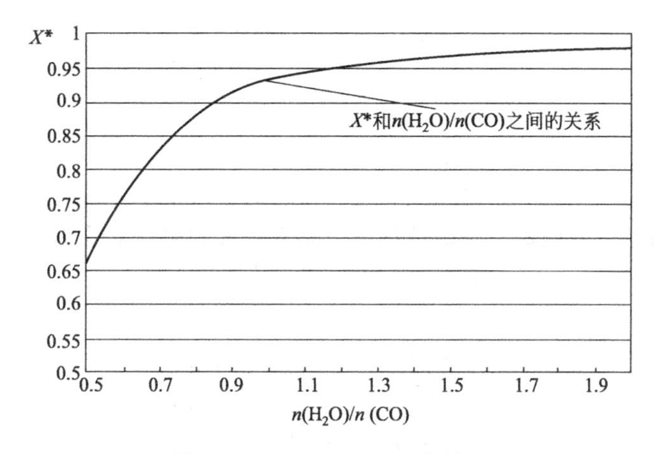

图 3-2　H_2O/CO 与 X^* 的关系

n(CO) 超过 1.2 之后，平衡变换率随 $n(H_2O)/n$(CO) 的提高，变化已不显著。因此，当 $n(H_2O)/n$(CO) 超过 1.2 时，再增加水蒸气用量是不经济的。

③ 压力。一氧化碳变换反应是等体积反应，压力较低时对反应平衡无影响。

④ 二氧化碳。一氧化碳变换反应过程中，若能除去产物二氧化碳，则可使平衡向生成氢的方向移动，从而提高一氧化碳变换率，降低变换气中一氧化碳含量。

除去二氧化碳可在两次变换之间。如托普索公司提出的改进氨厂设计方案中，原料气经中温和低温变换后，串联一个脱碳装置，出脱碳装置后再一次进行低温变换，最终一氧化碳含量可降到 0.1%。

2. 反应速率

(1) 反应机理及动力学方程　目前提出的 CO 变换反应机理很多，流行的有两种：一种观点认为是 CO 和 H_2O 分子先吸附到催化剂表面上，两者在表面进行反应，然后生成物脱附；另一观点认为是被催化剂活性位吸附的 CO 与晶格氧结合形成 CO_2 并脱附，被吸附的 H_2O 解离脱附出 H_2，而氧则补充到晶格中，这就是有晶格氧转移的氧化还原机理。由不同机理可推导出不同的动力学方程式；不同催化剂，其动力学方程式亦不同。

在工艺计算中常用的动力学方程式有三种类型：

① 一级反应。一级反应的动力学方程式为

$$r_{CO}=k_0(y_{CO}-y_{CO}^*) \tag{3-7}$$

式中 r_{CO}——反应速率，$m^3CO/(m^3$ 催化剂·h)；

y_{CO}，y_{CO}^*——CO的瞬时摩尔分数和平衡摩尔分数；

k_0——反应速率常数，h^{-1}。

k_0 等温积分式为

$$k_0=V_{sp}\lg\frac{1}{1-\frac{X}{X^*}} \quad 或 \quad k_0=V_{sp}\lg\frac{y_1-y_1^*}{y_2-y_2^*}$$

式中 V_{sp}——湿原料气空速，h^{-1}；

X，X^*——CO的瞬时变换率和平衡变换率；

y_1，y_2——进、出口气体中CO的摩尔分数；

y_1^*，y_2^*——进、出口气体中CO的平衡摩尔分数。

② 二级反应。二级反应的动力学方程式为

$$r_{CO}=k\left(y_{CO}y_{H_2O}-\frac{y_{CO_2}y_{H_2}}{K_p}\right) \tag{3-8}$$

式中 k——反应速率常数，h^{-1}；

K_p——平衡常数；

y_{CO}，y_{H_2O}，y_{CO_2}，y_{H_2}——CO、H_2O、CO_2 和 H_2 的瞬时摩尔分数。

③ 幂函数型动力学方程式。幂函数型动力学方程式的表达形式为

$$r_{CO}=kp_{CO}^{l}p_{H_2O}^{m}p_{CO_2}^{n}p_{H_2}^{q}(1-\beta)$$

或

$$r_{CO}=p^{\delta}y_{CO}^{l}y_{H_2O}^{m}y_{CO_2}^{n}y_{H_2}^{q}(1-\beta) \tag{3-9}$$

式中 r_{CO}——反应速率，molCO/(g·h)；

k——速率常数，molCO/(g·h·MPa)；

p 和 y_{CO}，y_{H_2O}，y_{CO_2}，y_{H_2}——总压和各组分分压；

l、m、n、q——幂指数，$\delta=l+m+n+q$。

$$\beta=\frac{p_{CO}p_{H_2}}{K_p p_{CO}p_{H_2O}} \quad 或 \quad \beta=\frac{y_{CO}y_{H_2}}{K_p y_{CO}y_{H_2O}}$$

式中 K_p——平衡常数。

对工业用粒度为 ϕ3～5mm 的 B302Q 型的钴钼变换催化剂的宏观动力学方程式为

$$r=k_1y_{CO}^{0.6}y_{H_2O}y_{CO_2}^{-0.3}y_{H_2}^{-0.8}\left(1-\frac{y_{CO_2}y_{H_2}}{K_p y_{CO}y_{H_2O}}\right) \tag{3-10}$$

式中 r——反应速率，mol/(ml·h)；

K_p——平衡常数；

y_i——各组分的摩尔分数；

k_1——正反应速率常数，$k_1=1800\exp(-43000/RT)$。

利用该动力学方程式指导宽温变换的工艺设计、模拟计算，与工厂实际情况基本相符。

(2) 影响反应速率的因素

① 压力。提高压力，变换的反应速率会加快。如设常压下的反应速率为 r，加压下的反应速率为 r_p，可用校正系数 $\phi=r_p/r$ 来表达压力对反应速率的影响。图 3-3 是用一级反应的动力学方程式根据不同温度、压力并考虑内扩散影响计算而得。

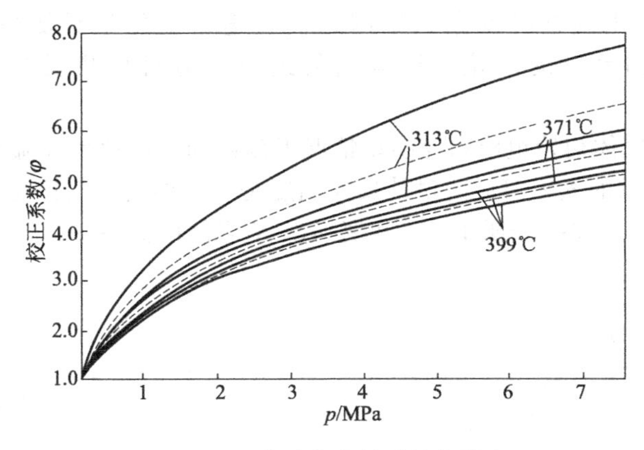

图 3-3　压力对催化剂活性的影响

由图 3-3 可见，在一定温度下，对同一尺寸的催化剂，随着压力的升高，ϕ 值增大，即反应速率提高。压力高反应速率快的原因，也可以这样理解：提高压力，使单位体积内的分子数目增多，相当于提高各组分的浓度，从而使反应速率加快。对于 CO 的变换反应，经研究表明，在压力为 3.0MPa 以下时，反应速率与压力的平方根成正比，但超过此压力时，反应速率的增加就不明显了。

② $n(H_2O)/n(CO)$。$n(H_2O)/n(CO)$ 对反应速率的影响在不同的动力学模型中有不同的论述，但一致的结论为：增加 $n(H_2O)/n(CO)$，即增加水蒸气用量，有利于反应速率的提高。对于其机理可不必深究，但有一点是肯定的，增加水蒸气用量相当于提高了反应物的浓度，对扩散、吸附、结合都有利。

不同的催化剂、煤气成分及操作条件都能导致反应速率随 $n(H_2O)/n(CO)$ 变化的情况不一样。在干煤气的组成为 CO 含量 68%、H_2 含量 27%、CO_2 含量 3%、其他气体 1%的情况下，在 300℃时，根据 B302Q 催化剂的动力学方程算得的反应速率和 $n(H_2O)/n(CO)$ 的关系如图 3-4 所示。

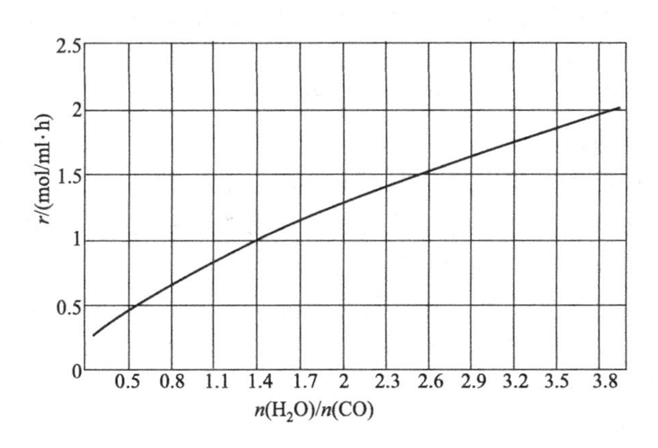

图 3-4　$n(H_2O)/n(CO)$和反应速率的关系图

从图 3-4 可以看出，对 B302Q 钴钼变换催化剂而言，只要增加水蒸气用量，反应速率就可以上升，至少是在 $n(H_2O)/n(CO)=4$（汽/气$=2.76$）以下，反应速率上长的速度没有减缓的迹象。

③ 温度。CO 变换反应是可逆放热反应，此类反应都有最佳反应温度 T_m。也就是说在一定的气体组成（对变换反应来说指变换率）情况下，并不是温度越高，反应速率越快，而是在最佳反应温度 T_m 时反应速率最快。温度大于或小于 T_m，反应速率都小于 T_m

所对应的反应速率。出现这种现象的原因是反应速率受化学平衡的影响。升高温度虽能使更多的分子达到反应的能位，反应更易进行，但对放热反应的化学平衡却是不利的。

图 3-5 为在特定气体初始组成和变换率情况下测得的反应速率和温度之间的关系。从图中会注意到：不同组成的气体对应的最佳反应温度是不一样的。气体变换率越小，对应的最佳反应温度 T_m 越大。图 3-6 表明了 T_m 和变换率 X 之间的关系。

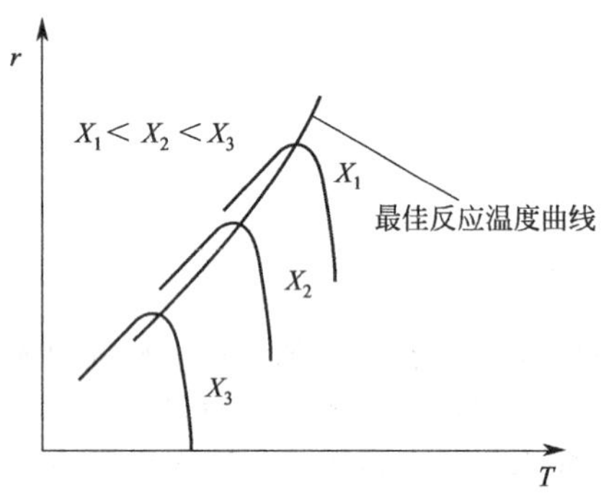

图 3-5 放热可逆反应速率与温度关系

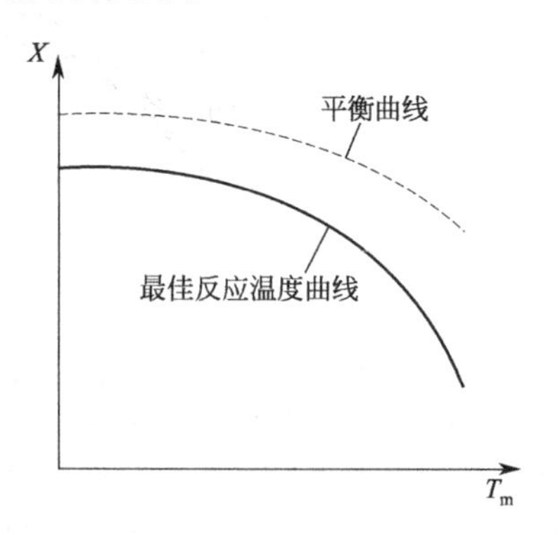

图 3-6 放热可逆反应的 T_m-X 曲线

根据图 3-6，在生产过程中，随着反应的进行，变换率越来越大，反应温度的控制应该越来越低。这样才能使床层内的反应速率最快，催化剂的用量最少，或者是在催化剂量一定的情况下，出变换炉的变换率更接近平衡变换率。

二、耐硫宽温变换的催化剂

变换的催化剂有三类——铁铬系高（中）变催化剂、铜锌系低变催化剂、钴钼系宽温变换催化剂。铁铬系催化剂是最初使用的催化剂，由于活性温度高，变换效果差等原因，使用越来越少。铜锌系催化剂只能用于中温变换串低温变换的流程，实现对中温变换后的 CO 的进一步变换。虽然低温活性很好，但由于活性温区窄、极易中毒等原因，使用受到限制。现代煤化工项目都倾向于使用钴钼系催化剂。下面仅对钴钼变换催化剂做一介绍。

1. 催化剂的组成和性能

宽温变换催化剂的种类很多，按用途可分为两类：适用于高压（3.0～8.0MPa）条件的耐硫高温变换催化剂和适用于低压（<3.0MPa）的耐硫低温变换催化剂。前者主要用于加压气化的煤化工项目；后者主要出现在中、小型煤化工装置。

国外耐硫变换催化剂在我国工业生产上广泛应用的只有三种：德国 BASF 公司的 K_{8-11}、美国 UCI 公司的 $C_{25-2-02}$ 和丹麦 Topsφe 公司的 SSK。

国内的耐硫变换催化剂主要有：齐鲁石化研究院开发的 QCS 和 QDB 系列；上海化工研究院开发的 B301 及 SB 系列；湖北化学研究所开发的 B302Q、B303Q 和 EB-6 系列等。

适用于高压变换的催化剂有国外的 K_{8-11}、SSK、$C_{25-2-02}$ 和国内的 QCS-01、QCS-04、QDB04、EB-6、SB-5 等。

K_{8-11}、SSK、$C_{25-2-02}$ 催化剂的组成和性能见表 3-5。

国产主要 Co-Mo 催化剂的组成和性能见表 3-6。

2. 催化剂的硫化

出厂的 Co-Mo 催化剂活性组分以氧化物形态存在，活性很低。需经过高温充分硫化，使活性组分转化为硫化物，催化剂才显示其高活性。硫化时，采用含氢气体（H_2 含量≥25%，O_2 含量≤0.5%）作载气，配以适量的 CS_2 作硫化剂，经加热设备升温后，通入催化剂床层进行硫化反应。通常可用煤气或干变换气作硫化时的载气。

表 3-5 常用的国外催化剂的组成和性能表

型号		K_{8-11}	SSK	$C_{25-2-02}$
国别		德国	丹麦	美国
公司		BASF	Topsφe	UCI
组分/%	CoO	4.7	3.0	2.7～3.7
	MoO_3	9.8	10.8	11～13
	K_2CO_3	—	13.8	—
	ReO	—	—	0.5～1.7
载体		$MgAl_2O_4$	γ-Al_2O_3	γ-Al_2O_3
外形尺寸/mm		Φ4×(8～12)条形	Φ3～6 球形	Φ3×(4～8)条形
堆密度/(kg/L)		0.75	0.9～1.0	0.7
侧压强度/(N/cm)		>110	80>	100>
比表面/(m^2/g)		150	100	118
孔容/(mL/g)		0.55	0.34	0.47
使用压力/MPa		0.7～9.8	1.5～7.5	4～7
活性温区/℃		280～500	200～475	290～450
汽/气		0.5～2	1.0	0.5～0.6
最低硫含量/(mL/m^3)		500	50	50

表 3-6 国产主要 Co-Mo 催化剂的组成和性能

型号	B301	B303Q	QCS-01	QCS-04	QDB-04	EB-6
CoO 含量/%	2～3	>1	3.0～3.5	3.5	1.8	2.0
MoO_3 含量/%	10～15	>7	8.0	8.0	8	8.0
促进剂	适量 K_2CO_3	适量 K_2CO_3	适量 TiO_2	MgO	MgO	MgO
载体	γ-Al_2O_3	γ-Al_2O_3	$MgAl_2O_4$	$MgAl_2O_3+Al_2O_3$	$MgAl_2O_3+Al_2O_3$	γ-Al_2O_3+$MgAl_2O_4$
外形	灰黑条	墨绿球	灰绿条	灰绿条	红色或绿色条	粉红球
尺寸/mm	φ5×(4～6)	φ3～6	φ4×(6～10)	φ4×(8～12)	φ(3.5～4.5)×(5～25)	φ3～6
堆密度/(kg/L)	1.2～1.3	0.9～1.1	0.75～0.80	0.75～0.82	0.93～1.0	0.9～1.1
比表面/(m^2/g)	>80	173	>45	>60	≥100	160
孔容/(mL/g)	0.3	0.35	0.3	0.25	≥0.25	0.3
侧压强度/(N/cm)	150		>110	>110	≥130	>30 点压
使用压力/MPa	0.1～2.0	0.1～3.0	≤8.0	≤5.0	≤8.0	≤3.0
温度/℃	210～460	170～470	230～500	200～500	190～500	250～450
汽/气	0.5～1.6	0.4～1.4	1.6	1.2	约 1.4	1.0
最低硫含量/(mL/m^3)	≥50	≥60	≥100	≥50	低变≥80，中变≥150	50

(1) 硫化原理 硫化时的主要化学反应为

$$CS_2+4H_2 \rightleftharpoons 2H_2S+CH_4 \quad \Delta H_{298}^{0}=-240.9\text{kJ/mol} \tag{3-11}$$

$$CoO+H_2S \rightleftharpoons CoS+H_2O \quad \Delta H_{298}^{0}=-13.4\text{kJ/mol} \tag{3-12}$$

$$MoO_3+2H_2S+H_2 \rightleftharpoons MoS_2+3H_2O \quad \Delta H^0_{298}=-48.2kJ/mol \tag{3-13}$$

$$COS+H_2O \rightleftharpoons CO_2+H_2S \quad \Delta H^0_{298}=-35.2kJ/mol \tag{3-14}$$

这些反应均为放热反应，会使催化剂床层温度升高。

研究表明温度达到200℃时，CS_2 的氢解方可较快发生。若在低于此温度下加入 CS_2，则 CS_2 易吸附在催化剂的微孔表面，等温度达到200℃时，会因积聚面急骤氢解以及催化剂的硫化反应，放出大量的热，使床层温度暴涨。若在温度较高时（如300℃）加入 CS_2，因发生氧化钴的还原反应而生成金属钴。

$$CoO+H_2 \rightleftharpoons Co+H_2O \tag{3-15}$$

金属钴对甲烷化反应有强烈的催化作用。甲烷化反应、催化剂的硫化反应以及二硫化碳的氢解反应叠加在一起，也易出现温度暴涨。因此，在 H_2S 未穿透床层时，加入 CS_2 的温度以220～250℃为宜。

（2）硫化流程　催化剂的硫化可在常压下进行，也可在加压下进行，使用单位可根据工厂的具体条件进行。

催化剂的硫化方法有一次通过法或气体循环法。一次通过法指硫化时出变换炉的载气直接放空，不循环利用，其流程如图3-7所示。循环法指载气经降温后循环利用，气体循环法的优点是节省煤气和 CS_2 的用量，减少对环境的污染，缺点是需要气体冷却循环装置，其流程如图3-8所示。载气从变换炉出来后，经水冷却器，将气体降至接近常温，然后进入鼓风机入口，维持鼓风机入口处正压，由鼓风机将气体送至蒸汽加热器加热后进入变换炉。在鼓风机入口处应接一载气补充管，连续加入少量载气，因为在硫化过程中要消耗氢。为防止惰性气体在循环气中积累，变换炉出口处设一放空管，连续放空少量循环气，使循环气 H_2 含量维持25%以上。

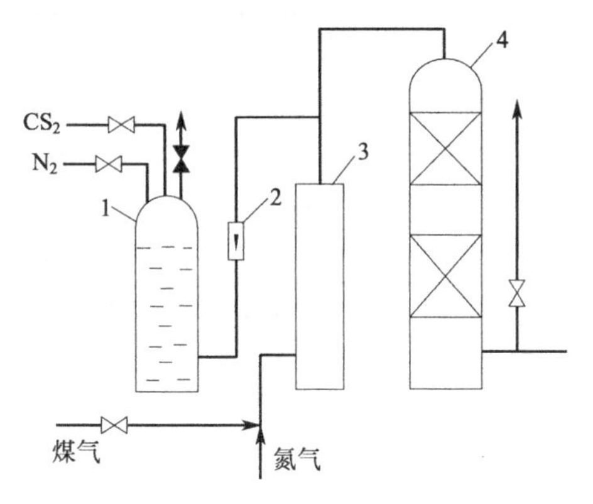

图3-7　一次通过硫化流程
1—CS_2 槽；2—流量计；
3—加热器；4—变换炉

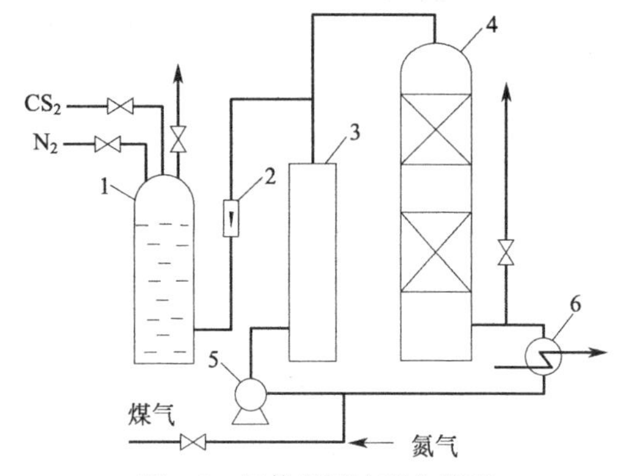

图3-8　气体循环法硫化流程
1—CS_2 槽；2—流量计；3—加热器；4—变换炉；5—鼓风机；6—冷却器

（3）催化剂硫化过程

① 床层升温。升温指把床层温度由常温提升到初始硫化温度。此过程用经过加热的氮气通入变换炉，使其温度逐渐升高到220℃左右。控制升温速率小于50℃/h，以保持轴向温差≤50℃。

② 硫化。当催化剂床层入口温度升至220℃以上，床层最低点也在200℃以上时，可开启煤气补充阀，逐渐使循环气中的 H_2 浓度达到25%以上。以 CS_2 流量计调节阀调节 CS_2 的加入量，向系统加 CS_2，要视床层温度的情况，逐渐加大 CS_2 的用量。要保证在床层温度小于300℃的条件下，使 H_2S 穿透床层。当床层穿透时，可以继续加大 CS_2 的加入量。

硫化分三个阶段，分别为：初期（220～300℃）、主期（300～380℃）、强化期（380～420℃）。

到强化期，要保持床层温度在400～425℃至少2h。

当床层出口H_2S分析结果连续三次都达到10g/m^{3}以上时，可认为硫化结束。

（4）硫化注意事项

① 由于CS_2氢解热很大，容易引起床层温度暴涨，因此CS_2加入量必须谨慎小心，绝对不允许加入量过猛，严防床层温度暴涨，在整个硫化过程中，必须坚持“提浓不提温、提温不提浓”的原则，当遇到床层温升较快时，应果断切断CS_2，减少加热蒸汽量，加大空速，移出热量，防止超温。

② 硫化初期，催化剂极容易吸附CS_2，必须坚持少加CS_2，避免CS_2积累。

③ 严格控制H_2浓度，使其浓度在25%～35%范围内，严防H_2浓度过高，发生催化剂的还原反应。严格控制CS_2的加入量，CS_2加入的温度以220～250℃为宜，低于200℃时，严禁加入CS_2。

④ 为确保硫化完全彻底，在操作过程中，要杜绝温度大起大落，要坚持自上而下，逐层硫化。同时坚持小空速和H_2含量基本不变，以调节加热蒸汽量和CS_2加入量为主要调节手段，调节床层的温度。

⑤硫化是否完全彻底，要用“床层温度”、“出口H_2S含量”和“硫化时间”三个要素来衡量，当三个要素都达到要求时才合格。

（5）反硫化　催化剂的反硫化主要指在一定的温度、蒸汽量和较低的H_2S浓度下发生如下的反应：

$$MoS_2+2H_2O \rightleftharpoons MoO_2+2H_2S \quad -Q \tag{3-16}$$

反应的平衡常数为

$$K_p=p_{H_2S}^2/p_{H_2O}^2 \tag{3-17}$$

K_p取决于温度，在一定温度与汽气比下，要求有一定的H_2S量。当H_2S含量高于相应的数值时，就不会发生反硫化反应，此浓度又称为最低H_2S含量。不同温度和汽气比反硫化的最低H_2S含量见表3-7。

表3-7　不同温度和汽气比反硫化的最低H_2S含量　　单位：g/m^{3}干气

温度/℃	汽气比							
	0.2	0.4	0.6	0.8	1.0	1.2	1.4	1.6
200	0.014	0.02	0.043	0.057	0.071	0.085	0.100	0.114
250	0.041	0.082	0.123	0.164	0.205	0.246	0.286	0.327
300	0.098	0.195	0.293	0.391	0.488	0.586	0.684	0.781
350	0.202	0.404	0.607	0.809	1.011	1.213	1.416	1.618
400	0.357	0.750	1.125	1.50	1.874	2.49	2.624	2.999
450	0.637	1.273	1.91	2.547	2.183	3.82	4.457	5.093
500	1.007	2.015	3.022	4.209	5.037	6.044	7.051	8.059
550	1.504	3.008	4.513	6.017	7.521	9.025	10.53	12.03

此反应为吸热反应，由图3-9可以看出K_p随温度呈指数增加。在生产过程中，为了保持CO的变换率，在催化剂逐步老化的情况下，势必增加蒸汽量或提高反应温度，这时应特别注意反硫化条件的形成。

3．催化剂的使用

正常生产时，只需控制入口温度和CO含量，以保证Co-Mo催化剂处于较佳的温度区

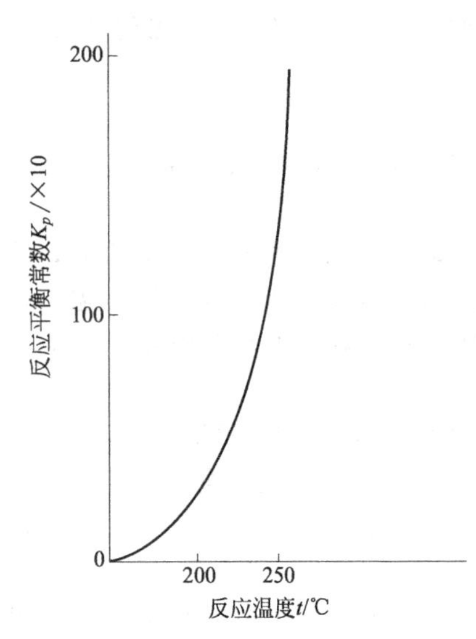

图 3-9 反硫化反应的平衡常数随温度的变化关系

间内运行。在系统短期停车时，若催化剂床层温度可维持在露点以上，炉内不会有水汽冷凝，可维持正常的操作压力，关闭与前后设备联系的阀门即可。再开车时，可直接导入工艺气转入正常操作。若停车时间较长，催化剂床层温度难以维持在露点温度以上，则将变换炉压力降至常压，并通入氮气维持正压。再开车时，应先用氮气升温至200℃以上，再导入工艺气转入正常操作。

4. 催化剂的钝化与卸出

钝化指在催化剂的表面形成氧化物薄膜，以使催化剂能和空气接触。如果催化剂不进行钝化处理，当空气和催化剂接触时，将发生剧烈的氧化反应，放出大量的热，从而将催化剂烧毁。

硫化态催化剂的钝化过程伴随着催化剂本身和它吸附的H_2、CO等还原性气体的氧化反应，有大量热量放出，应特别小心，防止催化剂床层升温过快及过高。

通常可采用以水蒸气（或N_2）为载气缓慢加入少量空气的方法钝化。钝化时，先将变换炉压力降至常压，通蒸汽（或N_2）置换，并降温至150℃左右，蒸汽空速200～300h^{-1}。吹净煤气后，向蒸汽中加入适量的空气，使O_2含量在1%左右，让催化剂外表面缓慢氧化。当床层温度不上升时，逐渐加大空气量至O_2含量为2%、3%、4%……直至停加蒸汽，全部通空气，最后用空气降至常温。如果钝化过程中催化剂温度上升过快，则降低空气加入量，直至停止加入空气。钝化过程中应严格控制催化剂床层温度，以不超过400℃为宜。

若钝化过的催化剂还要使用，需再次硫化，硫化温度应提高至450℃以上，硫化时间可略缩短，硫化结束的标志和前面相同。

催化剂在钝化处理后可卸出。除了用此法将催化剂卸出外，催化剂的卸出还可以采用以干煤气将催化剂床层温度降至常温，再通N_2置换，并在N_2保护下，直接卸出催化剂。此法卸出催化剂时，变换炉应只打开一个卸料孔，防止空气形成对流，即烟囱效应。卸出的催化剂应立即分袋密封包装，隔绝空气以减少表面氧化，避免发热超温。如卸出的催化剂废弃不用，则可直接卸出，若表面氧化温升较高，可泼少量的水，以防燃烧。

5. 催化剂的失活

催化剂在正常使用条件下活性会缓慢衰减、热点缓慢下移，这是任何催化剂都无法避免的催化剂“老化”现象。正常使用时，这个过程很慢，足以保证催化剂有三年以上的使用寿命。正常使用时活性衰减的快慢，随使用厂家的工艺流程、反应控制条件、催化剂装填量、反应负荷、气质和水质的情况而异，因此，同一种催化剂在不同的厂家的使用寿命也不同，有的可用8～10年，有的仅3～4年。

造成催化剂活性下降的主要原因有如下几个方面。

① 催化剂硫化不完全。如硫化温度偏低、硫化气体中总硫浓度太低等都会造成硫化不完全。一次法硫化，由于工艺气带水汽，H_2S浓度不高及硫化温度偏低，不可能使催化剂达到完全硫化。

② 催化剂“反硫化”。催化剂床层热点温度长期过高，汽气比长期过大，使得工艺气中H_2S含量长期低于最少含量，会引起催化剂的反硫化，使部分活性组分转化为氧化物形态，导致催化剂活性下降。反硫化引起的活性下降是可逆的，重新硫化，恢复其硫化物形态，可

使活性基本恢复到原有的水平。

③ 催化剂床层进水。由于水加热器内漏，或热水塔中的热水倒入，或增湿器水滴分离不完全，导致液态水带入催化剂床层，使床层温度迅速下降。大量的进水还会带走催化剂中的活性组分，使催化剂活性不可逆的降低，其低温下的活性损失更大。

④ 杂质污染。杂质包括随气流带入的压缩油污、固体粉尘（特别是Fe-Cr系中温变换催化剂粉尘），水质净化不好带入的水垢等，它们附着在催化剂表面，会掩盖活性组分，堵死催化剂中微孔。一段催化剂表面还会形成结皮或结块等，降低催化剂活性。

⑤ 催化剂床层塌落或结块、变换炉内保温脱落等，都会造成气体偏流或压力降增加。表现出变换效果变差。

⑥ 煤气O_2含量高。全低变流程中，当脱氧剂失效后，氧会造成催化剂的反硫化及硫酸盐化，使催化剂活性下降。工艺气O_2含量长期过高，产生强放热反应，使Co、Mo晶粒烧结长大，载体晶型变化。

⑦ 半水煤气中含有的微量砷、酚以及其他复杂的有机环状化合物等均是Co-Mo低温变换催化剂的毒物，极微量的毒物就会导致催化剂永久失活。因此当热交内漏，半水煤气冷激量过多（特别是中温变换下段活性较差时），中温变换炉内保温有裂缝等情况，就会导致低温变换催化剂短期内因中毒而失活。

6. 催化剂的再生

若催化剂因反硫化而失活，可用再硫化的方法再生，再硫化的方法和硫化相似。

若催化剂由于重烃聚合、结炭而失活，可进行烧炭再生。通常用含O_2为0.4%（即空气2%）的蒸汽来烧炭，温度应控制在350～450℃之间，若超过500℃将会损害催化剂。压力对烧炭无大影响，但从气体分布均匀考虑，气体压力以0.1～0.3MPa为宜。

烧炭时的气流方向与正常变换过程的流向相反，气体由反应器底部通入，自顶部排出，这可减少高温对催化剂的损害和将粉尘吹出。在烧炭过程中也会将催化剂中的硫烧去，而使催化剂变成氧化态。

烧炭过程中应当密切观测床层温度，调节空气或氧的浓度来控制床层温度。当床层中不出现明显温升、燃烧前缘已经通过反应器，出口温度下降，气体中O_2上升，就意味着烧炭结束。适当提高氧浓度进一步烧炭，若温度不出现明显上升，可连续提高氧浓度，最后用空气冷却至50℃以下。烧炭之后的催化剂需重新硫化才能使用。

催化剂的再生只能恢复催化剂的部分活性。所以必须严格生产工艺条件，防止反硫化反应和结炭的发生，以确保Co-Mo系催化剂始终处于硫化状态，保持优异的变换活性。

三、耐硫宽温变换的工艺条件

在确定变换的工艺条件时，通常考虑的原则是：反应速率快，催化剂的活性高，CO的变换率高，水蒸气的消耗少。下面从压力、温度、$n(H_2O)/n(CO)$等方面，讨论它们对变换过程的影响。

1. 压力

如前所述，压力对变换反应的平衡几乎无影响，但加压变换有以下优势。

① 可加快反应速率和提高催化剂的生产能力，从而可采用较大空速提高生产强度。

② 设备体积小，布置紧凑，投资较少。

③ 湿变换气中水蒸气冷凝温度高，有利于热能的回收利用。

④ 从能量消耗上看，加压也是有利的。由于干原料气物质的量小于干变换气的物质的量，所以，先压缩原料气后再进行变换的能耗，比常压变换后压缩变换气的能耗低。根据原料气中CO含量的差异，其能耗约可降低15%～30%。

但提高压力会使系统冷凝液酸度增大，设备腐蚀加重，如果变换过程所需蒸汽全部由外界加入新鲜蒸汽，加压变换会增大高压蒸汽负荷。

通常变换的压力高低依赖于生产工艺和压缩机压力的合理分配。对于加压气化的流程，变换的压力取气化后的压力；对于常压气化的流程，变换的压力一般为压缩机一、二段出口的压力。

2. 温度

变换反应是可逆放热反应，为提高变换率，最终的反应温度要低；为使反应速率最快，减少催化剂的用量，需在最佳反应温度下进行。

变换炉温度控制的原则为：

① 操作温度必须控制在催化剂的活性温度范围内；

② 使整个变换过程尽可能在接近最佳温度的条件下进行。

变换炉的温度控制，首先要满足催化剂的要求，即变换炉的进口温度必须达到催化剂活性温度的下限；炉内的最高温度不能超过催化剂活性温度的上限。

目前的变换炉，大多为绝热反应器，随着反应的进行，变换率提高，反应放出的热量在炉内积累，使床层和物料的温度越来越高。这和最佳反应温度随变换率的提高而要求温度下降是冲突的。为此变换反应需要在不同的催化剂床层或变换炉内进行，床层段间或炉间采取降温措施。

目前的降温方式主要有间接降温、水冷激、原料气冷激。三者的流程及操作线示意图如图 3-10～图 3-12 所示。由图可知，通过段间或炉间降温，既实现了反应基本符合最佳反应温度线，又使各段床层的温度越来越低，保证了反应速率和 CO 变换率。

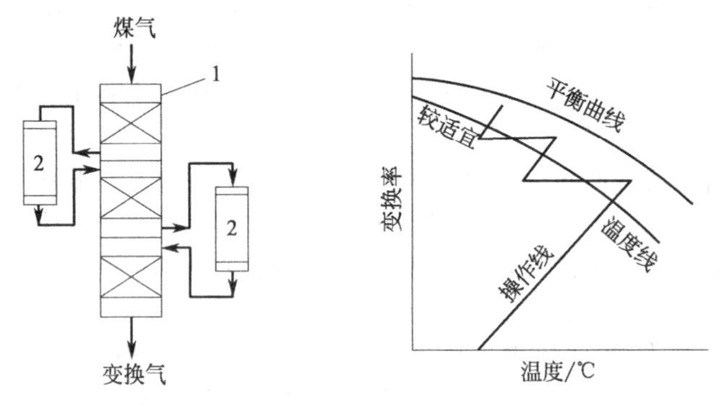

图 3-10 间接降温流程及操作线示意

1—变换炉；2—换热器

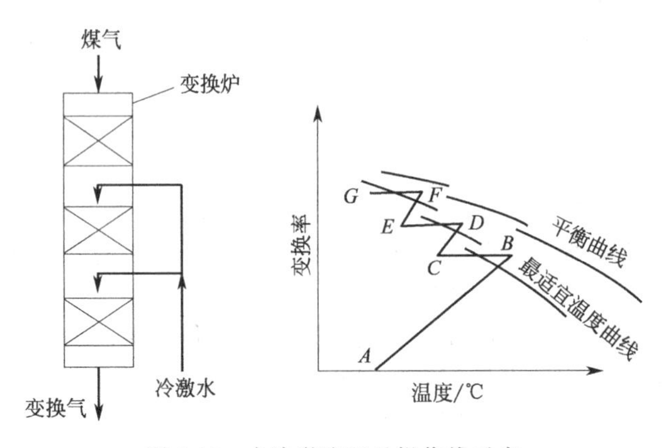

图 3-11 水冷激流程及操作线示意

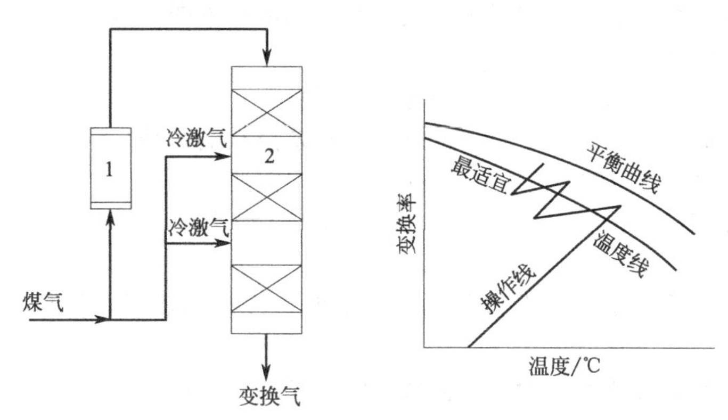

图 3-12　原料气冷激流程及操作线示意

1—换热器；2—变换炉

3. $n(H_2O)/n(CO)$(汽/气)

增加 $n(H_2O)/n(CO)$(汽/气)，可提高 CO 变换率，加快反应速率，防止副反应发生。但过量蒸汽不但经济上不合理，且催化剂床层阻力增加，一氧化碳停留时间加长，余热回收负荷加大。因此，要根据原料气成分、变换率、反应温度及催化剂活性等合理控制 $n(H_2O)/n(CO)$(汽/气)。

在耐硫变换中 $n(H_2O)/n(CO)$(汽/气) 对炉温的影响是双方面的，当 $n(H_2O)/n(CO)$(汽/气) 大时 (汽/气$>$1.3) 随着 $n(H_2O)/n(CO)$(汽/气) 的增加，未反应的蒸汽带出的热量增加，能使床层温度下降；在 $n(H_2O)/n(CO)$(汽/气) 低时 (通常汽/气$<$0.5)，可以控制 CO 变换的深度，使放出的热量减少，从而控制床层的温度。

在耐硫变换中考虑最多的为甲烷化副反应，即

$$CO+3H_2 \rightleftharpoons CH_4+H_2O+Q \tag{3-18}$$

$$2CO+2H_2 \rightleftharpoons CH_4+CO_2+Q \tag{3-19}$$

$$CO_2+4H_2 \rightleftharpoons CH_4+2H_2O+Q \tag{3-20}$$

在 $n(H_2O)/n(CO)$(汽/气) 低、CO 含量高时，特别容易发生。此时，需从空速、催化剂的抗甲烷化能力和催化剂的装填量上去克服。

$n(H_2O)/n(CO)$(汽/气) 的大小对耐硫催化剂的反硫化反应也有影响。随着 $n(H_2O)/n(CO)$(汽/气) 的增加，系统中的 H_2S 含量降低，有利反硫化反应的进行，这也是需要重视的。

四、耐硫宽温变换的工艺流程

1. 变换流程的发展

随着变换催化剂的发展，变换的工艺流程经历了中温 (高温) 变换、中温变换串低温变换、中低低温变换和全低温变换的演变。在流程的配置上也发生了从饱和热水塔流程向换热器流程的转变。下面对各变换的流程及特点作一简要介绍。

(1) 中温 (高温) 变换　传统中温变换流程中一般设置 1 台变换炉，炉内分二段或三段装填 Fe-Cr 系催化剂，半水煤气从上至

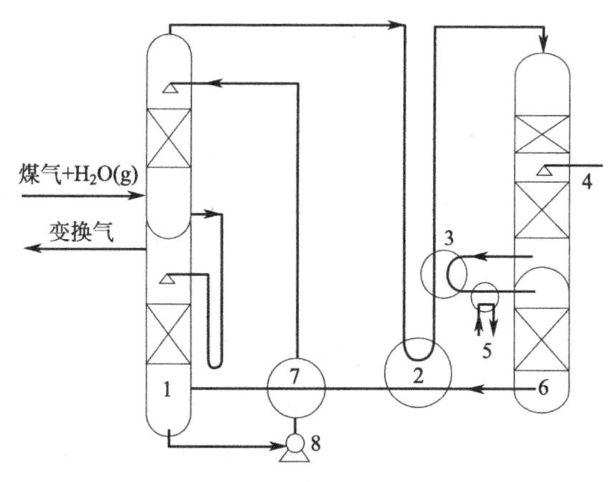

图 3-13　传统的中温变换流程

1—饱和热水塔；2—主热交换器；3—中间换热器；4—喷水增湿；5—蒸汽过热器；6—变换炉；7—水加热器；8—热水泵

下依次通过各段催化剂床层后，完成了变换过程，其流程见图 3-13。

其主要操作指标如下：

项目	指标	项目	指标
操作压力/MPa	0.8	吨氨蒸汽消耗/kg	800
变换炉进口温度/℃	380	炉内空速/h^{-1}	500
变换炉出口温度/℃	450	出口 CO 含量/%	3
汽/气	0.7		

其主要特点为：采用 Fe-Cr 系催化剂，价格低，抗毒害能强，操作稳定可靠，但能耗高，变换效果差，饱和塔负荷重。

（2）中温变换串低温变换　为了降低最终的变换温度，提高 CO 的变换率，节省水蒸气的消耗，在中温变换 Fe-Cr 催化剂的后面，串联低温活性好的 Co-Mo 催化剂，从而构成了中温变换串低温变换的流程。根据具体情况分为炉内串联和炉外串联两种。炉内串联的流程图见图 3-14。炉外串联的流程见图 3-15。

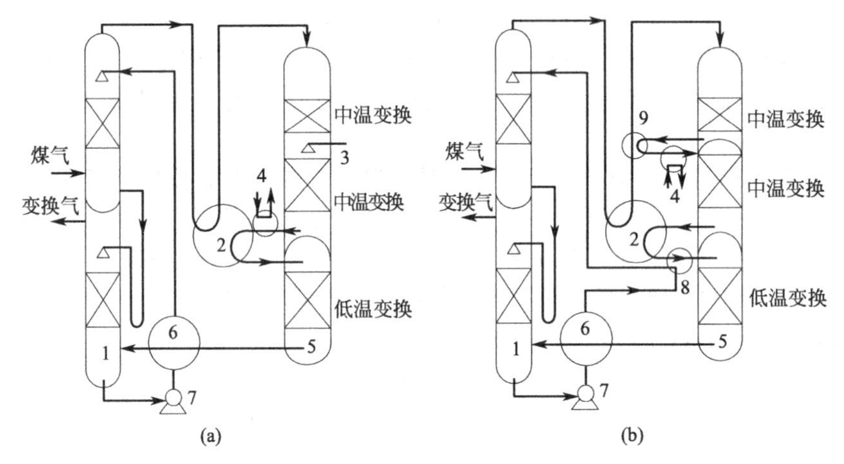

图 3-14　炉内中温变换串低温变换流程

1—饱和热水塔；2—主热交换器；3—喷水增湿；4—蒸汽过热器；5—变换炉；6—水加热器；7—热水泵；8—调温水加热器；9—中间换热器

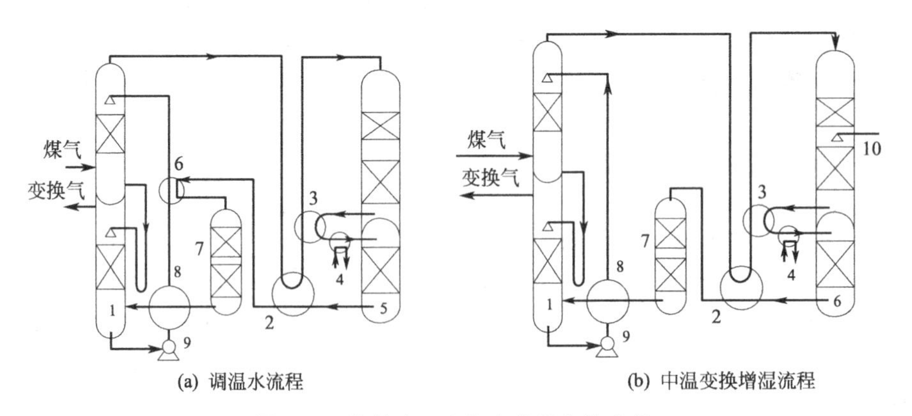

图 3-15　炉外中温变换串低温变换流程

1—饱和热水塔；2—主热交换器；3—中间换热器；4—蒸汽过热器；5—中温变换炉；6—调温水加热器；7—低温变换炉；8—水加热器；9—热水泵；10—喷水增湿

其主要操作指标如下：

项目	指标	项目	指标
操作压力/MPa	0.8	汽/气	0.4～0.5
中温变换炉进口温度/℃	380	吨氨蒸汽消耗/kg	450
中温变换炉出口温度/℃	450	中温变换炉内空速/h^{-1}	1000
一低温变换炉进口温度/℃	200	两个低温变换炉内空速/h^{-1}	1200
一低温变换炉出口温度/℃	250	出口CO含量/%	1.5

其主要特点为：与中变流程相比，工艺蒸汽消耗下降，饱和塔负荷减轻。

(3) 中低低变换　在上述中温变换串低温变换的流程上再串1台低温变换变炉（段），2台低温变换炉（段）之间采用水冷激或水加热器降温，构成了中低低变换。由于反应终态温度比中温变换串低温变换工艺降低30℃，所以其节能效果更好。其流程如图3-16所示。

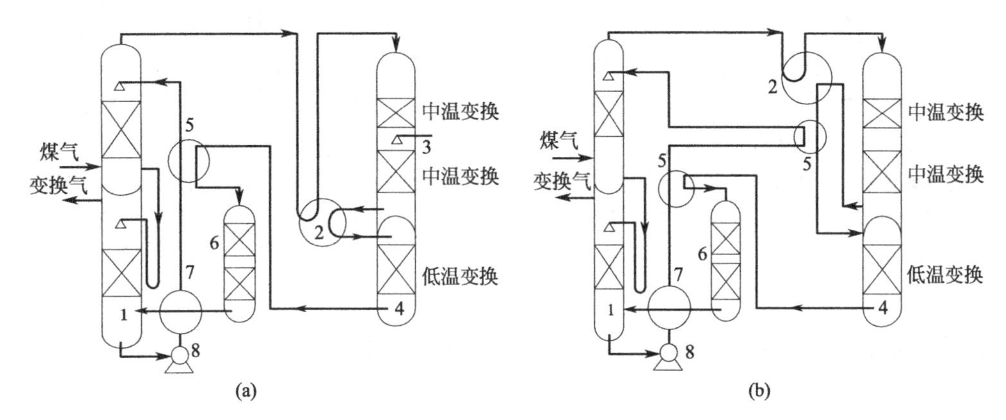

图3-16　中低低变换流程

1—饱和热水塔；2—主热交换器；3—喷水增湿；4—中温变换炉；
5—调温水加热器；6—低温变换炉；7—水加热器；8—热水泵

其主要操作指标如下：

项目	指标	项目	指标
操作压力/MPa	0.8	汽/气	0.5
中温变换炉进口温度/℃	380	吨氨蒸汽消耗/kg	300
中温变换炉出口温度/℃	450	中温变换炉内空速/h^{-1}	700
低温变换炉进口温度/℃	200	低温变换炉内空速/h^{-1}	1800
低温变换炉出口温度/℃	230	出口CO含量/%	1.5

其主要特点为：与中温变换串低温变换流程相比，蒸汽消耗进一步下降，饱和塔负荷进一步减轻；主要缺点是：由于反应汽气比下降，中温变换催化剂易发生过度还原，引起中温变换催化剂失活、硫中毒及阻力增大，导致中温变换催化剂使用寿命缩短。运行初期的操作指标优于中温变换串低温变换，中期与中温变换串低温变换相当，后期往往影响生产。

(4) 全低温变换　为了解决Fe-Cr系中温变换催化剂在低汽气比下的过度还原及硫中毒的问题，又开发了全部使用耐硫变换催化剂的“全低变工艺”。

1996年前的全低变工艺，仅仅是将中温变换催化剂直接更换为耐硫变换催化剂。此做法的问题是一段催化剂因氧化、反硫化及硫酸根、氯根等污染问题，导致该催化剂活性下降快，使用寿命相对较短。通过在一段入口前装填保护剂和抗毒催化剂的方法，此问题已得到很好解决。

根据床层间的降温方式，全低变工艺可以分为喷水增湿型降温和调温水加热器降温两种流程。变换反应一般在三段床层内进行，分一个或两个变换炉。若采用喷水增湿降温，一般在变换炉前设置一个预变换炉，上部装填保护剂和抗毒催化剂，下部装填不锈钢材料，喷水在此段进行，后设置一个主反应器（变换炉）。这种工艺比较节能，几乎不需要外加蒸汽。其典型流程见图 3-17。若采用调温水加热器来调节进入一段床层的温度，一般不设预变炉，主反应器为一个或两个。其典型流程见图 3-18。

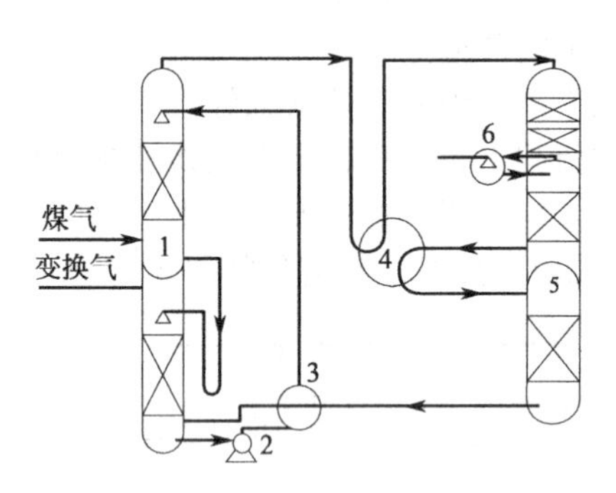

图 3-17　全低变工艺流程

1—饱和热水塔；2—热水泵；3——水加热器；4—换交换器；5—变换炉；6—喷水增湿

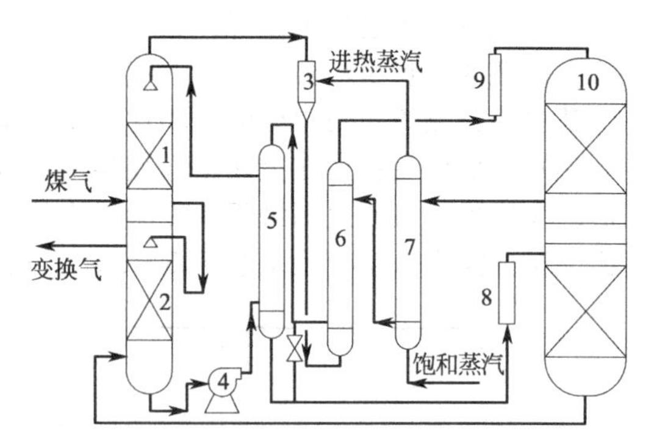

图 3-18　典型全低变工艺流程

1—饱和塔；2—热水器；3—混合器；4—热水泵；5—调温水加热器；6—热交换器；7—蒸汽过热器；8,9—电炉；10—变换炉

其特点为：

① 由于催化剂的活性高，因此在达到同样变换率要求的情况下，催化剂用量可以大幅度缩减；

② 由于催化剂的起活温度很低，变换炉入口温度低，主热交换器的换热量少，主热交换器的换热面积也大幅度减少；

③ 床层内热点温度降低了 100℃以上，使反应远离平衡，加大了反应推动力，提高了反应速率；

④ 由于催化剂活性的提高，变换系统的汽气比可以降低，从而可以不加或少加水蒸气，大幅度降低了能耗，同时饱和热水塔的热回收负荷大也得到了减少；

⑤ 在同等生产能力下，全低变系统的设备可以大幅缩小，变换炉可以减薄或取消内保温，或者在原先设备基础上，提高设备通过能力达 59%。

（5）无饱和热水塔工艺　随着低温变换技术的采用，特别是全低变工艺的应用，变换气中过量蒸汽已经很少，传统利用冷凝和蒸发原理回收蒸汽的饱和热水塔已失去了理论依据。

当变换的压力较高时，若采用饱和热水塔流程，由于水蒸气在煤气中的分压高，所以出饱和塔的煤气带出的蒸汽相对较少，节能效果不如低压变换好。在高压的情况下，饱和热水塔还存在着严重的腐蚀问题。另外，煤气中的 H_2S 在饱和塔内能被氧化成硫酸根，并且带入到变换炉中，使催化剂结块和堵塞。所以在这种情况下，一般选用废热锅炉自产高压蒸汽回收热量。这种流程一次性投资省，但蒸汽消耗高。

2. 生产甲醇的无饱和热水塔全低变流程

图 3-19 为生产甲醇的无饱和热水塔全低变流程图。

从煤气化装置来的煤气（温度：168℃；压力：3.8MPa；湿基 CO 含量：55.6%；干基 CO 含量：69.07%）进入煤气气水分离器 1，分离出夹带的液相水后进入原料气过滤器 2，其中装有吸附剂，可以将煤气中的粉尘等对催化剂有害的杂质除掉。然后煤气分成三部分，分别进入三个不同的变换炉。

第一部分占总气量 28.5%的煤气进入预热器 3，与第三变换炉 10 出来的变换气换热至

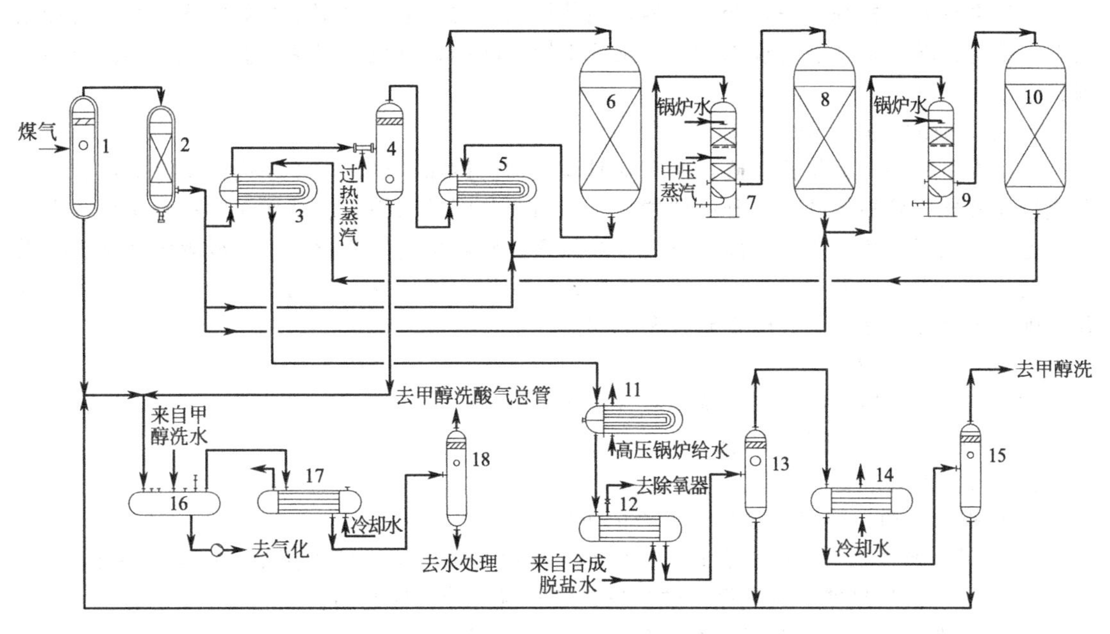

图 3-19 无饱和热水塔全低变工艺流程

1—气水分离器；2—过滤器；3—预热器；4—汽气混合器；5—换热器；6—第一变换炉；7—第一淬冷过滤器；8—第二变换炉；9—第二淬冷过滤器；10—第三变换炉；11—锅炉给水预热器；12—脱盐水预热器；13—第一变换气气水分离器；14—变换气冷却器；15—第二变换气气水分离器；16—冷凝液闪蒸槽；17—闪蒸气冷却器；18—闪蒸气气水分离器

210℃后，进入汽气混合器 4，与来自蒸汽管网的过热蒸汽（4.4MPa，282℃）混合。保证进入第一变换炉的汽/气比不低于 1.09。混合后的煤气进入煤气换热器 5 管侧，与来自第一变换炉 6 出口的变换气换热，温度升至 255℃左右，进入第一变换炉 6 进行变换反应。出第一变换炉的变换气温度小于 460℃，干基 CO 含量为 18.27%，湿基为 12.5%。

第一变换炉出来的变换气，在换热器 5 与入第一变换炉的煤气换热后，与另一部分占总气量 32%的煤气混合。进入第一淬冷过滤器 7，在此被来自低压锅炉给水泵的低压锅炉给水激冷到 235℃，保证汽/气比不低于 0.53，进入第二变换炉 8 反应。出第二变换炉的变换气温度为 351.4℃，干基 CO 含量为 18.96%，湿基为 14.7%。

另外，占总气量 39.5%的煤气与第二变换炉出口变换气相混合，然后进入第二淬冷过滤器 9，被来自低压锅炉给水泵的低压锅炉给水激冷到大约 220℃，保证汽/气比不低于 0.33，进入第三变换炉 10 反应。出第三变换炉的变换气温度约 306.2℃，干基 CO 含量为 19.4%，湿基含量为 15.8%。

出第三变换炉的变换气依次进入煤气预热器 3、锅炉给水预热器 11、脱盐水预热器 12 被冷却到 85℃后，进入第一变换气气水分离器 13 分离冷凝水。然后进入变换气冷却器 14 降温至 40℃，进入第二变换气气水分离器 15 分离冷凝水后，去低温甲醇洗工序。

煤气气水分离器 1、汽气混合器 4、第一变换气气水分离器 13、第二变换气气水分离器 15 的工艺冷凝液，与来自低温甲醇洗的洗涤水一起进入冷凝液闪蒸槽 16，在此减压后，将溶解的大部分气体解吸出来。解吸出来的气体经闪蒸气冷却器 17 冷却至 40℃后，进入闪蒸气气水分离器 18，分离夹带的液体后，去低温甲醇洗酸气总管。闪蒸后的冷凝液，通过冷凝液泵加压，去煤气化装置。出闪蒸气气水分离器 18 的冷凝液，去污水处理装置。

五、耐硫宽温变换的操作控制

（一）原始开车（包括大修后开车）

1. 开车前的准备工作

确认系统安装检修完毕，变换炉催化剂装填已完成；电、仪调试检修完毕，处于可投用状态；系统运转设备处于可投用状态；系统干燥，吹扫，试压，气密实验完成；界区公用工程具备使用条件。

2. 开车前的检查、确认工作

确认本单元各盲板位置正确，所有临时盲板均已拆除；确认本工序内的所有液位、压力和流量仪表导压管根部阀处于开的位置，所有的调节阀及联锁系统动作正常；确认系统内所有其他阀门处于关闭位置并与前后系统有效隔离；确认系统内的设备、管线等设施均正确无误；确认系统内的导淋阀门关闭，需加盲板的已倒盲；确认各冷却用水已分别供到各换热设备；确认蒸汽暖管完毕，并已引到各调节阀前。

3. 系统氮气置换

按置换程序置换系统，使系统中氧含量达标。

4. 耐硫变换催化剂升温硫化

(1) 升温前的准备

① 确保水、电、煤气、氮气、蒸汽的供应正常。

② 确保变换系统气密试验合格，升温用盲板抽、加完毕，仪表正常，取样点好用。

③ 开工蒸汽加热器、氮气循环鼓风机、转子流量计确保好用。

④ 画好理想升温硫化曲线，并准备好直尺、彩笔、记录本、U 形管压差计等。

⑤ 将二硫化碳加入储槽内，并在储槽液面上用氮气保持 0.5MPa 左右的压力，储槽液位计要加装刻度，以便计算二硫化碳加入量。

(2) 升温

① 氮气循环升温系统用氮气置换，至 O_2 含量合格；二硫化碳储槽置换后充压至 0.5MPa 备用。

② 开启氮气管线上的阀门，给氮气循环升温系统充压至 0.5MPa。启动氮气鼓风机，使氮气循环。

③ 开工蒸汽加热器通蒸汽升温。

④ 用调节开工蒸汽加热器出口蒸汽放空量的方法来控制升温速率，保证变换炉入口升温速率为 25℃/h，最大不超过 50℃/h。当变换炉入口温度达 150℃时，保持变换炉入口温度为 150℃，直至变换炉出口温度达到 50℃。然后缓慢将床层温度提高到 230℃，保证床层的温度最低点不低于 200℃。

⑤ 当催化剂床层温度大于 180℃，床层温度最低点不低于 160℃时，开氢氮气（来自界外）补充阀，向氮气循环升温系统补加氢氮气，并从氮气分离器后放空，以调节循环气成分，使循环气中 H_2 含量大于 25%，边升温边调节循环气成分。

⑥ 各变换炉的升温可以串联，也可以分开进行。当串联时，控制两床层温差不大于 120℃，当温差过大时，可打开各炉的氮气升温阀，对变换炉补充升温。

(3) 硫化

① 当变换炉催化剂床层温度升至 230℃时，可稍开二硫化碳储槽出口阀，使二硫化碳经转子流量计计量后进入开工蒸汽加热器的入口管线。

② 变换炉催化剂床层温度在 230～260℃之间时，变换炉入口总硫量（硫化氢＋二硫化碳）应维持在 20～40L/h，同时提高床层的温度。当温度升至 260～300℃时，保持 CS_2 补充量，同时定期分析变换炉出口 H_2S 和 H_2 含量。当床层有 H_2S 穿透，要增加 CS_2 量至 80～200L/h。硫化主期温度控制在 300～380℃；硫化末期要维持催化剂床层温度在 400～420℃下，进行高温硫化 2h。当连续三次分析变换炉出口 H_2S 含量与入口 H_2S 含量基本相同时可认为硫化结束。分析的间隔时间要大于 10min。

③ 硫化过程要消耗氢，为了防止惰性气体在循环气中积累，应在氮气分离器后的放空管连续放空少量循环气，同时连续补充氢氮气，使循环气中氢气含量维持在25%以上。

④ 当变换炉进、出口总硫量相等或接近时，硫化结束，逐渐减少并切断开工蒸汽量，用氮气吹除至变换炉出口的 H_2S 小于 $1g/m^3$。关变换炉进出口阀，并保持正压。

(4) 升温硫化过程中的注意事项

① 升温硫化严格按催化剂厂家提供的技术方案进行。

② 升温硫化过程中要始终保证氢、氮压力为0.3～0.35MPa (g)。

③ 要保证氮气和氢氮气氧含量小于0.5%，且每小时分析一次。循环气中的 H_2 含量大于25%，O_2 含量小于0.5%，每小时分析两次。变换炉进口硫含量每小时分析两次。

④ 为防止催化剂床层超温，应坚持"加硫不提温，提温不加硫"的原则，应严格控制床层温度不超过450℃

⑤ 若床层温度增长过快并超过500℃，应立即停止加 CS_2，并加大氮气循环量，使温度下降。

⑥ 加入氢氮气时催化剂床层温度要控制在180℃左右，严格控制氢气浓度为25%～35%，防止过量，与催化剂发生还原反应，同时也要避免甲烷化反应的发生。

⑦ CS_2 的加入温度以230～250℃为宜，CS_2 在200℃以上才会发生氢解，若有 CS_2 积累，到200℃以上时 CS_2 会氢解放热，使催化剂床层温度飞涨。若超过250℃才加入 CS_2，H_2 会和 CoO 或 Mn_2O_3 发生还原反应，使催化剂床层温度飞涨。这两个反应，对催化剂都是有害的，会使其失活。

⑧ 二硫化碳要严格管理，附近不可有明火，不可泄漏，不可靠近高温热源（小于100℃）。充装二硫化碳时要暂时封锁现场，要有专人负责。二硫化碳储槽充装前要清洗干净，严禁油污。

⑨ 二硫化碳和催化剂升温硫化过程中消防队应派人监护，准备好消防救护器材，消防车现场待命。

5. 系统导气

变换系统（见图3-19）的导气指将煤气引入变换系统，逐渐使变换系统开始反应。硫化好的催化剂在初期有很高的活性，在导气的过程中如果操作不当就会引起床层的飞温。在导气时要先进煤气，视催化剂床层温度变化及时投用蒸汽。蒸汽投入后流量控制可以与煤气流量控制串级调节。导气时，要谨慎操作，密切注意系统压力、催化剂床层温度、压差的变化情况。

最初开始导气时，控制变换炉入口温度在245℃，变换系统的压力为0.4MPa，并使煤气气水分离器1有一定的液位。

开大煤气流量，当煤气流量达 $500m^3/h$ 时，保持 $500m^3/h$ 流量30min。注意观察催化剂床层温度，如果床层温度无异常，可以继续以 $100m^3/min$ 的递增速度增加粗合成气量。如果床层温度突然上升，应立即切断煤气。

设定第二变换炉8进口温度为235℃，第三变换炉10的进口温度为220℃

缓慢提高煤气的流量达到 $60000m^3/h$。这时要注意观察第一变换炉床层的温度，如果温度飞升，应先增加蒸汽量或切断煤气，必要时用氮气降温。

保证气体流量稳定在 $60000m^3/h$ 的情况下，逐步提高系统压力到1.5MPa（升压速率小于0.05MPa/min）。提压过程中，密切注意床层温度的变化。

当压力升至1.5MPa，要运行2～3h，以使催化剂继续深度硫化，提高催化剂的活性。

继续逐渐增加煤气流量至 $100000m^3/h$，提高系统压力到达3.5MPa左右。升压时控制升压速率小于0.05MPa/min，并注意床层温度，严禁超温。

当煤气气水分离器1、汽气混合器4、第一变换气气水分离器13、第二变换气气水分离器15液位升高后，打开它们底部排放阀，投用冷凝液闪蒸槽16。冷凝液闪蒸槽16液位上涨后，启动冷凝液泵送往煤气化装置。

（二）向甲醇洗导气

当变换工段正常且各指标合格后，就可以向低温甲醇洗工段导气。在向低温甲醇洗工段导气时要慢，一定要注意变换压力的波动，防止由于压力的波动造成催化剂床层压差的增大。

（三）正常操作

变换工段的正常操作的主要内容为：调节各变换炉床层的温度正常、调节进变换炉的汽/气比正常、调节变换系统和冷凝液闪蒸槽16的压力正常。

第一变换炉进口温度由煤气预热器进口副线调节。第一变换器进口汽/气比，通过调节进蒸汽混合器的蒸汽量来调整。第二和第三变换炉进口温度由进淬冷过滤器的锅炉给水量来控制。

冷凝液闪蒸槽16的操作压力由冷凝液闪蒸槽出口闪蒸汽管线上的压力调节阀调节控制。变换气压力不是由变换工段来控制的，而是根据下游工段的要求设定，当压力高时通过放空到火炬来调节。

注意事项：加减负荷要与前后工段配合，与调度联系；加负荷时，就要视床层温度而定，每次加量要小；催化剂运行初期，变化炉入口温度设定要尽可能低，当变换率下降，床层温度维持困难时，可适当调高入口温度的设定值；运行时要检查各分离器的液位和温度，以免雾滴夹带进入工艺气中；关注变换炉压降是否升高。

（四）系统停车

1. 长期停车

① 通知煤气化车间退气，协调甲醇洗单元降低负荷。

② 缓慢降低系统负荷，逐步减少并切断煤气，关闭去低甲醇洗的阀门。

③ 逐渐减小并关闭汽气混合器4的蒸汽，第一、第二淬冷过滤器的锅炉给水。防止变换炉床层温度突降，出现液态水，损坏催化剂。

④ 关闭煤气气水分离器1、汽气混合器4、第一和第二变换气气水分离器的冷凝液排放阀。冷凝液闪蒸槽16液位降低后，停送煤气化的水泵，剩余液位，送到污水处理。

⑤ 停变换气冷却器14、闪蒸气冷却器17循环水。

⑥ 以0.1MPa/min的速率降低系统压力。当系统压力至0.1 MPa以下时，接通氮气管线。

⑦ 氮气置换：打开氮气管线的截止阀，向系统充压。压力上升到0.5MPa时，卸压。反复数次，直到分析$CO+H_2$含量≤0.5%时，即可认为置换合格，系统保压0.4MPa。

2. 短期停车

在停车时间不超过24h的情况下，停车要按上述前五步操作。保持系统压力为操作时的压力。

（五）事故处理

① 如气化装置突然停止向本工段供气，应立即通知后工段，并快速关闭进变换工段的煤气阀门，系统作停车处理。

② 因锅炉给水故障，出现第一、第二淬冷过滤器7、9断水时，系统作停车处理。

③ 冷却水中断，会使变换气冷却器14工艺气温度升高而且带水量加大，变换系统要作停车处理。

④ 仪表空气中断或晃电时，系统应立即停车。

⑤ 如果床层温度飞温，要减小原料气量，加大蒸汽量，开大放空阀，将热量迅速带走。

复　习　题

1. 什么是CO变换？它的目的是什么？
2. 写出变换反应的化学平衡方程式及变换反应的特点。
3. 写出变换率及平衡变换率的定义。
4. 简述如何提高CO的平衡变换率。
5. 简述如何提高CO变换的反应速率。
6. 简述钴钼催化剂的主要成分。
7. 简述钴钼催化剂硫化的原理及过程。
8. 什么叫钴钼催化剂的反硫化，应如何防止反硫化现象的发生？
9. 什么叫催化剂的钝化？简述钴钼催化剂钝化的主要过程。
10. 简述引起钴钼催化剂活性下降的主要原因。
11. 简述钴钼催化剂烧炭再生的主要过程。
12. 简述变换压力的高低对变换过程的影响。
13. 简述变换炉温度控制的原则及主要实现方法。
14. 简述汽/气比对变换过程的影响。
15. 简述变换流程发展的主要过程。
16. 对无饱和热水塔的全低变变换流程，简述工艺气在整个流程中的流动路线及流过各设备时发生的变化。
17. 简述变换系统原始开车的主要步骤。
18. 简述变换系统正常操作的主要内容。
19. 简述变换系统长期停车的主要步骤。

第三节　低温甲醇洗

低温甲醇洗是20世纪50年代初德国林德公司和鲁奇公司联合开发的一种气体净化工艺。该工艺以冷甲醇为吸收溶剂，利用甲醇在低温下对酸性气体溶解度极大的优良特性，脱除原料气中的酸性气体。广泛应用于国内外合成氨、合成甲醇、羰基合成、城市煤气、工业制氢和天然气脱硫等气体净化装置中实现CO_2和H_2S的脱除。

低温甲醇洗脱硫、脱碳的技术特点如下。

① 低温甲醇洗可以脱除气体中的多种杂质。在－30～－70℃的低温下，甲醇可以同时脱除气体中的H_2S、CO_2、有机硫、HCN、NH_3、NO、石蜡、芳香烃和粗汽油等杂质。

② 气体的净化度很高。净化气中总硫量可脱除到0.1mg/m^{3}以下，CO_2可净化到10mg/m^{3}以下，可适用于对硫含量有严格要求的化工生产。

③ 可以选择性地脱除H_2S和CO_2，并可分别加以回收，以便进一步利用。

④ 甲醇的热稳定性和化学稳定性好。甲醇不会被有机硫、氰化物等组分所降解，在生产操作中不起泡，纯甲醇也不腐蚀设备和管道。

主要缺点是：工艺流程长，甲醇的毒性大，设备制造和管道安装都严格要求无泄漏，且需谨慎操作，严防泄漏事故发生。

一、低温甲醇洗基本原理

低温甲醇洗采用冷甲醇作为吸收剂，利用甲醇在低温下对酸性气体溶解度较大的物理特性，脱除原料气中的酸性气体。

1. 各种气体在甲醇中的溶解度

各种气体在－40℃时相对溶解度如表3-8所示。

表 3-8 −40℃各种气体在甲醇的相对溶解度

气体	气体的相对溶解度		气体	气体的相对溶解度	
	相对于 H_2	相对于 CO_2		相对于 H_2	相对于 CO_2
H_2S	2540	5.9	CO	5.0	
COS	1555	3.6	N_2	2.5	
CO_2	430	1.0	H_2	1.0	
CH_4	12				

由表可见，H_2S、COS、CO_2 等酸性气体在甲醇中有较大的溶解能力，而氢、氮、一氧化碳等气体在其中的溶解度甚微。因而甲醇能从原料气中选择吸收二氧化碳、硫化氢等酸性气体，而氢和氮损失很少。在低温下，例如−40～−50℃时，H_2S 的溶解度差不多比 CO_2 大 6 倍，这样就有可能选择性地从原料气中先脱除 H_2S，而在甲醇再生时先解吸 CO_2。

图 3-20 为常见气体在甲醇中的溶解度曲线，由图可见，H_2S 和 CO_2 在甲醇中的溶解度随温度的降低，增加较快，而 H_2、CO 及 CH_4 随温度的降低变化不大。

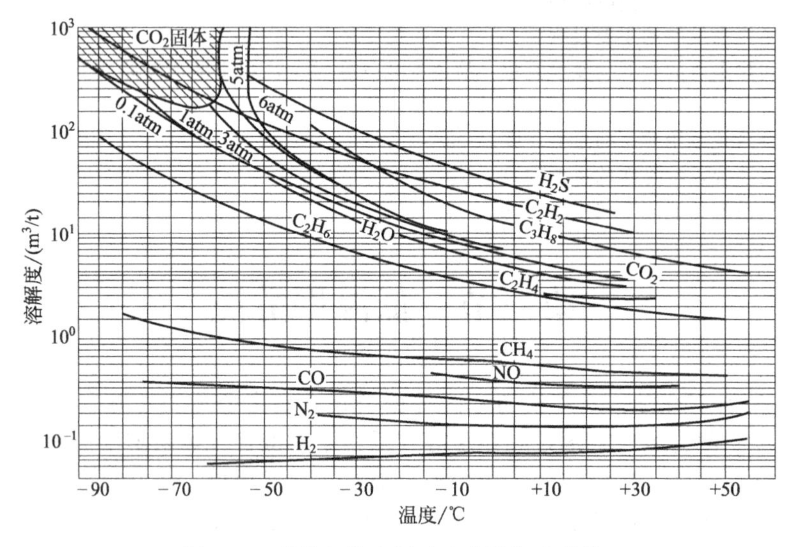

图 3-20 常见气体在甲醇中的溶解度曲线

H_2S 和甲醇都是极性物质，两种物质的极性接近，因此 H_2S 在甲醇中溶解度很大。不同温度与 H_2S 分压下，H_2S 的溶解度如表 3-9 所示。

表 3-9 H_2S 在甲醇中的溶解度　　单位：m^3/t 甲醇

H_2S 平衡分压/kPa	温度/℃				H_2S 平衡分压/kPa	温度/℃			
	0	−25.6	−50.0	−78.5		0	−25.6	−50.0	−78.5
6.67	2.4	5.7	16.8	76.4	26.66	9.7	21.8	65.6	—
13.33	4.8	11.2	32.8	155.0	40.00	14.8	33.0	99.6	—
20.00	7.2	16.5	48.0	249.2	53.33	20.0	45.8	135.2	—

有机硫化物在甲醇中的溶解度也很大，这样就使得低温甲醇洗有一个重要的优点，即有可能综合脱除原料气中的所有硫杂质（在甲醇中 COS 的溶解度仅较 H_2S 溶解度低 20%～30%）。

不同温度与 CO_2 分压下，CO_2 在甲醇中的溶解度如表 3-10 所示。

表 3-10 CO_2 在甲醇中的溶解度 单位：m^3/t 甲醇

CO_2 分压/MPa	温度/℃			
	−26	−36	−45	−60
0.101	17.6	23.7	35.9	68.0
0.203	36.2	49.8	72.6	159.0
0.304	55.0	77.4	117.0	321.4
0.405	77.0	113.0	174.0	960.7①
0.507	106.0	150.0	250.0	—
0.608	127.0	201.0	362.0	—
0.709	155.0	262.0	570.0	—
0.831	192.0	355.0	—	—
0.912	223.0	444.0	—	—
1.013	268.0	610.0	—	—
1.165	343.0	—	—	—
1.216	385.0	—	—	—
1.317	468.0	—	—	—
1.413	617.0	—	—	—
1.520	1142.0	—	—	—
1.621	—	—	—	—

①CO_2 分压为 0.42MPa 下的数据。

由表 3-9 和 3-10 可见，随着温度的降低，压力的增大 H_2S 和 CO_2 的溶解度都增加。

研究表明，当混合气中有 H_2 存在或甲醇含有水分时，H_2S 和 CO_2 在甲醇中溶解度会降低。

2. 各种气体在甲醇中的溶解热

根据各种气体在甲醇中的溶解度数据，可求得在甲醇中的溶解热。表 3-11 给出了各种气体在甲醇中的溶解热。

表 3-11 各种气体在甲醇中的溶解热

气体	H_2S	CO_2	COS	CS_2	H_2	CH_4
溶解热/(kJ/mol)	19.264	16.945	17.364	27.614	3.824	3.347

由表可见，H_2S 和 CO_2 在甲醇中溶解热不同，但因其溶解度较大，在甲醇吸收气体过程中，塔中溶剂温度有较明显的提高，为保证吸收效果，应不断移走热量。

3. 净化过程中溶剂的损失

净化过程中甲醇溶剂的损失主要是甲醇的挥发，甲醇的蒸气压与温度的关系，如图 3-21 所示。

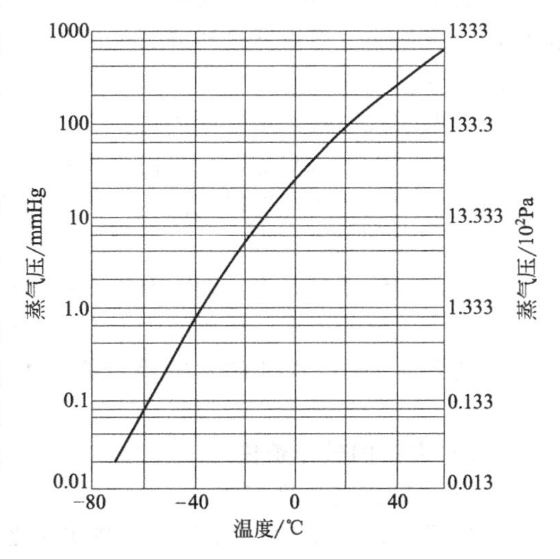

图 3-21 甲醇的蒸气压与温度的关系

由图 3-21 可见，在常温下甲醇的蒸气压很大。即使气体中挥发出来的甲醇溶剂浓度很小，但由于处理气量很大，溶剂损失还是可观的。在实际生产中，采用低温吸收，会减少操作中的溶剂损失。

4. 低温甲醇洗的吸收动力学

用低温甲醇吸收 H_2S 和 CO_2 的动力学实

验发现，吸收过程的速率仅取决于 CO_2 的扩散速率，在相同条件下 H_2S 的吸收速率约为 CO_2 吸收速率的 10 倍。温度降低时吸收速率缓慢减小。

由于混合气体中 H_2S 的浓度较小，吸收速率又比较快，所以 CO_2 的吸收是控制因素。影响吸收的主要因素是温度和压力。

5. 甲醇再生的原理

吸收气体后的甲醇，需在再生设备内再生，循环使用。甲醇的再生主要利用减压、气提和热再生三个方面的作用。

(1) 减压再生　从洗涤塔出来的甲醇减压到 2.0MPa 左右，利用各种气体在甲醇中的溶解度不同，而首先闪蒸出 CO 和 H_2，并进行回收。闪蒸后的甲醇进入闪蒸塔后进一步减压，闪蒸出 CO_2，并回收利用。

(2) 气提再生　气提的原理是在气相中通入氮气，降低气相中 CO_2 的分压，使甲醇中 CO_2 充分解吸出来。

(3) 热再生　溶解在甲醇中的 H_2S 和残余的 CO_2 通过加热，使其全部解吸出来。此方法的再生度非常高。

实际再生时，先采用分级减压膨胀的方法再生，通过减压使 H_2 和 N_2 气体从甲醇中解吸出来，加以回收。再减压使大量 CO_2 解吸出来，而 H_2S 仍旧留在溶液中，得到二氧化碳浓度大于 98%的气体，以满足其他生产的要求。然后再用减压、气提、蒸馏等方法使 H_2S 解吸出来，得到 H_2S 含量大于 25%的气体，送往硫黄回收工序。

二、低温甲醇洗主要工艺参数的选择

(一) 吸收操作条件

1. 温度

降低吸收的温度可以增加 H_2S 和 CO_2 在甲醇中的溶解度，提高吸收效果。在要求的吸收效果一定的情况下，可降低甲醇的循环量，节省输送的功耗。同时，在低温下吸收，甲醇的饱和蒸气压低，挥发损失少。但过低的温度，会使冷量损失加大。吸收的温度主要依据吸收效果和吸收压力而定，目前常用的温度为－20～－70℃。

H_2S 和 CO_2 等气体在甲醇中的溶解热很大，因此在吸收过程中溶液温度不断升高，使吸收能力下降。为了维持吸收塔的操作温度，在吸收大量二氧化碳的中部设有冷却器，或将甲醇溶液引出塔外进行冷却。吸收过程放出的热量，可以与再生时甲醇节流效应的结果和气体解吸时吸收的热量相抵，使甲醇的温度降低。由于不完全的再生和与周围环境的换热，所造成的冷冻损失，可由氨冷器或其他冷源来补偿。

2. 压力

和低温吸收一样，增加压力对吸收有利，但过高的压力对设备强度和材质的要求高，使有用气体组分 H_2、CO 或 N_2 等的溶解损失也增加。具体采用多大压力，主要由原料气组成、所要求的气体净化度以及前后工序的压力等来决定。目前常用的吸收压力为 2～8MPa。

3. 吸收剂的纯度

吸收剂的纯度对其吸收能力有很大的影响。影响吸收剂纯度的影响因素是多方面的，其中水含量是主要的因素。当甲醇中含有水分时，甲醇的吸收能力将会下降。例如，当甲醇中水含量达到 5%时，其对 CO_2 的吸收能力大约下降 12%。目前，对贫甲醇的含水量要求为小于 1%。

(二) 再生的操作条件

1. 闪蒸的工艺条件选择

变换气中的 H_2、CO 会在吸收塔内少量地溶于甲醇溶液中，而溶液排出吸收塔时，也会成泡沫状态夹带少量原料气，造成有效气体 H_2、CO 的损失。因此从吸收塔排出的溶液需要在中间压力下进行闪蒸，以回收 H_2 和 CO，这是降低合成甲醇原料消耗定额的重要措施之一。而且，为了控制 CO_2 再生气中 CO_2 的纯度，也必须在溶液进入再生塔之前进行闪蒸。

闪蒸的压力与温度的选择，以使易溶组分（如 CO_2、H_2S 等）解吸量最小，难溶组分（如 H_2、CO 等）尽可能完全地解吸出来为原则。

由于 H_2 的溶解度随温度的降低而减小，在闪蒸前使溶液温度降低，既有利于 H_2 的回收，又可减少 CO_2 和 H_2S 的解吸。

对闪蒸的条件总的来说，如温度高、压力低，则 H_2 和 CO 解吸充分，原料气损失小，但过低的压力，会加重 CO_2 洗涤塔的洗涤负荷，降低洗涤效率。

2. CO_2 解吸塔的压力与温度

CO_2 解吸塔的作用是让 CO_2 解吸出来，为尿素工段提供合格的原料气。如生产甲醇，则 CO_2 无用放空。CO_2 回收塔的压力与温度主要影响 CO_2 的回收量、CO_2 中的 H_2S 含量。总的影响为压力低、温度高解吸的 CO_2 数量多，但其中 H_2S 和甲醇蒸气的含量高。

随着压力的降低，由于节流制冷效应，甲醇的温度会降低，所以 CO_2 解吸塔的温度，与闪蒸的温度和 CO_2 解吸塔的压力相关。同时，由于 CO_2 解吸塔和 H_2S 浓缩塔之间存在温差，在此两塔之间循环的甲醇的量也会影响 CO_2 解吸塔的温度。生产中温度的调节可通过后者实现。

压力是影响 CO_2 解吸的主要因素，压力选择的原则，以解吸出的 CO_2 产品中 H_2S 的含量小于 $1mg/m^3$、甲醇含量小于 $25mg/m^3$ 为原则。通常 CO_2 解吸塔的压力为 0.2～0.4MPa。

3. 甲醇的热再生

甲醇再生的效果最终由甲醇热再生塔决定。甲醇热再生塔利用接近常压、加热到沸点、蒸汽汽提等多种措施实现溶解的 H_2S、CO_2、NH_3 和 HCN 的解吸。解吸效果的好坏主要取决于塔内汽提蒸汽的量。汽提蒸汽量多，再生效果好。但汽提蒸汽量多，使加热蒸汽消耗增加，也有可能超出塔板的负荷。

三、工艺流程及主要设备

（一）工艺流程

低温甲醇洗的流程有两步法和一步法之分。两步法的流程适用于先前的非耐硫变换，其做法为先用低温甲醇洗将原料气中的 H_2S 脱除，经变换后，再用低温甲醇洗将原料气中的 CO_2 脱除。由于耐硫变换技术的应用，目前的流程倾向于在变换后同时脱除 H_2S 和 CO_2，称为一步法。在本部分，仅对一步法的流程作简单介绍。

同时脱除 H_2S 和 CO_2 的一步法流程如图 3-22 所示。

图中各设备的代号与名称的对应关系见表 3-12。

表 3-12　设备代号与名称对应表

代号	设备名称	代号	设备名称	代号	设备名称
C1	循环气压缩机	E13	H_2S 馏分氨冷却器	S2	甲醇第二过滤器
E1	进料气冷却器	E14	H_2S 馏分冷交换器	T1	甲醇洗涤塔
E2	压缩机后水冷却器	E15	甲醇/水分离塔再沸器	T2	CO_2 解吸塔
E3	含硫甲醇冷却器	E16	甲醇/水分离塔进料加热器	T3	H_2S 浓缩塔
E4	无硫甲醇氨冷器	E17	无硫甲醇冷却器	T4	甲醇再生塔
E5	循环甲醇氨冷器	E18	贫甲醇水冷却器	T5	甲醇/水分离塔
E6	循环甲醇冷却器	P1	H_2S 浓缩塔上塔出料泵	V1	进料气体甲醇/水分离罐
E7	含硫甲醇第二换热器	P2	闪蒸甲醇泵	V2	含硫富甲醇闪蒸罐
E8	第三贫甲醇冷却器	P3	甲醇再生塔进料泵	V3	无硫富甲醇闪蒸罐
E9	第二贫甲醇冷却器	P4	贫甲醇泵	V4	甲醇中间贮罐
E10	第一贫甲醇冷却器	P5	甲醇/水分离塔进料泵	V5	H_2S 馏分分离罐
E11	甲醇再生塔再沸器	P6	甲醇再生塔回流泵	V6	甲醇再生塔回流液分离罐
E12	H_2S 馏分水冷却器	S1	甲醇第一过滤器	V7	循环甲醇闪蒸罐

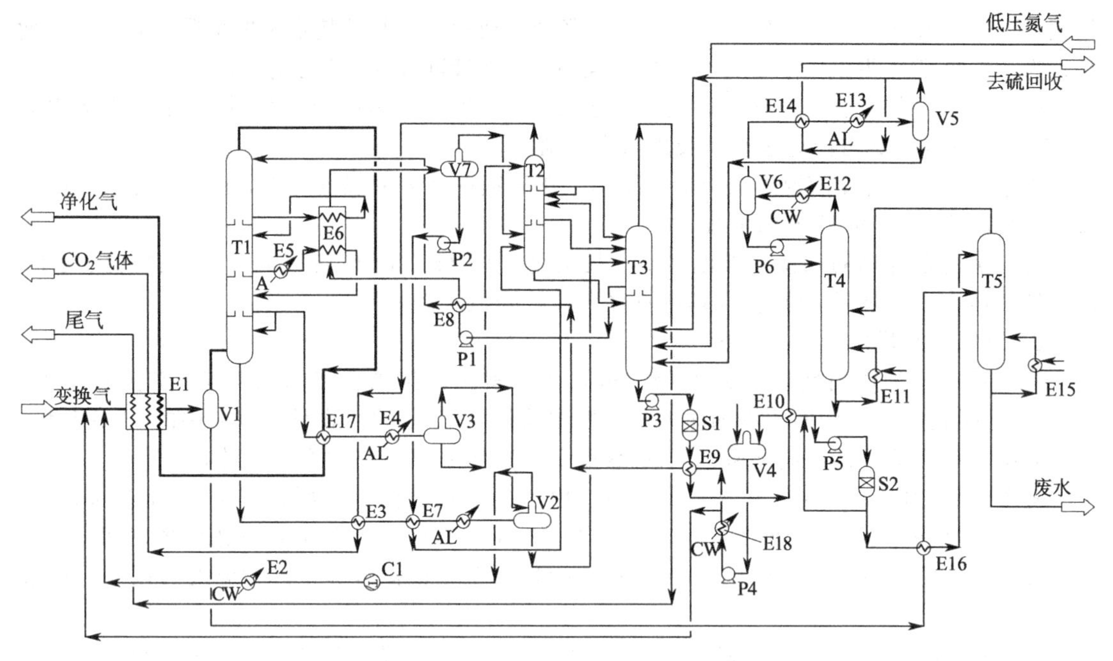

图 3-22　一步法低温甲醇洗流程

一步法的流程可分为：原料气的预冷、酸性气体（CO_2、H_2S 等）的吸收、氢气的回收、CO_2 的解吸回收、H_2S 的浓缩、甲醇溶液的热再生和甲醇水分离几个部分。

1. 原料气的预冷

来自一氧化碳变换工序的变换气，在 40℃、7.81MPa 的状态下进入低温甲醇洗装置。由于低温甲醇洗装置是在－40～－70℃的低温条件下操作的，为了防止变换气中的饱和水分在冷却过程中结冰，在混合气体进入进料气冷却器 E1 之前，向其中喷入贫甲醇，然后再进入进料气冷却器 E1，与来自本装置的三种低温物料——汽提尾气、CO_2 产品气和净化气进行换热，被冷却至－10℃左右。冷凝下来的水与甲醇形成混合物，冰点降低，从而不会出现冻结现象。甲醇水混合物与气体一起进入进料气体甲醇/水分离罐 V1 进行气液分离，分离后的气体进入甲醇洗涤塔 T1 底部，而分离下来的甲醇水混合物送往甲醇/水分离塔 T5 进行甲醇水分离。

2. 酸性气体（CO_2、H_2S 等）的吸收

甲醇洗涤塔 T1 分为上塔和下塔两部分，共四段，上塔三段，下塔一段。下塔主要是用来脱除 H_2S 和 COS 等硫化物。来自进料气体甲醇/水分离罐 V1 的原料气，首先进入甲醇洗涤塔 T1 的下塔，被自上而下的甲醇溶液洗涤，H_2S 和 COS 等硫化物被吸收，含量降低至 0.1mg/m^3 以下，然后气体进入上塔进一步脱除 CO_2。由于 H_2S 和 COS 等硫化物在甲醇中的溶解度比 CO_2 高，而且在原料气中 H_2S 和 COS 等硫化物的含量比 CO_2 低得多，仅用出上塔底部吸收饱和了 CO_2 的甲醇溶液总量的一半左右来作为洗涤剂。此部分甲醇溶液吸收了硫化物后从塔底排出，依次经过含硫甲醇冷却器 E3 和含硫甲醇第二换热器 E7，温度由出塔底的－6.8℃依次降低至－10.5℃、－31.7℃，然后经减压至 1.95MPa，进入含硫富甲醇闪蒸罐 V2 进行闪蒸分离。

上塔的主要作用为脱除原料气中的 CO_2。经下塔脱除硫化物后的原料气，通过升气管进入甲醇洗涤塔 T1 上塔。由于 CO_2 在甲醇中的溶解度比 H_2S 和 COS 等硫化物小，且原料气中的 CO_2 含量很高，所以上塔的洗涤甲醇量比下塔的大。吸收 CO_2 后放出的溶解热会导

致甲醇溶液的温度上升，为了充分利用甲醇溶液的吸收能力，减少洗涤甲醇流量，在设计上采取了分段操作，段间降温的方法。甲醇吸收 CO_2 所产生的溶解热一部分转化为下游甲醇溶液的温升，另一部分被段间换热装置取出。

来自热再生部分的贫甲醇，经冷却后，以－64.5℃的温度进入甲醇洗涤塔 T1 的顶部，其甲醇含量为 99.5%，水含量小于 0.5%。出上塔顶段的甲醇溶液，温度上升至－18.8℃，经过循环甲醇冷却器 E6 被冷却至－44.5℃后，进入上塔中段继续吸收 CO_2；出中段的甲醇溶液，温度上升至－17.1℃，依次经过循环甲醇氨冷器 E5 和循环甲醇冷却器 E6 被冷却至－44.5℃后，进入上塔的第三段进一步吸收 CO_2，温度上升至－10.0℃后出上塔。其中占总量 52%的甲醇溶液，进入下塔作为洗涤剂，剩余部分依次在洗涤塔底无硫甲醇冷却器 E17 中，无硫甲醇氨冷器 E4 中被冷却，温度分别降至－22.1℃、－33.0℃，然后被减压至 1.95MPa，进入无硫富甲醇闪蒸罐 V3 进行闪蒸分离。

出甲醇洗涤塔 T1 顶部的净化气温度为－64.0℃、压力为 7.67MPa，经无硫甲醇冷却器 E17 和进料气冷却器 E1 回收冷量后，去后工序。

3. 氢气的回收

为了回收溶解在甲醇溶液中的 H_2、N_2 和 CO 等有效气体，提高装置的氢回收率，以及保证 CO_2 产品气的纯度，流程中设置了中间（减压）解吸过程即闪蒸过程。无硫富甲醇闪蒸罐 V3 中闪蒸出来的闪蒸气，在含硫富甲醇闪蒸罐 V2 的顶部，与 V2 中闪蒸出来的气体汇合，经循环气压缩机 C1 加压至 7.81MPa，然后经水冷器 E2 冷却至 71.6℃后，送至进料气冷却器 E1 前，汇入进本工段的变换气中。

当 C1 出现故障时，循环氢气送入 H_2S 浓缩塔 T3 的上段底部，经洗涤后随尾气一起放空。

4. CO_2 的解吸回收

CO_2 解吸塔 T2 的主要作用是将含有 CO_2 的甲醇溶液减压，使其中溶解的 CO_2 解吸出来，得到无硫的 CO_2 产品。CO_2 产品的来源主要有如下三处。

① 从无硫富甲醇闪蒸罐 V3 底部流出的富含 CO_2 的无硫半贫甲醇溶液，温度为－31.8℃、压力为 1.95MPa，经减压至 0.22MPa 后，温度降低至－55.3℃，进入 CO_2 解吸塔 T2 的上段进行闪蒸分离，解吸出 CO_2。从上段底部流出的闪蒸后的甲醇溶液，一部分回流至 T2 中段的顶部，作为对下塔上升气的再洗液；剩余部分经减压至 0.07MPa，温度降低为－65.8℃后，送至 H_2S 浓缩塔 T3 上段的顶部作为洗涤液。

② 从含硫富甲醇闪蒸罐 V2 底部流出的含 H_2S 的富甲醇溶液，温度为－31.0℃、压力为 1.95MPa。经减压至 0.27MPa 后，温度降为－53.9℃，进入 T2 的中段进行闪蒸分离，解吸出 CO_2。从中段底部流出的甲醇溶液，温度为－52.6℃，压力为 0.27MPa，根据需要送往 T3 塔的上段中部或直接送至 T3 上段的积液盘上。

③ 出 T3 上段底部的富甲醇溶液温度为－69.7℃、压力为 0.11MPa，经出料泵 P1 加压至 0.58MPa 后，依次流经第三贫甲醇冷却器 E8、循环甲醇冷却器 E6，温度上升至－36.5℃，在压力为 0.27MPa 下进入循环甲醇闪蒸罐 V7 进行闪蒸分离。从 V7 顶部出来的气体直接进入 T2 的下段。出 V7 底部的闪蒸甲醇溶液，经闪蒸甲醇泵 P2 加压至 0.55MPa，进入 E7，温度上升至－28.1℃，然后进入 T2 底部进一步解吸所溶解的 CO_2。

出 T2 底部的甲醇溶液温度为－28.6℃，压力为 0.27MPa，经减压至 0.11MPa 后，温度降低至－35.5℃，进入 T3 下段的顶部。

出 T2 顶部的 CO_2 产品气，温度为－55.3℃，压力为 0.22MPa，依次流经 E3、E1，温度上升至 9.9℃后，送往尿素装置。

5. H_2S 的浓缩

T3 塔称为 H_2S 浓缩塔，也叫做气提塔，主要作用是利用气提原理进一步解吸甲醇溶液

中的 CO_2，浓缩甲醇溶液中的 H_2S，同时回收冷量。进入 T3 的物料主要有如下几部分。

① 来自 T2 上段积液盘的 CO_2 未解吸完全的无硫半贫甲醇溶液，经减压后进入 T3 顶部，作为洗涤剂，以洗涤从下部溶液中解吸出来的气体中的 H_2S 等，使出塔顶的气体中 H_2S 含量低于 7ppm，达到排放标准。

② 来自 T2 中段积液盘上含有 CO_2 及少量 H_2S 的甲醇溶液，经减压阀减压后，进入 T3 上段。在系统负荷低于 70%时，为了保证能生产出满足尿素生产所需的 CO_2，此股甲醇溶液直接进入上段的积液盘处。

③ 出 T2 底部的含 H_2S 甲醇溶液，经减压后进入 T3 下段的顶部。

④ 来自 H_2S 馏分分离罐 V5 底部的富含 H_2S 的甲醇溶液在温度－35.4℃，压力 0.13MPa 下进入 T3 下段的底部。

⑤ 为了提高 T3 底部甲醇溶液中的 H_2S 含量，从而保证出系统的酸性气体中的 H_2S 含量满足要求，从出 V5 顶部的酸性气体中引出一股流量约占总量 26.8%的酸性气体，在温度为－33.0℃，压力为 0.12MPa 的状态下回流至 T3 下段塔板上。

⑥ 为了使进入 T3 的甲醇溶液中的 CO_2 进一步得到解吸，浓缩 H_2S，将低压氮气导入 T3 的底部作为气提介质，用以降低气相中 CO_2 的分压，使甲醇溶液中的 CO_2 进一步解吸出来。气提氮气的温度为 41.0℃，压力为 0.13MPa。

⑦ 在 C1 出现故障时，出 V2 的循环气直接进入 T3 上段的底部，经甲醇洗涤后与尾气一起放空至大气（图中未画出）。

出 T3 顶部的气提尾气温度为－70.3℃，压力为 0.07MPa，经 E1 回收冷量，温度上升至 28.0℃后排放至大气。

出 T3 上段积液盘的甲醇溶液，经泵 P1 加压后，送往前面的系统回收冷量复热后进入 T2 底部解吸出所含的 CO_2，然后依靠压力差进入 T3 底部，完成此股甲醇溶液的小循环。

6. 甲醇溶液的热再生

出 T3 下段底部浓缩后的甲醇溶液，温度为－48.7℃，压力为 0.13MPa，经 T3 底泵 P3 加压至 1.20MPa，首先进入甲醇第一过滤器 S1，除去固体杂质后，进入第二贫甲醇冷却器 E9 冷却贫甲醇，温度上升至 35.5℃，然后进入第一贫甲醇冷却器 E10，温度上升至 88.1℃，在 0.24MPa 下进入 T4 的中部塔板上，进行加热气提再生，将其中所含的硫化物和残留的 CO_2 解吸出来。

出 T4 顶部的富含 H_2S 的酸性气体温度为 88.0℃，压力为 0.24MPa，经 H_2S 馏分水冷却器 E12 被循环水冷却至 43.0℃后，进入回流液分离罐 V6 进行气液分离。出 V6 底部的甲醇溶液，经回流泵 P6 加压至 0.24MPa 后，返回 T4 塔顶部作为回流液。出 V6 顶部的气体，依次进入 H_2S 馏分换热器 E14、H_2S 馏分氨冷器 E13，温度依次降低至 36.5℃、－33.0℃，然后进入 H_2S 馏分离罐 V5 进行气液分离。分离出的甲醇溶液送往 T3 底部；分离出的酸性气体，部分送往 T3 下段塔板上，以提高 T3 底部甲醇溶液中的 H_2S 浓度，剩余部分经 E14 复热后，温度上升至 36.5℃，在压力为 0.14MPa 下送硫回收装置。

来自甲醇/水分离塔 T5 顶部的甲醇蒸气，直接进入 T4 的中部塔板上，此股甲醇蒸气所携带的热量在 T4 中被利用，节省了热源。

T4 的底部设置有热再生塔再沸器 E11，利用 0.33MPa、146.3℃的低压饱和蒸汽作为热源，为甲醇的热再生提供热量。

从 T4 底部出来的贫甲醇，经热再生塔底部泵 P5 加压至 0.70MPa 后，进入甲醇第二过滤器 S2 进行过滤，除去其中的固体杂质。过滤后的贫甲醇大部分进入第一贫甲醇冷却器 E10，温度降低至 35.5℃，然后进入甲醇中间贮罐 V4。另外的部分，进入甲醇/水分离塔进料加热器 E16 被冷却至 71.1℃后，在 0.25MPa 下，进入 T5 的顶部作为回流液。

收集在 V4 中的贫甲醇，经贫甲醇泵 P4 加压至 8.97MPa 后，进入水冷却器 E18 被循环冷却水冷却至 43.0℃。出 E18 的贫甲醇，一小部分作为喷淋甲醇喷入 E1 前的原料气管线内，其余的贫甲醇依次经过 E9 和 E8，被冷却至－64.5℃，然后在 7.69MPa 下进入 T1 的顶部作为洗涤剂。

7. 甲醇水分离

出 V1 的甲醇水混合物的温度－10.6℃，压力为 7.77MPa。经过滤器（未画出）除去固体杂质后，进入 E16 被加热至 71.1℃。经过减压至 0.27MPa 后，进入 T5 的上部塔板上。

来自 T4 底部，被 P5 加压、S2 过滤后的部分贫甲醇，在经过 E16 冷却后，进入 T5 的顶部作为回流液。

在 T5 的塔底设有再沸器 E15，它利用来自减温减压站的 178.1℃、0.85MPa 的低压蒸汽为甲醇水分离提供热量。

出 T5 顶部的甲醇蒸气温度为 99.7℃，压力为 0.25MPa，直接进入 T4 的中部塔板上。

出 T5 底部的废水，温度为 141.8℃，压力为 0.28MPa，甲醇含量为 122mg/kg，喷入循环冷却水进行冷却后，在 40.0℃温度下，送往废水处理工序进行处理。

（二）主要设备

1. 塔设备

T1～T5 都为浮阀板式塔，外壳为碳钢，塔板和浮阀为不锈钢。其中 T1～T3 外壳采用低温碳钢，T4 和 T5 外壳为普通碳钢。

2. 缠绕管式换热器

由于缠绕管式换热器具有结构紧凑、传热效率高、能承受高压、可实现多股流换热、热补偿能力好等优点，被广泛应用于低温甲醇洗装置中。其应用的位置通常为 E1、E6、E7～E10，是否在这些位置选用缠绕管式换热器，不同的流程各不一样。

缠绕管式换热器主要有壳体、换热管束和中心筒构成。在中心筒与壳体之间的空间内，将换热管束按螺旋状缠绕在中心筒上。管束分很多层，由里向外，每层同时绕的管束数目也相应增加。相邻两层螺旋状换热管的螺旋方向相反，并且采用一定间距、一定形状的垫条使之保持一定的间距。管侧流体在管束内流动，壳侧流体在管束层的间隙以及管束和壳体的间隙内流动。中心筒为无缝管或有缝钢管，其一端或二端通过支架固定在壳体上，以承受盘管的重量。其结构示意如图 3-23 所示。

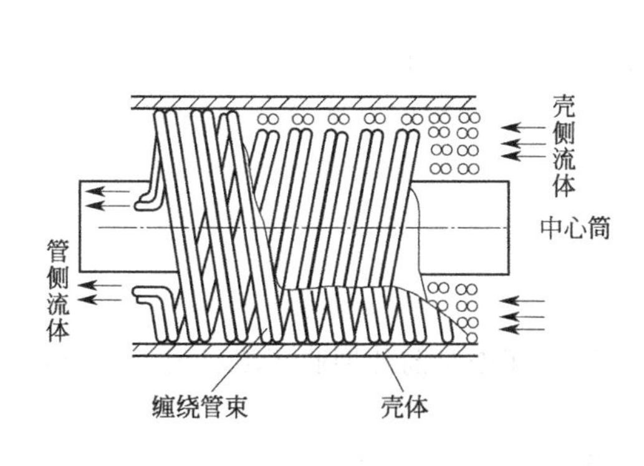

图 3-23　缠绕管式换热器的结构

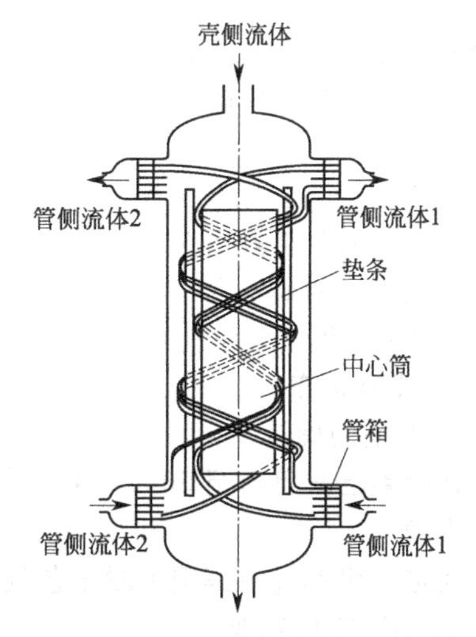

图 3-24　双通道缠绕管式换热器的结构

如果管束内只有一种流体通过，则为单通道缠绕管式换热器；如管束内有多种流体通过，则为多通道缠绕管式换热器。如图 3-24 所示为双通道缠绕管式换热器的结构。

四、低温甲醇洗的操作控制

（一）原始开车（大修后的开车）

当系统具备了开车条件、准备工作完成，且氮气置换合格后，开车的简要步骤如下。

1. 系统隔离

确认系统内的所有阀门处于关闭状态，所有盲板位置正确，所有联锁处于复位状态。

2. 系统置换与充压

用氮气置换系统，分析排放气中氧含量小于 1%，然后分别对 T1、V2、V3、T2、T3、T4、T5 和 V4 充压，并保持在规定的压力。

3. 系统充甲醇

将甲醇装入中间贮罐 V4，通过系统内的各泵，建立甲醇在 T1、V2、T3、V7、T2、T4 和 V3 之间的循环，并建立各设备内的液位。

4. 投用水冷器

将水冷器 E2、E12、E18 的循环冷却水投用。

5. 系统冷却

当甲醇循环量达到正常循环量的 50%时，打开各氨冷器的液位调节阀，从氨压缩机引入液氨，使各氨冷器的液位达 50%，同时需打开各气氨出口阀。逐渐增加甲醇，使冷量均匀地分配在整个冷区，直至进入 T1 的甲醇温度降到－25℃左右。

6. 投用甲醇再生塔 T4 塔

7. 投用甲醇/水分离塔 T5

8. 投用喷淋甲醇、气提氮

手动打开喷淋甲醇控制阀，逐渐增加甲醇流量，直至甲醇流量达到操作值。同时打开气提氮控制阀，向 T3 通氮气。

9. 导气

在设备液位、压力、温度达到要求后，逐渐引入变换气，将洗涤后的不合格气通过压力调节阀送往火炬焚烧。逐步增加变换气量至设计负荷的 50%，调整系统温度稳定。根据变换气负荷先增加洗涤甲醇循环量，再逐渐增加变换气量，直至变换气量达到操作值。

10. 送气

分析净化气中 H_2S、CO_2 含量合格后，可向下游工段送气。

（1）送净化气　甲醇洗涤塔出口 H_2S 为 0.1mg/m^3 以下时，根据甲醇合成工段的需要送气。

（2）CO_2 气　去尿素工序；如生产甲醇，CO_2 不回收，通过尾气管放空。

（3）向硫回收工段送 H_2S 气体　当 T4 操作稳定，H_2S 浓度合适（H_2S 含量≥15%），根据硫回收工段的要求送气。

11. 投用循环气压缩机 C1

（二）正常停车

1. 停车前的确认

确认装置已减负荷至 50%；甲醇合成装置已停车；在停车前硫回收工段已退气、扫硫。

2. 停车

关闭进、出低温甲醇洗工段工艺气阀，开放空阀。

3. 停车后的预处理

通过充氮或调整气量保证各设备内的压力、液位稳定。关闭循环压缩机 C1。

4. 第二步处理

系统再生，根据甲醇中 CO_2 和 H_2S 的减少，适当的降低 V2、V3 液位，保持各塔设备内液位稳定。分析 E10 壳程甲醇中 H_2S 含量，如果 H_2S 含量≤1mg/kg 表明再生结束。

再生结束后，停各氨冷器使系统开始回温，当 T3 底部出口甲醇温度达到 10℃时，系统回温结束。

5. 第三步处理

(1) 停甲醇/水分离塔 T5　关原料气降温喷淋甲醇阀及其截止阀，停喷淋甲醇。当喷淋甲醇流量为零时，且 V1 液位降至一定值后，关 V1 液位控制阀及其前后截止阀，检查旁路是否关闭。

关 T5 塔顶进料流量调节阀及其前后截止阀；手动关 E15 蒸汽流量调节阀及其前后截止阀，确认直接蒸汽阀关；停 P5 泵；关 T5 至 T4 切断阀，开 T5 塔底排放阀。

(2) 停甲醇再生塔 T4　提前调整 E13 液位，在 T4 停车前把液氨消耗完。逐渐关 E11 蒸汽，停 P6，关 V6 液位调节阀。

6. 停甲醇循环

① 根据 V4 的液位升高情况，开系统甲醇排出阀，将甲醇送至甲醇贮槽。

② 关闭 T1 顶部贫甲醇流量调节阀，逐渐关小下塔甲醇流量调节阀。

③ 当 T1 上塔液位降到零时，关闭上塔液位调节阀及其前后截止阀。

④ 当 T1 下塔液位降到零时，关闭下塔液位调节阀及其前后截止阀。

⑤ 当 V2、V3 液位降到零时，关闭 V2、V3 液位调节阀及其前后截止阀。

⑥ 将 T2 上中部的甲醇送至 T3。当 T2 中部和上部液位降至零时，关闭去 T3 的阀门。

⑦ 将 T3 中部的甲醇送至 V7，T3 中部的液位降低后，关闭其液位调节阀产，并停泵 P1（或靠液位低低联锁停）。

⑧ 将 V7 的甲醇送至 T2 底部，当 V7 的液位低后，关 V7 液位调节阀，停泵 P2。

⑨ 将 T2 底部的甲醇送至 T3 底部，当 T2 底部液位降至零时，将其液位调节阀关闭。

⑩ 将 T3 底部的甲醇送至 T4，当其液位降低后，关液位调节阀，并停泵 P3。

⑪ 将 T4 的甲醇送至 V4，当 T4 液位降至零时，将其液位调节阀及前后截止阀关闭。

⑫ 当 V4 罐内甲醇全部送往甲醇贮槽后，关闭去甲醇贮槽的阀门，同关 P4 出口阀，停 P4（或靠液位低低联锁停）。

7. 卸压

通过各设备的压力控制阀，以小于 0.1MPa/min 的速率卸压，最终使下列设备保持如下压力：

T1、V2、V3	0.3MPa
T2	0.22MPa
T3	0.08MPa
T4、T5	0.08MPa

8. 排甲醇

① 打开各设备、管线低点导淋阀，将各设备内残余甲醇排至污甲醇地下罐，排放时要充氮气，以免形成负压。

② 用泵将污甲醇地下罐内的甲醇送往甲醇贮槽。

③ 排放完毕后，关闭各排放点导淋阀，通入氮气使下列设备保持如下压力：

T1、V2、V3	0.3MPa
T2	0.22MPa

T3	0.08MPa
T4、T5	0.08Mpa

在系统需要进行检修，设备或管线需要暴露在空气中时，必须将系统内甲醇清除干净，以确保检修人员不受甲醇毒害，并且必须将系统内残留的硫化物及其他固体杂质清除掉，防止出现腐蚀。清除系统内的甲醇和杂质一般采用水洗的方法进行处理。其主要过程为：准备水循环的回路，建立水循环、排水和氮气置换干燥等，在此不再详述。

（三）事故处理

常见事故现象、原因及处理措施见表3-13。

表3-13　常见事故现象、原因及处理措施

序号	事故现象	原　因	处理措施
1	T1塔压差高	①循环甲醇流量过大、太脏； ②贫甲醇温度过低，密度过大； ③变换气流量过大(负荷过大)； ④E5、E6堵塞或流动不畅，造成淹塔； ⑤上塔回流甲醇流量过大； ⑥塔板堵塞或结垢严重； ⑦塔顶丝网除沫器堵	①检查进塔原料气量、洗涤甲醇流量； ②适当减负荷运行； ③检查E5、E6的堵塞情况，严重时停车清理； ④适当调节回流甲醇量； ⑤加强循环甲醇的过滤； ⑥塔板堵塞严重时，停车进行清理
2	净化气中CO_2含量超标	①循环甲醇流量偏小； ②系统冷量不平衡，进T1塔贫甲醇温度偏高； ③甲醇吸收能力下降：(a. T4再生效果差；b. 循环甲醇中水含量超标；c. 循环甲醇太脏) ④负荷(原料气流量)波动大； ⑤中间冷却效果差； ⑥负荷(工艺气流量)过大	①根据工艺气流量调节循环甲醇量，二者必须匹配； ②调整系统冷量平衡，进塔贫甲醇温度必须达标； ③调整T4的操作，甲醇再生必须完全； ④加强循环甲醇水含量的监测控制； ⑤加强循环甲醇的过滤； ⑥适当调整负荷； ⑦检查中间冷却的效果； ⑧减少系统的波动； ⑨控制好系统液位
3	T1下塔的液位异常	①系统负荷波动大； ②下塔洗涤甲醇流量异常； ③液位控制回路故障	①稳定系统负荷，加减负荷尽量缓慢进行； ②检查下塔洗涤甲醇流量控制回路； ③检查液位控制回路
4	E5的壳程液位异常	①E5的液位控制回路失灵； ②氨冷冻系统故障	①在系统冷量不足时，可以适当提高E5壳体的液位，但不能盲目提高； ②检查氨冷冻系统的运行； ③联系仪表检查液位控制回路
5	E6壳程出口的甲醇溶液温度偏低	①E6壳体内有气体残留，换热面积减小； ②E6内换热管表面结垢或堵塞严重	①定期对E6壳体进行排气； ②检查进出E6的各股物流； ③适当降低系统负荷； ④停车期间，对E6进行化学清理
6	CO_2产品气质量不合格(H_2S含量超标或CO_2含量偏低)	①贫甲醇中硫含量超标； ②脱硫段甲醇量偏小，T1下塔上升气中硫含量超标； ③T2中段甲醇流量小，不能满足下塔上升气的洗涤要求； ④循环甲醇的氨含量过高； ⑤T2操作失调，出塔顶气体夹带甲醇； ⑥V2、V3操作失常； ⑦变换气中CH_4含量偏高，未及时调整	①强化T4操作，严格控制贫甲醇的硫含量； ②确保脱硫段甲醇流量，满足吸收硫化物的要求； ③确保T2中段甲醇量足够，满足对下塔上升气的再洗要求； ④加强系统中氨含量的监测，必要时在E14处进行排放； ⑤稳定T2的操作； ⑥稳定V2、V3的操作，确保中间解吸的效果； ⑦根据变换气中的CH_4含量，及时进行调整

续表

序号	事故现象	原　因	处理措施
7	出 T3 尾气 H_2S、CH_3OH 含量超标	①进入 T3 塔顶的无硫甲醇流量偏低； ②气提氮气流量过大； ③T3 压力控制过低； ④塔顶除沫器损坏	①检查 T2 上段液位控制回路； ②检查气提氮流量，适当调整； ③稳定 T3 压力在正常范围内； ④停车更换除沫器
8	T4 塔压差高	①循环甲醇太脏； ②塔板结垢或堵塞严重	①加强循环甲醇过滤； ②停车检查，进行清理
9	去硫回收酸性气体中 H_2S 含量偏低	①T3 的浓缩效果差； ②E1 的原料气温度过低； ③E12、E13 的冷却效果差； ④提浓 H_2S 酸性气体流量偏小； ⑤原料气中 H_2S 含量低	①调整 T3 的操作，保证浓缩效果； ②适当提高出 E1 原料气温度； ③检查 E12、E13 的运行情况； ④适当调整提浓酸性气体流量； ⑤根据原料气中 H_2S 含量适当调整系统的操作参数
10	循环甲醇水含量超标	①V1 气液分离效果差； ②T5 脱水效率低； ③原料气带水严重； ④补充甲醇水含量高	①适当降低进 T1 原料气温度； ②加强变换工段的操作，防止变换气带水； ③适当调整 T5 的操作，保证良好的脱水效果； ④加强 V1 的操作，防止水被带入 T1
11	氨冷器冷却效率下降	①液位控制过低或过高； ②液氨带油严重； ③换热管结垢或堵塞严重	①适当调整液位； ②加强氨冷冻系统的操作，减少带油； ③必要时，通过导淋阀进行排油操作； ④停车进行清洗

复　习　题

1. 简述低温甲醇洗的作用及特点。
2. 简述低温甲醇洗脱除煤气中 CO_2 和 H_2S 的原理。
3. 简述富甲醇再生的原理。
4. 简述温度、压力和吸收剂的纯度对吸收的影响。
5. 简述甲醇再生时闪蒸的目的及控制原则。
6. 简述温度、压力对 CO_2 解吸过程的影响。
7. 简述低温甲醇洗系统的主要构成部分。
8. 简述原料气预冷的目的。
9. 简述原料气中的 H_2S 和 CO_2 在洗涤塔内被吸收的过程。
10. 简述缠绕管换热器的特点及结构。
11. 简述低温甲醇洗原始开车的主要步骤。
12. 简述低温甲醇洗正常停车的主要步骤。
13. 简述甲醇洗涤塔压差高的原因。
14. 简述净化气中 CO_2 含量超标的原因。
15. 简述 CO_2 产品气质量不合格的原因。
16. 简述出 H_2S 浓缩塔尾气 H_2S、CH_3OH 含量超标的原因。
17. 简述去硫回收酸性气体中 H_2S 含量偏低的原因。
18. 简述循环甲醇水含量超标的原因。
19. 简述氨冷器冷却效率下降的原因。

第四节　硫　回　收

严格来讲，硫回收并不属于原料气净化工序，而属于尾气净化的范畴，但由于环保的要求，其工艺受到了广泛的重视，且属于气体净化的内容，故把它放在此位置给予介绍。

硫回收被广泛应用于石油冶炼气净化、天然气净化和煤气净化的生产工艺中，以减少对大气的污染和回收有价值的硫产品。

目前硫回收的方法主要分两类：一类是以克劳斯（Claus）反应为基础，将酸性气体中的 H_2S 制成硫黄，并加以回收的硫回收工艺，即克劳斯硫回收；另一类是将酸性气体作为制酸原料，生产工业硫酸产品的硫回收工艺，即制酸硫回收。

此部分仅介绍工业应用较多的克劳斯硫回收工艺。

一、克劳斯硫回收简介

1. 最初的克劳斯硫回收

1883 年，英国化学家 Claus 首先提出了硫回收的专利技术。在工业炉窖中，在催化剂的作用下，用空气中的氧，氧化酸性气体中的 H_2S，制得硫黄单质。其反应为

$$H_2S+1/2O_2 \rightleftharpoons 1/xS_x+H_2O+Q \tag{3-21}$$

此反应称为克劳斯反应，此工艺即最初的克劳斯硫回收工艺。由于反应剧烈放热，反应温度很难控制，且处理能力有限，使此工艺的应用受到了限制。

2. 改良克劳斯工艺

1938 年，德国法本公司对克劳斯法工艺作了重大改进，不仅显著地增加了处理量，也提出了一个回收以前浪费掉的能量的途径。其要点是把 H_2S 的氧化分为两个阶段来完成，第一阶段称为热反应阶段，即 1/3 体积的 H_2S 在燃烧炉内被氧化成为 SO_2，其反应为

$$H_2S+3/2O_2 \longrightarrow SO_2+H_2O+Q \tag{3-22}$$

反应放出的大量反应热，以水蒸气的形式予以回收。第二阶段称为催化反应阶段，即剩余的 2/3 体积的 H_2S，在催化剂的作用下，与第一阶段生成的 SO_2 反应，而生成单质硫，其反应方程式为

$$2H_2S+SO_2 \rightleftharpoons S_x+2H_2O+Q \tag{3-23}$$

此技术称为改良克劳斯工艺。

3. 克劳斯硫回收的技术发展

现在的克劳斯硫回收工艺几乎全部以改良克劳斯工艺为基础发展演变而来，主要的技术改进如下。

（1）富氧氧化　以氧气或富氧空气代替空气，减少了进入装置的氮量，从而使装置处理量可得到大幅度提高。其代表工艺有 Claus Plus 法、COPE 法、氧气注入法和 SURE 法等。

（2）低温克劳斯反应　指在低于硫露点温度条件下进行克劳斯反应。由于反应温度低，反应平衡大幅度地向生成硫黄方向移动，提高了硫的转化率。但生成的部分液硫会沉积在催化剂上，故转化器需周期性地再生，切换使用。其代表工艺有 MCRC 亚露点硫回收工艺和 Clinsulf 内冷式转化器工艺等。

（3）选择性催化氧化　利用一种特殊的选择性氧化催化剂，用空气直接将 H_2S 氧化成为元素硫，而几乎不发生副反应。此法是对原始克劳斯工艺的改进，通常适用于 H_2S 含量低的气体。其代表工艺有塞列托克斯（Selectox）回收工艺和超级克劳斯（Super Claus）硫回收工艺等。

（4）还原吸收法尾气处理　将克劳斯尾气先加氢后，用醇胺溶剂进行脱硫，再将提浓的 H_2S 返回克劳斯装置回收元素硫的组合工艺。其代表工艺有 HCR 工艺和 Super Scot 工艺等。

4. 克劳斯硫回收的工艺方法

根据原料气中 H_2S 的含量不同，克劳斯硫回收大致可以分为三种不同的工艺方法，即部分燃烧法（直流法）、分流法和直接氧化法。

（1）部分燃烧法　当原料气中 H_2S 含量大于 50%时，推荐使用部分燃烧法。在此方法中，全部原料气都进入反应炉，而空气的供给量仅够供原料气中 1/3 体积的 H_2S 燃烧生成 SO_2，从而保证过程气中 $n(H_2S):n(SO_2)$ 为 2∶1（摩尔比）。燃烧炉内虽不存在催化剂，但 H_2S 仍能有效地转化为硫蒸气，其转化率随燃烧炉的温度和压力的不同而异。工业实践证明，在燃烧炉能达到的高温下，一般炉内 H_2S 转化率可以达到 60%～75%。

其余的 H_2S 和 SO_2 将在转化器内进行多次的如式(3-22) 所示的催化反应，从而使 H_2S 的转化率达 95%以上。

（2）分流法　当原料气中 H_2S 含量在 25%～40%的范围内时，推荐使用分流法。它先将 1/3 体积的酸性气体送入燃烧炉，配以适量的空气，使其中的 H_2S 全部燃烧生成 SO_2，生成的 SO_2 气流与其余 2/3 的酸性气体混合后，在转化器进行催化反应生成硫单质。

（3）直接氧化法　当原料气中 H_2S 含量在 2%～12%的范围内时，推荐使用直接氧化法。它是将原料气和空气分别预热至适当的温度后，直接送入转化器内进行低温催化反应。所配入的空气量仍为 1/3 体积 H_2S 完成燃烧生成 SO_2 所需的量，在转化器内同时进行式(3-22) 和式(3-23) 的反应。

二、克劳斯硫回收基本原理

1. 化学平衡

（1）化学反应　克劳斯反应的基本反应方程式可用式(3-22) 和式(3-23) 表达。此两个反应都为放热反应，反应式(3-22) 是不可逆的，而式(3-23) 为可逆的。

对于部分燃烧法，燃烧炉内进行的主要反应为式(3-22) 和式(3-23)，在多级转化器内进行的为式(3-23)；对分流法燃烧炉内进行的主要为式(3-22)，多级转化器内进行的为式(3-23)；而直接氧化法只有多级转化器，其内进行的反应同时有式(3-22) 和式(3-23)。

由于酸性气体中除含有 H_2S 外，还含有 CO_2、$H_2O(g)$、烃类、NH_3 等杂质，导致在发生克劳斯反应的同时，还有可能发生生成 CO、H_2、COS 和 CS_2 等杂质的副反应。因对过程影响不大，在此略过。

（2）H_2S 转化率和硫回收率　H_2S 转化率指转化为硫的 H_2S 的量和酸性气体中 H_2S 量的比值。可用下式计算：

$$x=1-y_1(1+n)/y_2 \tag{3-24}$$

式中　y_1——尾气中 H_2S、SO_2、COS、CS_2 的体积分数（干基），%；

y_2——酸性气中 H_2S 的体积分数（干基），%；

n——风气比，即空气流量和酸性气流量之比。

硫回收率指实际得到的硫黄量和酸性气体中硫化物折合的硫黄量之比。其计算公式为

$$x'=\frac{m_1}{m}=\frac{m_1}{m_1+m_2+m_3} \tag{3-25}$$

式中　m_1——硫黄产量；

m_2——尾气中的 H_2S、SO_2、COS、CS_2 折合硫黄量；

m_3——尾气中的单质硫黄量；

m——酸性气中硫化物折合硫黄量。

H_2S 转化率和硫回收率是衡量硫回收效果的重要标志。它们的数值高，硫回收效果好，随尾气排放的硫化物少，对环境的污染小。

（3）硫蒸气存在的形态　反应生成的硫蒸气可以 S_2～S_8 的形态存在，不同反应温度下存在的形态不同，其存在的形态和温度的关系如图 3-25 所示。

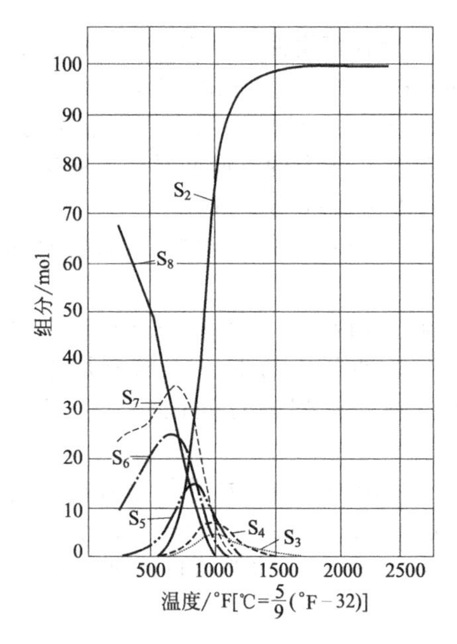

图 3-25 温度对硫存在形态的影响

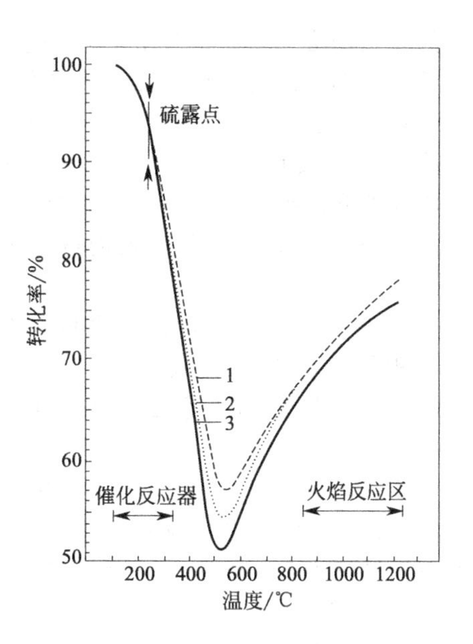

图 3-26 温度对 H_2S 平衡转化率的影响

1—西方研究与发展公司 1973 年发表数据（全部 S 形态）；

2—西方研究与发展公司 1973 年数据（只有 S_2，S_6 和 S_8）；

3—Gam Son 等 1953 年数据（只有 S_2，S_6 和 S_8）

从图 3-25 可以看出，在低温下，大摩尔质量的硫单质种类占多数，而高温下则反之。因此，对某一系统中固定数量的硫原子而言，在低温下形成的硫蒸气分子少，相应的硫蒸气分压低，有利于平衡向右移动。

（4）影响 H_2S 转化率的因素

① 温度。图 3-26 表明了温度对 H_2S 平衡转化率的影响，同时也表达了不同的硫形态对转化率的影响。平衡转化率曲线以 550℃ 为转折点分为两个部分，右边部分为火焰反应区，H_2S 的转化率随温度升高而增加，代表了工业装置上燃烧炉内的情况。曲线的左边部分为催化反应区，H_2S 的转化率随温度降低而迅速增加，代表了转化器的情况。

对于燃烧炉内的反应，虽然没有催化剂的存在，但由于温度高，反应速率很快。通常由 H_2S 转化为硫黄的转化率会达到 60%～75%。

对于转化炉内的反应，由于为放热反应，从理论上讲，反应温度愈低，转化率愈高。但是，实际上反应温度低至一定限度后，由于受到硫露点的影响，会有大量液硫沉积在催化剂表面而使之失去活性。因此，催化转化反应的温度一般均控制在 170～350℃之间。

如果使用一个转化器（一级转化），硫回收率只能局限在 75%～90%的范围内。工业上一般采取增加转化器数目，在两级转化器之间设置硫冷凝器分离液硫，以及逐级降低转化器温度等措施，促使式(3-23) 反应的平衡尽可能向右移动，而使硫回收率提高至 97%以上。

② 氧含量。从化学反应方程式看，提高氧的当量数，并不能增加转化率，因为多余的氧将和 H_2S 反应而生成 SO_2，而不是生成单质硫。然而，提高空气中的氧含量和酸气中的 H_2S 含量而氧的当量数不增加，可提高燃烧炉的温度，从而有利于增加转化率。此即为富氧氧化克劳斯的理念依据。

③ 硫蒸气分压。降低硫蒸气分压有利于平衡向右边移动，同时，从过程气中分离硫蒸气也能相应地降低其露点，使下一级转化器可以在更低的温度下操作，从而提高 H_2S 的转化率。

2. 反应速率

经研究，随着反应温度降低，克劳斯反应的速率也逐渐变慢，低于350℃时的反应速率已不能满足工业要求，而此温度下的理论转化率也仅80%～85%。因此，必须使用催化剂加速反应，以求在尽可能低的温度下达到尽可能高的转化率。

三、克劳斯硫回收的催化剂

1. 催化剂的发展

克劳斯硫回收催化剂的发展大致经历了如下三个阶段。

(1) 天然铝矾土催化剂阶段　从20世纪30～70年代，普遍使用的催化剂是天然铝矾土。它是一种天然矿石，经破碎到合适的尺寸后，直接置于转化器内使用。具有价格低廉、活性较好的优势。

其缺点为：强度差，使用过程中粉碎严重；对过程气中的有机硫化物几乎无转化效果。

(2) 活性氧化铝催化剂阶段　20世纪70年代初，由于含硫量高的原油和天然气大量开采，硫回收装置数量剧增，且各国又相继规定了严格的硫化物排放标准，因此在硫回收装置上采用新一代的高效催化剂就势在必行。法国、美国、加拿大和德国等先后研制了人工合成的活性 Al_2O_3 催化剂。至20世纪80年代初，在国外的硫黄回收装置上，活性 Al_2O_3 催化剂几乎全部取代了天然铝矾土。

活性 Al_2O_3 催化剂比天然铝矾土催化剂有更高的 H_2S 转化率，但也存在易硫酸盐化、对有机的转化效果差和床层阻力大的缺点。

(3) 多种催化剂同时发展的阶段　20世纪80年代以后，针对铝基催化剂的缺陷，并结合尾气处理工艺的发展，又研制成功了一系列新型催化剂。出现了以铝基催化剂为主、多种催化剂同时发展的局面。主要的研究成果如下。

① 对有机硫化物的转化有很好作用的钛基催化剂。

② 适合于催化氧化工艺的催化剂。

③ 适用亚露点硫回收工艺的低温克劳斯反应催化剂。

④ 能脱除过程气中氧的“漏氧”保护催化剂。

⑤ 能用于克劳斯燃烧炉内的催化剂。

⑥ 适合于还原-吸收尾气处理工艺的加氢还原催化剂。

⑦ 灼烧克劳斯装置尾气用的催化剂。

系列催化剂的开发，完善了催化剂功能，提高了硫的转化率和回收率，降低了尾气中硫化物的排放量。对于这些催化剂，按含有的主要成分，可将它们分为以 Al_2O_3 为主体的铝基和以 TiO_2 为主体的钛基两类。

2. 铝基硫回收催化剂

铝基硫回收催化剂主要以活性 Al_2O_3 为主体，辅以碱金属、碱土金属、稀土金属或硫化物等，以增加活性、提高对有机硫的转化能力或实现催化氧化功能。

(1) 普通克劳斯反应催化剂　普通克劳斯反应催化剂主要有：法国罗恩-普朗克(Rhone-Poulenc)公司生产的CR催化剂、美国阿尔科（Alcoa）公司生产的S-100、美国拉罗克（LaRocbe）公司的S-201、德国巴斯夫（BASF）公司生产的R10-11、齐鲁石化公司和山东铝厂合作研制的LS-811、四川石油管理局天然气研究所和温州化工厂合作研制的CT6-2等。其主要成分和物理性质见表3-14。

(2) 有机硫水解催化剂　属此类催化剂的有：拉罗克公司的S-501、罗恩-普朗克公司研制的CRS-21、齐鲁石化公司研制的LS-821和四川石油管理局天然气研究院研制的CT6-7等。此类催化剂因含有 Na_2O 或 TiO_2 等助催化剂，而具有较好的促进有机硫水解的能力。

表 3-14　主要克劳斯催化剂的组成和物理性质

型号	外形	化学组成/%					物理性质			
		Al_2O_3	Fe_2O_3	SiO_2	Na_2O	灼烧失重	堆密度/(t/m³)	比表面积/(m²/g)	压碎强度/N/S	磨损率/%
CR	φ4～6mm球形	>95	0.05	0.04	<0.1	4.0	0.67	260	12	
S-201	φ5～6mm球形	93.6	0.02	0.02	0.35	6.0	0.69～0.75	280～360	14～18	0.5～1.5
R10-11	φ5mm球形	>95	0.05	—	<0.1	5.0	0.70	300	15	<1
S-100	φ5～6mm球形	95.1	0.02	0.02	0.30	4.5	0.72	340	25	
LS-811	φ5～7mm球形	93.6	0.02	0.27	0.25	—	0.67	237	13.6	0.9
CT6-2	φ4～6mm球形	93.4	0.12	0.60	0.19	5.1	0.69	200	16	0.53

(3) 抗硫酸盐化催化剂　罗恩-普朗克公司研制的AM催化剂和齐鲁石化公司研制的LS-971催化剂，因表面浸渍有还原性的、更易发生硫酸盐化的过渡金属的氧化物、硫化物或硫酸盐等助剂，而具有较好的抗硫酸盐化能力，此两种催化剂也称为“漏 O_2”保护催化剂。

日本生产的牌号为CSR-7的催化剂，因能选择性催化 O_2 和 H_2S 的反应，而避免生成 SO_3，从而具有抗硫酸盐化的能力。

(4) 低温克劳斯反应催化剂　拉罗克公司的S-501、德国鲁奇公司生产的RP-AM2-5和四川石油管理局天然气研究所研制的CT6-4等催化剂，因活性受液硫影响不大，可适用于低温克劳斯反应。

(5) 炉内催化剂　法国罗恩-普朗克公司的CT739和CT749，荷兰壳牌公司的S099和S599催化剂，因主要活性组分为 SiO_2，可以在高温燃烧炉内使用。

(6) 选择性催化氧化催化剂　美国联合油品公司 (Unocal) 研制的添加了 V_2O_5 和 BiO_2 助剂的塞列托克斯 (Selectox)-32/33催化剂和以 Fe_2O_3 或 $Fe_2O_3+Cr_2O_3$ 为活性组分，以 α-Al_2O_3 为载体的超级克劳斯催化剂，在空气过量的情况下，能选择性地氧化 H_2S 为元素硫，而几乎不生成 SO_2，称为选择性催化氧化催化剂。

3. 钛基硫回收催化剂

由氧化钛粉末、水和少量成型添加剂混合成型后，经焙烧而制得的钛基硫回收催化剂，因有良好的有机硫转化活性和基本上不存在催化剂硫酸盐化的问题，也逐渐在工业上得到了应用。

属此类的催化剂主要有法国罗恩-普朗克公司的CRS-31和美国拉罗克公司的S-701。

4. 硫黄回收催化剂的失活、保护和再生

硫黄回收催化剂在使用过程中会由于多种因素的影响，使反应物通向活性中心的空隙被阻塞，或者活性中心损失，从而导致 H_2S 转化率下降。造成活性 Al_2O_3 催化剂失活的主要因素如图3-27所示。

一般而言，催化剂内部结构变化引起的活性下降是永久性的；而外部因素导致的活性下降，通过再生可部分或完全恢复。

(1) 热老化和水热老化　热老化是指催化剂在使用过程中，因受热而使其内部结构发生变化，引起比表面积逐渐减小，活性逐渐下降的现象。水热老化指 Al_2O_3 和过程气中存在的大量水蒸气进行水化反应，从而使催化剂活性降低的现象。工业经验表明，转化器温度不

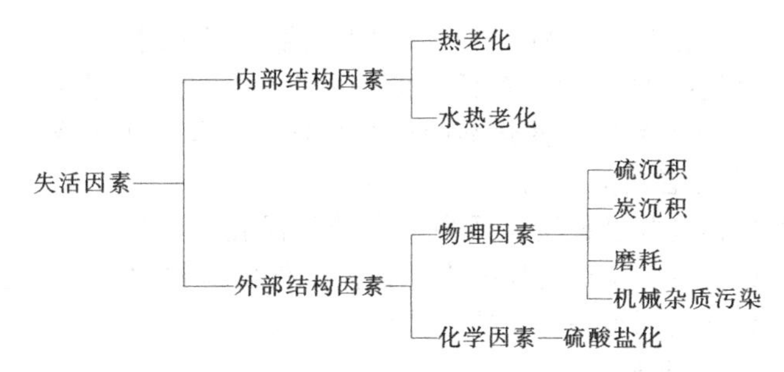

图 3-27 活性 Al_2O_3 催化剂失活的主要因素

超过 500℃时，这两种老化过程都进行得很缓慢，而且活性 Al_2O_3 只要操作合理，催化剂的寿命都在 3 年以上。需要注意的是，必须避免转化器超温，否则，Al_2O_3 要发生相变化，逐步生成高温 Al_2O_3，而使其比表面积急剧下降，导致催化剂永久失活。

(2) 硫沉积　硫沉积是指当转化器温度低于硫露点时，过程气中的硫蒸气冷凝在催化剂微孔结构中，从而导致催化剂活性降低的现象。硫沉积而导致的催化剂的失活一般是可逆的，可采取适当提高床层温度的办法把沉积的硫带出来，或者在停工阶段以过热蒸汽吹扫。

(3) 炭沉积　炭沉积是指原料气中所含的烃类未能完全燃烧而生成炭或焦油状物质沉积在催化剂上，导致催化剂活性降低的现象。在上游脱硫装置操作不正常时，胺类溶剂也会随酸气带入转化器，并发生炭化而沉积在催化剂上。对分流式克劳斯装置而言，由于酸气总量的 2/3 未进入燃烧炉，因而更容易在催化剂上发生炭沉积。在催化剂上有少量炭沉积时，一般对活性影响不大。要注意的是焦油状物质的沉积，催化剂表面沉积 1%～2%（质量分数）焦油时，有可能使催化剂完全失活。

工业上曾采用升高床层温度（约 500℃），并适当加大进反应炉空气量的办法进行烧炭，但这种再生方式现已很少采用。因为在此过程中温度和空气量很难控制，一旦超温会导致催化剂永久性失活。因此，解决炭沉积的关键是消除其起因。

(4) 磨耗和机械杂质污染　催化剂的磨耗是不可避免的，但经长期的改进，目前国内外所用的活性 Al_2O_3 硫黄回收催化剂的强度均较高，磨耗率大多在 1%以下，已经不是影响催化剂活性的主要因素。

机械杂质是指过程气中夹带的铁锈、耐火材料碎屑等等，也包括催化剂粉化后产生的细粉。只要装置设计和操作合理，催化剂的强度良好，机械杂质对催化剂的污染也不是影响其活性和寿命的主要因素。

(5) 硫酸盐化　活性 Al_2O_3 催化剂的硫酸盐化是影响其活性的最重要因素。硫酸盐主要由以下两个途径生成。

① Al_2O_3 和过程气中所含微量 SO_3 直接反应而生成，其反应方程式为

$$Al_2O_3+3SO_3 \rightleftharpoons Al_2(SO_4)_3 \quad (3\text{-}26)$$

② SO_2 和 O_2 在 Al_2O_3 上催化反应而生成，其反应方程式为

$$Al_2O_3+3SO_2+3/2O_2 \rightleftharpoons Al_2(SO_4)_3 \quad (3\text{-}27)$$

过程气中所含的 H_2S 可以还原 $Al_2(SO_4)_3$，其反应为

$$Al_2(SO_4)_3+H_2S \rightleftharpoons Al_2O_3+4SO_2+H_2O \quad (3\text{-}28)$$

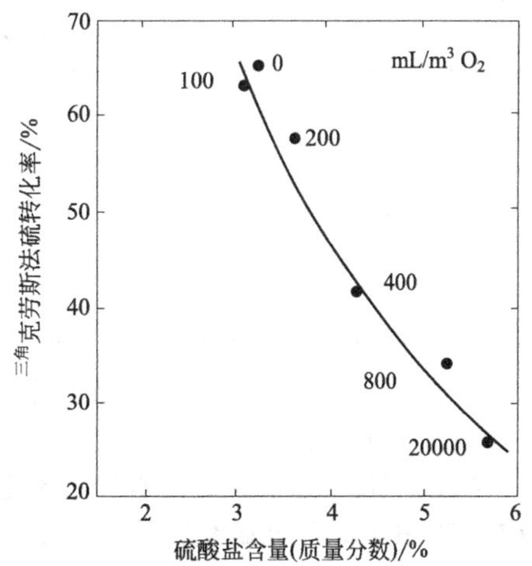

图 3-28 过程气中氧含量与催化剂中硫酸盐含量及 H_2S 转化率的关系

当其还原速率和生成速率相等时，$Al_2(SO_4)_3$ 的生成量就不再增加。

转化器温度和过程气中 H_2S 含量愈低，愈容易发生催化剂的硫酸盐化，或过程气中的氧和 SO_3 含量愈高，也愈容易发生催化剂的硫酸盐化。过程气中氧含量与催化剂中硫酸盐含量以及其 H_2S 转化率三者的关系如图 3-28 所示。

大量工业装置的操作经验已证明，适当提高转化器温度和过程气中 H_2S 含量可以使已硫酸盐化的催化剂还原再生，至于还原操作的具体条件则应根据装置和催化剂的情况而定。此外，使用抗硫酸盐化催化剂也是防止硫酸盐化的有效措施。

四、影响生产操作的因素

1. 原料气中 H_2S 含量

酸性气中 H_2S 含量与硫回收率和装置投资的关系如表 3-15 所示。

表 3-15　酸性气 H_2S 含量与硫回收率和投资费用的关系

$\varphi(H_2S)/\%$	16	24	58	93
装置投资比	2.06	1.67	1.15	1.00
硫回收率/%	93.68	94.20	95	95.9

由表可见，当酸性气中 H_2S 含量高时，可增加硫回收率和降低装置投资，因此在上游的脱硫装置上采用选择性脱硫工艺，可以有效地降低酸气中 CO_2 的含量，对改善下游克劳斯装置的操作十分有利。

2. 原料气和过程气的杂质含量

(1) CO_2　酸性气中的 CO_2，稀释了 H_2S 的浓度，同时也会和 H_2S 在燃烧炉内反应而生成 COS 和 CS_2，这两种作用都将导致硫回收率降低。据计算，当原料气中 CO_2 含量从 3.6%升至 43.5 %时，生成的 COS 和 CS_2 将使排放尾气中的硫化物量增加 52.2%。因此，降低酸性气中的 CO_2 量，对生产操作有利。

(2) 烃类和有机溶剂　它们的主要影响是增加了空气的需要量和废热锅炉热负荷。在空气量不足时，烃类和有机溶剂将在高温下与硫反应而生成焦油，从而严重影响催化剂活性。此外，过多的烃类存在也会增加反应炉内 COS 和 CS_2 的生成量，影响总转化率，故一般要求原料气中烃含量（以 CH_4 计）不超过 2 %～4%。

(3) 水蒸气　水蒸气是惰性气体，同时又是克劳斯反应的产物，它的存在能抑制反应，降低反应物的分压，从而降低总转化率。酸性气体中的含水率与 H_2S 转化率的关系如表 3-16 所示。

表 3-16　酸性气体中的含水率和 H_2S 转化率的关系

气体温度/℃	含水/%		
	24	28	32
	转化率/%		
175	84	83	81
200	75	73	70
225	63	60	56
250	50	45	41

由表 3-16 可见，随着酸性气体中水蒸气含量的增加，H_2S 的转化率将下降，特别是在温度高时更明显。

(4) NH_3　当反应炉内空气量不足，温度也不够高时，原料气中的 NH_3 不能完全转化为 N_2 和 H_2O，而和硫化物结合，变为硫氢化铵和多硫化铵，它们会堵塞冷凝器的管程，增加系统阻力降，严重时将导致停产。同时，未完全转化的 NH_3 还可能在高温下生成各种氮的氧化物，导致设备腐蚀和催化剂中毒失活。据资料报道，原料气中 NH_3 含量应控制在不

超过 $V(NH)_3/V(H_2S)=0.042\%$。

3. $n(H_2S)/n(SO_2)$ 的比例

理想的克劳斯反应，要求过程气中 $n(H_2S)/n(SO_2)$ 为 2 才能获得高的转化率。这是克劳斯装置最重要的操作参数，它和转化率的关系如图 3-29 所示。

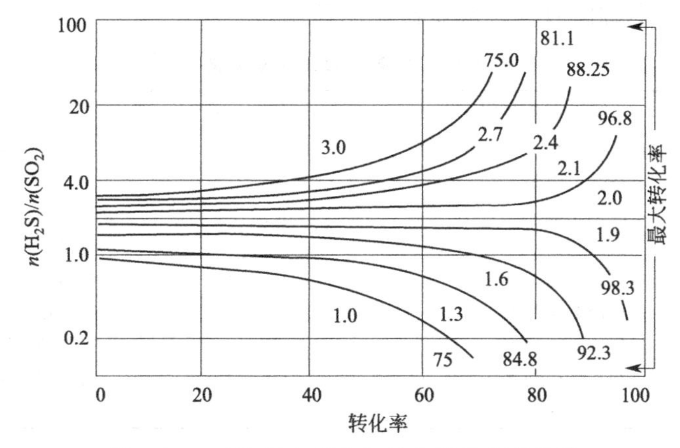

图 3-29　$n(H_2S)/n(SO_2)$ 比和转化率的关系

从图 3-29 可以看出，如果反应前过程气中 $n(H_2S)/n(SO_2)$ 为 2，在反应过程中 $n(H_2S)/n(SO_2)$ 的值都为 2，最终反应才能达到较高的转化率；若反应前过程气中 $n(H_2S)/n(SO_2)$ 与 2 有偏差，均将使反应后过程气中 $n(H_2S)/n(SO_2)$ 产生更大的偏差，最后能达到的最高转化率将下降。因此，目前多数克劳斯装置都采用在线分析仪器连续测定尾气中 $n(H_2S)/n(SO_2)$。仪器一般安装在最后一级冷凝分离器（或捕集器）的后面，根据此仪器发出的信号来调节风气比。

4. 空速

空速是控制过程气与催化剂接触时间的重要操作参数。空速高，过程气在反应器内的停留时间短，反应距离平衡远，同时单位体积床层内进行的反应多，床层温升大，这都不利于转化率的提高。但过小的空速会使设备效率降低，体积过大。对于使用人工合成活性 Al_2O_3 催化剂的装置，通常推荐的空速为 $800\sim1000h^{-1}$。

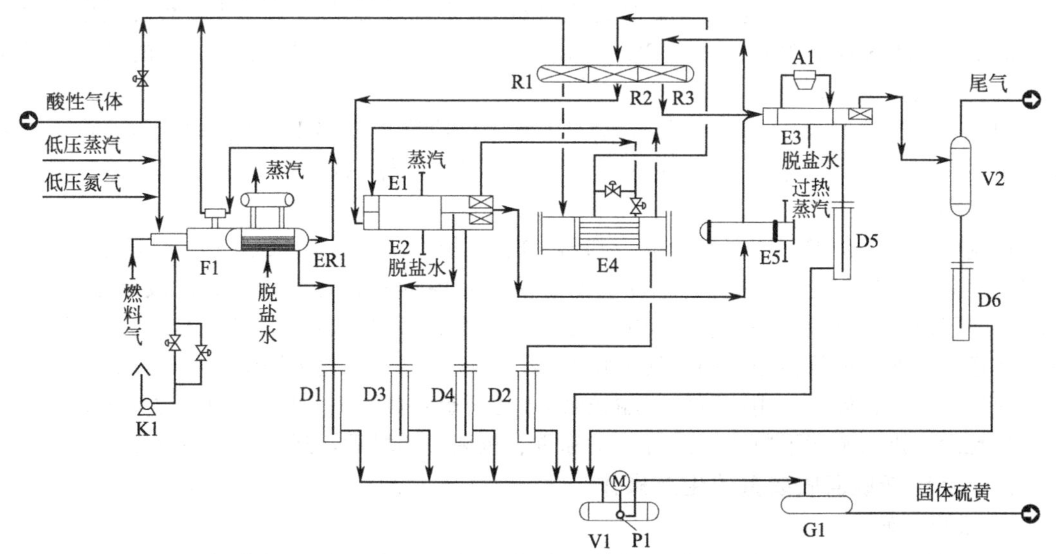

图 3-30　克劳斯硫回收流程示意

五、工艺流程

在化工企业中，一般采用工艺路线成熟的部分燃烧法或分流法克劳斯硫回收装置，流程大致可分为克劳斯反应装置、尾气处理和硫黄加工成型三个部分，其流程示意如图 3-30 所示。

图中设备代号与名称的对应关系如表 3-17 所示。

表 3-17 设备代号与名称对应表

代 号	设备名称	代 号	设备名称
F1	制硫燃烧炉	E5	过程气加热器
ER1	制硫余热锅炉	A1	蒸汽空冷器
R1	一级转化器	K1	制硫鼓风机
R2	二级转化器	P1	液硫脱气输送泵
R3	三级转化器	D1～D6	硫封罐
E1	一级冷凝冷却器	V1	液硫罐
E2	二级冷凝冷却器	V2	尾气分液罐
E3	三级冷凝冷却器	G1	硫黄成型机
E4	过程气换热器		

来自低温甲醇洗的酸性气，H_2S 含量为 12%，COS 含量为 0.38%。1/3 进入制硫燃烧炉 F1 火嘴。根据燃烧反应需氧量，通过比值调节和 $n(H_2S)/n(SO_2)$ 在线分析仪反馈数据，严格控制进炉空气量，使酸性气体在炉内进行燃烧反应。

反应后的部分过程气，经制硫余热锅炉 ER1，降温并分离硫黄蒸气的冷凝液。出 ER1 后，此部分过程气和另一部分未经 ER1 降温的高温气流，在高温掺和阀内混合，并与另外 2/3 原料酸性气混合，进入一级转化器 R1。在一级转化器 R1 内，在催化剂的作用下，过程气中的 H_2S 和 SO_2 进行 Claus 反应。

出 R1 的高温过程气，进入过程气换热器 E4 管程降温，再进入一级冷凝冷却器 E1 降温并分离硫黄凝液，然后经 E4 的壳程升温后，进入二级转化器 R2，使过程气中剩余的 H_2S 和 SO_2 进一步发生 Claus 反应。

出二级转化器 R2 的过程气，经二级冷凝冷却器 E2 降温并分离硫凝液，经过程气加热器 E5 壳程加热后，进入三级转化器 R3 进一步反应。

过程气从 R3 出来后，进入三级冷凝冷却器 E3 降温和分离硫黄凝液，然后经尾气分液罐 V2 分液，H_2S 含量为 0.13%，SO_2 含量为 0.071%，COS 含量为 0.01%的尾气，送至循环流化床锅炉焚烧处理。

制硫余热锅炉 ER1、一级冷凝冷却器 E1 和二级冷凝冷却器 E2 产生的低压蒸汽，进入蒸汽管网。三级冷凝冷却器 E3 产生的低压蒸汽，经空冷器 A1 冷凝后，返回三级冷凝冷却器 E3 重复使用。

从制硫余热锅炉 ER1、一级冷凝冷却器 E1、二级冷凝冷却器 E2、三级冷凝冷却器 E3、过程气换热器 E4 及尾气分液罐 V2 分离的凝液，经各自的硫封罐后，进入液硫罐 V1。在 V1 中，通过往液硫中注入氮气，并用液硫脱气输送泵 P1 将液硫循环喷洒，使溶于液硫中的气体逸出。逸出的气体用吹扫氮气及喷射器，抽送至循环流化床锅炉焚烧。

脱气后的液体硫黄，用液硫脱气输送泵 P1 送至硫黄成型机 G1，冷却固化为半圆形固体硫黄颗粒后，进入硫黄下料斗，进行人工称重、包装、码垛后，运至硫黄库存放。

六、克劳斯硫回收装置的生产操作

1. 原始开车

当系统具备了开车条件，吹扫、气密工作完成后，主要的开车步骤如下。

(1) 系统升温

① 升温介质：燃料气燃烧产生的烟气。

② 升温流程。

● 制硫燃烧炉 F1→制硫余热锅炉 ER1→制硫余热锅炉 ER1 后放空管。

● 制硫余热锅炉烘炉烟气→一级转化器→过程气换热器管程→一级冷凝冷却器→过程气换热器壳程→二级转化器→二级冷凝冷却器→过程气加热器→三级转化器→三级冷凝冷却器→尾气分液罐→界区放空阀放大气或至循环流化床锅炉。

③ 升温步骤。

● 按程序用燃料气对 F1 点火。

● 按升温曲线对 F1 升温。

● 当炉膛温度达到 400℃时，改为按流程Ⅱ进行。

● 调节高温掺和阀的掺和量，按升温曲线对一级转化器 R1 升温至 200℃并保持。

● 按升温曲线对二级转化器 R2 升温至 200℃并保持。

④ 系统升温过程中的检查和注意事项。

● 制定系统升温曲线，并绘制实际升温曲线与之对照，尽量减少两者之间的偏差。

● 系统升温过程中，应密切关注制硫余热锅炉、一、二、三级冷凝冷却器的压力和液位，严防超压和干锅。一、二级转化器床层的升温速度以 5～15℃/h 为宜，可以根据开工实际进度调整。装置第一次开工，系统升温烟气的氧含量可以过量；装置再次开工的系统升温应控制烟气中氧含量不大于 2%，防止停工时系统中残留的可燃物自燃。

● 升温时应防止燃料气燃烧不完全而析炭污染催化剂。可根据燃料气用量，按比例投配低压蒸汽，当供氧量不足时，发生“水煤气”反应，生成 CO 而不析炭。

● 当转化器床层出现异常升温（飞温）时，应立即调整配风量，并开启氮气阀，对系统气流进行惰化，抑制床层自燃。当飞温仍不能有效控制时，应开启低压蒸汽灭火降温。开启低压蒸汽前一定要将管道中的凝液排净，防止凝结水进入床层损坏催化剂。

● 系统升温过程中应每小时分析一次烟气中的氧含量，并根据分析数据适时调节配风量。

● 系统升温的低温段（炉膛温度≤400℃），各产汽设备产汽量很少，可以通过设备上的放空阀至消音器放空；系统升温的高温段（炉膛温度>400℃），产汽量较大，可以根据具体情况将蒸汽并网。

● 系统升温至制硫燃烧炉炉膛温度 600℃时，应对高温部位（设备和管道）的净密封点进行热紧固，重点部位要做气密，确保正常开工后无泄漏。

(2) 硫回收开车

① 投料条件确认。

● 制硫炉炉膛温度 800℃以上；

● 一、二级转化器床层温度约 200℃；

● 液硫系统（硫封罐、液硫罐、液硫泵、液硫脱气设施、成型机、液硫管道等）已经具备使用条件；

● 制硫余热锅炉、一、二、三级冷凝冷却器液面控制和压力控制已经投入自控状态；

● 一、二级转化器温度控制已投入自控状态；

● 酸性气进行了全分析，并根据分析数据设定了气/风比；

● $n(H_2S)/n(SO_2)$ 在线比值分析仪处于待机状态；

● 正常生产流程已经打通，具备了投料条件；

● 制硫余热锅炉和一、二、三级冷凝冷却器的炉水温度大于 120℃，否则应通蒸汽使炉水温度达到120℃以上；

• 制硫余热锅炉和一、二、三级冷凝冷却器的实际液位在最顶排换热管管顶100mm左右。

② 投料开车。

• 将清洁酸性气引入，并按预设比值同步启动燃烧空气，向炉内配风。

• 通过炉体视镜观察燃烧情况，并根据操作经验做出判断调整气/风比。

• 确认制硫炉已经进入稳定状态后切断燃料气。

• 制硫炉稳定燃烧10min后，采样分析过程气组成，根据分析数据调整气/风比，至$n(H_2S)/n(SO_2)$趋近2/1。

• 联系仪表人员投用$n(H_2S)/n(SO_2)$在线分析仪，信号稳定后启用配风微调阀。

• 待一、二、三级冷凝冷却器和尾气分液罐分出液硫后，缓慢开启各级硫封罐的液硫夹套阀，对硫封罐建立硫封，注意防止过程气逸出，硫封罐注满液硫后，将液硫夹套阀全开。

• 抽出燃料气电点火器，用氮气将其置换吹扫干净。

投料开车阶段，建议每隔2h进行一次液硫管道排污操作，防止杂物堵塞。

2. 装置的正常维护

(1) 制硫燃烧炉　酸性气管道输送距离长，注意管道的保温，防止气体温度下降，析出凝液，加剧管道的硫化氢露点腐蚀。注意上游装置酸性气分液罐的排凝，防止凝液带入制硫燃烧炉。

配风量控制是提高转化率的关键，应密切关注$n(H_2S)/n(SO_2)$在线分析仪数据，及时调节气风比。

密切关注炉膛温度，炉膛温度尽量不要超过1400℃，防止炉膛衬里材料损坏。经常检查炉壁温度，防止耐火衬里剥落、炉壁局部过热，损坏设备。

(2) 制硫余热锅炉　按规定进行脱盐水、蒸汽的分析化验，根据分析数据调节加药量和排污量。密切关注汽包液位，防止干锅。如果出现过程气温度下降/转化器温度下降等异常现象，应根据情况判断是否因为制硫余热锅炉换热管泄漏，并停工处理。

(3) 一、二级转化器　注意控制转化器入口温度，保证一级转化器床层温度在190～210℃范围内；二级转化器床层温度在210～230℃范围内。注意转化器入口/出口的温差，如果出现温差太小，说明催化剂活性下降，应计划更换。注意观察床层温度变化规律，通常情况下，新装填的催化剂，上部温升较大，下部温升较小，装置运行末期，情况正好相反。如果出现床层温度异常下移，说明床层上部的催化剂活性下降，应计划更换。注意转化器进/出口压力变化，及时判断转化器床层是否出现堵塞，以便及时处理。

(4) 冷凝冷却器　按规定进行定期排污和连续排污。密切关注制硫余热锅炉和一、二、三级冷凝冷却器的液位，防止换热管干烧。注意过程气入口/出口温度和压力变化，根据情况判断冷凝冷却器换热管是否泄漏，若发现泄漏应停工处理。如果出现系统压力异常升高，冷凝冷却器出现“水击状”振动，说明液硫管道出现堵塞，应根据每级冷凝冷却器的压差判断堵塞部位，通过排污排出积聚的液硫并处理堵塞的管道。三级冷凝冷却器汽包压力大于0.1MPa时，应启动压控阀和蒸汽冷凝空气冷却器。启动汽包压控阀前应打开空冷器进汽管高点导淋，将蒸汽系统内的不凝气排净，待导淋大量排出蒸汽后关闭导淋，启动空冷器。

(5) 酸性气系统　定期检查上游装置酸性气分液罐的液位，防止进入制硫燃烧炉的酸性气带液。定期对酸性气放火炬管线进行氮气吹扫，确保火炬管线畅通。定期对酸性气系统的联锁阀进行校验，确保安全联锁系统处于待用状态。

3. 计划停车操作

(1) 装置停工操作

① 逐渐减少并关闭进系统的酸性气体；

② 用燃料气建立稳定的燃烧；

③ 制硫余热锅炉 ER1 产生的蒸汽通过消音器放空；

④ 向系统内充氮气保护转化器；

⑤ 将液硫罐 V1 液位抽至最低后停液硫提升泵 P1。

（2）系统吹扫

① 系统吹扫的目的和注意事项。系统吹扫既是对过程气介质置换过程，也是系统降温过程。生产流程中通常残存有 H_2S、SO_2、S_x、FeS 等，在系统吹扫时 FeS 遇 O_2 会发生自燃生成 Fe_2O_3，FeS 的自燃会引燃 S_x 和 H_2S，使系统超温，导致催化剂烧结而永久失活，因此必须严格控制吹扫气中的氧含量。为了将系统吹扫彻底，吹扫气的流量应尽量大些。

② 系统吹扫流程。制硫炉吹扫气→制硫余热锅炉→一级转化器→过程气换热器管程→一级冷凝冷却器→过程气换热器壳程→二级转化器→二级冷凝冷却器→过程气加热器→三级转化器→三级冷凝冷却器→尾气分液罐→界区放空阀放大气或至循环流化床锅炉。

③ 吹扫步骤。

- 按比例配风，配蒸汽控制氧含量；
- 逐渐提高吹扫气温度，使系统内各处接近正常操作温度；
- 当硫封罐无液硫溢出时，逐渐增加吹扫气中的氧含量，使设备内的可燃物氧化。
- 当氧含量达 5%，而催化剂床层温度不再升高时，氧化结束。
- 逐步减少燃料气量和空气流量，增加氮气流量，以提高冷却速率。
- 当 R1 的床层温度冷却至 150℃时，切断燃料气和空气，并观察 R1 的床层温度。
- 缓慢通入空气冷却装置。
- 三级冷凝冷却器蒸汽放空，停空气冷却器，打开空冷器进口管顶导淋阀，保持蒸汽系统压力为常压。
- 放净制硫余热锅炉和一、二、三级冷凝冷却器内的锅炉水。
- 缓慢打开吹扫蒸汽阀，使系统管路和设备的温度逐渐升高，待酸性气界区放空阀见汽后，开大吹扫蒸汽阀，连续吹扫 2h。
- 关蒸汽，保持放空阀开启，直至管路和设备完全冷却。
- 放净管路的凝结水。
- 按吹扫流程用氮气吹扫 2h 以上，将系统内积水吹干后，关闭氮气阀。
- 关闭所有阀门，有盲板处加盲板，切断本统与外系统的联系。

4. 紧急停车

（1）停车步骤

① 关闭酸性气进入制硫燃烧炉的进料联锁阀，切断进料。

② 放空、吹扫、设备保护等按设定程序自动完成全部过程。

③ 如果紧急停工后，预计 24h 内可以恢复生产，则全部设备保持待用状态，保持制硫炉炉膛温度，保持转化器床层温度。

④ 如果停工时间较长，则按照装置停工操作程序对设备、管道进行处理。

（2）紧急停工后的生产恢复

① 做好开工前的原料气、燃料气、公用工程物料的投料准备工作。

② 当制硫燃烧炉炉膛温度大于 800℃，可将清洁酸性气直接引入制硫炉火嘴（热启动）；如果炉膛温度小于 800℃，应按程序点火后投料。

③ 按要求调整操作，恢复生产。

5. 故障处理

主要故障的判断和处理见表 3-18。

表 3-18 主要故障的判断和处理

序号	故障现象	故障原因	处理方法
1	制硫炉配风困难	①酸性气带液； ②上游装置生产波动，酸性气流量忽大忽小； ③微调配风阀超出量程	①加强上游装置酸性气分液罐排液； ②联系上游装置调整操作，稳定输出的酸性气流量； ③调整风气比的设定比值
2	制硫炉炉膛温度偏低	①酸性气浓度低； ②配风量不足； ③部分燃烧法不能适应装置生产	①联系上游装置提高酸性气浓度； ②调整配风比； ③改为分流法操作
3	制硫炉炉膛温度偏高	配风过大，大量生成 SO_2	调节风气比，减少配风
4	产品出现黑硫黄	①酸性气携带过量有机物； ②分流法无法适应生产	①联系上游装置调整操作，降低酸性气中有机物含量； ②改为部分燃烧法
5	制硫余热锅炉出口过程气温度偏高	换热管管内结垢，降低了传热效率	小于 425℃，维持生产；大于 425℃，停工检修
6	制硫余热锅炉出口过程气温度偏低	生产负荷低	维持生产，增加高温掺和流量，维持一级转化器正常温度范围
7	一级转化器入口温度偏低	①高温掺和阀掺和量小，供热不足； ②制硫余热锅炉换热管漏，蒸汽（水）进入系统，急冷水量增加	①增加掺和量； ②停工检修
8	一级转化器床层温度偏低	①催化剂活性下降； ②制硫余热锅炉换热管漏，蒸汽（水）进入系统； ③制硫炉配风不当，$n(H_2S)/n(SO_2)$ 比例失衡	①停工检修更换催化剂； ②停工检修； ③调整制硫炉配风
9	二级转化器入口温度偏低	①过程气换热器换热管外壁结盐，热阻大，热效率低； ②制硫余热锅炉换热管漏，蒸汽（水）进入系统	①尽可能维持生产，否则停工检修； ②停工检修
10	三级转化器床层温度偏低	①催化剂活性下降； ②制硫余热锅炉、一、二级冷凝冷却器换热管漏，蒸汽（水）进入系统； ③制硫炉配风不当，$n(H_2S)/n(SO_2)$ 比例失衡	①停工检修更换催化剂； ②停工检修； ③调整制硫炉配风

复 习 题

1. 简述硫回收的作用及主要方法。
2. 简述克劳斯硫回收工艺发展的主要过程。
3. 解释什么是直流法、分流法和直接氧化法硫回收工艺？
4. 解释什么叫 H_2S 的转化率？什么叫硫回收率？
5. 简述硫蒸气中硫分子存在的形态及随温度变化的关系。
6. 简述 H_2S 的转化率随温度、氧含量和硫蒸气分压变化的关系。
7. 简述硫回收催化剂发展的过程。
8. 简述造成硫回收催化剂失活的主要原因。
9. 简述原料气中的 H_2S 含量与硫回收率和投资的关系。
10. 简述原料气和过程气中的 CO_2、烃类、水蒸气和氨等杂质对硫回收过程的影响。

11. 简述过程气中 $n(H_2S)/n(SO_2)$ 的比例对硫转化率的影响。
12. 简述空速对硫回收过程的影响。
13. 通常可将硫回收的装置分为哪几部分？
14. 简述过程气在整个硫回收流程中的流动路线及流过各设备时发生的变化。
15. 简述硫回收装置原始开车的主要步骤。
16. 简述制硫燃烧炉、制硫余热锅炉、一、二级转化器、冷凝冷却器和酸性气系统的操作要点。
17. 简述硫回收装置计划停车的主要步骤。
18. 简述硫回收装置各主要故障出现的原因。

第四章　甲醇生产技术

第一节　甲醇概述

甲醇是极为重要的有机化工原料和清洁液体燃料，是碳一化工的基础产品。固体原料煤炭、液体原料石脑油和渣油、气体原料天然气和油田气或煤层气等经部分氧化法或蒸汽转化法制得合成气。合成气的主要成分是 CO 和 H_2，它们在催化剂作用下可制得甲醇。由于甲醇的生产工艺简单，反应条件温和，技术容易突破，且甲醇及其衍生物有着广泛的用途，世界各国都把甲醇作为碳一化工的重要研究领域。现在甲醇已成为新一代能源的重要起始原料，可生产一系列深度加工产品，并成为碳一化工的突破口。在石油资源紧缺以及清洁能源、环保需求的情况下，以煤为原料生产甲醇，有望成为实现煤的清洁利用，弥补石油能源不足的途径。

一、甲醇的性质与用途

1. 甲醇的性质

甲醇（Methanol，Methyl alcohol）又名木醇，木酒精，甲基氢氧化物，是一种最简单的饱和醇，化学分子式为 CH_3OH。

甲醇是一种无色、透明、易燃、易挥发的有毒液体，略有酒精气味。

甲醇相对分子质量 32.04，相对密度 0.792（20/4℃），熔点 −97.8℃，沸点 64.5℃，闪点 12.22℃，自燃点 463.89℃，蒸气密度 1.11kg/m³，蒸气压 13.33kPa（100mmHg，21.2℃），蒸气与空气混合物爆炸范围 6%～36.5%。

甲醇能与水、乙醇、乙醚、酮、卤代烃和许多其他有机溶剂相混溶，并与它们形成共沸混合物。

在甲醇的分子结构中含有一个甲基与一个羟基，因为它含有羟基，所以具有醇类的典型反应；又因它含有甲基，所以又能进行甲基化反应。

甲醇在银催化剂作用下，在 600～650℃时，可进行气相氧化或脱氢反应，生成甲醛。其反应方程式为

$$CH_3OH+\frac{1}{2}O_2 \longrightarrow HCHO+H_2O \tag{4-1}$$

$$CH_3OH \xrightarrow{-H_2} HCHO \tag{4-2}$$

甲醇在 Al_2O_3 或分子筛作用下，分子间脱水可以制取二甲醚。其反应为

$$2CH_3OH \xrightarrow{-H_2O} (CH_3)_2O \tag{4-3}$$

在铑催化剂作用下，一氧化碳和甲醇可以合成乙酸。其反应为

$$2CH_3OH+CO \xrightarrow[催化剂]{T,p} CH_3COOH \tag{4-4}$$

甲醇在催化剂酸性分子筛 ZSM-5 和 SAPO-34 的作用下还可制得低碳烯烃，其反应为

$$2CH_3OH \longrightarrow C_2H_4+2H_2O \tag{4-5}$$

$$3CH_3OH \longrightarrow C_3H_6+3H_2O \tag{4-6}$$

$$4CH_3OH \longrightarrow C_4H_8+4H_2O \tag{4-7}$$

另外，甲醇与氨、酸、苯和氢氧化钠等反应还可以生成甲胺、酯类、甲苯和甲醇钠等，

在此不一一赘述。

2. 甲醇的用途

甲醇是重要的化工原料，主要用于生产甲醛，其消耗量约占甲醇总量的 30%～40%；其次作为甲基化剂，生产甲胺、甲烷氯化物、丙烯酸甲酯、甲基丙烯酸甲酯、对苯二甲酸二甲酯等；甲醇羰基化可生产醋酸、醋酐、甲酸甲酯、碳酸二甲酯等。其中，甲醇低压羰基化生产醋酸，近年来发展很快。随着碳一化工的发展，由甲醇出发合成乙二醇、乙醛、乙醇等工艺正在日益受到重视。甲醇作为重要原料在敌百虫、甲基对硫磷、多菌灵等农药生产中，在医药、染料、塑料、合成纤维等工业中有着重要的地位。甲醇还可经生物发酵生成甲醇蛋白，用作饲料添加剂。

甲醇不仅是重要的化工原料，而且还是性能优良的能源和车用燃料。它可直接用作汽车燃料，也可与汽油掺和使用。它可直接用于发电站或柴油机的燃料，或经 ZSM-5 分子筛催化剂转化为汽油。它可与异丁烯反应生成甲基叔丁基醚，用作汽油添加剂。

(1) 碳一化工的支柱　在 20 世纪 70 年代，随着甲醇生产技术的成熟和大规模生产，甲醇化学首先发展。中东、加拿大等天然气产量丰富的国家，由于天然气制甲醇的能力提高，导致大量甲醇进入市场。英国 ICI 公司与德国 Lurgi 公司低压甲醇技术得到推广；美国孟山都公司甲醇低压羰基化生产醋酸的技术取得突破，获得工业应用；美国 Mobil 公司用 ZSM-5 催化剂成功地将甲醇转化为汽油。这样，一系列原来以乙烯为原料的有机化工产品可能转变为由甲醇获得，甲醇成了碳一化工的支柱。图 4-1 所示为由甲醇生产碳一化工产品流程。

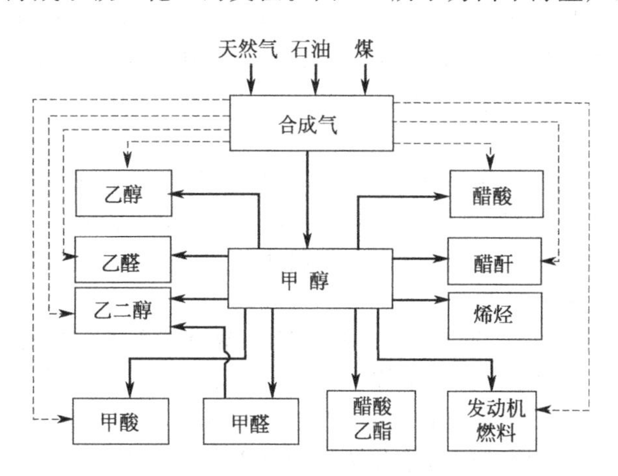

图 4-1　由甲醇生产碳一化工产品流程

(2) 新一代燃料　甲醇是一种易燃液体，燃烧性能良好，辛烷值高，抗爆性能好，所以在开发新燃料的过程中，成为重点开发对象，被称为新一代燃料。

① 甲醇掺烧汽油。构成甲醇分子中的 C、H 是可燃的，O 是助燃的，这就是甲醇能燃烧的理论依据。甲醇由 CO、H_2 合成，其燃烧性能近似于 CO、H_2。甲醇是一种洁净燃料，燃烧时无烟，它的燃烧速度快，放热快，热效率高。

国外已使用掺烧 5%～15%甲醇的汽油。汽油中掺入甲醇后，提高了辛烷值，避免了添加四乙基铅对大气的污染。近几年，国内许多单位开展了甲醇汽油混合燃料的试用和研究工作，对混合燃料的特性、使用方式、运行性能、相溶性、排气性等都进行了详细的研究。国内已对 M15（汽油中掺烧 15%甲醇）和 M25 混合燃料进行了技术鉴定。

② 纯甲醇用于汽车燃料。国内外已对纯甲醇作为汽车燃料进行了研究，认为当汽车发动机燃用纯甲醇时，全负荷功率与燃用汽油大致相当，而有效热效率提高了 30%左右。

③ 甲醇制汽油。美国 Mobil 公司开发成功了用 ZSM-5 型合成沸石分子筛作催化剂合成

甲醇制汽油的工业项目，受到了人们的极大关注。这种方法制得的汽油抗震性能好，不存在硫、氯等常用汽油中有害的组分，而烃类组成与汽油很类似。

④ 甲醇制甲基叔丁基醚。甲基叔丁基醚是20世纪70年代发展起来的产品，是当前人们公认的高辛烷值汽油掺和剂，已成为一个重要的石油化工新产品，1990年世界产量达1000万吨以上。我国已有多套年产数万吨的装置投产，形成了相当规模的生产能力。

(3) 有机化工的主要原料　甲醇进一步加工可制得甲胺、甲醛、甲酸及其他多种有机化工产品。国内已有成熟生产工艺的甲醇作为原料的一次加工产品有甲胺、甲醛、甲酸、甲醇钠、氯甲烷、甲酸甲酯、甲酰胺、二甲基甲酰胺、二甲基亚砜、硫酸二甲酯、亚磷酸三甲酯、氟氯乙烯、丙烯酸甲酯、甲基丙烯酸甲酯、氯甲酸甲酯、氯乙酸甲酯、二氯乙酸甲酯、氯甲醚、碳丙基甲醚、羰乙基甲醚、二甲醚、环氧化乙酰蓖麻油酸甲酯、二甲基二硫代膦酸酯、十一烯酸、氨基乙酸、月桂醇、聚乙烯醇等。国内正在努力开发即将投入生产的甲醇系列有机产品有醋酸、醋酐、碳酸二甲酯、溴甲烷、对苯二甲酸二甲酯、甲硫酸、乙二醇等。

(4) 精细化工与高分子化工的重要原料　甲醇作为重要的化工原料，在农药、染料、医药、合成树脂与塑料、合成橡胶、合成纤维等工业中得到广泛的应用。

① 农药工业中的应用。多种农药的生产直接以甲醇为原料，如杀螟硫磷、乐果、敌百虫、马拉硫磷等。有些农药虽未直接使用甲醇，但在生产过程中要用甲醇的一次加工产品，如甲醛、甲酸、甲胺等。生产中需以甲醛为原料的农药有甲拌磷等，生产中需用甲胺为原料的农药有甲萘威、灭草隆等，生产中需用甲酸为原料的农药有杀虫脒等。

② 医药工业中的应用。甲醇在多种医药工业中应用，例如长效磺胺，维生素 B_6 等。也有些药物生产过程中需用甲醇的一次加工产品，如氨基比林生产中需用甲醛，麻黄素生产过程中需用甲胺，乙酰水杨酸（阿司匹林）生产中需用醋酐或醋酸，安乃近、冰片、咖啡因生产中需用甲酸等。

③ 染料工业中的应用。许多染料生产过程中用甲醇作原料或溶剂，例如，红色基 RC、蓝色基 RT、分散红 GLZ、分散桃红 R_3L、分散蓝 BR、活性深蓝 K-FGR、阴离子 GRL、阳离子桃红 FG、酞菁素紫等。还有相当多的染料生产过程中需用甲醛、甲胺、醋酸、醋酐、甲酸、硫酸二甲酯等作原料。

④ 合成树脂与塑料工业中的应用。有机玻璃（聚甲基丙烯酸甲酯）是一种高透明无定型热塑性材料，需以甲醇为原料，生成甲基丙烯酸甲酯单体，再聚合而成。聚苯醚（PPO）、聚甲醛、聚三氟氯乙烯、聚砜等工程塑料生产过程中需要甲醇作重要原料。以甲醛、甲胺、醋酸、醋酐、二甲基亚砜为原料的树脂和塑料种类很多，甲醇及其一次加工产品在塑料和树脂生产中有广阔的应用市场。

⑤ 橡胶工业中的应用。合成橡胶工业中作为异戊橡胶、丁基橡胶重要单体的异戊二烯可用异丁烯-甲醛法生产，需用甲醇一次加工产物甲醛作原料。

⑥ 化纤工业中的应用。合成纤维品种很多，其中不少纤维需用甲醇及其一次加工产物为原料，如聚酯纤维以丙烯腈与对苯二甲酸二甲酯为原料，聚丙烯腈纤维以丙烯腈与丙烯酸甲酯为原料，聚乙烯醇缩甲醛纤维以聚乙烯醇与甲醛为原料等。

(5) 生物化工制单细胞蛋白　甲醇蛋白是一种由单细胞组成的蛋白，它以甲醇为原料，作为培养基，通过微生物发酵而制得。由于工业微生物技术的发展，以稀甲醇为基质生产甲醇蛋白的工艺在国外已工业化，大型化装置已投产，在国内也正在研究开发。我国饲养业对蛋白质需求量很大，发展甲醇蛋白有广阔的前景。

二、国内外生产现状

1. 国外生产技术概况

1661年，英国波义耳（Boyle）首先在木材干馏的液体产品中发现了甲醇，木材干馏成为工业上制取甲醇最古老的方法。1834 年，杜马（Dumas）和玻利哥（Peligot）制得了甲醇纯品。1857 年法国伯特格（Berhtelot）用一氯甲烷水解制得甲醇。

合成甲醇的工业生产开始于 1923 年。德国 BASF 的研究人员试验了用一氧化碳和氢气，在 300～400℃的温度和 30～50MPa 压力下，通过锌-铬催化剂合成甲醇，并于当年首先实现了工业化生产。从 20 世纪 20～60 年代中期，世界各国甲醇合成装置都用此法，采用锌铬催化剂。

1966 年，英国 ICI 公司研制成功甲醇低压合成的铜基催化剂，并开发了甲醇低压合成工艺，简称 ICI 低压法。1971 年，德国 Lurgi 公司开发了另一种甲醇低压合成工艺，简称 Lurgi 低压法。20 世纪 70 年代以后，各国新建与改造的甲醇装置几乎全部用低压法。

合成甲醇的原料路线在几十年中经历了很大变化。20 世纪 50 年代以前，甲醇生产多以煤和焦炭为原料，采用固定床气化方法生产的水煤气作为甲醇原料气。20 世纪 50 年代以来，天然气和石油资源大量开采，由于天然气便于输送，适合于加压操作，可降低甲醇装置的投资与成本，在蒸汽转化技术发展的基础上，以天然气为原料的甲醇生产流程被广泛采用，至今仍为甲醇生产的最主要原料。20 世纪 60 年代后，重油部分氧化技术有了长足进步，以重油为原料的甲醇装置有所发展。估计今后在相当长的一段时间中，国外甲醇生产仍以烃类原料为主。从发展趋势来看，今后以煤炭为原料生产甲醇的比例会上升，煤制甲醇作为液体燃料将成为其主要用途之一。

国外甲醇生产多以天然气为原料，采用低压法工艺，主要有 ICI、Lurgi、Topsφe 等方法，前两种被认为是当今较为先进的甲醇生产技术，约 80%的甲醇采用这两种方法生产。其技术情况见表 4-1。

表 4-1　低压法合成甲醇生产技术情况

项　目	ICI 法	Lurgi 法	Topsφe 法
脱硫	Co-Mo 加氢，ZnO 法	ZnO 活性炭加氢脱有机硫	Ni-Mo 加氢脱硫
转化	一段转化 $n(H_2O)/n(C)=3.0$	一段转化 $n(H_2O)/n(C)=2.4\sim2.6$	二段转化 $n(H_2O)/n(C)=2.5\sim3.0$
压缩	离心式压缩机	离心式压缩机	离心式压缩机
合成	四段冷激式合成反应器 压力 5～10MPa 温度 230～270℃ 副产蒸汽	管壳式合成反应器 压力 5～10MPa 温度 210～260℃ 副产蒸汽	二个径向合成反应器串联 压力 5～10MPa 温度 210～290℃ 预热锅炉水
精馏	双塔	三塔	双塔
规模/(t/d)	500～2500	300～5000	1000～3000

近十多年来，国外甲醇生产技术发展很快，除了普遍采用低压法操作以外，在生产规模、节能降耗、催化剂开发、过程控制等领域都有新的突破。

（1）生产规模大型化　甲醇生产技术发展的趋势之一是单系列、大型化。德国 Lurgi 公司管壳式甲醇合成反应器单反应器生产能力可达 1000～1500t/d，英国 ICI 多段冷激式甲醇合成反应器，单反应器生产能力可达 2500t/d。据报道，Lurgi 公司新开发的甲醇装置生产能力可达 150 万吨/年。随着汽轮机驱动的大型离心压缩机研制成功，为合成气压缩机、循环机的大型化提供了条件。大型压缩机、循环机采用的背压式透平的蒸气由甲醇原料气制造工序产生。大型气流床煤气化炉、重油部分氧化炉、烃类蒸气转化炉的开发与应用，也为甲醇装置大型化创造了条件。

（2）合成催化剂　高效甲醇合成催化剂的开发应用主要经历了两个阶段。

第一阶段为锌-铬催化剂，锌-铬催化剂活性温度高，约为 350～420℃，由于受化学平衡的影响，需在高压（约 30～32MPa）下操作，且粗甲醇产品质量较差。

第二阶段为铜-锌-铝催化剂，从 20 世纪 60 年代后期使用至今。其活性温度低，约 220～280℃，可在较低压力下操作。比较著名的有 ICI51-1、TopsφeMK-101、德国GL-104、三菱 MGC、德国 BASF 等。其中 TopsφeMK-101 催化剂，因具有高活性、高选择性、高稳定性的特点，可连续操作 2～3 年，保持稳定的活性，受到国外用户青睐。

现在又开发了新一代铜系催化剂。英国 ICI51-3 型催化剂，铜相活性组分载在特殊设计的载体铝酸锌（$ZnAl_2O_4$）上，使催化剂强度高、活性高、选择性好、甲醇产率进一步提高，副产物少，使用寿命提高 50%。最近又推出一种 ICI51-7 新催化剂，其活性和稳定性更高，废气、废液更少，已在澳大利亚 BHP 公司建设的 5.6 万吨/年工业装置上使用。德国 BASF 公司开发的 S3-86 型催化剂，操作压力 1～10MPa，温度 200～300℃，据称采用该催化剂可使投资减少 50%，能耗降低 20%。

（3）节能减耗经常化　甲醇生产成本中能源费用占较大比重。目前国外把甲醇生产技术改进的重点放在采用低能耗工艺，充分回收与合理利用能量三方面。

在甲醇的合成中采用低压合成，降低合成压力可减少压缩机功耗。目前国外的甲醇合成压力一般为 5MPa；有效利用甲醇合成反应热，如 Lurgi 甲醇合成反应器，其突出特点是可产生 4MPa 压力的蒸汽；降低合成反应器阻力，如采用 Topsφe、Casale、Linde 式径向甲醇合成反应器，可增大循环量，并采用较小颗粒催化剂，提高活性。

在用天然气制甲醇原料气方面，ICI 公司提出了把 LCA 两段天然气蒸汽转化与低压甲醇合成相结合的 LCM 工艺。采用结构紧凑的换热式转化炉，去掉繁杂、庞大的一段炉和热回收系统，二段炉用富氧，形成了用天然气制甲醇原料气的新概念；意大利 Foster Wheeler 国际公司和德国 Lurgi 公司共同开发一种联合转化法，即在天然气部分氧化转化反应下游增设一个传统的管式蒸汽转化反应器。这种方法比传统工艺节省天然气 8%～10%，废气排放量大大减少，蒸汽消耗降低；在以渣油部分氧化制甲醇原料气时，采用废热锅炉或半废热锅炉流程，以回收热量及改进炭黑回收的方法。

甲醇精馏工艺的节能主要是：采用三反应器流程，第二塔（加压主塔）塔顶馏分的冷凝热作为第三塔（常压主塔）的热源；改进精馏塔板结构；充分利用气化、合成的热量作为精馏工序低压蒸汽的热源。

全装置的热力系统设计有一套完整的热回收系统，把工艺过程余热充分利用，产生高压蒸汽，既提供工艺蒸汽与加热介质，又提供了各转动设备所需的动力，减少外供电耗，亦可减少受外界电力的影响。

甲醇生产是连续操作、技术密集的工艺，目前正向高度自动化操作发展。在甲醇原料气烃类蒸汽转化工序中，采用自动控制系统控制反应温度。甲醇合成工序采用计算机控制，以及屏幕显示（CRT）和人-机通信方式，实现操作优化。

目前，甲醇合成是气固相催化法，合成气单程转化率和合成反应器出口甲醇浓度低。国外正在开发甲醇合成新工艺，如美国 Chom System Ine. 开发的二相流化床与淤浆床甲醇合成技术，法国 IFP 开发的三相涓流床甲醇合成技术等。采用三相床合成甲醇，反应温度易于控制，床层温度平稳，同时三相流化床和淤浆床采用小粒度催化剂，单程转化率提高，甲醇出口浓度高于气固相催化法。

2. 国内生产技术概况

我国甲醇工业始于 20 世纪 50 代，在吉林、兰州、太原由原苏联援建了采用高压法锌铬催化剂的甲醇生产装置。60～70 年代，上海吴泾化工厂先后自建了以焦炭与以石脑油为原料的甲醇装置；同时，南京化学工业公司研究院研制了联醇用中压铜基催化剂，推动了我国合成氨联产甲醇工业的发展。70～80 年代，四川维尼纶厂从 ICI 公司引进了以乙炔尾气为原料的低压甲醇装置。山东齐鲁石化公司第二化肥厂从 Lurgi 公司引进了以渣油为原料的低压甲醇装置。20 世纪 80 年代，上海吴泾等中型氮肥厂在高压下将锌铬催化剂改为使用铜基催化剂；同时，许多联醇装置为增加效益，提高了生产中的醇/氨比；西南化工研究院和南京化学工业公司研究院开发了性能良好的低压甲醇催化剂，推进了甲醇工业的发展。90 年代以来，上海焦化厂三联供工程中年产 20 万吨低压甲醇装置的建设和一些省市年产 3～10 万吨低压甲醇装置的建设，以及许多中、小氮肥厂联醇装置的改造和投产，使我国甲醇生产跃上新的台阶。

国内甲醇生产早期采用锌铬催化剂。20 世纪 70 年代，我国自行开发成功铜基催化剂，并在全国范围内普遍使用。采用铜基催化剂后，操作压力降低，产品质量提高，精馏负荷减轻。根据操作压力的不同，目前，国内甲醇生产大致可分为 3 种生产工艺。

① 高压法工艺。指第一个五年计划时期，从前苏联引进的以煤或渣油为原料的甲醇生产工艺。最初采用锌铬催化剂，后来改用铜基催化剂后，为提高生产强度，仍采用高压法生产，操作压力 20～25MPa。上海吴径化工厂自行设计的以石脑油为原料的甲醇装置，合成反应器采用 U 形冷管式，亦保持高压法生产。

② 低压法工艺。20 世纪 70～80 年代，我国从 ICI 公司和 Lurgi 公司引进两套低压法甲醇装置。一套是以乙炔尾气为原料，一套是以渣油为原料。每套生产能力 10 万吨/年。从 ICI 公司引进的甲醇装置，合成反应器为四段冷激式，合成操作压力 5MPa，温度 210～270℃，精馏采用双塔流程。从 Lurgi 公司引进的甲醇装置，采用管壳式合成反应器，操作压力 5MPa，床层温度 240～260℃，粗甲醇采用三塔精馏。目前，还有一批国内自行设计的甲醇低压法生产装置已建成投产。

③ 中压联醇工艺。合成氨联产甲醇（简称联醇）是我国独创的新工艺，是针对合成氨厂铜氨液脱除微量碳氧化物而开发的。联醇生产条件：压力 10～12MPa，反应温度 220～300℃，采用铜基联醇催化剂。近年来，不少氮肥厂，既生产氨，又生产甲醇，由甲醇、氨为基本原料，再生产其他化工产品，实现了多种经营。联醇生产可充分利用中小合成氨生产装置，只要增添甲醇合成与精馏两部分设备就可生产甲醇，其中甲醇合成系统可充分利用合成氨系统中更新改造后搁置不用的原合成工序设备，从 30MPa 降到 12MPa 使用。联醇生产投资省、上马快，但生产规模小。

国内甲醇生产技术的发展具有以下特点。

(1) 原料多样化　国外甲醇生产原料以烃类为主，大多是天然气。国内甲醇生产原料多样化，并逐步转向以煤、天然气为原料。随着石油资源紧缺，油价提高，以煤为原料生产甲醇的比例将上升。特别是在国内大力发展煤炭资源利用的背景下，煤将成为甲醇生产中最主要的原料。这是因为：

① 国内煤的储量远多于石油、天然气储量；

② 从煤制合成气生产甲醇，可作为汽车汽、柴油机燃料；

③ 国内煤气化技术不断发展。

(2) 改进净化技术　以天然气、石脑油为原料，在其蒸汽转化前采用钴-钼加氢、氧化锌脱硫，使硫含量在 0.1mg/m^3 以下。以煤、渣油为原料的甲醇生产装置，最突出的问题是催化剂使用寿命短。主要原因是催化剂的硫中毒及操作温度过高。合成气中残硫即使 1mg/m^3，催化剂也只能使用 3～4 个月，所以合成气脱硫必须达到 0.1mg/m^3 以下。国内甲醇装置的脱硫问题尚未完全解决，但取得了一些成功经验，主要为：

① 全气量通过变换，使有机硫转化为易除去的无机硫；

② 湿法脱硫脱炭，近几年取得成效的有 NHD、MDEA、低温甲醇洗等方法；

③ 干法脱硫，开发常温 ZnO 脱硫剂等。

（3）联合生产普遍化　国内大多数甲醇装置都是与其他化工产品实现联合生产的，甲醇装置成为大型化肥厂或石油化工厂的一个组成部分。其中代表性的是合成氨联产甲醇、城市煤气联产甲醇、循环发电联产化工产品（甲醇），这也是我国甲醇生产技术发展的主要方向之一。

第二节　甲醇合成的基本原理

一、化学平衡

用氢与一氧化碳在催化剂的作用下合成甲醇，是工业化生产甲醇的主要方法。很多研究证明，氢与一氧化碳在合成反应中发生的变化很复杂，可以用以下的几个化学反应式来说明。

（1）主反应

$$2H_2+CO \rightleftharpoons CH_3OH \quad \Delta H=-90.64kJ/mol \tag{4-8}$$

当原料气中存在二氧化碳时，也能和氢反应生成甲醇。其反应为

$$CO_2+3H_2 \rightleftharpoons CH_3OH+H_2O \quad \Delta H=-49.67kJ/mol \tag{4-9}$$

（2）副反应　从原料出发的副反应

$$CO+3H_2 \rightleftharpoons CH_4+H_2O+Q \tag{4-10}$$

$$2CO+2H_2 \rightleftharpoons CO_2+CH_4+Q \tag{4-11}$$

$$4CO+8H_2 \rightleftharpoons C_4H_9OH+3H_2O+Q \tag{4-12}$$

$$2CO+4H_2 \rightleftharpoons CH_3OCH_3+H_2O+Q \tag{4-13}$$

当有铁、钴、钼、镍等金属存在时，可能会有下列副反应

$$2CO \rightleftharpoons CO_2+C+Q \tag{4-14}$$

从产物（甲醇）出发的副反应

$$2CH_3OH \rightleftharpoons CH_3OCH_3(\text{二甲醚})+H_2O+Q \tag{4-15}$$

$$CH_3OH+nCO+2nH_2 \rightleftharpoons C_nH_{2n+1}CH_2OH(\text{高级醇})+nH_2O \tag{4-16}$$

$$CH_3OH+nCO+2(n-1)H_2 \rightleftharpoons C_nH_{2n+1}COOH(\text{有机酸})+(n-1)H_2O \tag{4-17}$$

这些副反应产物还可以进行脱水、缩合、酯化或酮化等反应，生成烯烃，酯类或酮类等副产物。当催化剂中混有碱类时，这些化合物的生成大大地被加强。

甲醇合成的主反应是一个可逆、放热、体积缩小的化学反应。影响其化学平衡的主要因素如下。

1. 反应物和生成物的浓度

根据化学平衡的原理，要使氢、一氧化碳气体不断合成为甲醇，就必须增加氢与一氧化碳在混合气中的含量，同时应不断地将反应所生成的甲醇移走。在实际生产过程中，就是根据这个原理进行操作的：先使氢、一氧化碳混合气体进入合成反应器，通过反应，生成了若干数量的甲醇以后，就将反应后含有甲醇的混合气体从合成反应器内引出来，进行冷凝分离，使生成的甲醇从该混合气体中分离出来，然后再向混合气体中补充一部分新鲜的氢气和一氧化碳气。这样，一面补充参加反应的物质，一面除去反应的生成物，就可以使反应向着生成甲醇的方向不断进行。

2. 反应温度

甲醇合成反应是一放热反应。因此，按照化学平衡移动原理，当反应温度升高时，会促使反应向左边（即向甲醇分解为一氧化碳和氢气的方向）移动。同时温度升高也引起一系列的副反应，主要是生成甲烷、高级醇等。换句话说，在较低的温度下进行甲醇的合成反应，

将使反应进行的更加完全，而在较高的温度下反应，气体混合物中将剩余大量未起反应的氢、一氧化碳气体。因此，从平衡观点来看，要使甲醇的平衡产率高，应该采取较低的反应温度。

3. 压力

压力对甲醇合成反应过程有着极大的影响。甲醇的合成过程，是一体积缩小的反应，即由一个体积的一氧化碳和两个体积的氢（共三个体积）合成为一个体积的甲醇。同时，甲醇的可压缩性（气体状态的甲醇）又比一氧化碳和氢大得多。因此，当压力增高时，促使反应向右进行，甲醇的平衡产率就高；反之，如果降低反应时的压力，就会促使反应向左边移动，这时已经生成的甲醇又会分解成氢、一氧化碳气体，则甲醇的平衡产率就低。

实践证明：温度越低，压力越高，气体混合物中 CH_3OH 的平衡浓度也就越高。因此，从反应的平衡观点出发，采用低温催化剂和高压，是能够大大强化 $CO+H_2$ 合成甲醇生产的。

二、甲醇合成反应的速率

在单位时间内由氢、一氧化碳合成为甲醇的数量，称为合成反应速率。在实际生产中，总希望合成反应进行的快些，在单位时间合成甲醇越多越好。合成甲醇的反应速率与温度、压力、催化剂及惰性气体的浓度有关。

1. 温度

大多数化学反应的速率，均随着温度的升高而加快。这是因为化学反应的进行，一方面由于各种分子的碰撞，另一方面需要克服化合时的阻力。当温度升高以后，会加快分子运行的速度，使分子与分子间在单位时间内碰撞次数增加，同时又使化合时分子克服阻力的能力增大，从而增加了分子有效结合的机会。但对于甲醇合成的反应，由于属于可逆放热反应，随着温度的升高，正反应、逆反应和副反应的速率均增大，总的反应速率与温度的关系比较复杂，并非随温度的升高而简单地增大。

2. 压力

反应速率是由分子之间的碰撞机会的多少来决定的。在高压下，因气体体积缩小了，则氢与一氧化碳分间的距离也随之缩短，分子之间相碰的机会和次数就会增多，甲醇合成反应的速率也就会因此而加快。无论对于反应的平衡和速率，提高压力总是对甲醇合成有利的。在恒温下增高压力可以促进转化反应而提高甲醇产率。在恒压下升高温度会降低甲醇产率，并促使不希望的副反应的进行。

3. 催化剂

由氢与一氧化碳直接合成甲醇是在适当的温度、压力和有催化剂存在的条件下进行的。催化剂的存在使反应能在较低温度下加快合成反应速率。缩短反应所需要的时间（但不能改变达到平衡时的合成率）。如果没有催化剂，即使在很高的温度和压力之下，反应速率仍然很慢。所以由氢与一氧化碳合成为甲醇必须使用催化剂。现在以低温的铜基催化剂为主。

4. 惰性气体浓度

在温度、压力和催化剂一定的条件下，惰性气体含量的增加使合成反应的瞬时反应速率降低。惰性气体对反应速率的影响可简单的认为是：当有惰性气体存在时，干扰了 H_2 和 CO 碰撞结合的概率。

从以上分析可以看出在选择和确定适宜的合成甲醇反应条件的依据如下。

① 压力越高，越有利于甲醇的合成。

② 需要选择一个合适的温度，使反应进行的既快又完全。

③ 必须选用一种甲醇合成的催化剂，以加快反应速率，并且在所用的氢与一氧化碳混合气中，不能含有对催化剂有毒害作用的杂质。

④ 混合气中氢与一氧化碳的含量越大越有利于合成反应。因此，气体中惰性气的含量越低越好。

⑤ 反应生成的甲醇要及时从混合气中分离出去，并且不断补充新鲜的氢和一氧化碳气体。

第三节 甲醇合成的催化剂

一、国内外甲醇合成催化剂的发展状况

国内外甲醇合成催化剂的发展，主要经历了以下几个阶段。

1. 锌铬催化剂

锌铬 ZnO/Cr_2O_3 催化剂由德国 BASF 公司于 1923 年首先研制开发成功。锌铬催化剂的活性较低，操作温度在 350～420℃，操作压力为 25～35MPa。该催化剂的选择性低，产品中杂质含量高且成分复杂，目前已被淘汰。

2. 铜基催化剂

铜基催化剂是一种低压催化剂，是由英国 ICI 公司和德国 Lurgi 公司先后研制成功的。操作温度为 210～290℃，比传统的合成工艺温度低得多，对甲醇反应平衡有利，且其活性好，选择性高。

铜基催化剂主要分为三大类：第一类为铜锌铬系催化剂，由铜、锌、铬的氧化物组成，添加少量其他元素，如锰等；第二类为铜锌铝系催化剂，由铜、锌、铝的氧化物组成；第三类是以铜、锌为基，添加铬、铝以外的第三、四组分的催化剂，这类催化剂的活性与铜锌铝系相近。

3. 非铜基催化剂

在非铜基催化剂中，据认为有发展前途的是以贵金属为活性组分的催化剂。将纯净的铂或钯载于 SiO_2 上，再加入极少量其他组分，如锂、镁、钡、钼，特别是钙，使催化具有较好的活性和优良的抗硫中毒性能。

采用金属互化物作催化剂也受到一些重视。用于合成甲醇的这类催化剂可用通式 AB_x 表示，式中 A 是稀土元素，B 是铍、钴或镍，x 为 2～5。但这类催化剂在合成甲醇时，不是选择性欠佳，就是反应温度过高，因而不甚理想。

二、国外甲醇催化剂的生产情况

国外生产低压甲醇合成催化剂比较有名的公司有：英国 ICI 公司、德国 BASF 公司、德国 Sud Chemie 公司和丹麦 Topsφe 等。这些公司生产历史悠久，产品不断更新换代。

1. 英国 ICI 公司

该公司 1966 年开发了 ICI51-1 型催化剂，其组分为铜锌铝。1970 年开发了 ICI51-2 型，以铜载于铝酸锌上。近年来又相继开发出新一代铜锌铝低压合成甲醇催化剂。通过制备工艺的改进，使催化剂的分散度、比表面积、孔隙结构得到改善，从而大大提高了其活性寿命和生产强度。其中 ICI51-3 型催化剂，铜相活性组分载在特殊设计的铝酸锌载体上，使催化剂的强度、活性和寿命有较大提高。ICI51-7 型甲醇催化剂以镁作稳定剂，活性极高，稳定性好，可以长时间稳定使用。据称少量镁的加入会显著改善催化剂的稳定性，降低活性下降速度。

2. 德国 BASF 公司

该公司的产品有 S3-85 型、S3-86 型。后者为 CuO/ZnO 载于氧化铝上，采用新的制备方法，优化了配方。据专利介绍，该催化剂从首先制得的一种分子式为 $Cu_{2.2}Zn_{2.8}(OH)_6(CO_3)_2$ 的混合结晶（含作结构助剂的氢氧化铝）出发，通过煅烧，还原制得。该催化剂的特点是铜

含量低，活性高，稳定性极佳，且耐水蒸气。

3. 德国 Sud Chemie 公司

该公司是世界上比较著名的甲醇催化剂研制开发公司之一，产品有 GL-104、C79-4GL、C79-5GL、C79-6GL 等。GL-104 主要的化学组分为铜锌铝钒。C79-4GL 为铜锌铝，适用于从油或煤通过部分氧化法生产的原料气，在等温合成反应器中具有良好的性能。C79-5GL 型催化剂，适用于富含 CO_2 的原料气合成甲醇，具有很好的稳定性。C79-6GL 适用于工业尾气为原料气的生产。该公司的专利介绍了一种改进催化剂耐热性能的新催化剂制备方法，主要技术之一是采用胶态（凝胶或溶胶）形式的氧化铝或氢氧化铝作原料，通过改变氧化铝组分，调整催化剂的孔结构。该专利还指出，采用较稀的碱性沉淀剂和较低的沉淀温度及在中性甚至弱酸性 pH 值下沉淀，且沉淀物制出后不老化即进行干燥等措施，有利于改善其孔分布。

4. 丹麦 Topsφe 公司

该公司早年产品 LMK 催化剂属于铜锌铬系，低温活性低于铜锌铝系催化剂。20 世纪 80 年代开发了 MK101 型催化剂，该催化剂具有高活性、高选择性、高稳定性的特点，是目前世界上最优良的低压甲醇合成甲醇催化剂之一。该公司最新研制成功的一种 MK121 型甲醇合成催化剂，正用于 Statoil 公司在挪威的世界级规模装置上试验。实验室结果表明，MK121 的活性比 MK101 高 10%，稳定性有所改进，延长了催化剂的使用寿命。

三、国内研究开发概况

我国在 20 世纪 50 年代研制了高压、高温甲醇催化剂，60 年代末开展了中压、低压甲醇催化剂的研制。国内主要的研究开发单位有南化集团研究院、西南化工研究设计院、西北化工研究院、齐鲁石化公司研究院等。

1. 南化集团研究院

南化集团研究院是国内最早研究开发和生产甲醇催化剂的单位。20 世纪 60 年代末，为配合国内联醇工业需要，而研制成功的 C207 型联醇催化剂，现仍广泛应用于各联醇厂中。70 年代末至 80 年代初开发的 C301 型甲醇合成催化剂，至今仍占领着国内中高压甲醇市场的大部分份额。

在中低压催化剂研制方面，该院依托制备低温高活性母体及热稳定性好的大表面载体两项专利技术，优选催化剂组分配方，并对传统的制备工艺进行了改造，成功地探索出一套独特的甲醇合成催化剂制备方法。在此研究基础上生产的 C306 型中低压合成甲醇催化剂，以其优良的性能占领了国内大部分的低压甲醇市场，并在四川维尼纶厂、齐鲁石化第二化肥厂、格尔木厂引进的大型装置上代替德国和丹麦产品，成功地实现了催化剂的国产化，提高了我国在合成甲醇技术领域的地位。随之研制出的 C307 型催化剂，无论是初活性还是热稳定性均比 C306 型催化剂有较大幅度提升，尤其是低温活性提高更为显著，综合性能达到国际先进水平。C307 型催化剂现已在国内多套装置上应用，取得了良好的效果。目前 C307 型催化剂正积极准备销往国外，已有多家国外公司表示了使用 C307 型中低压合成甲醇催化剂的意向。

2. 西南化工研究设计院

西南化工研究设计院早期开发并生产 C302 型、C302-2 型低压甲醇合成催化剂。近年新开发的 XNC-98 型催化剂，据称采用两步法生产，第一步制备纳米级锌-铝尖晶石（作为特殊载体），第二步将与晶粒大小相近的活性相均匀负载到载体上，使该催化剂活性相晶粒小，分散度高。同时其铜-锌-铝配比经优化选定，活性相与载体可相互渗融，使活性相与载体紧密结合，生成更多的固熔体，更利于反应。其活性、热稳定性均达到国外先进产品水平。

3. 西北化工研究院

西北化工研究院开发了LC210联醇催化剂和LC308甲醇合成催化剂。其中LC308型催化剂选择传统的铜锌铝三元组分，对制备工艺进行了较大改进。主要的不同为：

① 选择不同类型沉淀反应器；

② 氧化铝以特定形态加入；

③ 制备过程严格控制杂质含量和工艺条件。

4. 齐鲁石化公司研究院

齐鲁石化公司研究院研制的QCM-01型合成甲醇催化剂，采用并流式共沉淀工艺制备。据称其整体性能达到了丹麦MK101的水平。

目前甲醇催化剂的研究方向是进一步提高其低温、低压活性和热稳定性，以适应大型甲醇装置对高活性、高耐热性、长寿命、低的堆密度和收缩率的要求。

四、甲醇合成催化剂的工业应用

下面以国产C307催化剂为例说明低压甲醇合成催化剂的应用情况。

1. 主要成分

C307催化剂主要由铜、锌、铝等氧化物所组成，其中CuO含量≥54%、ZnO含量≥17%、Al_2O_3含量≥9%。

2. 物性参数

外观：两端为球面的黑色圆柱体；外形尺寸：Φ5mm×(4～5)mm；堆密度：1.4～1.6kg/L；比表面：90～110m^2/g；初活性：甲醇时空产率大于1.3g/(mL催化剂·h)；耐热后活性：甲醇时空产率大于1.0g/(mL催化剂·h)；径向抗压碎力：大于205N/cm；还原后体积收缩率小于8%（一般为5%～6%）。

3. 产品包装和贮运

C307型催化剂包装在铁桶中的聚乙烯密封袋中，每桶净重50kg。产品在运输和存储过程中，应保持密封，防潮、防污染，禁止摔碰和翻滚。

4. 装填

C307催化剂装填的主要要求为：卸光合成反应器中废旧的催化剂，吹净粉尘和污物；选择尺寸合适的氧化铝惰性球，装填至要求的位置；催化剂在装填前应视实际情况进行适当过筛，在装填过程要填均、填实，防止“架桥”；催化剂填满后，用不锈钢网覆盖，网上再覆盖一层氧化铝惰性球；装填完成、吹扫粉尘、试漏、气体置换合格后，便可对催化剂进行活化。

5. 升温还原

催化剂必须先经还原才能获得所需的催化活性。

C307型催化剂还原的化学反应为

$$CuO+H_2 \longrightarrow Cu+H_2O \quad \Delta H=-86.7kJ/mol$$

$$CuO+CO \longrightarrow Cu+CO_2 \quad \Delta H=-128.1kJ/mol$$

升温前应对合成循环回路进行置换，使系统O_2含量<0.2%。然后，启动循环机，进行氮气循环，开始升温。

为保证有足够的气体空速，厂家建议在0.5～1.0MPa压力下进行升温还原。

在整个活化过程每隔半小时计量一次放出的水量。根据放水量多少，来了解升温还原进程是一种既方便又准确的方法。

当温升至170℃便可向回路加入氢气进行还原（最好是纯氢气，也可用天然气转化气，或另一甲醇回路的弛放气，或者是合成氨的精炼气）。初始配氢（包括一氧化碳）的浓度为0.5%，并随时分析合成反应器进、出口的氢浓度。由调节进口氢浓度或合成反应器的温度来控制出水量，以达到预定方案的要求。

在催化剂升温还原过程中，回路中的 CO_2 含量>10%时，应增大放空量，补进氮气。

还原最终温度为 230℃，当催化剂已不消耗氢气，合成反应器没有温升，累计放出的水与理论值相符，则还原可视为完成，可向回路导入合成气进行生产。

C307 催化剂升温还原程序及操作工艺参数见表 4-2。

表 4-2　C307 催化剂升温还原程序及操作工艺参数

阶段		时间/h		反应器热点温度/℃	升温速率/(℃/h)	进反应器气 H_2 浓度/%
		段数	累计			
升温	Ⅰ	2	2	初温→60	20～25	0
	Ⅱ	12	14	60→120	5	0
	Ⅲ	5	19	120→170	10	0
	Ⅳ	1	20	170	0	0
还原	Ⅰ	10	30	170→190	2	加 H_2　0.5→1
	Ⅱ	40	70	190→210	0.5	1→2
	Ⅲ	8	78	210→230	2.5	2→8
	Ⅳ	2	80	230	0	8→25

6. 运行

催化剂活化后，可逐渐提高合成压力、提高循环流量，缓慢导入新鲜合成气。在较低压力、较低 CO 和 CO_2 浓度下进行低负荷运行，然后逐渐调整至满负荷运行，进行正常生产。

整个生产运行期间，尽量保持流量、压力、温度、气体成分的稳定，保证稳定操作。

生产操作条件如下。

操作温度：190～300℃；

最佳温度：210～260℃；

操作压力：3～15MPa；

操作空速：4000～20000h^{-1}。

当催化剂温度低于 190℃时，合成气易生成石蜡，催化剂温度超过 265℃时，易生成各种副产物，这都会损害催化剂，增大消耗，甚至影响到正常生产。

7. 停车处理

维持正常操作，才能保证催化剂高活性、长寿命地运行。应尽量减少开、停车次数。

短期停车，关闭合成新鲜气，维持循环，系统保温、保压，等待开车。

长期停车，系统维持循环，直至回路中 CO 和 CO_2 含量<0.2%之后，降温、卸压，用氮气置换合格后，保持正压，防止空气渗入。

8. 钝化与卸出

当需要更换催化剂时，应先对催化剂进行钝化。钝化前需用氮气对系统进行置换，直至 H_2 和 CH_4 含量<0.1%，当合成反应器温度降至 100℃时，便可缓慢配入空气，对催化剂进行氧化。初始氧气含量为 0.5%，根据温升情况可逐渐提高氧浓度，直至氧含量达到 20%以上，催化剂温度不再升高为止。卸炉现场要加强防护，移开周围的易燃物，以免发生火灾。

9. 中毒与防护

硫是合成甲醇最常见的毒物，也是引起催化剂活性衰退的主要因素，它决定了铜基催化剂的活性和使用寿命。原料气中硫一般以 H_2S 和 COS 形式存在。另外，还含有 RSH、CS_2、硫醚等有机硫，虽然此类硫相对含量较少，但难以脱除。工艺要求合成气入口总硫小于 0.1mg/m³。

氯是危害甲醇催化剂的另一种毒物，毒害程度比硫还严重，往往随工艺气的迁移进入全床层，其毒害也是永久性的。工艺气中氯含量应小于 0.01mg/m³。

设备管道中的 Fe、Ni、SiO_2 等杂质如带入催化床层，对催化剂活性、寿命等也存在较大影响，特别是新建甲醇厂。由于塔体、管线等焊缝中的铁屑经气体带入床层，在低温下与一氧化碳生成羰基铁、羰基镍，这些物质的存在，易使合成气发生费-托反应，生成高级烷烃（石蜡）、高级醇醚类物质，加剧副反应的生成，因此使用前必须对合成环路进行吹扫。吹扫分段进行，吹扫一段，接上法兰、阀门，再进行下一段的吹扫。

第四节　甲醇合成的工艺条件

一般说来，构成和影响最佳生产条件的因素很多，但最主要的因素是温度、压力、氢与一氧化碳的比例（氢碳比）、空间速度及惰性气体的含量。

一、温度

甲醇合成过程是属于可逆放热反应过程，温度是极其重要的因素。降低温度有利于反应平衡，但对反应速率而言，却是在最适宜的反应温度下进行速率最快。

在实际生产中，反应温度的高低决定于催化剂的活性温度。不同的催化剂，有不同的活性温度。同一种催化剂在不同的使用时期，其最适宜的温度也有所不同。催化剂在使用初期活性较强，反应温度就可以维持低一些；催化剂在使用中、后期活性减弱，则反应温度就要维持高一些。最适宜的反应温度还与压力、空间速度等因素有关。在压力高、空速大的情况下，反应温度就要维持高一些。

此外，在确定最佳温度时，还必须考虑以下两种情况：

① 在单位时间内，单位体积的催化剂可获得最高甲醇产率的最佳温度；

② 单位体积的原料气体可获得最高甲醇产率的最佳温度。

在工业生产中，反应是在合成反应器里的催化剂层进行的，催化剂层每一部位温度是不同的。因此，如何正确地分布整个催化剂层的温度，是维持反应的最适宜温度的关键。

控制最佳的反应温度是指控制催化剂层的热点温度而言。热点温度一般控制在催化剂层的上部，即控制气体进入催化剂层处的温度高，在气体的出口处温度低。热点温度所处的位置，是温度分布是否合适的具体标志。因为虽然在高温下甲醇的平衡浓度较底，但刚进入催化剂的循环气中甲醇的含量较低，距离较高温度下的甲醇平衡浓度值很远，故宜使上层维持较高的反应温度，以增加合成反应的速率。当气体由上而下经过催化剂层时，逐渐有甲醇生成，含甲醇量增加时，如不相应降低催化剂层的温度，此时与甲醇的平衡浓度值逐渐接近，将减慢甲醇的合成速率。故在操作中应维持热点以下的温度逐渐降低，以进一步促进甲醇的合成。

随着催化剂使用时间的增长，催化剂活性也逐渐减退，则热点温度的位置也会逐渐往下移动。因而合成率也逐渐降低，如果严重时，就应考虑更换新的催化剂。

此外，还必须指出的是：整个催化剂层的温度都必须维持在催化剂的活性温度范围内。因为，如果某一部位的温度低于活性温度，则这一部位的催化剂的作用就不能充分发挥；如果某一部位的催化剂温度较高，则有可能引起催化剂过热而失去活性。

一般地，应使进入催化剂层的气体温度不低于 200℃（铜基催化剂），热点温度（非均温反应器）低于 280℃。

二、压力

增加压力，对反应平衡及加快反应速率均有利。而且压力提高后，能使单位时间内甲醇产量增加。增加压力虽能提高甲醇产率，但合成反应不是单由压力这个因素决定的，它受温度、空速、氢与一氧化碳的比例和惰性气体含量等因素的影响，同时，甲醇的平衡浓度也不是随着压力增加而成比例的增加。

另外，合成压力太高，对设备要求很严，制造比较复杂，且投资较大。近几年来，中低压法应用得较多，中压法的压力在15.0MPa，低压法的压力在5.0MPa。中、低压法都采用铜基催化剂。

三、氢与一氧化碳的比例

甲醇由一氧化碳、二氧化碳与氢反应生成，反应式如下：

$$CO+2H_2 \rightleftharpoons CH_3OH$$

$$CO_2+3H_2 \rightleftharpoons CH_3OH+H_2O$$

从反应式可以看出，氢与一氧化碳合成甲醇摩尔比为2，与二氧化碳合成甲醇的摩尔比为3，但由于CO在催化剂的活性中心吸附速率比H_2要快。所以要达到吸附相中$n(H_2)/n(CO)=2$，就要使气相中的H_2过量一些。一般认为在合成反应器入口的$n(H_2)/n(CO)=4\sim5$较合适，而且过量的氢可以减少副反应以及降低催化剂的中毒程度。

由于CO_2生成甲醇较CO生成甲醇的热效应小，而且在合成甲醇过程中，变换反应处于平衡状态，温度升高时将促进吸热的逆变换反应，温度降低将有利于放热的变换反应。因此CO_2的存在在一定程度上起到了保护催化剂的作用。但如果CO_2含量过高，就会因其强吸附性而占据催化剂的活性中心，阻碍反应的进行。而且由于存在大量的CO_2，使粗甲醇中的水含量增加，在精馏过程中增加能耗，一般认为CO_2含量在3%左右为宜。

当一氧化碳与二氧化碳都有时，对原料气中氢碳比（f或M值）有以下两种表达方式：

$$f=\frac{n(H_2)-n(CO_2)}{n(CO)+n(CO_2)}=2.05\sim2.15 \quad 或 \quad M=\frac{n(H_2)}{n(CO)+1.5n(CO_2)}=2.0\sim2.05$$

对甲醇合成原料气，即合成工序的新鲜气，其氢碳比除要求控制在上述数值外，并要求保持一定量的CO_2，一定量CO_2的存在对保持催化剂的高活性是有利的，适量的CO_2可以降低反应热，这对维持床层温度也是有利的。

不同原料采用不同工艺所得的原料气组成往往偏离上述f值或M值。以煤为原料所制得的粗原料气氢碳比太低，需要设置变换工序使过量的一氧化碳变换为氢气和二氧化碳，再将过量的二氧化碳除去。

图4-2是合成气中$n(H_2)/n(CO)$值与CO转化率的关系曲线。可以看出，当反应温度在275～300℃时，$n(H_2)/n(CO)$值在3以上时，CO的甲醇转化率才出现平稳。

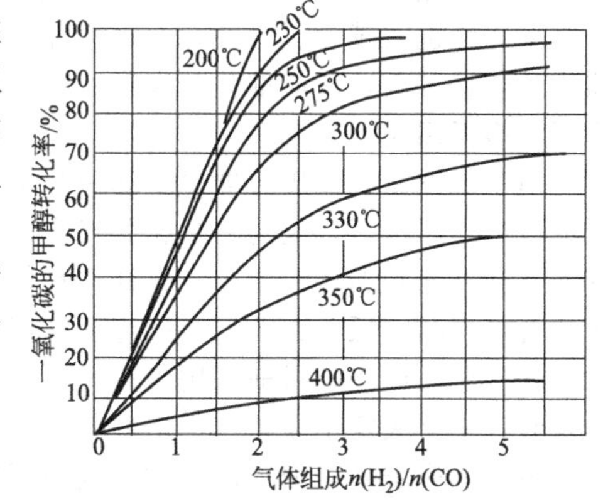

图4-2　合成气中$n(H_2)/n(CO)$与一氧化碳的转化率的关系曲线

四、空间速度

甲醇合成率的高低，不仅与温度、压力、氢与一氧化碳的比例有关，而且和气体与催化剂接触时间的长短也有很大关系。气体与催化剂接触时间的长短，通常是以空间速度来表示的。所谓空间速度（空速），就是在单位时间内，每单位体积的催化剂所通过气体的体积数（在标准状态下），其单位为$m^3/(m^3$催化剂·h)

(简写为 h^{-1})。在单位时间内，每单位体积催化剂所生成甲醇的数量，称为催化剂的生产能力，其单位是：kg/(m^3 催化剂・h)。

在一定的温度和压力下，增大空间速度，会使原料气和催化剂接触的时间缩短，使出反应器气体中甲醇含量降低。从上述情况看，似乎提高空间速度对生产不利，但实际上却不尽然。因为随着空间速度的增大，在单位时间内气体的循环次数增加（就是通过合成反应器的次数增加），因此，催化剂的生产能力也随之提高。

增大空间速度，虽然可提高催化剂的生产能力对增加产量有利，但空间速度也不能无限制地增加，因为它还受到下列因素的限制。

① 在生产过程中，催化剂层的反应温度是依靠生成甲醇时放出的反应热来维持的。因此，空间速度增加太大，带出的热能增多，合成反应器内热量失去平衡，必然会使温度下降，反而会影响产量。

② 空间速度增大，则气体的流速加快，气体在设备中停留时间偏短，水冷器的冷却面积需相应增大，不然就不能将高速气流中的气体甲醇很好地冷凝下来。

③ 在增大空间速度以后，系统阻力也会增加。为了减小阻力，就需将设备和管线的直径加大。

④ 由于空间速度增大，使出合成反应器气体中甲醇的百分含量降低。为了达到一定的分离效率，就需将甲醇分离器的体积增大。

⑤ 空间速度的增大，气体的循环量和循环速度的加快，需相应增加循环机的打气量，这样不但增加基建费用，而且动力消耗及管理费用都随之增加。

但是，合成反应器的空间速度也不宜过低。若空间速度过低则可能使反应热不能及时从催化剂床层移走，造成催化剂床层局部过热或超温。因而实际生产中应严格按催化剂使用手册要求的空间速度范围进行操作。

五、惰性气体含量

经过精制后的原料气中，除了含有氢及一氧化碳外，尚含有少量的惰性气体，这些惰性气体很难用一般的物理或化学的方法除去。

原料气中的惰性气主要是指甲烷、氮气与氩气，它们虽不毒害催化剂，也不直接参加甲醇合成反应，但对甲醇的合成率却有较大的影响。因为惰性气体在混合气中占有一定的体积，降低了氢与一氧化碳的分压，因此降低了甲醇的合成率。惰性气体含量越高，对甲醇的合成率影响也就越大。另外，由于惰性气体不参加反应，当其通过合成反应器时，会将反应器中的热量带出，造成催化剂温度下降。同时由于惰性气体是无用之物，因而使循环压缩机作了许多无用功。

由于气体在合成反应器中不能一次全部反应，需在系统中进行循环，称之为循环气。由于反应的不断进行，氢与一氧化碳气合成为甲醇而离去，惰性气体则留下，新鲜气中的惰性气又不断补充到循环气中去，这样循环气中的惰性气体含量将会越积越多，造成氢与一氧化碳的含量逐渐降低。因此，必须定期将惰性气体排出。

在工业生产中，目前采用气体间断放空办法来降低循环气中惰性气含量。放空气量或放空次数，主要决定于原料气中惰性气含量。因为当原料气中惰性气较高时，循环气中惰性气体含量也相应增高，为了保持循环气中惰性气含量在合理范围内，就必须增加放空气量或次数，但在排放惰性气体的同时，氢与一氧化碳也随之排放了，造成原料气消耗定额增高，这是不经济的。若放空气量过少，气体消耗定额固然可以减少，但惰性气含量升高，不利于合成反应。因此，在实际生产操作中，一般控制惰性气体在循环气中的含量在10%～20%。

在催化剂使用初期，活性较好，或者是合成反应器的负荷较轻、操作压力较低时，可将循环气中的惰性气体含量控制的高一些；反之，则宜控制的低一些。

六、甲醇合成催化剂对原料气净化的要求

为了延长甲醇合成催化剂的使用寿命，提高粗甲醇的质量，必须对原料气进行净化处理，净化的任务是清除油、水、尘粒、羰基铁、氯化物及硫化物等，其中特别重要的是清除硫化物。

原料气中的硫化物能使催化剂中毒，使用锌铬催化剂时硫化物与 ZnO 生成 ZnS，使用铜基催化剂时硫化物与 Cu 生成 CuS，这些生成的金属硫化物使催化剂丧失活性。相对来讲锌铬催化剂的耐硫性能要好一些。但原料气中的硫含量也应控制在 $50mg/m^3$ 以下，铜基催化剂则对硫的要求很高，原料气中的硫含量应小于 $0.150mg/m^3$。

此外硫化物进入合成系统会产生副反应，生成硫醇、硫二甲醚等杂质，影响粗甲醇质量，而且带入精馏系统会引起设备管道的腐蚀。因此，清除原料气中的硫化物至关重要。

原料气中夹带油污进入醇合成反应器对催化剂影响很大，油在高温下分解形成炭和高炭胶质物，沉积于催化剂表面，堵塞催化剂内孔隙，减少活性表面积，使催化剂活性降低，而且油中含有的硫、磷、砷等会使催化剂发生化学中毒。

由此可见，甲醇合成催化剂对原料气的要求很高，不仅要求合适的氢碳比例，而且还要清除原料气中的有害杂质。

第五节 甲醇合成的工艺流程及操作控制

一、工艺流程

通常甲醇合成的工艺流程都包含如下几个要素：新鲜气的补入；循环气、新鲜气的预热及甲醇的合成；反应后气体的降温及甲醇分离；惰性气体的排放；循环气的加压及重新返回合成反应器等。

所有的催化剂都有起活温度，进入催化剂床层的气体温度需稍高于催化剂的起活温度，所以，进反应器的循环气和新鲜气需经过预热。预热的方法可采用外界加热，也可以利用甲醇合成的反应热。一般在工业生产中均采用进反应器的气体与反应后的高温气体进行热交换的方法，这样即可提高进反应器气体的温度，又可降低出反应器气体的温度，合理地利用了热能。

由于化学反应平衡的限制，出合成反应器的气体中甲醇的含量较低，存在大量的未反应的原料气，需将此气体降温，使生成的甲醇冷凝，并用分离器分离出来。未反应的原料气重新返回合成反应器进行反应。

甲醇的合成及回路的阻力都会造成合成回路的压力下降，因此需设置循环压缩机以补充系统的压力。通常压缩机的位置宜放在合成反应器的前面，以使合成反应器处于回路中压力较高的位置，同时压缩的温升也可以被回收利用。

惰性气体排放的位置应遵循惰性气体含量最高，而甲醇含量最低的原则。在合成回路中比较合适的位置为甲醇分离后，而新鲜气加入前。

下面以某大型煤制甲醇厂合成工段为例来说明甲醇合成的流程（见图 4-3）。

从低温甲醇洗送来的新鲜合成气（3.1MPa、30℃）组成如下：

组分	CH_3OH	CO_2	H_2	N_2	Ar	CH_4	CO	H_2S	COS
摩尔分数/%	0.01	3.76	66.98	1.89	0.13	0.0751	27.23	$0.08mg/m^3$	$0.02mg/m^3$

该气体经新鲜气压缩机 2 压力提升为 7.8MPa，与来自锅炉给水的少量锅炉水

(11.8MPa，150℃）混合，经过第一气气换热器3加热到210℃，进入氧化锌硫保护器中4进一步脱硫。此后，与来自循环气压缩机5出口的循环气混合。

在新鲜气中加入水是为了确保其含有的COS在硫保护器4中能发生水解反应，而生成H_2S。硫保护器4中装有ZnO硫吸收剂，当H_2S和COS进入后发生如下反应：

$$COS + H_2O \rightleftharpoons CO_2 + H_2S$$

$$H_2S + ZnO \rightleftharpoons H_2O + ZnS$$

从而实现了它们的脱除。

来自循环气压缩机5出口的循环气（7.8MPa、46.8℃），组成为：

组分	CH_3OH	CO_2	H_2	N_2	CH_4	CO	H_2O
摩尔分数/%	0.60	9.32	69.04	10.79	0.03	9.46	0.01

经第三气气换热器6和第二气气换热器7被预热至210℃后，与来自硫保护器4的新鲜气混合，进入甲醇合成反应器8进行反应。

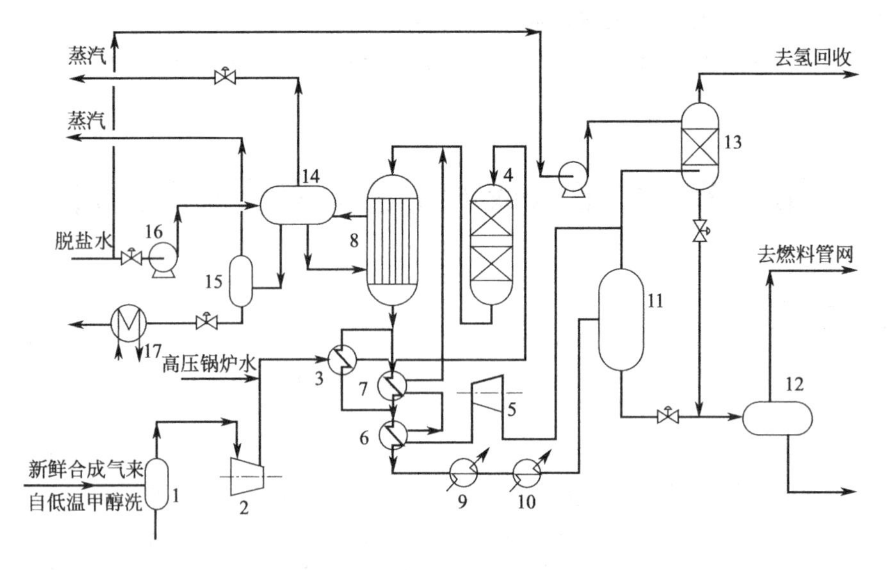

图4-3 甲醇合成流程

1—气液分离器；2—新鲜气压缩机；3—第一气气换热器；4—硫保护器；5—循环气压缩机；6—第三气气换热器；7—第二气气换热器；8—甲醇合成反应器；9—脱盐水预热器；10—最终冷凝器；11—高压分离器；12—低压分离器；13—甲醇回收塔；14—汽包；15—排污罐；16—脱盐水泵；17—排污水冷却器

合成反应器出来的合成气体被分为两股物流，它们分别在第一气气换热器3和第二气气换热器7中被冷却至133℃和155℃，两路物流混合后在第三进气气换热器6被降温为126℃，在脱盐水预热器9及最终冷凝器10中进一步地冷却和冷凝。冷凝出的粗甲醇在7.3MPa、40℃的高压分离器11中被分离，并送往0.6MPa、39℃低压分离器12闪蒸。在高压分离器11中，分离了粗甲醇的循环气，经循环机5补充压力后，重新返回合成反应器。低压分离器12中闪蒸出的闪蒸气（0.3MPa、37.9℃）送往锅炉燃烧，液相粗甲醇送往甲醇精馏。

新鲜合成气含有少量的惰性气体N_2、CH_4和Ar，为了防止这些气体在合成回路中积累，应从回路中弛放，弛放的位置在高压分离器11后。弛放的气体经甲醇回收塔13回收后，送往氢回收工段回收氢，回收后的氢，又返回到新鲜气压缩机2的入口。

在此流程中，新鲜气压缩机2和循环气压缩机5同轴，由同一蒸汽透平机来驱动。

二、操作控制

(一) 正常开车

1. 开车必备的条件

合成反应器 8 和硫保护器 4 催化剂装填完毕；合成反应器 8 和硫保护器 4 及管线氮气置换完毕且合格；压缩机组具备开车条件；所有的仪表调试完毕且具备投用条件；所有的电气元件具备投用条件；合成反应器催化剂还原结束。

2. 开车前的准备工作

甲醇最终冷凝器 10 的循环水投用；开工用高压蒸汽就绪；汽包 14 建立 50%的液位；新鲜气用高压锅炉水就绪；循环气压缩机 5 及其回路充氮，且与高压缸回路隔开；开启压缩机组，循环回路升压至 0.4MP；压缩机的入口压力低联锁旁路。

3. 合成回路的升温

① 将硫保护器 4 串入回路；

② 用开工高压蒸汽向汽包 14 充压至 1.5MPa (G)；

③ 用开工高压蒸汽给汽包 14 及合成反应器 8 升温至 200～230℃，升温速率不超过 20℃/h；

④ 升温的过程中，通过排污管路来控制汽包 14 的液位。

4. 甲醇回路的开车

① 引新鲜合成气入甲醇回路，使回路慢慢升压，同时缓慢打通合成回路。

② 引新鲜合成气的同时，加入高压锅炉给水，使进入硫保护器的新鲜气中水的含量控制在 0.5%。

③ 回路的循环比维持在一个低的数值，控制合成反应器 8 入口与硫保护器 4 入口温度基本一致，合成反应器的温度不低于 190℃。

④ 引入新鲜气后，分析硫保护器出口的硫含量应小于 0.005mg/m^3。

⑤ 建立回路压力后，合成反应器中就有反应发生，气体有必要开始弛放。设定放空阀压力控制值与实际操作压力相一致。

⑥ 随着合成反应器开始反应时，蒸汽也就随之产生，打通汽包去饱和蒸汽管网的流路，控制好汽包的压力与液位。

⑦ 逐渐减少开工蒸汽量，与此同时合成反应器中产生的热量也在增加，当汽包进水量和产生的蒸汽量稳定时，切断开工蒸汽。

⑧ 当系统产生甲醇时，高压分离器 11 和低压分离器 12 出现液位，当低压分离器 12 的压力上涨到正常操作压力时，将其压力投自动。

⑨ 慢慢增加新鲜气的量至正常，循环回路压力投自动，弛放气流量与回路压力投串级。

⑩ 开始的粗甲醇产品中含氨，不能在精馏系统中脱除，因此粗甲醇排放到临时槽车，待粗甲醇的质量正常后，送精馏单元。

(二) 正常操作

1. 温度控制

(1) 锅炉水温度　合成反应器壳侧锅炉水的温度取决于汽包的压力，汽包的压力高，锅炉水温度高。壳侧锅炉水的温度与合成反应器中催化剂床的温度基本一致，与合成反应器 8 出口工艺气温度相差一般在 4～6℃之内。

合成催化剂的操作温度范围在 200～310℃之间。通常催化剂应在尽可能低的温度下操作，以避免催化剂的烧结，延长其使用寿命。在初期锅炉水的温度估计在 230℃ (压力 2.7MPa)，但是如果可能还可以进一步降低。在操作末期，随着催化剂使用时间的推移和活性降低时，可以逐渐提高温度到 248℃ (压力 3.7MPa)，以达到最佳的产量。

低温下的催化剂也对副产物的生成有一定的抑制作用，特别是能抑制乙醇的生成。

（2）合成反应器入口温度　甲醇合成反应器入口工艺气的温度不能直接被控制，主要取决于循环量、合成反应器出口温度。由于气体流速很快，因此控制合成反应器入口温度并不重要，因为在进入催化剂床层很短的距离内，合成气就能达到与锅炉给水很接近的温度。

（3）高压分离罐的温度　甲醇回路中高压分离罐的温度设计值为40℃，其值取决于循环量、甲醇产量、最终冷凝器的冷量、水温和结垢情况。

回路并不受分离温度细微变化的影响。低温下会分离更多的甲醇，但是也增加了CO_2在粗甲醇中的溶解度。通常，分离温度在30～45℃之间是可以接受的。

2. 新鲜气的组成控制

新鲜气的组成控制主要是控制新鲜气的氢碳比和硫含量。

合成初期新鲜气的M值为2.04。新鲜气的M值比2稍大一点，将会增加产品产量，同时也抑制了副产品的产生。但新鲜气的M值过高，回路中过量的氢会成为多余的惰性气体，会加大弛放气的放空量，造成反应物的损失（从而最终降低碳的效率）。

未处理的新鲜气中硫含量不应超过0.1mg/m^3，硫保护器出口新鲜气中硫含量正常情况下应探测不到，约0.005mg/m^{3}以下。从硫保护器出来的新鲜气中硫含量偏高，极有可能是硫保护器已达到饱和，或者新鲜气中含有太少的水汽，不能使COS水解形成H_2S。

3. 循环气量

回路中的循环气量可通过压缩机的转速和循环段出口阀的节流来实现。

一般来说，再循环气量比较高，甲醇的产品量高，形成的副产品也少。另一方面，会增加催化剂的磨损，且甲醇合成反应器/汽包中的蒸汽产量不能达到最佳化，应根据催化剂活性使循环比达到最优。

在初期工况下甲醇合成回路的循环比（循环量/新鲜气量）设定为1.75。在末期工况，为了补偿催化剂活性的降低，再循环气的循环比可提高到2.08。

4. 压力控制

（1）合成回路压力　合成回路的压力，由弛放气放空阀的控制器决定。当回路中的惰性气体多，压力上升，超过了设定值时，放空阀会自动打开。

在催化剂使用的初期，回路的压力（循环气压缩机出口）可低一点。随着催化剂使用年限的加长，回路的压力可控制的高一点。

（2）低压分离器压力　低压分离器12的压力通过闪蒸气出口阀来维持，此阀门控制着分离器出来的气体流量。压力低意味着更多的气体被放掉，但是也损失了更多的甲醇。高的压力意味着在低压分离器12中的粗甲醇溶解了更多的气体。

（三）正常停车

1. 短期停车（12h之内）

① 甲醇回路的气体不放空，保持回路原来的压力。

② 维持压缩机的循环段5的正常运行。

③ 逐渐降低进入合成回路的新鲜气量，直至为零。

④ 使压缩机的新鲜气压缩段2与合成回路完全隔离。

⑤ 保持压缩机的循环段5正常运行，直到循环气中$CO+CO_2$含量小于1%。

⑥ 随着合成反应器的合成反应的减少，热量逐渐减少，为了保持合成反应器的床层温度在220～230℃之间，应及时开启开工蒸汽，并注意检查汽包的液位。

2. 长期停车

① 通知前系统减负荷。

② 逐渐减少进合成回路的新鲜气量直至为零。

③ 压缩机循环段继续运行，直到循环气中$CO+CO_2$含量小于1%。

④ 逐渐降汽包压力的设定值，密切注意汽包的液位，防止汽包干锅。

⑤ 逐渐把压缩机的防喘振阀全开，慢慢降低压缩机机组的转速至调速器最低转速。停压缩机机组，合成系统停止循环。

⑥ 甲醇回路的气体通过弛放气控制阀放空，降低合成回路的压力。降压速率为0.05MPa/min。充氮置换，用0.4MPa的氮气保持回路的压力。

⑦ 当低压分离罐的液位降为10%后，关闭其压力控制阀，现场关闭相应的截止阀。

第六节　甲醇合成反应器

一、对甲醇合成反应器的基本要求

甲醇合成反应器是甲醇生产的核心设备。设计合理的甲醇合成反应器应做到催化床的温度易于控制，调节灵活，合成反应的转化率高，催化剂生产强度大，能从较高位能回收反应热，床层中气体分布均匀，压降低；在结构上要求简单紧凑，高压空间利用率高，高压容器及内件无泄漏，催化剂装卸方便；在材料上要求具有抗羰基化物的生成及抗氢脆的能力；在制造、维修、运输、安装上要求方便。

二、常用甲醇合成反应器

下面仅对大型低压甲醇装置常用的合成反应器进行简单介绍。

1. Lurgi管壳式甲醇合成反应器

Lurgi甲醇合成反应器类似于常见的管壳型换热器（见图4-4），在管内装填催化剂，管外为4.0MPa的沸腾水，反应气体流经反应管，反应放热，热量通过管壁传给沸腾水，使其汽化，转变成蒸汽，管中心与沸腾水相差仅10℃左右。

Lurgi公司管壳型甲醇合成反应器具有以下优点：

① 反应器内催化剂床层温度分布均匀，大部分床层温度在250～255℃之间，温度变化小；

② 由于传热面与床层体积比大（约80m^2/m^3），传热迅速，床层同平面温差小，有利于延长催化剂的使用寿命，并允许原料气中含较高的一氧化碳；

③ 催化剂床层的温度通过调节汽包蒸汽压力进行控制，能准确、灵敏地控制反应温度；

④ 以较高能位回收甲醇合成反应热，热量利用合理；

⑤ 反应器出口的甲醇含量较高，催化剂的利用率高；

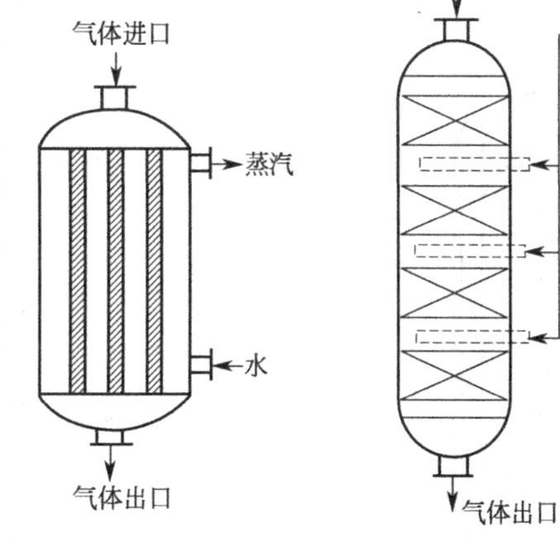

图4-4　Lurgi管壳型甲醇合成反应器

图4-5　ICI多段冷激型甲醇合成反应器

⑥ 设备紧凑，开停车方便；

⑦ 合成反应过程中副反应少，故粗甲醇中杂质含量少，质量高。

其不足之处为反应器的设备结构复杂，制造困难。

2. ICI多段冷激式甲醇合成反应器

ICI甲醇合成反应器为多段冷激型反应器，段内绝热，段间原料气冷激（见图4-5）。

其优点是：单反应器生产能力大，控温方便，催化剂层上下贯通，催化剂装卸方便，冷激采用菱形分布器专利技术。是大型甲醇项目广泛采用的一种结构。

但这类合成反应器因有部分气体与未反应气体之间的返混，所以催化剂时空产率不高，用量较大。

3. MHI/MGC 管壳-冷管复合型合成反应器

该反应器为 Lurgi 甲醇合成反应器的改进型，在管壳反应器的催化管内加一根冷管，用以预热原料气。据报道，该反应器除具有 Lurgi 反应器的优点外，还有如下优点：

① 一次通过的转化率高；

② 可以高位能回收热量，每产 1t 甲醇可产生 1t 压力为 4MPa 的蒸汽；

③ 在反应器内预热原料气，可省去一个换热器。

4. Topsφe 径向流动甲醇合成反应器

反应器的结构如图 4-6 所示。

合成系统由三台绝热操作的径向流动反应器组成，三台反应器之间设置外部换热器，移走反应热量。气体在床层中向中心流动，床内装填粒度小、活性高的催化剂。

该反应器的特点如下：

① 径向流动，压降较小，可增大空速，提高产量；

② 可允许采用小粒度催化剂，提高了催化剂的内表面利用率，提高了宏观反应速率；

③ 可方便地增大生产规模，在直径不变的情况下，增加反应器高度，即可增大生产规模，单系列生产能力可达 2000t/d 以上。

5. MRF 多段径向流动甲醇合成反应器

该反应器由日本 TEC 公司开发，由外筒、催化剂筐和许多垂直的沸水管组成。沸水管埋于催化床中，合成气由中心管进入，径向流过催化床，反应后气体汇集于催化剂筐与外筒之间的环形集流流道中，向上流动，由上部引出。反应热传给冷管内沸水使其蒸发成蒸汽。其结构见图 4-7。

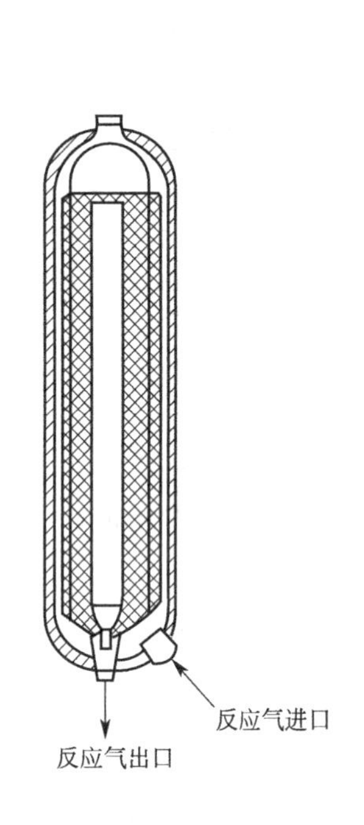

图 4-6 Topsφe 径向流动甲醇合成反应器

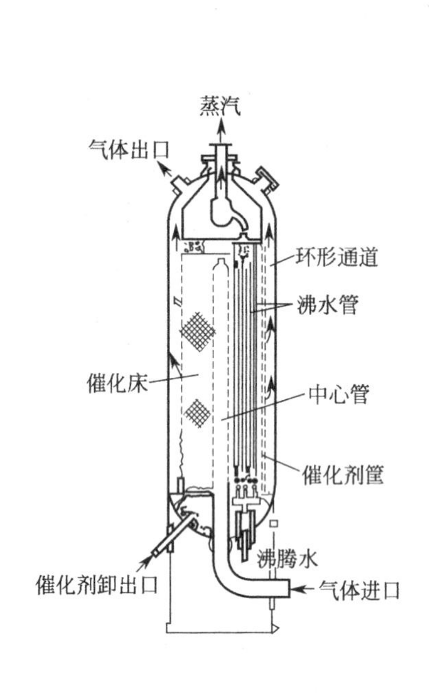

图 4-7 MRF 甲醇合成反应器

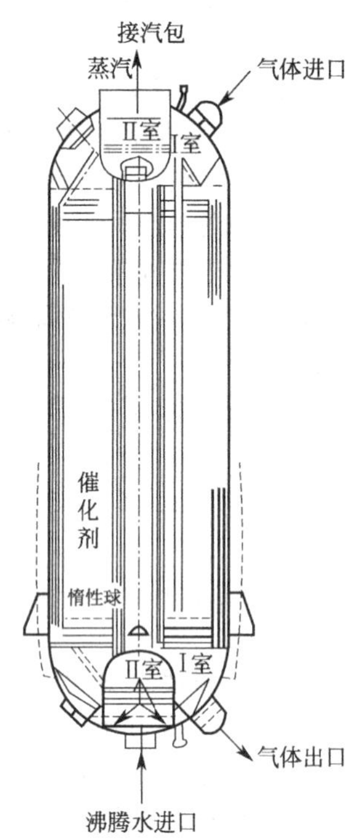

图 4-8 Linde 等温型甲醇合成反应器

该反应器的主要特点如下：

① 气体径向流动，压降小，仅有 0.05MPa，比轴向反应器小得多；

② 合理布置沸水管，可使床层温度接近最佳温度曲线，提高时空收率；

③ 气体与沸水管是错流，传热系数较高。

6. Linde 公司等温型甲醇合成反应器

如图 4-8 所示，Linde 等温型甲醇合成反应器，结构与高效螺旋盘管换热器类似，盘管内为沸水，盘管外放置催化剂。反应热通过盘管内沸水移走。该反应器具有以下特点：

① 基本上在等温下操作，可防止催化剂过热；

② 用控制蒸汽压力调节床层温度；

③ 不需开工炉，用蒸汽加热，催化剂易还原；

④ 可适应各种气体组成，各种操作压力；

⑤ 反应器催化剂体积装填系数大；

⑥ 冷却盘管与气流间为错流，传热系数较大。

第七节　甲醇的精馏

一、精馏的目的

有机合成的生成物与合成反应的条件有密切的关系。虽然参加甲醇合成反应的元素只有碳、氢、氧三种，但是往往由于合成反应的条件，如温度、压力、空间速度、催化剂、反应气的成分以及催化剂中的微量杂质等的作用，都可使合成反应偏离主反应的方向，生成各种副产物，成为甲醇中的杂质。如由于 $n(H_2)/n(CO)$ 比例失调、醇分离效果差及 ZnO 的脱水作用，可能生成二甲醚；$n(H_2)/n(CO)$ 比例太低，催化剂中存在碱金属，有可能生成高级醇；反应温度过高，甲醇分离不好，会生成醚、醛、酮等羰基物；进反应器气中水汽浓度高，可能生成有机酸；催化剂及设备管线中带入微量的铁，就可能有各种烃类生成；原料气脱硫不尽，就会生成硫醇、甲基硫醇，使甲醇呈异臭。为了获得高纯度的甲醇，必须采用精馏与萃取工艺提纯，清除所有的杂质。

二、粗甲醇中的杂质

粗甲醇中最主要的杂质为水分，其含量约为 12%～14%。除了水分外，含有的其他杂质种类很多，根据性质可将它们归纳为如下四类。

1. 还原性物质

这类杂质可用高锰酸钾变色试验来进行鉴别。甲醇能被高锰酸钾之类的强氧化剂氧化，但是氧化速率不快，随着粗甲醇中其他还原性物质量的增加，氧化反应的诱导期相应缩短，以此可以判断还原性物质的多少。当还原性物质的量增加到一定程度，高锰酸钾一加入到溶液中，立即就会反应褪色。通常粗甲醇中易被氧化的还原性物质主要是醛、胺、羰基铁等。

2. 溶解性杂质

根据甲醇杂质的物理性质，就其在水及甲醇溶液中的溶解度而言，大致可以分为：水溶性、醇溶性和不溶性三类。

(1) 水溶性杂质　醚、C_1～C_5 醇类、醛、酮、有机酸、胺等，在水中都有较高的溶解度，当甲醇溶液被稀释时，不会被析出或变浑浊。

(2) 醇溶性杂质　C_6～C_{15} 烷烃、C_6～C_{16} 醇类。这类杂质只有在浓度很高的甲醇中被溶解，当溶液中甲醇浓度降低时，就会从溶液中析出或使溶液变得浑浊。

(3) 不溶性杂质　C_{16} 以上烷烃和 C_{17} 以上醇类。它们在常温下不溶于甲醇和水，会在液体中结晶析出或使溶液变成浑浊。

3. 无机杂质

除在合成反应中生成的杂质以外，粗甲醇中的杂质还有从生产系统中夹带的机械杂质及微量其他杂质。如由于铜基催化剂是由粉末压制而成，在生产过程中因气流冲刷、受压而破碎、粉化，带入粗甲醇中；又由于钢制的设备、管道、容器受到硫化物、有机酸等的腐蚀，粗甲醇中会有微量含铁杂质；当煤气净化工序采用甲醇作脱硫剂时，被脱除的硫有可能被带到粗甲醇中来等。这类杂质尽管量很小，但影响却很大。如反应中生成的微量羰基铁 $Fe(CO)_5$ 混在粗甲醇中，与甲醇形成共沸物，很难处理掉，使精甲醇中 Fe^{3+} 增高及外观变红色。

4. 电解质

纯甲醇的电导率约为 $4\times10^7\Omega/cm$，由于水及电解质存在，使电导率下降。在粗甲醇中电解质主要有：有机酸、有机胺、氨及金属离子（铜、锌、铁、钠等），还有微量的硫化物和氯化物。

粗甲醇中所含的主要杂质及其物理性质见表 4-3。

表 4-3 粗甲醇中主要杂质及其物理性质

名称	结构式	沸点/℃	熔点/℃	密度(20℃)/(g/mL)
二甲醚	CH_3OCH_3	−23.6	−141.5	
甲醛	HCOH	−21	−92	0.815
一甲胺	CH_3NH_2	−6.7	−92.5	0.6604
三甲胺	$(CH_3)_3N$	3.5	−124	0.7229
二甲胺	$(CH_3)_2NH$	7.3	−96	0.6604
乙醛	CH_3COH	20.8	−123	0.780
甲酸甲酯	$HCOOCH_3$	32.0	−100	
戊烷	$CH_3(CH_2)_3CH_3$	36.1	−129.7	0.6263
丙醛	CH_3CH_2COH	48.8	−81	0.807
甲酸乙酯	$HCOOC_2H_5$	54	−81	
丙酮	CH_3COCH_3	56.1	−94.8	0.791
甲醇	CH_3OH	64.7	−97.8	0.7915
己烷	$CH_3(CH_2)_4CH_3$	68.7	−95.3	0.6594
乙醇	CH_3CH_2OH	78.3	−114.1	0.789
丁酮	$CH_3COCH_2CH_3$	79.6	−86.4	0.806
丙醇	$CH_3(CH_2)_2OH$	97.2	−127.0	0.803
庚烷	$CH_3(CH_2)_5CH_3$	98.4	−90.6	0.8637
异丁醇	$CH_3CH_2CHOHCH_3$	99.5		0.8064
水	H_2O	100	0	1.00
甲酸	HCOOH	100.5	8.4	1.22
异戊醇	$CH_3(CH_2)_2CHOHCH_3$	115.3		0.8203
丁醇	$CH_3(CH_2)_3OH$	117.7	−89.8	0.809
乙酸	CH_3COOH	118.0	16.6	1.049
辛烷	$CH_3(CH_2)_6CH_3$	125	−56.8	0.7028
戊醇	$CH_3(CH_2)_4OH$	138.0	−78.5	0.8148
壬烷	$CH_3(CH_2)_7CH_3$	150	−53.7	0.7179
异庚酮	$CH_3CHCH_3COCH_3CHCH_3$	153		0.8204
癸烷	$CH_3(CH_2)_8CH_3$	174	−29.7	0.7299

如果以甲醇的沸点为界，有机杂质又可分为低沸点杂质与高沸点杂质。通常把沸点低于甲醇沸点 64.7℃的低沸点杂质叫做轻馏分。沸点高于 64.7℃的高沸点杂质叫做重馏分。甲

醇的精馏就是为了将粗甲醇中的轻馏分和重馏分除去，从而获得精甲醇。

三、甲醇精馏的工业方法

目前工业上甲醇的精馏主要有双塔精馏和三塔精馏两类方法。

1. 双塔精馏

粗甲醇的精馏分两个阶段。一是先在轻馏分塔（预塔）中脱除轻馏分。由于粗甲醇杂质中主要轻馏分是二甲醚，所以也把轻馏分塔称作脱醚塔。二是在重馏分塔中脱除重馏分。经脱除轻馏分后的甲醇（简称为预后甲醇）再送入重馏分塔（主塔），进一步把高沸点的重馏分杂质分离，就可以制得纯度在99.8%以上的精甲醇。粗甲醇双塔精馏的流程如图4-9所示。

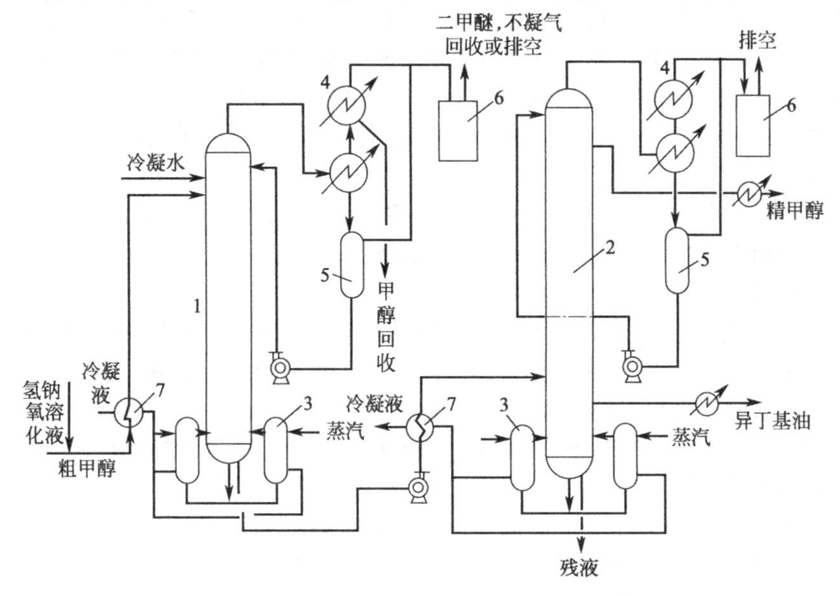

图4-9　粗甲醇双塔精馏工艺流程

1—预精馏塔；2—主精馏塔；3—再沸器；4—冷凝器；5—回流罐；6—液封；7—热交换器

在粗甲醇贮槽的出口管（泵前）上，加入浓度为8%～10%的NaOH溶液，其加入量约为粗甲醇量的0.50%，控制进预精馏塔的甲醇呈弱碱（pH＝8～9），其目的是为了促使胺类及羰基化合物的分解，防止粗甲醇中有机酸对设备的腐蚀。

加碱后的粗甲醇，经过热交换器用热水（由各处汇集的冷凝水，约100℃）加热至60～70℃，进入预精馏塔（预塔）。为了便于脱除粗甲醇中的杂质，根据萃取原理，在预精馏塔上部（或进塔回流管上）加入萃取剂，以改善各组分在的相对挥发度。目前，采用较多的是以蒸汽冷凝水作为萃取剂。预精馏塔塔底有再沸器，以0.3～0.35MPa蒸汽间接加热。塔顶出来的蒸气（66～72℃）含有以轻组分为主的多种有机杂质及甲醇、水，经过冷凝器被冷却水冷却，绝大部分甲醇和水冷凝下来，被送至塔内回流，回流比控制在0.6～0.8（与入料比）。以轻组分为主的不凝气体，经塔顶液封槽后放空或回收作燃料。塔釜为预处理后粗甲醇，温度约75～85℃。

为了提高预精馏后甲醇的稳定性及精制二甲醚，可在预精馏塔塔顶采用两级或多级冷凝，将一级冷凝温度适当提高，减少返回塔内的轻组分，使沸点与甲醇接近的杂质通过预精馏塔更多的脱除，以提高预精馏塔精馏后甲醇的稳定性；二级冷凝器是为常温，尽可能回收甲醇；三级冷凝以冷冻剂冷至更低的温度，以净化二甲醚，同时又进一步回收甲醇。

预精馏塔塔板数大多采用50～60层，如采用金属丝网波纹填料，其填料总高度一般为6～6.5m。

预处理后粗甲醇，在预精馏塔底部引出，经主塔入料泵送入主精馏塔，根据粗甲醇组分、温度以及塔板情况调节进料板。主塔底部也设有再沸器，以蒸汽加热供给热源，甲醇蒸气和液体在每一块塔板上进行分馏，塔顶部蒸气出来经过冷凝器冷却，冷凝液流入收集罐，再经回流泵加压送至塔顶进行全回流，回流比（与入料比）为1.5～2.0。极少量的轻组分与少量甲醇经塔顶液封槽溢流后，不凝性气体排入大气。在预精馏塔和主精馏塔顶液封槽内溢流的初馏物入事故槽。精甲醇从塔顶往下数第5～8块板上采出。根据精甲醇质量情况调节采出口。采出的甲醇经精甲醇冷却器冷却到30℃以下，利用自身的位能送至成品罐。塔下部8～14层板中采出杂醇油。杂醇油和初馏物均可在事故槽内加水分层，回收其中甲醇，其油状烷烃另作处理。塔釜残液主要为水及少量高碳烷烃。控制塔底温度＞110℃，相对密度＞0.993，甲醇含量＜1%。随环保要求的提高，甲醇残液不能排入地沟或江中，较合理的方法是经过生化处理，或一部分送入冷凝水贮槽作为蒸馏塔的萃取水，另一部分燃烧处理。

主精馏塔中部可设中沸点采出口（锌铬催化剂时，称异庚酮采出口），少量采出有助于产品质量提高。

主精馏塔塔板数在75～85层，目前采用较多的为浮阀塔，而新型的导向浮阀塔和金属丝网填料塔在使用中都各显示了其优良的性能和优点。

（1）预精馏塔的作用

① 脱除轻组分有机杂质，如二甲醚、甲酸甲酯等，以及溶解在粗甲醇中的合成气；

② 加水萃取，脱除与甲醇沸点相近的轻馏分，以及分离与甲醇沸点接近的甲醇-烷烃共沸物。通过预精馏后，含水甲醇的高锰酸钾值至少达1分以上，pH值控制在8～9；

③ 如对精甲醇中乙醇含量有特殊要求时，则预精馏塔对乙醇的共沸物有部分预脱除的作用。

（2）主精馏塔的作用

① 将甲醇与水及其他重组分分离，得到产品精甲醇；

② 将水分离出来，并尽量降低其有机杂质的含量，排出系统；

③ 分离出重组分——杂醇油；

④ 分离重组分及采出乙醇，制取低乙醇含量的粗甲醇。

2. 三塔精馏

三塔精馏的工艺流程如图4-10所示。

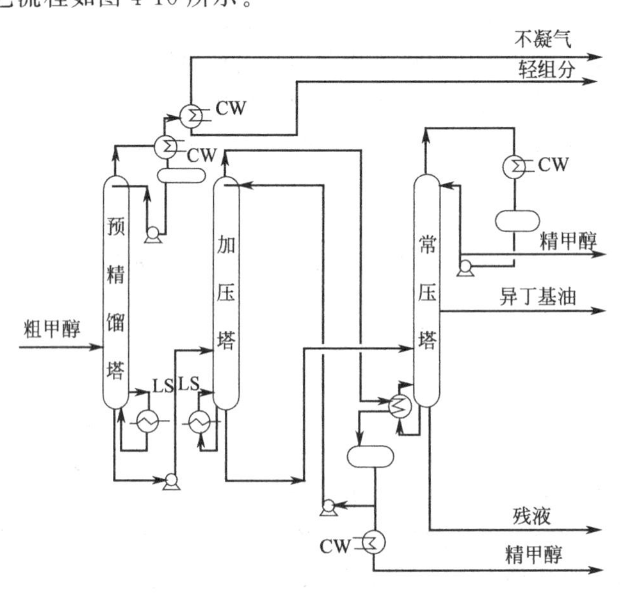

图4-10 三塔精馏工艺流程

从进料泵来的粗甲醇加入碱液后，经预热器加热进入预精馏塔进行精馏，以除去其中的轻馏分。塔内上升蒸气到塔顶后，经冷凝器实现冷凝。冷凝的液相，进入回流罐，经回流泵输送后实现回流，不凝气经液封槽后，进入放空总管。

预精馏后甲醇从预塔底部采出，经过加压塔给料泵加压后进入加压塔进行精馏。塔内气相从塔顶出塔后，进入常压塔再沸器给常压塔提供热源。冷凝后的甲醇进入加压塔回流槽，一部分打回流，一部分作为产品采出。

加压塔塔釜液相出塔后进入常压塔进行精馏，在常压塔顶部得到精甲醇产品，塔底排出废水，送往废水槽。

3. 双塔精馏与三塔精馏的比较

（1）操作条件　双塔精馏和三塔精馏的主要操作条件见表 4-4。

表 4-4　双塔精馏和三塔精馏的主要操作条件

项　目	双塔精馏		三塔精馏		
	预精馏塔	主精馏塔	预精馏塔	加压塔	常压塔
操作压力/MPa	0.05	0.08	0.05	0.57	0.006
塔顶温度/℃	67～68	68～69	70～75	120.5	65.9
塔底温度/℃	74～77	111～116	80～85	126.2	110

（2）产品质量　精甲醇中乙醇含量是一个重要指标，从国内双塔精馏现状来看，精甲醇中乙醇含量较高，这是一个比较突出的问题。国内大部分以煤为原料的甲醇厂经过双塔精馏后，精甲醇中乙醇的含量在 400～500mg/kg。联醇工艺生产的精甲醇中乙醇含量更高些。

三塔精馏可制取乙醇含量较低的优质甲醇，乙醇含量一般小于 100mg/kg，大部分时间可保持在 50mg/kg 以下，其他有机杂质含量也相对减少。精甲醇产品质量不仅与精馏工艺有关，而且还与甲醇合成压力、合成气组成、合成催化剂有关，甚至和合成反应器等设备的选材也有关系。甲醇产品中乙醇含量的高低与粗甲醇中乙醇含量有很大关系，粗甲醇中乙醇含量低时，精甲醇中乙醇含量自然也低。在三塔精馏中常压塔采出的精甲醇中乙醇含量极低，仅 1～2mg/kg，有时甚至分析不出来，而加压塔采出的精甲醇中乙醇大多在 20～80mg/kg。

（3）能耗　甲醇是一种高能耗产品，而精馏工序的能耗占总能耗的 10%～30%，所以精馏的节能降耗不容忽视。双塔精馏每吨甲醇耗蒸汽约为 1.8～2.0t，不少工厂消耗蒸汽量在 2.0t 以上。三塔精馏与双塔精馏的区别在于三塔精馏采用了两个主精馏塔，一个加压操作，一个常压操作。利用加压塔的塔顶蒸汽冷凝热作为常压塔的加热源，既节约了蒸汽，也节约了冷却用水。每精制 1t 精甲醇约节约 1t 蒸汽，所以三塔精馏的能耗较低。

（4）投资与操作费用　双塔精馏与三塔精馏的投资与操作费用比较见表 4-5。

表 4-5　投资与操作费用比较表

项　目	双塔精馏			三塔精馏		
生产规模/(万吨/a)	10	5	2.5	10	5	2.5
投资/%	100	100	100	113	123	129
操作费用/%	100	100	100	64	67	71
能耗/%	100	100	100	60	61	62

由上表可见，双塔精馏与三塔精馏的投资、操作费用、能耗的相互关系与生产规模有很大关系，随着生产规模的增大，三塔精馏的经济效益就更加明显。

四、影响精甲醇质量的因素

1. 粗甲醇质量的影响

粗甲醇质量直接影响精甲醇质量。以锌铬催化剂高压合成的粗甲醇，用普通的方法很难得到优质的精甲醇。

① 精甲醇杂质含量直接受粗甲醇中杂质的质与量的影响，不针对性进行特殊处理，精馏后精甲醇只能维持在一定水平。

② 对特定组分作侧线采出，可以将某一杂质含量控制在较低的范围。

2. 精馏操作与控制

① 塔顶冷凝器须作为分凝器使用，使惰性气及绝大部分低沸点杂质不致冷凝而回到系统中去。因此，在有些工艺中为了既把轻馏分排走，又不至于造成过多的甲醇损失，将预塔冷凝器分成两组：第一组用冷却水调节放空温度，保持在60℃，冷凝液作预精馏的回流液；第二组则保持在40℃，冷凝液体需经油水塔处理后再返回原料液中，或者作为燃料或作其他用途。这种处理工艺，比较完善地发挥了预塔脱除轻馏分的作用。

② 为防止杂质积累，准确地选择主塔的侧线采出位置。

复 习 题

1. 简述甲醇的主要物理性质和化学性质。
2. 简述甲醇的主要用途。
3. 简述甲醇生产方法发展的主要特点。
4. 简述甲醇合成的主要反应。
5. 简述影响甲醇合成率的主要因素及如何提高甲醇的平衡产率。
6. 简述影响甲醇合成速率的主要因素及如何提高甲醇合成的速率。
7. 简述国内外甲醇合成催化剂的发展状况。
8. 简述C307催化剂的主要成分。
9. 简述C307催化剂升温还原的主要过程。
10. 简述引起C307催化剂中毒的主要因素。
11. 简述温度、压力、氢碳比、空间速度和回路中惰性气体含量对甲醇合成的影响。
12. 简述甲醇合成流程所包含的主要内容。
13. 简述在合成回路中循环气的流动路线及流过各设备时发生的变化。
14. 简述甲醇合成工段正常开车的主要步骤。
15. 简述合成回路的温度、新鲜气的组成、循环气量和压力控制的要点。
16. 简述甲醇合成工段短期停车和长期停车的主要步骤。
17. 简述对甲醇合成反应器的主要要求。
18. 简述目前存在的甲醇合成反应器的结构及主要特点。
19. 简述粗甲醇中杂质的种类。
20. 简述双塔精馏和三塔精馏的主要过程。
21. 简述三塔精馏与双塔精馏相比的优势。
22. 精甲醇的质量受哪些因素的影响?

第五章 二甲醚生产技术

第一节 二甲醚概述

一、二甲醚的性质

二甲醚（dimethyl ether，DME）又称作甲醚，是最简单的脂肪醚，甲醇的重要衍生物之一。二甲醚在常温下为无色、有轻微醚香味的气体，不刺激皮肤，不致癌，不会对大气臭氧层产生破坏作用，极易燃烧，燃烧时火焰略带亮光。

二甲醚具有优良的混溶性，可以同大多数极性和非极性的有机溶剂混溶，如汽油、四氯化碳、丙酮、氯苯和乙酸乙酯等，较易溶于丁醇，但对多醇类的溶解度不佳。常压下在100mL水中可溶解3700mL二甲醚，在加入少量助剂的情况下，可与水以任意比例互溶。长期储存或添加少量助剂后，会形成不稳定过氧化物，易自发爆炸或受热爆炸。

二甲醚毒性很低，气体有刺激及麻醉作用的特性，通过吸入或皮肤吸收过量的二甲醚，会引起麻醉、失去知觉和呼吸器官损伤。毒性试验表明：当空气中二甲醚的浓度达154.24g/m^3 时，人有麻醉现象；当浓度达940.50g/m^3 时，人有极不愉快的感觉及窒息感。日本的大气环境标准规定二甲醚在空气中的允许浓度为300cm^3/m^3。

二甲醚主要物理性质如表5-1所示。

表5-1 二甲醚的主要物理性质

项　　目	数　据	项　　目	数　据
分子式	CH_3OCH_3	蒸发热/(kJ/kg)	467.4
相对分子质量	46.07	燃烧热/(kJ/mol)	1455
沸点(1atm)/℃	−24.9	爆炸极限/%	3.45～26.7
自燃温度/℃	−41.4	相对密度(室温)	0.661
蒸气压(室温)/MPa	0.53	十六烷值	≥55
临界温度/℃	128.8	闪点/℃	−41
临界压力/MPa	5.23	熔点/℃	−141.5

二甲醚在常见溶剂中的溶解度数值见表5-2。

表5-2 二甲醚的溶解度（25℃）

溶　　剂	溶解度/%	溶　　剂	溶解度/%
水(24℃)	35.3	四氯化碳	16.33
汽油		丙酮	11.83
−40℃	64	苯	15.29
0℃	19	氯苯(106kPa)	18.56
25℃	7	乙酸乙酯(93.86kPa)	11.1

二、二甲醚的用途

二甲醚作为一种新兴的基本化工原料，由于其良好的易压缩、冷凝、气化特性，使得二甲醚在制冷、燃料、农药等化学工业中有许多独特的用途。如高纯度的二甲醚可代替氟里昂用作气溶胶喷射剂和制冷剂，减少对大气环境的污染和臭氧层的破坏；由于其良好的水溶性、油溶性，使得其应用范围大大优于丙烷、丁烷等石油化学品；代替甲醇用作甲醛生产的新原料，可以明显降低甲醛生产成本，在大型甲醛装置中更显示出其优越性；其储运、燃烧安全性、预混气热值和理论燃烧温度等性能指标均优于石油液化气，可作为城市管道煤气的调峰气、液化气掺混气；若作为柴油发动机的燃料，与甲醇燃料汽车相比，不存在汽车冷启动问题；也是未来制取低碳烯烃的主要原料之一。

1. 车用燃料

二甲醚（DME）作为汽车燃料替代柴油，是目前二甲醚工业应用的主要领域。通常，柴油机热效率比汽油机高7%～9%，但现有柴油机因污染大而逐渐被淘汰。用二甲醚作燃料的柴油机，以高效、环保等优点，正在逐渐替代原有的柴油机。

柴油是中国油品中用量最大，也是目前缺口最大的油品，在三大油品中柴油占首位。2006年中国柴油表观消费量达1.2亿吨，到2010年预计将达到1.54亿吨。二甲醚替代柴油作为汽车燃料，是能源时代发展的迫切需要，也是必然结果，其市场需求量是可想而知的。

20世纪90年代以来，我国的汽车业发展很快，年均增长率为12.7%。随着机动车数量的增加，我国已由一个石油出口国，变为石油进口国，且机动车用石油基燃料，会造成严重的大气污染。

常规发动机代用燃料的LPG（液化石油气）、CNG（压缩天然气）和甲醇等十六烷值低于10，只适合于点燃式发动机。二甲醚的十六烷值为55～60，自燃温度低，非常适合压燃式发动机。二甲醚为含氧化合物（含氧34.8%），燃烧后生成的碳烟少，对金属无腐蚀性、对燃油系统的材料没有特殊要求。

二甲醚发动机的功率高于柴油机，可降低噪声，实现无烟燃烧，符合环保要求，是理想的柴油代用燃料。二甲醚氧化偶联后可合成十六烷值60～100的燃料添加剂，该添加剂常温下，可以与柴油以任何比例相溶，可以配成十六烷值41～57的燃料。

使用二甲醚燃料的汽车，在不改变原车结构和使用性能的基础上，只需加装一套供气转换装置，就成为既能烧油又能烧气的双燃料汽车。供气系统加装方便易行，其加装费和建造加气站等费用均低于LPG和CNG燃料汽车。

2. 民用燃料

2003年末，全国设市660个，城市人口33805万人。城市用气人口25929万人，燃气普及率76.7%，液化气供应总量1125万吨。

由于二甲醚有与液化石油气相似的物理性质，同时又具有完全燃烧及污染物少等因素，二甲醚作为新型民用洁净燃料，具有巨大的市场。它可以在没有使用LPG的和LPG资源短缺的大中城市，作为民用燃料。

燃料级二甲醚的纯度一般为98%，其余为甲醇、C_3～C_4烃、水，可保证瓶装二甲醚（液化气）在通常室温下烧尽。二甲醚在40℃时的蒸气压仅为0.880MPa，比LPG的要求“在37.8℃时蒸气压低于1.380MPa”的值低，符合液化石油气要求（GB 11174—89）。因此，LPG气瓶、槽罐车、灌装站，均可用于二甲醚。

在室内开或关门窗、用或不用抽油烟机等不同条件下，二甲醚燃烧试验表明：“在着火性能、燃烧工况、热负荷、热效率、烟气成分等方面符合煤气灶CJ 4—83的技术指标”；“二甲醚燃料及其配套燃具在正常使用条件下对人体不会造成伤害，对空气不构成污染”；“该燃料在使用配套的燃具燃烧后，室内空气中甲醇、甲醛及一氧化碳残留量均符合国家居住区大气卫生标准及居室空气质量标准”。

据研究，二甲醚作为民用燃料具有以下优点：

① 二甲醚在室温下可以液化，气瓶压力符合现有液化石油气要求，可以用现有液化石油气罐盛装；

② 二甲醚与 LPG 一样，同属气体类燃料，使用方便，不用预热，随用随开；

③ 二甲醚组成稳定，无残液，可确保用户有效使用；

④ 二甲醚比 LPG 具有更好的燃烧特性，在燃烧时不会产生不安全的气体；

⑤ 燃料级二甲醚（DME≥98%）可用于民用，在运输、储存和使用期间不会影响其性能，不会危害环境，安全可靠；

⑥ 同品级的 DME 灶与 LPG 灶价格相同，若需用 LPG 旧灶改装，每个炉子只需花费很少的费用。

3. 气雾推进剂

从二甲醚消费领域看，气雾推进剂是二甲醚先前的主要用途。20 世纪 60 年代以来，气雾剂产品以其特有的包装特性，深受消费者欢迎。以前气雾剂产品大量使用氟氯烷作抛射剂（推进剂），由于使用时氟氯烷全部释放到大气，对大气臭氧层造成严重破坏，从而影响人类健康、动植物生长和地球生态环境，因此，世界各国都在致力于寻找氟氯烷的替代品。我国从 1998 年起，禁止气雾剂中使用氟氯烷（医疗用品除外）作抛射剂，氟氯烷的替代品现有 LPG、DME、压缩气（CO_2、N_2、N_2O）、氢氯氟碳（HClFC）、氢氟碳（HFC）等物质。

DME 在气雾剂工业中正以其良好的性能，逐步替代其他气雾剂，成为第四代抛射剂的主体。

4. 环保型制冷剂和发泡剂

二甲醚易液化的特性也引起人们的重视。利用 DME 的低污染、制冷效果好等特点，许多国家正开发以 DME 代替氢氟烃作制冷剂或发泡剂。例如，用 DME 与氟里昂制备特种制冷剂，随着 DME 含量增加，其制冷能力增强，能耗降低。

二甲醚作为发泡剂，能使泡沫塑料等产品孔洞大小均匀，柔韧性、耐压性增强，并具有良好的抗裂性。国外已相继开发出利用 DME 作聚苯乙烯、聚氨基甲酸乙酯、热塑性聚酯泡沫等的发泡剂。

5. 化工原料

二甲醚是一种重要的化工原料，可用来合成许多种化工产品或参与许多种化工产品的合成。二甲醚最主要的应用是作生产硫酸二甲酯的原料。国外硫酸二甲酯消费二甲醚的量约占 DME 总量的 35%，而中国硫酸二甲酯几乎全部采用甲醇硫酸法。此法的中间产物硫酸氢甲酯毒性较大，生产过程腐蚀严重，产品质量较差。随着环保要求不断提高，以及 DME 产量不断增加，采用二甲醚合成硫酸二甲酯代替传统的甲醇硫酸法势在必行。

二甲醚也可以羰基化制乙酸甲酯、乙酸乙酯、乙酐、醋酸乙烯；可作甲基化剂制烷基卤以及二甲基硫醚等，用于制药、农药与染料工业；可作偶联剂，用于合成有机硅化合物；DME 可与氢氰酸反应生成乙腈，与环氧乙烷反应生成乙二醇二甲醚等；DME 脱水可生产低碳烯烃，同时 DME 还是一种优良的有机溶剂。

6. 二甲醚发电

二甲醚是一种清洁燃料，可用于发电。

1999 年，印度公司和 BPAMOCO 公司完成了用二甲醚作燃料发电的技术可行性报告，并确定了二甲醚发电的商业可行性。印度电力部门在选择发电燃料时发现，二甲醚发电比石脑油发电的效率高 6%，如果维修费用降低，二甲醚燃料发电后，成本可节省费用达 8%。

由于我国大量的低价煤用于电厂的发电，目前还未优先考虑二甲醚。但是，如果我国计划利用天然气发电，就应该进行分析，确定二甲醚在发电市场与天然气的竞争力。

三、二甲醚的生产方法

目前已经开发和正在开发的二甲醚的合成方法有两种：一种是由合成气先得甲醇，再由甲醇脱水来制取，即通常所说的二步法；另一种是由合成气直接来合成，又称一步法。

1. 二步法

二步法生产二甲醚的关键技术为甲醇脱水反应的实现。根据参与反应时甲醇的状态，二步法又可分为液相法和气相法。

（1）液相法　液相法也称为硫酸法，是将浓硫酸与甲醇混合，在低于100℃时发生脱水反应而制得二甲醚。此工艺过程具有反应温度低、甲醇转化率高（＞80%）、二甲醚选择性好（＞99%）等优点，但该方法由于使用腐蚀性大的硫酸，残液和废水对环境的污染大，国外已基本淘汰，而国内仍有少数厂家用此法生产。

（2）气相法　气相法是在固体酸作催化剂的固定床反应器内，使甲醇蒸气脱水而制得二甲醚。此工艺的优点是工艺较为成熟，操作比较简单，能获得高纯度的二甲醚（最高可达99.99%），是目前工业化生产应用最广泛的一种方法。缺点是生产的成本比较高，受甲醇市场波动的影响比较大。因此，研究者们已把更多的注意力集中到从合成气出发一步合成二甲醚的新技术路线上来了。

2. 合成气一步法

合成气一步法以合成气（$CO+H_2$）为原料，在反应器内同时完成甲醇合成反应和甲醇脱水反应，生产二甲醚。其反应式为

$$2CO+4H_2 \longrightarrow 2CH_3OH \tag{5-1}$$

$$CO+H_2O \longrightarrow CO_2+H_2 \tag{5-2}$$

$$2CH_3OH \longrightarrow CH_3OCH_3+H_2O \tag{5-3}$$

总反应：

$$3CO+3H_2 \longrightarrow H_3COCH_3+CO_2 \tag{5-4}$$

一步法合成二甲醚包括以下几项关键技术：合成气制备，二甲醚合成，反应气冷凝循环，DME精馏等。其中，合成气制备技术广泛应用于合成氨和甲醇工业，反应气冷凝技术和精馏技术在其他化工领域经常用到，而二甲醚合成技术则属于生产二甲醚的专有关键技术，该技术的成熟度决定了一步法二甲醚技术的实现。

世界上较早研究一步法二甲醚的有丹麦托普索公司、日本NKK公司、美国APC（Air Products & Chemicals）公司等，其中托普索采用气固相固定床反应器一步法合成二甲醚，APC公司和NKK公司都是采用三相浆态床合成二甲醚。目前，这些公司都已经完成中试装置，正积极筹建工业化示范装置。

我国从20世纪80年代开始研究一步法制二甲醚，经过近30年的努力，大连化物所、兰州化物所、山西煤化所、清华大学、浙江大学、华东化工学院、西南化工研究院等单位在双功能催化剂的制备、热力学研究、动力学研究、合成反应器的研究等诸多方面取得了很大的进展。其中，浙江大学利用自己研制的双功能催化剂，在湖北田力建造了我国第一套1500t/a的一步法二甲醚工业化示范装置。

在现有的二甲醚生产方法中，合成气一步法工业化技术尚未成熟。甲醇液相法，虽经技术改造对原有的缺陷有所改进，但仍有投资高、电耗高、生产成本高等问题，而且反应器放大难度大，大装置反应器需多套并联。而先进的气相脱水法投资低、能耗低、产品质量好，而且反应器催化剂装填容量大，易于大型化，是目前最理想的二甲醚生产方法。气相法和液相法的工艺技术对比见表5-3。

表 5-3　气相法和液相法甲醇脱水工艺对比表

序号	比较项目	甲醇气相脱水法	甲醇液相脱水法	备　注
1	催化剂	固体酸催化剂(γ-Al_2O_3)	以硫酸为主的复合酸催化剂(含磷酸)	
2	原料	精甲醇、粗甲醇	精甲醇	气相法以粗甲醇为原料，成本有所降低
3	反应压力	0.5～1.1MPa	0.02～0.15MPa	
4	反应温度	230～350℃	130～180℃	
5	甲醇单程转化率	78%～88%	88%～95%	
6	反应系统材质	碳钢或普通不锈钢	石墨等耐酸腐蚀材料	
7	甲醇消耗	1.40～1.43t/tDME	1.41～1.45t/tDME	
8	电力消耗	液相增压，电耗≤10kW·h/t DME	反应产物气相增压，反应器搅拌混合，电耗≥100kW·h/tDME	液相法电耗高
9	水蒸气消耗	1.45t/tDME	1.44t/tDME	液相法未体现其甲醇单程转化率高的优势
10	大型化	简单，反应系统单系列	难度大，反应器需多套并联	液相法反应系统操作麻烦
11	装置投资	低，投资系数 100%(基准)	高，投资系数 130%～300%	液相法投资高
12	毒性	除甲醇外无其他有毒介质	磷酸、磷酸盐毒性大，中间产物硫酸氢甲酯为极度危害介质	
13	装置占地	小	大，多套并联则更大	
14	产品质量	纯度高，不含酸	纯度较低，含微量无机酸	液相法提高产品质量还需增加蒸汽消耗

在本部分，仅对甲醇气相脱水法生产二甲醚的过程作一简介。

第二节　甲醇气相脱水制二甲醚的基本原理

一、化学平衡

甲醇脱水生成二甲醚的化学反应式为

$$2CH_3OH \rightleftharpoons CH_3OCH_3 + H_2O \qquad \Delta H_R^0 = -23.4\text{kJ/mol} \tag{5-5}$$

此反应为可逆、放热、等体积的反应。

不同温度下的反应热、平衡常数和甲醇平衡转化率见表 5-4。

表 5-4　甲醇气相脱水的反应热、平衡常数和平衡转化率

温度/℃	$-\Delta H_R$/(kJ/mol)	K_p	x^*
220	21.430	21.224	0.9021
240	21.242	17.327	0.8928
260	21.058	14.386	0.8835
280	20.882	12.24	0.8744
300	20.711	10.354	0.8655
320	20.543	8.948	0.8568
340	20.389	7.815	0.8483
360	20.242	6.890	0.8400
380	20.096	6.128	0.8320

反应热计算式为

$$\Delta H_R=[-6367.75+1.661T+4.67475\times10^{-1}T^2-7.4457\times10^{-6}T^3+3.07625\times10^{-9}T^4]\times4.184\times10^{-3} \quad (5\text{-}6)$$

平衡常数计算式为

$$\ln K_p=-9.3932-\frac{3204.71}{T}+0.83593\times\ln T+2.3526710^{-3}T-1.873610^{-6}T^2+5.1606\times10^{-6}T^3 \quad (5\text{-}7)$$

平衡转化率的计算为

$$K_p=\frac{y_D^* y_W^*}{(y_M^*)^2}=\frac{(x^*/2)^2}{(1-x^*)^2}$$

$$x^*=\frac{2\sqrt{K_p}}{1+2\sqrt{K_p}} \quad (5\text{-}8)$$

式中 ΔH_R——反应焓，kJ/mol；

K_p——平衡常数；

y_D^*——二甲醚的平衡摩尔分数；

y_W^*——水蒸气的平衡摩尔分数；

y_M^*——甲醇的平衡摩尔分数；

x^*——甲醇的平衡转化数。

由表 5-4 可见，随着温度的提高，反应的平衡常数减小，甲醇平衡转化率降低。

在反应条件下，还会伴随发生一系列副反应，主要反应为

$$CH_3OH \rightleftharpoons CO+2H_2 \quad (5\text{-}9)$$

$$2CH_3OH \rightleftharpoons C_2H_4+2H_2O \quad (5\text{-}10)$$

$$2CH_3OH \rightleftharpoons CH_4+2H_2O+C \quad (5\text{-}11)$$

$$CH_3OCH_3 \rightleftharpoons CH_4+H_2+CO \quad (5\text{-}12)$$

$$CO+H_2O \rightleftharpoons CO_2+H_2 \quad (5\text{-}13)$$

这些反应的发生，会导致甲醇的转化率及选择性降低，反应后的产物中出现不凝性气体。

二、反应速率

反应速率动力学方程如下。

(1) 本征动力学　房鼎业、林荆等人，在反应压力为常压、温度为 240～380℃、液空速率为 0.42～7.96mL/(g·h)、原料甲醇浓度为 50%～100%(体积分数) 的条件下，测定了 CM-3-1 催化剂上，甲醇脱水生成二甲醚的本征动力学数据，并对实验数据采用幂函数型参数估值法估值，得出的甲醇气相脱水反应本征动力学方程式为

$$r_M=5.50\times10^{10}\times e^{\frac{122867}{RT}}y_M^2\left(1-\frac{y_D y_W}{K_p y_M^2}\right) \quad (5\text{-}14)$$

r_M——单位质量催化剂上以甲醇计的反应速率。

(2) 宏观动力学　房鼎业、张海涛等人采用无梯度反应器，研究了在温度为 260～390℃、液空速率为 3.47～8.76mL/(h·g) 时，CM-3-1 型催化剂上甲醇脱水生成二甲醚反应的常压宏观动力学，考虑压力对反应速率的影响，得到动力学方程式为

$$r_M=1.59322\times10^5\times e^{\frac{1.64515\times10^4}{RT}}P^{\frac{2}{3}}y_M^{1.5}\left(1-\frac{y_D y_W}{K_p y_M^2}\right) \quad (5\text{-}15)$$

三、影响甲醇转化率的因素

实际的研究发现：由于目前催化剂的选择性可达 99.9%以上，甲醇的转化率即可认为

是二甲醚的收率；甲醇的转化率在大多数情况下不受化学平衡的影响，而受催化剂活性的影响。虽然不同的催化剂活性不同，在相同的条件下得到的甲醇的转化率不同，但所具有的规律却基本一致，下面对这些规律予以介绍。

1. 质量空速与甲醇转化率的关系

表 5-5 为在反应温度为 280℃、压力为 0.8MPa 的条件下，在某催化剂上，测定的甲醇转化率与质量空速的关系。由表可见，甲醇的转化率随质量空速的增加而降低。出现此现象的主要的原因为空速高时，甲醇与催化剂的接触时间变短，影响了二甲醚的生产量。

表 5-5　不同质量空速下的甲醇转化率

质量空速/h^{-1}	1.60	2.11	2.62	3.08
甲醇转化率/%	85.14	79.84	78.96	63.08

2. 反应温度与甲醇转化率的关系

在常压、质量空速为 1.00～1.12h^{-1}条件下，反应温度对甲醇脱水生成二甲醚转化率的影响见图 5-1。由图可见，随着反应温度的升高，甲醇转化率增大，在 300℃以后的甲醇转化率变化不大，且接近平衡转化率。

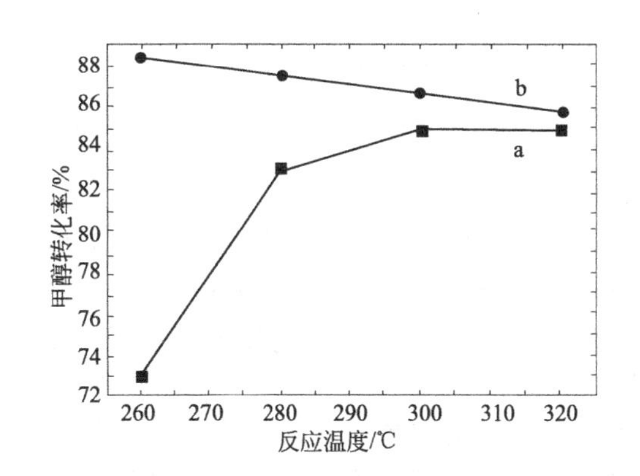

图 5-1　甲醇转化率和反应温度的关系
a—实验值；b—理论值

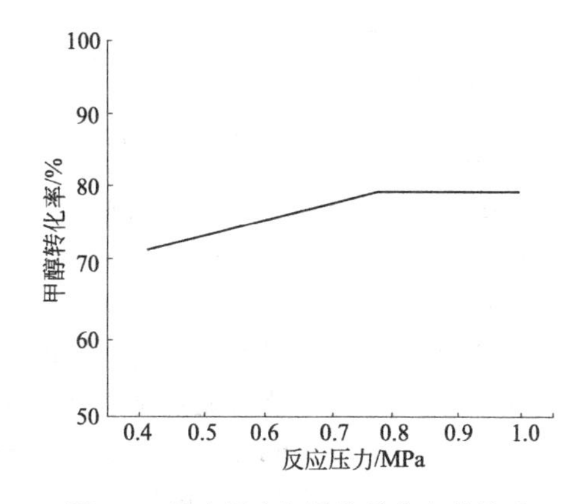

图 5-2　反应压力与甲醇转化率的关系

表 5-6　反应温度与甲醇转化率的关系

反应温度/℃	260	280	300	320
甲醇转化率/%	67.9	79.65	81.1	83.5

在反应压力为 0.8MPa，质量空速为 2.11h^{-1}条件下，反应温度对甲醇转化率的影响见表 5-6。由表可见，随着反应温度的升高，甲醇转化率增大，在 280℃以后甲醇转化率变化不大，在 320℃接近平衡转化率 85.68%。

3. 反应压力与甲醇转化率的关系

图 5-2 是反应温度为 280℃、质量空速为 2.0h^{-1}条件下，测得的反应压力与甲醇转化率的关系。从图可看出，增大反应压力，甲醇转化率提高，在 0.4～0.8MPa 内变化较大，而在 0.8～1.0MPa 内变化较小。

由以上的研究可看出，在甲醇气相脱水反应时，甲醇的转化率主要取决于反应速率的快慢或催化剂活性的高低，随着反应温度的提高、压力的增大、空速的减小，催化剂的活性增加、反应速率加快、反应时间变长，甲醇的转化率高，产物中的二甲醚量增加。

第三节 甲醇气相脱水催化剂

一、催化剂简介

甲醇脱水制二甲醚使用的催化剂，实质上都是酸性催化剂，气相法脱水使用固体酸，而液相法脱水使用液体酸。下面对甲醇气相脱水反应所用的固体酸催化剂作一简要介绍。

1. 固体酸的种类

固体酸指能使碱性指示剂改变颜色的固体，或者是能化学吸附碱性物质的固体。严格地讲，固体酸是指能给出质子（Brŏnsted 酸，简称 B 酸或质子酸）或能够接受孤对电子（Lewis 酸，简称 L 酸）的固体。固体酸的种类繁多，通常可分成表 5-7 中的几类。

表 5-7 固体酸的种类

类别	主要物质
天然矿物	高岭土、膨润土、山软木土、蒙脱土、沸石等
负载酸	硫酸、磷酸、丙二酸等负载于氧化硅、石英砂、氧化铝或硅藻土上
阳离子树脂	苯乙烯-二乙烯苯共聚物、Nafion-H
氧化物及其混合物	锌、镉、铝、钛、铬、锡、铝、砷、铈、镧、钍、锑、矾、钼、钨等的氧化物及其混合物
盐类	钙、镁、锶、钡、铜、锌、钾、铝、铁、钴、镍等的硫酸盐；锌、铈、铋、铁等的磷酸盐；银、铜、铝、钛等的盐酸盐

2. 甲醇气相脱水固体酸催化剂的主要研究成果

甲醇气相脱水制二甲醚大多采用活性氧化铝、结晶硅酸铝、分子筛等固体酸作为催化剂。从理论上讲，催化剂的酸性越强其活性就越高，但酸性太强易使催化剂结炭和产生副产物，并且迅速失活。如果酸性太弱，就可能导致催化活性低、反应温度与压力高，所以要调配适宜的催化剂酸性才能保证催化剂有高的活性和选择性。

1965 年，美国 Mobil 公司与意大利 ESSO 公司都曾利用结晶硅酸盐催化剂进行气相脱水制备 DME。其中 Mobil 公司使用了含硅酸铝比较高的 ZSM-5 型分子筛，而 ESSO 公司则使用了 0.5～1.5nm 的含金属的硅酸铝催化剂，其甲醇转化率为 70%，DME 选择性>90%。1981 年，Mobil 公司利用 HZSM-5 使甲醇脱水制备二甲醚，在常压、200℃左右即可获得 80%甲醇转化率和大于 98% DME 的选择性。1991 年，日本三井东洋化学公司开发了一种新的甲醇脱水制 DME 催化剂，据称该催化剂是一种具有特殊表面积和孔体积的 Al_2O_3，可长期保持活性，使用寿命达半年之久，转化率可达 74.2%，选择性约 99%。

我国西南化工研究院也进行了甲醇脱水制二甲醚的研究，考察了 13X 分子筛、氧化铝及 ZSM-5 催化剂的性能。当采用 ZSM-5 在 200℃时，甲醇的转化率可达 75%～85%，选择性大于 98%。上海吴泾化工厂以高硅铝比的硅酸盐粉状结晶作催化剂，在低温（130～200℃）、常压下实现了甲醇制 DME 的新工艺。在小试 1000h 工作的基础上进行了单管试验，甲醇单程转化率可达 85%，选择性几乎 100%，使用周期大于 1000h。适当调整温度后，用粗甲醇（平均含量为 78.4 %）同样可获得 80%的转化率。

近些年来，对沸石催化剂的研究也有很多。研究的结果表明：在反应压力 1.0MPa 下，β 型沸石、Y 型沸石、ZSM-5 型沸石对甲醇脱水生成二甲醚反应的催化活性均优于 γ-Al_2O_3，其活性大小顺序为 ZSM-5 型沸石>β 型沸石>Y 型沸石>γ-Al_2O_3。

沸石表面的强酸中心是活性中心，其微孔结构对甲醇脱水生成二甲醚影响不大。沸石的酸性可通过 $n(SiO_2)/n(Al_2O_3)$、改性及焙烧温度来调变，从而改变其活性。Na^+ 易造成酸性中心的中毒，显著影响沸石催化剂的催化活性。

对于β型沸石，适宜的硅铝摩尔比为100；对于ZSM-5型沸石，合适的硅铝摩尔比为80。

采用Al_2O_3浸渍钨硅酸（$H_4SIW_{12}O_{40} \cdot nH_2O$）制备的负载型杂多酸催化剂，具有中孔结构，表面上有L酸和B酸两种类型酸中心，对甲醇脱水制二甲醚反应是一种活性高、选择性好的新型催化剂。其最佳反应条件为：0.75～0.85MPa、280～320℃。

催化剂的催化性能是甲醇脱水合成二甲醚的关键所在，对于活性更高、寿命更长、能适应于大规模二甲醚生产的催化剂，现在仍在不断的研究和开发中。据报道，国内西南化工设计院开发的型号为CM-3-1和CNM-3的Al_2O_3催化剂、公主岭三剂化工厂与东北师范大学合作研制的型号为JH202杂多酸催化剂、武汉科林精细化工有限公司开发的型号为WD-1和WD-2的Al_2O_3和分子筛催化剂在工业应用中有不错的效果。

下面对JH202催化剂的工业应用作简要介绍。

二、JH202催化剂的工业应用

JH202催化剂，由公主岭三剂化工厂与东北师范大学合作研制，以氧化铝为载体，添加了杂多酸等助催化剂。其外形尺寸为：直径3～4mm，长10～20mm，圆条形；颜色为白色或淡黄色；堆密度0.45～0.50kg/L；比表面积250～350m^2/g。

1. 质量指标

压碎强度：径向≥100N/cm；

磨耗：小于5%（一般为3%～4%）；

使用条件：反应温度260～380℃，压力0.1～1.0MPa；

甲醇单程转化率：大于85%；

二甲醚选择性：大于99.5%。

2. 催化剂填装

在催化剂装填时应过筛以除去运输过程中可能生成的少量粉尘；应计算反应器每段应装入的催化剂体积及重量，按体积要求装入，装填高度应达预定高度；应力求装填均匀，并不得带进杂物；应防止吸潮，装填完成后及时封闭设备。

3. 活化

活化气源：干氮气。

空速：200～300h^{-1}。

压力：小于0.5MPa。

活化温度要求：室温至120℃，按30℃/h速度升温，在120℃恒温2h；120～300℃，按20～25℃/h速度升温，在300℃恒温6～8h。

4. 再生

因超温等原因致使催化剂活性下降时，可采用通入含氧的气体，在一定的条件下进行焙烧，使催化剂的活性部分恢复。

5. 催化剂的保护

催化剂是脱水反应的核心，催化剂的保护是反应岗位操作的重要任务之一。催化剂保护的好坏，直接影响到催化剂的使用寿命、产品质量和整个装置的经济效益。催化剂保护要点如下：

① 在一般情况下，催化剂层温度尽可能不要超过400℃；

② 系统的开、停车会影响催化剂的寿命，因此，催化剂一经投入使用，应尽最大努力维持连续运转；

③ 催化剂在正常运转下，应尽可能维持反应温度的稳定，减少波动；

④ 在满足生产能力、产率的前提下，催化剂宜在尽量低的温度下操作，以延长催化剂使用寿命；

⑤ 禁止硫、磷、氯等物质混入原料甲醇，以免影响产品的气味和性状，并可能造成催化剂中毒；

⑥ 催化剂的升温和降温都必须缓慢进行；

⑦ 该催化剂怕液态水，进水后将严重影响其使用性能和使用寿命；

⑧ 如遇短时停工，应关闭反应器进出口阀，对系统进行保压；

⑨ 当长时间停工时，应向反应器充氮气，以保护催化剂。

第四节　甲醇气相脱水的工艺流程及反应器

一、工艺流程

甲醇气相脱水制二甲醚生产工艺可分为反应、精馏和汽提三个工段。反应工段主要完成甲醇的预热、气化、甲醇脱水反应及粗二甲醚的收集；精馏工段主要实现了反应工段制得的粗二甲醚的分离，得到产品二甲醚；汽提工段主要实现了未反应的甲醇的回收。

下面以某厂二甲醚生产的工艺为例，详细说明其生产的过程。其流程图见图 5-3，图中各设备的编号和设备名称的对应见表 5-8。

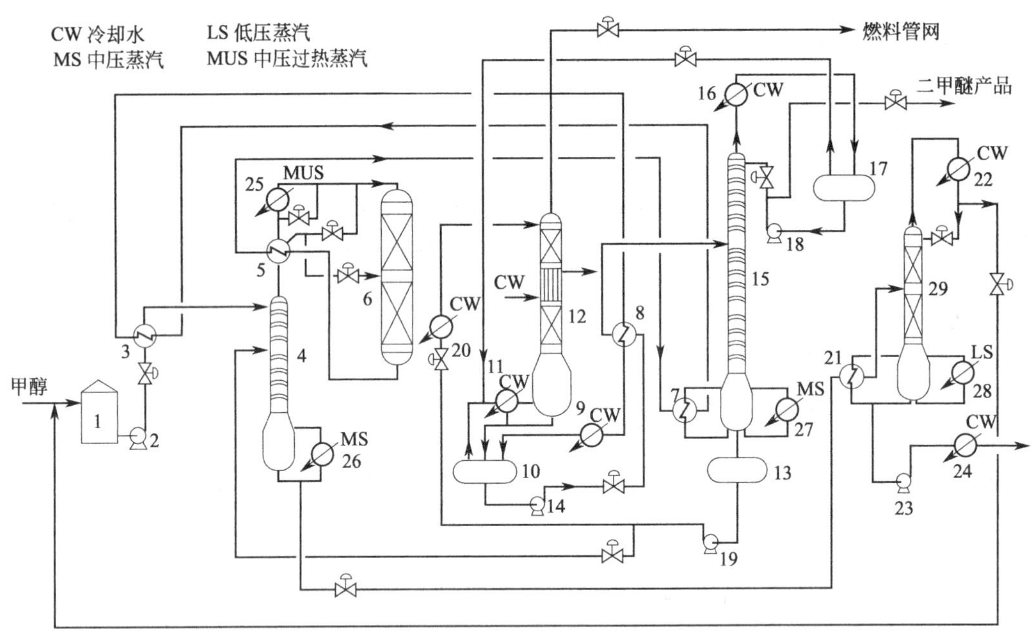

图 5-3　二甲醚生产工艺流程

原料甲醇来自甲醇合成工序粗甲醇中间罐区，经甲醇进料泵 2 加压至 0.8MPa，经甲醇预热器 3 预热至 120℃后，进入甲醇汽化塔 4 进行汽化。从甲醇汽化塔 4 顶部出来的汽化甲醇，经气气换热器 5 换热后，分两股进入反应器 6。第一股经过热后，在 260℃温度下，从顶部进入反应器；第二股稍过热的甲醇，温度为 150℃，作为冷激气经计量，从第二段催化剂床层的上部进入反应器 6。

从反应器 6 出来的反应气体，温度约为 360℃，经气气换热器 5、精馏塔第一再沸器 7、甲醇预热器 3、粗二甲醚预热器 8 和粗二甲醚冷凝器 9 降温至 40～60℃冷凝后，进入粗二甲醚贮罐 10 进行气液分离。液相为二甲醚、甲醇和水的混合物；气相为 H_2、CO、CH_4、CO_2 等不凝性气体和饱和的甲醇、二甲醚蒸气。

表 5-8　设备编号与名称对应表

序号	设备名称	序号	设备名称	序号	设备名称
1	原料贮槽	11	气体冷却器	21	汽提塔第一再沸器
2	甲醇进料泵	12	洗涤塔	22	汽提塔冷凝器
3	甲醇预热器	13	精馏塔釜液贮罐	23	废水输送泵
4	甲醇汽化塔	14	精馏塔进料泵	24	废水冷却器
5	气气换热器	15	精馏塔	25	开工加热器
6	反应器	16	精馏塔冷凝器	26	汽化塔再沸器
7	精馏塔第一再沸器	17	二甲醚回流贮罐	27	精馏塔第二再沸器
8	粗二甲醚预热器	18	二甲醚回流泵	28	汽提塔第二再沸器
9	粗二甲醚冷凝器	19	釜液输送泵	29	汽提塔
10	粗二甲醚贮罐	20	洗涤液冷却器		

从粗二甲醚贮罐 10 出来的不凝性气体，经气体冷却器 11 冷却后，进入洗涤塔 12。在洗涤塔 12 中，不凝气体中的二甲醚、甲醇被来自精馏塔釜液贮罐 13 的甲醇水溶液吸收，吸收尾气经减压后，送燃料管网。

从粗二甲醚贮罐 10 出来的二甲醚、甲醇和水的混合物，用精馏塔进料泵 14 加压并计量，经过粗二甲醚预热器 8 加热至 80℃左右后，进入精馏塔 15。塔顶蒸气经精馏塔冷凝器 16 冷凝后，收集在精馏塔二甲醚回流贮罐 17 中。冷凝液用二甲醚回流泵 18 加压后，一部分作为精馏塔回流液回流，另一部分作为产品送产品罐区。

从精馏塔 15 溢流出来的水-甲醇釜液，先进入精馏塔釜液贮罐 13，经釜液输送泵 19 增压，其中一小部分经洗涤液冷却器 20 冷却后，送洗涤塔 12 作洗涤液使用，其余大部分送入汽化塔 4 中段，其中的甲醇经回收后作为原料去反应器。

汽化塔 4 塔釜的含少量甲醇的废水，经汽提塔第一再沸器 21 换热后，送入汽提塔 29 中部蒸馏。塔顶蒸气经汽提塔冷凝器 22 冷凝后，大部分作为汽提塔回流液返回汽提塔，少量采出添加至甲醇原料中。汽提塔塔釜得到的工艺废水，经废水输送泵 23 加压，再经废水冷却器 24 冷却后，送出界外。

装置开工时，甲醇蒸气经开工加热器 25 加热后，送入反应器加热催化剂床层。反应器出口的冷凝甲醇液，送界外粗甲醇贮罐。

开工加热器 25 采用 3.8MPa 过热中压蒸汽加热，汽化塔再沸器 26、精馏塔第二再沸器 27 采用 2.5MPa 中压蒸汽加热，汽提塔第二再沸器 28 采用 0.5MPa 低压蒸汽加热。粗二甲醚冷凝器 9、精馏塔冷凝器 16、气体冷却器 11、废水冷却器 24、汽提塔冷凝器 22 和洗涤液冷却器 20 均用冷却水冷凝、冷却。

二、反应器

甲醇脱水制 DME 是放热反应，降低催化剂床层温升、保持催化剂下层较低温度，可提高甲醇脱水平衡转化率和反应器出口 DME 浓度，并有利于延长催化剂使用寿命。催化剂使用温度过高，不仅甲醇转化率低、催化剂时空产率低，而且还使副反应增加、原料甲醇消耗高，并加速催化剂结焦失活。因此，甲醇气相脱水反应器的设计必须考虑反应热的移出和床层的降温。目前，气相脱水制 DME 反应器主要有多段冷激式和管壳式两种形式。

1. 多段冷激反应器

多段冷激式反应器，将催化剂分成不同的床层段，段内反应绝热进行，在段间用低温甲醇蒸气实现降温。此形式结构简单，催化剂的装填量大，反应器的空间利用率高，易于实现大规模生产，但存在反应后的物料和未反应物料的混合现象，降低了催化剂的使用效率，同等生产能力下催化剂用量大。

此类反应器进口温度260～270℃，有些厂催化剂底层初期温度就达370℃以上，温度调节范围小，催化剂层极易超温，催化剂使用寿命短。

2. 管壳式反应器

管壳式反应器结构类似于管壳式换热器，管内装催化剂，管外用导热油强制循环移出反应热，实现了近似等温操作，提高了催化剂的利用率。但存在催化剂装填量小、装卸困难、结构复杂等问题。

第五节　甲醇气相脱水的生产操作

由于整个甲醇气相脱水制二甲醚生产操作的内容繁多，仅对其反应工段的操作作简要介绍。

一、开车

当设备安装、检查、吹扫完毕，试压合格，催化剂装填、活化完成后，可进行系统的开车运行。

1. 开车准备

检查工具和防护用品是否齐备完好；检查动力设备，对润滑点按规定加油，并盘车数圈；检查各测量、控制仪表是否灵敏、准确完好，并打开仪表电源、气源开关；检查甲醇供应情况，通知甲醇罐区，保证所需甲醇供应；联系冷却水供应，开启冷却水系统所有阀门；检查甲醇汽化系统、反应系统和洗涤塔等所有阀门开闭的灵活性，然后关闭阀门。

2. 正常开车

(1) 汽化塔开车　打开甲醇进料调节阀的前后阀、开工加热器25的进料阀、反应器6入口阀和出口阀、粗二甲醚贮罐10气相出口阀和安全阀、洗涤塔12放空管路上的阀门、汽化塔4安全阀。整个合成系统充0.3MPa氮气。

缓慢开启甲醇进料调节阀（在开车初期，甲醇进料量为设计值的40%～50%），让来自外管的甲醇经流量计、调节阀和甲醇预热器3进入汽化塔4。当汽化塔4塔釜出现液面后，打开汽化塔再沸器26中压蒸汽进口阀，调节中压蒸汽流量，使釜温上升，保持汽化塔的液位维持在40%～50%。通常情况下，当汽化塔塔顶压力在0.65～0.75MPa时，塔顶温度一般为120～130℃，塔釜温度在170℃左右（但在刚开车的时候，塔釜温度与塔内压力下甲醇沸点相当）。

当汽化塔顶温度上升到和塔釜温度接近时，甲醇开始被大量汽化，并进入气气换热器5。由于从气气换热器5到开工加热器25管段可能出现甲醇冷凝，需要打开管道底部排污阀，排出甲醇冷凝液，当出现甲醇蒸气时关闭该阀（在反应还未正常进行之前，需不定时开启此阀排掉甲醇冷凝液）。

开工加热器25用中压过热蒸汽加热。开工加热器出来的甲醇蒸气进入反应器6。当向反应器提供甲醇蒸气后，逐渐加大甲醇进料量至规定值。同时根据汽化塔提馏段温度和塔釜温度，逐渐调节加热蒸汽用量，使出塔甲醇蒸气温度稳定在120～130℃。

当汽化塔4各指标参数达到规定值，操作平稳时，可将甲醇流量调节阀、塔釜温度调节阀切换成自动控制，全塔实现稳定自动操作。汽化塔釜液去汽提塔，由液位调节阀控制汽化塔塔釜液位。

(2) 反应器开车　甲醇蒸气进入反应器 6 后，由于通过的甲醇蒸气不断带来热量，反应器中催化剂床层温度逐渐升高。部分甲醇蒸气进入反应器 6 后，会由于遇到低温而冷凝下来。观察反应器出口管道上的液位计，当出现液位时，缓慢开启排液阀，在保证系统压力的同时排出冷凝液，当没有液位时，应马上关闭此阀门。甲醇冷凝液经外管返回粗甲醇贮罐。

当催化剂床层的温度达到 220℃左右时，反应开始进行。此时一段催化剂上部温度上升较快，可能会出现短暂的 400℃以上的温度现象，需要将反应器入口温度控制在 240～260℃。如果反应器入口温度升高，可以缓慢减少进开工加热器 25 的中压过热蒸汽量。反应一定时间后，整个床层温度逐渐升高并稳定。

当一段床层出口温度为 340～380℃时，开启二段床层入口甲醇蒸气冷激气体调节阀，并打开底部排污阀排出管道内的甲醇液体。根据二段床层温度变化来调节冷激气调节阀的开度，即二段床层入口甲醇蒸气冷激气量，使二段床层入口温度稳定在 320～340℃，二段床层出口温度稳定在 340～350℃，控制反应器内各点温度最高不超过 400℃。

当气气换热器 5 出口温度和开工加热器 25 的出口温度比较接近（一般在 240～250℃）时，缓慢开启开工加热器 25 的旁路阀，使甲醇蒸气不经开工加热器 25，并观察反应器入口温度是否下降。如不降，逐渐关闭进开工加热器 25 的甲醇蒸气和它的中压过热蒸汽入口阀，停开工加热器，反应正常进行。

若反应器进口温度显示过热甲醇蒸气温度过高，可让部分反应气不经过气气换热器 5。调整进入气气换热器 5 的反应气流量，使换热器壳程甲醇过热蒸气温度达到适宜的温度。

反应后的气体在气气换热器 5 管程，与壳程来的甲醇蒸气（130℃左右）热交换后，经过甲醇预热器 3 与原料甲醇换热，再和粗二甲醚预热器 8 换热，最后经粗二甲醚冷凝器 9 冷凝冷却后进入粗二甲醚贮罐 10。

当反应器各段温度、流量都达到规定值后，反应器操作正常。待正常操作稳定后，调节装置可由手动状态切换到自动控制。

(3) 洗涤塔的开车　在精馏塔未开车前，洗涤塔 12 只能起冷却放空气的作用，其洗涤的操作必须在精馏系统开工之后进行。

开启精馏塔釜液贮罐 13 和洗涤塔 12 之间管路的调节阀，使洗涤液通过流量计计量后进入洗涤塔。

调节洗涤液用量，使放空尾气量达到设计范围。

开启洗涤塔 12 塔顶的压力调节阀，控制洗涤塔的压力不高于 0.70MPa。

洗涤后的尾气经流量计、调节阀送燃气系统。尾气组成通过调节洗涤液量和冷却水量进行控制。

合成系统的压力通过洗涤塔 12 顶部的压力调节阀控制。通常系统压力控制在 0.6～0.7MPa 范围内。

二、停车

1. 正常停车操作

正常停车的主要过程如下。

① 关闭原料甲醇进料调节阀及其前后阀。

② 关闭汽化塔再沸器 26 中压蒸汽进口调节阀及其前后阀，停止加热。

③ 关闭汽化塔到反应器之间的所有阀门。

④ 关闭洗涤塔洗涤液进料调节阀及其前后阀。

⑤ 关闭整个反应系统的有关阀门，系统维持正压。

⑥ 洗涤塔停车半小时后，关闭冷却水进出口阀。

⑦ 系统停车后，将全部仪表切换到手动状态，停仪表电源。

⑧ 若系统需交付检修，则应进行以下操作：将系统物料分介质从系统排出；通过火炬放空管将系统残余气体排向火炬；系统接氮气进行置换，分析可燃物合格（可燃物含量小于0.5%）；用空气置换系统，分析氧含量（约为20%）合格；将需检修设备、管线与其他系统加盲板隔离；交付检修。

2. 紧急停车操作

当遇到停电、停水、停汽和设备严重故障时，须进行紧急停车操作，其操作的主要过程如下。

① 保证反应系统压力不超过设计压力，如果反应系统压力过高，应从洗涤塔顶部或汽化塔顶部进行紧急放空处理。

② 关闭再沸器加热蒸汽进口阀，停止向汽化塔供热。

③ 关闭粗甲醇进料阀，停止向反应系统提供原料。

④ 关闭相关阀门，完成紧急停车操作。

根据停车原因，确定下一步采取的处理方法。在排除造成停车的故障后，恢复生产操作，可按正常开车操作程序进行。如要全系统停车检修，在紧急停车操作的基础上，再完成正常停车的其他操作步骤。

三、故障处理

二甲醚生产反应工段的主要事故现象、原因和处理办法见表5-9。

表5-9　二甲醚生产反应工段的主要事故现象、原因和处理办法

异常现象	原　　因	处理方法
汽化塔甲醇进料量过小	进料泵有故障无法启动或进料泵进入空气	启动备用泵，原泵停车检修
	甲醇过滤器堵塞	切换备用泵，清洗过滤器。
汽化塔塔釜液位持续上升、失控	再沸器内有不凝性气体，影响传热效率	开启阀门排不凝性气体
	蒸汽调节阀堵塞	开旁路阀清洗调节阀
	釜液排出阀堵塞	开旁路阀清洗调节阀
	蒸汽压力不足	检查总管蒸汽压力并调整减压阀
气气换热器壳程出口温度太高	激冷气调节阀有堵塞	打开调节旁路阀，检修激冷气调节阀
反应温度波动	汽化塔操作不稳定，甲醇蒸气量或组成波动	调整汽化塔操作参数
	反应系统总体热量不足	加强设备主要散热部位保温；检查激冷气调节阀旁路阀有无内漏；调整激冷气的加入量
反应器飞温	此现象主要发生在开工投料阶段，应采取的措施： ①控制甲醇进料温度，低于正常开车进料温度20℃； ②根据反应器温度升高情况，及时调整冷激原料甲醇蒸汽量，以尽快移走反应热，避免甲醇深度转化释放更多热量并降低二甲醚的选择性	
汽提塔釜液组成不合格	塔顶出料太少	适当加大蒸汽量
	塔釜供热不足	
洗涤塔顶温度过高	冷却水不足	检查洗涤塔中间冷却器的操作状况，排除故障，必要时增加冷却水用量
洗涤塔放空尾气二甲醚偏高	吸收用洗涤液量不足	增加吸收洗涤液流量
	冷却水量不足	增加冷却水负荷

续表

异常现象	原　　因	处理方法
反应系统压力过高	不凝气排放调节阀控制失灵	开启旁路，检修调节阀
	洗涤塔冷却水量不足	增加洗涤塔冷却水负荷
	反应器进料量波动	调整进料量，保持进料恒定
	反应温度过高，不凝性气体产生量过大	调节反应器进料甲醇温度

复　习　题

1. 简述二甲醚的主要物理性质。
2. 简述二甲醚的主要用途。
3. 简述二甲醚生产的主要方法和特点。
4. 甲醇气相脱水制二甲醚的生产过程中会发生哪些反应？如何提高二甲醚的转化率？
5. 简述 JH202 催化剂活性维护的要点。
6. 简述甲醇气相脱水制二甲醚生产过程主要包括哪些部分，各部分的作用是什么？
7. 简述甲醇气相脱水制二甲醚反应器的主要类型及特点。
8. 简述甲醇气相脱水制二甲醚反应系统开车的主要步骤。
9. 简述甲醇气相脱水制二甲醚反应系统正常停车和紧急停车的主要步骤。
10. 简述汽化塔塔釜液位持续上升的原因。
11. 简述反应器温度波动的原因。
12. 简述反应系统压力过高的原因。

第六章　醋酸生产技术

第一节　概　　述

一、醋酸的性质

1. 物理性质

醋酸的分子式为CH_3COOH，学名为乙酸，是最重要的低级脂肪族一元羧酸。高纯度醋酸（99%以上）于16℃左右即凝结成似冰片状晶片，故又称为冰醋酸。纯醋酸为无色水状液体，有刺激性气味与酸味，并有强腐蚀性。其蒸气易着火，能和空气形成爆炸性混合物。纯醋酸的物理性质见表6-1。

表6-1　纯醋酸的物理性质

名　　称	数值	名　　称	数值
凝固点/℃	16.64	熔融热/(J/g)	207.1
沸点(101.3kPa)/℃	117.87	蒸发热(沸点时)/(J/g)	394.5
密度(293K)/(g/mL)	1.0495	稀释热(H_2O，296K)/(kJ/mol)	1.0
黏度/(mPa·s)		生成焓(297K)/(kJ/mol)	
293K	11.83	液体	−484.50
298K	10.97	气体	−432.25
313K	8.18	闪点/℃	
373K	4.3	开杯	57
		闭杯	43
液体比热容(293K)/[J/(g·K)]	2.043	自燃点/℃	465
固体比热容(100K)/[J/(g·K)]	0.837	可燃极限(空气中)/%	4～16
气体比热容(397K)/[J/(g·K)]	5.029		

醋酸（水分含量<1%）有强的吸湿性。水含量每增加0.1%，其凝固点降低0.15%～0.2%，可利用此特性测定醋酸的纯度。表6-2为醋酸-水混合物的凝固点。

表6-2　醋酸-水混合物的凝固点

醋酸含量/%	凝固点/℃	醋酸含量/%	凝固点/℃
100	16.64	96.8	11.48
99.6	15.84	96.4	10.83
99.2	15.12	96.0	10.17
98.8	14.49	93.5	7.1
98.4	13.86	80.6	−7.4
98.0	13.25	50.6	−19.8
97.6	12.66	18.1	−6.3
97.2	12.09		

表6-3　醋酸水溶液的密度(15℃)

醋酸/%	密度/(g/cm³)	醋酸/%	密度/(g/cm³)
1	1.007	60	1.0685
5	1.0067	70	1.0733
10	1.0142	80	1.0748
15	1.0214	90	1.0713
20	1.0284	95	1.0660
30	1.0412	97	1.0625
40	1.0523	99	1.0580
50	1.0615	100	1.0550

醋酸水溶液的密度随水含量的变化而变化，见表6-3。含量为70%～80%的醋酸水溶液密度最大，这是由于醋酸通过其强极性羰基吸引水分子而生成醋酸水合物（含水23%，醋

酸 77%）的缘故，如下式：

$$CH_3-\overset{\overset{\displaystyle O}{\|}}{C}-OH + H_2O \longrightarrow CH_3-\underset{\underset{\displaystyle OH}{|}}{\overset{\overset{\displaystyle OH}{|}}{C}}-OH \tag{6-1}$$

醋酸分子的羰基可和另一醋酸分子的羟基形成较强的氢键，使分子间相互缔合。2 个醋酸分子通过氢键构成八环式结构的二聚体，这种二聚体在高温与低压下能解离为单体。醋酸单分子的相对分子质量为 60.06，但形成缔合分子后，使表观分子量随温度降低和压力的升高而增加，见图 6-1。

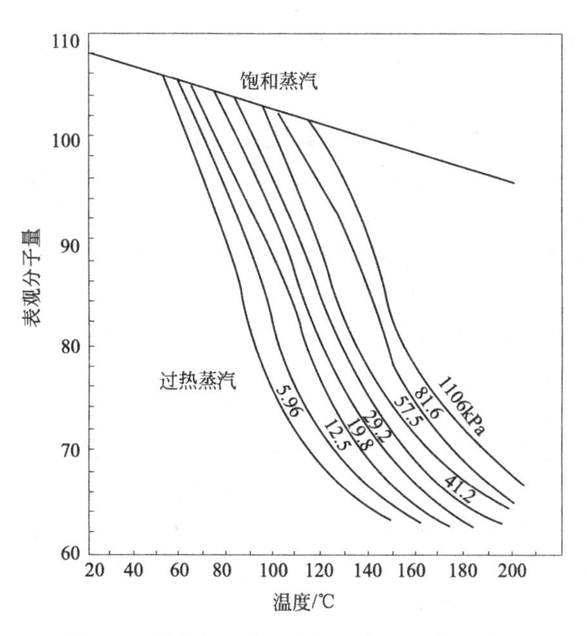

图 6-1　醋酸表观分子量与温度、压力的关系

在饱和蒸气压以下和 25～120℃温度范围内，气相中单分子醋酸和二聚体醋酸分子之间形成平衡混合物，其平衡关系可用如下的方程式表示：

$$\lg K_{二聚体} = 3166/T - 10.4205 \tag{6-2}$$

醋酸分子通过强氢键而缔合的特性，也是醋酸物理性质——状态方程、热力学函数、传导等出现不规则现象的原因。如醋酸沸点为 118.1℃，而含一个羟基的乙醇沸点只有 78.3℃。这是由于醋酸的氢键能为 29.70～31.38kJ/mol，而乙醇只有 16.74～20.92kJ/mol。

醋酸能与氯苯、苯、甲苯和间二甲苯等形成共沸混合物，其组成和共沸点见表 6-4。

表 6-4　醋酸和芳香化合物的共沸点和组成

共沸物	共沸点/℃	醋酸含量/%	共沸物	共沸点/℃	醋酸含量/%
氯苯	114.65	72.5	甲苯	105.4	62.7
苯	80.05	97.5	间二甲苯	115.4	40.0

醋酸能与水及一般常用的有机溶剂互溶。在水和非水溶性的酯和醚混合物中，常倾向于非水相，根据这种分配特性，可用酯或醚类从醋酸水溶液中萃取回收醋酸。

醋酸水溶液的气液相平衡数据见表 6-5。

2. 化学性质

醋酸是重要的饱和脂肪羧酸之一，是典型的一价弱有机酸，在水溶液中能解离产生氢离子。醋酸能进行一系列脂族羧酸的典型反应，如酯化反应、形成金属盐反应、α-氢原子卤代反应、胺化反应、腈化反应、酰化反应、还原反应、醛缩合反应以及氧化酯化反应等。

表 6-5 醋酸水溶液的气液相平衡数据

温度/℃	醋酸含量/%		温度/℃	醋酸含量/%	
	液相	气相		液相	气相
100	0	0	105.8	60.0	47.0
100.3	5.0	3.7	107.5	70.0	57.5
100.6	10.0	7.0	110.1	80.0	69.8
101.3	20.0	13.6	113.8	90.0	83.3
102.1	30.0	20.5	115.4	95.0	89.0
103.1	40.0	28.4	118.1	100.0	100
104.4	50.0	37.4			

(1) 生成金属盐的反应　醋酸是弱酸，其酸性比碳酸略强。很多金属的氧化物、碳酸盐能溶解于醋酸而生成简单的醋酸盐。碱金属的氢氧化物或碳酸盐与醋酸直接作用可制备其醋酸盐，其反应速率较硫酸或盐酸慢，但较其他有机酸快得多；过渡金属可与醋酸直接反应而生成醋酸盐，反应时如加入少量氧化剂（如硝酸钴、过氧化氢）可加速反应；醋酸中通入电流能加速铅电极的溶解，甚至可以溶解贵金属。

某些金属的醋酸盐能溶于醋酸，与一个或多个醋酸分子结合形成醋酸的酸式盐，如 $CH_3COONa \cdot CH_3COOH$。

醋酸的水溶液腐蚀性极强，10%左右的醋酸水溶液对金属腐蚀性最大。常用的食用醋和工业冰醋酸因浓度较低或较高，腐蚀性都比较低，这为工业生产和家庭烹调带来方便。

(2) 酯化反应　酯化反应是醋酸的重要反应，生成的多种酯在工业上有广泛用途。醇与醋酸可以直接生成酯，如式(6-3) 所示，但反应较慢。无机酸如高氯酸、磷酸、硫酸，有机酸如苯磺酸、甲烷基磺酸、三氟代醋酸等，对酯化反应都具有催化作用。非酸性的盐、氧化物、金属在一定条件下也能催化酯化反应。

$$CH_3COOH + ROH \xrightleftharpoons{H^+} CH_3COOR + H_2O \qquad (6\text{-}3)$$

酯化反应中生成的水能抑制反应的进行，可用共沸蒸馏的方法脱除生成的水。共沸蒸馏常用的共沸剂有脂肪烃、苯、甲苯和环己烷，需根据不同的醇类酯化反应选择不同的共沸剂。

另外，不饱和烃类与醋酸能生成多种重要的有机酯化合物，在此不再多述。

(3) 氯代反应　醋酸在光照下能与氯气发生光氯化反应，生成 α-氯代醋酸。氯原子取代醋酸的 α-氢类似于自由基连锁反应，可发生多个氯原子的取代衍生物。

$$CH_3COOH + Cl_2 \longrightarrow CH_2ClCOOH + HCl \qquad (6\text{-}4)$$

$$CH_3COOH + 2Cl_2 \longrightarrow CHCl_2COOH + 2HCl \qquad (6\text{-}5)$$

$$CH_3COOH + 3Cl_2 \longrightarrow CCl_3COOH + 3HCl \qquad (6\text{-}6)$$

(4) 酰化和胺化反应　醋酸能和三氯化磷反应生成乙酰氯，和氨反应生成乙酰胺。

$$CH_3COOH + PCl_3 \longrightarrow 3CH_3COCl + P(OH)_3 \qquad (6\text{-}7)$$

$$CH_3COOH + NH_3 \longrightarrow CH_3CONH_2 + H_2O \qquad (6\text{-}8)$$

(5) 醇醛缩合反应　以硅铝酸钙钠或负载氢氧化钾的硅胶为催化剂时，醋酸与甲醛缩合生成丙烯酸。

$$CH_3COOH + HCHO \longrightarrow CH_2{=}CH{-}COOH + H_2O \qquad (6\text{-}9)$$

(6) 分解反应　醋酸在 500℃高温下可受热分解，变为乙烯酮和水；高温下催化脱水可生成醋酐。

$$CH_2COOH \longrightarrow CH_2=C=O+H_2O \tag{6-10}$$

$$2CH_3COOH \longrightarrow (CH_3CO)_2O+H_2O \tag{6-11}$$

二、用途

醋酸在有机化学工业中的地位可与无机化学工业中的硫酸相提并论，是一种极为重要的基本有机化工原料。由醋酸可衍生出很多的重要的有机物，其主要的衍生物见图 6-2。

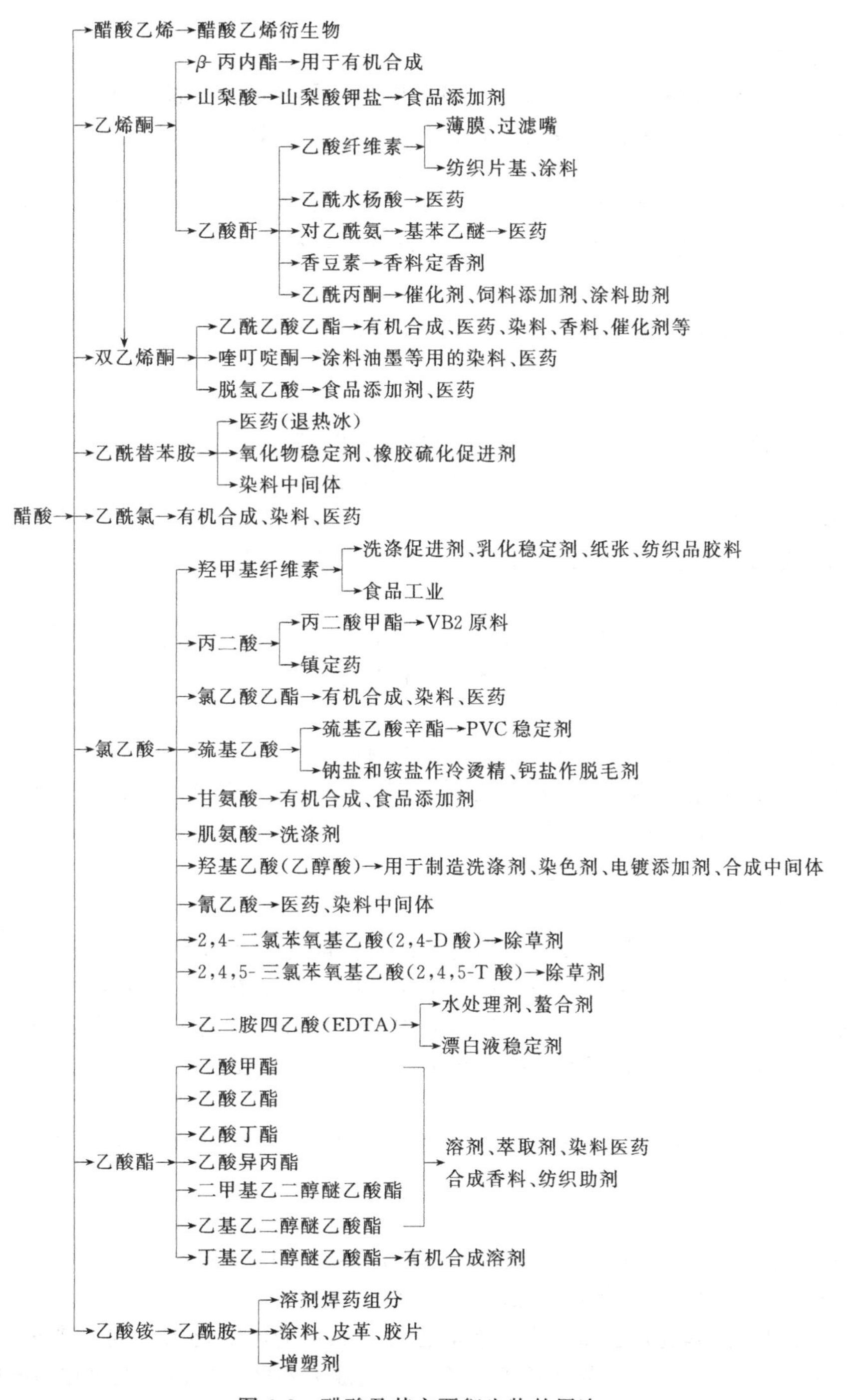

图 6-2 醋酸及其主要衍生物的用途

目前，醋酸主要用于以下几个方面。

1. 醋酸乙烯/聚乙烯醇

醋酸在催化剂存在下，与乙炔或乙烯反应生成醋酸乙烯，醋酸乙烯经聚合可得到聚醋酸乙烯酯，聚醋酸乙烯经醇解可生成聚乙烯醇，在此过程中副产醋酸，返回醋酸乙烯生产工序。

2. 对苯二甲酸

对苯二甲酸是我国醋酸消费领域的大用户之一。醋酸在对苯二甲酸的生产过程中用作溶剂。

3. 醋酸酯类

醋酸酯类中比较常用的有醋酸乙酯、醋酸甲酯、醋酸丙酯、醋酸丁酯、醋酸异戊酯等20余种，广泛用作溶剂、表面活性剂、香料、合成纤维、聚合物改性等。

4. 醋酐/醋酸纤维素

醋酐是重要的乙酰化剂和脱水剂，主要用于生产醋酸纤维素，然后用于制造胶片、塑料、纤维制品。醋酸纤维最大用途是制造香烟过滤嘴和高级服饰面料，国内缺口很大。

5. 有机中间体

以醋酸为原料可以合成多种有机中间体，主要品种有氯乙酸、双乙烯酮、双乙酸钠、过氧乙酸等。

6. 医药

医药方面（除过氧乙酸），醋酸主要作为溶剂和医药合成原料。由醋酸可生产青霉素G钾、青霉素G钠、普鲁卡因青霉素、退热水、磺胺嘧啶等。

7. 染料/纺织印染

主要用于分散染料和还原染料的生产，以及纺织品印染加工。

8. 合成氨

醋酸在合成氨生产中，以醋酸铜氨的形式，用于氢、氮气的精制，以除去其中含有的微量CO和CO_2，现在绝大部分中小合成氨装置采用此法。

9. 其他

醋酸还用于合成醋酸盐、农药、照相等多个领域。

2006年我国醋酸消费构成是：醋酸乙烯、聚乙烯醇等约占醋酸总消费量的32.4%，对苯二甲酸约占16.7%，醋酸乙酯/醋酸丁酯等占23.1%，氯乙酸占6.8%，醋酐/醋酸纤维素占8.3%，双乙烯酮4.4%，其他占8.3%。

三、生产方法

醋酸的最初生产是通过粮食发酵和木材干馏而获得的。食用醋即是通过粮食的发酵而获得。此法原料消耗大，水含量高，需消耗大量能量进行蒸发浓缩，且纯度也不高，不适宜于醋酸的工业化生产。从木材干馏副产的焦木酸中回收醋酸，曾是工业生产醋酸的主要方法，目前仍有一定工业生产规模，但此法副产物多，投资高，需要解决副产物的回收，以补偿其高昂的设备和操作费用。

现代工业生产醋酸的方法主要有三种：乙醛氧化法、饱和烃液相氧化法和甲醇羰基合成法。

1. 乙醛氧化法

乙醛氧化法使用的主要原料为乙炔、乙醇和乙烯，因此按原料又可将乙醛氧化法分为：乙炔-乙醛氧化法、乙醇-乙醛氧化法和乙烯-乙醛氧化法。

乙炔-乙醛氧化法是先用乙炔水合法制取乙醛，制得的乙醛再氧化成为醋酸；而乙醇-乙醛氧化法或乙烯-乙醛氧化法是先将乙醇或乙烯氧化成为乙醛，再由乙醛氧化为醋酸。

乙醇-乙醛氧化法在1930年开始工业化运行。20世纪60年代，随着石油化学工业的大力发展，开始采用乙烯-乙醛氧化法生产醋酸。目前，在乙醛氧化法中，乙烯路线占主导地位，而乙炔路线基本淘汰。

2. 饱和烃液相氧化法

饱和烃液相氧化法主要有正丁烷和石脑油两种路线。原料正丁烷或石脑油经液相氧化，生成醋酸、甲酸、丙酸等，氧化产物经多次精馏分离得产品醋酸，副产甲酸、丙酸等。

1952年，美国Celanese（塞拉尼斯）公司建成了第一套丁烷液相氧化法醋酸生产装置。1962年，英国蒸馏公司首先以轻油为原料用氧化法生产醋酸。以后，法国和原苏联也陆续建成轻油液相氧化法醋酸生产装置。在美国，石脑油原料路线曾占主导地位。

饱和烃液相氧化法所得产物组成复杂，相应的醋酸分离费用也较高，因此在醋酸生产中，饱和烃液相氧化法所占的比例正在逐渐减少。

3. 甲醇羰基合成法

甲醇羰基合成法利用甲醇和CO发生羰基化反应生产醋酸。此法有两种技术：德国BASF（巴斯夫）高压甲醇羰基合成法和美国Monsanto（孟山都）低压甲醇羰基合成法。

1960年，德国BASF公司开发的高压甲醇羰基合成法第一套1.1万吨/年醋酸装置投入生产，随后美国Bordon公司5.2万吨/年醋酸装置和罗马尼亚Craiova公司6万吨/年醋酸装置分别在1966年和1983年开始运行。以后一直没有采用BASF工艺建厂的报道。

美国Monsanto公司于1967年开始进行低压甲醇羰基合成工艺研究，1970年第一套直接从5吨/年实验室规模放大到13.5万吨/年规模的醋酸装置在美国Texas（得克萨斯）州投产。

Monsanto低压甲醇羰基合成法在工艺技术和经济效益上都有明显的优点，因而该方法开发成功后，BASF高压羰基合成法技术实际上已失去工业意义。美国Monsanto低压甲醇羰基合成法技术已转让给英国BP（石油）公司。目前，BP公司在Monsanto技术的基础上又开发出高活性Cativa铱系催化剂，能大大提高合成反应速率。

此外，Celanese公司也拥有其专有的低压甲醇羰基合成醋酸技术。

4. 工艺技术比较

在乙醛氧化法中，乙炔-乙醛氧化法存在着成本高、汞中毒、污染严重等缺点，基本上已淘汰。乙醛氧化法中占主导地位的乙烯-乙醛氧化法，由于石脑油价格高涨引起乙烯价格上升，而该方法又无通过技术改进提高产品收率的余地，因而，乙烯-乙醛氧化法的成本竞争能力日趋下降。乙醇-乙醛氧化法由于乙醇价格较高，成本较高，市场竞争能力也比较差。

在饱和烃液相氧化法中，石脑油液相氧化法的醋酸收率处于较低水平，氧化产物组成复杂，为了回收副产物，增大了设备的投资和能耗，且对于回收的副产品是否能找到较好的市场，是决定石脑油液相氧化法经济性的重要因素。此外，原料石脑油或正丁烷价格的急剧上升，正逐渐劣化饱和烃液相氧化法的经济性，就连一直宣称能获得廉价石脑油的美国，也已逐渐由占主导地位的石脑油液相氧化法转为甲醇羰基合成法生产醋酸。

在甲醇羰基合成法中，BASF高压甲醇羰基合成法，反应压力高达70MPa，原料消耗和能耗远高于低压甲醇羰基合成法，因此，必将被低压羰基合成法取代。

低压甲醇羰基合成法的技术优势主要有以下几个方面。

① 采用活性高、选择性好的催化剂，反应条件变得缓和，反应可在2.8MPa压力下进行，降低了设备投资。特别是BP公司开发的高活性Cativa铱系催化剂，能大大提高合成反应速度，提高原料的利用率，降低能耗，从而提高了工艺的经济性。

② 所用的催化剂稳定。合适的工艺流程设置，使昂贵的催化剂损失降到最低。

③ 催化剂的选择性高，副产物的生成极少，因而减少了用于副产物回收的设备投资，排放的废酸量很少。

④ 采用先进的电子计算机集散控制系统，实现了操作控制的自动化和操作条件的最

佳化。

几种工艺的技术比较见表 6-6。

表 6-6 醋酸工艺的技术比较表

序号	醋酸生产工艺技术		反应条件			醋酸收率		消耗定额				副产品
			催化剂	温度/℃	压力/MPa	原料	收率/%	原料/t	冷却水/t	电/kW·h	蒸汽/t	
1	乙烯-乙醛氧化法	制乙醛	钯铜氯化物	125～130	1.1	乙烯	95	0.53（乙烯）	400	160	3.9	无
		制醋酸	醋酸锰	66	0.7	乙醛	95					
2	正丁烷液相氧化法		醋酸钴	150～225	5.6	丁烷	57	1.08	475	1520	8	乙醛、甲醇、丙酮
3	石脑油液相氧化法		醋酸锰	200	5.3	石脑油	40	1.45	422	1500	5.5	甲酸、丙酮、丙烯酸
4	BASF 高压甲醇羰基合成法		钴、碘	250～265	70	甲醇	87	0.83	180	1078	4	甲烷、二氧化碳、乙醇等
						CO	59	0.85				
5	低压甲醇羰基合成法		铑（或铱）、碘	185	2.8	甲醇	99	0.538	145	34	1.35	微量甲烷、二氧化碳、乙醇等
						CO	90	0.536				

本部分以低压甲醇羰基化法为研究对象，介绍醋酸生产的原理与生产过程。

第二节 甲醇羰基化催化剂

一、甲醇羰基化催化剂概况

目前，人们对甲醇羰基化催化剂的研究很多，所开发的催化剂主要有液相羰基合成催化剂和固相羰基合成催化剂两大类。

1. 液相羰基合成催化剂

(1) 羰基钴催化剂　1941 年，德国 BASF 公司的 W. Reppe 等人发现，金属羰基化合物对羰基化反应有着显著的催化作用。在卤素或含卤素化合物存在时，羰基化反应可以在 250～270℃和 20～50MPa 条件下进行。铁、钴和镍三种金属羰化物的催化活性顺序为 Ni>Co>Fe。在此基础上，BASF 公司成功地开发了羰基钴-碘催化剂的甲醇高压羰基化制醋酸工艺。

羰基钴催化体系以 $Co_2(CO)_8$ 为主催化剂，CH_3I 为助催化剂，催化反应过程中真正起催化作用的是 $HCo(CO)_4$ 络合物。为了保持反应条件下 $HCo(CO)_4$ 的稳定存在，必须维持一定的 CO 分压，这样就使该法必须在较高的 CO 分压下进行操作，否则羰基钴络合物将分解为 Co 和 CO。

使用羰基钴催化剂，不仅需要较高的 CO 分压以稳定羰基钴催化剂，而且产物中副产物含量也较多。主要副产物有甲烷、二氧化碳、乙醇、α-乙醛、丙酸、醋酸酯、α-乙基丁醇等。

(2) 羰基铑催化剂　1968 年美国 Monsanto 公司的 F. E. Paulik 和 J. F. Roth 报道，可溶性羰基铑-碘催化剂体系对甲醇羰基化合成醋酸有着更高的催化活性和选择性，且反应条件十分温和。与高压羰基化法相比，反应温度从 250℃降到 175～200℃，压力由 53MPa 降到 6.8MPa 以下。1970 年，该公司利用此催化剂，在 Texas 州建成 135kt/a 的醋酸生产装置，为近代低压法羰基合成醋酸工业树立了一块里程碑。

铑基催化体系与钴基催化体系的催化性能比较见表 6-7。

表 6-7　铑基与钴基催化剂性能对比

种　类	反应温度/℃	压力/MPa	产　物	选择性/%
Co 催化剂	210～250	20～70	醋酸和醋酸甲酯	>90
Rh 催化剂	175～200	2.8～6.8	醋酸和醋酸甲酯	>99

铑基催化体系是由活性组分 $[Rh(CO)_2I_2]^-$ 和助催化剂 CH_3I 组成，其活性组分由三碘化铑、一氧化碳、碘反应生成。其优势为：能耗低、甲醇的转化率和选择性高、副反应少。

铑基催化体系也存在许多问题，主要有如下几个方面。

① 当反应系统中一氧化碳供应不足或分布不均时，$[Rh(CO)_2I_2]^-$ 会被溶剂中碘离子迅速氧化而生成 $[Rh(CO)_2I_4]^-$，这种阴离子比较稳定，在溶液中会缓慢分解，最后生成 RhI_3 沉淀而失去活性。

② 铑-碘催化体系在极性溶剂醋酸或水中显示出最大的羰基化速率，水浓度过低，会明显降低羰基化反应速率，并降低醋酸转化率，因此反应体系中必须保持足够浓度的水分才能达到较高的醋酸转化率。这样含水醋酸溶液及溶液中的碘化物就会造成严重的设备腐蚀，大大增加了设备的造价、防腐和维修费用，同时也造成了醋酸和水的分离问题。

③ 铑催化剂资源稀少，价格昂贵，虽然设计了十分复杂的回收系统，但仍避免不了铑催化剂的流失。

针对以上问题，人们一方面对铑-碘催化体系进行改性，以进一步提高其稳定性和活性；另一方面，也在积极研究开发非铑催化体系和多相催化剂。

对铑-碘催化体系的改性之一是选择优良的助催化剂或促进剂。向铑-碘催化体系中加入含卤素的羧酸衍生物和可溶性碱金属碘化物后，可显著提高催化剂的活性，使反应在较低水含量下进行，且有较高产率。这是由于加入它们后，提高了溶液中醋酸根离子和碘离子的浓度，促使催化剂活性中心 $[Rh(CO)_2I_2]^-$ 的形成，促进了碘甲烷的氧化加成反应。

对铑-碘催化体系的另一改性是选择适当的配体以稳定催化剂的活性和选择性。人们对含氮族元素的碱性配体的研究和使用较多，例如 R_4N^+、R_4P^- 和 R_4As^+ 等（R 指烷基、芳基、H）等。配体中氮族核心元素及其所带基团 R 不同，对羰基化反应速率有一定影响，但作用大小及其机制众说纷纭。在含氮有机配体中，以吡啶类季铵盐的助催化效果最好。

在对非铑催化剂的研发过程中，铱基催化剂的开发取得了重要进展，现已用于大型工业装置。1996 年英国 BP 公司开发成功的铱催化剂（Cativa）是采用醋酸铱、氢碘酸水溶液和醋酸制备的，并选用至少一种促进剂，如 Ru、Os、W、Zn、Cr 等。在 CO 分压和水含量较低时仍很稳定。

2. 固相羰基合成催化剂

为了减少铑催化剂的流失，解决催化剂和反应液的复杂分离问题，开发固相催化剂，在固定床反应器内，实现甲醇气相羰基化反应制备醋酸的工艺，成为非常重要的研究方向。

铑催化剂使用高聚物作为配体，通过配位键形成高聚物负载的铑催化剂，是研究最多的一类固相催化剂。高聚物中含有强配位的 N、P、S 等基团，能和铑进行配位，增加活性物种的亲核性，有利于碘甲烷和羰基加成生成 CH_3COI，同时在一定程度上也能提高配合物的稳定性。

将共聚物作为配体和四羰基二氯二铑反应，可制备一系列高聚物配合的阳离子铑配合物催化剂。在共聚物中引入 O、N、P 等基团，可形成 N-Rh、O-Rh、P-Rh 配位键，从而提高催化剂的活性和稳定性。

高聚物配合的铑催化剂，不仅具有温和的反应条件，而且在无其他助剂存在的情况下，活性和选择性也很高。

采用无机载体 SiO_2、Al_2O_3、MgO、活性炭（AC）、分子筛等制备的负载型催化剂中，无机氧化物载体的催化剂活性都很低，而活性炭和有机碳分子筛载体的催化剂活性较高。用浸渍法制备的 Rh-Li/AC 催化剂，于 240℃、1.4MPa 条件下反应，在空速为 660～3841h^{-1} 时，甲醇转化率 99%～100%，醋酸选择性 74%～92%，醋酸甲酯选择性为 4.3%～25.5%。

采用碳复合载体（TFC）制备的 Rh/TFC 催化剂，在 200℃、1.2MPa 条件下，甲醇的转化率为 64%～74%，醋酸和醋酸甲酯的总选择性达到 99%。

3. 非贵金属催化剂

在非贵金属的研究中，镍基催化剂的研究最多。镍基催化剂中，加入金属助催化剂可以减小镍与载体间的相互作用，使镍相更加分散，有利于镍的还原，使镍的活性点增多，从而提高其羰基化活性。

二、液相羰基铑催化剂的工业应用

羰基铑催化剂，以羰基铑络合物 $[Rh(CO)_2I_2]^-$ 为活性组分，以 CH_3I 为助催化剂，实现了甲醇和 CO 的羰基化反应。由于其活性好、选择性高、反应条件温和等原因，受到了广泛的重视和研究。

1. 制备

(1) 催化剂溶液的制备　在加热、搅拌的条件下，在稀醋酸的水溶液中，不溶性的 RhI_3 和不断通入的 CO 反应，生成可溶于反应液，并具有催化活性的催化剂溶液。其反应如下。

$$RhI_3+3CO+H_2O \longrightarrow [Rh(CO)_2I_2]^-+HI+H^++CO_2 \tag{6-47}$$

(2) 助催化剂的制备　CH_3I 的制备分 HI 和 CH_3I 生成两步。第一步在 HI 水溶液中 I_2 和 CO 反应，生成浓度更高的 HI 溶液。其反应为

$$I_2+HI \longrightarrow HI_3 \tag{6-48}$$

$$HI_3+CO+H_2O \longrightarrow 3HI+CO_2+H_2 \tag{6-49}$$

第二步，制得的 HI 溶液和甲醇反应制得 CH_3I。其反应为

$$CH_3OH+HI \rightleftharpoons CH_3I+H_2O \tag{6-19}$$

2. 影响催化剂的稳定性及活性的因素

由于铑催化剂非常昂贵，其稳定性受到了特别的重视，影响催化剂稳定性及活性的因素有以下几方面。

(1) 硫化物　原料一氧化碳中的硫化物会使铑催化剂造成永久中毒，使催化剂消耗上升。因此，要控制原料气中硫化物的量。

(2) 一氧化碳分压　铑催化剂的活性物种为羰基化合物，当一氧化碳的分压过低时（比如低于反应釜压力的 40%），会生成 RhI_3 沉淀：

$$[Rh(CO)_2I_2]^-+2HI \rightleftharpoons [Rh(CO)_2I_4]^-+CO+H_2 \tag{6-50}$$

$$[Rh(CO)_2I_4]^- \longrightarrow RhI_3+CO+I^- \tag{6-51}$$

生成的沉淀在一氧化碳压力提高后，可重新溶解活化。

(3) 反应液中的金属离子　由于有氢碘酸、醋酸等强腐蚀性的介质存在，设备、管道等都有一定的腐蚀，这样反应釜溶液中的杂质金属离子的浓度会逐渐升高，这些离子主要有 Fe、Cr、Ni、Mo 等。实践证明，杂质离子总浓度过高后，会对铑催化剂的活性及稳定性造成不利影响。因此要根据流程物料组分的不同，选择不同的材质来避免，降低设备和管道的腐蚀。当溶液中杂质金属离子的浓度过高时，需采取适当的措施将其除去。

(4) 其他因素　实验发现反应温度高、反应液中甲醇的浓度高、HI 的浓度高和加热沸腾等因素，都能使介稳定的铑-碘羰基络合物生成 RhI_3 沉淀，从而影响催化剂的稳定性与活性。

3. 催化剂中其他金属离子的脱除

催化剂中其他金属离子的脱除，是利用催化剂在甲醇含量高、加热沸腾和一氧化碳分压不足时，出现 RhI_3 沉淀的原理，实现铑和其他金属离子的分离。分离出的 RhI_3 重新溶解、活化；而其他金属离子的溶液弃去。

4. 催化剂的活化

当出现催化剂沉淀时，可以减少甲醇进料，降低反应釜温度，维持较高流量的一氧化碳进料，将沉淀的铑重新溶解为羰基铑。

第三节　甲醇羰基化生产醋酸的基本原理

一、化学反应

在一定的温度和压力下，甲醇和一氧化碳在釜式反应器内，在铑-碘催化剂的作用下，发生羰基化反应，生成以醋酸为主要成分的反应物。

1. 主反应

$$CH_3OH + CO \rightleftharpoons CH_3COOH + Q \quad (6\text{-}12)$$

2. 副反应

(1) 变换反应（占反应产物的 1.5%～2.1%）

$$CO + H_2O \rightleftharpoons CO_2 + H_2 \quad (6\text{-}13)$$

(2) 生成甲烷反应（占主反应产物 0.21%）

$$CH_3OH + H_2 \longrightarrow CH_4 + H_2O \quad (6\text{-}14)$$

(3) 生成乙醛反应

$$CH_3OH + H_2 + CO \longrightarrow CH_3CHO + H_2O \quad (6\text{-}15)$$

(4) 生成丙酸反应（占主反应产物 0.25%）

$$CH_3COOH + 2H_2 \longrightarrow CH_3CH_2OH + H_2O \quad (6\text{-}16)$$

$$CH_3CH_2OH + CO \longrightarrow CH_3CH_2COOH \quad (6\text{-}17)$$

(5) 酯化反应

$$CH_3OH + CH_3COOH \rightleftharpoons CH_3COOCH_3 + H_2O \quad (6\text{-}18)$$

(6) 卤化反应

$$CH_3OH + HI \rightleftharpoons CH_3I + H_2O \quad (6\text{-}19)$$

3. 生产过程中的其他反应

(1) 加入氢氧化钾的反应

$$KOH + HI \longrightarrow KI + H_2O \quad (6\text{-}20)$$

(2) 加入次磷酸的反应

$$H_3PO_2 + I_2 + H_2O \longrightarrow H_3PO_3 + 2HI \quad (6\text{-}21)$$

二、反应机理

1. 主反应机理

主反应可认为由以下 7 个反应步骤组成。

(1) 酯化反应

$$CH_3OH + CH_3COOH \rightleftharpoons CH_3COOCH_3 + H_2O \quad (6\text{-}22)$$

(2) 卤化反应

$$CH_3COOCH_3 + HI \rightleftharpoons CH_3I + CH_3COOH \quad (6\text{-}23)$$

(3) 氧化加成反应

$$CH_3I+[Rh(CO)_2I_2]^- \longrightarrow [CH_3Rh(CO)_2I_3]^- \tag{6-24}$$

（4）插入反应

$$[CH_3Rh(CO)_2I_3]^- \longrightarrow [CH_3CORh(CO)I_3]^- \tag{6-25}$$

（5）CO 络合反应

$$[CH_3CORh(CO)I_3]^- +CO \longrightarrow [CH_3CORh(CO)_2I_3]^- \tag{6-26}$$

（6）水解反应

$$[CH_3CORh(CO)_2I_3]^- +H_2O \longrightarrow [HRh(CO)_2I_3]^- +CH_3COOH \tag{6-27}$$

（7）消除反应

$$[HRh(CO)_2I_3]^- \longrightarrow [Rh(CO)_2I_2]^- +HI \tag{6-28}$$

总反应式为：

$$CH_3OH+CO \rightleftharpoons CH_3COOH \quad \Delta H^0=-2281kJ/kg \tag{6-12}$$

通过反应热力学计算和实验测定表明，该过程为放热反应，平衡常数随温度升高而减小，降低反应温度和增加压力均有利于提高反应的转化率。

2. 副反应的生成机理

（1）CO 变换反应

$$[Rh(CO)_2I_2]^- +HI \longrightarrow [HRh(CO)_2I_3]^- \tag{6-29}$$

$$[HRh(CO)_2I_3]^- +HI \longrightarrow [Rh(CO)I_4]^- +H_2+CO \tag{6-30}$$

$$[Rh(CO)I_4]^- +H_2O+2CO \longrightarrow [Rh(CO)_2I_2]^- +CO_2+2HI \tag{6-31}$$

总反应为

$$CO+H_2O \longrightarrow CO_2+H_2 \tag{6-32}$$

（2）生成甲烷反应

$$[HRh(CO)_2I_3]^- +CH_3I \longrightarrow CH_4+[Rh(CO)_2I_4]^- \tag{6-33}$$

$$[HRh(CO)I_3]^- +CH_3I \longrightarrow CH_4+[Rh(CO)I_4]^- \tag{6-34}$$

（3）生成乙醛反应

$$[CH_3CORh(CO)_2I_3]^- +H_2 \longrightarrow CH_3CHO+[HRh(CO)_2I_3]^- \tag{6-35}$$

3. 铑羰基配合物的变化图示

在羰基化反应过程中，铑配合物存在的形式很多，可能存在的形式及变化如图 6-3 所示。

① 当 CO 充足，HI 浓度不高时，反应以 A 圈为主。

② 当 CO 缺乏，HI 浓度不高时，会由 B 圈生成 RhI_3 沉淀。

③ 当 CO 充足，HI 浓度很高时，A 圈反应减慢，配合物以 $[Rh(CO)I_4]^-$ 形式存在。

④ 当 CO 缺乏，HI 浓度很高时，配合物以 $[Rh(CO)I_5]^{2-}$ 形式存在，也会很缓慢的脱去 CO 后，生成 RhI_3 沉淀。

三、反应动力学

根据对主反应的机理研究，氧化加成反应（6-24）为醋酸生成的控制步骤，因此其反应速率决定了整个过程进行的速度。其动力学方程式可表达如下。

$$r=k[CH_3I][Rh(CO)_2I_2^-] \tag{6-36}$$

式中 r——反应速率；

k——反应速率常数。

根据铑配合物 $[Rh(CO)_2I_2]^-$ 与 $[Rh(CO)I_4]^-$ 和 $[Rh(CO)I_5]^{2-}$ 之间的平衡关系，可以推导出 $[Rh(CO)_2I_2]^-$ 占总铑的分配系数：

$$x=\frac{[Rh(CO)_2I_2^-]}{[Rh_{总}]}=\left[1+\frac{[HI]^2}{K_1[H_2O]}\times(1+K_2[HI])\right]^{-1}$$

式中 x——铑分配系数；

K_1——$[Rh(CO)_2I_2]^-$ 和 $[Rh(CO)I_4]^-$ 之间的平衡常数；

K_2——$[Rh(CO)_2I_2]^-$ 和 $[Rh(CO)I_5]^{2-}$ 之间的平衡常数。

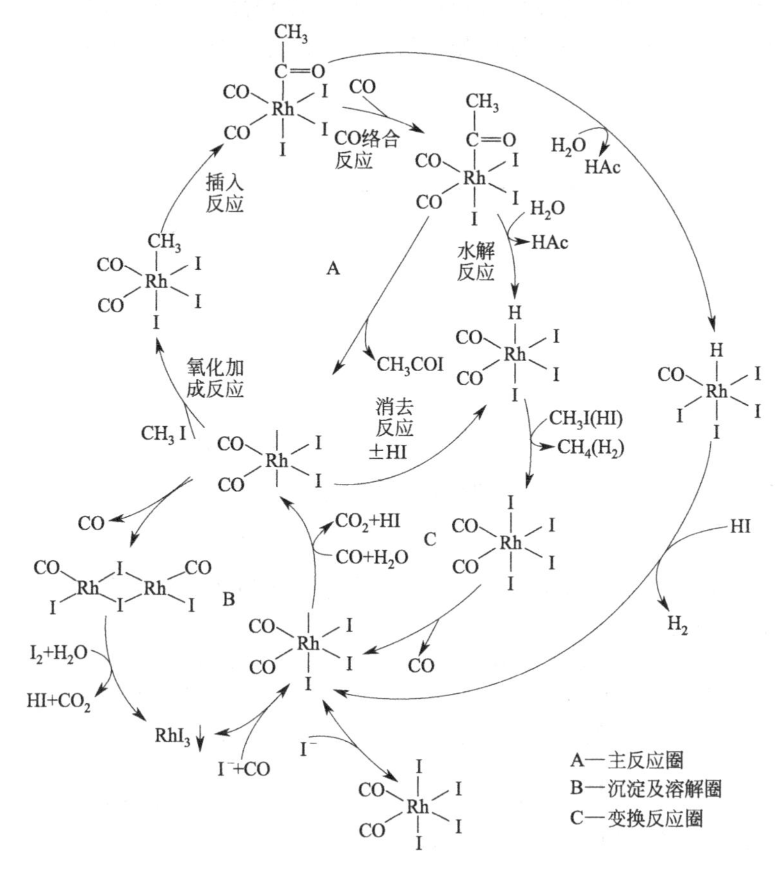

图 6-3 铑羰基配合物可能存在的形式及变化

根据 $I_{总}=[CH_3I]+[HI]$，碘甲烷占总碘的分配系数为

$$\phi=\frac{[CH_3I]}{[I_{总}]}=1-\frac{[HI]}{[I_{总}]}$$

代入方程式(6-36) 可以得到用总碘、总铑表示的动力学方程式：

$$r=k[I_{总}]\phi\times[Rh_{总}]x \tag{6-37}$$

当甲醇浓度和 CO 分压很大时（零级段）：

$$r=k[I_{总}]\phi_0[Rh_{总}]\cdot x_0=k\cdot\phi_0 x_0[I_{总}]\cdot[Rh_{总}]=k'[I_{总}]\cdot[Rh_{总}] \tag{6-38}$$

式中 $$k'=k\phi_0 x_0$$

测得 $$k'=4.86\times10^{12}\mathrm{e}^{-192000/RT}$$

因此

$$k=\frac{4.86\times10^{12}\mathrm{e}^{-19200/RT}}{\phi_0 x_0} \tag{6-39}$$

将式(6-39) 代入式(6-38) 得到动力学方程（包括非零级段）如下：

$$r=\frac{4.86\times10^{12}\mathrm{e}^{-19200/RT}}{\phi_0 x_0}[I_{总}]\cdot[Rh_{总}] \tag{6-40}$$

四、反应条件对生产的影响

从羰基化反应机理可以看出，在甲醇浓度和 CO 的分压很大时，反应对铑活性物种和碘化物的浓度均呈一级，而与一氧化碳分压和甲醇浓度无关。但由于该催化剂体系很复杂，准确描述各因素对反应过程的影响是困难的，一般有以下的观点。

1. 甲醇浓度

大量的实践证明，羰基合成反应过程在甲醇浓度比较高时，反应速率与甲醇浓度无关；但甲醇浓度低时，反应速率与甲醇浓度相互依赖，甲醇浓度越低，反应速率越小，其关系如图 6-4 所示。

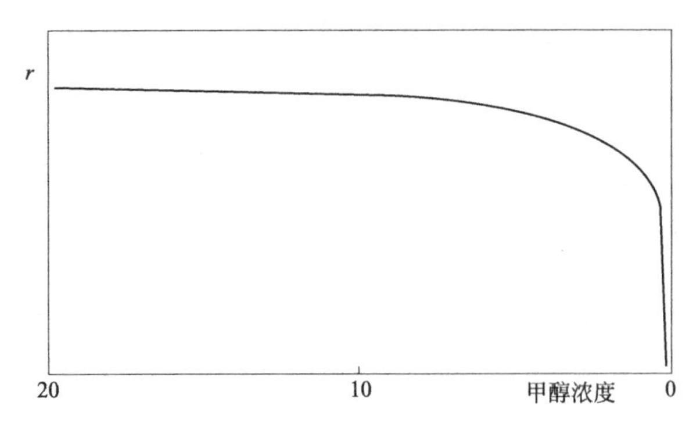

图 6-4 甲醇浓度和反应速率的关系

在羰基化反应的动力学方程式中，ϕ 和 x 都是 HI 的函数，而甲醇和 HI 之间存在平衡关系，因而可用平衡常数或用经验方程，将反应速率与甲醇浓度关联起来。

(1) 平衡常数描述

$$K=\frac{[HI][CH_3OH]}{[CH_3I][H_2O]} \quad 可得 \quad [HI]=K\frac{[CH_3I][H_2O]}{[CH_3OH]}$$

当 $[H_2O]$，$[I_{总}]$ 固定时，方程可整理为：

$$[CH_3OH]=\frac{A}{[HI]}-B \quad 或 \quad [HI]=\frac{A}{[CH_3OH]+B}$$

其中，$A=K[H_2O][I_{总}]$，$B=K[H_2O]$

(2) 经验式描述

$$[HI]=\frac{a}{[CH_3OH]^n}+b$$

另外，甲醇的起始浓度对起始反应速率也有影响。反应开始时，甲醇的起始浓度越低，达到最高反应速率所需的时间就越短；甲醇的起始浓度越高，达到最高反应速率所需的时间就越长。但当反应进行到一定程度后，其反应速率的这种差异不再明显，而是各自稳定在一个相对恒定的反应速率上，不再随甲醇浓度的不同而变化。

2. CO 分压

图 6-5 是 CO 分压和羰基化反应速率的关系。由图可见，当 CO 分压超过 1.4MPa 时，反应速率与 CO 的分压无关，当 CO 的分压小于 1.4MPa 时，反应速率随 CO 分压的增大而增大。为了排除 CO 分压对反应速率的影响，甲醇羰基化反应应在 CO 分压高于 1.4MPa 下进行。

3. 铑浓度

由羰基化反应的动力学方程可见，反应的速率随铑催化剂浓度呈线性增长。但在实际过程中，维持反应釜液内铑浓度超过 1000×10^{-6} mol/L 是一件比较困难的事，因为铑溶解度有限。铑浓度过高，沉降的速度和数量会很大。

4. 碘化物的浓度

碘甲烷的浓度也和反应速率呈线性关系。在羰基化反应过程中，在反应的初始阶段，碘

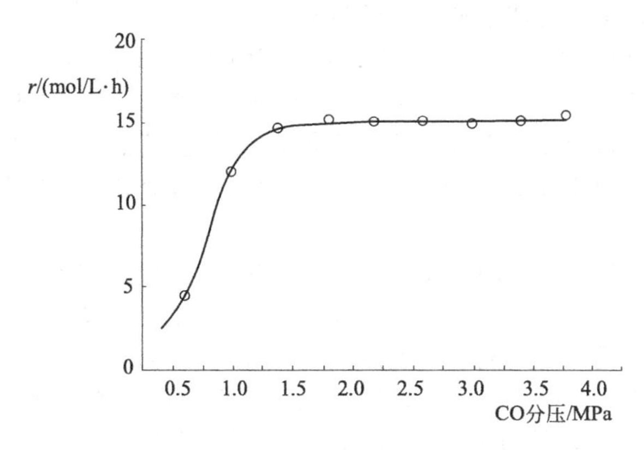

图 6-5 CO 分压和羰基化反应速率的关系

甲烷按如下的反应生成碘化氢：

$$CH_3I+CO \longrightarrow CH_3COI \quad (6\text{-}41)$$

$$CH_3COI+CH_3OH \longrightarrow CH_3COOH+HI \quad (6\text{-}42)$$

但是上述反应生成的碘化氢只是瞬间存在，它一经生成，立即发生下列两步反应生成 CH_3I：

$$CH_3OH+HI \longrightarrow CH_3I+H_2O \quad (6\text{-}43)$$

$$CH_3COOCH_3+HI \longrightarrow CH_3I+CH_3COOH \quad (6\text{-}44)$$

通常情况下，在反应体系中甲醇或醋酸甲酯的浓度远远超过 HI，所以可认为碘甲烷的浓度将保持不变。仅在反应后期，甲醇和醋酸甲酯的浓度很低时，碘化物以 HI 的形式存在。

5. 溶剂的浓度

许多实验证明，在其他反应条件相同的情况下，利用不同的溶剂可以得到不同的反应速率。通常情况是极性溶剂下的反应速率高于非极性溶剂，极性大的溶剂下的反应速率高于极性小的溶剂。目前工业制醋酸都添加了大量的醋酸、碘和水的强极性溶剂，一方面有利于增强催化剂的溶解性，另一方面有利于提高催化反应活性。

图 6-6 为反应液中醋酸浓度与羰基化反应速率的关系。当体系中醋酸的量较小时，反应速率随醋酸量的增加而提高，当醋酸的量增加到使醋酸/甲醇的摩尔比大于 0.6 时，反应速率不但没有上升，反而有所下降。一方面，这可能是因为强极性溶剂有利于 CH_3I 对铑配合物的氧化加成，而更快地引发催化循环，从而使反应速率加快；另一方面，醋酸的含量太多，又会阻碍甲醇羰基化反应平衡向有利于醋酸生成的方向移动。

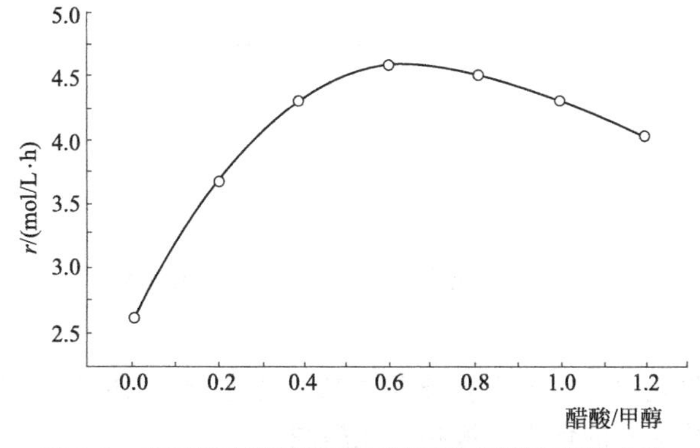

图 6-6 反应液中醋酸浓度与羰基化反应速率的关系

在羰基化反应中，水可促使下列反应的进行：

$$[Rh(CO)_2I_2]^- + 2HI \rightleftharpoons [Rh(CO)_2I_4]^- + H_2 \tag{6-45}$$

$$[Rh(CO)_2I_4]^- + H_2O + CO \rightleftharpoons [Rh(CO)_2I_2]^- + 2HI + CO_2 \tag{6-46}$$

这些反应的存在，使体系中活性组分的数量增加，反应速率加快，但同时也增加了生成 H_2 和 CO_2 的副反应。系统中过高的水含量，还会使后续醋酸分离工序的负荷加重。

6. 反应温度

研究发现，甲醇羰基化反应的活化能很高，必须通过适当的催化剂来改变反应路径，降低反应活化能，促进反应的发生。也就是说，羰基化法生产醋酸的核心是寻找高性能催化剂，克服或改变羰基化反应的高能垒，使羰基化反应更容易地进行。如果给反应提供足够的能量，使其达到满足活化所需的高能垒，同样也可以促使反应顺利进行。

随着反应温度的升高，铑催化剂的活性增加，羰基化反应速率加快，反应到达终点的时间缩短，反应产物的选择性也有所提高。但必须注意的是：随着温度的升高，生成 CO_2、H_2 和 CH_4 的副反应也会加快，生成的副产物增多；过高的温度还易造成铑催化剂的失活。

第四节　甲醇羰基化的工艺流程及主要设备

一、工艺流程

甲醇羰基化生产醋酸的生产过程主要由合成工序、精馏工序和吸收工序组成。其流程示意图如图 6-7 所示，图中的编号与设备名称的对应见表 6-8。

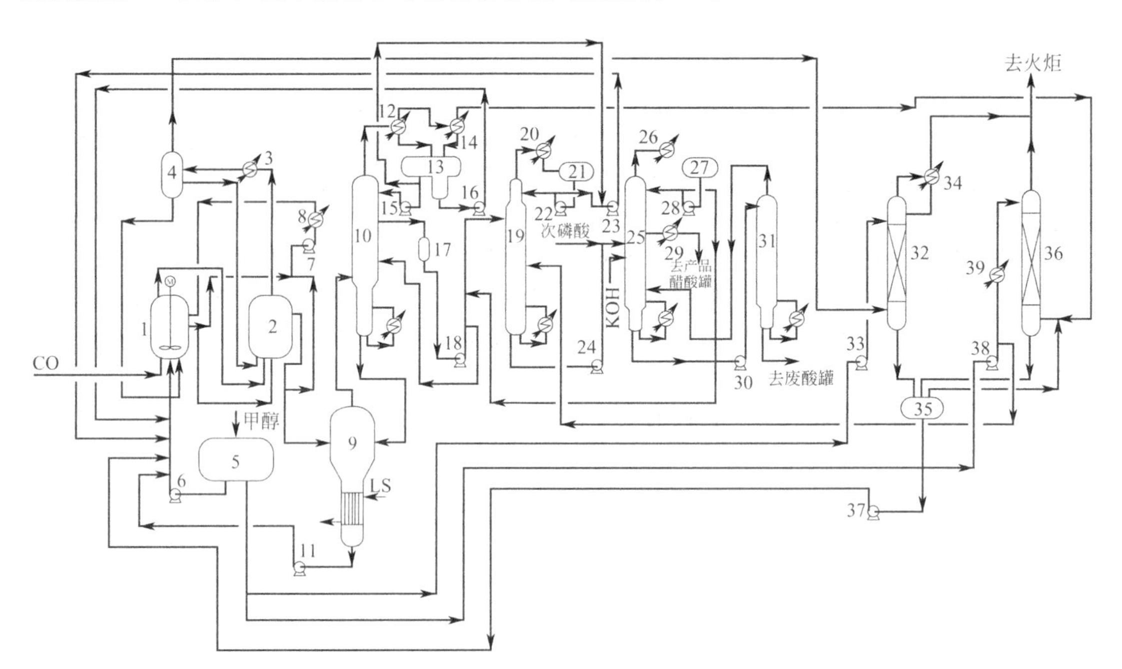

图 6-7　甲醇羰基化生产醋酸的流程示意

1. 合成工序

合成工序是用一氧化碳与甲醇在催化剂二碘二羰基铑 $[Rh(CO)_2I_2]^-$ 的催化作用下和助催化剂碘甲烷（碘化氢）的促进下液相合成醋酸。

表 6-8　编号与设备名称对应表

编号	设备名称	编号	设备名称	编号	设备名称
1	反应釜	14	脱轻塔终冷器	27	成品塔回流槽
2	转化釜	15	脱轻塔回流泵	28	成品塔回流泵
3	转化釜冷凝器	16	重相泵	29	成品冷却器
4	高压分离器	17	粗酸集液槽	30	提馏塔进料泵
5	甲醇中间罐	18	脱水塔进料泵	31	提馏塔
6	甲醇加料泵	19	脱水塔	32	高压吸收塔
7	外循环泵	20	脱水塔冷凝器	33	高压吸收甲醇泵
8	外循环换热器	21	脱水塔回流槽	34	高压吸收尾气冷却器
9	蒸发器	22	脱水塔回流泵	35	吸收甲醇贮罐
10	脱轻塔	23	稀酸泵	36	低压吸收塔
11	母液循环泵	24	成品塔进料泵	37	吸收甲醇富液泵
12	脱轻塔初冷器	25	成品塔	38	低压吸收塔甲醇泵
13	分层器	26	成品塔冷凝器	39	低压吸收甲醇冷却器

由一氧化碳制备车间或一氧化碳提纯装置提供的一氧化碳，经分析、计量后，进入反应釜 1，与甲醇反应生成醋酸。未反应的一氧化碳与饱和有机蒸气一起由反应釜顶部排出，进入转化釜 2，与来自反应釜 1 未反应完的甲醇、醋酸甲酯继续反应生成醋酸，二碘二羰基铑（$[Rh(CO)_2I_2]^-$）转化为多碘羰基铑。在转化釜 2 中未反应完的一氧化碳与饱和有机蒸气从转化釜 2 顶部排出，进入转化釜冷凝器 3，冷凝成 50℃的气液混合物。气液一并进入高压分离器 4 进行气、液分离。气相由高压分离器顶部排出，送往吸收工序高压吸收塔 32。液体分成两相，主要成分为碘甲烷和醋酸的重相，经调节阀返回反应釜 1；主要成分为水醋酸的轻相返回转化釜 2。

甲醇分为新鲜甲醇和吸收甲醇富液。新鲜甲醇由中间罐 5，经甲醇加料泵 6，送入本工序。经计量、分析后与来自吸收工序吸收甲醇富液泵 37 的吸收甲醇富液混合，进入反应釜 1，与溶解在反应液中的一氧化碳反应生成醋酸。反应液由反应釜 1 中上部排出，经分析后进入转化釜 2。反应液中未反应的甲醇、醋酸甲酯与一氧化碳继续反应生成醋酸。在转化釜中反应后的反应液由转化釜 2 中上部排出，经调节阀进入蒸发器 9。

为了控制反应液温度，带出反应热，设置一外循环系统。外循环系统由外循环泵 7、外循环换热器 8 组成。反应釜 1 出来的反应液由外循环泵 7 升压后，进入外循环换热器 8 冷却后，重新返回反应釜 1。

转化釜 2 排出的反应液经分析、减压后进入蒸发器 9。在此反应液经减压、闪蒸，部分有机物蒸发成蒸气，与反应液解吸出来的无机气体一道由顶部排出。如果由顶部排出的气体中醋酸流量未达到要求时，则通入蒸汽进入蒸发器加热段，对液体进行加热。加热产生的醋酸蒸气同闪蒸产生的蒸汽，一并从顶部排出，送往精馏工序脱轻塔 10 作进一步处理。集于下部的液体，由母液循环泵 11 升压，经计量、分析后进入反应釜 1。

2. 精馏工序

来自合成工序蒸发器 9 顶部的汽态物料，主要成分是醋酸、水、碘甲烷，以及少量醋酸甲酯、碘化氢等可凝物质，并且还含有少量及微量的一氧化碳、二氧化碳、氮、氢等气体物质。进入脱轻塔 10 下部进行精馏分离。塔顶蒸气主要含有醋酸、水、碘甲烷、醋酸甲酯等组分，进入脱轻塔初冷器 12，冷凝冷却到 45℃后，冷凝液进入分层器 13。未冷凝的气相进入脱轻塔终冷器 14，用冷冻水进一步冷凝冷却到 16℃，未冷凝的尾气去吸收工序低压吸收塔 36 进一步回收碘甲烷、醋酸等有机物。脱轻塔初冷器 12 冷凝液也进入分层器 13。在分层器中物料分为轻、重两相，轻相主要含水和醋酸，重相主要含碘甲烷。轻相一部分经脱轻塔回流泵 15，回流入脱轻塔顶；一部分与脱水塔 19 的塔顶采出液一起，经由稀醋酸泵 23，送到醋酸合成工序反应釜 1 和转化釜 2。分层器的重相液体，由重相泵 16 送到醋酸合成工序反应釜 1。脱轻塔釜液主要为醋酸，其中水含量大于 5%。碘化氢大部分也留在釜液中，利用位差送回蒸发器 9 中。

脱轻塔 10 精馏段有一特殊的侧线板，它将含水和少量碘甲烷的粗醋酸全部采出，通过粗酸集液槽 17，经脱水塔进料泵 18，少部分回脱轻塔作为塔下段回流，大部分进入脱水塔 19。为了避免碘化氢在脱水塔 19 中部集聚，由低压吸收塔甲醇泵 38 引来一股甲醇，作为脱水塔的第二进料，从脱水塔下部引入，使其与碘化氢反应生成碘甲烷和水。脱水塔顶出来的气相进入脱水塔冷凝器 20，冷凝冷却到 65℃。冷凝液经脱水塔回流槽 21，由脱水塔回流泵 22，将一部分冷凝液回流回脱水塔顶；另一部分与脱轻塔分层器的轻相采出液（稀醋酸）一起，由稀酸泵 23 送至醋酸合成工序反应釜和转化釜。

脱水塔釜液为含水量很少的干燥醋酸，经成品塔进料泵 24 送入成品塔 25。为了除去塔中微量的 HI，在成品塔的中部加入少量 25%的 KOH 溶液，与 HI 反应生成 KI 和水。当成品塔出现游离碘时，在成品塔进料管线上加入次磷酸，使游离碘转化为 I^-。塔顶出来的蒸气经成品塔冷凝器 26 冷凝冷却到 80℃，流入成品塔回流槽 27。由于塔顶会富集少量的碘化氢和碘甲烷，因此大部分液体经成品塔回流泵 28 回流回成品塔顶部，少量采出送至脱水塔 19 进料口。

成品醋酸从成品塔 25 第 4 块板侧线采出，经成品冷却器 29 冷却到 38℃，送去成品中间贮罐。成品塔塔釜物料为含丙酸及其他金属腐蚀碘化物的醋酸溶液，用提馏塔进料泵 30 送入提馏塔 31 顶部，塔顶出来的蒸气返回成品塔 25 底部。丙酸及其他金属腐蚀碘化物溶液，由提馏塔底部送至废酸贮罐或焚烧处理。

在成品塔塔底和提馏塔的无水条件下，醋酸可能脱水生成醋酐，加剧设备腐蚀，因而在提馏塔塔釜中直接加少量水蒸气（图中未画出），以抑制醋酐生成。

3. 吸收工序

来自合成工序高压分离器 4 的高压尾气，进入高压吸收塔 32 的底部；来自高压吸收甲醇泵 33 的新鲜甲醇，进入高压吸收塔 32 的顶部，自上而下流动。两者在高压吸收塔内的填料上进行传质，新鲜甲醇将高压尾气中的碘甲烷等主要有机组分吸收下来。吸收后的气体主要含有一氧化碳，从高压吸收塔的顶部排出，进入高压吸收尾气冷却器 34 中，将高压尾气中的甲醇冷凝回收，然后尾气送去火炬系统处理。含碘甲烷的甲醇从高压吸收塔的底部排出，进入吸收甲醇贮罐 35，与来自低压吸收塔 36 的低压吸收甲醇富液混合，然后用吸收甲醇送料泵 37 送去合成工序的反应釜 1，作为甲醇进料的一部分。

来自精馏工序脱轻塔终冷器 14 的低压尾气，进入低压吸收塔 36 的底部；来自低压吸收塔甲醇泵 38 的新鲜甲醇，首先进入低压吸收甲醇冷却器 39，用液氨冷却到－15℃，然后进入低压吸收塔 36 的顶部。新鲜甲醇将低压尾气中的碘甲烷等主要有机组分吸收下来。被吸收后的尾气，主要含有一氧化碳、二氧化碳，从低压吸收塔的顶部排出，送去火炬系统处理。含碘甲烷的甲醇富液，从低压吸收塔的底部排出，进入吸收甲醇贮罐 35，与来自高压吸收塔的高压吸收甲醇富液混合，然后用吸收甲醇送料泵 37 送去合成工序的反应釜 1。

二、主要设备

1. 反应釜

如图 6-8 所示，反应釜主要有封头、筒体、搅拌装置、CO_2 分布器和挡液板构成。

筒体内焊有四块挡液板，以增加釜内的混合效果。挡液板宽 200～300mm，与筒体内表面间留有 50mm 间隙，用支撑板与筒体连接。筒体、封头、人孔材料采用锆（R60700）/钢复合板，挡板、接管用锆（R60702），其他零部件均采用锆（R60705）。

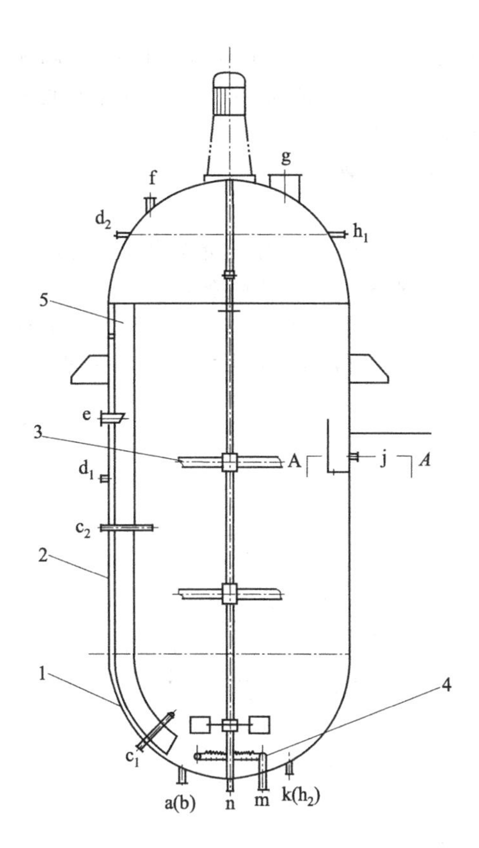

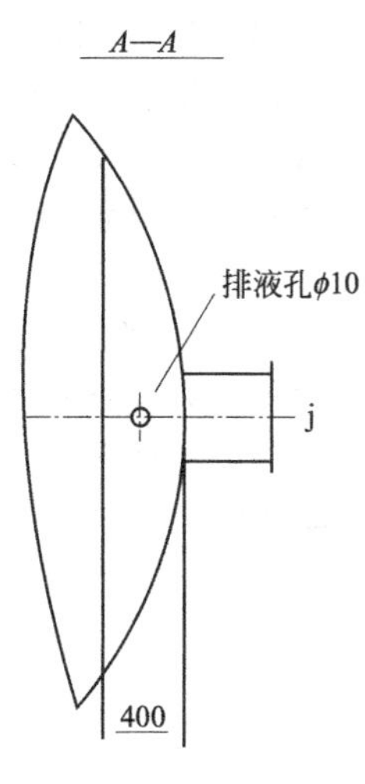

5	挡液板
4	分布器
3	搅拌装置
2	筒体
1	封头
件号	名称

管口表

f	气体出口	n	轴承冷却液进口
e	外循环液入口	m	CO 进口
$d_{1\sim2}$	就地液位计接口	k	冷凝液进口
$c_{1\sim2}$	远传测温口	j	反应液出口
b	甲醇及回液进口	$h_{1\sim2}$	远传液位计接口
a	母液入口	g	人孔
接管符号	用途	接管符号	用途

图 6-8　反应釜结构示意

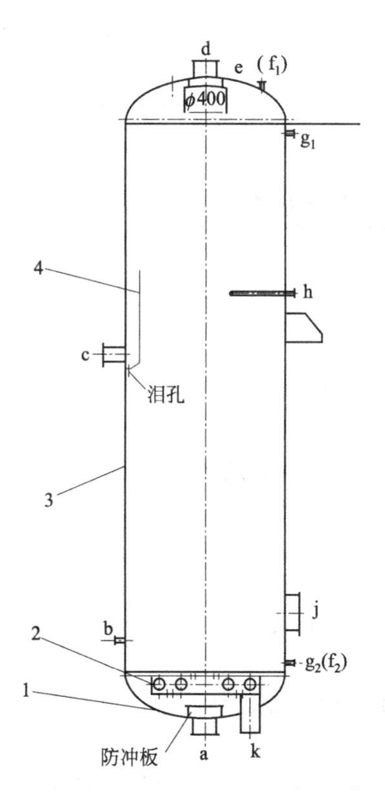

4	溢流堰
3	筒体
2	分布器
1	封头
件号	名称

管口表

e	备用口	k	进气口
d	出气口	j	人孔
c	出液口	h	远传测温口
b	分离轻液进口	$g_{1\sim2}$	就地液位计接口
a	进液口	$f_{1\sim2}$	远传液位计接口
接管符号	用途	接管符号	用途

图 6-9　转化釜结构示意

搅拌轴上装有三层搅拌器，其中上部二层为三叶 24°折叶桨式，下部为六叶圆盘涡轮式。为了利于反应，CO 进气管采用鼓泡均匀的结构，即将该管煨成圆环，在圆环管上共开有 102 个 ϕ6.5mm 的小孔，其中 8 孔向下均布，其余向上均布。

为防止催化剂在底轴承积聚，在底轴承处设有一轴承冲洗液接口。

2. 转化釜

转化釜为一容积式鼓泡反应器。其主要部件为：封头、筒体和气体分布器等，如图 6-9 所示。在下封头进液口处设有一防冲板，以免液体直接冲刷进气管而影响鼓泡。

气体从下封头进入设备内后，沿两同心圆环管分开。内环管圆周上有 80 个向上跨中均布和 10 个向下均布的小孔；外环管圆周上有 98 个向上跨中均布和 12 个向下均布的小孔。其结构如图 6-10 所示。

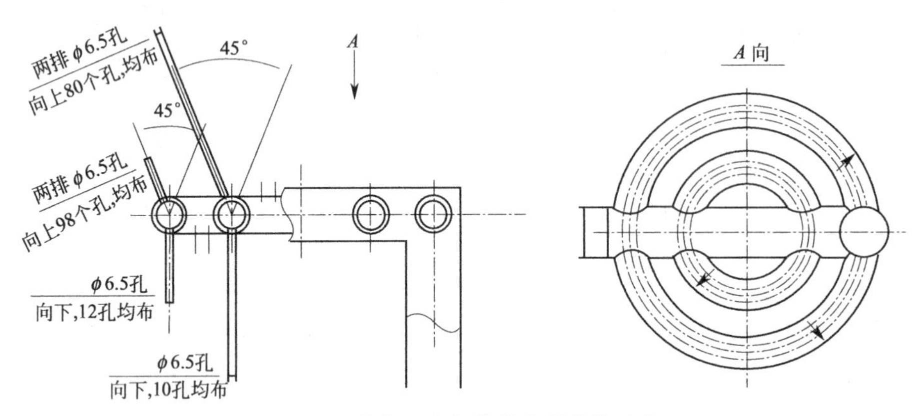

图 6-10 转化釜内气体分布器结构示意

为了防止气体从出液口带出，在出液口处设有一溢流堰，将气液分开。在上封头出气管处，设有防液体带出的气体过滤装置。

转化釜筒体、封头、人孔材料为锆（R60700）/钢复合板，内件、接管等采用锆（R60702）。

第五节 甲醇羰基化的生产操作

本部分仅对甲醇羰基化生产醋酸的合成部分的生产情况作简要介绍，见图 6-7。

一、开车

当设备安装完毕，吹洗、置换合格后，可进行装置的开车操作。

1. 原始开车

① 原始开车前必须编制好原始开车方案，所有操作人员必须认真熟悉、了解。

② 配制原始开车物料。

- 检查开车罐（事故罐）所有进、出口阀门是否按要求关闭或打开。
- 检查罐内是否充有 CO 保护气。启动其压力控制阀，处于正常工作状态。
- 将醋酸从中间罐区，用泵打入开车罐，送来的醋酸量是配制原始开车物料所需醋酸量。
- 按配制原始开车物料需用水量的一半加入开车罐。
- 按原始开车物料配制所需的助催化剂量，从催化剂工序的助催化剂贮罐，计量进入开车罐。
- 用原始开车物料需用水量的另一半量，加入催化剂贮罐底部出口管，或催化剂制备釜底部出料管进水管线上，冲洗管道后进入开车罐。

• 从开车罐底部通入 CO，保持罐压力 0.35MPa。

• 分析已配制好的原始开车物料各组分的浓度是否符合工艺要求，如有不符合比例，应作相应调整，直至合格为止。

• 用 CO 维持开车罐的压力 0.35MPa 待用。

③ 启动开车。

• 关闭转化釜 2 至蒸发器 9 液体管路上的切断阀。

• 将开车罐中溶液打入反应釜 1，待反应釜液位达到最低液位（75%）时，启动反应釜搅拌装置，进行搅拌混合，并通入一定量的 CO，使反应釜压力恒定在 1.2MPa（表）。气体经转化釜 2，转化釜冷凝器 3，高压吸收塔 32 排出去火炬系统。

• 反应釜液位达到正常液位时，开始向转化釜 2 排液，继续从开车罐向反应釜送液，以维持反应釜 1 液位。当转化釜 2 液位达到正常液位时，停止进料，同时在恒定反应釜压力（2.0MPa）（表）条件下，反应釜 1 排出气从转化釜 2 底部通入，保持转化釜压力 1.85MPa（表）。保持一定流量 CO 由转化釜 2 排出，经转化釜冷凝器 3 冷凝冷却至 50℃，进入高压分离器 4 进行汽液分离。气体送入高压吸收塔 32，以回收气体中的有机组分。

• 转化釜液位达到正常高度后，停止向反应釜进料，同时打开转化釜 2 出液阀，打开外循环泵 7 进口阀。启动外循环泵，进行开工液体循环。

• 向外循环换热器 8 通入蒸汽，加热循环液，使反应釜 1 内溶液逐渐升温。

④ 正式投料。

• 在投料前的升温过程中，当反应液温度升至 100℃后，在维持外循环的同时，打开转化釜至蒸发器之间的阀门，小流量向蒸发器送料。

• 继续将开车罐中溶液打入反应釜，维持反应釜和转化釜的液位在正常值。

• 待蒸发器液位逐渐上升至 20%后，停止向反应釜进料，同时开通蒸发器 9 下部至母液循环泵 11 的进口管路，将蒸发器下部液体打回反应釜 1。

如果开车罐中还有剩余物料，则压入蒸发器 9 中使用。

• 反应釜 1 出口液体温度达到 175℃时，加大通入 CO 量，使反应釜压力升高至 3.0MPa（绝）。启动吸收甲醇富液泵 37，将吸收甲醇从吸收甲醇富液贮罐中抽出，以正常负荷的 40%进行甲醇投料。平稳后逐渐提升甲醇用量。在提升过程中，吸收甲醇富液量不够时，用新鲜甲醇与富液混合进料。

• 启动甲醇加料泵 6，将新鲜甲醇经流量计量后与吸收甲醇富液混合，进入反应釜 1。随着反应的进行，反应釜 1 温度逐渐升至（185±0.5)℃，液位控制在正常液位（80%）。

• 随着反应釜反应的进行，反应后的液体流入转化釜内，转化釜出口温度升至 186.8℃，维持此温度。转化釜出液逐渐向蒸发器送料。

• 当转化釜反应液出口醋酸甲酯含量在 0.6%～0.8%之间，碘化氢含量≥2.0%，且闪蒸气中醋酸量小于产品醋酸需用的粗醋酸量时，启动蒸发器下部加热蒸汽，控制壳程内蒸汽压力不得超过 0.35MPa（绝），使其加热温度不得超过 140℃。

• 根据闪蒸气流量来控制蒸发器通入蒸汽量。闪蒸气流量小于正常值时，增加蒸汽给入量。

• 70%负荷开车正常后，逐渐加大投料量，调节各参数到规定的正常操作参数。

2. 短期停车后的开车

短期停车后，系统处于密封状态，反应液封于反应釜 1 和转化釜 2 中，开车按以下步骤进行。

① 检查所有阀门的开、关是否符合开车要求。

② 启动反应釜 1 搅拌装置进行搅拌。

③ 通入一定量的CO，使反应釜、转化釜的压力维持在正常压力。同时启动高压吸收系统。

④ 启动外循环泵7，进行反应液循环。

⑤ 向外循环换热器8供蒸汽，对反应液进行加热，使反应釜1的出口温度升到175℃。

⑥ 反应釜出口温度到175℃时，向反应釜投料。

⑦ 吸收甲醇贮罐35液位处于高液位时，开车投料甲醇的加入可全用吸收甲醇代替新鲜甲醇。

3. 长期停车后的再开车

长期停车的再开车，可按原始开车步骤进行。物料的准备可根据具体情况处理。停车时贮存的物料必须作分析、调整后方可使用。

二、停车

1. 计划停车

① 接到停车通知后，立即做好停车准备，同时联系其他工序也做好停车准备。

② 检查开车罐内有无溶液、液位多少、液体组成，根据液体组成，作好溶液处理，使其处于空罐状态。解除仪表联锁。

③ 停车时先停止甲醇进料，即停止向甲醇中间罐5进料；停甲醇加料泵6；逐渐减少吸收甲醇富液泵37向反应釜1送料流量，进行减负荷操作；停止蒸发器下部加热。

④ 待转化釜2液体出口温度<175℃、反应釜1液体出口温度<175℃时，停吸收甲醇富液泵37，停止反应釜1吸收甲醇进料，减少CO进料量，减少高压吸收甲醇喷淋量，维持转化釜压力2.86MPa（绝）。

⑤ 分析测定出口液中醋酸甲酯浓度<1%时，继续降温。

⑥ 反应釜出口液温度<170℃、转化釜出口液温度<170℃时，停止向蒸发器9进料。同时，停母液循环泵11，使用外循环泵7，使反应液在反应釜1、转化釜2、外循环换热器8、外循环泵7之间形成循环。降低外循环换热器8的蒸汽压力，使反应液逐渐降温，并停止精馏工序的轻、重相的返回。

⑦ 反应釜1出口液温度<100℃、转化釜2出口液温度<90℃时，停外循环泵7，停CO进气，停高压吸收系统，关闭放空尾气，补充CO维持反应釜1、转化釜2压力为2.0MPa（绝）。蒸发器温度<90℃时，将下部液体放入开车罐，用0.3MPa（绝）CO保护封存。

⑧ 如果反应系统主要设备需要进行检修、或长期停车时，应将反应釜1、转化釜2内的液体全部放入开车罐，并用CO密封保存。反应釜1、转化釜2、蒸发器9液体放净后，用稀醋酸冲洗，冲洗液排入集液槽贮存。

2. 紧急停车

由于本工艺催化剂的特殊性，应尽量避免紧急停产。紧急停车时，首先要根据事故发生部位及情况用CO进行保压处理（反应釜、转化釜发生故障时除外）。

① 突然停电、停水、停蒸汽时，应立即关闭甲醇进料阀、吸收甲醇进料阀、反应液出口阀、高压吸收塔32尾气调节阀，用CO保压。事故处理完毕后，根据停车时间长短，作相应处理，再根据系统状态进行开车。

② 突然停CO时，立即关闭新鲜甲醇进料、吸收甲醇进料，同时关闭转化釜尾气进高压吸收塔32进口阀、转化釜液体出口阀、重相和轻相返回反应釜1阀，进行封闭保压。当压力下降时，从CO中间罐送气维持。停母液循环泵11、停蒸发器加热蒸汽。故障排除后再开车。

③ 其他机械设备故障，视故障处于系统的部位作相应处理。

三、不正常情况及处理

1. 高压分离器液位过高，长期不降，无法控制原因：反应温度过高；反应液组成配比变化太大；转化釜进口阀开度太小；气体分布器小孔有堵塞，阻力过大，液体无法回到反应釜内（反应釜与转化釜压差太大）。

处理方法：降低温度；反应液修改组成配比；开大进口阀；最终停车处理，或使转化釜脱离流程，排净转化釜内溶液，安全处理合格后，进行处理。

2. CO 流量降低，转化釜出口液相醋酸甲酯浓度升高

原因：高压吸收塔 32 堵塞或液泛或尾气放空管路堵塞，排放不畅。

处理方法：清除堵塞，降低甲醇喷淋量，消除液泛。

3. 高压分离器重相界面液位过高，反应釜压力正常，转化釜压力正常

原因：高压分离器位置安装过低，降液管安装不对，阻力过大，内有气体聚集。

处理方法：排除气阻；若无法使重相界面降低，需停车后重新安装。

4. 反应温度过低，转化釜出口液相醋酸甲酯浓度高，而铑浓度分析过低，CO 进气量降低

原因：CO 供应不足，CO 分压低，使催化剂沉淀。

处理方法：停车处理。

5. 蒸发器操作不正常

① 下部液体液位过高。

原因：蒸发器加热器供热不足；母液循环泵输出流量减少；转化釜至蒸发器反应液流量过大。

处理方法：增加蒸发器加热蒸汽量；启动备用泵或停车处理；减小转化釜至蒸发器反应液流量。

② 蒸发器下部液体液位过低。

原因：蒸发器加热量过大，母液循环泵 11 回流量少。

处理方法：减少蒸汽流量或降低加热蒸汽压力，开大母液循环泵回流量，改变进蒸发器的反应液流量与总甲醇进料流量之比。

③ 蒸发器内发生催化剂沉淀。

原因：反应液中醋酸甲酯浓度过高（>0.8%）；加热蒸汽流量过大或加热蒸汽压力过高，蒸出物料量过大；液体滞留时间过长。

处理方法：减少甲醇进料量；降低加热蒸汽流量或压力，减少蒸出物量；增大母液流出量，缩短母液滞留时间。

复　习　题

1. 简述醋酸的主要物理化学性质。
2. 简述醋酸的主要应用。
3. 简述醋酸的主要生产方法及特点。
4. 简述甲醇羰基化催化剂的种类及特点。
5. 简述液相羰基铑催化剂制备的主要过程。
6. 简述影响液相羰基铑催化剂活性的主要因素。
7. 简述在液相羰基铑催化剂的作用下甲醇羰基化生成醋酸的机理。
8. 简述在羰基化反应过程中，铑配合物可能存在的形式及变化。
9. 试述甲醇浓度、CO 分压、铑浓度、碘化物的浓度、溶剂的浓度、反应温度等因素对反应速率的影响。
10. 简述甲醇液相羰基化生产醋酸的流程主要包括哪些部分？各部分的作用是什么？
11. 简述甲醇液相羰基化所用反应釜和转化的结构。
12. 简述醋酸合成部分原始开车的主要步骤。
13. 简述醋酸合成部分计划停车的主要步骤。
14. 简述高压分离器液位过高、长期不降、无法控制的原因。
15. 简述蒸发器内发生催化剂沉淀的原因。

第七章 煤液化

第一节 概　述

煤液化也称为煤变油或煤制油，指在一定的温度、压力和催化剂条件下，煤炭经过一系列物理的或化学的变化，转化为可用于发动机燃料的液态油的过程。

一、煤液化的意义

1. 高油价时代的来临

石油作为现代社会最重要的能源，近百年来，被广泛应用。从20世纪五六十年代起，石油取代煤炭成为世界主导能源，并在此基础上构建了庞大工业体系，石油因此也被称为“工业的血液”。

回顾一个多世纪以来国际原油价格的历史走势，可以发现除少数重大历史事件影响年度外（如1973年、1979年、1990年出现的“石油危机”，且历史事件只是短期效应），原油价格保持平稳的增长，均价在20美元左右。2005年以来，国际原油价格从30美元开始启动，随后接连攀升。2008年的涨幅更是令世界震惊，从年初油价突破100美元/桶大关，最高时达147.3美元/桶。虽然最近一段时间，油价开始回调，但是由于刚性的需求，深幅回调的概率很小。从长期来看，油价仍是向上攀升的，高油价时代已来临。

2. 发展中国家对能源的需求增长较快

目前，发展中国家大都处于工业化初期阶段，对一次能源的需求量比较大，尤其是中国、印度等发展中大国拉动了能源需求快速的增长。据国际能源署（IEA）测算，在未来20年，两国的需求平均保持在3%以上的增速。

3. 我国的石油消费现状

我国已成为世界第二大石油消费国，2007年石油消费量占世界总消费量的9.3%。从1993年开始，我国成为石油净进口国，原油的进口量每年都在增加。从1993年至今，我国每年原油的表观消费量平均增速为7.14%，相比之下自产原油产量却只有每年平均1.85%的增幅，供需缺口要由进口来填补。原油的对外依存度由过去的自给自足攀升至现在的50%左右，即近一半的石油消费从国外进口，预计到2020年我国的原油对外依存度将达到60%。

由于我国石油储量的不足限制了国内能源的生产，经济快速增长过程中带来的大量新增能源需求将不得不通过进口途径得以满足。然而未来一段时间内能源价格如石油价格上涨的压力会继续存在，而且能源价格的波动会不断增加。

根据世界银行的估算，原油价格每上涨10美元每桶，将会导致高收入国家的GDP下降近0.3%，低收入石油进口国的GDP下降近0.8%。在这种情况下，单纯依靠进口来满足国内能源需求特别是弥补石油消费缺口将会面临较大的价格风险，对我国经济发展也会产生较大的负面影响。同时，在石油进口不单纯是一个经济问题，已经上升到政治高度时，有很多不可控因素对中国石油进口产生影响，应充分利用各种有效措施补充国内供给不足。

4. 我国的能源战略

2007年12月国务院发布的《中国的能源状况与政策》白皮书中，明确提出了中国的能源战略是："坚持节约优先、立足国内、多元发展、依靠科技、保护环境、加强国际互利合作，努力构筑稳定、经济、清洁、安全的能源供应体系，以能源的可持续发展支持经济社会的可持续发展。"

"立足国内"和"努力构筑安全的能源供应体系"的措辞表明，为了提高中国的能源自给率，实施煤制油替代能源技术将成为保证中国能源安全的战略选择。

二、煤液化的技术路线

根据加工过程的不同路线，煤液化分为直接液化和间接液化两种。主要产物是柴油（或汽油）、石脑油和液化石油气（LPG）。

煤直接液化是油煤浆在一定的温度和压力及催化剂作用条件下，通过一系列加氢反应生成液态烃类及气体烃，脱除煤中氧、氮和硫等杂原子的深度转化过程。

典型的煤直接加氢液化工艺包括：氢气制备、油煤浆制备、加氢液化反应、油品加工等先并联后串联4个步骤。氢气制备是加氢液化的重要环节，通常采用煤气化或天然气转化而获得。在煤液化过程中，将煤、催化剂和循环油制成的油煤浆，与制得的氢气混合送入反应器。在液化反应器内，煤首先发生热解反应，生成自由基"碎片"，不稳定的自由基"碎片"再与氢在催化剂存在条件下结合，形成相对分子质量比煤低得多的初级加氢产物。出反应器的产物成分十分复杂，包括气、液、固三相。气相的主要成分是氢气，分离后循环返回反应器重新参加反应；固相为未反应的煤、矿物质及催化剂；液相则为轻油（粗汽油）、中油等馏分油及重油。液相馏分油经提质加工（如加氢精制、加氢裂化和重整）得到合格的汽油、柴油和航空煤油等产品。重质的液固淤浆经进一步分离得到循环重油和残渣。

煤间接液化是将煤先经气化制成合成气（$CO+H_2$），再在催化剂的作用下，经 Ficher-Tropsch（F-T 费托，下同）合成反应，生成烃类产品和化学品的过程。

典型煤间接液化工艺包括：煤的气化及煤气净化、变换和脱碳；F-T 合成反应；油品加工等3个串联步骤。气化装置产出的粗煤气经除尘、冷却得到净煤气，净煤气经CO宽温耐硫变换和酸性气体（包括 H_2S 和 CO_2 等）脱除，得到成分合格的合成气。合成气进入合成反应器，在一定温度、压力及催化剂作用下发生 F-T 合成反应，H_2 和 CO 转化为直链烃类、水以及少量的含氧有机化合物。生成物经三相分离，水相去提取醇、酮、醛等化学品；油相采用常规石油炼制手段（如常压、减压蒸馏），根据需要切割出产品馏分，经进一步加工（如加氢精制、异构降凝、催化重整、加氢裂化等工艺）得到合格的油品或中间产品；气相经冷冻分离及烯烃转化得到 LPG、聚合级丙烯、聚合级乙烯及中热值燃料气。

三、煤液化的发展历程

1. 煤直接液化技术的研究

早在1869年，M. Berthelot 最早用氢进行煤的加氢研究。1913年，德国的柏吉乌斯（Bergius）在研究了煤或煤焦油通过高温、高压加氢生产液体燃料后，获得了世界上第一个煤直接液化专利，为煤的直接液化奠定了基础。

1921年，德国用 Bergius 法在 Manhirn Rheinau 建成了煤炭处理量为5t/d的试验装置，成为煤直接液化技术研究的基础。1927年，德国 IG 公司建立了世界上第一个煤直接液化厂，规模为 10×10^4 t/a，原料为褐煤或褐煤焦油，铁系催化剂，氢压20～30MPa，反应温度430～490℃。

1935年，德国的 IG 公司在 Scholven 工厂又建设了一座20万吨/a汽油的烟煤液化装置。1937～1940年，IG 公司在 Gelsenberg 工厂，采用铁系催化剂、70MPa、480℃的条件，建设了第三座70万吨/a汽油的烟煤液化厂。至1939年第二次世界大战爆发后，德国共有12套煤直接液化装置建成投产，总生产能力达到423万吨/a，为德国提供了2/3的航空燃料、50%的汽车和装甲车用油。

随着第二次世界大战的结束，除当时在民主德国的 Leuna 工厂运转至 1959 年外，德国的煤直接液化工厂均停止了生产。

20 世纪 50 年代，由于中东地区大量廉价的石油开发，使煤直接液化失去了竞争力和继续存在的必要。这段时间除少数国家外，煤直接液化技术开发基本处于停顿阶段。美国取代德国成为研究和开发煤直接液化技术的主要国家，在 50 年代和 60 年代做了大量的基础研究工作。

1973 年以后，由于中东战争，西方世界发生了一场能源危机，石油价格暴涨，使人们对一次能源资源结构的矛盾得到重新认识，煤直接液化技术的研究又开始活跃起来。

美国于 1973 年 4 月制定了能源发展计划，强调在节约能源的基础上开发包括煤液化在内的新能源，并由现在的美国能源部负责技术开发。日本在 1974 年 4 月推出了阳光计划，在进行太阳能、地热资源、氢能源开发的同时，也致力于研究开发煤的液化、气化技术。同样，德国、英国、澳大利亚、加拿大和前苏联等世界发达国家都进行了煤直接液化技术的开发研究工作。

20 世纪 70 年代以后，德国、美国、日本等主要工业发达国家，相继开发了煤直接液化的新工艺，还进行了中间放大实验，为建立大规模工业生产打下了基础。具有代表性的煤直接液化新工艺是德国的新二段液化工艺（IGOR）、美国的氢煤法工艺（H-COAL）和日本的 NEDOL 工艺。

表 7-1 列出了主要发达国家煤炭直接液化技术开发情况。与德国旧工艺相比，现在的新工艺反应条件大大缓和，液化油产率也有大幅提高，煤液化的经济性得到大幅改善。

表 7-1　主要发达国家煤炭直接液化技术开发情况

国　名	装置名称	处理能力/(t/d)	试验时间	地　点	开发机构	试验煤种
美国	SRC Ⅰ/Ⅱ	50	1974～1981	Fort Lewis	Gulf	Illinois 烟煤 Wyonming 次烟煤
	SRC	6	1974～1992	Wilsonville	EPRI Catalytic Inc	高硫烟煤 次烟煤
	EDS	250	1979～1983	Bayton	Exxon	Illinois 烟煤 Wyonming 次烟煤 Texas 褐煤
	H-COAL	600	1979～1982	Catlettsburg	HRI	Illinois 烟煤 Wyonming 次烟煤
德国	IGOR	200	1981～1987	Bottrop	RAG/VEBA	鲁尔烟煤
	PYROSOL	6	1977～1988	Saar	SAAR Coal	烟煤
日本	NEDOL	150	1992～1999	鹿岛	NEDO	烟煤
	BCL	50	1986～1990	澳大利亚	NEDO	褐煤
英国	LSE	2.5	1988～1992	Point of Ayr	British Coal	次烟煤
前苏联	ST-5	5	1986～1990	图拉布	ИГИ	褐煤

中国从 20 世纪 70 年代末开始研究煤炭直接液化技术，主要目的是由煤生产汽油、柴油等运输燃料和芳香烃等化工原料。煤炭科学研究总院北京煤化学研究所通过国家“六五”、“七五”科技攻关，对中国的上百个煤种进行了直接液化试验。通过选择液化性能较好的 28 个煤种在小型连续试验装置上进行了 56 次运转试验，选出了 15 种适合于液化的中国煤，液化油收率可达 50%以上（无水无灰基煤）。并对其中 4 个煤种进行了煤炭直接液化的工艺条件研究，开发了高活性的煤直接液化催化剂。利用国产加氢催化剂，进行了煤液化油的提质加工研究，经加氢精制、加氢裂化和重整等工艺的组合，成功地将煤液化粗油加工成合格的

汽油、柴油和航空煤油。

1997～2000 年，煤炭科学研究总院分别同德国、日本、美国等有关政府部门和公司合作，完成了神华煤、云南先锋煤和黑龙江依兰煤在国外已有中试装置上的放大试验以及这 3 个煤的直接液化示范厂预可行性研究。结果表明，建设一座年产 100 万吨油的煤炭直接液化厂，总投资约 100 亿元人民币，全部投资内部收益率 8%～15%，投资回收期为 9～13 年，成品油成本 1000～1200 元/t，显示出具有较好的经济效益。

2001 年 3 月，我国第一个煤炭液化示范项目建议书——《神华煤直接液化项目建议书》获国务院批准。2002 年 10 月 21 日神华集团与美国 Axeos 公司正式签订了基础设计合同；2002 年 12 月 10 日，与 ABB 鲁玛斯公司关于神华煤液化项目 PMC 管理合同在北京签字，这标志着我国煤液化项目进入了全面实施阶段。

2004 年 8 月，国家发改委批准神华鄂尔多斯直接液化项目动工，设计规模为年产成品油 500 万吨，一期规模 320 万吨/a，第一条 108 万吨/a 工业化示范装置已于 2008 年的 10 月份建成，开始单机试车，2008 年底全线贯通。

2. 煤间接液化技术的研究

煤间接液化技术的关键技术为 F-T 合成反应的实现。该反应于 1923 年由 F. Fischer 和 H. Tropsch 首次发现，后经 Fischer 等人完善，并于 1936 年在德国鲁尔化学公司实现工业化，F-T 合成因此而得名。

表 7-2 给出了 F-T 合成研究与开发的历史沿革。由表 7-2 可知，煤间接液化的发展主要经历了早期迅速发展阶段；受廉价石油冲击发展平缓阶段，以及受能源战略影响而成熟发展阶段。

表 7-2 F-T 合成研究与开发的过程

时间	发 展 进 程	主要研究者
1923	发现 CO 和 H_2 在铁类催化剂上发生非均相催化反应，可合成直链烷烃和烯烃为主的化合物，其后命名为 F-T 合成	F. Fischer 和 H. Tropsch
1936	常压多级过程开发成功，建成第一座以煤为原料的 F-T 合成油厂，4000×10^4 L/a	德国鲁尔化学公司
1937	中压法 F-T 合成开发成功	
	引进德国技术以钴催化剂为核心的 F-T 合成厂建成投产	日本与中国锦州石油六厂
1944	中压法过程中采用合成气循环工艺技术，F-T 合成油厂进一步发展	德国
1945 后	F-T 合成受石油工业增长的影响，其工业化发展受到影响	
1952	5×10^4 t/a 煤基 F-T 合成油和化学品工厂建成	前苏联
1953	4500t/a 的铁催化剂流化床合成油中试装置建成	中国科学院原大连石油研究所
1955	建立以煤为原料的大型 F-T 合成厂(Sasol Ⅰ厂)，采用 Arge 固定床反应器，中压法，沉淀铁催化剂	Sasol 公司(South African Coal and Gas Corp)
1970	提出 F-T 合成在钴催化剂上最大限度上制备重质烃，然后再在加氢裂解与异构化催化剂上转化为油品的概念	荷兰 Shell 公司
	浆态床反应器技术、MTG 工艺和 ZSM-5 催化剂开发成功	美国 Mobil 公司
1980	Sasol Ⅱ建成投产，中压法，循环流化床反应器，熔融铁催化剂	循环流化床反应器由美国 M. W. 凯洛格开发，Sasol 公司改进
1982	Sasol Ⅲ建成投产，中压法，循环流化床反应器，熔融铁催化剂	Sasol 公司
	提出将传统的 F-T 合成与沸石分子筛相结合的固定床两段合成工艺(MFT 工艺)	中国科学院山西煤炭化学研究所
1985	新型钴基催化剂和重质烃转化催化剂开发成功	荷兰 Shell 公司
1993	采用 SMDS(中间馏分油合成)工艺在马来西亚的 Bintulu 建成以天然气为原料，年产 50×10^4 t/a 液体燃料，包括中间馏分油和石蜡	荷兰 Shell 公司
1994	采用 MFT 工艺及 Fe/Mn 超细催化剂进行 2000t/a 工业试验	中国科学院山西煤炭化学研究所

煤间接液化可溯源于1923年德国科学家Fischer和Trospch发现的铁催化剂上CO和H_2合成液态烃燃料的F-T合成。1934年德国鲁尔化学公司开始建造以煤为原料的F-T合成油厂，1936年投产，年产油品4000×10^4L。1935～1945年期间，德国共建成了9个F-T合成油厂，总产量达57×10^4t，其中汽油占23%，润滑油占3%，石蜡和化学品占28%；同期法国、日本、中国也建设了6个F-T合成油厂，总生产能力为34×10^4t，F-T合成工业呈现出高速发展的态势。

第二次世界大战以后，因石油工业的飞速发展，使F-T合成失去了竞争力，上述国家的煤间接液化厂纷纷关闭。

南非富煤缺油，长期受到国际社会的政治和经济制裁，被迫发展煤制油工业。20世纪50年代初成立了Sasol公司，开始建设第一个煤间接液化厂SasolⅠ厂，并于1955年建成投产。1980年与1982年又分别建成SasolⅡ厂和Sasol Ⅲ厂，成为目前世界上最大的煤间接液化企业。年耗原煤近5000×10^4t，生产油品和化学品700多万吨，其中油品近500万吨。该公司在50余年的发展中不断完善工艺和调整产品结构，开发新型高效大型反应器，1993年又投产了一套2500磅/天的天然气基合成中间馏分油的先进的浆态床工业装置。

国际上有丰富价廉天然气资源的国家重点开发气转液（GTL）技术。20世纪70年代初，荷兰Shell公司开始合成油品的研究，提出通过F-T合成在钴催化剂上最大程度上制取重质烃，然后再在加氢裂解与异构化催化剂上转化为油品的概念。20世纪80年代中期，研制出新型钴基催化剂和重质烃转化催化剂，油品以柴油、煤油为主，副产硬蜡。1989年开始在马来西亚Bintulu建设以天然气为原料的50×10^4t/a合成中间馏分油厂，于1993年投产。

我国最早在1943年与日本合资，在锦州石油六厂引进了德国以钴催化剂为核心的F-T合成技术，建成了生产能力为100t/d的煤间接液化厂，1945年日本战败后停产。新中国成立后，我国重新恢复和扩建锦州煤制油装置，采用固定床反应器，常压钴基催化剂，以水煤气为气源，1951年投产，1959年产量最高达到47×10^4t/a，并在当时情况下实现了可观的效益。随着大庆油田的发现，1967年锦州合成油装置停产。1953年，中国科学院原大连石油研究所为提高煤间接液化效率，建设了4500t/a的铁催化剂流化床合成油中试装置，但由于催化剂磨损、黏结等问题而未能获得成功。

20世纪80年代初，受世界石油危机影响，同时考虑到我国煤炭资源丰富的国情，我国重新恢复了煤制油技术的研究与开发。在“十五”期间，中国科学院山西煤炭化学研究所合成油工程研究中心（现中科合成油技术有限公司）在前期研究工作的基础上，总结过去的经验和教训，完成了2000t/a煤炭间接液化工业试验。2001年，ICC-IA低温催化剂的合成技术完成中试验证。2007年，ICC-Ⅱ高温催化剂的合成技术进行了中试试验。开发了ICC-Ⅰ低温（230～270℃）和ICC-Ⅱ高温（250～290℃）两大系列铁系催化剂技术和相应的浆态床反应器技术，并分别形成了两个系列合成工艺，即针对低温合成催化的重质馏分合成工艺ICC-HFPT和针对高温合成催化剂的轻质馏分合成工艺ICC-LFPT。

2002年12月，兖矿集团在上海组建上海兖矿能源科技研发有限公司，开始开展煤间接液化技术的研究和开发工作。2004年3月5000t级低温F-T合成、100t/a催化剂中试装置建成投产。2006年4月又开始建设万吨级高温F-T合成中试装置和100t/a高温F-T合成催化剂中试装置。2007年初，高温F-T合成催化剂中试装置生产出高温Ⅱ型催化剂。2007年6月，高温F-T合成中试装置一次投料开车成功，生产出合格产品。

随着国际原油价格的上涨，我国各大企业对煤液化项目表示出了极大的兴趣，先后投资上马了许多煤液化项目，在建或已投产的煤液化项目如表7-3所示。

表 7-3　我国在建或已投产的煤液化项目

建设单位	地　点	规　模	工　艺	建成时间	长期规模	产　品	技术来源
神华集团	鄂尔多斯	100万吨	直接液化	2008年底	500万吨	汽油15%，柴油67%，液化气18%	自主知识产权
兖矿集团	陕西榆林	100万吨	间接液化	2010～2011年	500万吨	柴油77.2%，石脑油19.6%，液化石油气2.3%，特种蜡0.9%	自主研发的低温F-T技术
潞安集团	山西屯留	16万吨	间接液化	2008年8月	48万吨	柴油70%，石脑油17%～18%，液化气12%～13%	合作（中科合成油）
伊泰集团	内蒙古准格尔旗	16万吨	间接液化	2008年9月	48万吨	柴油70%，石脑油17%～18%，液化气12%～13%	自主知识产权的煤基合成油技术
神华集团&Sasol	陕西榆林	320万吨	间接液化	2013～2014年	600万吨	柴油、石脑油、液化气	南非Sasol
神华集团&Sasol	宁夏宁东	320万吨	间接液化	2013～2014年	60万吨	柴油、石脑油、液化气	南非Sasol

第二节　煤直接液化

一、煤与液体燃料油的区别

除煤是固体，而燃料油是液体外，煤和燃料油还有以下几个方面的不同。

1. 元素组成

虽然煤与液体燃料都由碳、氢、氧等元素组成，但其含量各不相同。表7-4列出了几个煤种和原油、汽油的元素含量对比。由表可见，煤与石油、汽油相比，煤的氢含量低，氧含量高；H/C原子比低，O/C原子比高。例如高挥发分烟煤，氢的含量为5.5%，H/C原子比0.82，氧含量达11%左右，而石油的氢含量为11%～14%，H/C原子比1.76，氧含量仅0.3%～0.9%。

表 7-4　煤与液体油的元素含量对比　　单位：%

元　素	无烟煤	中等挥发分烟煤	高挥发分烟煤	褐煤	泥炭	原油	汽油
C	93.7	88.4	80.3	72.7	50～70	83～87	86
H	2.4	5.0	5.5	4.2	5.0～6.1	11～14	14
O	2.4	4.1	11.1	21.3	25～45	0.3～0.9	
N	0.9	1.7	1.9	1.2	0.5～1.9	0.2	
S	0.6	0.8	1.2	0.6	0.1～0.5	1.0	
H/C原子比	0.31	0.67	0.82	0.87	0.0～1.0	1.76	1.94

2. 分子结构

石油是主要由烷烃、环烷烃及芳香烃所组成的混合物，而煤的分子结构极其复杂。一般认为煤的有机质主要是由数个结构单元构成的呈立体结构的高分子化合物，其结构单元通常有几个含硫、氧、氮官能团的芳香环，由非芳香烃部分（$—CH_2—$，$—CH_2—CH_2—$或氢化芳香环）或醚键连接起来而构成（见图7-1）。另外在高分子立体结构中还嵌有一些低分子化合物，如树脂、树蜡等。随着煤化程度的加深，结构单元的芳香性增加，侧链与官能团数目减少（见图7-2）。

3. 相对分子质量

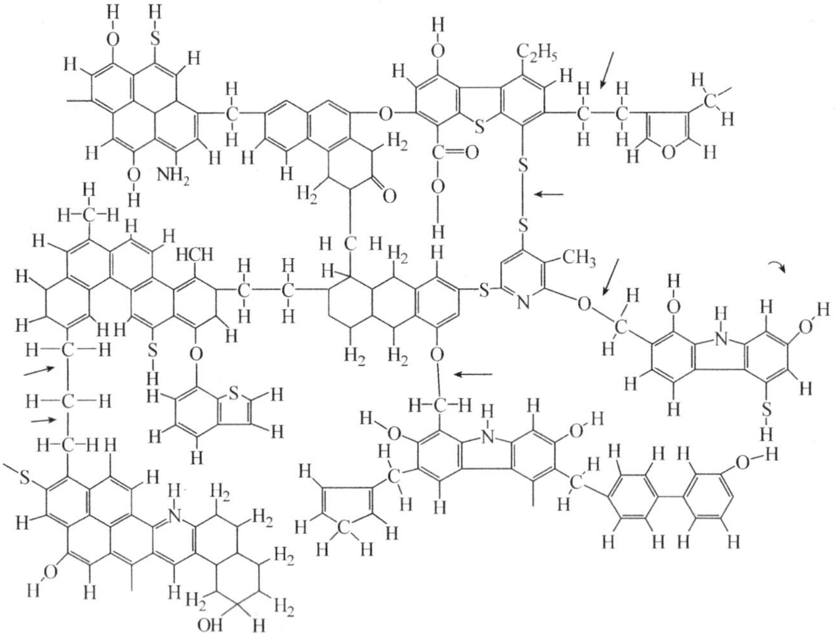

图 7-1　一种年青烟煤的分子结构模型

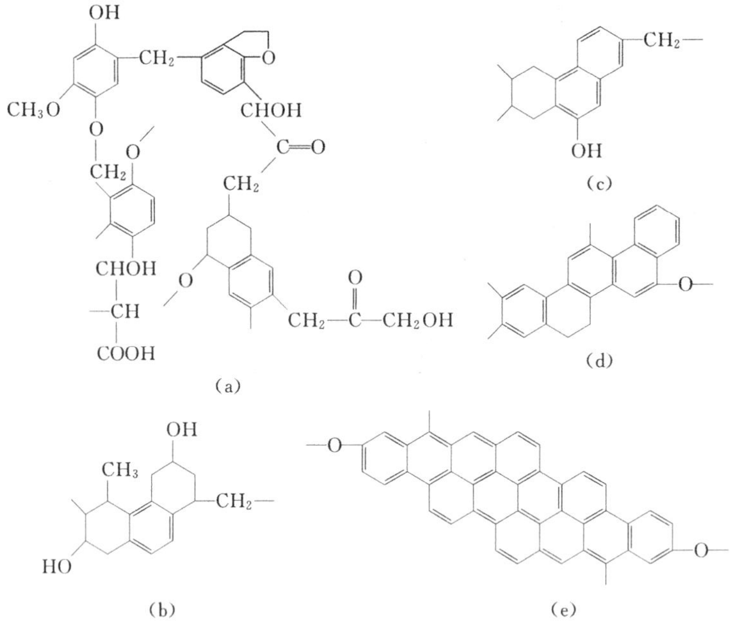

图 7-2　不同煤化程度煤的结构单元示意图

煤的相对分子质量很大，一般认为在 5000～10000 之间或更大些；而石油的平均相对分子质量较小，一般为 200 左右，汽油的平均相对分子质量为 110 左右。

二、煤直接液化的基本原理

为了将煤中有机质高分子化合物转变为低分子化合物，就必须使煤的化学结构中的化学键断裂；为了提高 H/C 原子比，必须向煤中加入充分的氢。

煤在高温下热分解可得自由基碎片。在煤热解过程中，如果外界不向煤中加入充分的氢，这些自由基碎片只能靠自身的氢发生再分配作用，而生成很少量 H/C 原子比较高、相对分子质量较小的物质——油和气，绝大部分自由基碎片则发生缩合反应，而生成 H/C 原子比更低的物质——半焦或焦炭。如果能从外部供给充分的氢，使热解过程中断裂下来的自由基碎片马上与氢反应结合，而生成稳定的 H/C 原子比较高，相对分子质量较小的物质，这样就可能在较大程度上抑制缩合反应，使煤中有机质全部或绝大部分转化为液体燃料油，这就是煤炭直接加氢液化的基本思想。

1. 煤加氢液化的反应

根据煤在加氢液化过程中的状况变化，可认为发生的反应有以下几类。

（1）热裂解反应　煤在加氢液化过程中，加热到一定温度（300℃左右）时，煤的化学结构中键能最弱的部位开始断裂，变为自由基碎片。

$$煤 \xrightarrow{热分解} 自由基碎片（R'） \tag{7-1}$$

随着温度的升高，煤中一些键能较高的部位也相继断裂，出现自由基碎片。

研究表明，煤的化学结构中苯基醚 C—O 键、C—S—键（如 Ar—CH_2—O—Ar、Ar—CH_2—S—R、Ar—CH_2—O—CH_2—Ar、Ar—CH_2—O—R，Ar 为芳环，R 为脂肪烃）和连接芳环的 C—C 键的解离能较小，容易热断裂；芳香核中的 C—C 键和次乙基苯环之间相连接的 C—C 键解离能较大，难以热断裂。

煤加氢液化的实质是切断煤结构中的化学键，在键的断裂处用氢来弥补。而切断煤结构中的化学键必须在适当的阶段停止。如果切断进行得过分，则生成气体太多（类似气化）；如果切断进行得不足，则液体油的产率太低，所以必须严格控制反应条件。

（2）加氢反应　在加氢液化过程中，由于供给充足的氢，煤热解的自由基碎片与氢结合，生成稳定的低分子，其反应式为

$$R'+H \longrightarrow RH \tag{7-2}$$

此外，煤结构中的某些 C═C 双键也可能被加氢。

加氢液化中一些溶剂同样也发生加氢反应，如四氢萘溶剂在反应中，它能供给煤质变化时所需要的氢原子，它本身变成萘，萘又能与系统中的氢反应生成四氢萘，其反应为

$$四氢萘+煤 \longrightarrow 萘+煤—H \tag{7-3}$$

$$萘+H_2 \longrightarrow 四氢萘 \tag{7-4}$$

加氢反应关系着煤热解自由基碎片的稳定和油收率高低，如果不能很好地加氢，那么自由基碎片就可能缩合生成半焦，油收率降低。

影响煤加氢难易程度的因素是煤本身稠环芳烃结构，稠环芳烃结构越密和相对分子质量越大，加氢越难。煤呈固态也阻碍与氢相互作用。

（3）脱氧、硫、氮等杂原子的反应　加氢液化过程，煤结构中的一些氧、硫、氮也产生断链，分别生成 H_2O（或 CO、CO_2）、H_2S 和 NH_3 气体而脱除。煤中杂原子脱除的难易程度与其存在形式有关，一般侧链上的杂原子较环上的杂原子容易脱除。

煤结构中的氧多以醚基、羟基、羧基、羰基和醌基等形式存在。醚基、羧基和羰基在较缓和的条件下就能断裂脱去，而羟基则不能，需在苛刻条件下才能脱去。通常脱氧率在60%左右。

煤结构中的硫以硫醚、硫醇和噻吩等形式存在。加氢液化过程中，硫醚键、硫羟基易断开而将硫脱除，脱硫率一般在 40%～50%。

煤中的氮以吡咯、吡啶等形式存在。脱氮反应比脱氧、脱硫反应难以进行，在轻度加氢时，氮含量几乎没有减少。一般脱氮需要苛刻的反应条件和有催化剂存在时才能进行，而且是先被氢化后再进行脱氮，耗氢量很大。

（4）缩合反应　在加氢液化过程中，由于温度过高或氢供应不足，煤的自由基碎片、反

应物分子或产物分子会发生缩合反应，生成半焦和焦炭。

缩合反应将使液化产率降低，是煤加氢液化中不希望进行的反应。为了提高液化效率，必须严格控制反应条件和采取有效措施，抑制缩合反应，加速裂解、加氢等反应。

2. 煤加氢液化的机理

煤在溶剂、催化剂和高压氢气存在的条件下，随着温度的升高，煤开始在溶剂中膨胀形成胶体系统，有机质进行局部溶解，发生煤质的分裂解体破坏，同时在煤质与溶剂间发生氢分配，350～400℃生成沥青质含量很高的高分子物质。在煤质分裂的同时，有分解、加氢、聚合以及脱氧、脱氮、脱硫等一系列平行和相继的反应发生，从而生成水、CO、CO_2、NH_3 和 H_2S 等气体。随着温度逐渐升高（450～480℃），溶剂中氢的浓度增加，使氢重新分配程度也相应增加，也就是使煤加氢液化过程逐步加深，主要发生分解加氢作用，同时也存在一些异构化作用，从而使高分子物质（沥青质）转变为低分子产物——油和气。

S. Weller 最早提出煤加氢液化的反应机理。他认为煤加氢液化反应的中间产物是沥青烯，沥青烯经过逐次反应最后生成油，即

$$\text{煤}\xrightarrow{K_1}\text{沥青烯}\xrightarrow{K_2}\text{油}$$

通过测定煤加氢裂解的反应速率和沥青烯加氢裂解的反应速率，得知两反应均属一级反应。由煤向沥青烯的反应速率很快，而沥青烯向油的转化速率却很慢，$K_1/K_2=10\sim25$。虽然这个机理过于简单，但为以后的研究提供了方向。

E. Fallkum 等人认为，由煤生成的沥青烯也产生聚合反应，生成半焦状的物质［煤(2)］，考虑初期的快速阶段和后期的缓慢阶段，其反应机理为

煤(1)⟶沥青烯⟶油
沥青烯⇄煤(2)

石井忠雄等通过对日本北海道煤高压加氢裂解反应速率的研究，认为日本煤与 S. Weller 等研究的煤不同，在反应过程中同时产生由煤不经过沥青烯阶段而直接生成油的反应。即

煤⟶油(1)
煤——沥青烯⟶油(2)

生成油（1）的反应速率和生成油（2）的反应速率表现出的规律不同。生成油（1）初期反应快，而后期反应慢。

Squires 等人根据对溶剂精炼煤产品的研究，提出抽提液化的反应机理，见图 7-3 所示。他们认为烟煤镜质组分在供氢溶剂中加热到 400℃时，比较易断裂的键断开，而成自由基，被供氢溶剂供给的氢所稳定，生成液化中间产物——前沥青烯、沥青烯、油和少量的残渣。在前沥青烯向沥青烯和油转化的慢速低分子化反应中，尚有脱杂原子反应，低分子向高分子转化的聚合反应。

图 7-3 抽提液化的反应机理

图中左侧曲线表示快速反应中易断裂的键断开，迅速形成液化中间产物；右侧实线表示慢速的低分子化反应；点划线表示慢速的高分子化反应

山西太原工学院凌大琦教授等对内蒙胜利矿褐煤进行液化反应研究，提出如下的反应机理。

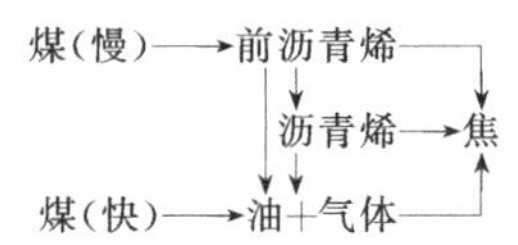

认为煤由两部分组成，一部分反应性差，反应速率慢，在反应中生成前沥青烯和沥青烯；另一部分反应速率快，反应中生成油和气体。

此外，还有不少研究者提出不同的反应机理，这里不再多述。通过综合分析对比，对煤加氢液化反应机理可以得出以下几点比较公认的看法。

① 煤组成是不均一的。既存在少量易液化的组分，如嵌布在高分子立体结构中的低分子化合物，也有一些极难液化的惰性组分。但是，如果煤的岩相组成比较均一，为了简化起见，也可将煤当作组成均一的反应物看待。

② 虽然在反应初期有少量气体和轻质油生成，不过数量不多，在比较温和条件下更少，所以反应以顺序进行为主。

③ 沥青烯是主要中间产物，但后来的研究证明，在沥青烯之前还存在前沥青烯中间产物。前沥青烯的相对分子质量大约为1000，比沥青烯大近一倍。对主要经过前沥青烯，还是沥青烯，尚没有一致的意见。

④ 逆反应可能发生。当反应温度过高，氢压不足，反应时间过长时更易发生。已生成的前沥青烯、沥青烯以及煤裂解生成的自由基碎片等可能缩聚成不溶于任何有机溶剂的焦，油亦可以裂解、聚合生成气态烃和相对分子质量更大的产物。

如果将煤看做是组成均一的反应物，根据上述看法反应机理可用图7-4表示。

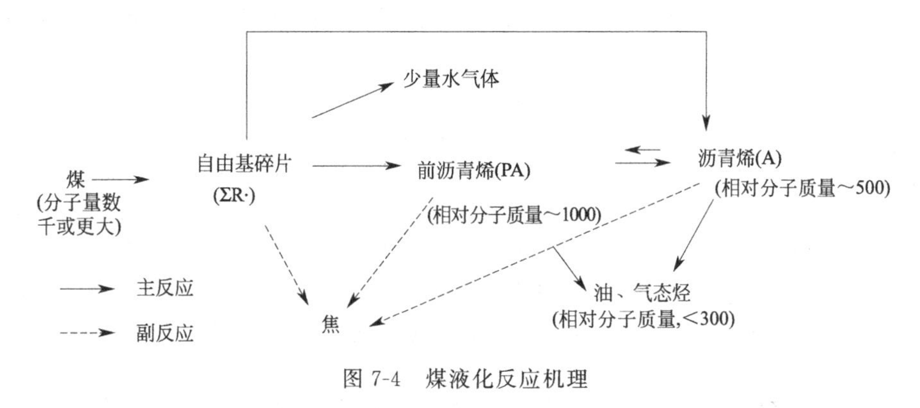

图7-4 煤液化反应机理

3. 煤加氢液化反应动力学

有关煤加氢液化反应动力学模型的论述很多，由于每个研究者所用原料煤的组成、性质不同，采用的反应条件以及产物的分析方法等不同，所得到的煤加氢液化反应动力学模型也很不一致。

Wiser等人研究了犹他烟煤在四氢萘溶剂中热溶解的动力学。他们认为，在供氢体萃取过程初期，煤的热溶解是氢分压二级反应，活化能为120.58kJ/mol，但后期，反应变为一级。并且提出氢原子传递到自由基碎片的反应是速率控制步骤。

Wen等采用间歇高压釜研究了烟煤初始阶段的溶解过程。通过实验数据分析，认为煤溶解的第一阶段是一级反应，煤迅速分解，生成的主要产物是前沥青烯。

Guin等假定溶解是由热引发的，但解聚的净速率决定于溶剂的性质和它促使自由碎片加氢的效果。溶剂的供氢性能越好，促进煤热溶解就越有效。认为溶剂再氢化是总速率的控制步骤，因此在动力学模型中，氢在煤-溶剂料浆里的溶解度很重要。

三、煤加氢液化的溶剂

1. 溶剂的分类

许多有机溶剂能在一定条件下溶解一定量的煤。Oele等人根据溶解效率和溶解温度将溶剂分为下面的5类。

（1）非特效溶剂　在100℃温度下能溶解微量煤的溶剂称为非特效溶剂，如乙醇、苯、乙醚、氯仿、甲醇和丙酮等。萃出物可能是镶嵌在煤基体中的树脂和树蜡，它们不是构成煤基体的主要部分，因此，这种萃取没有实现工业化的价值。

（2）特效溶剂　这类溶剂在200℃温度下能溶解20%～40%的煤，萃出物的化学组成与不溶残渣相似。将这类溶剂对煤的溶解可看成是无选择性的，因此特效溶剂对煤的萃取用于研究煤的化学结构比用于煤炭加工方面更有意义。属于这类溶剂的有：吡啶、带有或不带有芳烃或羟基取代基的伯脂肪胺和杂环碱等。

Dryden 认为伯胺类优于仲胺和季胺，这可能是空间效应的缘故。与氧化物相比，氮化物一般是更好的溶剂，它们的萃取效率被归结为分子中一个氮原子或氧原子上存在非共享电子对，此电子对具有的亲核性，使溶剂表现得像一个极性流体。

（3）降解溶剂　这类溶剂在400℃高温下能萃取煤炭高达90%以上，如菲、联苯和菲啶等。这类溶剂有如下特点。

① 萃取后的溶剂几乎能全部从溶液中回收。

② 降解溶剂的作用依赖于热作用，在温度400℃时煤发生热分解，产生更小和更可溶的碎片。

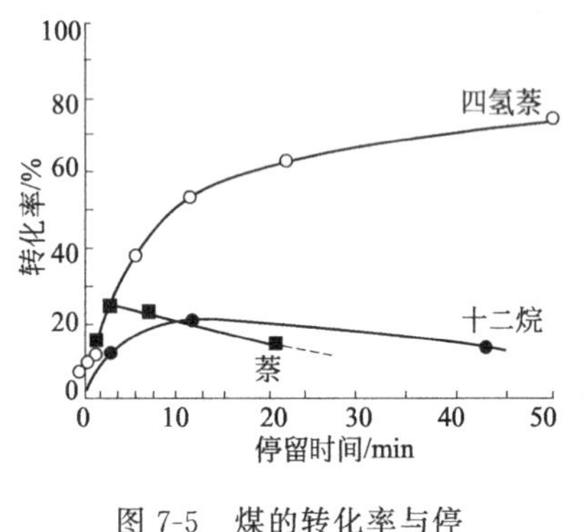

图 7-5　煤的转化率与停留时间的关系（400℃）

③ 产生聚合作用。例如将煤置于400℃恒温的萘和十二烷中加热，开始由于热分解，溶解度随时间延长而增加，而后因高相对分子质量煤碎片的重新聚合，溶解度下降，见图 7-5。

④ 某些降解溶剂如菲、萘等能起氢传递或氢穿梭的作用，即氢来回穿梭于煤的不同部分之间。

多芳烃溶剂虽然不是纯氢供体，但却能够参与氢穿梭，帮助氢在煤碎片中再分配。在萃取中这些溶剂总的看来似乎不产生变化，但实际上能与煤发生相互作用。因此严格地说，这类溶剂是反应性溶剂，不是降解溶剂。

（4）反应性溶剂　反应性溶剂也称活性溶剂，如酚、四氢喹啉等，在400℃高温下溶解煤是靠与煤质起化学反应。其萃出物不同于降解溶剂萃取物，溶剂在萃取时有明显的变化。回收后，萃出物和残渣的总重量常大于原料煤重，说明有些溶剂结合在萃出物上。活性溶剂与煤或碎片相互作用，能促进煤分散、增容及转化为可溶的产物。活性溶剂的萃取与热降解和氢传递反应有关，这些溶剂能够把氢供到煤或碎片上，或起传氢作用。

（5）气体溶剂　在超临界温度下，物质只以气相存在，无论多大压力都不能使其液化。挥发性小的物质与超临界气体溶剂接触，能使物质的蒸气压增大，向超临界气体中气化。利用超临界气体萃取煤得到的萃出物为气相，容易与残渣分离。压力越高，萃出率越大，一般可达20%～30%，也有高达60%～70%。对煤进行超临界萃取的溶剂，临界温度应在300～400℃范围，如甲苯（315℃）、二甲苯（343℃）、三甲苯（364℃）、十二烷（385℃）等，均接近煤的萃取温度。

2. 溶剂的作用

在煤炭加氢液化中溶剂所起的作用主要为热溶解煤、溶解氢气和供氢等。

（1）热溶解煤　溶解在溶剂中的煤呈分子状态或自由基碎片状态，增大了和固体催化剂及溶解状态氢的接触面积，加快了反应的进行，同时又对提高煤的液化率有利。

煤在溶剂中的热溶解包括煤的热膨胀、溶剂吸附、溶剂引起的溶胀、煤碎裂、增塑、传质和煤与溶剂的化学反应等，所以煤的热溶解不是单纯的物理溶解过程，还包括一些化学反应。

煤的热溶解首先是煤在热溶剂中进行热膨胀或溶胀而成为胶体系统，在此过程中镶嵌在煤孔隙中的物质和结构中连接最弱部分断裂进入液相。其次，随着温度升高，较强的键也相继断裂溶于溶剂。这时需要供给足够的氢与断裂下来的自由基碎片结合而成稳定低分子可溶物。如果供氢不足，自由基碎片会相互结合成更大的不可溶的分子。所以加热和氢传递对煤的热溶解是非常重要的。

关于煤的溶解机理，Whitehurst 提出，煤在热溶剂中需经多次断链，并与氢结合才能溶解。煤的溶解速度不仅与受热时的裂解作用有关，而且还与生成不溶性中间物和供氢物之间的反应有关。煤在溶剂中的溶解是缓慢过程，溶解能加速加氢反应，加氢反应又促进煤的溶解。

(2) 溶解氢气　氢气溶解在溶剂中有利于煤、固体催化剂和氢气的接触，加快加氢反应的进行。

图 7-6 和图 7-7 是氢气在杂酚油、二环己烷和四氢萘中的溶解度数据。由图可见，氢气在烃类溶剂中的溶解度随温度和压力的增加而增大，在高温和高压时增加的速率更快。另外，还能注意到氢气在烃类溶剂中的溶解度随烃类的相对分子质量增加而降低，如二环己烷对氢的溶解度大于四氢萘。

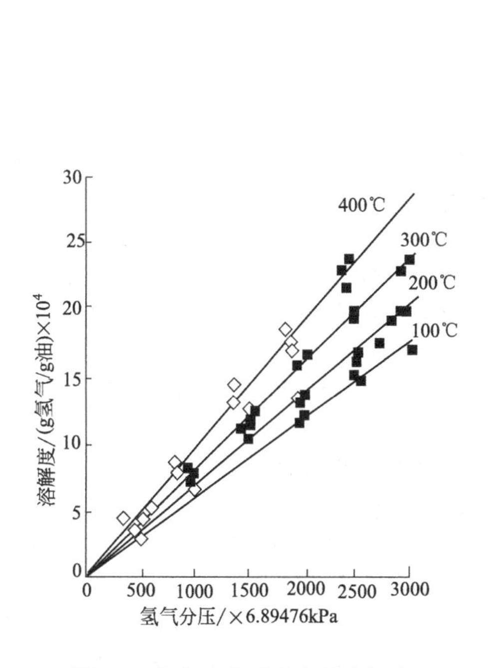

图 7-6　氢气在杂酚油中的溶解度

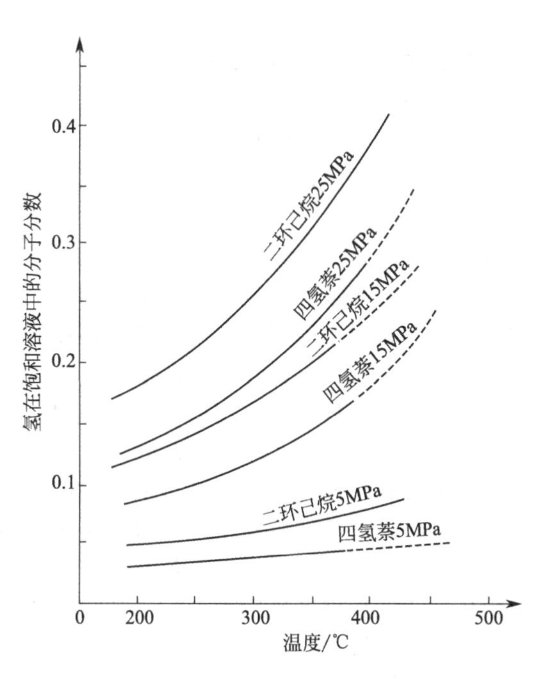

图 7-7　氢气在二环己烷和四氢萘中的溶解度

(3) 供氢作用　在加氢液化中，有些溶剂除热溶解煤和氢气外，还具有供氢和传递氢的作用。如用四氢萘作溶剂时，发生的供氢过程为：四氢萘供给煤质变化时所需要的氢原子，本身变成萘；萘又可从系统中取得氢而变成四氢萘，即有如下的反应过程：

$$ \rightleftharpoons \qquad +4H \tag{7-5} $$

常见的供氢溶剂是一些部分氢化的多环芳烃，如四氢萘、二氢萘、二氢菲、1,2,3,4-四氢喹啉等。由于煤焦油和煤部分加氢的产物含上述多环芳烃量较多，因此也可做供氢溶剂。工业上常使用煤加氢液化过程中生成的重质油类作循环溶剂，就是基于此原理。

溶剂的供氢作用，可促进煤裂解的自由基碎片的稳定化，提高煤炭液化的转化率，同时减少煤液化过程中的氢耗量。供氢溶剂传递给煤的氢量，在很大程度上取决于供氢溶剂的脱氢能力，而不是溶剂的氢含量。一般认为，部分氢化多环芳烃的结构处于不稳定状态，这部分氢化的氢容易失去，也容易结合；完全氢化的结构却比前者稳定，如四氢萘的供氢能力强于十氢萘。所以，煤液化时，不是采用含氢量最大的溶剂作供氢溶剂，而是要选用那些结构上含有易进行氢传递反应的化合物作供氢溶剂。

有些研究证明，供氢溶剂中的添加物对供氢能力是有影响的，如四氢萘溶剂中添加酚类对反应有促进作用，而添加酮、醌、醚类含氧物却起反作用，见表 7-5。

表 7-5　四氢萘溶剂中添加含氧物对煤液化率的影响

添　加　物	无	苯酚	二苯甲酮	1,4-萘醌	二苯醚
煤的转化率/%	56.8	89.5	44.5	47.6	41.6

注：溶剂/煤=3（质量），435℃，30min，氢初压 1.96MPa，添加物量 0.05mL。

另外，溶剂的作用还表现在：煤热解时桥键打开，生成自由基碎片，有些溶剂可结合到自由基碎片上使煤呈稳定低分子；溶剂的存在，能使煤质受热均匀，防止局部过热；溶剂和煤制成煤糊有利于泵的输送等。

四、煤直接液化的催化剂

1. 催化剂的作用

催化剂在煤加氢液化中的作用主要有以下几个方面。

（1）加快反应速率，提高煤炭液化的转化率和油收率　煤炭加氢液化是煤热解呈自由基碎片，然后加氢呈稳定低分子物质的过程。对于系统中供给足够的氢气时，由于分子氢的键合能较高，难以直接与煤热解产生的自由基碎片发生反应，因此需要通过催化剂的催化作用，使反应能够容易地进行。对于煤的有机质最初裂解，有些研究者认为，固体催化剂不能加速反应，原因是固体煤与固体催化剂接触不良，但是对溶解于溶剂中的煤，催化剂能促进煤的 C—C 键断裂，加速煤的裂解反应，提高转化率和油收率。

（2）促进溶剂的氢化和反应的氢传递　经研究，煤、供氢溶剂、氢气和催化剂之间的反应过程可用图 7-8 所示的过程表示。

由图可见，催化剂在供氢溶剂液化中的主要作用是促进溶剂的氢化，维持或增大氢化芳烃化合物的含量和供体的活性，有利于氢源与煤之间的氢传递，提高液化反应速率。

（3）选择性作用　煤在加氢液化中的反应很复杂，其中包括热裂解、加氢、脱杂原子、异构化、脱氢和缩合反应等。为提高油收率和油品质量，减少残渣和气体产率，要求催化剂能加速前四个反应，抑制后两个反应，且对裂解反应要求能进行到一定深度就停止。目前工业上使用的催化剂不能同时具有良好的裂解、加氢、脱 O、N、S 杂原子和异构化性能，因此必须根据加工工艺目的不同来选择相适应的催化剂。

为了加速煤加氢液化速率，提高转化率、油收率和设备的处理能力，降低反应压力和生产成本，改善油品性质，选用的加氢液化催化剂应具有活性高、选择性好、抗毒性强、价格低以及来源广等特点。

2. 几种煤加氢液化的催化剂

适合于作煤加氢液化催化剂的物质很多，但是有工业价值的催化剂主要有：铁系催化剂，Mo、Ni 氧化物催化剂及金属卤化物催化剂等。下面主要介绍这几种催化剂的催化性能。

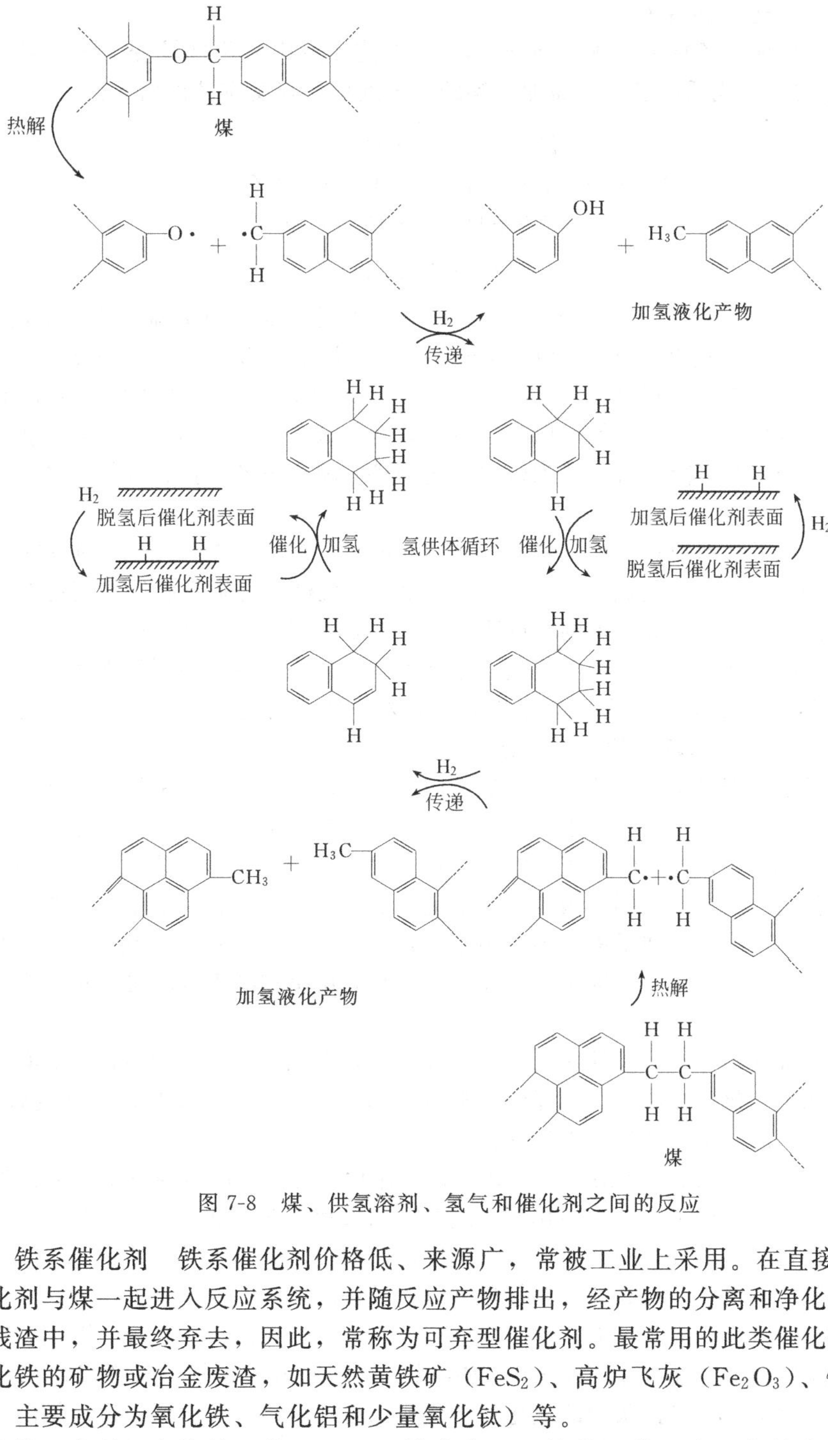

图 7-8 煤、供氢溶剂、氢气和催化剂之间的反应

(1) 铁系催化剂 铁系催化剂价格低、来源广，常被工业上采用。在直接液化过程中，这类催化剂与煤一起进入反应系统，并随反应产物排出，经产物的分离和净化过程后仍存在于液化残渣中，并最终弃去，因此，常称为可弃型催化剂。最常用的此类催化剂为含有硫化铁和氧化铁的矿物或冶金废渣，如天然黄铁矿（FeS_2）、高炉飞灰（Fe_2O_3）、铝厂废渣（又称赤泥，主要成分为氧化铁、气化铝和少量氧化钛）等。

早在第二次世界大战前，德国 Leuna 煤液化厂开始就是使用赤泥作催化剂。使用时需添加 0.1%～0.3%（占煤重量）的 Na_2S，其目的：一是在高压加氢反应器中促使氧化铁转化为活性较高的硫化铁；二是减轻煤中氯所形成的氯化物对设备的腐蚀。

T·Okutani 研究了赤泥-硫的催化作用。结果表明：单独用赤泥（10%重量）时，催化活性低，煤的转化率只有 41.5%；而同时用赤泥（10%重量）和硫（5%重量）时，催化活性好，煤的转化率提高到 92.5%；单独使用赤泥作催化剂时，在氢气中加入少量的 H_2S，转化率明显增加，达92%左右。

一般认为，在液化条件下，加入S或H_2S，能使赤泥中氧化铁转变为硫化铁，硫化铁可促进H_2S分解，生成活泼氢，从而加速煤的加氢液化。其反应过程如下：

$$H_2+S \xrightarrow{Fe_2O_3} H_2S$$

$$Fe_2O_3+2H_2S+H_2 \longrightarrow 2FeS+3H_2O$$

$$FeS+H_2 \longrightarrow Fe+H_2S$$

$$H_2S \xrightarrow{FeS} H_2\cdot+S$$

$$\text{煤}+H_2\cdot \longrightarrow \text{气、水、油、沥青烯}+\text{未反应的煤}$$

常规使用的铁系催化剂（如Fe_2O_3和FeS_2等），粒度一般在数微米到数十微米范围，由于分散不好，催化效果受到限制。20世纪80年代以来，人们发现如果把催化剂磨得更细，在煤浆中分散得更好些，不但可以改善液化效率，减少催化剂用量，而且液化残渣以及残渣中夹带的油分也会下降，可以达到改善工艺条件、减少设备磨损、降低产品成本和减少环境污染的多重目的。

研究表明，将天然粗粒黄铁矿（粒径小于74μm）在N_2保护下干法研磨或在油中搅拌磨至约1μm，液化油收率可提高7%～10%。然而，靠机械研磨来降低催化剂的粒径，达到微米级已经是极限。为了使催化剂的粒度更小，近年来美国、日本和中国的煤液化专家先后开发了纳米级粒度、高分散的铁系催化剂。通常用硫酸铁或硝酸铁溶剂处理煤粉并和氨水反应制成FeO(OH)，再添加硫，分步制备煤浆。另外一种方法是把铁系催化剂先制成纳米级（10～100nm）粒子，加入煤浆使其高度分散。

制备纳米级催化剂材料的方法较多，如逆向胶束法，即在介质油中加入铁盐水溶液再加入少量表面活性剂，使其形成油包水型微乳液，然后再加入沉淀剂。还有的方法是将铁盐溶液喷入高温的氢氧焰中，形成纳米级铁的氧化物。我国煤炭科学研究总院开发了一种纳米级铁系煤液化催化剂，其活性达到了国外同类催化剂的水平，并已获得了中国发明专利。

研究结果表明，纳米级铁系催化剂的用量可以由原来的3%左右降到0.7%左右，减少了煤浆中带入的无机物含量，有助于提高反应器容积利用率和减少残渣量，从而提高了液化油收率。

(2) 钼、镍催化剂　钼、镍催化剂的活性好于铁系催化剂，但其价格较高，必须考虑催化剂的回收。此类催化剂在使用的过程中，随着使用时间的增加，催化剂的活性逐渐下降，需取出进行再生，因此又称高价可再生催化剂。

美国的H-Coal工艺采用的Mo-Ni催化剂，在流化床反应器内表现出很高的活性，但活性降低很快。此工艺设计了一套新催化剂在线高压加入和废催化剂在线排出装置，使反应器内的催化剂既保持了相对较高的活性，排出的废催化剂又可去再生重复使用。

前苏联可燃矿物研究院将高活性钼催化剂以钼酸铵水溶液的油包水乳化形式加入到煤浆之中，随煤浆一起进入反应器反应，反应后的废催化剂留在残渣中一起排出液化装置，然后将液化残渣在1600℃的高温下燃烧，这时Mo以MoO_3的形式随烟道气挥发出来，将烟道飞灰用氨水洗涤萃取，就可把灰中的氧化钼转化成水溶性的钼酸铵。据报道，钼的回收率可超过90%。

(3) 熔融金属卤化物催化剂　金属卤化物在煤加氢液化过程中的催化作用早被人们所重视，尤其是氯化锌和氯化锡。卤化物催化剂的主要特点是能有效地使沥青烯转化为油类，转化为汽油的选择性较高，加氢液化效果优于金属硫化物和氧化物。

Zielke和Gorin等人研究指出，使用足够的高活性熔融金属卤化物作催化剂，无论是煤还是其抽提物，很有可能在比较缓和条件下转化为高辛烷值的汽油。

表 7-6 是几种金属卤化物的活性和主要产物的对比。由表可知，活性最好的是卤化铝，但用于煤的液化，活性太高，主要液化产物为轻烃；中等活性的金属卤化物适用于生产汽油馏分，如 $ZnCl_2$ 特别适用多核芳烃的加氢和环的开裂，而对苯几乎完全惰性，催化产生的异烷烃与正烷烃比值非常高；活性稍差的金属卤化物催化剂，如 $SnCl_2$，在煤加氢液化时主要生成重质油，异构烷烃与正构烷烃比值较低。

表 7-6 金属卤化物的活性与主要产物

活　性	高　活　性	中等活性	低活性
金属种类	Al	Sb,As,Bi,Zn,Ga,Ti	Sn,Hg
主要产物	轻质烷烃和焦油	汽油	重油

由于熔融 $ZnCl_2$ 催化剂的成本低，性质稳定，适合于生产高辛烷值汽油，且容易回收等原因，在金属卤化物催化剂中得到了开发应用。

如果 $ZnCl_2$ 催化剂中添加抑制剂或减少催化剂的用量，加氢裂解活性也随之降低，产物向使用低活性卤化物时的产物分布转移。

使用金属卤化物作催化剂时，在 H_2 中加入适量的 HCl，煤液化的转化率比单用 H_2 时要高，且主要是增加油收率。

卤化物催化剂具有腐蚀性，同时能与 K、Na 起作用而失去活性，损失也大，如果煤中矿物质含 K、Na 多时，则不宜采用。

(4) 助催化剂　不管是铁系可弃催化剂，还是钼、镍系可再生催化剂，它们的活性形态都是硫化物。在加入反应系统之前，有的催化剂是呈氧化物形态，必须将其转化成硫化物形态。

铁系催化剂的氧化物转化方式是在煤浆中加入元素硫或硫化物，在反应条件下元素硫或硫化物被氢化为硫化氢，硫化氢再把铁的氧化物转化为硫化物；钼镍系载体催化剂是先在使用之前用硫化氢预硫化，使钼和镍的氧化物转化成硫化物，然后再使用。

反应时为了在维持催化剂的活性，气相中必须保持一定的硫化氢浓度，以防止硫化态的催化剂被氢气还原成金属态。一般称硫是煤直接液化的助催化剂，有些煤本身含有较高的硫，就可以少加或不加助催化剂。

研究证实，少量 Ni、Co、Mo 作为 Fe 的助催化剂也可以起协同作用。

3. 影响催化剂活性的因素

各种催化剂的活性是不相同的，造成催化剂活性不同的决定性因素是催化剂的化学性质和结构。当催化剂的化学性质和结构确定后，催化剂在使用过程中显示出的活性大小还与下列因素有关。

(1) 催化剂用量　对某一种催化剂都有显示其活性的最低浓度，从这点开始，煤的转化率随催化剂浓度增加而提高，但是当催化剂浓度增至一定值后，转化率变化却很缓慢。Hank 等人用不同量的 Sn 或 Mo 作催化剂，在未加溶剂，温度为 450℃，H_2 初压 6894kPa，反应时间 1h 的条件下，对高挥发分烟煤进行液化。结果表明（见图7-9），催化剂用量增加，煤的转化率提高，当催化剂用量增至 0.5%～1%以后，转化率增加不多，而沥青烯随催化剂用量增大有一个最高点。

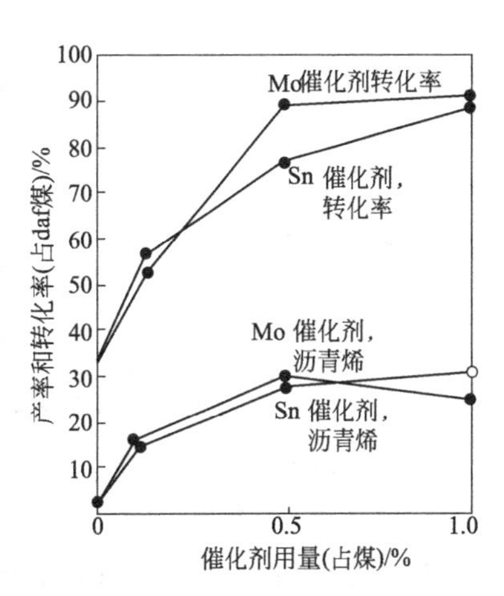

图 7-9 催化剂用量对煤液化的影响

催化剂用量不仅影响煤的转化率，而且也影响产物的分布。表 7-7 中列出了 Co-Mo 催化剂用量对煤液化产物分布的影响。由表可见，当催化剂的用量由 1%增至 10%时，沥青烯产率由 38%降至 27.2%，油收率由 36.9%提高到 50.7%，脱硫效果也明显提高。各种催化剂的适宜用量应通过实验确定。

表 7-7　Co-Mo 催化剂用量对煤液化产物分布的影响

气　氛	催化剂/%	转化率/%	沥青油/%	油/%	产物中 S 含量/%		
					油	沥青油	苯不溶物
N_2	0	74.7	41.3	24.2	0.34	1.10	7.06
H_2	0	86.2	49.9	25.4	0.25	0.47	7.73
H_2	1	86.2	38.0	36.9	0.21	0.47	5.02
H_2	10	89.4	27.2	50.7	0.093	0.25	7.29

注：煤中无机硫 3.2%，有机硫 1.44%，四氢萘/煤=4，40～60 目 Co-Mo 催化剂，455℃，氢初压 6.89MPa，1h。

（2）催化剂加入方式　煤加氢液化是非均相催化反应，催化剂与反应物之间的接触状态很重要，而接触性好坏取决于催化剂与煤的混合方式。在无溶剂时，催化剂与煤混合，接触性最差，显示的活性也最低；将煤浸渍在催化剂的水溶液中，接触性最好，显示出活性最高；将煤和催化剂在球磨机中粉碎，接触性和活性介于两者之间。

（3）煤中矿物质　煤中的矿物质对煤加氢液化有催化作用，但能减弱其他催化剂的催化作用。表 7-8 给出了煤中矿物质的催化作用和对催化剂的影响情况。从表中看出，不加催化剂时，两种原煤的液体产率均比无灰煤高，说明煤中矿物质具有一定的催化作用。但是加入催化剂时，两种无灰煤的液体产率却高于原煤，说明无灰煤对催化剂的接受能力比原煤强，原煤中某些矿物组分对催化剂不利，使活性降低。图 7-10 表明了煤的转化率随煤中矿物质含量增加而增加。

表 7-8　煤中矿物质的催化作用和对催化剂的影响

原　料　煤	液化产率/%		
	1% MoS_2 催化剂	无催化剂	催化效应
切列木霍夫原煤	88.45	84.42	4.03
切列木霍夫无灰煤	92.39	70.43	20.01
巴扎尔原煤	91.6	90.71	0.81
巴扎尔无灰煤	94.1	81.72	12.28

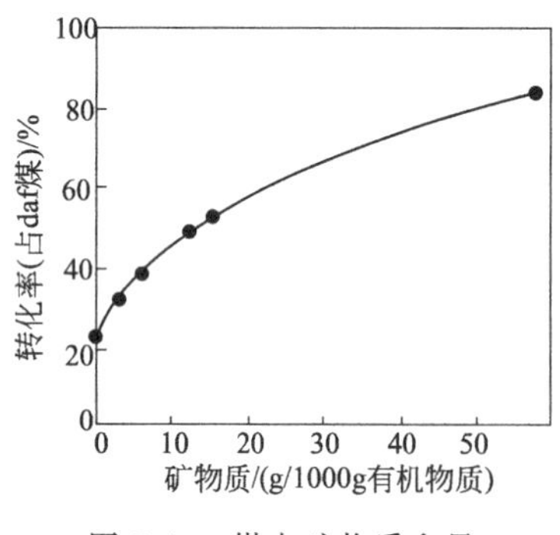

图 7-10　煤中矿物质含量与转化率的关系

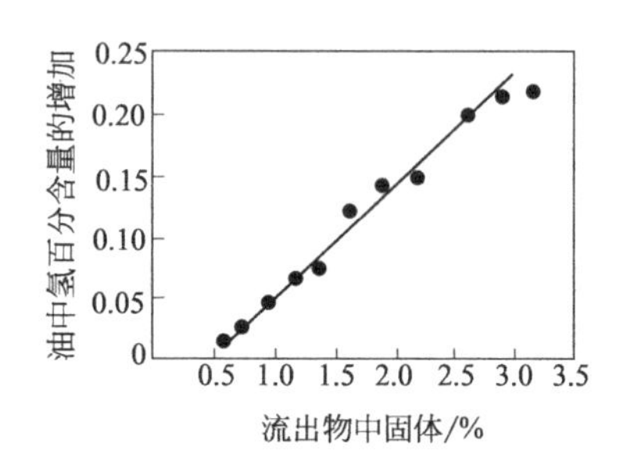

图 7-11　煤加氢萃取后的残渣在蒽油加氢中的催化作用（425℃，6.89MPa，0.6h^{-1}）

很多研究证明煤中的富铁矿物（如黄铁矿）、不含铁的矿物组分（如高岭土）均有催化活性，但后者活性较低。Wright 等人将含 5.5%铁的肯塔基 11 号高挥发分 B 烟煤

(hvBb) 经加氢萃取后得到富铁残留物，发现萃取残渣对蒽油加氢具有催化活性，见图7-11。Wright 等的研究也证实了煤中天然存在的钠具有催化作用。

矿物质对催化剂活性的负面影响，主要是煤中金属有机化合物或可溶灰沉积在催化剂孔隙中，使之失去活性。

研究表明，碱金属（Na）和碱土金属（Ca、Mg）易使加氢液化剂中毒，而酸性组分（Ti、P、Si）对催化剂活性的影响较小（见图 7-12）。催化剂活性衰减速率不仅是总可溶灰量的函数，而且还随可溶灰中碱金属氧化物与碱土金属氧化物的含量增多而加快。

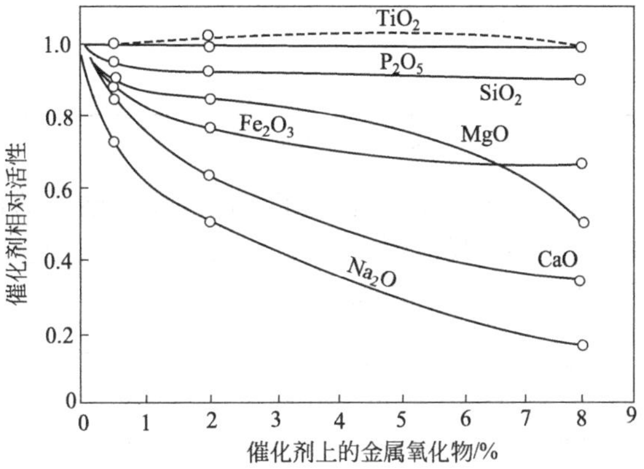

图 7-12　煤中各种金属氧化物对 Co-Mo 催化剂活性的影响

(4) 溶剂的影响　液化过程中催化剂的活性，随其使用的溶剂不同而异。如果使用非供氢溶剂（苯或煤焦油馏分），催化剂的作用很显著，催化剂添加量的影响也比较明显。使用供氢溶剂时，催化剂的作用及用量影响较小。

(5) 炭沉积和蒸汽烧结　炭沉积指煤在液化过程中产生的有机蒸气发生裂解，生成游离炭沉积在催化剂表面上，导致催化剂失去活性。这个过程进行得很快，催化剂的炭含量迅速达到稳态，随后的操作时间内变化缓慢。炭沉积使催化剂失活，属暂时性中毒，可通过高温将炭烧掉，使催化剂恢复活性。

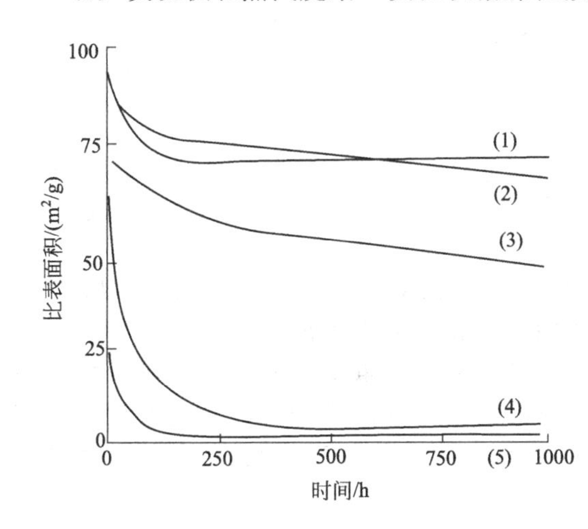

图 7-13　温度和水蒸气对 γ-Al_2O_3 烧结的影响
(1) 800℃只有 H_2；(2) 400℃ H_2O：H_2=9：1；(3) 500℃ H_2O：H_2=9：1；(4) 600℃ H_2O：H_2=9：1；(5) 800℃ H_2O：H_2=9：1

煤裂解时生成的水蒸气，能使催化剂载体发生烧结，造成催化剂表面积减少，活性下降。温度愈高，这种影响愈大，如图 7-13 所示。

五、煤加氢液化的工艺参数

反应温度、压力和时间是煤加氢液化的主要工艺参数，对煤液化过程有很大的影响。

1. 反应温度

没有一定的温度，无论多长时间，煤也不能发生液化反应。在其他条件配合下，煤加热到最合适的反应温度，就可获得理想的转化率和油收率。

在一定氢压和有催化剂、溶剂存在时，煤糊加热，发生一系列的变化。首先煤发生膨胀，进行局部溶解，此时不消耗氢，说明煤尚未开始加氢液化。随着温度升高，煤发生解聚、分解、加氢等反应，未溶解的煤继续热溶解，使转化率和氢耗量同时增加。当温度升到最佳值时（400～450℃），煤的转化率和油收率最高。温度再升高，分解反应超过加氢反应，缩合反应也随着加强，因此转化率和油收率减少，气体产率和半焦收率增加。表 7-9 为反应温度对 Westerholt 煤加氢液化的影响。由表可见，在 435℃时，煤的转化率和油的收率最高。

表 7-9 反应温度对 Westerholt 煤加氢液化的影响

反应温度/℃	转化率/%	沥青稀/%	油/%	气体/%
360	32	30	2	0
380	64	45	19	1
410	74	47	26	2
435	79	39	36	4
455	77	44	26	7

注：溶剂 H-Oil，反应时间 60min，氢初压 9MPa。

图 7-14～图 7-16 表示了反应温度对油品的性质的影响。由图可见，随着反应温度的增加，加氢裂解反应深度加深，油的相对分子质量减少，油品黏度下降，脱氢和脱烷基反应显著，使油的芳香度增加。

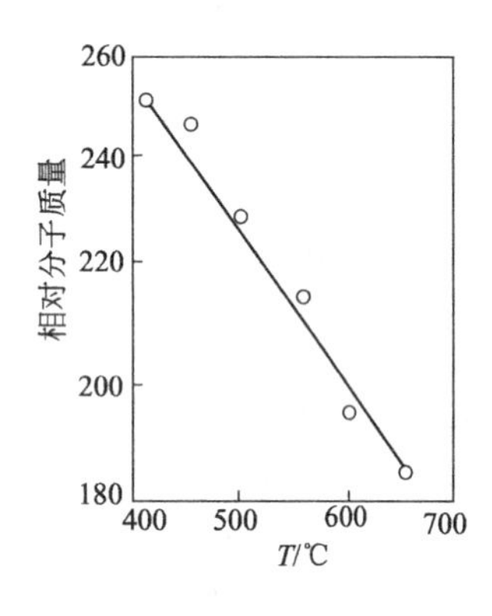

图 7-14 加氢液化油的分子量与反应温度关系

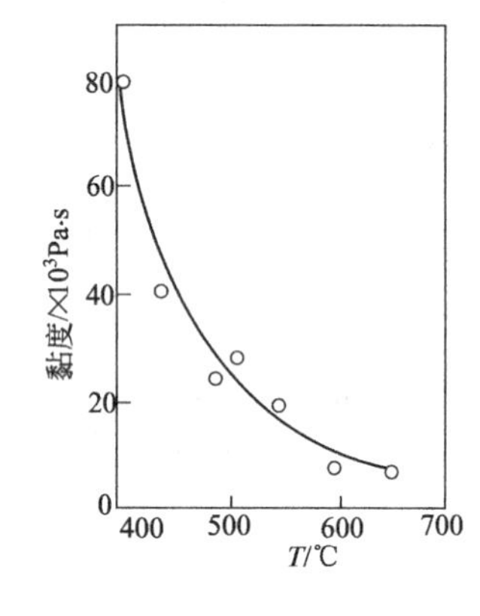

图 7-15 加氢液化油黏度与反应温度之关系

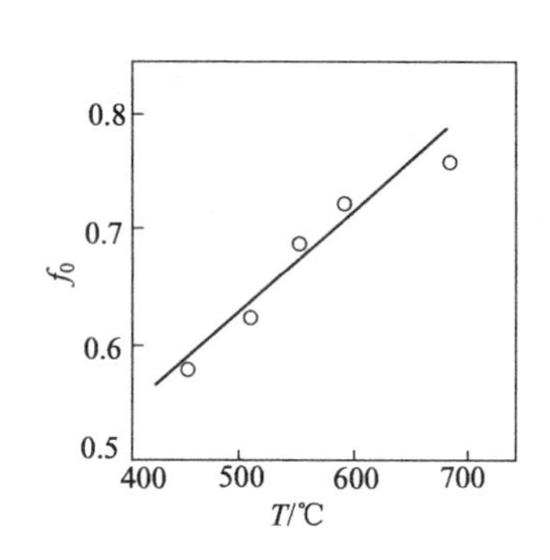

图 7-16 加氢液化油的芳香度与反应温度之关系

反应温度在一定范围内提高，使催化剂活性增加，但是如反应温度太高，催化剂表面产生炭沉积或蒸汽烧结现象，会使活性降低或丧失活性，液化效果变差。

因此，在煤加氢液化工艺中，选择适宜的反应温度至关重要，适宜的反应温度需通过实验来确定。为了保证较快的反应速率、较高的油收率和降低中间产物的黏度，目前开发的工艺都采用较高的反应温度，如 H-Coal 法，SRC 法和 EDS 法的反应温度均在 450℃左右。

2. 反应压力

煤加氢液化通常采用较高的压力，过去德国的烟煤加氢液化工艺压力高达 70MPa，现在新开发的工艺在 15～30MPa 之间。

反应压力与转化率、油收率的关系见表 7-10。由表可见，随氢初压加大，转化率和油收率均相应增加。但是，压力增加到一定值后再增加，转化率和油收率增加不明显。

表 7-10 反应压力与煤转化率和油收率的关系

氢初压/MPa	转化率/%	油收率/%	氢耗量/%
5	78.83	76.62	2.54
7.5	90.56	84.82	2.68
10	93.30	87.96	4.03
12.5	94.0	88.20	—

注：420℃，60min，1.5%MoS_3。

催化剂存在下的液相加氢速率，与催化剂表面直接接触的液体层中的氢气浓度有关。这个浓度取决于氢在液体中的溶解度和氢分压。氢在液体中的溶解度愈大和氢分压愈高，催化剂表面的液层中的氢浓度愈大，反应速率愈快。图 7-17 反映了压力对煤加氢液化的影响。由图可见，在 35MPa 以下的压力范围内，反应速率常数和压力成正比关系。

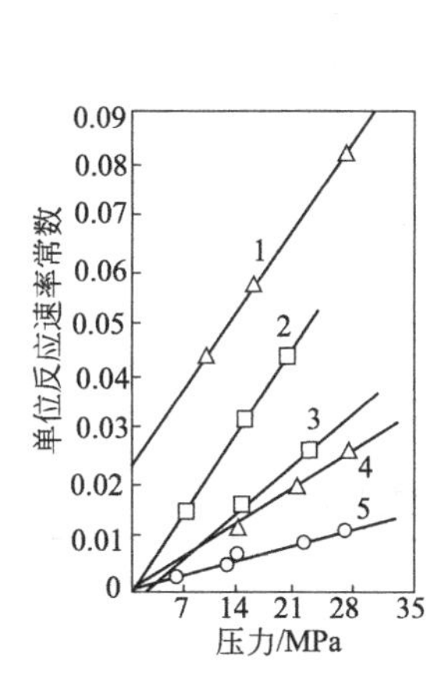

图 7-17　压力对煤加氢的影响
1—烟煤＋Mo；2—烟煤＋Sn；3—褐煤＋Mo；
4—褐煤＋Sn；5—烟煤和褐煤不加催化剂

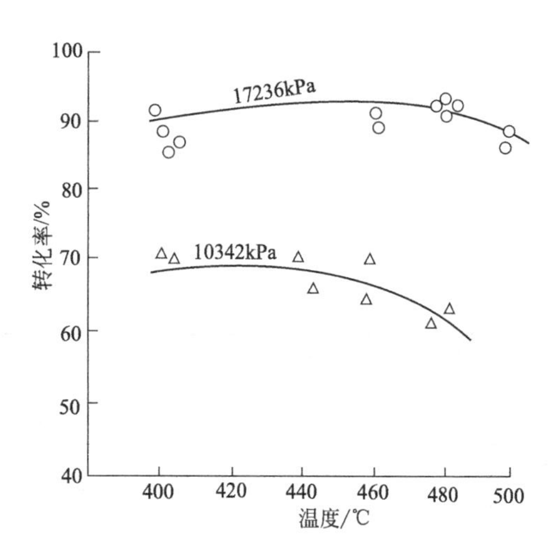

图 7-18　煤加氢液化反应温度、
压力和转化率的关系
催化剂：钼酸铵＋硫酸，反应时间：1h

氢气压力提高，有利于氢气在催化剂表面吸附和氢向催化剂孔隙深处扩散，使催化剂活性表面得到充分利用，因此催化剂的活性和利用效率比低压时高。

催化剂对某些化合物（如 H_2S、NH_3、吡啶、有机硫等）具有很强的吸附能力，这些化合物吸附在催化剂的活性中心上，会阻碍加氢反应的进行或使加氢中断。随着压力的升高，这种吸附逐渐减弱，吸附在活性中心的某些 N、S、O 化合物能被反应物原子排挤下来，使催化剂的稳定性增强，所以在高压下催化剂中毒的危险性要比低压时小。

提高压力，还使液化过程有可能采用较高的反应温度，从图 7-18 看出，H_2 初压从 10.34MPa 提高到 17.23MPa 时，煤的转化率提高 20％以上，在较低压力下，反应温度超过 440℃时转化率下降，而在较高的压力下，反应温度超过 470℃，转化率才下降。

但是，氢压提高，对高压设备的投资、能量消耗和氢耗量都要增加，产品成本高，因此如何降低压力是目前努力追求的目标。

必须指出，压力对反应速率的影响，主要是通过催化剂吸附能力的增强来实现，而催化剂本身对反应速率的影响远超过压力的影响。

3. 反应时间

反应时间和反应温度、反应压力一样，影响着煤加氢液化的转化率和油收率。在合适的反应温度和足够氢供应条件下进行煤加氢液化，随着反应时间的延长，液化率开始增加很快，之后逐渐减慢；沥青烯和油收率相应增加，并依次出现最高点；气体产率开始很少，随反应时间的延长，后来增加很快，同时氢耗量也随之增加，见表 7-11 和表 7-12。

表 7-11　反应时间对 Westerholt 煤加氢液化的影响

反应温度/℃	反应时间/min	转化率/%	沥青稀/%	油/%
410	0	33	31	2
	10	55	40	14
	30	64	46	18
	60	74	47	26
	120	76	48	27
435	0	46	41	5
	10	66	40	26
	30	79	50	28
	60	79	39	36
455	0	47	32	15
	10	67	43	23
	30	73	51	20
	60	77	44	26

注：溶剂 H-Oil，氢初压 9MPa。

表 7-12　反应时间对烟煤加氢液化过程的影响

反应温度/℃	400				440		
反应时间/min	10	40	120	180	10	30	60
固体残渣中的有机质/%	14.71	7.50	3.61	2.80	3.52	2.88	2.82
液体产率/%	76.54	80.58	85.0	90.64	83.91	82.04	82.76
气态烃/%	—	—	—	—	5.60	6.46	8.76
氢耗量/%	2.01	2.54	—	2.78	1.95	2.64	2.53

注：烟煤/焦油＝1，1% MoS_3，氢初压 8MPa。

从生产角度出发，一般要求反应时间越短越好，因为反应时间短意味着高空速、高处理量。不过合适的反应时间与煤种、催化剂、反应温度、压力、溶剂以及对产品的质量要求等因素有关，应通过实验来确定。

近年来开发的短接触时间液化新工艺，显示出很多优点。从表 7-13 看出，短接触时间 SRC 工艺，氢耗量比一般 SRC 工艺的减少 1.3%，转化率虽降低（4%），但因气体产率减少（6.9%），SRC 产物产率增加 24%。

表 7-13　短接触时间的 SRC 工艺和一般 SRC 工艺的比较

项　目	一般 SRC 工艺	短接触时间的 SRC 工艺	项　目	一般 SRC 工艺	短接触时间的 SRC 工艺
反应温度/℃	430～457	440	氢耗量/%	2.9	1.6
反应压力/kPa	16548	16755	SRC 产率/%	52	76
停留时间/min	40	3～4	气体产率/%	8.2	1.3
产品转化率/%	95	91			

六、工艺流程

1. 基本工艺过程

从 1913 年德国的柏吉乌斯（Bergius）获得世界上第一个煤直接液化专利以来，煤炭直接液化工艺一直在不断进步、发展，尤其是 20 世纪 70 年代初石油危机后，煤炭直接液化工艺的开发更引起了各国的极大关注，研究开发了许多种煤炭直接液化工艺。

煤炭直接液化工艺的目标是根据煤炭直接液化机理，通过一系列设备的组合，创造液化反应的操作条件，使煤液化反应能连续稳定地进行。虽然开发了多种不同种类的煤炭直接液化工艺，但它们就基本化学反应而言非常接近，共同特征都是在高温、高压下使高浓度煤浆中的煤发生热解，在催化剂作用下进行加氢和进一步分解，最终成为稳定的液体分子。

煤直接液化工艺的一般过程可简述如下：首先将煤先磨成粉，再和自身产生的液化重油（循环溶剂）配成煤浆，在高温（400～470℃）和高压（20～30MPa）下直接加氢，将煤转化成液体产品。整个过程可分成如图 7-19 所示的 4 个主要工艺单元。

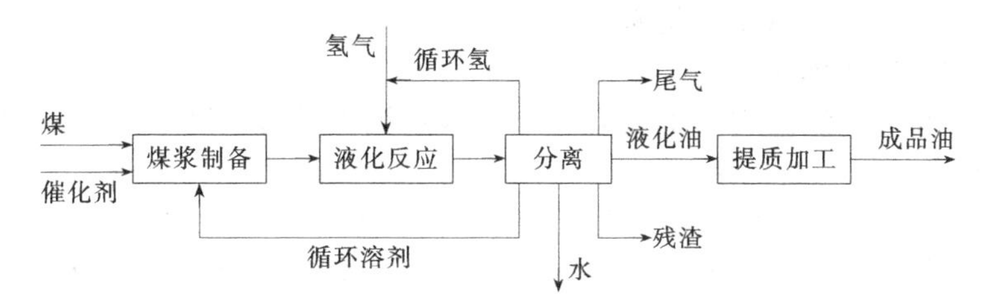

图 7-19 煤直接液化原理

① 煤浆制备单元。将煤破碎至粒径小于 0.2mm 以下，并与溶剂、催化剂一起制成煤浆。

② 反应单元。在反应器内高温、高压下进行加氢反应，生成液体物。

③ 分离单元。分离出液化反应生成的气体、水、液化粗油和固体残渣。

④ 提质加工单元。将液化粗油进一步加工成汽油、柴油等产品油。

煤炭直接液化是目前由煤生产液体产品方法中最有效的路线，液体产率超过 70%（以无水无灰基煤计算），工艺的总热效率通常在 60%～70%。

2. 典型煤直接液化工艺

在众多的煤直接液化工艺中，仅对近些年开发的、具有工业化价值的工艺进行简单介绍。

（1）德国 IGOR 工艺　IGOR 直接液化工艺的流程如图 7-20 所示。其大致可以分为煤浆制备、液化反应、两段催化加氢、液化产物分离和常减压蒸馏等工艺过程。

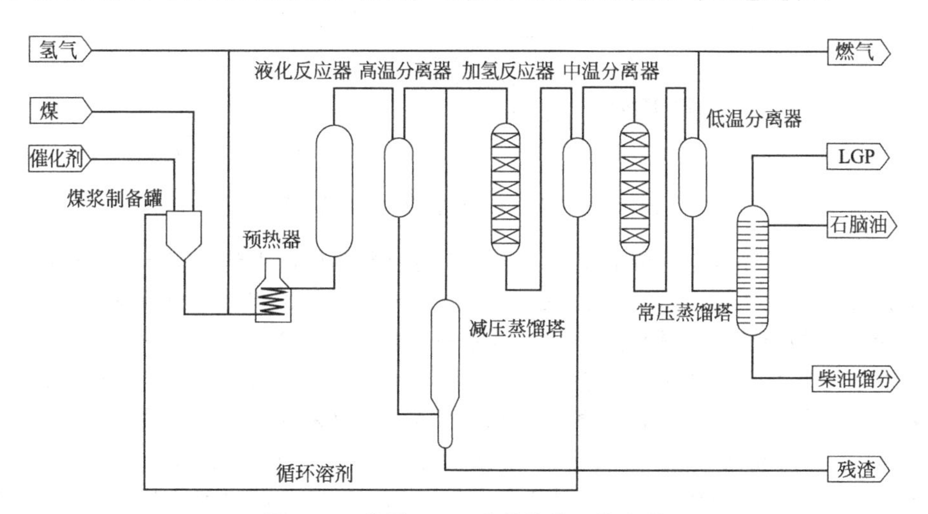

图 7-20 德国 IGOR 直接液化工艺流程

煤与循环溶剂及催化剂配成煤浆，与氢气混合预热后进入液化反应器。反应器操作温度为 470℃，反应压力 30MPa。反应器顶端排除的液化产物进入到高温分离器，在此将轻质油气、难挥发的重质油及固体残渣等分离开来。重质油及固体残渣进入高温分离器下部的真空闪蒸塔，在此分离成残渣和闪蒸油，前者进入气化制氢工序，后者则与从高温分离器分离出的气相产物一并送入第一固定床加氢反应器。该反应器温度为 350～420℃。加氢的产物进入中温分离器，从底部排除的重质油作为循环溶剂使用，从顶部出来的馏分油气送入第二固定床反应器再次加氢处理，由此得到的加氢产物送往气液低温分离器。低温分离器分离出的轻质油气送入气体洗涤塔，回收其中的轻质油后所得的富氢气体则循环使用。低温分离器分离出的液体油经常压精馏后得柴油、石脑油（汽油）和液化气等馏分。

IGOR 工艺一段加氢液化所用的催化剂为可弃性铁系催化剂——赤泥，二、三段固定床加氢精制用的为 Ni-Mo/Al_2O_3 催化剂。

IGOR 工艺有如下的特点。

① 液化反应和液化油提质加工在同一个高压系统内进行，既缩短和简化了工艺过程，也可得到质量优良的精制燃料油。

② 以闪蒸塔作为固液分离装置，生产能力大，效率高。

③ 以加氢后的油作为循环溶剂，使得溶剂具有更高的供氢性能，有利于提高煤液化过程的转换率和液化油产率。

（2）日本 NEDOL 工艺　NEDOL 煤直接液化工艺流程如图 7-21 所示。主要由煤前处理单元、液化反应单元、液化油蒸馏单元以及溶剂加氢单元 4 个单元组成。

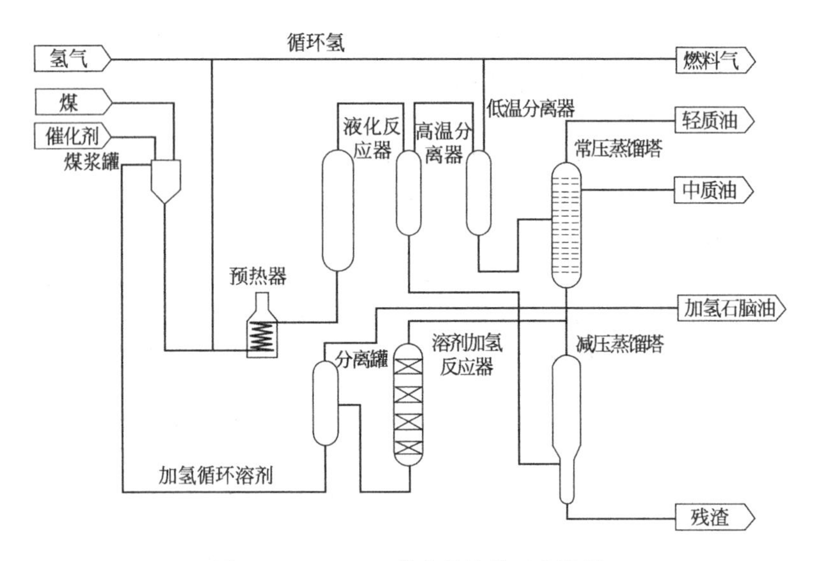

图 7-21　NEDOL 煤直接液化工艺流程

煤、催化剂与循环溶剂配成的煤浆，与氢气混合预热后进入到浆态床液化反应器，进行液化反应。反应器操作温度 430～465℃，压力 17～19MPa，煤浆的实际停留时间为 90～150min。反应产物经冷却、减压后至常压蒸馏塔，蒸出轻质产品。

常压蒸馏塔底物进入减压蒸馏塔，脱除中质和重质组分。减压蒸馏塔底物含有未反应的煤、矿物质和催化剂，可作为制氢原料。从减压蒸馏塔出来的中油和重油混合后，进入溶剂加氢反应器。反应器为下流式固定床催化加氢反应器，操作温度 320～400℃，压力 10.0MPa，使用的催化剂是在传统炼油工业中馏分油加氢脱硫催化剂的基础上改进而成，平均停留时间大约 1h。反应产物在一定温度下减压至闪蒸器，在此取出加氢后的石脑油产品。闪蒸得到的液体产品作为循环溶剂至煤浆制备单元。

（3）美国 HTI 工艺　HTI 工艺流程如图 7-22 所示。

煤、催化剂与循环溶剂配成煤浆，与氢气混合预热后加入到沸腾床反应器的底部。该反应器中装有载体催化剂，一般是以铝为载体的镍钼催化剂。催化剂在反应器内部循环过程中被流态化。反应器具有连续搅动釜式反应器温度均一的特征。溶剂作为氢供体，在第一个反应器中通过将煤的内部结构打碎到一定程度来使煤溶解。第一反应器操作压力 17MPa，温

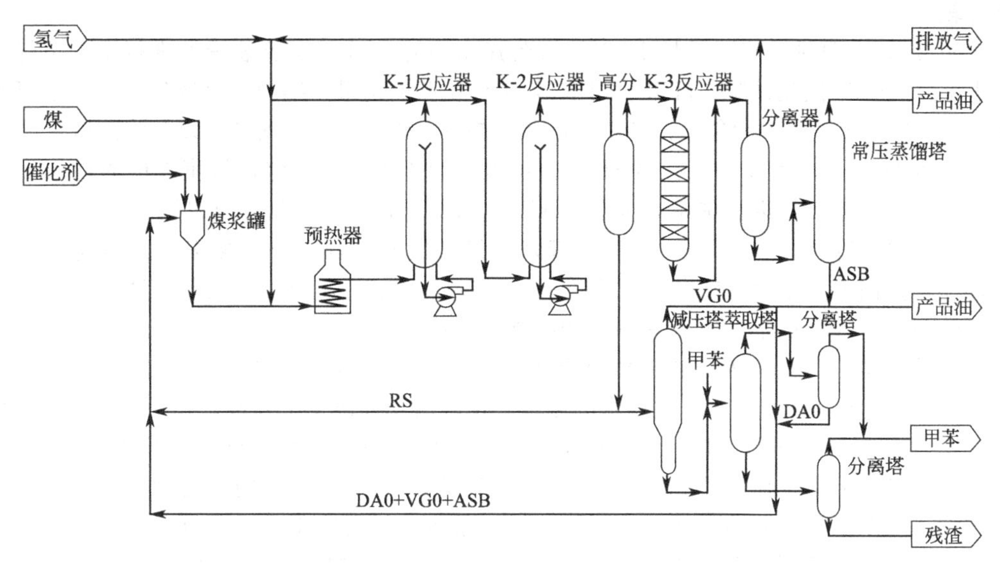

图 7-22　HTI 工艺流程

度在 400～410℃。

第一反应器的反应产物直接进入第二段沸腾床反应器中，操作压力与第一段相同，但温度稍高，通常达 430～440℃。第二反应器也有载体催化剂，这些催化剂与第一反应器的催化剂可以相同，也可以不同。

第二反应器的产物进入高温分离器。在高温分离器底部分离得含固体的物料，此物料减压后，部分循环至煤浆制备单元，称为粗油循环，其余部分进入减压蒸馏塔。在减压精馏塔内蒸出瓦斯油后，底部物料进入临界溶剂萃取单元，进一步回收重质馏分油。临界溶剂萃取单元回收的重质油直接作循环溶剂去配制煤浆。临界溶剂萃取单元的萃余物料为液化残渣。

高温分离器分离出的气相物料进入在线加氢反应器，产品经加氢后品质提高，并进入低温分离器。分离出的气相富氢气体作为循环氢使用，液相产品减压后进入常压蒸馏塔，蒸馏切割出产品油馏分。常压蒸馏塔塔底油也作为溶剂循环至煤浆制备单元。

HTI 工艺的主要特点是：

① 反应条件比较缓和，反应温度 400～450℃，反应压力 17MPa；

② 采用特殊的循环沸腾床（悬浮床）反应器，达到全返混反应器模式；

③ 催化剂是采用 HTI 专利技术制备的铁系胶状高活性催化剂，用量少；

④ 在高温分离器后面串联有在线加氢固定床反应器，对液化油进行加氢精制；

⑤ 固液分离采用临界溶剂萃取的方法，从液化残渣中最大限度回收重质油，从而大幅度提高了液化油收率；

⑥ 循环溶剂由高温分离器粗油、溶剂脱灰油、常压蒸馏塔底油和部分减压塔顶瓦斯油四路组成。

(4) 我国神华煤直接液化项目简介　神华煤液化项目自启动以来，出现了多次变化，大体可分为三个阶段：预可研阶段、可研阶段以及方案优化阶段。

① 预可研阶段。预可研阶段指 1997～2001 年，主要工作内容为：开展了以神华煤田有代表性煤样的液化试验；对世界三大煤液化技术（美国 HTI 工艺、德国 IGOR 工艺和日本 NEDOL 工艺）进行对比与调研。

经过一系列的工作之后，2000 年初步决定煤液化技术采用美国 HTI 工艺，理由是：HTI 工艺油收率高，可达到 60%以上，同时 HTI 工艺反应器易于大型化，HTI 的胶体催化剂活性较好。

2000年8～9月神华集团委托HTI公司在其3t/d中型连续试验装置上进行了上湾煤（来自神华煤田）PDU液化试验。HTI公司依据PDU试验的结果，编制了煤液化单元的预可研工艺包，初步确定煤液化单元包括：备煤、催化剂制备、煤液化、在线加氢以及溶剂脱灰等。

2000年底，国内炼油专家在对HTI公司提交的预可研工艺包进行审查的时候指出在线加氢存在诸多隐患，如进料中带有大量的CO、CO_2、水蒸气、沥青质以及金属等，使催化剂利用率大幅度降低，CO、CO_2加氢将带来大量氢气的浪费，况且神华集团将建设的煤液化工程项目国内外无工业运转装置，存在较大风险。基于上述原因，国内炼油专家普遍认为在神华的一期工程中稳定加氢宜采用离线的技术路线。

② 可研阶段。经过国内炼油专家的论证，在可研阶段HTI公司对工艺流程进行了调整，将在线稳定加氢改为离线加氢。根据新的流程，HTI公司修改了工艺包，并于2001年11月～2002年1月在HTI又进行了模拟工艺包设计流程的小型验证试验（30kg/d的CFU装置）。

为进一步降低系统风险，此时神华集团决定一期工程分两步实施：先期完成第一条生产线的建设，一期工程的其余两条生产线将待第一条生产线运转正常后再行建设。

2002年6月国务院批准了神华集团建设煤液化示范厂的申请。此时的技术方案为：煤液化单元采用HTI工艺，而其中的稳定加氢采用石油化工科学研究院的离线加氢技术。

③ 方案优化阶段。根据各专利商提供的工艺包，中国石化工程建设公司（SEI）于2002年9月完成了煤液化厂第一条生产线的总体设计。在审查完总体设计后，神华集团的领导提出需改善煤液化厂的经济性和运行的平稳性。此时煤科院模拟HTI工艺进行的试验也很不顺利，装置运转不起来。在此背景下，神华集团上下对HTI工艺有了更多的疑义和担心，希望能对HTI工艺作进一步的优化，从而提出了采用溶剂全加氢的技术方案（TOP-NEDOL流程），也就是将HTI工艺的优点与日本提出的TOP-NEDOL工艺的优点进行结合。此方案的具体工艺流程为：煤浆与催化剂混合后进入到煤液化反应器中，经两级反应将煤转化为轻质油品，经过高低压闪蒸处理后，经减压塔分馏出最重的组分，称作残渣（内含50%的固体颗粒物）；其余的所有的煤液化全馏分油全部进入到加氢稳定装置进行处理，产物进入分馏塔分馏得到轻、中、重三个馏分，全部的重馏分和少量的中馏分混合后循环回煤液化装置配煤浆，轻馏分和大部分的中馏分则需进一步的改质。

加氢稳定工艺技术方案采用AXENS公司的T-Star沸腾床加氢工艺，其特点是可在线置换催化剂，由于采用了沸腾床反应器，对进料的限制相对较宽。

神华煤直接液化项目最终确定的工艺流程如图7-23所示。

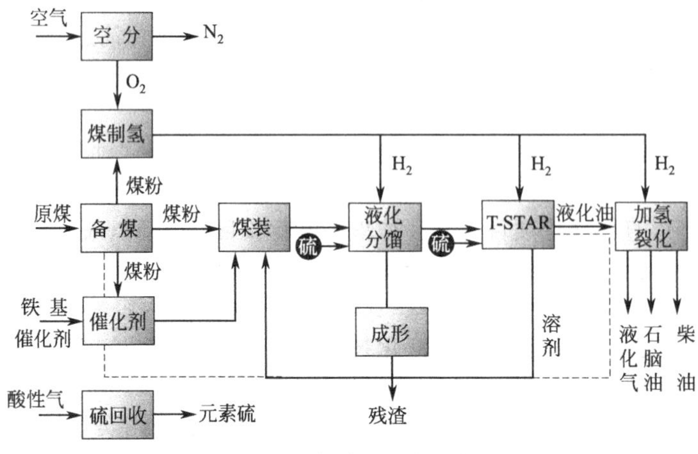

图7-23　煤直接液化工艺

七、煤液化粗油提质加工

煤炭直接液化工艺所生产的液化粗油，与石油制品相比，芳烃含量高，氮、氧杂原子含量高，色相与储藏稳定性差，如要得到与石油制品一样的品质，必须要进行提质加工。

1. 煤液化粗油的成分

煤液化粗油的杂原子含量非常高。氮含量范围为 0.2%～2.0%（质量分数，下同），典型的氮含量在 0.9%～1.1%的范围内，是石油氮含量的数倍至数十倍，可能以咔唑、喹啉、氮杂菲、氮蒽、氮杂芘和氮杂萤蒽的形式存在。硫含量范围从 0.05%～2.5%，不过一般为 0.3%～0.7%，低于石油的平均硫含量，大部分以苯并噻吩和二苯并噻吩衍生物的形态存在。煤液化粗油中的氧含量范围可以从 1.5%直到 7%以上，具体取决于煤种和液化工艺，一般在 4%～5%。有在线加氢或离线加氢的液化工艺，由于液化粗油经过了一次加氢精制，液化粗油中的杂原子含量大为降低。

煤液化粗油中的灰含量取决于固液分离方法。采用旋流分离、离心分离、溶剂萃取沉降分离的液化粗油中含有灰，这些灰在采用催化剂的提质加工过程中，会引起严重的问题。采用减压蒸馏进行固液分离的液化粗油中不含灰。

煤液化粗油中的金属元素种类与含量与煤种和液化催化剂有很大关系，一般含有铁、钛、硅和铝。

煤液化粗油的馏分分布与煤种和液化工艺关系很大，一般将其馏分分为轻油、中油和重油三部分。轻油又可分为轻石脑油（沸点为初馏点约 82℃）和重石脑油（沸点为 82～180℃），占液化粗油的 15%～30%。中油（沸点为 180～350℃）占 50%～60%。重油（沸点为 350～500℃或 540℃）占 10%～20%。

煤液化粗油中的烃类化合物的组成广泛，含有 60%～70%的芳香族化合物，通常含有 1～6 环，有较多的氢化芳香烃。饱和烃含量约 25%，一般不超过 4 个碳的长度。另外还有 10%左右的烯烃。

煤液化粗油中的沥青烯含量对液化粗油的化学和物理性质有显著的影响。沥青烯的相对分子质量范围为 300～1000，含量与液化工艺有很大关系，如溶剂萃取工艺的液化粗油中的沥青烯含量高达 25%。

2. 煤液化粗油提质加工研究

煤液化粗油是一种十分复杂的烃类化合物混合体系。煤液化粗油的复杂性导致在对其进行提质加工生产各种产品时会产生许多问题，往往不能简单地采用石油加工的方法，需要针对液化粗油的性质，专门研究开发适合液化粗油性质的工艺和催化剂。

煤液化粗油的提质加工一般以生产汽油、柴油和化工产品（主要为芳烃）为目的。目前煤液化粗油提质加工的研究，大部分都停留在实验室的研究水平，采用石油系的催化剂。

（1）煤液化石脑油馏分的加工　石脑油馏分约占煤液化粗油的 15%～30%，有较高的芳烃潜含量，链烷烃仅占 20%左右，是生产汽油和芳烃的合适原料。但煤液化石脑油馏分含有较多的杂原子，尤其是氮原子，必须经过十分苛刻的加氢才能脱除。加氢后的石脑油馏分经过较缓和的重整，即可得到高辛烷值汽油和丰富的芳烃原料。

采用石油系 Ni-Mo、Co-Mo、Ni-W 型催化剂和比石油加氢苛刻得多的条件，可以将煤液化石脑油馏分中的氮含量降至 10^{-6} 以下，但带来的严重问题是催化剂的寿命和反应器的结焦问题。由于煤液化石脑油馏分中氮含量高［有些高达（5000～8000）$\times 10^{-6}$］，研究开发耐高氮加氢催化剂是十分必要的。另外，对煤液化石脑油馏分脱酚和在加氢反应器前增加装有特殊形状填料的保护段来延长催化剂寿命也是有效的方法。

（2）煤液化中油的加工　煤液化中油馏分约占全部煤液化粗油的 50%～60%，其芳烃含量高达70%以上。煤液化中油馏分的沸点范围相当于石油的煤油、柴油馏分，但由于该馏分的芳烃含量高达70%～80%，不进行深度加氢，难于符合市场柴油的标准要求。

制取柴油需进行苛刻条件下的加氢，氢气消耗较高。从煤液化中油制取的柴油是低凝固点柴油，十六烷值在40左右，距我国现在的45的标准还有一定距离。从煤液化中油还可以得到高质量的航空煤油，但真正应用还需要做发动机实验。

(3) 煤液化重油的加工　煤液化重油馏分的产率与液化工艺有关，一般占煤液化粗油的10%～20%，有的液化工艺这部分馏分很少。煤液化重油馏分由于杂原子、沥青烯含量较高，加工较为困难。研究的一般加工路线是与中油馏分混合共同作为加氢裂化的原料和与中油馏分混合作为催化裂化（FCC）原料。除此以外，主要用途只能作为锅炉燃料。

煤液化中油和重油混合经加氢裂化可以制取汽油。加氢裂化催化剂对原料中的杂原子含量及金属盐含量较为敏感。因此，在加氢裂化前必须进行深度加氢来除去这些催化剂的敏感物。

煤液化中油和重油混合加氢裂化采用的工艺路线为2个加氢系统：第一个系统为原料的预加氢脱杂原子和金属元素，反应条件较为缓和；第二个加氢系统为加氢裂化，采用2个反应器串联，进行深度加氢裂化，裂化产物中大于190℃的馏分油在第二个加氢系统中循环，最终产物全部为沸点小于190℃的汽油。

煤液化中油和重油混合后采用催化裂化的方法也可制取汽油。美国在研究煤液化中油馏分的催化裂化时发现：煤液化中油和重油混合物作为FCC原料，在工艺上要实现与石油原料一样的积炭率，必须要对液化原料进行预加氢，要求FCC原料中的氢含量必须高于11%。这样，对煤液化中油和重油混合物的加氢成为必不可少，而且要有一定的深度，即使这样，煤液化中油和重油混合物的催化裂化的汽油收率也只有50%（体积分数）以下，低于石油重油催化裂化的汽油收率70%（体积分数）。

3. 液化粗油提质加工工艺

(1) 日本的液化粗油提质加工工艺　日本政府从1973年开始实施阳光计划，开始煤炭直接液化技术的系统研究开发。在新能源产业技术综合开发机构（NEDO）的主持下，成功开发了烟煤液化工艺（NEDOL工艺）和褐煤液化工艺（BCL工艺），同时也把液化粗油的提质加工工艺研究列入计划。1990年在完成了实验室基础研究的同时，开始设计建设50桶/天规模的液化粗油提质加工中试装置。目前该装置已在日本的秋田县建成，以烟煤液化工艺和褐煤液化工艺的液化粗油为原料。

日本的液化粗油提质加工工艺流程见图7-24。

整个流程由液化粗油全馏分一次加氢部分、一次加氢油中煤油、柴油馏分的二次加氢部分、一次加氢油中石脑油馏分的二次加氢部分、二次加氢石脑油馏分的催化重整部分等5个部分构成。

在一次加氢部分，将液化粗油，通过加料泵加压，与以氢气为主的循环气体混合，在加热炉内预热后，送入一次加氢反应器。一次加氢反应器为固定床反应器，采用Ni/W系催化剂进行加氢反应。加氢后的液化粗油经气液分离后，送分离塔。在分离塔内被分离为石脑油馏分和煤油、柴油馏分，分别送石脑油二次加氢和煤油、柴油二次加氢。一段加氢精制产品油的质量目标值是：精制产品油的氮含量在1000×10^{-6}（1000ppm）以下。

煤油、柴油馏分二次加氢与一次加氢基本相同。将一次加氢煤油、柴油馏分，通过煤油、柴油加料泵加压，与以氢气为主的循环气体混合，在加热炉内预热后，送入煤油、柴油二次加氢反应器。煤油、柴油二次加氢反应器也为固定床充填塔，采用Ni/W系催化剂进行

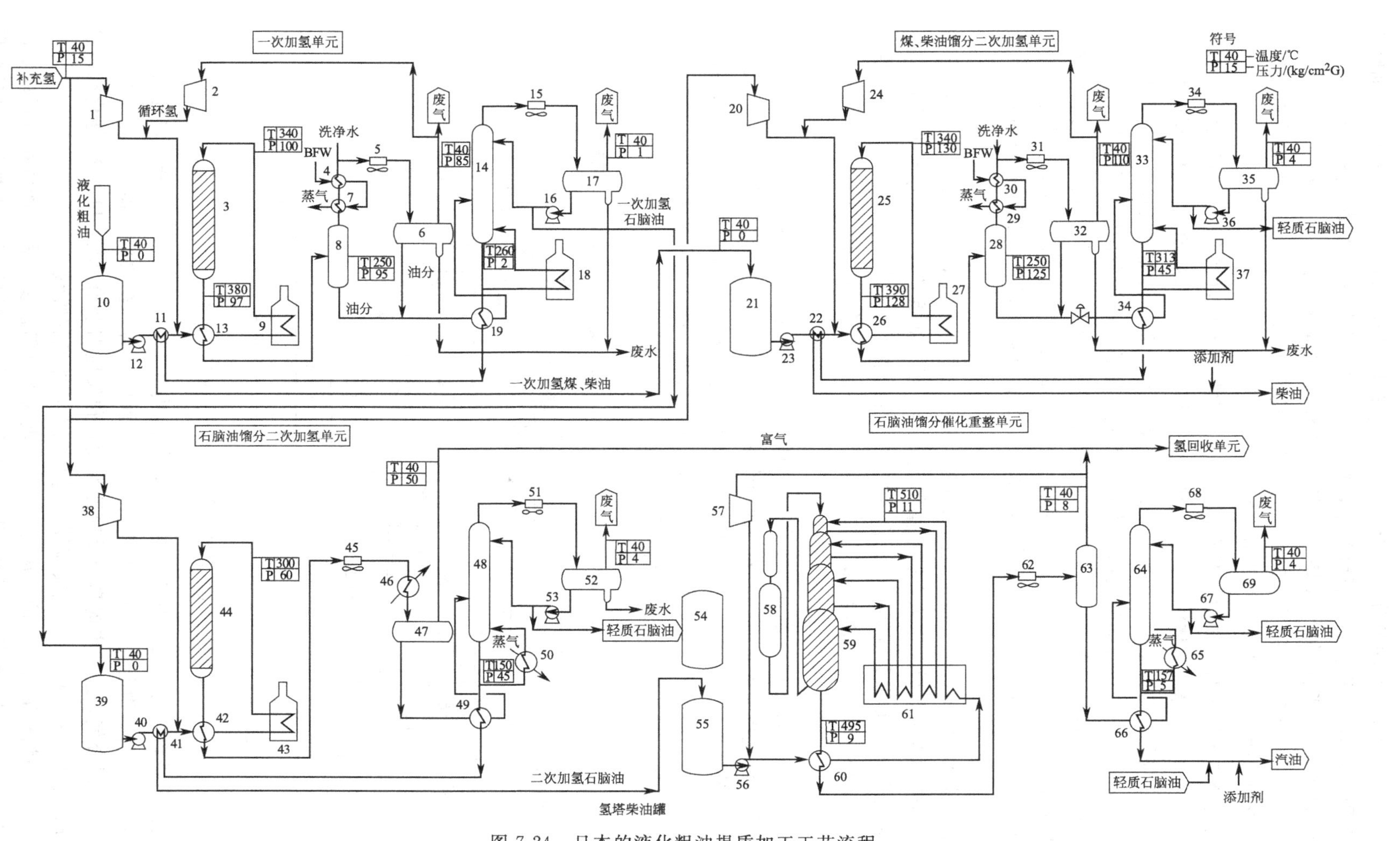

图 7-24 日本的液化粗油提质加工工艺流程

1,20,38—氢气压缩机；2,24,57—循环氢压缩机；3—一次加氢反应塔；4,30—锅炉水预热器；5,15,31,34,45,51,62,68—空冷器；6,32,47,63—低温分离器；7,29—高分气冷却器；8,28—高温分离器；9,18,27,37,43,61—加热炉；10—液化粗油罐；11,22,41—原料预热器；12,23,40,56—原料供给泵；13,26,42,60—原料-反应物换热器；14—分馏塔；16,36,53,67—回流泵；17,35,52,69—回流罐；19,34,49,50,66—预热器；21—一次加氢煤油、柴油罐；25—煤油、柴油二次加氢反应塔；33,48—气提塔；39—一次加氢石脑油贮罐；44—石脑油二次加氢反应塔；46—水冷器；54—轻质石脑油罐；55—二次加氢石脑油罐；58—催化剂再生塔；59—催化重整反应塔；64—稳定塔；65—稳定塔再沸器加氢反应。加氢后的煤、柴油馏分经气液分离后，送煤油、柴油吸收塔。将煤油、柴油吸收塔上部的轻质油取出混入重整后的石脑油中，塔底的柴油送产品罐。煤油、柴油馏分二次加氢的目的是为了提高柴油的十六烷值，使产品油的质量达到氮含量小于 10×10^{-6} (10ppm)、硫含量小于 500×10^{-6} (500ppm)，十六烷值在 35 以上。从完成的试验结果来看，经过二次加氢的柴油的十六烷值可达 42。

石脑油馏分二次加氢与一次加氢基本相同。将一次加氢石脑油馏分，通过石脑油加料泵加压，与以氢气为主的循环气体混合，在加热炉内预热后，送入石脑油二次加氢反应器。石脑油二次加氢反应器也为固定床充填塔，采用 Ni/W 系催化剂进行加氢反应。加氢后的石脑油馏分经气液分离后，送石脑油吸收塔。将石脑油吸收塔的轻质油取出混入重整后的石脑油中，塔底的石脑油进行热交换后送重整反应。石脑油馏分二次加氢的目的是为了防止催化重整催化剂的中毒，由于催化重整催化剂对原料油的氮、硫含量有较高的要求，一段加氢精制石脑油必须进行进一步加氢精制，使石脑油馏分二次加氢后产品油的氮、硫含量均在 1×10^{-6} (1ppm) 以下。

在石脑油催化重整中，将二次加氢的石脑油，通过加料泵加压，与以氢气为主的循环气体混合，在加热炉内预热后，送入石脑油重整反应器。石脑油重整反应器为流化床反应器，采用 Pt 系催化剂进行催化重整反应。催化重整后的石脑油经气液分离后，送稳定塔。稳定塔出来的汽油馏分与轻质石脑油混合，作为汽油产品外销。催化重整使产品油的辛烷值达到 90 以上。

Pt 系催化剂的一部分从石脑油重整反应器中取出，送再生塔进行再生。

(2) 我国的液化粗油提质加工工艺　我国煤炭科学研究总院北京煤化学研究所从 20 世纪 70 年代末开始从事煤直接液化技术研究，同时对液化粗油的提质加工也进行了深入研究，开发了具有特色的提质加工工艺，并在 2L 加氢反应器装置上进行了验证试验。

我国开发的液化粗油提质加工工艺流程图见图 7-25。

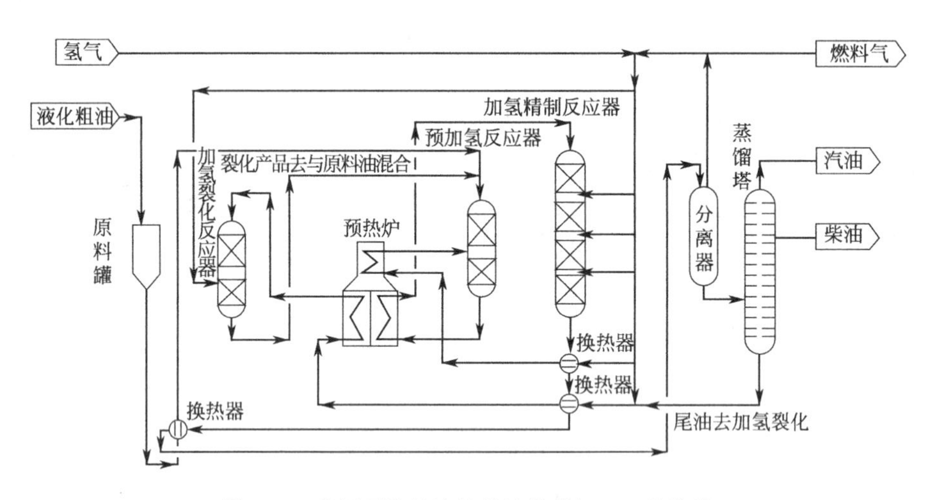

图 7-25　我国开发的液化粗油提质加工工艺流程

液化粗油由进料泵打入高压系统，与精制产物换热至 180℃，在预反应器入口处与加氢裂化反应器出口的高温物汇合（降低氮含量），进入预反应器，在预反应器中部注入经换热和加热的 400℃混合气，进一步提高预反应器温度，预反应器装有 3822 和 3923 催化剂，进出口温度分布在 180～320℃。在预反应器中进行预饱和加氢和脱铁。

出预反应器的物料通过预热炉加热至 380℃后进入加氢精制反应器。加氢精制反应器内填装 3822 催化剂，分四段填装。每段之间注入冷混合气作控制温度用。出加氢精制反应器的产物经三个换热器后进入冷却分离系统。分离的富氢气体经循环氢压机压缩后与新氢混合；液体产物减压后进入蒸馏塔，分离出汽油、柴油，釜底油通过高压泵加压后，与加氢精制反应器产物换热，并通过预热炉加热至360℃进入加氢裂化反应器。加氢裂化反应器填装3825催化剂，下部装有后精制催化剂3823，通过冷氢控制反应温度。加氢裂化反应器出口产物与加氢原料混合。

我国开发的液化粗油提质加工工艺有以下特点。

① 针对液化粗油氮含量高，在进行加氢精制前，用低氮的加氢裂化产物进行混合，降低原料氮含量。

② 为防止反应器结焦和催化剂中毒，采用了预加氢反应器，并在精制催化剂中添加脱铁催化剂，同时控制反应器进口温度在180℃，避开结焦温度区，对易缩合结焦物进行预加氢和脱铁。

③ 针对液化精制油柴油馏分十六烷值低的特点，对柴油以上馏分进行加氢裂化，既增加了汽油、柴油产量，又提高了十六烷值。

八、煤液化残渣的利用

煤炭在加氢液化后还有一些固体物，它们主要是煤中无机矿物质、催化剂和未转化的煤中惰性组分。在流程中通过固液分离装置将固体物与液化油分开，所得的固体物即为煤液化残渣。

由于采取的固液分离方法不同，所得的残渣成分也有些区别。但不管采用何种工艺，残渣中都会夹带一部分重质液化油。表7-14是中国神华煤采用NEDOL工艺液化后（催化剂为黄铁矿），采用减压蒸馏所得的液化残渣的性质和成分分析。

表7-14 神华煤液化残渣性质和成分分析

分析项目	结果	分析项目	结果
真密度/(g/cm³)	1.42	己烷可溶物(油)/%	36.3
软化点/℃	154	沥青稀/%	17.8
高位发热量/(MJ/kg)	29.7	总固体/%	45.92
总硫/%	2.86	灰分/%	19.36

从表7-14可看出，煤液化残渣从发热量来说，相当于灰分较高的煤，从软化点来说，类似于高软化点的沥青，所以它还具有一定的利用价值。

煤液化减压蒸馏残渣的一种处理方法是通过甲苯等溶剂在接近溶剂的临界条件下萃取，把可以溶解的成分萃取回收，再把萃取物返回去作为配煤浆的循环溶剂，这样一来，能使液化油的收率提高5%～10%。如美国HTI工艺和日本BCL褐煤液化工艺均采用了此方法。溶剂萃取后的残余物还可以用来作为锅炉燃料或气化制氢。

当液化残渣用于燃烧时，因残渣中硫含量高，烟气必须脱硫才能排放，必将增加烟气脱硫的投资及操作费用，所以最好的利用方式是气化制氢。美国能源部曾委托德士古公司试验了H-Coal法液化残渣对德士古加压气化炉的适应性。试验证明液化残渣完全可以与煤一样当作气化炉的原料。日本NEDO也曾用液化残渣做了H-Coal气化工艺的气化试验，结果证明液化残渣可以作为气化炉的原料。

煤液化残渣的另一条高附加值利用途径是通过溶剂萃取，分离出吡啶可溶物，再经过提纯、缩聚等一系列加工过程，制备沥青基碳纤维纺丝原料。

第三节 煤间接液化

煤间接液化是先将煤气化制成合成气，然后通过催化合成，得到以液态烃为主要产品的技术。该法由德国皇家煤炭研究所 F. Fischer 和 H. Tropsch 发明，所以又称为 Fischer-Tropsch（F-T）合成法或费托合成法。

一、煤间接液化的基本原理

1. F-T 合成反应

CO 和 H_2 在固体催化剂上进行的 F-T 合成反应极其复杂，其主要反应如下。

（1）主反应

① 烃类生成反应。

$$CO+2H_2 \longrightarrow (-CH_2-)+H_2O+Q \qquad (7\text{-}6)$$

② 变换反应。

$$CO+H_2O \longrightarrow H_2+CO_2+Q \qquad (7\text{-}7)$$

由以上两式可得 F-T 合成反应的通式为

$$2CO+H_2 \longrightarrow (-CH_2-)+CO_2+Q \qquad (7\text{-}8)$$

F-T 合成反应中所生成的烃类可以是烷烃,也可以是烯烃。若生成烷烃其主要反应如下。

$$nCO+(2n+1)H_2 \longrightarrow C_nH_{2n+2}+nH_2O+Q \qquad (7\text{-}9)$$

$$2nCO+(n+1)H_2 \longrightarrow C_nH_{2n+2}+nCO_2+Q \qquad (7\text{-}10)$$

$$3nCO+(n+1)H_2O \longrightarrow C_nH_{2n+2}+(2n+1)CO_2+Q \qquad (7\text{-}11)$$

$$nCO_2+(3n+1)H_2 \longrightarrow C_nH_{2n+2}+2nH_2O+Q \qquad (7\text{-}12)$$

若生成烯烃,主要反应为

$$nCO+2nH_2 \longrightarrow C_nH_{2n}+nH_2O+Q \qquad (7\text{-}13)$$

$$2nCO+nH_2 \longrightarrow C_nH_{2n}+nCO_2+Q \qquad (7\text{-}14)$$

$$3nCO+nH_2O \longrightarrow C_nH_{2n}+2nCO_2+Q \qquad (7\text{-}15)$$

$$nCO_2+3nH_2 \longrightarrow C_nH_{2n}+2nH_2O+Q \qquad (7\text{-}16)$$

(2)副反应

① 甲烷生成反应。

$$CO+3H_2 \longrightarrow CH_4+H_2O+Q \qquad (7\text{-}17)$$

$$2CO+2H_2 \longrightarrow CH_4+CO_2+Q \qquad (7\text{-}18)$$

$$CO_2+4H_2 \longrightarrow CH_4+2H_2O+Q \qquad (7\text{-}19)$$

CO 歧化反应

$$2CO \longrightarrow C+CO_2+Q \qquad (7\text{-}20)$$

② 醇类生成反应。

$$nCO+2nH_2 \longrightarrow C_nH_{2n+1}OH+(n-1)H_2O+Q \qquad (7\text{-}21)$$

$$(2n-1)CO+(n+1)H_2 \longrightarrow C_nH_{2n+1}OH+(n-1)CO_2+Q \qquad (7\text{-}22)$$

$$3nCO+(n+1)H_2O \longrightarrow C_nH_{2n+1}OH+2nCO_2+Q \qquad (7\text{-}23)$$

③ 醛类生成反应。

$$(n+1)CO+(n+1)H_2 \longrightarrow C_nH_{2n+1}CHO+nH_2O+Q \qquad (7\text{-}24)$$

$$(2n+1)CO+(n+1)H_2 \longrightarrow C_nH_{2n+1}CHO+2nCO_2+Q \qquad (7\text{-}25)$$

若按反应式(7-6) 和式(7-8)，当 $1m^3$ 合成气全部转化为烃类时，可获得烃的最高产量为 208.5g。在实际的生产中，只有当 H_2 和 CO 的消耗比和原料气中的 H_2/CO 相等时，才能获得最高烃产量，见表 7-15。而合成反应的消耗比取决于反应中发生了哪些反应及副反应发生的多少。

表 7-15　烃类的产率　　单位：g

H_2/CO 消耗比	原料气中的 H_2/CO 给入比		
	1∶2	1∶1	2∶1
1∶2	203.5	156.3	104.3
1∶1	138.7	208.5	138.7
2∶1	104.3	156.3	208.5

2. F-T 合成的热力学

（1）热效应　从实际的 F-T 合成反应可知，所有的反应都为放热反应，表 7-16 是生成 C_1～C_{20} 时的生成焓。

表 7-16　一氧化碳和氢合成生成 C_1～C_{20} 的生成焓　　单位：kg/mol

烃	生成烃和水			生成烃和二氧化碳		
	400K	500K	700K	400K	500K	700K
石墨 C	−132.61	−133.68	−135.02	−172.20	−173.47	−173.60
甲烷 CH_4	−210.48	−214.24	−220.30	−251.07	−254.16	−258.13
乙烷 C_2H_6	−354.75	−361.15	−370.28	−435.93	−440.74	−445.95
乙烯 C_2H_4	−216.04	−220.28	−227.65	−297.21	−300.39	−303.32
乙炔 C_2H_2	−38.94	−41.44	−45.22	−120.214	−121.02	−120.88
丙烷 C_3H_8	−508.01	−516.50	−528.34	−629.77	−635.88	−641.83
丙烯 C_3H_6	−382.12	−389.37	−399.63	−503.89	−508.75	−513.13
甲基乙炔 C_3H_4	−214.85	−220.13	−227.74	−336.62	−339.51	−341.24
正丁烷 C_4H_{10}	−662.65	−673.20	−687.56	−825.00	−832.37	−838.89
1-丁烯 C_4H_8	−535.00	−543.98	−556.31	−697.35	−703.12	−707.64
正己烯 C_6H_{12}	−972.81	−987.46	−1007.22	−1261.34	−1226.27	−1234.22
1-己烯 C_6H_{12}	−845.41	−858.51	−876.18	−1088.93	−1097.28	−1190.08
环己烯 C_3H_{12}	−919.85	−944.53	−963.08	−1171.70	−1183.30	−1190.08
苯 C_6H_6	−718.53	−728.78	−743.09	−961.63	−968.02	−970.09
甲基环己烷 C_7H_{14}	−1094.60	−1110.99	−1131.17	−1378.71	−1389.54	−1396.00
甲苯 C_7H_8	−885.11	−898.12	−915.62	−1169.22	−1176.68	−1180.45
正辛烷 C_8H_{18}	−1281.71	−1301.00	−1325.59	−1606.42	−1618.95	−1628.25
1-辛烯 C_8H_{16}	−1154.52	−1171.44	−1194.71	−1479.22	−1489.79	−1497.38
正癸烷 $C_{10}H_{22}$	−1590.62	−1613.65	−1643.95	−1996.49	−2011.58	−2022.28
1-癸烷 $C_{10}H_{20}$	−1463.21	−1486.08	−1512.83	−1869.29	−1882.71	−1891.16
正十二烷 $C_{20}H_{42}$	−3135.00	−3178.89	−3235.65	−3947.76	−3974.76	−3992.32
1-二十烷 $C_{20}H_{40}$	−3007.51	−3049.81	−3104.65	−3819.27	−3845.68	−3861.32

由表可见，反应放出的热量随生成产物的不同而不同。一般在碳数相同时，生成烷烃的放热量比烯烃多。随着碳原子数的增加，生成烷烃和烯烃的放热量都增多。

(2) 温度对合成气转化率的影响　几种典型的 F-T 合成反应的热力学数据见表 7-17。对于表中所列化合物，除甲醇很难生成外，其余烃类与醇类，热力学上都容易生成，尤其是气态烃甲烷，可达到较高的单程转化率。提高温度可降低上述各类反应的平衡转化率。这一影响对醇类反应更为明显。

表 7-17　F-T 合成的反应热、平衡常数和合成气平衡转化率（1.0MPa）

反应	碳数	ΔH_R/(kJ/g)	K_p		平衡转化率	
			250℃	350℃	250℃	350℃
生成烷烃	1	−13.5	1.15×10^{11}	3.04×10^{7}	99.9	99.2
	2	−12.2	1.15×10^{15}	1.63×10^{9}	99.6	97.1
	20	−11.4	1.69×10^{103}	6.50×10^{51}	98.7	90.8
生成烯烃	2	−8.0	6.51×10^{6}	1.69×10^{3}	95.0	80.5
	3	−9.4	1.79×10^{9}	8.76×10^{6}	97.8	88.7
	20	−11.0	2.18×10^{96}	9.90×10^{45}	98.5	89.0
生成醇	1	−7.1	0.205	5.18×10^{-3}	7.9	0.2
	2	−9.7	5.08×10^{5}	23.5	94.1	63.4
	20	−11.1	9.08×10^{93}	1.04×10^{44}	98.4	87.9

(3) F-T 合成反应的产物分布　实际的 F-T 合成反应的产物很多，成分从甲烷到石蜡烃非常复杂（见表 7-18），这将影响目标产品的选择性和收率。

表 7-18　典型的 F-T 合成产品组成

产品	反应器		产品	反应器	
	固定床/Arge	气流床/Synthol		固定床/Arge	气流床/Synthol
甲烷(C_1)(质量分数)/%	5	10	软蜡(C_{20}～C_{30})(质量分数)/%	23	4
液化石油气(LPG)(C_2～C_4)(质量分数)/%	12.5	33	硬蜡(C_{30}以上)(质量分数)/%	18	2
汽油(C_5～C_{12})(质量分数)/%	22.5	39	含氧化合物(质量分数)/%	4	7
柴油(C_{13}～C_{19})(质量分数)/%	15	5			

(4) 各反应进行的可能性　为研究 F-T 合成反应发生时各反应进行的可能性大小，用化学反应的标准吉布斯函数 $\Delta G^\ominus$ 来进行判断。当 $\Delta G^\ominus<0$ 时，表示在当前条件下反应可以向正反应方向进行，且其值越小，进行的可能性越大；当 $\Delta G^\ominus=0$ 时，表示在当前条件下反应处于化学平衡状态；当 $\Delta G^\ominus>0$ 时，表明在当前条件下反应只能向逆反应方向。

图 7-26～图 7-28 为 CO 和 H_2 合成烃类的标准吉布斯函数 $\Delta G^\ominus$ 随温度的变化关系。由图可见，各反应的 $\Delta G^\ominus$ 随温度的增加而增大，这和各反应是放热反应相一致。还注意到除生成 C、甲烷、乙烷的反应和变换反应外，各反应的 $\Delta G^\ominus$ 在温度超过 450℃时都大于 0，说明在 450℃以上的温度反应不可能生成 C_3 以上的烃类，只能生成 C、甲烷和乙烷。这就是在高温下产物分布向低分子烃类过渡的原因。

(5) 压力对合成气转化率的影响　F-T 合成烃的反应都为体积缩小的反应，因此，压力升高有利于合成气的平衡转化率提高。

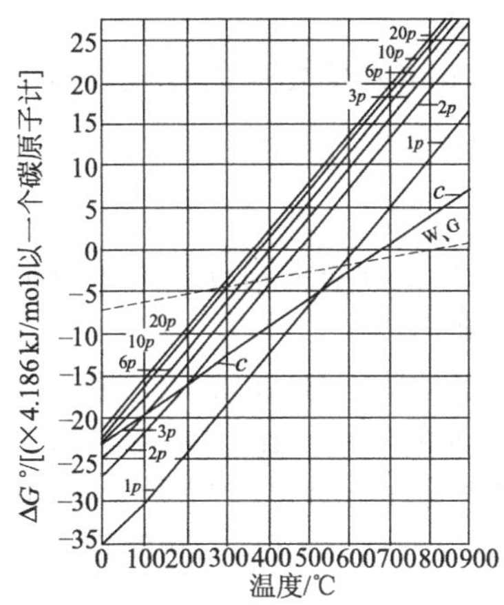

图 7-26　由 $CO+H_2$ 生成烷烃和水反应的 $\Delta G^{\ominus}$ 与温度的关系

c—自由碳；1p—甲烷；2p—乙烷；3p—丙烷；6p—正己烷；10p—正癸烷；20p—正廿烷；W、G—$H_2O+CO \longrightarrow H_2+CO_2$

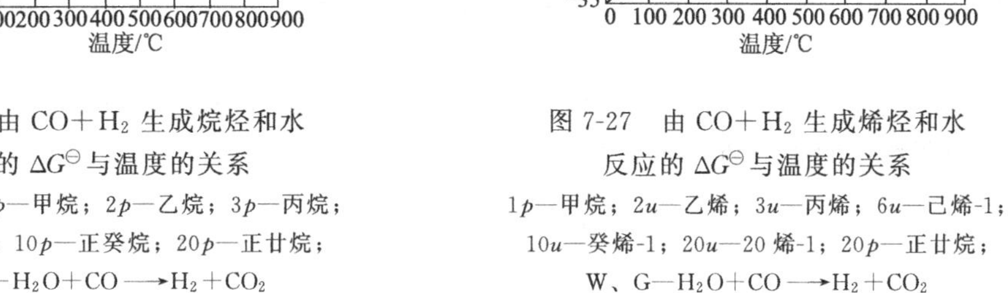

图 7-27　由 $CO+H_2$ 生成烯烃和水反应的 $\Delta G^{\ominus}$ 与温度的关系

1p—甲烷；2u—乙烯；3u—丙烯；6u—己烯-1；10u—癸烯-1；20u—20 烯-1；20p—正廿烷；W、G—$H_2O+CO \longrightarrow H_2+CO_2$

3. F-T 合成反应的宏观动力学

1956 年，Anderson 提出的固定床铁系催化剂的动力学方程式如下：

$$-r_{(H_2+CO)}=ap_{CO}p_{H_2}^2/(p_{CO}+bp_{H_2O}) \quad (7\text{-}26)$$

该方程式较好地拟合了 F-T 合成的动力学数据。式中参数 a、b 是温度的函数。分母中的 p_{H_2O} 一项意味着水的抑制作用，这是由于水与 CO 在催化剂表面活性中心上的竞争吸附所致。原料气中添加水蒸气的化学吸附的研究也证实了水的抑制作用。Anderson 进一步研究了合成气转化率对动力学行为的影响，结果表明当转化率低于 60%时，方程式(7-26)也可简化如下的形式：

$$-r_{(H_2+CO)}=\alpha p_{H_2} \quad (7\text{-}27)$$

说明此时反应速率仅取决于温度和 H_2 的分压。

Vannice 在低压下研究了不含助剂的铁系催化剂的 F-T 合成反应。结果表明，即使在生成以 CH_4 为主要产物时，反应速率仍能较好地显示出与 p_{H_2} 成一级动力学关系。

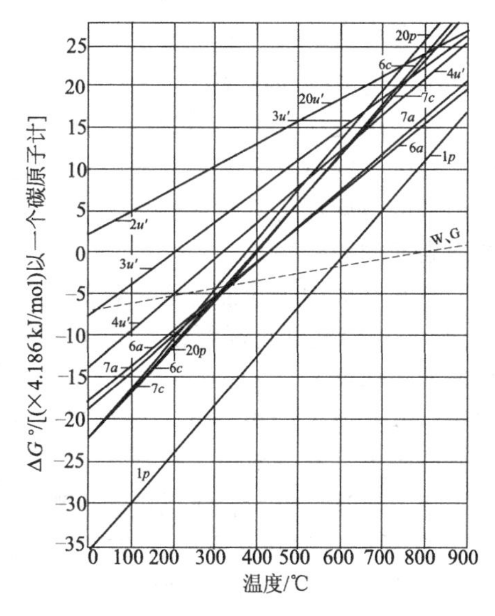

图 7-28　由 $CO+H_2$ 生成其他烃类和水反应的 $\Delta G^{\ominus}$ 与温度的关系

1p—甲烷；2u'—乙炔；3u'—甲基乙炔；4u'—1,3-丁二烯；6a—苯；7a—甲苯；6c—环己烷；7c—甲基环己烷；20p—正廿烷；W、G—$H_2O+CO \longrightarrow H_2+CO_2$

Dry 等在研究了熔铁型（Fe/Cu/K）催化剂的动力学行为后指出，反应速率也与 p_{H_2} 成一级反应关系，且与 p_{CO} 无关。反应速率与 p_{CO} 无关的原因，可能是由于在低转化率条件下，CO 在催化剂表面活性中心上呈饱和吸附状态的缘故。

Atwood 和 Bennett 采用碱金属助剂的熔铁催化剂，在无梯度反应器中获得的动力学数据，也和上述结果相似，但发现在较高的温度条件下（>315℃）水的抑制作用开始变得明显。

Feimer 等在固定床反应器中研究了沉淀铁型（Fe/Cu/K）催化剂的合成动力学，获得的方程式为：

$$-r_{(H_2+CO)}=Kp_{H_2}p_{CO}^{-0.25} \tag{7-28}$$

式中，p_{CO}一项呈较弱的负指数关系，表明了 CO 在催化剂表面活性中心上可能存在的强吸附的现象，还发现水对甲烷的生成有微弱的抑制作用。

关于 H_2O 与 CO_2 对 F-T 合成反应的抑制作用，一般认为，H_2O 较 CO_2 和 CO 在催化剂表面上有较强的吸附能力，所以通常条件下，H_2O 的抑制作用要比 CO_2 明显得多。但当催化剂具有较高的水汽变换活性或原料气中 H_2/CO 比较低时，合成反应生成的 H_2O 将大部分转化为 CO_2，致使体系中 p_{H_2O}降低，而 p_{CO_2}明显升高，此时 CO_2 的抑制作用变得显著得多了。

Leadakowicz 等基于 F-T 合成反应的烯醇中间体机理，导出了 CO_2 对沉淀铁型（Fe/K）催化剂抑制作用的反应动力学方程：

$$-r_{(CO+H_2)}=K_0p_{CO}p_{H_2}/(p_{CO}+cp_{CO_2}) \tag{7-29}$$

式中，$c\approx0.115$

由于催化剂具有较高的水汽变换活性，且在原料气中 H_2/CO 比较低（<1）的情况下，反应过程中生成的水基本上全部转化为 CO_2，因此反应速率不能近似为对 p_{H_2} 的一级反应，而必须考虑 CO_2 的影响。

固定床反应器的动力学行为与催化剂的颗粒大小有着密切的关系，为此人们引入了催化剂有效因子的概念。所谓有效因子是指在催化剂上实测的反应速率与当该催化剂颗粒内外具有相同的温度和反应物浓度时所表现的反应速率之比，一般小于 1。有效因子还意味着催化剂内表面的利用率。

通常有效因子随催化剂颗粒的减小而增大，当粒径足够小时，有效因子接近 1。Anderson 研究了熔铁催化剂颗粒大小对 F-T 合成反应的影响后发现，催化剂活性随颗粒的平均直径的减小而增大。Atwood 和 Bennett 的计算结果表明，对于平均直径为 2～6mm 的催化剂颗粒，其有效因子相当低。只有当催化剂平均直径为 0.03mm 时，催化剂微孔中几乎不存在传质阻力，其有效因子接近 1.0。

综上所述，F-T 合成反应的宏观动力学具有以下规律。

① 反应速率随反应温度的提高而增加。

② 反应速率与 p_{H_2} 近似成正比（即一级反应）关系。

③ 反应速率与 p_{CO}无关或影响不大。

④ 体系中的 H_2O 和 CO_2 对 F-T 合成反应有抑制作用，当变换作用弱时，H_2O 的影响显著；相反，CO_2 的影响显著。

⑤ 反应速率与催化剂的颗粒大小有着明显的依赖关系。对熔铁催化剂当颗粒平均直径为 0.03mm 时，有效因子接近 1.0。

二、F-T 合成催化剂

1. F-T 合成催化剂组成与作用

F-T 合成的催化剂为多组分体系，包括主金属、载体（或结构助剂）以及其他各种助剂。

（1）主金属　主金属也称主催化剂，是实现催化作用的活性组分。一般认为 F-T 合成催化剂的主金属应该具有加氢作用、使一氧化碳的碳氧键削弱或解离作用以及叠合作用。

大量的实验研究证明，适用于作 F-T 合成催化剂主金属的是第Ⅷ族的金属铁、钴、镍和钌。镍具有很高的加氢能力，又能使 CO 易于解离，因此最适合于作合成甲烷的催化剂。在 F-T 合成中用它生产的产物含低分子饱和烃较多。钴金属催化剂和铁金属催化剂是最先实现工业化的 F-T 催化剂。钴的加氢性能仅次于镍，所以在中压 F-T 合成产物中主要是烷烃，而铁的加氢性能较差，产物中烯烃和含氧化合物较多。钌具有优异的甲烷化性质，活性超过镍，但由于易生成聚甲烯（nCH_2，高相对分子质量烃）、高级石蜡烃，且来源少、价格贵等因素，目前未能用于生产。

（2）助催化剂　在主催化剂中添加少量的某些物质，能改善主催化剂的活性、选择性和稳定性，而本身不具有活性或活性很小，这种物质称为助催化剂。助催化剂多用金属或金属氧化物，如 ThO_2、MgO、Mn、K_2O 等。

虽然助催化剂的作用复杂，种类很多，用量变化也很大，影响不一，但根据助催化剂的作用特征，可将其分为结构性助催化剂和调变性助催化剂两大类。

① 结构性助催化剂。这类助催化剂有分散、隔离催化剂中的活性组分，增大活性表面积，提高活性，增加主金属微晶稳定性，延长催化剂寿命的特点。大多数结构性助催化剂是熔点和沸点较高的、难还原的金属氧化物，如 Al_2O_3 和 MgO 等。

② 调变性助催化剂。调变性助催化剂能改变催化剂表面的化学性质及催化性质，增强催化剂的活性及选择性。如铁催化剂中加入碱（K_2O），可使 F-T 合成产物变重。钴催化剂和镍催化剂中的 ThO_2，由于本身有脱水、聚合作用，可使反应向生成高分子烃的方向进行。另外，镍催化剂中加 Mn、Al_2O_3 也能使反应向生成液体油方向进行。

应该注意，某种助催化剂对某类主金属所起的作用并不是一致的。如 Mn 对铁、钴、镍均可提高活性；ThO_2 对镍、钴主金属活性有促进作用，而对铁则不然；铜对铁主金属有正作用，对镍、钴主金属有害。

各种助催化剂在催化剂中有一个最适宜的含量，此时催化剂的活性、选择性、寿命都显示出最佳值。

（3）载体（又称担体）　载体是多组分催化剂中含量较多的组分。一般作为活性组分和助催化剂的骨架或支撑，同时通过载体的化学、物理效应，提高催化剂的活性、选择性、稳定性和机械强度。化学效应是指载体的酸碱作用和金属与载体的相互作用等，而载体对金属粒子的分散作用和载体的细孔作用等属于物理效应。

通常选用一些比表面积较大、导热性较好和熔点较高的物质作载体。对 F-T 合成催化剂，常用的载体有硅藻土、Al_2O_3 和 SiO_2 等。近年来 TiO_2 载体的研究特别受到人们的关注。据报道，用 TiO_2 作载体，可以导致被载金属高度分散。如镍催化剂通常是选择性的合成甲烷，但当 Ni 被载附在 TiO_2 或 ThO_2 上时，可提高对较大相对分子质量烃的活性和选择性。Ni 金属与载体的相互作用按 $TiO_2 > Al_2O_3 > SiO_2$ 的顺序增大，CO 或 H_2 吸附比亦按此顺序变大，活性和链生长选择性也是 $Ni/TiO_2 > Ni/Al_2O_3 > Ni/SiO_2$。由 Ni/TiO_2 催化合成的产物中，烷烃含量比烯烃多，催化剂上不易产生炭沉积，同时金属粒子也难发生烧结。

利用载体的细孔径大小可以控制链的成长，由浸渍羰基钴制备的 Co/Al_2O_3 催化剂合成烃类生成物的分布如图 7-29 所示。烃类生成物随 Al_2O_3 担体的平均细孔径与钴的载附量不同而变化。在 2%（重量）Co 负载在 Al_2O_3（平均细孔径 6.5nm）的催化剂上，CO 的转化率是 16%时，选择性生成 $C_2 \sim C_{10}$ 的烃；在平均细孔径为 30nm 的催化剂上，CO 转化率是 17%时，选择性生成 $C_{14} \sim C_{21}$ 的烃。

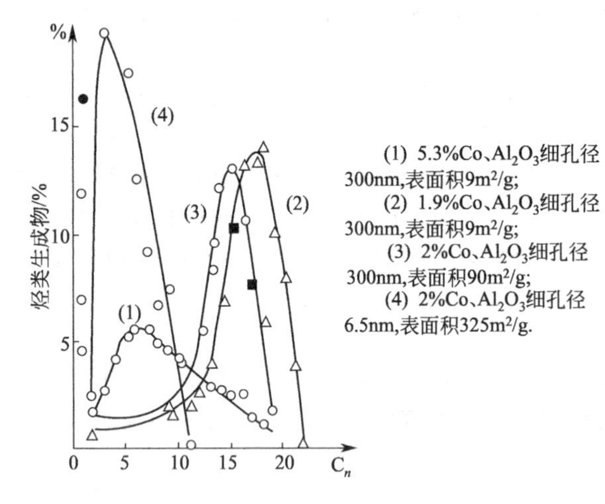

图 7-29 Co/Al_2O_3 催化剂合成烃类生成物的分布

另外，近年来也很重视用沸石作载体的研究。认为被载在沸石骨架结构中的金属，由于细孔径的限制，可以控制链的增长，提高产物的选择性。

2. F-T 合成催化剂的制备及预处理

一氧化碳和氢气的合成反应是在催化剂表面上进行的，要求催化剂有合适的表面结构和一定的表面积。这些要求不仅与催化剂的组分有关，而且还与制备方法和预处理条件有关。

催化剂常用的制备方法有沉淀法和熔融法等。沉淀法制备催化剂是将金属催化剂和助催化剂组分的盐类溶液（常为硝酸盐溶液）及沉淀剂溶液（常为 Na_2CO_3 溶液）与担体加在一起，进行沉淀作用，经过滤、水洗、烘干、成型等步骤制成粒状催化剂，再经 H_2（钴、镍催化剂）或 $CO+H_2$（铁铜催化剂）还原后，才能供合成用。在沉淀过程，催化剂的共晶作用及保持合适的晶体结构是很重要的，因此每个步骤都应加以控制。沉淀法常用于制造钴、镍及铁铜系催化剂。熔融法用于铁催化剂生产，制备方法是将一定组成的主催化剂及助催化剂组分细粉混合物，放入熔炉内，利用电熔方法使之熔融，冷却后将其破碎至要求的细度，用 H_2 还原而成，也可以在还原后以 NH_3 进行氮化再供合成用。

无论何种方法制备的合成用的催化剂，一般在使用前都需要经过预处理。所谓预处理通常是指用 H_2 或 H_2+CO 混合气在一定温度下进行还原。目的是将催化剂中的主金属氧化物部分或全部地还原为金属状态，从而使其催化活性最高，所得液体油收率也最高。钴、镍、铁催化剂的还原反应式为

$$CoO+H_2 \longrightarrow Co+H_2O$$
$$NiO+H_2 \longrightarrow Ni+H_2O$$
$$Fe_3O_4+H_2 \longrightarrow 3FeO+H_2O$$
$$FeO+H_2 \longrightarrow Fe+H_2O$$
$$CoO+CO \longrightarrow Co+CO_2$$
$$NiO+CO \longrightarrow Ni+CO_2$$
$$Fe_3O_4+CO \longrightarrow 3FeO+CO_2$$
$$FeO+CO \longrightarrow Fe+CO_2$$

通常用还原度即还原后金属氧化物变成金属的百分数来表示还原程度。对合成催化剂，处于最适宜的还原度时，其催化活性最高。钴催化剂希望还原度为 55%～65%之间，镍催化剂的还原度要求 100%，熔铁催化剂的还原度应接近 100%。

H_2 和 CO 均可作还原剂，但因 CO 易于分解出炭而沉积，所以通常用 H_2 作还原剂，只有铁铜剂用 $CO+H_2$ 去还原。另外一般要求还原气中的含水量小于 0.2g/m³，含 CO_2 小于 0.1%。因为含水汽多，易使水汽吸附在金属表面，发生重结晶现象，而 CO_2 的存在会延长还原的诱导期。各种催化剂的还原温度是：钴催化剂为 400～450℃，镍催化剂为 450℃，铁铜催化剂为 220～260℃，熔铁催化剂为 400～600℃。

3. 合成催化剂的失效

催化剂的寿命对操作和合成经济指标有很大影响。一个活性良好的催化剂会在或长或短

的时间内失效（失去活性或不能操作），为了防止催化剂失效并设法恢复其活性，对失效的原因分析如下。

（1）中毒 合成气中的硫化物能使催化剂丧失活性，这是因为硫化物会选择性地吸附在催化剂活性中心上或对活性中心产生化学作用，使活性中心不能发挥作用而中毒。一般是有机硫化物对催化剂的毒化作用比 H_2S 大，而有机硫化物的毒化作用视其结构不同而按下列顺序递减：噻吩及其他环状含硫化合物＞硫醇＞CS_2＞COS。也就是说，分子越大，结构越复杂的硫化物，其毒性越大，这是由于它能充分地把活性中心盖住。

各种催化剂对硫化物的敏感性是不同的，一般视催化剂的组成、制备方法等而异。如钴催化剂和镍催化剂比铁催化剂更容易中毒。没有担体的镍催化剂在450℃时还原后对硫化物的敏感性很强，而有担体的镍催化剂在450℃时还原后对硫化物较稳定。因为有担体的催化剂有较大的表面积以及单位体积内金属含量少之原因。拉波波尔特研究得出，高温还原的熔铁催化剂极易被硫化物中毒，而较低温度还原的铁铜催化剂被硫化物中毒程度要小，可以使用含硫量高达 $50mg/m^3$（$CO+H_2$）合成气合成两个月后仍有活性。这是因为低温还原的铁铜催化剂中铁以低价或高价氧化铁形态存在，易与硫化氢作用生成低价或高价的硫化铁，当铁铜催化剂中硫化铁的比例小于某一定值时，活性不至于丧失，但超过一定值时，就会丧失活性。而高温还原的熔铁催化剂，主金属以金属形态存在，金属铁容易被硫化物中毒。

另外，氯化物、溴化物以及某些重金属如铅、锡、铋等也能使 F-T 催化剂中毒失去活性。

因此，合成前必须对合成原料气进行净制，除去这些杂质，特别是要严格控制含硫量，一般要求合成气中含硫量小于 $2mg/m^3$（$CO+H_2$）。

（2）氧化 还原后的催化剂遇氧会被氧化而失效，因此催化剂应在 CO_2 的保护下存放。对铁催化剂有可能被合成水氧化失效，为此对铁催化剂合成可采用较高的温度，使生成的水汽与 CO 发生变换反应，以防止水汽对铁催化剂氧化。

（3）产物蜡的覆盖 合成时产生的高分子蜡会覆盖于催化剂表面使其活性降低。这种失效可以通过油洗或用氢气进行再生而使活性恢复。

（4）破碎 破碎原因很多，可能是由于催化剂本身机械强度差，在装炉或操作时发生碎裂，或者操作过程中超温产生炭沉积，炭渗入催化剂内部使之膨胀而碎裂，因此合成过程中应严格控制反应温度，防止超温。

（5）熔融 由于还原温度过高或合成时超温都会使催化剂发生熔结失去活性。某些助催化剂可以防止这类失效，如熔铁催化剂中加入 Al_2O_3。

另外，合成压力过高生成了挥发性的羰化物也会使催化剂失效，如镍催化剂不能在加压下合成就是这个原因。

4. 镍、钴、铁系 F-T 合成催化剂

（1）镍系催化剂 镍系催化剂以沉淀法制得者活性最好。过去对镍系催化剂研究较多的是：$Ni\text{-}ThO_2$ 系和 Ni-Mn 系。前者以 $100Ni\text{-}18ThO_2\text{-}100$ 硅藻土催化剂活性最好，油收率达 $120mL/m^3$（$CO+H_2$），后者以 $100Ni\text{-}20Mn\text{-}10Al_2O_3\text{-}100$ 硅藻土催化剂活性最佳、油收率达 $168mL/m^3$（$CO+H_2$）。

镍催化剂的还原温度为450℃，用 H_2 和少量的 NH_3 还原比较理想，合成条件以 $H_2/CO=2$，常压及温度为180～200℃时最为合适。由于镍催化剂在加压下易与 CO 生成挥发性的羰基镍［$Ni(CO)_4$］而失效，所以镍催化剂合成只能在常压下进行。

与钴催化剂相比，镍催化剂加氢活性高，合成产物多为直链烷烃，而烯烃较少，油品较轻，易生成 CH_4。

由于镍催化剂在合成生产中寿命短，再生回收中损失较多等原因，未能在工业上得到应用。

(2) 钴系催化剂　钴系催化剂也是以沉淀法制得的活性较高。沉淀钴剂过去研究较多的是：Co-ThO_2 系和 Co-ThO_2-MgO 系。前者以 100Co-18ThO_2-200 硅藻土催化剂活性高，油收率达 144～153mL/m^3($CO+H_2$)，CO 转化率达 92%。但钴、钍是贵重的稀有金属，影响它在工业上的应用。后者以 100Co-6ThO_2-12MgO-200 硅藻土和 100Co-5ThO_2-5MgO-200 硅藻土两种催化剂的效果较佳，油收率达 132g/m^3($CO+H_2$)，CO 转化率达 91%～94%。由于这类催化剂以 MgO 代替部分 ThO_2，钍的用量减少，催化剂的机械强度有所提高，油品略为变轻，生成的蜡稍有减少，所以曾在工业上应用，特别是 100Co-5ThO_2-5MgO-200 硅藻土被称为标准钴催化剂，是过去钴剂合成厂常用的催化剂。

钴剂合成时 $H_2/CO=2$，反应温度为 160～200℃，压力为 0.5～1.5MPa，产品产率最高，催化剂的寿命最长，但与常压合成相比产品中含蜡和含氧物增多，所以制取合成燃料油时宜采用常压钴剂合成。如果为了制取较多的石蜡和含氧物——酸、醇等可采用中压钴剂合成。

钴剂合成的产物主要是直链烷烃，油品较重，含蜡多，催化剂表面易被重蜡覆盖而失效，因此钴剂合成经运转一段时间后，为了恢复催化剂活性需要对催化剂进行再生。用沸点范围为 170～240℃合成油，在 170℃温度下，洗去催化剂表面的蜡，或者在 203～206℃温度下通入氢气，使蜡加氢分解为低分子烃类和甲烷，从而恢复钴催化剂的活性。

由于钴催化剂较铁催化剂贵，机械强度较低，空速不能太大（一般为 80～100h^{-1}），只适用于固定床合成，对温度的敏感性大，所以目前多注重铁催化剂或其他新型催化剂的开发研究。

(3) 铁系催化剂　目前 F-T 合成工业上应用的铁系催化剂有沉淀铁催化剂和熔铁催化剂两大类。

① 沉淀铁催化剂。沉淀铁催化剂属低温型铁催化剂，反应温度小于 280℃，活性高于熔铁剂或烧结铁剂。用于固定床合成和浆态床合成。

研究表明：Cu、K_2O、SiO_2 是沉淀铁催化剂的最好助剂。铜的作用是有利于氧化铁还原，以致可以降低还原温度，使之能在合成温度区间（250～260℃）用 $CO+H_2$ 进行还原，同时还能防止催化剂上发生炭沉积，增加稳定性。沉淀铁催化剂一般都含铜，所以常称为铁铜催化剂。二氧化硅作为结构助剂，主要起抗烧结、增强稳定性、改善孔径分布、大小和提高比表面积的作用。氧化钾的作用主要提高催化剂活性和选择性，增强对 CO 的化学吸附，削弱对氢气的化学吸附，使反应向生成高分子烃类方向进行，从而使产物中的甲烷减少，烯烃和含氧物增多，产物的平均相对分子质量增加。

沉淀铁催化剂中也可以添加其他助催化剂如 Mn、MgO、Al_2O_3 等，以增加机械强度和延长催化剂的寿命。Mn 具有促进不饱和烃生成的独特性质，因此一般用于 C_2～C_4 烯烃的生产。

沉淀铁催化剂的活性和选择性，除与催化剂的组成有关外，还与制备方法、制备条件等有关。一般认为用硝酸盐制成的催化剂活性高。而用氯化物和硫酸盐制成的催化剂，由于不易于洗涤等原因，活性较低。同时为制得高活性的沉淀铁催化剂，用高价（3 价）铁盐溶液为宜，并要除去溶液中的氯化物和硫酸盐等杂质。目前工业应用的沉淀铁催化剂组成为：100Fe-5Cu-5K_2O-25SiO_2，被称为标准沉淀铁催化剂。

标准沉淀铁催化剂的制备过程如图 7-30 所示。将金属铁、铜分别加热溶于硝酸，将澄清的硝酸盐溶液调至一定浓度（100gFe/L，40gCu/L），并有稍过量的硝酸，以防止水解而沉淀。将硝酸铁、硝酸铜溶液按一定比例（40gFe+2gCu/L）混合加热至沸腾后，加入沸腾的碳酸钠溶液中，溶液的 pH<7～8，搅拌 2～4min，反应产生沉淀和放出 CO_2，然后过滤，

用蒸馏水洗涤沉淀物致使其不含碱，再将沉淀物加水调成糊状，加入一定量的硅酸钾，使浸渍后每100份铁配有25份的硅酸。由于工业硅酸钾溶液中，一般SiO_2/K_2O比例为2.5，为除去过量的K_2O，可向料浆中加入精确计量的硝酸，重新过滤，用蒸馏水洗净滤饼，经干燥、挤压成型，干燥至水分为3%，然后磨碎至2～5mm，分离出粗粒级（＞5mm）和细粒级（＜2mm），即得粒度为2～5mm，组成为$100Fe\text{-}5Cu\text{-}5K_2O\text{-}25SiO_2$的沉淀铁催化剂。

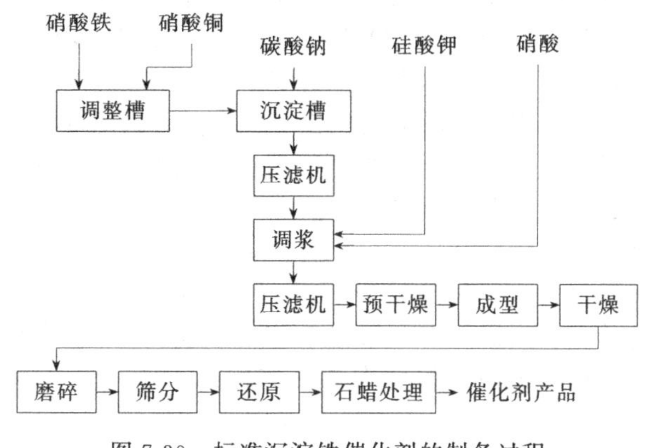

图7-30　标准沉淀铁催化剂的制备过程

为了提高催化剂活性，需在230℃下，间断地用高压氢气和常压氢气循环，对催化剂还原1h以上。使催化剂中的Fe有25%～30%被还原为金属状态，45%～50%还原成2价铁，其余为3价铁。还原后的铁催化剂需在惰性气体保护下贮存，运输时需用石蜡密封以防止其氧化。

一般铁催化剂合成都是在中压（0.7～3.0MPa）下进行。因常压下合成不仅油收率低，而且寿命短。例如一种铁催化剂常压合成时，油收率只有$50g/m^3(CO+H_2)$，使用寿命为一周。而在0.7～1.2MPa压力下进行合成，油收率为$140g/m^3(CO+H_2)$，寿命可达1～3个月。对标准沉淀铁催化剂在2.5MPa和220～250℃下合成，一氧化碳的单程转化率为65%～70%，使用寿命为9～12个月。沉淀铁催化剂的缺点是机械强度差，不适合于流化床和气流床合成。

② 熔铁催化剂。熔铁催化剂的原料通常为铁矿石或钢厂的轧屑。由于轧屑的组成较为均一，目前被优先利用。Sasol F-T合成厂Synthol反应器所用的熔铁剂，就是选用附近钢厂的轧屑为原料制备。将轧屑磨碎至小于16目后，添加少量精确计量的助催化剂，送入敞式电弧炉中共熔，形成一种稳定相的磁铁矿，助剂呈均匀分布，炉温为1500℃。由电炉流出的熔融物经冷却、多段破碎至要求粒度（小于200目）。然后在400℃温度下用氢气还原48～50h，磁铁矿（Fe_3O_4）几乎全部还原成金属铁（还原度95%），就制得可供合成用的熔铁催化剂。为防止催化剂氧化，必须在惰性气体保护下贮存。

还原后熔铁剂的比表面积为$5～10m^2/g$。用于Synthol合成，催化性能是：每天每吨催化剂可生产C_8^+产物1.85t，选择性为77%，使用寿命为45天左右。

熔铁催化剂在合成操作过程中，由于CO、H_2和H_2O的作用，主催化剂金属铁会发生部分氧化反应和碳化反应，而转为磁铁矿（Fe_3O_4）和碳化物，使活性组分减少，催化剂的活性和选择性下降。

为了提高熔铁催化剂的活性、选择性和稳定性，必须添加少量（百分之几）的助催化剂。高熔点的氧化物：MgO、CaO、Al_2O_3和TiO_2等是熔铁催化剂的有效结构助剂，以1%～2%浓度添加到催化剂中，就能提高还原后熔铁催化剂的比表面积和减小铁结晶的粒度，同时能防止发生重结晶，提高熔铁催化剂对温度的稳定性。一些研究表明：各种金属氧化物促进还原后熔铁催化剂表面积增加的顺序是：$Al^{3+}>Ti^{4+}>Cr^{3+}>Mg^{2+}>Ca^{2+}$。各种结构助剂金属氧化物对未还原熔铁剂晶格稳定性的影响是：添加离子半径比铁大的金属氧化物（如 Ca^{2+}、Mn^{2+}、Ti^{4+}）能增加晶格的稳定性；若添加离子半径比铁小的金属氧化物（如 Al^{3+}、Mg^{2+}）则晶格稳定性降低。

碱金属氧化物（K_2O、Na_2O）是熔铁催化剂的有效电子助剂。碱金属通过献出电子使铁呈稳定的金属状态，以提高熔铁催化剂的活性和选择性。通过对 CO 和 H_2 的化学吸附研究表明，熔铁催化剂中含碱量增加，对 CO 吸附键增强，而 H_2 吸附键减弱，因此使反应朝高分子烃生成方向进行，产物中烯烃和含氧物增多。但是添加碱助剂，会降低熔铁剂的比表面积（结构助剂能抵消这个作用）和增加碳化物形成，同时碱助剂能和酸性助剂作用，因此要严格控制碱的含量。研究指出：碱金属的作用随碱性而增加，即 Rb＞K＞Na＞Li。由于 Rb 是昂贵金属，所以 K_2O 是最常用的碱助剂。

熔铁催化剂的粒度大小对活性有显著的影响。对沉淀钴催化剂和沉淀铁催化剂来说，因它们的孔隙多，内表面积很大，一般为 200～400m^2/g，所以粒度大小对活性影响不大。但对熔铁催化剂，由于它的内表面积很小，只有 5～10m^2/g，所以粒度越小，其活性越大。例如 Fe-MgO 催化剂在固定床合成时，粒度为 70～170 目、25～36 目和 7～14 目，对应的活性比例为 4.5、1.5 和 1。

熔铁剂的预处理方法很多，对活性的影响也很大，同一催化剂因预处理方法不同而活性显出较大的差别。一般熔铁催化剂在 400℃以上高温下用氢气还原，几乎所有的铁都还原成金属铁。还原后立即送合成使用时，合成产物中 CH_4 及轻产物较多。如果还原后再进一步用 NH_3 在 350℃下进行氮化，生成氮化铁，与未氮化熔铁催化剂相比，氮化熔铁剂具有活性高、选择性好、不怕氧化、生成蜡少、炭沉积少、寿命长及稳定性较好等优点。例如，未氮化的熔铁剂的转化率只有 60%～70%，而同一组分的氮化熔铁剂的转化率可达 85%～95%，同时产物中重质馏分减少（石蜡少），轻馏分变多。一般以 N/Fe≥0.3 比较好。

关于熔铁催化剂中碱的加入问题，一般都是熔融时加入，但是研究发现熔融后用浸渍法加入碱有时可得到更好的效果。

由于熔铁剂的机械强度高，可以在较高的空速下合成（通常在 1000h^{-1}左右），因而生产能力比采用其他催化剂提高 5～13 倍，适合于流化床、气流床合成，其转化率和反应温度、反应压力有关。在同一空速下，反应温度稍高，有利于转化率提高。但是反应温度高于 340℃时，会产生炭沉积，影响油收率。反应压力升高转化率增加，一般在 1.0～3.0MPa 条件下合成。另外由于熔铁剂没有担体，热导率高，反应器的散热面积可以减少。同时它比钴剂、镍剂便宜，原料来源广，制备简单，所以目前工业上被采用。

三、F-T 合成的工艺条件

F-T 合成的产物的分布除受催化剂影响外，还与热力学和动力学因素有关。在催化剂的操作范围内，选择合适的反应条件，对调节 F-T 合成的选择性起着重要的作用。

1. 原料气组成

原料气中有效成分（$CO+H_2$）含量高低，直接影响合成反应速率的快慢。一般情况是 $CO+H_2$ 含量高，反应速率快，转化率增加。但是高 $CO+H_2$ 合成气反应时放出热量多，易造成床层超温。另外，制取高纯度的 $CO+H_2$ 合成原料气成本高，所以一般要求其含量为 80%～85%。

原料气中的 H_2/CO 值高低，与反应进行的方向有关。H_2/CO 比值高，有利于饱和烃、轻产物及甲烷的生成；比值低，有利于链烯烃、重产物及含氧物的生成。例如钴剂合成，原料气中 H_2/CO 比值高低对产物组成的影响见表 7-19。

表 7-19 H_2/CO 比值高低对产物组成的影响

馏分沸点范围/℃	$2H_2:1CO$		$1H_2:2CO$	
	醇含量/%	烯烃量/%	醇含量/%	烯烃量/%
195～250	10	10	27	29
250～320	9	6	21	19
＞320	5	3	7	15

H_2/CO 比值低于 0.5 时，可通过反应式(7-20) 形成炭，从而影响催化剂的性能，使 F-T 合成反应受到严重影响。

对钴催化剂合成，适宜的 H_2/CO 比值为 2，允许波动范围为±0.05。对中压铁剂合成，所用合成气的 H_2/CO 比值范围较宽。对气相固定床铁剂合成，富氢气或富一氧化碳原料气（H_2/CO 比值由 0.9～2.5）均可采用。但是采用富氢气有利于反应速率提高，并能减少催化剂上一氧化碳分解所造成的炭沉积，有利于生产操作。所以目前工业上气相固定床 Arge 合成采用 H_2/CO＝1.7。对气流床 Synthol 合成，由于反应温度高（320～340℃），为了控制炭沉积和提高催化剂的活性，则采用富氢气操作，H_2/CO＝5～6。

合成气中氢气与一氧化碳实际反应的量之比（H_2/CO）称为利用比（或称消耗比）。这个值一般在 0.5～3 之间变化，它取决于反应条件和合成气中 H_2/CO 的比值。通常利用比低于合成气 H_2/CO 的组成比，这意味着参加反应的一氧化碳比氢气多。如果利用比等于合成气 H_2/CO 的组成比，可获得最佳产物产率。

提高合成气中 H_2/CO 比值和反应压力，可以提高 H_2/CO 利用比。排除反应气中的水汽，也能增加 H_2/CO 利用比和产物产率。因为水汽的存在增加一氧化碳的变换反应，使一氧化碳的有效利用降低，同时也降低了合成反应速率。

对于铁催化剂合成，利用残气（尾气）循环可提高 H_2/CO 利用比。因为铁催化剂合成过程中，变换反应进行得很快，使原料气的利用率降低，氢气的消耗赶不上一氧化碳的消耗。采用残气循环后，由于反应器生成的水被大量气体稀释，大大地抑制了二氧化碳的生成，使 H_2/CO 利用比接近原料气中 H_2/CO 组成比。此外，由于残气循环，增加了通过床层的气速，使床层的传热系数增加，超温现象减少，生成产物被迅速带出，蜡在催化剂表面上的覆盖减轻，因而使合成原料气的转化率和液体产率提高，甲烷生成量减少。但是大量的残气循环，不仅使动力消耗增加，回收设备增多，设备生产能力下降，而且还造成回收上的困难。所以在铁剂合成时，目前一般采用循环比为 2～3（循环气量与新鲜原料气量之比值），而钴催化剂合成一般不用循环气，因为在钴催化剂的合成温度（170～200℃）下，一氧化碳与水汽的变换反应进行得很慢。

对原料气中的硫化物，一般要求小于 2mg/m^3($CO+H_2$)。因为含硫量高，易使催化剂中毒失去活性。

2. 反应温度

反应温度主要取决合成时所选用的催化剂。不同的催化剂，要求的活性温度区同。如钴催化剂的活性温区为 170～210℃（取决于催化剂的寿命和活性），铁催化剂合成的为 220～340℃。F-T 合成的温度控制必须在催化剂的活性温区内。

在催化剂的活性温区范围内，提高反应温度，有利于轻产物的生成。因为反应温度高，中间产物的脱附增强，限制了链的生长反应。而降低反应温度，有利于重产物的生成。表 7-20列出反应温度对铁系催化剂合成产物选择性的影响。这种影响趋势也适合其他类型催化剂。

表 7-20 反应温度对铁系催化剂合成产物选择性的影响

合成工艺	反应温度/℃	选择性/%	
		CH_4	硬蜡
固定床合成	0.56T		47
	0.60T		34
	0.62T		24
	0.65T		17
	0.82T	10	
	0.87T	14	
Synthol 合成	0.92T	17	
	0.95T	20	
	0.97T	23	
	1.0T	28	

生产过程中一般反应温度是随催化剂的老化而升高，产物中低分子烃随之增多，重产物减少。

在所有动力学方程中，反应速率和时空产率都随温度的升高而增加。必须注意，反应温度升高，副反应的速率也随之猛增。如温度高于 300℃时，甲烷的生成量越来越多，一氧化碳裂解成碳和二氧化碳的反应也随之加剧。因此生产过程中必须严格控制反应温度。

3. 反应压力

反应压力不仅影响催化剂的活性和寿命，而且也影响产物的组成与产率。对铁催化剂若采用常压合成，其活性低、寿命短，一般采用在 0.7～3.0MPa 压力下合成。钴剂合成可以在常压下进行，但是以 0.5～1.5MPa 压力下合成效果更佳。

合成的压力增加，产物中重馏分和含氧物增多，产物的平均相对分子质量也随之增加。用钴催化剂合成时，烯烃随压力增加而减少；用铁催化剂合成时，产物中烯烃含量受压力影响较小。

压力增加，反应速率加快，尤其是氢气分压的提高，更有利于反应速率的加快，这对铁催化剂的影响比钴剂更显著。但一些研究者认为，F-T 合成压力不宜太高。压力太高，一氧化碳可能与催化剂主金属钴或铁生成易挥发性的羰基钴 [$Co(CO)_4$]，或羰基铁 [$Fe(CO)_4$]，使催化剂的活性降低，寿命缩短。镍催化剂在较高压力下使用，很容易生成挥发性羰基镍 [$Ni(CO)_4$]，只能在常压下进行合成。

4. 空间速度

对不同催化剂和不同的合成方法，都有最适宜的空间速度范围。如钴催化剂合成适宜的空间速度为 80～100h^{-1}，沉淀铁剂 Arge 合成为 500～700h^{-1}，熔铁剂气流床合成为 700～1200h^{-1}。在适宜的空间速度下合成，油收率最高。但是空间速度增加，一般都会使转化率降低，产物变轻，并且有利于烯烃的生成。

四、煤间接液化的工艺流程

对煤间接液化的工艺，已工业化的有南非 Sasol 的 F-T 合成技术、荷兰 Shell 公司的 SMDS 技术和 Mobil 公司的 MTG 合成技术等。还有一些先进的合成技术，如丹麦 Topsϕe 公司的 TIGAS 技术、美国 Mobil 公司的 STG 技术、Exxon 公司的 AGC-21 技术、中科院的 MFT/SMFT 技术等，正处于研发和工业放大阶段。在此仅对已工业化的和国内的煤间接液化工艺作一介绍。

1. 南非 Sasol 的 F-T 合成工艺

南非开发煤炭间接液化历史悠久，政府基于本国富煤缺油现状，1927 年开始寻找煤基合成液体燃料的途径。1939 年首先购买了德国 F-T 合成技术在南非的使用权，1950 年成立了南非煤油气公司（South African Coal Oil and Gas Corp，简称 Sasol)。1955 年建成了 Sasol-Ⅰ厂，1980 年和 1982 年又相继建成了 Sasol-Ⅱ厂和 Sasol-Ⅲ厂，形成世界上最大的煤气化合成液体燃料企业。年消耗煤炭约 45000kt，合成产品 7500kt，其产品包括发动机燃料(4500kt)、聚烯烃及工业副产品等。

(1) Sasol-Ⅰ厂的液化工艺　Sasol-Ⅰ厂的生产流程如图 7-31 所示。

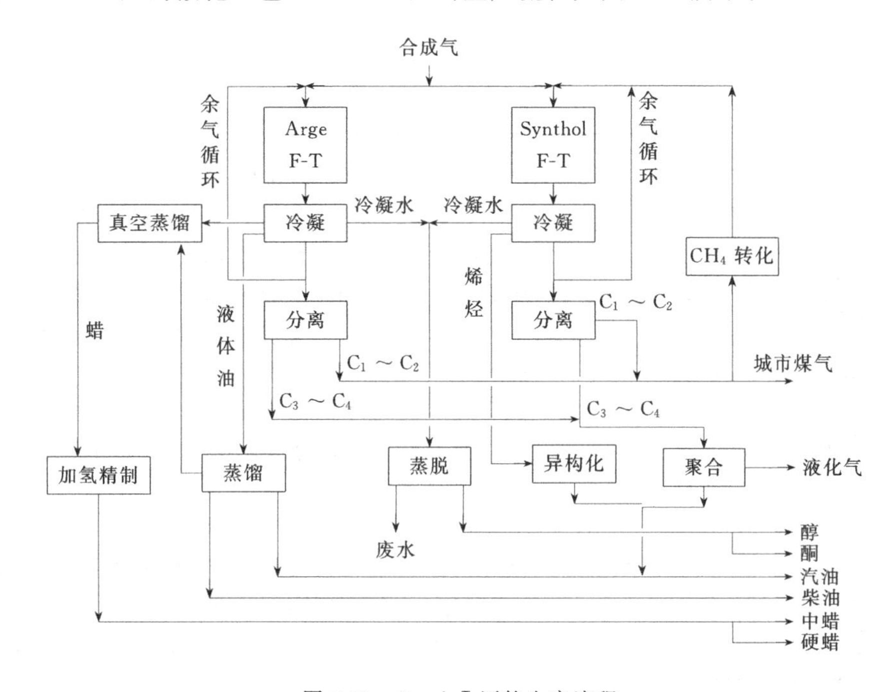

图 7-31　Sasol-Ⅰ厂的生产流程

经净化后的煤制合成气分两路，分别进入 Arge 固定床 F-T 反应器和 Synthol 气流床 F-T 反应器，进行 F-T 合成反应。

经固定床反应器的合成产物冷凝，得到冷凝水、液体油、余气和蜡产品。冷凝水相中含有溶于水的低分子含氧化合物（醇、酮)，用水蒸气在蒸脱塔中处理，塔顶脱出含氧化合物，其中醇、酮经分离精制后作为产品外送。液体油通过蒸馏分离可得到柴油和汽油，柴油的十六烷值约为 75，汽油的辛烷值为 35。余气中含有未凝的烃类，大部分循环回到反应器，少部分经分离后得到 $C_1 \sim C_2$ 产品（作为城市煤气外送）和 $C_3 \sim C_4$ 烃类。$C_3 \sim C_4$ 在聚合反应器中发生聚合反应，烯烃聚合成汽油，烷烃在聚合时未发生反应，作为液态烃外送。合成产物中的蜡经减压蒸馏、加氢精制后制得中蜡（370～500℃）和硬蜡（>500℃)。

气流床反应器合成产物经过冷凝，得到冷凝水、烯烃和余气。将烯烃进行异构化反应，可使汽油辛烷值由 65 增至 86，然后与催化聚合的汽油混合，得到辛烷值为 90 的汽油。余气与固定床反应器分离出的余气处理方法相同。对产生的甲烷进行了蒸汽转化，得到的合成气再循环回到反应器。气流床反应器主要产物为汽油，其产量占总产量的 2/3。

出于降低技术风险的考虑，Sasol-Ⅰ厂在建厂时采用了两个不同的 F-T 合成技术——Arge 固定床和 Synthol 气流床，两种合成技术的产物组成见表 7-21。

表 7-21 Arge 合成和 Synthol 合成的产物组成

组成	Arge 合成			Synthol 合成		
	产物组成/%	烯烃含量/%	异构程度/%	产物组成/%	烯烃含量/%	异构程度/%
CH_4	8.6			13.8		
C_2 烃类	3.3	20		9.8	42	
C_3 烃类	5.9	62		15.1	78	
C_4 烃类	4.8	51	10	12.4	75	27
汽油 C_5～C_{11}	23.8	50	12	31.9	70	55
轻油 C_{12}～C_{18}	14.7	40	5	2.5	60	50
重油	9.1		<5	2.5		
石蜡	26.4			—		
醇、酮	3.4			10.4		
有机酸	痕量			1.9		

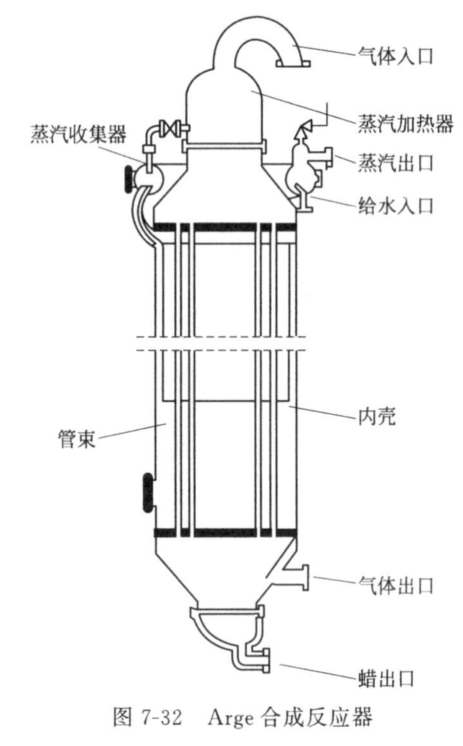

图 7-32 Arge 合成反应器

以下对此两种技术做一介绍。

① Arge F-T 合成。Arge 反应器的结构如图 7-32所示，其使用沉淀铁催化剂固定床合成，操作压力 2.4～2.5MPa，催化剂使用初期反应温度约为 200～230℃。为了保持一定的 CO 转化率，在操作过程中反应温度逐步提高，总温升约为 25～30℃。每个反应器每小时处理新鲜原料气 20000m^3（相当于空速 500h^{-1}），合成反应 H_2/CO 利用比为 1.5。

其具体的流程见图 7-33。

H_2/CO=1.7 的净制合成气，以新鲜合成气和循环气比为 1∶2.3 的比例与循环气混合，被压缩到 2.45MPa，在热交换器中被加热到 150～180℃，进入反应器中进行合成反应，生成如表 7-21 所示的产物。

由于中压铁剂固定床合成的产物含蜡较多，产物先经分离器脱去石蜡烃，然后气态产物进入热交换器与原料气进行热交换，冷却脱去软石蜡，再进入水冷器被冷却分离出烃类油。为了防止有机酸腐蚀设备，在冷却器中送入碱液，中和冷凝油中酸性组分。在分离器中分离得到冷凝油和水溶性含氧物及碱液。

冷凝器出来的残气（35℃），一部分作循环气使用；其余送油吸收塔回收 C_3 和 C_4 烃类，尾气送甲烷转化作 Synthol 合成原料或直接作燃料。

冷凝油和软石蜡一起供常压蒸馏得 LPG、汽油（C_5～C_{12}）、柴油（C_{13}～C_{18},）和底部残渣。

常压蒸馏残渣和石蜡烃送真空蒸馏，分馏成蜡质油，软蜡混合物、中质蜡（370～500℃）和硬蜡（>500℃）。中质蜡可以直接作产品出售，也可以进一步加工成各种氧化蜡，结晶蜡和优质硬蜡等。

Sasol-Ⅰ合成厂采用 5 台 Arge 反应器，每天可生产 195t 合成油和石蜡，其中汽油 23.8%，轻油 14.9%，石蜡 26.4%。

② Synthol F-T 合成。Synthol 反应器是美国凯洛格公司为 Sasol-Ⅰ厂设计的，其结构如图 7-34 所示。主要由反应器，催化剂分离器和输送装置构成。反应器的直径为 2.25m，

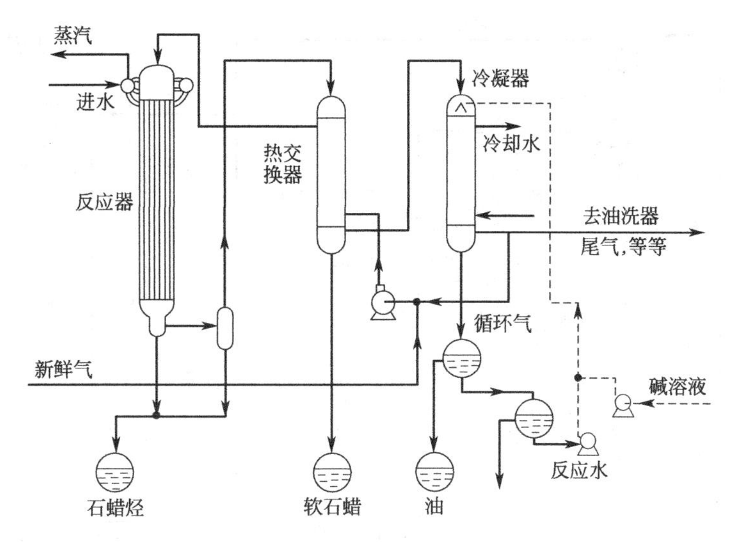

图 7-33　Arge F-T 合成的流程

总高度为 36m，反应器的上、下两段设油冷装置，用以移出反应热；输送装置包括进气提升管和产物排出管，直径均为 1.05m；催化剂分离器内装两组旋风分离器，每组有两个旋流器串联使用。

合成时，催化剂和反应气体在反应器中不停地运动，强化了气固表面的传质、传热过程，因而反应器床层内各处温度比较均匀，有利于合成反应。反应放出的热一部分由催化剂带出反应器，一部分由油冷装置中油循环带出。由于传热系数大，散热面积小，反应器的结构得到简化，生产量显著地提高。一台 Synthol 反应器相当于 4～5 台 Arge 反应器，生产能力为每台每年产油 7 万吨，改进后的 Synthol 反应器可达 18 万吨。

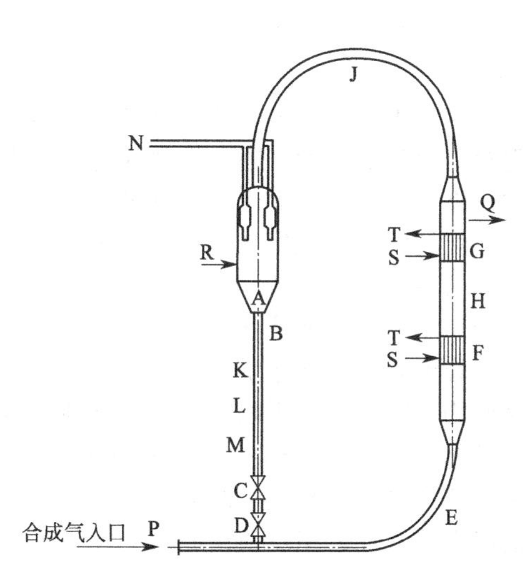

图 7-34　Synthol 合成反应器

A—催化剂斗；B—催化剂下降管；C,D—滑阀；F—下冷却管；G—上冷却管；H—反应段；E,J—催化剂载流管；K,L,M—松动气入口；N—尾气出口；P—合成反应气入口；Q—平衡催化剂出口；R—新鲜催化剂补充口；S—热载体入口；T—热载体出口

Synthol F-T 合成的具体流程见图 7-35。

由净制气和 CH_4 转化气组成的新鲜原料气与循环气以 1∶2.4 比例混合，经预热器加热至 160℃后，进入反应器的水平进气管，与来自催化剂储罐循环的热催化剂（340℃）混合，合成原料气被加热至 315℃，进入提升管和反应器内进行合成反应。为了防止催化剂被生成的蜡黏结在一起而失去流动性，采取较高的反应温度（320～340℃）和富 H_2 合成气操作，合成原料气 H_2/CO＝6，反应压力为 2.25～2.35MPa，每个反应器通过的新鲜原料气量为 90000～100000m^3/h，通过反应器横断面积的催化剂循环量为 6000t/h，所用催化剂为粉末（约 74μm）熔铁剂，使用寿命为 40 天左右。反应放出热被油冷装置中的油循环带出，反应器顶部温度控制在 340℃。

反应后的气体（包括部分未转化的气体）和催化剂一起排出反应器，经催化剂储罐中的旋风分离器分离，催化剂被收集在沉降漏斗中循环使用。气体进入冷凝回收系统，先经油洗

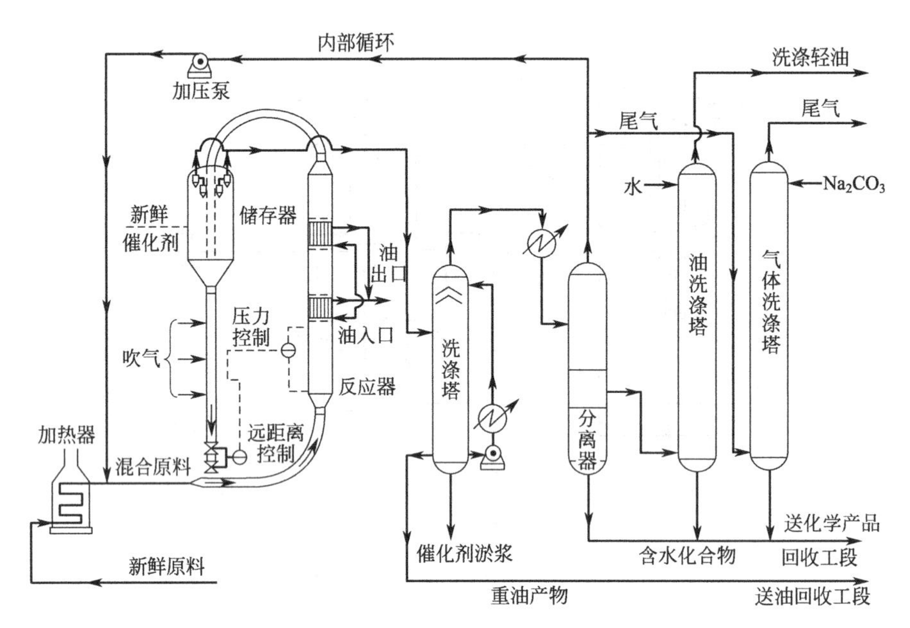

图 7-35　Synthol F-T 合成工艺流程

涤塔除去重质油和夹带的催化剂，塔顶温度控制在 150℃，由塔顶出来的气体，经冷凝分离得含氧化物的水相产物、轻油和尾气。大部分尾气经循环压缩机返回反应器，余下部分经气体洗涤塔进一步除去水溶性物质后，再送入油吸收塔脱去 C_3、C_4 和较重的组分。剩余气体送甲烷转化，转化后气体作气流床合成原料气。C_3 和 C_4 烃在压力 3.7MPa 和 190℃温度下，通过磷酸-硅藻土催化剂床层，其中烯烃催化叠合为汽油。未反应的丙烷、丁烷从叠合汽油中分离出来作石油液化气用。

轻油经汽油洗涤塔除去部分含氧化物后，其中含有 70%左右的烯烃和少量的含氧物。这些物质的存在，影响油品的安定性，容易氧化产生胶质物，为了提高油品的质量，需对轻油进行精制处理。SasolⅠ厂采用酸性沸石催化剂，在 400℃和常压条件下对轻油进行加工处理，使含氧酸脱羧基，醇脱水变为烯烃，烯烃再经异构化以提高了油品质量。最后经蒸馏分馏出来的汽油，辛烷值由原来的 65 提到 86（无铅），如果与叠合汽油混合，则汽油的辛烷值可达 90 以上。

气流床 Synthol 合成由于采用高 H_2 合成气和在较高反应温度下操作，使整个产物变轻，重产物很少，基本上不生成蜡，汽油产率达 31.9%（见表 7-21），如果将 C_3、C_4 烃中的烯烃叠合成汽油，则汽油产率可达 50%左右，而且汽油的辛烷值很高，所以气流床 Synthol 合成主要以生产汽油为目的产物。

(2) SasolⅡ和Ⅲ厂的合成工艺　为满足国内对发动机燃料的需要，南非于 1980 年和 1982 年又相继建成了 SasolⅡ厂和 SasolⅢ厂，两厂均采用 Synthol 液化床 F-T 合成技术，其流程框图见图 7-36 所示。

与 SasolⅠ厂流程相同的是 SasolⅡ和Ⅲ厂也先将反应生成的水和液体油冷凝出来。不同的是 SasolⅠ厂的尾气通过一个油洗塔，而 SasolⅡ和Ⅲ厂的尾气首先脱除 CO_2，然后经过深冷装置把气体分成富 CH_4、富 C_2、富氢和 C_3、C_4 气体，尽管成本增加，但可以获得高产值的乙烯和乙烷组分。将 C_2 富气送去乙烯装置，乙烷裂解为乙烯，乙烯可进一步加工。富甲烷组分去转化装置，将甲烷转化为合成气，和新鲜合成气混合后重新进入反应器。富氢气体一部分重回合成装置，另一部分经变压吸附制得纯氢后用于油品加工。C_3、C_4 组分的处理方法和 SasolⅠ厂相同，也是采用催化叠合技术生产汽油。SasolⅡ和Ⅲ厂由于有一部分汽油进行循环，故可以使柴油产率达到最大化，柴油的选择性可以达到75%。对F-T合成油中沸点大于190℃的馏分进行加氢处理，对更重的馏分则使用沸石催化剂进行选择加氢。通过改变蜡的选择加氢和烯烃聚合的操作条件，以及变动馏分的切割温度，可使生产的汽油和柴油的比例由10∶1变化到约1∶1。

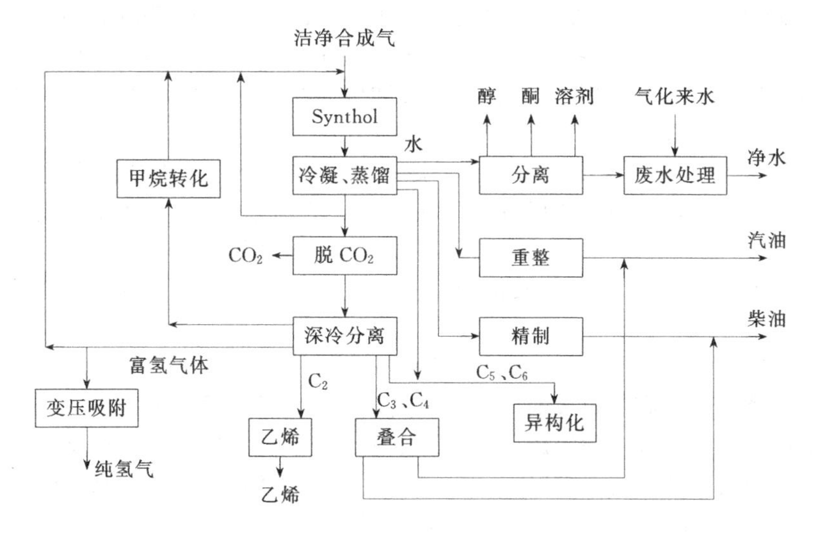

图7-36　SasolⅡ和Ⅲ厂产品加工流程图

SasolⅡ和Ⅲ厂对F-T合成的重石脑油首先进行精制，使烯烃饱和并脱除含氧化合物，然后进行重整。生产的燃料油符合产品质量要求，汽油辛烷值可达90，柴油十六烷值为47～65，最高可达70。

SasolⅡ和Ⅲ厂原设计各有8台Synthol循环流化床反应器，直径3.6m、高75m，操作温度350℃，压力2.5MPa，催化剂添加量450t，循环量8000t/h，单台生产能力6500桶/天。1989年改为Sasol公司自行开发的8台无循环的直径为5m、高22m的固定流化床反应器，即Sasol Advanced Synthol Reactor，简称SAS合成反应器。1995年又设计了直径为8m、高38m的大型SAS反应器，单台生产能力12000桶/天。1999年末投产了直径10.7m、高38m的超大型流化床反应器，单台生产能力达到20000桶/天。至2000年底，SasolⅡ厂和Ⅲ厂共有4台直径8m和4台直径10.7m的SAS反应器。

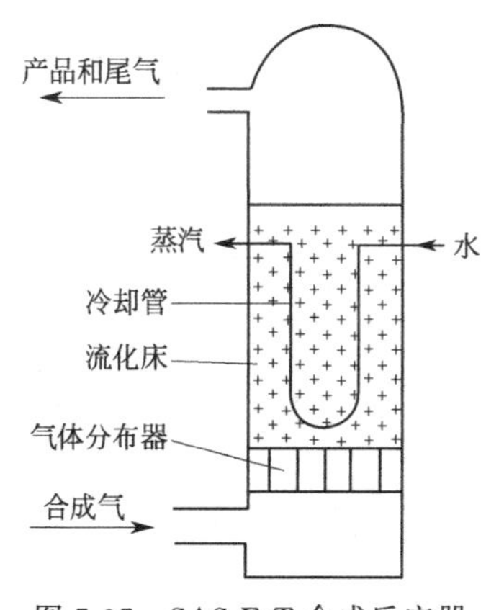

图7-37　SAS F-T合成反应器

SAS F-T合成反应器也称为固定液化床反应器，其结构如图7-37所示。主要有气体分布器、催化剂流化床、床层内的冷却管以及从气体产物中分离夹带催化剂的旋风分离器（图中未画出）组成。

SAS反应器取消了催化剂循环系统，在许多方面要优于Synthol反应器。如相同处理能力下体积较小（SAS反应器的直径可以是Synthol反应器的2倍，而高度却只有后者的一半），加入的催化剂能得到有效利用（反应器转化性能的气剂比，即合成气流量与催化剂装入量之比是Synthol的2倍），投资是相同生产能力Synthol反应器的一半左右，操作简单，操作费用较低，转化率较高，生产能力大等。此外，SAS反应器中的气固分离效果好于Synthol反应器。

2. SMDS合成技术

多年来，荷兰 Shell 石油公司一直在进行从煤或天然气基合成气制取发动机燃料的研究开发工作。在 1985 年第 5 次合成燃料研讨会上，该公司宣布已开发成功 F-T 合成两段法的新技术 SMDS（Shell Middle Distillate Synthesis）工艺，并通过中试装置的长期运转。

SMDS 合成工艺由一氧化碳加氢合成高分子石蜡烃——HPS（Heavy Paraffin Synthesis）过程和石蜡烃加氢裂解或加氢异构化——HPC（Heavy Paraffin Coversion）制取发动机燃料两段构成。Shell 公司的报告指出，若利用廉价的天然气制取的合成气（$H_2/CO=2.0$）为原料，采用 SMDS 工艺制取汽油、煤油和柴油产品，其热效率可达 60%，而且经济上优于其他 F-T 合成技术。

HPS 技术采用管式固定床反应器。为了提高转化率，合成过程分两段进行。第一段安排了 3 个反应器，第二段只设一个反应器，每一段设有单独的循环气体压缩机。大约总产量的 85%在第一段生成，其余 15%在第二段生成。反应系统操作参数如下：合成气组成 $H_2/CO=2.0$，反应压力 2.0～4.0MPa，反应温度 200～240℃，全过程 CO 转化率 95%，单程单段 CO 转化率 40%。

HPS 工艺流程如图 7-38 所示。新鲜合成气与由第一段高压分离器分离出的循环气混合后，首先与反应器排出的高温合成油气进行换热，而后由反应器顶部进入。该反应器装有很多充满催化剂的管子，形成一固定床反应器。由于合成反应是剧烈的放热反应，因此需用经过管间的冷却水将反应热移走。实际上，反应温度就是用蒸汽压力来控制和调节的。如果蒸汽压力升高 0.2～0.3MPa，就可能导致反应温度升高 4～7℃。

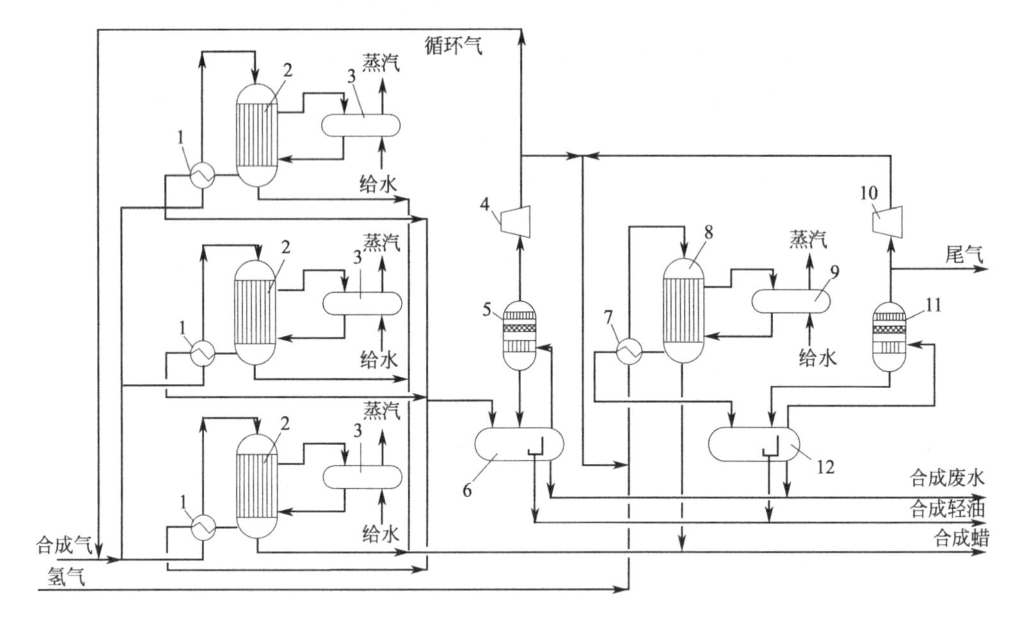

图 7-38　Shell 公司 SMDS 工艺 HPS 流程

1—一段换热器；2—一段合成反应器；3—一段合成废热锅炉；4—一段尾气压缩；5—一段捕集器；6—一段分离器；7—二段换热器；8—二段合成反应器；9—二段合成废热锅炉；10—二段尾气压缩机；11—二段捕集器；12—二段分离器

反应气体经过充满催化剂的管式固定床层后，氢气和一氧化碳转化为烃和水。烃类主要为正构链烃的混合物，其范围可从 C_1～C_{100}，同时小部分的一氧化碳和水会转化为二氧化碳和氢气。

反应后的产物经安装于反应器底部的一个特殊装置实现气液分离，分离出的液相即为石蜡烃。气相经降温后，水和低碳烃冷凝，进入一段高压分离器分离，得到的合成废水和轻油去进一步加工处理。不凝的气体经捕集器进一步分离液滴后，经加压一部分作为循环气以增加合成气的利用率，其余部分供第二级反应器。供第二级反应器的气体在进反应器之前要和二反后的循环气体混合，并且要再混合一部分氢气以调整 H_2/CO 比值。

第二反应器的反应及处理情况和第一反应器相同，在此不再多述。

HPC 工艺流程如图 7-39 所示。HPC 的作用是将重质烃类转化为中间馏分油，如石脑油、煤油和瓦斯油。产品的构成可以灵活加以调节，如既可以让瓦斯油也可以让煤油产量达到最大值。由 HPS 单元分离出的重质烃类产物经原料泵加压后，与新鲜氢气和循环气混合并与反应产物换热和热油加热，达到设定温度后进入反应器。在反应器内发生加氢精制、加氢裂化以及异构化反应，为了控制反应温度需向反应器吹入冷的循环气体。反应产物首先与原料换热，然后进入高温分离器，分离出的气体与低分油换热，再经过冷却冷凝后进入低温分离器，最终不凝气体经循环压缩机压缩后返回反应系统。液体产物去蒸馏系统分馏、稳定，即可得到最终产品。

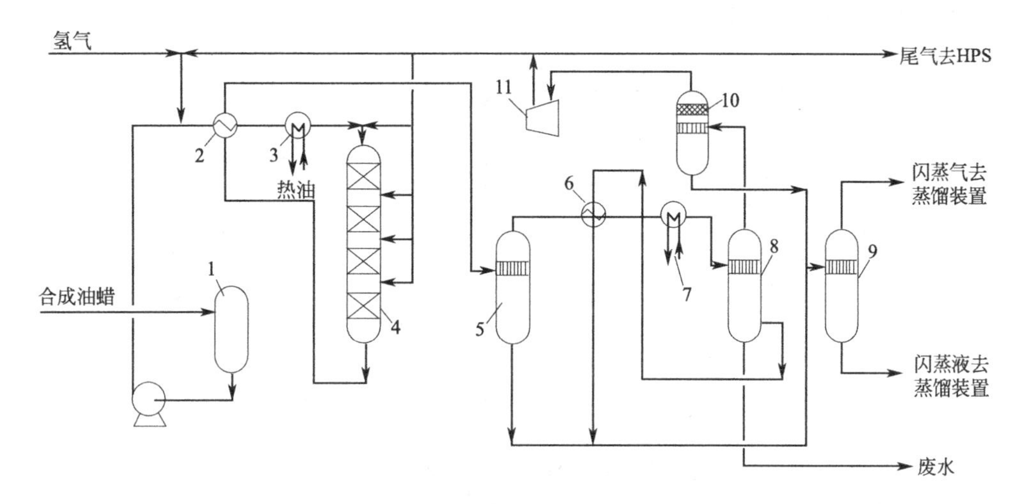

图 7-39 Shell 公司 SMDS 工艺 HPC 流程

1—原料罐；2,6—换热器；3—加热器；4—HPC 反应器；5—高温分离器；7—冷却器；8—低温分离器；9—闪蒸罐；10—捕集器；11—循环气体压缩机

3. MTF 和 SMTF 工艺技术

MTF 工艺是中国科学院山西煤炭化学研究所提出的将传统的 F-T 合成与沸石分子筛特殊形选作用相结合的两段法合成（简称 MFT）工艺。其基本原理如图 7-40 所示。

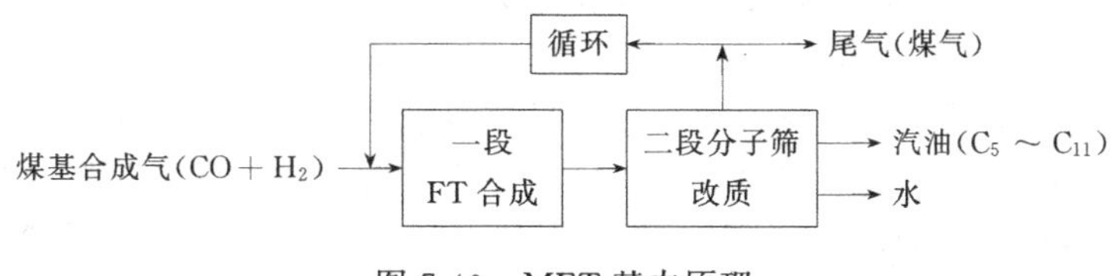

图 7-40 MFT 基本原理

MFT 合成的基本过程是采用两个串联的固定床反应器，使反应分两步进行，净化后的合成气（$CO+H_2$），首先进入装有 F-T 合成催化剂的一段反应器，在这里进行传统的 F-T 合成烃类的反应，生成的 C_1～C_{40} 宽馏分烃类和水以及少量含氧化合物连同未反应的合成气，立即进入装有形选分子筛催化剂的第二段反应器，进行烃类改质的催化转化反应，如低级烯烃的聚合、环化与芳构化，高级烷、烯烃的加氢裂解和含氧化合物脱水反应等。经过上述复杂反应之后，产物分布由原来的 C_1～C_{40} 缩小到 C_5～C_{11}，选择性得到了更好的改善。

由于传统 F-T 合成催化剂和分子筛形选催化剂分别装在两个独立的反应器内，因此各自都可调整到最佳的反应条件，充分发挥各自的催化特性。这样，既可避免一段反应器温度过高而生成过多的 CH_4 的和碳，又利用了二段分子筛的形选改质作用，进一步提高产物中汽油馏分的比例，且二段分子筛催化剂又可独立再生，操作方便，从而达到了充分发挥两类催化剂各自特性的目的。

MFT 工艺过程不仅明显地改善了传统 F-T 合成的产物分布，较大幅度地提高了液体产物（主要是汽油馏分）的比例，并且控制了甲烷的生成和重质烃类（C_{12}^{+}）的含量。从工业化应用考虑，MFT 工艺又克服了复合催化体系 F-T 合成的不足，解决了两类催化剂操作条件的优化组合和分子筛再生的矛盾。所以，MFT 合成是一条比较理想的改进的 F-T 工艺过程。

中国科学院山西煤炭化学研究所从 20 世纪 80 年代初就开始了这方面的研究与开发，先后完成了实验室小试、工业单管模试中间试验（百吨级）和工业性试验（2000t/a）。MFT 合成工艺流程如图 7-41 所示。

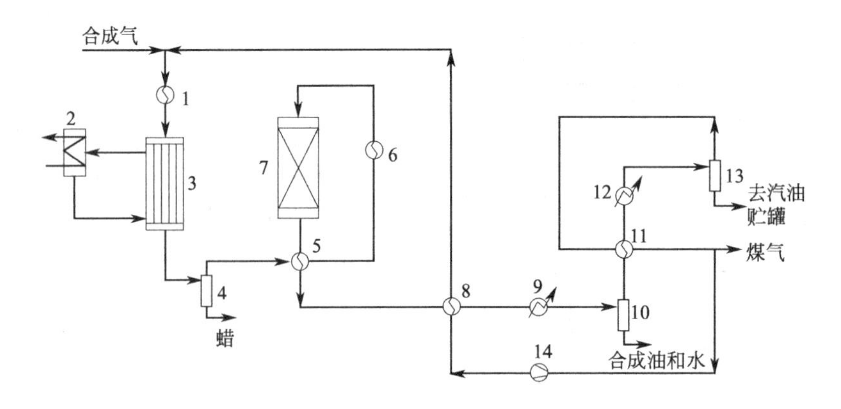

图 7-41　MFT 合成工艺流程

1—加热炉对流段；2—导热油冷却器；3——段反应器；4—分蜡罐；5——段换热器；6—加热炉辐射段；7—二段反应器；8—循环气换热器；9—水冷器；10,13—气液分离器；11—换冷器；12—氨冷器；14—循环压缩机

净化合格的原料气，按 1∶3 的比例（体积比）与循环气混合，进入加热炉对流段，预热至 240～255℃后，送入一段反应器。反应器内温度 250～270℃、压力 2.5MPa，在铁催化剂存在下，主要发生 $CO+H_2$ 合成烃类的反应。由于生成的烃相对分子质量分布较宽（C_1～C_{40}），需进行改质，故一段反应生成物进入一段换热器与二段尾气（330℃）换热，从 245℃升至 295℃，再进加热炉辐射段进一步升温至 350℃，然后送至二段反应器（2 台切换操作）进行烃类改质反应，生成汽油。二段反应温度为 350℃，压力 2.45MPa。

为了从气相产物中回收汽油和热量，二段反应产物首先进一段换热器，与一段产物换热后降温至 280℃，再进入循环气换热器，与循环气（25℃，2.5MPa）换热至 110℃后，入水冷器冷却至 40℃。至此，绝大多数烃类产品和水均被冷凝下来，经气液分离器分离，实现气液分离。

气液分离器中分离出的冷凝液靠静压送入油水分离器，将粗汽油与水分开。水送水处理系统，粗汽油送精制工段蒸馏切割。分离粗汽油和水后的尾气中仍有少量汽油馏分，进入换冷器与冷尾气（5℃）换冷至 20℃，入氨冷器冷至 1℃，经气液分离器分出汽油馏分。该馏分直接送精制二段汽油贮槽。分离后的冷尾气（5℃）进换冷器升温至 27℃，大部分经循环机增压后，进入循环气换热器，与二段尾气（280℃）换热至 240℃，再与净化、压缩后的合成原料气混合，重新进入反应系统，小部分取出供作加热炉的燃料气，或作为城市煤气送出界区。

除了 MFT 合成工艺之外，山西煤化所还开发了浆态床-固定床两段法工艺，简称 SMFT 合成。2002 年建成了 1000t/a 的工业性试验装置，工艺技术开发正在进行之中。

第四节　煤间接液化与直接液化的对比

一、液化原理对比

1. 煤间接液化

煤间接液化是利用 F-T 合成反应，将 CO 和 H_2 转化为液体烃的过程，其主要有如下特点。

① 合成条件较温和。无论是固定床、流化床还是浆态床，反应温度均低于 350℃，反应压力 2.0～3.0MPa。

② 转化率高。如 Sasol 公司 SAS 工艺采用熔铁催化剂，合成气的一次通过转化率达到 60%以上，循环比为 2.0 时，总转化率可达 90%左右。Shell 公司的 SMDS 工艺采用钴基催化剂，转化率甚至更高。

③ 受合成过程链增长转化机理的限制，目标产品的选择性相对较低，合成副产物较多。正构链烃的范围可从 C_1～C_{100}，且随合成温度的降低，重烃类（如蜡油）产量增大，轻烃类（如 CH_4、C_2H_4、C_2H_6、……等）产量减少。

④ 有效产物—CH_2—的理论收率低（仅为 43.75%），工艺废水的理论产量却高达 56.25%。

⑤ 煤消耗量大。如生产 1t F-T 产品，需消耗原料洗精煤 3.3t 左右（不计燃料煤）。

⑥ 反应物均为气相，设备体积庞大，投资高，运行费用高。

⑦ 煤间接液化全部依赖于煤的气化，没有大规模气化便没有煤间接液化。

2. 煤直接液化

煤直接液化是利用煤在溶剂中，在高温、高压和催化剂的作用下分解加氢转化为液体烃的过程，其主要特点如下。

① 液化油收率高。例如采用 HTI 工艺，我国神华煤的油收率可高达 63%～68%。

② 煤消耗量小。如生产 1t 液化油，需消耗原料洗精煤 2.4t 左右（包括 23.3%气化制氢用原料煤，但不计燃料煤）。

③ 馏分油以汽、柴油为主，目标产品的选择性相对较高。

④ 油煤浆进料，设备体积小，投资低，运行费用低。

⑤ 反应条件相对较苛刻。如老工艺液化压力高达 70MPa，现代工艺也达到 17～30MPa，液化温度为 430～470℃。

⑥ 出液化反应器的产物组成较复杂，液、固两相混合物由于黏度较高，分离相对困难。

⑦ 氢耗量大（一般为 6%～10%），工艺过程中不仅要补充大量新氢，还需要循环油作供氢溶剂，使装置的生产能力降低。

二、对煤种的要求对比

煤间接液化工艺对煤种的要求是与之相适应的气化工艺对煤种的要求。气化的目的是尽可能获取以合成气（$CO+H_2$）为主要成分的煤气。目前公认最先进的煤气化工艺是干粉煤气流床加压气化工艺，已实现商业化的典型工艺是荷兰 Shell 公司的 SCGP 工艺。干粉煤气流床加压气化从理论上讲对原料有广泛的适应性，几乎可以气化从无烟煤到褐煤的各种煤及石油焦等固体燃料，对煤的活性没有要求，对煤的灰熔融性适应范围可以很宽，对于高灰分、高水分、高硫分的煤种也同样适应。但从技术经济角度考虑，褐煤和低变质的高活性烟煤更为适用。通常入炉原料煤种应满足：灰熔融性流动温度（FT）低于1400℃，高于该温度需加助熔剂；灰分含量小于20%；干粉煤干燥至入炉水分含量小于2%，以防止干粉煤输送罐及管线中“架桥”、“鼠洞”和“栓塞”现象的发生。

原料煤的特性对煤直接液化工艺有决定性的影响。实践表明，随原料煤煤化程度的增加，煤的加氢反应活性开始变化不大，中等变质程度烟煤以后则急剧下降。煤的显微组分中镜质组和稳定组为加氢活性组分，惰质组为非加氢活性组分。原料煤中的硫铁矿为良好的加氢催化剂，矿物质中的碱性物质（如MgO、Na_2O、K_2O）对液化不利。氧含量高的煤液体产率相对较低。根据加氢液化的大量试验研究结果，认为原料煤一般应符合以下几个条件：高挥发分低变质程度烟煤和硬质褐煤；碳元素含量大致在77%～82%之间；惰质组含量小于15%；灰分含量小于10%；应尽量使用高硫煤。

我国煤种资源丰富，调查研究表明，我国既有为数众多的可适合气流床气化的煤种，也有为数更多的可适合加氢液化的煤种，而且品质较好的可加氢液化煤种多集中在我国油品供应相对紧张的地区。

三、液化产品的市场适应性对比

煤间接液化产物分布较宽，如Sasol固定流化床工艺，C_4以下产物约占总合成产物的44.1%；C_5以上产物约占总合成产物的49.7%。C_4以下的气态烃类产物经分离及烯烃歧化转化得到LPG、聚合级丙烯、聚合级乙烯等终端产品。C_5以上液态产物经馏分切割得到石脑油、α-烯烃、C_{14}～C_{18}烷及粗蜡等中间产品。石脑油经进一步加氢精制，可得到高级乙烯料（乙烯收率可达到37%～39%，普通炼厂石脑油的乙烯收率仅为27%～28%），也可以重整得到汽油。α-烯烃不经提质处理就是高级洗涤剂原料，经提质处理可得到航空煤油。C_{14}～C_{18}烷不经提质处理也是高品质的洗涤剂原料，通过加氢精制和异构降凝处理即成为高级调和柴油（十六烷值高达75）。粗蜡经加氢精制得到高品质软蜡。国内外的相关研究结果表明，现阶段在我国发展煤间接液化工艺，适宜定位在生产高附加值石油延长产品，即所谓的中间化学品，如市场紧俏的聚合级丙烯、聚合级乙烯、高级石脑油、α-烯烃及C_{14}～C_{18}烷等。若定位在单纯生产燃料油品，由于提质工艺流程长、主产品（如汽油）的质量差，导致经济效益难以体现。

煤直接液化工艺的柴油收率在70%左右，LPG和汽油约占20%，其余为以多环芳烃为主的中间产品。由于直接液化产物具有富含环烷烃的特点，因此，经提质处理及馏分切割得到的汽油及航空煤油均属于高质量终端产品。另外，直接液化产物也是生产芳烃化合物的重要原料。实践证明，不少芳烃化合物通过非煤加氢液化途径获取往往较为困难，甚至不可能。国内外的相关研究结果同样已经表明，基于不可逆转的石油资源形势和并不乐观的国际政治形势，在我国发展直接液化工艺，适宜定位在生产燃料油品及特殊中间化学品。

四、液化工艺对集成多联产系统的影响对比

间接液化属于过程工艺，是构成以气化为“龙头”的集成多联产系统的重要生产环节（单元），也是整个串联生产系统中的桥梁和纽带，对优化多联产系统中的生产要素、实时整合产品结构及产量、保证多联产系统最大化的产出投入比具有重要意义。

直接液化属于目标（或非过程）工艺，与煤间接液化相比，与其他技术串联集成为多联产系统的灵活性相对较小，通常加氢液化就是整个系统的核心，需要与其他技术互补，来进一步提高自身的技术经济性。如液化残渣中含有约35%的油，若将油渣气化，既避免了油渣外排，又得到直接液化工艺所需的宝贵氢气。

五、液化技术的经济性对比

一般认为，同一煤种在既适合直接液化工艺又适合间接液化工艺的前提条件下，若两种工艺均以生产燃料油品为主线，则前者的经济效益将明显优于后者。事实上，液化技术的经济性影响因素很多，诸如工艺特征、原料价格、当地条件、知识产权、产业政策、产品价格等。因此，不设定时空界限（或条件），简单讨论间接液化和直接液化经济性优劣是没有意义的。

研究结果表明，现阶段，如果在我国西部省份建设1座以生产中间化学品（直链烃）为主、油品为辅的单纯煤间接液化厂，生产规模160万吨/年，采用南非Sasol固定流化床工艺，项目投资约为145亿元（其中：气化部分约为60亿元，公用工程约为15.8亿元，两项约占总投资的52.3%），项目享受国家的税收优惠政策，内部收益率可以达到11.45%。同样，如果建设1座以生产油品为主、中间化学品（环烷烃、芳烃）为辅的煤直接液化厂，生产规模250万吨/年，加氢液化工艺采用美国HTI工艺，项目投资约为160亿元（其中：气化制氢部分约为35.2亿元，公用工程约为10.4亿元，2项约占总投资的32.3%），也享受国家的税收优惠政策，内部收益率可以达到12.8%。由此可见，在基本等同的条件下，单纯直接液化工艺的表观经济效益明显优于单纯间接液化工艺。

如果在我国的东部省份建设1座以生产中间化学品（直链烃）为主、油品、甲醇及电为辅的多联产厂，生产规模150万吨/年，其中F-T合成也采用南非Sasol固定流化床工艺，项目总投资约为102亿元（其中：气化部分约为35.7亿元，公用工程约为6.8亿元，两项约占总投资的41.7%），但不享受国家的税收优惠政策，内部收益率可以达到13.71%。因此，以F-T合成为主的联产工艺的表观经济效益又优于单纯直接液化工艺。

六、结论

① 不论是发展煤间接液化还是直接液化，均没有足够的依据简单定位在取代我国的全部石油进口，而在于减轻并最终消除由于石油供应紧张带来的各种压力以及可能对经济发展产生的负面影响，同时应做到煤化工与石油化工在技术及产品方面的优势互补。

② 煤间接液化及加氢直接液化不能简单从技术论优劣，也不能简单从经济论优劣，两者虽有共性的一面，但根本的区别在于各有其适用范围，各有其目标定位。从历史渊源、工艺特征、煤种的选择性、产品的市场适应性及对集成多联产系统的影响等多方面分析，两种煤液化工艺没有彼此之间的排他性。

③ 不论是间接液化还是直接液化，均需加大技术投入，加快发展自主知识产权，特别是核心技术及关键技术的自主知识产权（如间接液化的合成反应器及高效催化剂、直接液化的加氢反应器及催化剂等）。促进我国自身液化技术的产业化进程是一项十分紧迫的任务。

复 习 题

1. 什么叫煤液化或煤制油？
2. 简述煤制油对我国的重要意义。
3. 简述煤直接液化的技术路线。
4. 简述煤间接液化的技术路线。
5. 简述煤直接液化的发展历程和现状。
6. 简述煤间接液化的发展历程和现状。
7. 简述煤和液体燃料油的主要区别。
8. 简述煤直接液化的基本原理。
9. 煤加氢液化所用的溶剂分哪几类？各有什么特点？
10. 简述煤直接液化中所用溶剂的作用。
11. 简述煤直接液化中所用催化剂的作用。

12. 简述铁系催化剂的成分和使用情况。
13. 简述用量、加入方式、煤中矿物质和溶剂对煤液化催化剂活性的影响。
14. 什么叫炭沉积和蒸汽烧结?
15. 简述反应温度、压力和时间对煤直接液化过程的影响。
16. 从原理上讲，煤直接液化过程主要包括哪些单元?
17. 简述 IGOR、NEDOL 和 HTI 煤液化工艺的主要过程。
18. 煤液化粗油为什么要进行加工提质?
19. 简述煤液化粗油主要含有哪些成分。
20. 简述日本和我国的煤液化粗油提质加工的主要过程。
21. 简述煤液化残渣的主要应用。
22. F-T 合成反应主要包括哪些反应。
23. F-T 合成的主要产物主要有哪些?
24. 简述温度、压力对 F-T 合成产物分布的影响。
25. 简述 F-T 合成的反应速率主要受哪些因素的影响。
26. 简述 F-T 合成所用催化剂的种类及特点。
27. 简述原料气中 H_2/CO 的比例对 F-T 合成的影响。
28. 简述反应温度、压力和空间速度对 F-T 合成过程的影响。
29. 简述 Arge F-T 合成工艺的主要过程。
30. 简述 Synthol F-T 合成工艺的主要过程。
31. 简述 SMDS 合成工艺的主要过程。
32. 简述 SMDS 合成工艺的主要过程。
33. 简述 MTF 合成工艺的主要过程。
34. 简述煤间接液化和直接液化工艺在原理、煤种要求、产品和集成多联产等方面的区别。

参 考 文 献

[1] 贺永德编. 现代煤化工技术手册. 北京：化学工业出版社，2005.

[2] 毛绍融，朱朔元，周智勇编. 现代空分设备技术与操作原理. 杭州：杭州出版社，2005.

[3] 李化治编. 制氧技术. 北京：冶金工业出版社，2006.

[4] 郭树才编. 煤化工工艺学. 第2版. 北京：化学工业出版社，2006.

[5] 许世森，张东亮，任永强编. 大规模煤气化技术. 北京：化学工业出版社，2006.

[6] 许世森，李春虎，郜时旺编. 煤气净化技术. 北京：化学工业出版社，2006.

[7] 谢克昌编. 甲醇及其衍生物. 北京：化学工业出版社，2004.

[8] 应卫勇，曹发海，房鼎业编. 碳一化工主要产品生产技术. 北京：化学工业出版社，2004.

[9] 宋维瑞，肖任坚，房鼎业编. 甲醇工学. 北京：化学工业出版社，1991.

[10] 化工部第四设计院编. 深冷手册. 北京：化学工业出版社，1979.